Erich W. Krüger: **Konstruktiver Wärmeschutz**

Konstruktiver Wärmeschutz

Niedrigenergie – Hochbaukonstruktionen

mit 495 Abbildungen und 95 Tabellen

Prof. Dr.-Ing. Erich W. Krüger

Architekt und Bausachverständiger
Professor an der Technischen Universität Hamburg-Harburg
Arbeitsbereich Angewandte Bautechnik

Die Deutsche Bibliothek – CIP-Einheitsaufnahme

Krüger, Erich:
Konstruktiver Wärmeschutz :
Niedrigenergie – Hochbaukonstruktionen /
Erich W. Krüger. –
Köln : Müller, 2000
ISBN 3-481-01522-4

© Verlagsgesellschaft Rudolf Müller GmbH & Co. KG, Köln 2000
Alle Rechte vorbehalten
Umschlaggestaltung: Anke von Bremen, Düsseldorf
Satz: Satz+Layout Werkstatt Kluth GmbH, Erftstadt
Druck: Druckerei A. Hellendoorn KG, Bad Bentheim
Printed in Germany

Das vorliegende Werk wurde auf umweltfreundlichem Papier
aus chlorfrei gebleichtem Zellstoff gedruckt.

ISBN 3-481-01522-4

Vorwort

Ein weltweiter sprunghafter Anstieg der Energiekosten prägte die 70er Jahre. Dadurch wurden die wirtschaftlichen Rahmenbedingungen auch für das deutsche Bauwesen radikal verändert. Aus energiepolitischer Vorsorge kam es beim baulichen Wärmeschutz zu zusätzlichen Auflagen. Das bestehende Regelwerk wurde durch eine Wärmeschutzverordnung ausgeweitet.

In den Folgejahren normalisierten sich zwar die Energiekosten, aber andere Aspekte der Energieeffizienz gewannen an Bedeutung. Dazu zählen insbesondere die CO_2-Reduktion als Beitrag zum Klimaschutz und die Schonung der Energieressourcen im Hinblick auf das Wachstum der Weltbevölkerung. Mit dem Ziel einer zukunftsfähigen Lebens- und Wirtschaftsweise wurden die zusätzlichen Wärmeschutzauflagen fortgeschrieben und durch Novellierungen der Verordnung schrittweise weiter angehoben.

Die gegenwärtig gültige Wärmeschutzverordnung von 1995 (WSchV 1995) erfährt zum Jahr 2000 eine Novellierung. Sie wird dann Energieeinsparverordnung (EnEV) heißen und das bisherige Heiz**wärme**-Bilanzverfahren zu einem Heiz**energie**-Bilanzverfahren ausweiten. Dann werden erstmals der Energieaufwand für die Brauchwassererwärmung, für die Bereitstellung der Heizwärme durch das Heizsystem sowie die Wärmebrückenverluste Teile der Energiebilanz. Neu ist ebenfalls die Differenzierung der Wärmeschutzanforderungen in Abhängigkeit vom gewählten Energieträger. Zusätzlich wird das Wärmeschutzniveau insgesamt angehoben und damit der **Niedrigenergiehaus-Standard** für Gebäude in Deutschland verbindlich eingeführt. Vor diesem Hintergrund werden in der vorliegenden Publikation Hochbaukonstruktionen aufgezeigt, die auf die neuen Herausforderungen zur Energieeffizienz eingehen.

Bei der Entwicklung der Konstruktionsbeispiele standen folgende Kriterien im Vordergrund:

- hohes Wärmeschutzniveau der thermischen Hüllfläche
- Minimierung der Wärmebrücken
- Wind- und Luftdichtheit der thermischen Hüllfläche
- Nutzung der Solarenergie
- Minimierung der energetisch relevanten Hüllfläche durch kompakte Gebäudeformen
- Minimierung des Bauschadenrisikos durch Konzepte, die an der Baupraxis orientiert sind.

Die genannten Kriterien führen zu einem verbesserten Umwelt- und Ressourcenschutz. Sie tragen so auch zur Wirtschaftlichkeit und Nachhaltigkeit der dargestellten Konstruktionen bei.

Den fachlichen Hintergrund für die vorliegende Publikation bilden jahrelange baupraktische und wissenschaftliche Erfahrungen des Autors als Architekt und Hochschullehrer.

Zur Realisierung dieses Buches haben verschiedene Personen mit ihrer Kompetenz, ihren Ideen und ihren Vorstellungen beigetragen. Besonders hervorheben und dafür danken möchte ich den Herren Thomas Deckert, Franz Kitzhöfer, Alexander Moritz und Frau Britta Schacht. Außerdem bedanke ich mich bei den Studierenden Tino Laue, Uta Mailänder, Jan Petersen, Daniela Simon und Birte Standop für ihre wertvolle Hilfe bei der zeichnerischen und textlichen Bearbeitung des Projektes.

Besonderer Dank gilt meiner Frau für ihre Geduld und engagierte Hilfe bei der Erstellung des Manuskriptes.

Anregungen, die zur Verbesserung des Buches beitragen können, nimmt der Autor gern entgegen.

Hamburg, im Oktober 1999

Erich W. Krüger

Inhaltsverzeichnis

A	**Einführung**	13
B	**Bauphysikalische Grundlagen**	
1	**Wärmeschutz**	15
1.1	Wärmeschutz im Winter	16
1.1.1	Transmissionswärmeverlust	16
1.1.1.1	Wärmebrücken	16
	Wärmebrückenverlustkoeffizient	17
	Temperaturfaktor	19
1.1.1.2	Wärmedurchgangskoeffizient bei Fenstern	20
1.1.1.3	Transmissionswärmeverlust und Wärmebrückenverlustkoeffizient	21
1.1.2	Lüftungswärmeverlust	22
	Notwendiger Luftwechsel	22
	Luftdichtheit	23
	Winddichtheit	24
1.1.3	Passive Nutzung der Sonnenenergie	24
	Strahlungsgewinn bei transparenten Bauteilen	24
1.2	Wärmeschutz im Sommer	27
2	**Tauwasserschutz**	27
2.1	Tauwasserbildung auf Innenraumbauteilen	27
2.1.1	Sommerkondensation	28
2.2	Tauwasserbildung in Bauteilen	28
2.2.1	Dächer mit Sparren und Dachdeckungen	29
2.2.1.1	Belüftete Dächer	30
2.2.1.2	Unbelüftete Dächer	33
3	**Schutz gegen Niederschlagsfeuchtigkeit**	36
3.1	Niederschlagsbelastung bei geneigten Dächern	36
3.2	Niederschlagsbelastung bei Außenwänden	41
4	**Schutz gegen Feuchtigkeit im Erdreich**	41
4.1	Bauwerkabdichtungen	41
5	**Schallschutz**	42
6	**Brandschutz**	42
C	**Konstruktionselemente der Gebäudehüllflächensysteme**	
1	**Außenwandsysteme**	43
1.1	Systemübersicht	43
1.1.1	Standardsysteme gemauerter Außenwände	43
1.1.2	Standardsysteme von Holzaußenwänden	49

1.2	Wandsysteme im Detail	53
1.2.1	Mauerwerksysteme	53
1.2.1.1	Einschaliges Mauerwerk mit Außenputz	53
	Wandsystem, bauphysikalische Richtwerte	
1.2.1.2	Einschaliges Mauerwerk mit Fassaden-Wärmedämmverbundsystem (WDV-System)	56
	Wandsystem, bauphysikalische Richtwerte	
1.2.1.3	Einschaliges Mauerwerk mit Dämmschicht und belüfteter Fassadenbekleidung	60
	Wandsystem, bauphysikalische Richtwerte	
1.2.1.4	Zweischaliges Verblendmauerwerk mit Kerndämmung und Luftschicht	63
	Wandsystem, bauphysikalische Richtwerte	
1.2.2	Holzständersysteme	66
1.2.2.1	Holzständersystem mit Dämmschicht und belüfteter Fassadenbekleidung bzw. Verblendmauerwerk-Vorsatzschale	66
	Wandsystem, bauphysikalische Richtwerte	
2	**Dachsysteme im Detail**	**69**
	Schichtenaufbau	
2.1	Geneigte Dächer	69
	Zwischensparrendämmung	
	Zwischen- plus Untersparrendämmung	
	Aufsparrendämmung	
2.2	Flachdachsysteme	73
	Ungenutzte Dachfläche	
	Genutzte Dachfläche	
3	**Bauteilanschlüsse an Außenwandsysteme**	**77**
	Konstruktion, thermische Richtwerte	
3.1	Dachanschlüsse	77
3.1.1	Dachanschluss an zweischaliges Mauerwerk, Kerndämmung und Luftschicht	78
3.1.1.1	Ortganganschluss	78
3.1.1.2	Traufanschluss	80
3.1.2	Dachanschluss an Holzständerwerk mit Vormauerschale bzw. Holzdeckelschalung	82
3.1.2.1	Ortganganschluss	82
3.1.2.2	Traufanschluss	84
3.2	Geschossdeckenanschlüsse	86
3.2.1	Geschossdeckenanschluss an einschaliges Mauerwerk mit WDV-System	86
3.2.2	Geschossdeckenanschluss an Holzständerwerk mit Holzdeckelschalung	88
3.3	Balkonanschlüsse	90
3.3.1	Balkonanschluss an einschaliges Mauerwerk mit Außenputz, Balkonplatte zweiseitig gelagert	92
3.3.2	Balkonanschluss an einschaliges Mauerwerk mit WDV-System, Balkonplatte auskragend	94
3.4	Kellerdeckenanschlüsse	96
3.4.1	Kellerdeckenanschluss an einschaliges Mauerwerk mit Außenputz	96
3.4.2	Kellerdeckenanschluss an zweischaliges Mauerwerk mit Kerndämmung und Luftschicht	98
3.5	Grundplattenanschlüsse	100
3.5.1	Anschluss Grundplatte an zweischaliges Mauerwerk mit Kerndämmung und Luftschicht	100
3.5.2	Anschluss Grundplatte an Holzständerwerk mit Vormauerschale	102

4	**Fenster**	104
4.1	Bezeichnungen	104
4.2	Planungsaspekte	108
4.3	Verglasungssystem	109
4.3.1	Verglasungseinheit	109
	Mehrscheibenisoliergläser	
4.3.2	Glasfalzraum	110
4.3.3	Anschluss Rahmen / Verglasungseinheit	111
4.4	Rahmensysteme	112
4.4.1	Holzfenster	113
4.4.2	Kunststofffenster	114
4.4.3	Aluminiumfenster	115
4.4.4	Verbundkonstruktionen	115
4.5	Anschluss Fenster / Baukörper	116
4.5.1	Wärmetechnische Leistungsfähigkeit von Anschlusskonstruktionen	116
4.5.1.1	Anschluss an monolithische Wandsysteme	117
4.5.1.2	Anschluss an Wandsysteme mit spezifischer Dämmschicht	120
4.5.2	Verankerung des Fensters am Baukörper	122
4.5.3	Anforderungen an die Fuge zwischen Fenster und Bauwerk	124
4.5.4	Abdichtungssysteme für die Fuge zwischen Fenster und Bauwerk	125
4.6	Beispiele von Fensteranschlüssen an Außenwandsysteme	127
	Gestaltung, Konstruktion, thermische Richtwerte	
4.6.1	Anschlüsse an einschaliges, beidseitig verputztes Mauerwerk	128
4.6.1.1	Anschluss eines Kunststofffensters, Leibungen verputzt	128
4.6.1.2	Anschluss eines Holzfensters mit Innenfutter	132
4.6.2	Anschlüsse an einschaliges Mauerwerk mit WDV-System, beidseitig verputzt	136
4.6.2.1	Anschluss eines Kunststofffensters, Leibungen verputzt	136
4.6.3	Anschlüsse an einschaliges Mauerwerk mit Dämmschicht und belüfteter Fassadenbekleidung	140
4.6.3.1	Anschluss eines Aluminiumfensters mit Außenfutter, Innenbekleidung Gipsbauplatten, außen belüftete Ziegelbekleidung	140
4.6.4	Anschlüsse an zweischaliges Mauerwerk mit Kerndämmung und Luftschicht	144
4.6.4.1	Anschluss eines Kunststofffensters mit Montagezarge und Innenfutter, Innenputz	144
4.6.4.2	Anschluss eines Holzfensters mit Montagezarge und Innenfutter, Sichtmauerwerk innen und außen	148
4.6.4.3	Anschluss eines Holz-Aluminiumfensters mit Montagerahmen und Innenfutter, innen Putzprofilanschluss, Sturz und Fensterbank außen Betonwerkstein	153
4.6.5	Anschlüsse an Holzständersysteme mit Dämmschicht und belüfteter Fassadenbekleidung bzw. Verblendmauerwerk-Vorsatzschale	156
4.6.5.1	Anschluss eines Holzfensters mit Innen- und Außenfutter, Innenbekleidung Gipsbauplatten, außen belüftete Stülpschalung	156
4.6.5.2	Anschluss eines Holzfensters, IV 78, mit Innen- und Außenfutter, Innenbekleidung Gipsbauplatten, außen belüftete Holzdeckelschalung	160
4.6.5.3	Anschluss eines Holzfensters mit Innenfutter, Innenbekleidung Gipsbauplatten, außen Verblendmauerwerk-Vorsatzschale	164
4.7	Schutzvorrichtungen	168

5	**Außentüren**	169
5.1	Planungsaspekte	169
5.2	Außentürsysteme	169
5.2.1	Türblattsysteme	169
5.2.2	Türrahmensysteme	171
5.2.3	Anschluss Türrahmen / Türblatt	171
5.3	Anschluss Außentür / Baukörper	171
5.3.1	Schwellenkonstruktionen	172
	Wärmetechnische Leistungsfähigkeit	
5.3.1.1	Regelanschluss Wand / Grundplatte / Fundament	172
5.3.1.2	Metallprofile als Schwellenkonstruktionen	174
5.3.1.3	Holzprofile als Schwellenkonstruktionen	176
5.4	Beispiele von Holzaußentüren einschließlich Bauanschlüssen	178
	Gestaltung, Konstruktion, thermische Richtwerte	
5.4.1	Sperrtürblatt, Futterzarge und Oberlicht	178
	Wandsystem: einschaliges Mauerwerk mit Außenputz	
5.4.2	Sperrtürblatt, opak, Seitenteile verglast	186
	Wandsystem: einschaliges Mauerwerk mit WDV-System	
5.4.3	Aufgedoppeltes Türblatt, Seitenteile verglast	194
	Wandsystem: zweischaliges Verblendmauerwerk mit Kerndämmung und Luftschicht	
5.4.4	Verglaste Holzrahmentürkonstruktion	202
	Wandsystem: Holzständersystem mit Dämmschicht und belüfteter Verblendmauerwerk-Vorsatzschale	

D	**Projekte mit Mauerwerk-Außenwandsystemen**	
1	**Einschaliges Mauerwerk mit Außenputz**	209
1.1	Wohnhaus mit Kellergeschoss, Dachdecke geneigt	209
1.2	Wohnhaus mit Satteldach, Kellergeschoss für wohnähnliche Nutzung	215
1.3	Ausbildung eines Balkons, außen Stahlstützen	221
1.4	Ausbildung von Rollladeneinbauten	227
1.4.1	Rollladenkasten bündig in der Fassadenebene	227
1.4.2	Rollladenkasten als plastisches Element der Fassade mit Metallüberdachung	229
2	**Einschaliges Mauerwerk mit Fassaden-Wärmedämmverbundsystem (WDV-System)**	231
2.1	Wohnhaus mit Satteldach, Kellergeschoss für wohnähnliche Nutzung	231
2.2	Wohnhaus mit auskragenden Balkonen, Kellerraum für wohnähnliche Nutzung	237
3	**Einschaliges Mauerwerk mit Dämmschicht und belüfteter Fassadenbekleidung**	244
3.1	Zwerchhaus als Gaube mit geschosshohem Fenster, ausgebautes Dachgeschoss, Kniestock	244
	Fassadenbekleidung: Schindeln	
3.2	Maisonette-Wohnung mit Dachterrasse	249
	Fassadenbekleidung: vertikale Profilholzschalung	

4	**Zweischaliges Verblendmauerwerk mit Kerndämmung und Luftschicht**	257
4.1	Wohnhaus mit belüftetem Flachdach, Kriechkeller, Fensterrollläden	257
4.2	Spitzgaube, ausgebautes Dachgeschoss mit Kniestock	261
4.3	Walmdachgaube, ausgebautes Dachgeschoss	267
4.4	Ausbildung von Rollladeneinbauten	272
4.4.1	Rollladenkasten, integriert in den Wandquerschnitt	272
4.4.1.1	Rollladenkastendeckel innen	272
4.4.1.2	Rollladenkastendeckel außen	274
4.4.2	Rollladenkasten als plastisches Element der Fassade, überdacht mit Betonwerksteinsturz	276

E	**Projekte mit Holzaußenwandsystemen**	
1	**Holzständersysteme mit Dämmschicht und belüfteter Fassadenbekleidung bzw. Verblendmauerwerk-Vorsatzschale**	279
1.1	Wohnhaus mit Kellergeschoss und Spitzboden Fassadenbekleidung: vertikale Holzdeckelschalung	279
1.2	Atelierhaus mit Pultdach und Kriechkeller Fassadenbekleidung: horizontale Profilholzschalung	287
1.3	Wohnhaus mit Satteldach, ausgebautes Dachgeschoss mit Kniestock, nicht unterkellert Fassade: Verblendmauerwerk-Vorsatzschale, partiell Profilholzschalung	297
1.4	Wohn- und Atelierhaus mit Galerie und überdecktem Freisitz, nicht unterkellert Wärmeschutznachweis Fassade: Verblendmauerwerk-Vorsatzschale, partiell Holzdeckelschalung	303

Formelzeichen und Einheiten 325

Literaturverzeichnis 327

Stichwortverzeichnis 331

A Einführung

In dieser Publikation werden Hochbaukonstruktionen dargestellt, wie sie primär im Wohnungsbau eingesetzt werden. Die in den Details behandelten Bauteile gehören überwiegend zur Gebäudehüllfläche. Sie reichen vom Dach über die Fassade mit Fenstern und Außentüren bis zur erdberührenden Außenwand einschließlich Gründung.

Die Konstruktionen sind ganzheitlich unter funktionalen, gestalterischen, baukonstruktiven und bauphysikalischen Aspekten entwickelt. Im Vordergrund steht die Optimierung der Systeme auf hohem Wärmeschutzniveau.

Da an Bauteile der Gebäudehüllfläche besonders komplexe Anforderungen gestellt werden, sind sie in großem Umfang an Bauschäden beteiligt. Nach einem Bericht der Bundesregierung von 1988 [1] entfallen 17% der Schäden auf erdberührende Bauteile, 25% auf Dächer und 32% auf Außenwandkonstruktionen. In jüngeren Publikationen ist der Anteil der Außenwände sogar mit 37% angegeben. Zum Gesamtumfang wird dort die Aussage gemacht, »daß 1992 die vermeidbaren Schäden bei Hochbauleistungen Kosten von 6,7 Mrd. DM verursacht haben.« [2]

Bei den ausgewählten Konstruktionssystemen dieser Publikation dominiert das System Außenwand als Bauteil mit dem höchsten Schadenrisiko.

Aus dem Spektrum möglicher Außenwandsysteme wurden für die detaillierte Behandlung fünf Systeme ausgewählt, vier aus dem Mauerwerk- und eines aus dem Holzbau. Alle Wandsysteme übernehmen neben der raumbildenden Funktion auch die Tragfunktion und die Funktion der klimatischen Trennung.

Ausgewählte Wandsysteme aus dem Mauerwerkbau:

- einschaliges Mauerwerk mit Außenputz
- einschaliges Mauerwerk mit Fassadenwärmedämmverbundsystem (WDV-System)
- einschaliges Mauerwerk mit Dämmschicht und belüfteter Fassadenbekleidung
- zweischaliges Verblendmauerwerk mit Kerndämmung und Luftschicht

Ausgewähltes Wandsystem aus dem Holzbau:

- Holzständerkonstruktion mit Dämmschicht und belüfteter Fassadenbekleidung bzw. Verblendmauerwerk-Vorsatzschale.

Die Leistungsfähigkeit dieser Wandsysteme wird unter den Aspekten Wärme-, Feuchte-, Schall- und Brandschutz durch Richtwerte tabellarisch veranschaulicht.

Bei den *Bauphysikalischen Grundlagen*, Teil B, dominieren der Wärme- und Feuchteschutz als Basis für die thermische Optimierung der Konstruktionen. Als Elemente der wärmeübertragenden Gebäudehüllfläche sind neben den Wandsystemen auch Dach-, Fenster- und Außentürsysteme sowie Anschlussbereiche von Grund- und Deckenplattensystemen relevant. Sie werden in Teil C dargestellt und bilden die Grundlage für die komplexeren Projekte der Teile D und E.

Um die Konstruktionen in möglichst großem Maßstab auf einer Doppelseite darstellen zu können, wurden sie auf die primär relevanten Anschlussbereiche fokussiert. Details sind teilweise zusätzlich in größerem Maßstab wiedergegeben. Die ausgewählten Wandsysteme und Konstruktionen werden ausführlich erläutert, damit sie für Planungsaufgaben im Studium und in der Praxis effektiv genutzt werden können. Um dabei einen Quereinstieg zu ermöglichen, sind textliche Wiederholungen in Kauf genommen worden.

B Bauphysikalische Grundlagen

In der Vergangenheit wurden Hochbaukonstruktionen überwiegend empirisch dimensioniert. Heute erfolgt die Bemessung der Bauteile in der Regel gezielt nach den statischen und bauphysikalischen Anforderungen.

Zu den bauphysikalischen Anforderungen zählen der Wärmeschutz, der Feuchtigkeitsschutz, der Schallschutz und der Brandschutz. Der Feuchtigkeitsschutz wird in dieser Publikation nach Tauwasserschutz, Schutz gegen Niederschlagsfeuchtigkeit und Schutz gegen Feuchtigkeit im Erdreich differenziert.

Außerdem gehört zu den bauphysikalischen Anforderungen die Vermeidung unzulässiger Formänderungen, wie sie insbesondere aufgrund thermischer Belastungen, aber auch bei Kriech- und Schwindvorgängen auftreten.

1 Wärmeschutz

Der Wärmeschutz im Hochbau wird normativ [3] differenziert nach Wärmeschutz im Winter und Wärmeschutz im Sommer.

Die wärmetechnischen Forderungen zum Wärmeschutz im Winter gemäß DIN 4108 [3] sind primär konstruktiv und hygienisch begründet. Zum einen sollen die thermischen Formänderungen begrenzt, zum anderen unzulässige Tauwasserbildung auf und in Bauteilen vermieden werden. Der wärmetechnische Standard dieser Norm ist aus energetischer Sicht minimal. Erst als 1977 neben der Norm aus energiepolitischen Gründen eine Wärmeschutzverordnung (WSchV) erlassen wurde, erhöhte sich der geforderte Standard deutlich.

Das führte neben den angestrebten Energieeinsparungen auch zu hygienischen und ökologischen Verbesserungen. Im Gegensatz zur o. g. Norm stellte die WSchV Anforderungen an die energetische Qualität der Gebäude in Abhängigkeit von ihrer Geometrie. So wurde durch die WSchV über die wärmetechnische Ausbildung der einzelnen Bauteile hinaus auch die Gestaltung der Baukörper mit in die energetische Planung einbezogen.

Inzwischen erfolgten 1982 (gültig seit 1984) und 1994 (gültig seit 1995) Novellierungen dieser Verordnung.

Seit der WSchV 1995 stehen Aspekte des Umweltschutzes im Vordergrund. Damit soll – im Einklang mit der Richtlinie des EG-Rates vom September 1993 zur Begrenzung der Kohlendioxidemissionen – der befürchteten globalen Klimaveränderung entgegengewirkt werden.

Mit der WSchV 1995 wurde eine komplexere Behandlung des wärmetechnischen Verhaltens der Gebäude eingeführt. Erstmals wird über Wärmeverluste und Wärmegewinne bilanziert. Während sich die WSchV 1984 auf U-Werte[1] beschränkte, resultieren die Anforderungen an den baulichen Wärmeschutz nach der WSchV 1995 aus einem rechnerisch ermittelten maximal zulässigen Heizwärmebedarf des Gebäudes. Die Bezugsgrößen sind die beheizte Nutzfläche bzw. das beheizte Volumen, sodass direkte Rückschlüsse auf die jährlichen Heizkosten möglich sind.

Nach der WSchV 1984 durfte der Jahres-Heizwärmebedarf in Abhängigkeit von der Gebäudegeometrie etwa 80 bis 190 kWh pro m^2 Nutzfläche betragen. Durch die Novellierung wurden diese Werte auf 54 bis 100 kWh pro m^2 reduziert. Überträgt man diese Werte z. B. auf Heizöl bzw. Gas, resultieren daraus netto – d. h. ohne Energieverluste für das Heizsystem – ca. 5,4 bis 10 Liter Heizöl bzw. m^3 Gas pro Quadratmeter Nutzfläche und Jahr.

Das Bilanzverfahren erfasst für die Fenster und Fenstertüren außer den Wärmeverlusten auch die nutzbaren solaren Gewinne. Daraus resultiert für die Planer ein weiterer Anreiz, die transparenten Flächen in ihren Abmessungen und ihrer Ausrichtung optimal auf das Strahlungsangebot der Sonne auszurichten. Zur quantitativen Erfassung der Strahlungsgewinne siehe Abschnitt 1.1.3.

Obwohl die WSchV 1995 lediglich eine 2-Scheiben-Verglasung fordert, geht der Marktanteil des konventionellen Mehrscheibenisolierglases [$U_g \sim 3{,}0$ W/(m^{2}K)][2] ständig zurück. An seine Stelle tritt aus Gründen der Wirtschaftlichkeit das Wärmeschutzglas. Bei diesen Gläsern ist die raumseitige Scheibe mit einer dünnen, kaum sichtbaren und farbneutralen Metallbeschichtung versehen.

---

[1]**Anmerkung:**
Nach DIN 4108, Wärmeschutz im Hochbau, trägt der Wärmedurchgangskoeffizient das Formelzeichen k. In der zukünftigen Energieeinsparverordnung wird – in Anlehnung an die europäische Normung – das Formelzeichen für den Wärmedurchgangskoeffizienten U lauten.

[2]**Anmerkung:**
Für die Wärmedurchgangskoeffizienten bei Fenstern werden in Anlehnung an die europäische Normung folgende Formelzeichen benutzt:
Wärmedurchgangskoeffizient
Fenster (engl. window) U_w [W/(m^{2}K)]
Wärmedurchgangskoeffizient
Rahmen (engl. frame) U_f [W/(m^{2}K)]
Wärmedurchgangskoeffizient
Verglasung (engl. glazing) U_g [W/(m^{2}K)]

Entwicklung des Jahres-Heizenergiebedarfs
für Gebäude mit normalen Innentemperaturen:

- Neubauten
  nach WSchV 1982/84   **i. M. 150 kWh/(m² · a)**

- Neubauten
  nach WSchV 1994/95   **i. M. 100 kWh/(m² · a)**

- Neubauten
  nach geplanter Energieeinsparverordnung (EnEV)   **i. M. 70 kWh/(m² · a)**

Die thermische Leistungsfähigkeit der innovativen Verglasungseinheiten ist noch zu steigern durch Gas statt der Luft im Scheibenzwischenraum. Die eingesetzten Gase, z. B. Argon, haben gegenüber der Luft eine geringere Wärmeleitfähigkeit. So werden U-Werte der Verglasung (U_g) von etwa 1,2 bis 1,6 W/(m²K) erreicht. Dadurch wird – neben reduzierten Wärmeverlusten – die Glasoberflächentemperatur auf der Rauminnenseite angehoben und die thermische Behaglichkeit gesteigert. Die U-Werte der Fenster (U_w) setzen sich zusammen aus den U-Werten der Verglasung und denen der Rahmen (U_f). Durch die thermische Verbesserung der Gläser sind die Fensterrahmen häufig zu wärmetechnischen Schwachstellen geworden. Darauf ist bei der Konzeptionierung von Fenstern und Fenstertüren zu achten.

Ein weiterer Aspekt ist der thermische Einfluss des Randverbundes. Der in Scheibenmitte – Scheibenformat 80 cm × 80 cm – gemessene U_g-Wert wird bei den gegenwärtigen Systemen (Alu-Abstandhalter) im Randbereich deutlich überschritten. Deshalb ist die größere, möglichst quadratische Scheibe mit dem geringeren Flächenanteil des Randverbundes die energetisch bessere Scheibe.

Mit der WSchV 1995 wurde ein weiterer Schritt in Richtung Niedrigenergiehaus-Standard getan. Zum Jahr 2000 ist eine erneute Anhebung der Wärmeschutzauflagen angekündigt worden. Dadurch soll der Jahres-Heizwärmebedarf weiter reduziert werden. Es ist beabsichtigt, die Wärmeschutzverordnung zu einer Energieeinsparverordnung (EnEV) fortzuentwickeln und sie mit der Heizungsanlagen-Verordnung (HeizAnlV) zusammenzufassen. Im anlagentechnischen Bereich sind noch bisher häufig nicht genutzte Reduktionspotenziale vorhanden. Die energetische Bewertung beschränkt sich dann nicht mehr auf den Jahres-Heiz**wärme**bedarf, sondern die Hauptanforderungsgröße wird der Jahres-Heiz**energie**bedarf in Abhängigkeit von A/V_e (Verhältnis der wärmeübertragenden Umfangsfläche A zum hiervon eingeschlossenen Gebäudevolumen V_e) sein.

Dadurch erweitern sich die Bilanzgrenzen gegenüber der WSchV 1995. Mit der EnEV werden zusätzlich die Anlagentechnik und die Brauchwassererwärmung (im Wohnungsbau) einbezogen. Außerdem werden je nach verwendetem Primärenergieträger maximal zulässige Jahres-Heizwärmebedarfswerte als Nebenforderung vorgegeben. Das beabsichtigte neue Anforderungsniveau soll zu einer Absenkung des Jahres-Heizenergiebedarfs von rd. 30 % führen.

Messungen an Niedrigenergiehäusern [4] im Zeitraum von 1990–1995 haben gezeigt, dass auch die o. g. zukünftigen energetischen Auflagen bereits mit den gegenwärtigen bautechnischen Systemen zu erfüllen sind. Die rechnerisch ermittelten Bedarfswerte entsprachen im statistischen Durchschnitt den realen Verbrauchswerten. Individuelle Unterschiede im Heizwärmebedarf resultierten maßgeblich aus der Höhe der von den Nutzern gewünschten Rauminnentemperaturen, ihrem Lüftungsverhalten und dem Umgang mit der Haustechnik. Die gebauten Beispiele zeigen auch, dass die höheren energetischen Anforderungen der gestalterischen Qualität der Gebäude nicht entgegenstehen müssen.

1.1 Wärmeschutz im Winter

Wärmeverluste resultieren aus dem Temperaturgefälle zwischen Innenraumluft und Außenluft. Sie werden durch bauliche Maßnahmen eingegrenzt. Ganz zu verhindern sind sie nicht. Wärmeverluste addieren sich aus Transmissions- und Lüftungswärmeverlusten.

1.1.1 Transmissionswärmeverlust

Die Wärmeleitfähigkeit des Materials der thermischen Gebäudehüllfläche führt zu Transmissionsverlusten. Zahlenmäßig sind die Verluste durch den Wärmedurchgangskoeffizienten, kurz U-Wert genannt, zu erfassen.

Bei der Berechnung von Transmissionswärmeverlusten mittels U-Werten geht die DIN 4108 [1] vereinfacht davon aus, dass die Wärmeströme senkrecht zur Bauteiloberfläche verlaufen und Querleitungen nicht stattfinden.

1.1.1.1 Wärmebrücken

Wärmebrücken sind örtlich begrenzte Schwachstellen der wärmeübertragenden Hüllfläche eines Gebäudes. Sie bewirken einerseits zusätzliche Transmissionswärmeverluste und andererseits niedrige raumseitige Oberflächentemperaturen, verbunden mit dem Risiko der Schimmelpilz- und Tauwasserbildung in diesen Bereichen. Wärmebrücken werden unterschieden in:

- geometrisch bedingte Wärmebrücken
- materialbedingte Wärmebrücken.

In der Praxis überlagern sich häufig beide Wärmebrückenursachen.

Das typische Beispiel für eine *geometrisch bedingte* Wärmebrücke ist die Gebäudeecke bei sonst homogenem Wandaufbau, z. B. aus Mauerwerk. Hier kommt es zu verstärktem Wärmeabfluss, weil – durch die Geometrie bedingt – die wärmeabgebende Außenoberfläche größer ist als die ihr entsprechende wärmeaufnehmende Innenoberfläche.

Materialbedingte Wärmebrücken treten bei Skelettkonstruktionen auf, z. B. bei Betonstützen im Mauerwerk und in den Anschlussbereichen verschiedener Bauteile, so z. B. beim Anschluss von Decke und

Außenwand. Der Wärmebrückeneffekt ist besonders groß, wenn Bauteile aus Materialien mit relativ hoher Wärmeleitfähigkeit die wärmeübertragende Gebäudehüllfläche direkt durchstoßen, so z. B. bei einer auskragenden Balkonplatte aus Normalbeton.

Bild 1.1.1.1-1 veranschaulicht schematisch den Abfall der Oberflächentemperaturen und die Konzentration des Wärmestroms im Bereich von Wärmebrücken: Die Linien gleicher Temperatur (Isothermen) sind gestrichelt; die Wärmestromlinien verlaufen jeweils senkrecht zu den Isothermen und sind im Bereich der Wärmebrücken entsprechend gekrümmt.

Die negativen Auswirkungen von Wärmebrücken – höhere Transmissionswärmeverluste und niedrigere raumseitige Oberflächentemperaturen – sind mit einer generellen Erhöhung des Wärmedämmniveaus der Bauteile nicht zu beseitigen. Durch diese Maßnahme kann der prozentuale Anteil der Wärmeverluste durch die Wärmebrücken sogar steigen. Mit der Verbesserung des baulichen Wärmeschutzes ist es deshalb von zunehmender Bedeutung, die häufig unvermeidbaren Wärmebrücken durch sorgfältige konstruktive Detailarbeit so weit wie möglich zu minimieren.

Mit Einführung der EnEV sollen Wärmebrücken erstmals in der energetischen Bilanz Berücksichtigung finden. Ohne weiteren Nachweis werden Zuschläge auf die gesamte wärmeübertragende Umfassungsfläche vorgenommen. Durch den Einsatz normativer Regelkonstruktionen [5] reduzieren sich diese Zuschläge um die Hälfte. Es ist auch freigestellt, einen genaueren Nachweis der Wärmebrücken nach EN ISO 10211 [6], [7] zu führen.

Zur quantitativen Erfassung der Wärmebrückenwirkung schematisierter Standardlösungen können Daten aus der Fachliteratur [8] herangezogen werden.

Für den thermischen Vergleich spezifischer Konstruktionen ist eine rechnerische Erfassung jeder einzelnen Lösung notwendig. Es wurden deshalb Berechnungen vorgenommen und die Ergebnisse den einzelnen Konstruktionsbeispielen zugeordnet. Die ermittelten thermischen Daten sind abhängig von den zugrunde liegenden

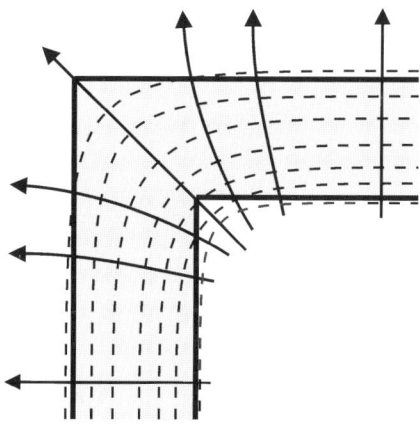

1.1.1.1-1.1 Geometrisch bedingte Wärmebrücke

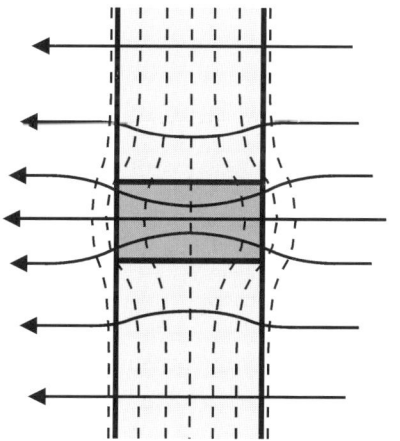

1.1.1.1-1.2 Materialbedingte Wärmebrücke

1.1.1.1-1
Grundtypen von Wärmebrücken mit Isothermen und Wärmestromlinien (schematische Darstellung)

Randbedingungen und dem gewählten Berechnungsverfahren.

Zum besseren Verständnis wird das hier gewählte Vorgehen kurz erläutert.

In Anlehnung an EN ISO 10211-1 [6] sind zur Kennzeichnung von Wärmebrücken zwei Größen notwendig:

- der Wärmebrückenverlustkoeffizient
- der Temperaturfaktor.

Wärmebrückenverlustkoeffizient

Die Berechnung von Transmissionswärmeverlusten erfolgt gemäß DIN 4108 [3] vereinfacht mittels U-Werten. Dieser Ermittlung liegt die Annahme zugrunde, dass Wärmeströme ausschließlich senkrecht zur Bauteiloberfläche verlaufen. Das trifft aber nur für den ungestörten Bereich der Bauteile zu. In gestörten Bereichen, wie Eckausbildungen, Anschlüssen, siehe Bild 1.1.1.1-1, kommt es zu »verbogenen« Wärmestromlinien, zu Querleitungen. Das führt real zu zusätzlichen Wärmeverlusten, die gemäß DIN 4108 nicht direkt erfasst bzw. vernachlässigt werden.

Diese – infolge von Wärmebrücken – zusätzlich auftretenden Transmissionswärmeverluste werden durch Wärmebrückenverlustkoeffizienten (WBVK) gekennzeichnet:

- bei linienförmigen Wärmebrücken Ψ mit der Einheit W/(mK)
- bei punktförmigen Wärmebrücken χ mit der Einheit W/K.

Die Größe des WBVK ergibt sich anschaulich aus der Differenz zwischen dem Wärmestrom Φ einschließlich Querleitungen – meist nach der Finite-Differenzen-Methode (FDM) berechnet – und dem Wärmestrom, der vereinfacht aus den Einzel- oder Teilflächen gemäß DIN 4108 berechnet wird. Komplizierte Bauelemente sind gegebenenfalls ausschließlich mit numerischen Methoden zu berechnen.

Für ihre rechnerische Erfassung müssen Wärmebrücken unter Einbeziehung der zugeordneten Flächen definiert werden. Das kann über Bauteilaußenmaße oder über Bauteilinnenmaße erfolgen. Während die Definition über Außenmaße mit einem großen individuellen Festlegungsspielraum verbunden ist, lassen sich die Bezugskanten über Bauteilinnenmaße relativ eindeutig aus der Raumgeometrie bestimmen, siehe Bild 1.1.1.3-1.

Im Folgenden soll die rechnerische Erfassung linienförmiger Wärmebrücken nach Innenmaßen – für die in Bild 1.1.1.1-1 dargestellten Wärmebrückengrundtypen – durch einfache Beispiele veranschaulicht werden. Das erfolgt zuerst für eine geometrisch bedingte, dann für eine materialbedingte Wärmebrücke.

Die Ermittlung des Ψ-Wertes für das in Bild 1.1.1.1-2 dargestellte Bezugssystem erfolgt in drei Schritten. Zuerst wird der Wärmestrom der beiden Teilflächen gemäß DIN 4108 [3] errechnet:

$$\Phi_1 = (A_1 \cdot U_1 + A_2 \cdot U_1) \cdot \Delta\theta = 30{,}94 \text{ W}$$

Beispiel A

außen: –15 °C

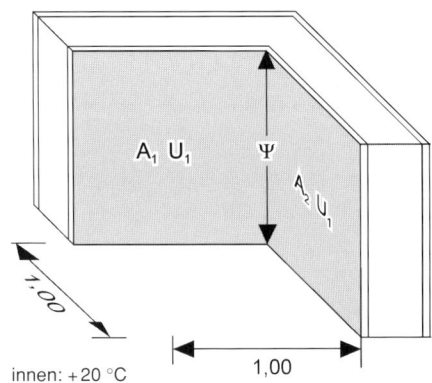

1.1.1.1-2
Geometrisch bedingte linienförmige Wärmebrücke mit dem WBVK Ψ

Thermische Kenngrößen

Material Bauteil Schicht	s [mm]	λ_R [W/(mK)]	R_S [m² K/W]
Innenluft	–	–	0,13
Innenputz (Gips)	15	0,34	–
Mauerwerk	365	0,18	–
Außenputz (Kalk)	20	0,87	–
Außenluft	–	–	0,04

U_1 = 0,442 W/(m²K), A_1 = 1,00 m², A_2 = 1,00 m²
$\Delta\theta$ = 20 °C – (–15 °C) = 35 K

s [mm]	Schichtdicke des Bauteils
λ_R [W/(mK)]	Rechenwert der Wärmeleitfähigkeit
R_S [m²K/W]	Wärmeübergangswiderstand (gem. DIN 4108: 1/$_\alpha$)
$\Delta\theta$ [K]	Temperaturdifferenz

Dann wird mit numerischen Methoden der Wärmestrom Φ_2 des Systems ermittelt:

$$\Phi_2 = 34{,}06 \text{ W}$$

Die Differenz der Wärmeströme mit und ohne Querleitung beträgt bei 35 K:

$$\Phi_2 - \Phi_1 = 3{,}12 \text{ W}$$

Daraus resultiert für die linienförmige Wärmebrücke in Ψ-Wert von 0,09 W/(mK).

Die in den folgenden Bildern dargestellte materialbedingte Wärmebrücke lässt sich mathematisch alternativ definieren. Die daraus resultierenden unterschiedlichen WBVK sollen die Beispiele B_1 und B_2 aufzeigen.

Im Beispiel B_1 werden die durch die Querleitung verursachten Wärmeströme den Werten Ψ_1 und Ψ_2 zugeordnet und wie folgt erfasst.

Gemäß DIN 4108 [3] setzt sich der Gesamtwärmestrom Φ_3 des Wandaufbaus nach Bild 1.1.1.1-3 aus folgenden Anteilen zusammen:

$$\Phi_3 = (A_1 \cdot U_1 + A_2 \cdot U_2 + A_3 \cdot U_1) \cdot \Delta\theta$$
$$= 36{,}18 \text{ W}$$

---

[1]**Anmerkung:**
bezogen auf eine Einheitshöhe von l = 1 m

Da bei Φ_3 die Querleitung vernachlässigt wurde, ergibt sich für den mit numerischen Methoden ermittelten Wärmestrom Φ_4 ein größerer Wert:

$$\Phi_4 = 40{,}34 \text{ W}$$

Der durch Querleitung verursachte WBVK insgesamt resultiert aus der Differenz der beiden Wärmeströme. Umgerechnet auf die beiden in Bild 1.1.1.1-3 dargestellten linienförmigen Wärmebrücken verteilt sich der Wert je zur Hälfte:

$$\Psi_1 = \Psi_2 = 0{,}06 \text{ W}$$

Beispiel B_1

außen: – 15 °C

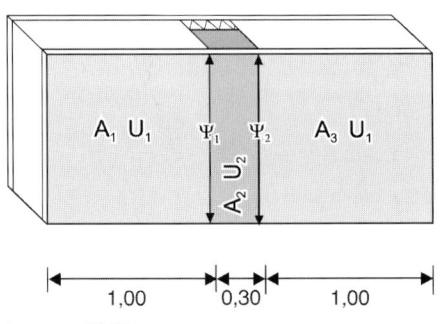

1.1.1.1-3
Materialbedingte, linienförmige Wärmebrücke mit den WBVK Ψ_1 und Ψ_2

Thermische Kenngrößen

Material Bauteil Schicht	s [mm]	λ_R [W/(mK)]	R_S [m² K/W]
Innenluft	–	–	0,13
Innenputz (Gips)	15	0,34	–
Mauerwerk	365	0,18	–
Betonstütze	300	2,1	–
Wärmedämmung	65	0,04	–
Außenputz (Kalk)	20	0,87	–
Außenluft	–	–	0,04

U_1 = 0,442 W/(m²K), A_1 = 1,00 m², A_3 = 1,00 m²
U_2 = 0,499 W/(m²K), A_2 = 0,30 m²
$\Delta\theta$ = 20 °C – (–15 °C) = 35 K

Beispiel B₂

außen: −15 °C

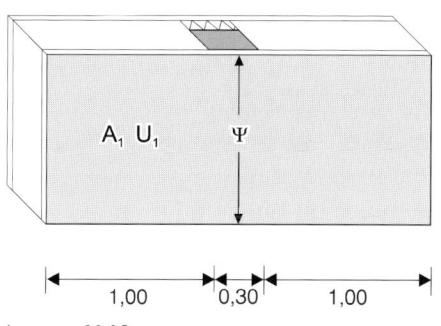

innen: +20 °C

1.1.1.1-4
Materialbedingte, linienförmige Wärmebrücke mit dem WBVK Ψ

Thermische Kenngrößen

Material Bauteil Schicht	s [mm]	λ_R [W/(mK)]	R_S [m² K/W]
Innenluft	–	–	0,13
Innenputz (Gips)	15	0,34	–
Mauerwerk	365	0,18	–
Betonstütze	300	2,1	–
Wärmedämmung	65	0,04	–
Außenputz (Kalk)	20	0,87	–
Außenluft	–	–	0,04

$U_1 = 0{,}442$ W/(m²K), $A_1 = 2{,}30$ m²
$\Delta\theta = 20\,°C - (-15\,°C) = 35$ K

Bild 1.1.1.1-4 zeigt die alternative Definition des Ψ-Wertes. Bei diesem Beispiel wird die Stütze rechnerisch zunächst ignoriert und der Wandaufbau als homogen angenommen. Der WBVK setzt sich deshalb aus zwei Anteilen zusammen, dem aus Querleitung und dem aus der Differenz der U-Werte (Wand/Stütze) resultierenden Wärmestrom.

Der Wärmestrom durch das als homogen angenommene Bauteil beträgt:

$$\Phi_5 = (A_1 \cdot U_1) \cdot \Delta\theta = 35{,}58 \text{ W}$$

Durch die Gesamtkonstruktion fließt – wie beim Beispiel B₁ bereits ausgewiesen – ein Wärmestrom von:

$$\Phi_4 = 40{,}34 \text{ W}$$

Aus der Differenz resultiert für die linienförmige Wärmebrücke ein Ψ-Wert von 0,14 W/(mK).

Diese Beispiele zeigen, wie sehr die Größe der WBVK von ihrer Definition abhängt. Deshalb werden bei den folgenden Konstruktionen jeweils Angaben zu den Bezugsflächen gemacht.

Allgemein ist festzustellen, dass hoch wärmedämmende Systeme zu relativ hohen Ψ-Werten tendieren. Zur wärmetechnischen Bewertung von Konstruktionen ist es deshalb sinnvoll, immer beide Kenngrößen, die Ψ-Werte und die U-Werte, heranzuziehen.

Analog zur Berechnung der linienförmigen Wärmebrückenverlustkoeffizienten werden punktförmige Verluste entweder mit 3-D-Modellen berechnet oder es werden Näherungsverfahren [6] angewandt.

Temperaturfaktor

Für die Beurteilung einer gewählten Konstruktion im Hinblick auf

- thermische Behaglichkeit und
- Gefahr der Schimmelpilz- und Tauwasserbildung

ist es notwendig, die raumseitigen Oberflächentemperaturen der Bauteile zu kennen.

Die rechnerische Bestimmung der raumseitigen Oberflächentemperatur erfolgt normativ in °C und setzt die Angabe der Außen- und der Innentemperatur voraus. Eine so ermittelte Oberflächentemperatur ist auf andere thermische Randbedingungen nicht übertragbar. Es ist daher sinnvoller, in Anlehnung an EN ISO 10211-1 [6] einen dimensionslosen Temperaturfaktor f einzuführen, mit dessen Hilfe die raumseitigen Oberflächentemperaturen bei beliebigen Umgebungstemperaturen berechnet werden können:

$$f_{Rsi} = \frac{(\theta_{si} - \theta_e)}{(\theta_i - \theta_e)}$$

mit

θ_{si}	[°C]	raumseitige Oberflächentemperatur
θ_i	[°C]	Raumlufttemperatur
θ_e	[°C]	Außenlufttemperatur
f	[–]	Temperaturfaktor
$f_{Rsi} = 1$		raumseitige Oberflächentemperatur entspricht der Raumtemperatur
$f_{Rsi} = 0$		raumseitige Oberflächentemperatur entspricht der Außenlufttemperatur
R s i e		Widerstand (engl. resistance) Oberfläche (engl. surface) innen (engl. interior) innen (engl. exterior)

Durch Umstellen der Gleichung kann die raumseitige Oberflächentemperatur wie folgt berechnet werden:

$$\theta_{si} = f_{Rsi} \cdot (\theta_i - \theta_e) + \theta_e$$

Ein f_{Rsi}-Wert von z. B. 0,78 bedeutet bei einer Raumlufttemperatur von 20 °C und einer Außenlufttemperatur von −15 °C eine raumseitige Oberflächentemperatur von:

$$\theta_{si} = 0{,}78 \cdot (20 - [-15]) + (-15) = 12{,}3\,°C$$

1.1.1.2 Wärmedurchgangskoeffizient bei Fenstern

Der Wärmedurchgang bei Fenstern resultiert anteilig aus den U-Werten der Verglasung (U_g) und des Rahmens (U_f) sowie aus der Wärmebrücke im Anschlussbereich der Verglasung.

Die Ermittlung des Wärmedurchgangskoeffizienten von Fenstern (U_w) kann entweder nach der Tabelle 2 in DIN 4108-4 [9] oder durch Messung nach DIN 52619-3 [10] erfolgen:

- In der Tabelle 2 der DIN 4108-4 werden die Fensterrahmen in Materialgruppen 1 bis 3 eingeteilt. Ohne besonderen Nachweis werden Holz- und Kunststoffprofile in die Rahmenmaterialgruppe (RMG) 1 ($U_f \leq 2{,}0$ W²K) eingestuft. Für Rahmenmaterialien, die nicht in den o. g. Gruppen erfasst sind, ist ein Nachweis durch ein Messverfahren nach DIN 52619-3 [10] erforderlich. Rechnerisch zulässige U_g-Werte der Verglasungseinheiten können den – von den Herstellern der Verglasungseinheiten veranlassten – Prüfberichten entnommen werden. Zur normativen Bestimmung der Wärmedurchgangskoeffizienten liegen seit Januar 1999 zwei neue DIN EN-Normen [11] vor. Die normativ ausgewiesenen U_w-Werte basieren auf einem pauschalen Rahmenflächenanteil an der Gesamtfensterfläche von 30 %.

- Beim Prüfverfahren nach DIN 52619-3 wird der U_w-Wert durch Messung der Gesamtkonstruktion bei einer Fenstergröße von 123 cm × 148 cm ermittelt.

Die Einstufung nach Tabelle ist in der Handhabung einfach. Sie führt aber durch die pauschale Gruppierung der Rahmen, die pauschale Festsetzung der Flächenanteile und die Vernachlässigung der Wärmebrückenverluste im Anschlussbereich der Verglasung zu pauschalen U_w-Werten. Die Alternative, nämlich die Messung eines konkreten Systems einschließlich Verglasung, ist genauer, aber auch aufwändiger.

Allerdings bezieht sich dieses Verfahren auf eine normativ vorgegebene Fenstergröße. Dadurch ist die Übertragung von Messwerten auf andere Fensterformate nicht möglich.

Weitere, komplexere Verfahren zur rechnerischen Bestimmung von U_w-Werten sind gegenwärtig für die Normung auf europäischer Ebene in Vorbereitung. [12], [13] Danach erfolgt zukünftig bei Fenstern eine genauere Bestimmung der U-Werte. Neben dem U-Wert des Rahmens und dem der Verglasung wird zusätzlich die Wärmebrücke des Anschlussbereiches der Verglasung einbezogen. Diese Wärmebrücke ist abhängig von der Bauart der Mehrscheibenverglasung und der Bauart des Rahmens. Die U_w-Berechnung erfolgt dann mit den jeweiligen Flächenanteilen und U-Werten der Verglasungseinheit, des Rahmens sowie dem WBVK der linienförmigen Wärmebrücke Verglasung / Rahmen mit seiner Umfangslänge (Länge der Glashalteleisten). Dadurch werden die U_w-Werte je nach Fenstergröße und spezifischem Flächenverhältnis Verglasung / Rahmen trotz gleicher Fenstersysteme differieren.

Die U-Werte der folgenden Fensterkonstruktionen resultieren aus diesem Verfahren und beziehen sich – einschließlich der linienförmigen Wärmebrückenverluste Verglasung / Rahmen – auf die Standardfenstergröße von 1,23 m × 1,45 m.

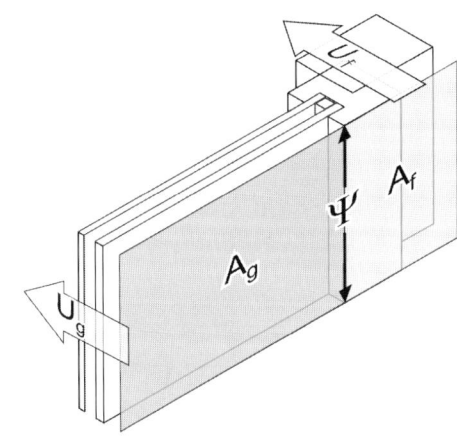

1.1.1.2-1
Schaubild Fenster zur Veranschaulichung der energetischen Kenngrößen

$$U_W = \frac{U_f \cdot A_f + U_g \cdot A_g + \Psi \cdot l}{A_f + A_g}$$

mit

U_w	[W/(m²K)]	Wärmedurchgangskoeffizient des Fensters
U_f	[W/(m²K)]	Wärmedurchgangskoeffizient des Rahmens
U_g	[W/(m²K)]	Wärmedurchgangskoeffizient der Verglasung
Ψ	[W/(mK)]	Wärmebrückenverlustkoeffizient (Verglasung/Rahmen)
l	[m]	Umfangslänge der Glashalteleisten
A_f	[m²]	projizierte Rahmenfläche
A_g	[m²]	Fläche der Verglasung
w		Fenster (engl. window)
f		Rahmen (engl. frame)
g		Verglasung (engl. glazing)

1.1.1.3 Transmissionswärmeverlust und Wärmebrückenverlustkoeffizient

Die Transmissionswärmeverluste konkreter Baukonstruktionen lassen sich mit den gemäß DIN 4108 [3] bestimmten U-Werten einschließlich der zugehörigen wärmeübertragenden Flächen und der WBVK ermitteln. Das soll am Beispiel einer Gebäudeecke, Bild 1.1.1.3-1, exemplarisch veranschaulicht werden. Die Definition der WBVK erfolgt über Innenmaße.

Der Wärmestrom, der in diesem Fall durch die wärmeübertragenden Hüllflächen nach außen fließt, berechnet sich wie folgt:

$$\Phi_{ges} = (U_{Wand} \cdot A_{Wand} + U_W \cdot A_W + \Psi_1 \cdot l_1 + \Psi_2 \cdot l_2 + \Psi_3 \cdot l_3 + \Psi_4 \cdot l_4 + \Psi_5 \cdot l_5 + \chi_1 + \chi_2) \cdot \Delta\theta$$

Der Anteil der Transmissionswärmeverluste, der aus punktförmigen Wärmebrücken resultiert, ist in der Regel sehr gering. Er wird in diesem Werk bis auf eine Ausnahme vernachlässigt. Die Ausnahme bildet das Konstruktionsbeispiel C 3.2.2.

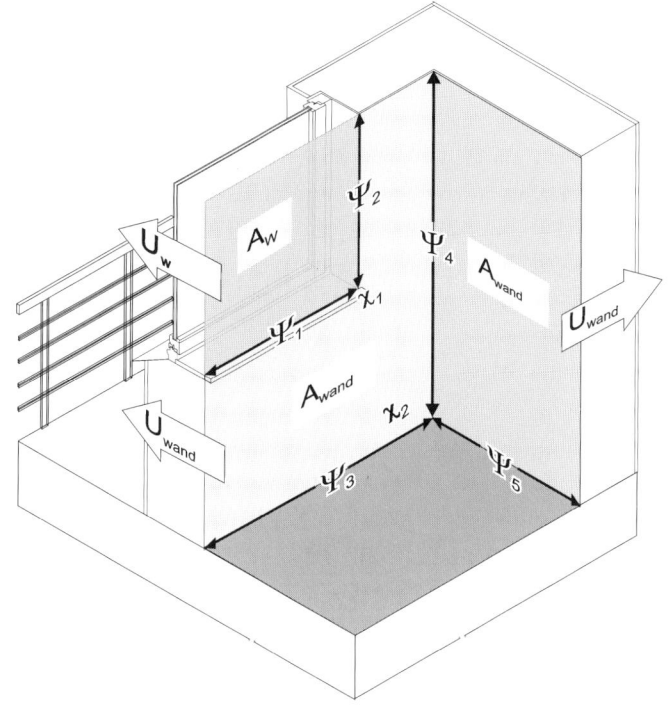

1.1.1.3-1
Schaubild Gebäudeecke mit Fenster, Veranschaulichung der energetischen Kenngrößen

Hinweise zum Vorgehen

Die Ermittlung von WBVK und Temperaturfaktoren gestaltet sich schwierig, da gegenwärtig verbindliche normative Festlegungen noch fehlen. In den vorliegenden Normentwürfen werden für die Ermittlung thermischer Kennwerte teilweise so komplexe Randbedingungen formuliert, wie sie nur bei konkreten Bauobjekten vorliegen können. Dieses Vorgehen ist für die hier durchgeführte Betrachtung von Teilsystemen nicht geeignet.

Soweit nicht anders angegeben, entsprechen die den Materialien zugeordneten Stoffwerte der DIN V 4108-4 [9]. Bei stehenden Luftschichten wird mit einer äquivalenten Wärmeleitfähigkeit gemäß DIN V 4108-4 und DIN EN ISO 10077-2 [13] gerechnet. Die Festlegung der Wärmeleitfähigkeit des Erdreiches $\lambda = 2{,}0$ W/(mK) erfolgt in Anlehnung an EN ISO 10211-1 [6]. Zur Ermittlung der WBVK werden die Wärmeübergangswiderstände gemäß DIN V 4108-4 eingesetzt.

Bei der Ermittlung der Temperaturen (Temperaturfaktoren) auf den Innenoberflächen der Bauteile wird mit einem erhöhten Widerstand (R_{si}-Wert) gerechnet, da wegen der eingeschränkten Konvektion der niedrige normative Wert häufig zu unrealistisch günstigen Werten führt. Außerdem werden anstelle der Wärmeübergangswiderstände äquivalente Luftschichten gewählt. Die modellierten Luftschichten erlauben die Darstellung der Isothermen auch außerhalb der Bauteile. Die eingesetzte innere Luftschicht entspricht bei flächigen Bauteilen – in Anlehnung an die Novellierung der DIN 4108 – einem R_{si}-Wert von 0,25 m²K/W. Mit modellierten Luftschichten führt dieses Vorgehen in Ecken, Nuten etc. – durch die Geometrie bedingt – zu eingeschränkter Konvektion und vergleichsweise niedrigen Oberflächentemperaturen. Wird statt der Modellierung mit entsprechenden Wärmeübergangswiderständen gerechnet, fallen die Oberflächentemperaturen höher aus. Das ist beim Vergleich von f-Werten zu berücksichtigen.

Bei allen Bauteilen, die mehr als zwei Umgebungstemperaturen ausgesetzt sind, wie z. B. bei erdberührenden Bauteilen, basieren die Randbedingungen auf denen von Hauser (Wärmebrückenatlas, CD-ROM, 1998).

Die Berechnung der Wärmebrücken und Temperaturfaktoren erfolgt nach der Finite-Differenzen-Methode (FDM). Bei geometrisch komplizierten Konstruktionen werden Berechnungen auch mithilfe der Finite-Elemente-Methode (FEM) durchgeführt. In diesem Zusammenhang wird auf die weiterführende Literatur [14], [15] verwiesen.

1.1.2 Lüftungswärmeverlust

Mit zunehmend höherem Wärmeschutzniveau der Bauteile, d.h. mit zunehmend niedrigeren U-Werten der thermischen Gebäudehüllfläche, steigt der prozentuale Anteil der Lüftungswärmeverluste am Jahres-Heizwärmebedarf. Bei der energetischen Optimierung von Gebäuden ist deshalb die Eingrenzung der Lüftungswärmeverluste von großer Relevanz.

Die Lüftungswärmeverluste resultieren aus:

- dem hygienisch und bauphysikalisch notwendigen Luftaustausch
- den Strömungsvorgängen im Gebäude, die durch mangelhafte Luftdichtheit der Gebäudehülle (Infiltration) verursacht werden.

Notwendiger Luftwechsel

Die WSchV 1995 sieht für die Ermittlung des Lüftungswärmebedarfs die Luftwechselzahl von 0,8 h^{-1} vor, d.h., 80% der Raumluft werden je Stunde gegen Außenluft ausgetauscht. Diese aus hygienischen und bauphysikalischen Gründen geforderte Lüftung soll – dem jeweiligen Bedarf angepasst – Luftschadstoffe und überschüssige Luftfeuchtigkeit abführen. Das kann mit entsprechendem Bedienungsaufwand manuell durch Feinlüftungseinrichtungen der Fenster erfolgen. Mit einer mechanischen Lüftungsanlage erfolgt die Lüftung der Räume bedarfsabhängig präziser und in der Bedienung einfacher. Diese Ergänzung zur Fensterlüftung ist bereits heute in vielen Niedrigenergiehäusern anzutreffen.

Für den Wohnungsbau bieten sich zwei Arten von Lüftungsanlagen [16] an:

- Abluftanlagen
- Zu- und Abluftanlagen.

Das System der Abluftanlage arbeitet nach dem Prinzip der Unterdrucklüftung und erfordert relativ geringe Investitionskosten. Die mit Sensoren ausgestatteten Zuluftelemente bzw. Lüfter erlauben eine kontrollierte und selbsttätig geregelte Wohnungslüftung in Abhängigkeit von der Luftfeuchtigkeit in den Innenräumen.

Soll aus der Abluft Wärme für die Zulufterwärmung zurückgewonnen werden, sind deutlich aufwendigere Lüftungsanlagen mit Zu- und Abluftkanälen einschließlich Wärmetauscher notwendig (siehe Bild 1.1.2-1).

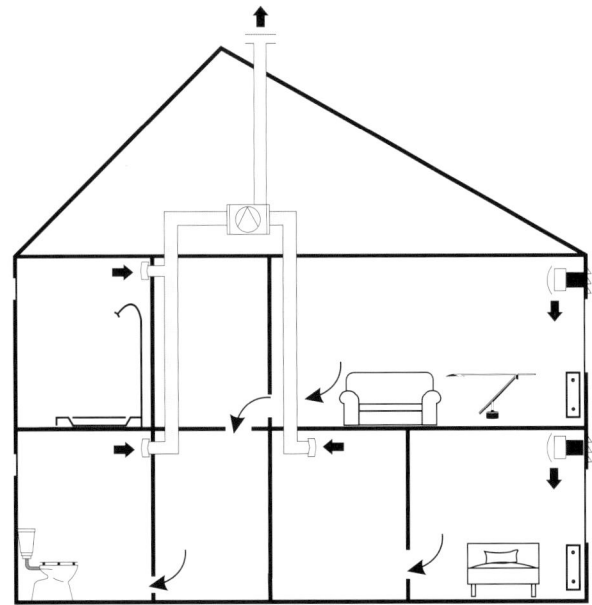

1.1.2-1.1 Schema einer Abluftanlage

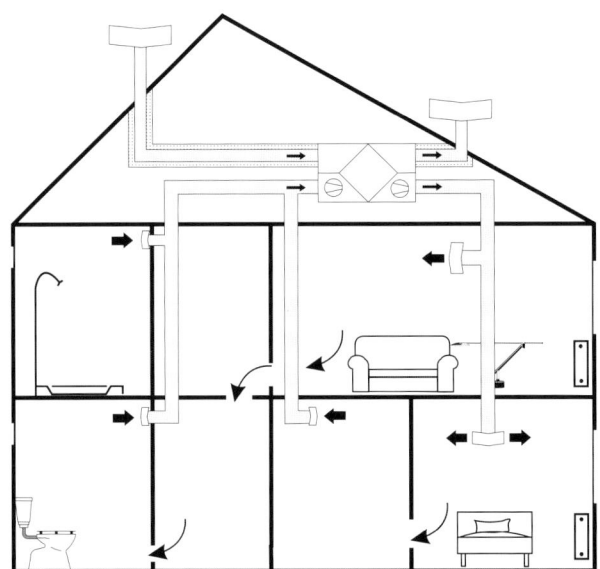

1.1.2-1.2 Schema einer Zu-/Abluftanlage

1.1.2-1
Mechanische Lüftungsanlagen (nach [17])

Luftdichtheit

Zur Eingrenzung der Lüftungswärmeverluste bei Gebäuden, die ihre Ursache in Infiltrationen haben, finden sich in der WSchV 1995 (§ 4) konkrete Anforderungen:

- Bei Fenstern, Fenstertüren und Außentüren dürfen die Fugendurchlasskoeffizienten (a-Werte) die Werte 1,0 bzw. 2,0 m³/(h · m · daPa$^{2/3}$) nicht überschreiten.
- Die sonstigen Fugen des Baukörpers müssen entsprechend dem Stand der Technik dauerhaft luftundurchlässig abgedichtet sein. Bei wärmeübertragenden Umfassungsflächen aus gestoßenen, überlappenden oder plattenartigen Bauteilen ist eine luftundurchlässige Schicht über die gesamte Fläche einzubauen.

Gemäß DIN 18055 [20] kennzeichnet der a-Wert die Luftdurchlässigkeit der Fugen zwischen Blendrahmen und Flügel bei Fenstern etc. in m³ Luft pro Stunde und pro m Fugenlänge bei einer Prüfdruckdifferenz (Δ_P) von 10 Pa. Ein kleiner a-Wert bedeutet wenig Luftdurchgang. Die nach der WSchV 1995 maximal zulässigen Fugendurchlasskoeffizienten von a = 1,0 bzw. 2,0 m³/(h · m · daPa$^{2/3}$) sind nach Gebäudehöhen differenziert, weil mit zunehmender Höhe die Windbelastung ansteigt.

Die Luftdurchlässigkeit von Gebäuden bzw. Gebäudeteilen kann durch eine Druckdifferenz-Prüfung mit einer so genannten *Blower-Door* zahlenmäßig bestimmt werden. Dazu werden die Räume einer Druckdifferenz zwischen innen und außen von 50 Pa ausgesetzt. Der dabei auftretende Luftvolumenstrom (n_{50}-Wert) soll bei Gebäuden mit natürlicher Lüftung (freie Fensterlüftung), bezogen auf das Raumvolumen 3 h^{-1} bzw. bezogen auf die Netto-Grundfläche 7,5 m³/(m² · h), nicht überschreiten. Bei Gebäuden mit raumlufttechnischen Anlagen (auch einfachen Abluftanlagen) soll der Strom, bezogen auf das beheizte Luftvolumen 1 h^{-1} bzw. bezogen auf die Nettogrundfläche 2,5 m³/(m² · h) nicht überschreiten. [18]

Nach einem Entwurf zur EnEV (Referentenentwurf zur Energieeinsparverordnung, 28.06.1999) soll bei Gebäuden mit raumlufttechnischen Anlagen der genannte Wert von 1 h^{-1} auf 2 h^{-1} angehoben werden.

Während die geforderten a-Werte der Fenster bisher häufig noch unterschritten wurden, haben Untersuchungen gezeigt, dass die geforderte Luftdichtheit [18] der thermischen Hüllfläche – von Niedrigenergiehäusern abgesehen – nur selten erreicht wurde. [19]

Dabei ist zu beachten, dass die Luftdichtheit außer für den Wärmeschutz auch für das Tauwasserrisiko in den Konstruktionen von Bedeutung ist. Im Vergleich zum Feuchtigkeitstransport durch Wasserdampfdiffusion kann deutlich mehr Wasser durch Wasserdampfkonvektion transportiert werden, wenn Undichtheiten feuchtwarmer Luft den Zugang in die Konstruktion ermöglichen.

Deshalb sind bereits bei der Planung – aber auch bei der Ausführung – verstärkt konzeptionelle Überlegungen notwendig, um die geforderte Luftdichtheit der Baukonstruktionen zu erreichen. Das gilt für Skelettkonstruktionen wie den Holzbau, aber auch ganz allgemein für die üblichen Holzkonstruktionen geneigter Dächer.

Bei diesen Bauteilen müssen gezielt Bauteilschichten als Luftsperren mit entsprechenden Anschlüssen konzipiert und realisiert werden. Häufig lassen sich die Anforderungen zum Schutz gegen Wasserdampfdiffusion (Dampfsperre) mit denen zur Luftdichtheit durch eine Bauteilschicht erfüllen. Die Materialien und die Anschlussdetails der Luftdichtheitsschicht sind bereits bei der Planung festzulegen. Jeder Materialwechsel im Luftdichtheitssystem erhöht den Planungs- und Realisierungsaufwand. Stöße und Überlappungen sind zu minimieren, Verklebungen erfordern saubere Klebeflächen und müssen auch langfristig funktionssicher sein. Beim Einsatz von Dichtungsbändern erfordert die Luftdichtheit eine ausreichende Kompression. Die Anpresslatten zur Sicherung von

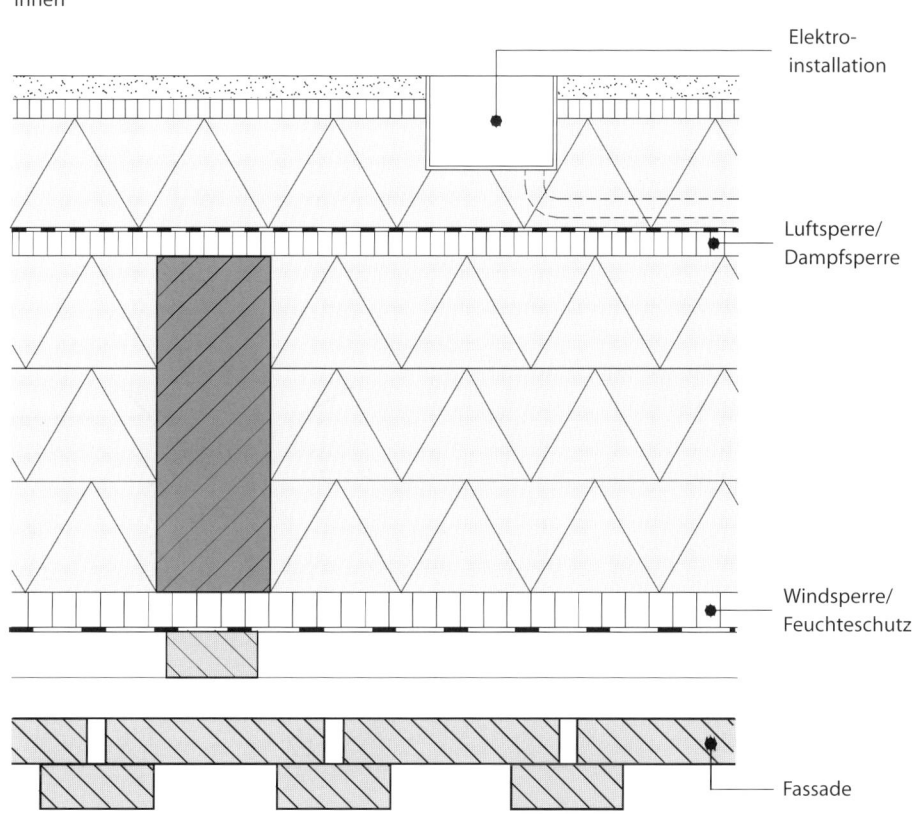

1.1.2-2
Holzständeraußenwand mit innenraumseitig angeordneter Installationsschale (Horizontalschnitt)

Stößen und Anschlüssen sind deshalb zu verschrauben. Durchdringungen der Luftdichtheitsschicht sind zu minimieren. Zur Aufnahme von Installationen sollen gemäß DIN V 4108-7 [18] Installationsschalen raumseitig vor der Luftdichtheitsschicht eingeplant werden. Diese technisch optimale Lösung wird bei einigen Außenwandsystemen in Holzständerbauweise seit Jahren praktiziert (siehe Bild 1.1.2-2). Damit lassen sich die bisher immer wieder, insbesondere durch Elektroinstallationen, aufgetretenen Mängel der fehlerhaften Luft- und Winddichtung vermeiden.

Eine möglichst niedrige Luftwechselrate infolge Infiltration – also eine hohe Luftdichtheit – ist insbesondere bei Lüftungsanlagen unverzichtbar, damit unkontrollierte Lüftung über Fugen unterbleibt und die beabsichtigte Luftführung erreicht wird.

Winddichtheit

Die WSchV 1995 benutzt den Begriff Winddichtheit nicht. Sie fordert in § 4 nur allgemein eine luftundurchlässige Abdichtung der wärmeübertragenden Umfassungsfläche. Für die Entwicklung und Beschreibung von Baukonstruktionen ist es aber hilfreich, zwischen Luftsperre (innen) und Windsperre (außen) zu unterscheiden. Die Funktionen Luft- und Dampfsperre werden häufig von einer Bauteilschicht übernommen.

Die Winddichtheit muss gewährleisten, dass bei Windangriff die energetische Wirksamkeit von Wärmedämmungen möglichst wenig beeinträchtigt wird. Das gilt insbesondere für Dämmstoffschichten. Eine Durchlüftung oder gar Hinterlüftung dieser Schichten muss vermieden werden.

Bei Skelettkonstruktionen wie der Holzständerbauweise, aber auch bei Sparren im Dachbereich sind winddichte Konstruktionen nur mit äußeren Windsperren einschließlich sorgfältiger Detailanschlüsse zu erreichen.

1.1.3 Passive Nutzung der Sonnenenergie

Die Nutzung der Sonnenenergie bezeichnet man als passiv, wenn sie primär durch bauliche Maßnahmen erfolgt. Auch in unserem mitteleuropäischen Klima können – bei energetisch entsprechend konzipierten Gebäuden – die direkte und die diffuse Sonnenstrahlung dazu beitragen, den Heizenergiebedarf merklich zu reduzieren.

Strahlungsgewinn bei transparenten Bauteilen

Verglasung

Eine wichtige bauliche Maßnahme zur Nutzung der Sonnenenergie ist die Orientierung der Fenster und Fenstertüren zur Sonne.

Die Verglasung soll für Sonnenenergie möglichst transparent sein. Diese Fähigkeit des Glases wird bauphysikalisch durch den Gesamtenergiedurchlassgrad (g-Wert) gekennzeichnet. Er gibt an, wie viel von der auftreffenden Strahlungsenergie durch das Glas in das Gebäude gelangt. Bild 1.1.3-1 veranschaulicht das exemplarisch.

Bei transparenten Bauteilen ist deshalb – in Abhängigkeit von der Ausrichtung zur Sonne – zwischen Energieverlusten und Energiegewinnen zu optimieren. Dazu müssen der U-Wert und der g-Wert der Verglasung bekannt sein. Eine Gegenüberstellung dieser Werte bei verschiedenen Gläsern zeigt Bild 1.1.3-2.

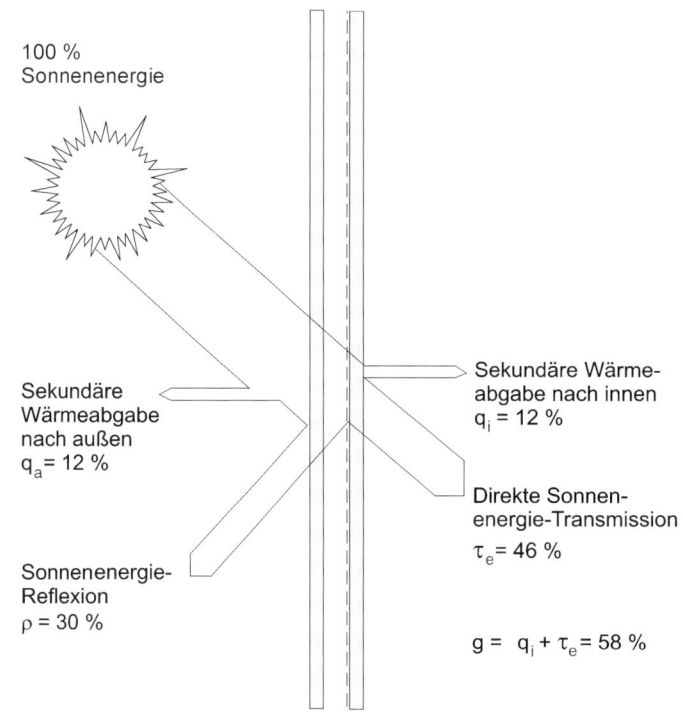

1.1.3-1
Aufteilung der Energieeinstrahlung bei i plus neutral R, Gesamtenergiedurchlassgrad g = 58 %

1.1 Wärmeschutz im Winter

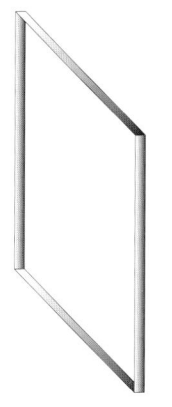

außen

Einfachglas
U_g = 5,8 W/(m²K)
g = 87 %

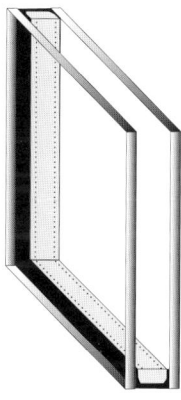

Mehrscheibenisolierglas
mit Luftfüllung
Scheibenabstand 10–16 mm
U_g = 3,0 W/(m²K)
g = 77 %

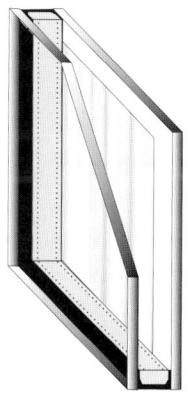

Wärmeschutzglas,
Mehrscheibenisolierglas
mit Edelmetallbeschichtung
und Luftfüllung
U_g = 1,8 W/(m²K)
g = 72 %

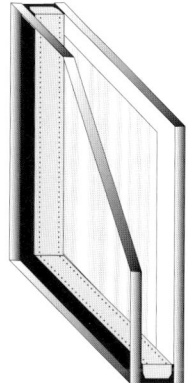

Wärmeschutzglas,
Mehrscheibenisolierglas
mit Edelmetallbeschichtung
und Edelgasfüllung
U_g = 1,2 W/(m²K)
g = 58 %

1.1.3-2
Beispiele unterschiedlicher Verglasungseinheiten mit U- und g-Werten

Nach der WSchV 1995 dürfen solare Wärmegewinne berücksichtigt werden, wenn der Glasflächenanteil des Bauelements mehr als 60 % beträgt. Die bilanzierende Erfassung der Wärmeverluste und Wärmegewinne erfolgt entweder getrennt oder zusammengefasst mittels äquivalenter U-Werte (U_{eq}). Die kombinierte Erfassung erfolgt nach folgender Formel:

$$U_{eq,w} = U_w - g \times S_w$$

S_w Koeffizient für solare Wärmegewinne abhängig von der Himmelsrichtung

U_w U-Wert des Fensters

Die Größen der solaren Wärmegewinne (S_w) und ihre Zuordnung zur Himmelsrichtung zeigt Bild 1.1.3-3.

Für die effektive Nutzung der eingestrahlten Energie ist das Wärmespeichervermögen der Gebäude relevant. Dabei sind schwere raumseitige Bauteilschichten bis zu einer Tiefe von 8 bis 10 cm wirksam, insbesondere wenn sie direkt angestrahlt werden, wie Fußböden und Wände.

Wie sich der U-Wert eines Fensters durch Strahlungsgewinne verändert und zum $U_{eq,w}$-Wert wird, zeigt das folgende Beispiel:

Fenster der Rahmenmaterialgruppe 1 (gemäß DIN 4108) [9] mit Wärmeschutzverglasung:

U_g-Wert	=	**1,3 W/(m²K)** [21];
g-Wert	=	**62 %** [21]:
U_w-Wert (gemäß DIN 4108 bzw. WSchV 1995)	=	**1,4 W/(m²K)**
$U_{eq,w,Nord}$ = 1,4 − 0,62 × 0,95 =		**0,81 W/(m²K)**
$U_{eq,w,Ost/West}$ = 1,4 − 0,62 × 1,65 =		**0,38 W/(m²K)**
$U_{eq,w,Süden}$ = 1,4 − 0,62 × 2,40 =		**− 0,09 W/(m²K)**

Bei der Fensterausrichtung nach Süden ist der U_{eq}-Wert negativ. Hier sind – bilanziert über die Heizperiode – die Gewinne größer als die Verluste. Dieses interessante Ergebnis sollte aber bei der Fensterplanung nicht vergessen lassen, dass in unserem Klima in den Monaten Dezember / Januar die niedrigsten Außentemperaturen herrschen.

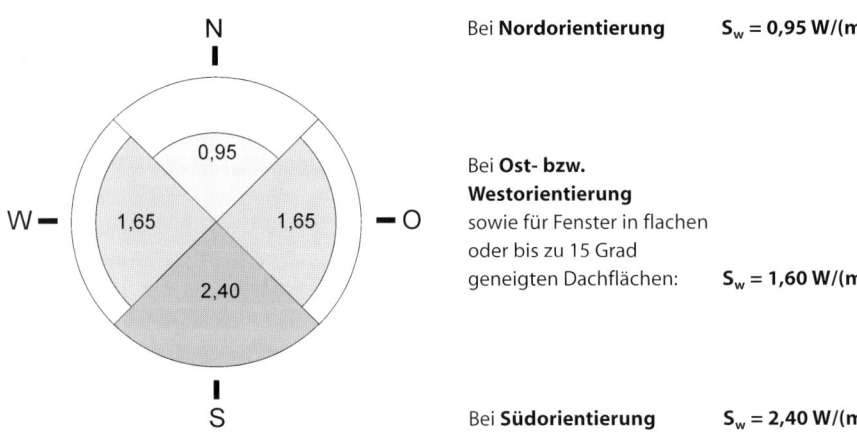

Bei **Nordorientierung**	$S_w = 0{,}95\ W/(m^2K)$
Bei **Ost- bzw. Westorientierung** sowie für Fenster in flachen oder bis zu 15 Grad geneigten Dachflächen:	$S_w = 1{,}60\ W/(m^2K)$
Bei **Südorientierung**	$S_w = 2{,}40\ W/(m^2K)$

1.1.3-3
Strahlungsgewinne je Himmelsrichtung nach WSchV 1995

In dieser Zeit ist das solare Strahlungsangebot sehr gering. Außerdem setzt eine solche Energieeinsparung voraus, dass bei tiefem Sonnenstand die Einstrahlung in die Räume von den Nutzern auch akzeptiert wird, d. h., dass sich Holzoberflächen, Textilien, Bilder etc. verändern dürfen (siehe auch Abschnitt 1.2).

Weitere Einzelheiten zum Wärmeschutznachweis nach der WSchV 1995 siehe Projekt E 1.4, Wohn- und Atelierhaus.

Transparente Wärmedämmung (TWD)

Für die passive Solarenergienutzung können je nach Situation neben Verglasungen auch transparente Wärmedämmungen eingesetzt werden. Diese zeichnen sich durch eine hohe Lichtdurchlässigkeit aus. Im Hinblick auf Transparenz und Wärmedämmung weisen Kunststoffmaterialien (PC oder PMMA) in Kapillar- oder Wabenstruktur mit Zelldurchmessern von 1 bis 3 mm gute Eigenschaften auf. Ihr Einsatz erfolgt in Platten (Dicken zwischen 60 bis 120 mm) direkt auf der Fassade oder in Rahmenkonstruktionen.

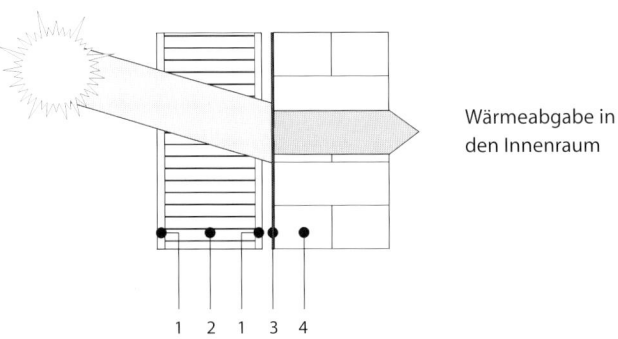

1.1.3-4.1 TWD-Glasfassade

Dünnwandige Glasröhrchen mit Wanddicken von ca. 0,1 mm und Zellweiten von 7 mm zeigen in zweiseitig eingeschlossenen verglasten Rahmenkonstruktionen gleiche energetische Eigenschaften. Im Gegensatz zu den Kunststoffen sind sie bis zu Temperaturen von über 100 °C einsetzbar und erfüllen auch Brandschutzanforderungen.

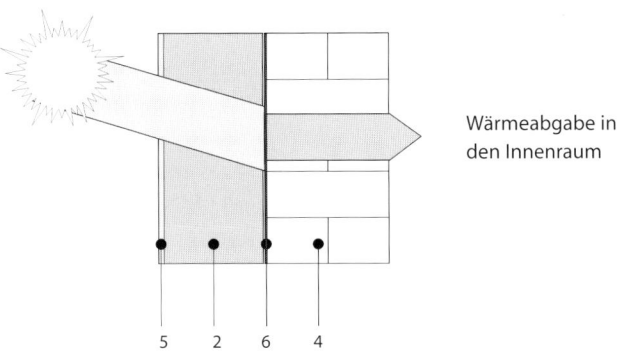

1.1.3-4.2 TWD-Verbundsystem

1.1.3-4
Systeme transparenter Wärmedämmung im Aufbau (Prinzipskizzen)

1 Glas
2 TWD
3 Absorber (dunkel)
4 Wand, z. B. Mauerwerk
5 Glasputz
6 Klebeschicht / Absorber (dunkel)

Wirkungsprinzip:
Die Solarstrahlung gelangt durch die Abdeckung und durch das transparente Dämmmaterial auf die »dunkel« eingefärbte Wand, wird hier absorbiert und in Wärme umgewandelt. Die Temperatur der Außenwand erhöht sich und es kommt zu einer Wärmeabgabe in den Innenraum. Je nach Wanddicke und -material erhöht sich die Temperatur der Wandinnenfläche mit einer Zeitverzögerung von etwa 4 bis 7 Stunden.

1.2 Wärmeschutz im Sommer

Ziel des baulichen Wärmeschutzes für den Sommer ist es, das schnelle und zu hohe Anwachsen der Lufttemperatur in den Innenräumen zu vermeiden. Das Innenraumklima soll trotz steigender Außentemperaturen behaglich bleiben.

Die Norm [22] macht zum sommerlichen Wärmeschutz bisher keine quantitativen Auflagen. Aber sie gibt Empfehlungen zum Anteil der Fensterflächen an den Fassaden in Verbindung mit dem g-Wert der Verglasung, den Lüftungsmöglichkeiten und der Bauart des Gebäudes (leicht oder schwer).

Bei der Erwärmung der Innenräume spielen die Fenster wegen ihrer spezifischen Transparenz gegenüber der Sonnenstrahlung eine wesentliche Rolle. Während in der Heizperiode möglichst viel des solaren Strahlungsangebotes für die Raumerwärmung genutzt werden soll, also ein hoher g-Wert angestrebt wird, kann im Sommer die Energiedurchlässigkeit der Verglasung das Innenraumklima erheblich belasten.

Für den Wärmeschutz im Sommer bieten sich deshalb als Steuerungsmittel für den Energiedurchgang Sonnenschutzmaßnahmen an. Neben dem schon genannten Fensterflächenanteil und dem g-Wert der Verglasung stehen unterschiedliche Schutzeinrichtungen zur Wahl. Sie können innen oder wirksamer außen liegen, beweglich oder starr sein. Auch Vegetation kann mit ihren Blättern – in sorgfältiger Abstimmung mit dem Wärmeschutz im Winter – gegen unerwünschte Sonneneinstrahlung genutzt werden.

Das Ansteigen der Lufttemperatur in den Innenräumen ist außerdem von der Wärmespeicherfähigkeit der Innenbauteile abhängig. In dieser Hinsicht sind die schweren Massivkonstruktionen den leichten Holzskelettkonstruktionen überlegen. Bei Schichtkonstruktionen sollen die eingebauten speicherfähigen Massen das Innenraumklima positiv beeinflussen. Sie dürfen deshalb nicht durch Dämmschichten thermisch abgekoppelt werden.

Eine weitere Möglichkeit, das unerwünschte Ansteigen der Innenraumtemperatur im Sommer zu bremsen, ist das Lüften. Insbesondere in kühlen Nachtstunden kann Wärmeenergie durch Lüftung abgeführt werden. Dazu sind die in Abschnitt 1.1.2 angesprochenen mechanischen Lüftungsanlagen sehr wirksam einzusetzen. Aber auch die bisher übliche freie Fensterlüftung kann dies – als Querlüftung – effektiv leisten.

2 Tauwasserschutz

Gebäude müssen so konstruiert werden, dass bei sachgemäßer Nutzung Tauwasserschäden vermieden werden. Bei nicht klimatisierten Räumen mit Wohn- bzw. Büronutzung (Klimabedingungen gemäß DIN 4108-3 [23]) bestehen Tauwasserrisiken in der Regel nur im Winter während der Heizperiode, wenn feuchtwarme Raumluft mit kalten Flächen in Berührung kommt. Eine Ausnahme davon bilden Räume mit Außenwänden und Fußböden im Erdreich, z. B. Räume in Untergeschossen. Bei ihnen besteht das größere Tauwasserrisiko außerhalb der üblichen Heizperiode. Die Ursache dafür ist der hohe Wassergehalt der Außenluft im Sommer. Diese Erscheinung wird deshalb auch *Sommerkondensation* genannt. [24]

In der DIN 4108-3 wird der Tauwasserschutz – der Schutz gegen unzulässige Tauwasserbildung im Hochbau – unter *klimabedingter Feuchteschutz* behandelt und nach Tauwasserbildung auf Oberflächen von Bauteilen und Tauwasserbildung im Innern von Bauteilen differenziert.

2.1 Tauwasserbildung auf Innenraumbauteilen

Eine zu geringe Oberflächentemperatur der Bauteile bzw. eine zu hohe Luftfeuchtigkeit führen zum Tauwasserniederschlag auf der Oberfläche der Innenraumbauteile. Für die Oberflächentemperatur sind primär der U-Wert des Bauteils und – freie Konvektion vorausgesetzt – die Temperatur der Innenraumluft maßgebend. Da die Temperierung der Räume und die Höhe der Luftfeuchtigkeit in der Regel vom Nutzer gesteuert werden, ist für die bautechnische Planung vorrangig der U-Wert der Bauteile relevant. Das Tauwasserrisiko ist bei zeitgemäßem Wärmeschutzniveau der thermischen Hüllfläche und sachgerechter Nutzung der Räume gering.

Kritische Bereiche stellen die Wärmebrücken dar. Sie sind deshalb schon bei der Planung soweit wie möglich zu minimieren. Das gilt auch für Sanierungsmaßnahmen.

Insbesondere nach dem Austausch alter gegen neue Fenster treten häufig Schimmelpilzbildung und Oberflächentauwasser auf. Die Ursachen dafür liegen vorrangig in der höheren Dichtheit und an den fehlenden Feinlüftungsmöglichkeiten der neuen Fenster sowie an den wärmetechnischen Schwachstellen der alten Bausubstanz.

Die größere Luftdichtheit der neuen Fenster resultiert u. a. aus den Auflagen der WSchV. Sie fordert Fugendurchlasskoeffizienten (a-Werte), die nicht überschritten werden dürfen.

In der Baupraxis kommt es häufig zu Schwierigkeiten, wenn die geforderten relativ niedrigen a-Werte von den Systemherstellern noch unterschritten werden. Deshalb steigt in vielen Altbauwohnungen nach einem Fensteraustausch die relative Luftfeuchtigkeit an, wenn die Nutzer ihr Lüftungsverhalten nicht entsprechend ändern. Diese Problematik verschärft sich, wenn nicht ausreichend geheizt wird.

Bei der heute noch üblichen freien Fensterlüftung sind kurzzeitige Erhöhungen der relativen Luftfeuchtigkeit über den Regelwert hinaus nicht auszuschließen. Der den Wärmeschutzmindestwerten gemäß DIN 4108 [3] zugrunde liegende Regelwert der relativen Raumluftfeuchtigkeit (r.L.) beträgt etwa 60% (Temperaturfaktor 0,76), siehe Abschnitt 1.1.1.1. Schimmelpilzbildung auf Bauteiloberflächen kann bereits bei 80% r.L. und nicht erst bei Tauwasserausfall auftreten. [25] Es ist deshalb anzustreben, dass die Oberflächen der Innenbauteile als Puffer erhöhte Feuchtigkeit vorübergehend speichern können. Dafür eignen sich besonders Gipsbaustoffe und Holz. Ihre Sorptionsfähigkeit sollte durch Beschichtungen möglichst wenig beeinträchtigt werden.

2.1.1 Sommerkondensation

Bei wohnähnlich genutzten Räumen in Unter- bzw. Kellergeschossen besteht vorrangig im Frühjahr und im Frühsommer ein spezifisches Tauwasserrisiko. [26] Das hat folgende Ursachen: Nach einer Winterperiode erwärmen sich die Außenluft und das Erdreich unterschiedlich schnell. Die Erwärmung der Untergeschossbausubstanz erfolgt – analog zum angrenzenden Erdreich – deutlich später und geringer als bei den übrigen Geschossen, die von Luft umgeben sind.

Häufig wird bei entsprechend hohen Außenlufttemperaturen im Frühjahr versucht, die noch kühle Bausubstanz des Untergeschosses durch intensives Lüften zu erwärmen. Dadurch entsteht ein hohes Tauwasserrisiko bis hin zum Tauwasserniederschlag, die Sommerkondensation. Fehlende Sonneneinstrahlung und / oder nur temporäre Nutzung und Beheizung der Untergeschossräume verstärken diese Problematik.

Deshalb sollte die Bausubstanz durch entsprechende Beheizung so erwärmt werden, dass das Tauwasserrisiko minimiert wird. Bautechnisch ist es hilfreich, die wärmespeichernden Massen in den betreffenden Räumen möglichst gering zu halten. Innen angeordnete Dämmschichten sollten mit relativ dünnen und leichten Putz- bzw. Estrichschichten abgedeckt werden.

2.2 Tauwasserbildung in Bauteilen

Im Winterhalbjahr enthält die Innenraumluft in der Regel deutlich mehr Feuchtigkeit als die Außenluft. Aus diesem Konzentrationsgefälle resultiert die Wasserdampfdiffusion. Der Wasserdampf wandert von der warmen Innenseite durch das Bauteil zur kalten Außenseite. Wenn sich der Wasserdampf auf dem Weg durch das Bauteil unter seine Tautemperatur abkühlt und dort niederschlägt, entsteht Tauwasser. Das kann den Feuchtigkeitsgehalt der betroffenen Bauteile erhöhen.

Tauwasserbildung ist innerhalb gewisser Grenzen zulässig. [23] Es muss aber gewährleistet sein, dass die Konstruktion im Sommer wieder austrocknet. Außerdem dürfen die betroffenen Baustoffe / Bauteile nicht geschädigt werden. Die anfallende Tauwassermasse darf bei Dach- und Wandkonstruktionen 1,0 kg/m² nicht überschreiten. Dieser Wert gilt aber nicht generell. Bei Holz darf der massebezogene Feuchtigkeitsgehalt sich nur um maximal 5%, bei Holzwerkstoffen nur um maximal 3% erhöhen.

Für jede Konstruktion kann das Tauwasserrisiko durch ein genormtes Rechenverfahren [27] überprüft werden. Es gibt aber eine Reihe von bewährten Außenwand- und Dachkonstruktionen [27], für die ein solcher Nachweis nicht erforderlich ist. Die Systeme müssen lediglich bestimmten Auflagen genügen.

Detaillierte Angaben zum Tauwasserschutz für die in Abschnitt C 1.2 dargestellten Außenwandkonstruktionen finden sich bei den jeweiligen bauphysikalischen Richtwerten.

2.2 Tauwasserbildung in Bauteilen

2.2.1 Dächer mit Sparren und Dachdeckungen

Bei den in dieser Publikation vorgestellten Konstruktionsbeispielen dominieren die geneigten Dächer mit Sparren (im Gegensatz zu Massivkonstruktionen, z. B. aus Leichtbeton o. Ä.). Die Dächer sind i. d. R. mit Dachziegeln bzw. Dachsteinen gedeckt und haben eine Dämmschicht zwischen den Sparren bzw. sind nicht ausgebaut.

Dachdeckungen müssen den Fachregeln entsprechend regensicher sein. An extremen Standorten oder bei besonderen Witterungsverhältnissen können die Niederschläge als Treibregen, Flugschnee oder Eisschanzenbildung auftreten. Bei solchen weitergehenden Einwirkungen bzw. erhöhten Anforderungen an die Dichtigkeit des Daches sind zusätzliche Maßnahmen notwendig. Das können entweder Dichtungen zwischen den Deckelementen (Vermörtelung, Docken o. Ä.) oder eine zweite wasserableitende Ebene unterhalb der Deckung als Unterdach, Unterdeckung oder Unterspannung sein. [28]

Um Dachräume und Dachkonstruktionen trocken und schadenfrei zu halten, müssen sie belüftet werden. Bild 2.2.1-1 veranschaulicht die unterschiedlichen Belüftungssysteme beim nicht ausgebauten Dach.

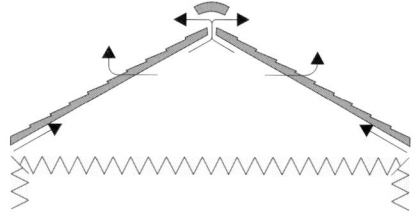

2.2.1-1.1
Dach nicht ausgebaut,
Dachdeckung ohne zusätzliche
Schutzmaßnahme, regensicher

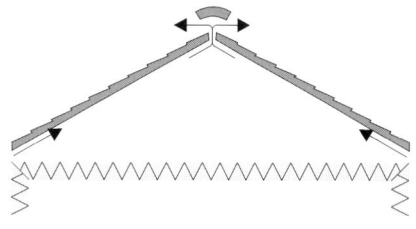

2.2.1-1.2
Dach nicht ausgebaut,
Dachdeckung mit zusätzlicher
Schutzmaßnahme, z. B. Vermörtelung,
Docken o. Ä.

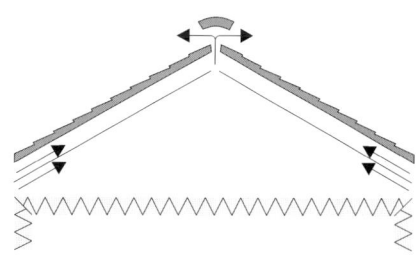

2.2.1-1.3
Dach nicht ausgebaut,
Dachdeckung mit zusätzlicher
Schutzmaßnahme, z. B. Unterspannung
oder Unterdeckung

2.2.1-1
Belüftungssysteme beim nicht
ausgebauten Dach

Das ausgebaute Dach erfordert Konstruktionen mit Wärmedämmschicht. Häufig wird diese zwischen den Sparren angeordnet. Im Hinblick auf den Tauwasserschutz erlaubt ein solcher Aufbau zwei alternative Belüftungssysteme (siehe Bild 2.2.1-2). Sie unterscheiden sich nach der Anzahl der Belüftungsschichten, entweder eine oder zwei Schichten.

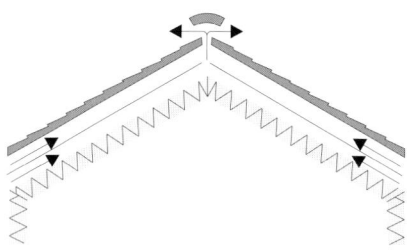

2.2.1-2.1
Dach ausgebaut,
Dachdeckung mit Unterspannung oder
Unterdeckung, zwei Belüftungsschichten,
belüftete Konstruktion gemäß DIN 4108

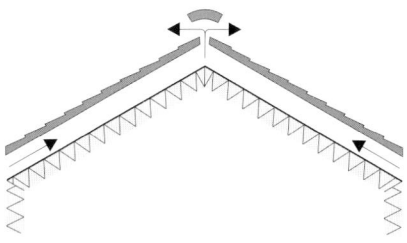

2.2.1-2.2
Dach ausgebaut,
Dachdeckung mit Unterspannung oder
Unterdeckung, eine Belüftungsschicht,
unbelüftete Konstruktion gemäß DIN 4108

2.2.1-2
Belüftungssysteme beim ausgebauten
Dach gemäß DIN 4108-3 [23]
Wärmeschutz im Hochbau

Normativ [23] wird das System 2.2.1-2.1 als belüftet, das System 2.2.1-2.2 als unbelüftet bezeichnet. Im Folgenden sollen diese beiden alternativen Systeme primär unter dem Aspekt *Tauwasserschutz* betrachtet werden.

2.2.1.1 Belüftete Dächer

Bei ausgebauten Dächern war bisher überwiegend die belüftete Konstruktion anzutreffen. Das gilt für die Fachliteratur wie für die Praxis. Dieses System verfügt unterhalb der Dachdeckung i.d.R. über eine weitere wasserableitende Ebene. Über und unter dieser Ebene befindet sich jeweils eine Belüftungsschicht. Beide Schichten haben die Aufgabe, mögliche Feuchtigkeit abzuführen. Dieses System hat sich über Jahrzehnte in der Praxis bewährt und gilt wegen seiner »doppelten Sicherheit« (zwei Belüftungsschichten) als bautechnisch besonders risikoarm. Bild 2.2.1.1-1 veranschaulicht die Funktion der oberen Belüftungsschicht. Durch Fugen des Deckmaterials eingedrungene Feuchtigkeit, wie z.B. Flugschnee, kann auf der wasserableitenden Ebene zur Traufe geführt werden. Feuchtigkeit in Form von Wasserdampf wird durch die Belüftung nach draußen transportiert.

Die Empfehlungen für die Unterlüftung der Deckung unterscheiden sich je nach Deckungsmaterial. In der entsprechenden Fachregel des Deutschen Dachdeckerhandwerks [29] heißt es dazu u. a.: »*Die Lüftungsebene zwischen Deckung und Zusatzmaßnahme ist ... an die Außenluft anzuschließen... Die in der DIN 4108–3 geforderten Lüftungsquerschnitte für belüftete Dächer gelten für diesen Raum zwar nicht, haben sich aber in der Praxis bewährt und werden empfohlen.*« Bild 2.2.1.1-2 veranschaulicht diese Empfehlungen.

Jüngere Forschungsergebnisse relativieren diese Empfehlungen. Bei kleinformatigen Elementen wie Dachziegeln oder Dachsteinen haben Untersuchungen zum Feuchtigkeitsgehalt der Dachlatten gezeigt, dass eine Durchlüftung nicht erforderlich ist. Mit bzw. ohne Unterlüftung der Dachdeckung zeigte sich kein signifikanter Unterschied im Feuchtigkeitsgehalt der Dachlatten. [31]

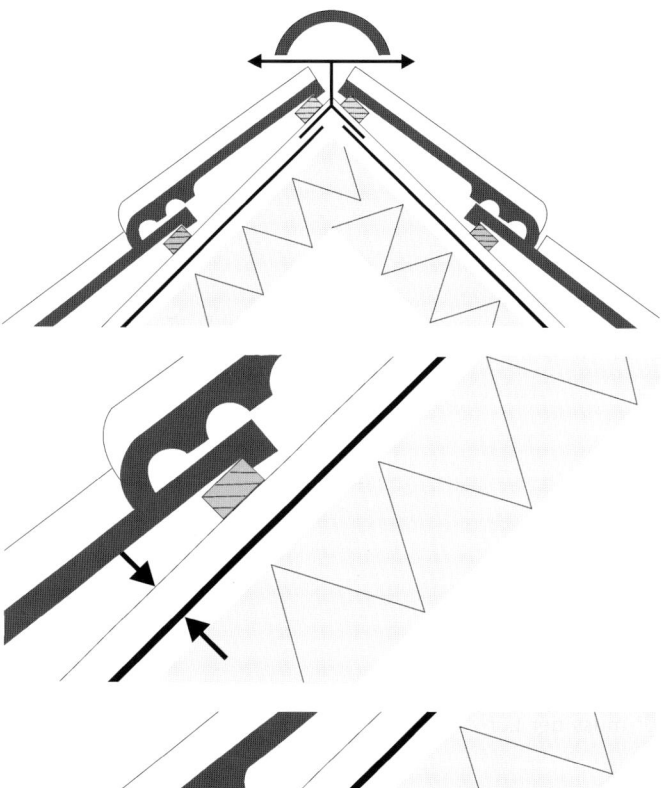

First / Grat
freier Lüftungsquerschnitt
mind. 0,5 ‰ der zugehörigen Dachfläche

Dachbereich
freie Lüftungshöhe
mind. 2 cm ≥ 200 cm²/m

Traufe
freier Lüftungsquerschnitt
mind. 200 cm²/m
≥ 2 ‰ der zugehörigen Dachfläche

2.2.1.1-1
Belüftete Dachkonstruktion, Wärmedämmschicht zwischen den Sparren, Feuchteabfuhr durch die obere Belüftungsschicht

2.2.1.1-2
Belüftete Dächer
Empfehlung für die Unterlüftung der Deckung [30]

2.2 Tauwasserbildung in Bauteilen

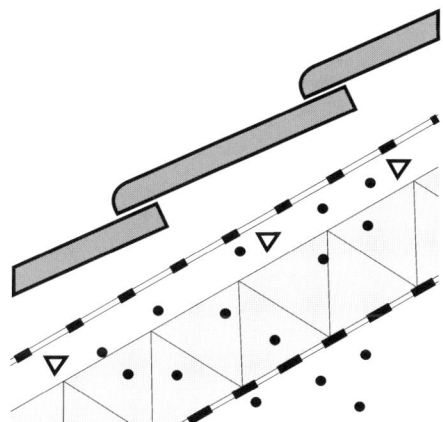

2.2.1.1-3
Belüftete Dachkonstruktion,
Wärmedämmschicht zwischen den Sparren,
Feuchteabfuhr durch die untere Belüftungsschicht

Bild 2.2.1.1-3 veranschaulicht die Funktion der Belüftung oberhalb der Dämmschicht. Feuchtigkeit, die eingebaut wurde oder aus dem Innenraum eingedrungen ist, soll über diese Schicht abgeführt werden. Die Mindestquerschnitte dieser Belüftungsschicht und der notwendige Dampfsperrwert (s_{di}- Wert) der zum Innenraum hin angeordneten Bauteilschichten sind normativ [23] vorgegeben. Da die Wirksamkeit der Durchlüftung bei Dächern u. a. von der Thermik abhängt, unterscheiden sich die notwendigen Höhen der Belüftungsschichten je nach Dachneigung, entweder ≤ 10° oder ≥ 10°.

Bei Dachneigungen ≥ 10° muss der Lüftungsquerschnitt an den Traufen 2‰ der zugehörigen Dachfläche betragen, mindestens 200 cm²/m Traufe. Einengungen durch Traufgitter, Sparren usw. sind zu berücksichtigen. Für Sparrenlängen bis 10 m resultiert daraus rechnerisch z. B. eine Mindesthöhe der Belüftungsschicht von 24 mm. Um diese Höhe zu gewährleisten, müssen die Dämmschichten dimensionsstabil sein. Bei Faserdämmstoffen ist eine mögliche Dickenzunahme planerisch zu berücksichtigen. Der Lüftungsquerschnitt am First muss mindestens 0,5 ‰ der zugehörigen Dachfläche betragen (siehe Bild 2.2.1.1-4).

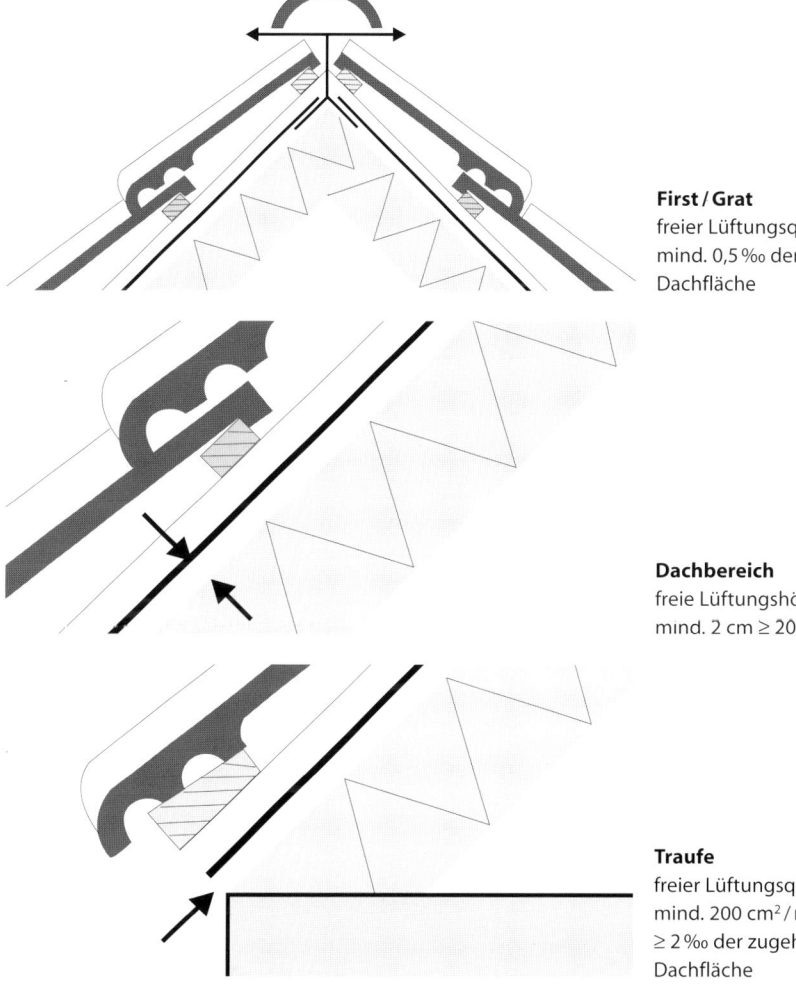

2.2.1.1-4
Belüftete Dächer
Querschnitte der Belüftung unterhalb der zweiten wasserführenden Ebene nach DIN 4108-3 [23]

First / Grat
freier Lüftungsquerschnitt
mind. 0,5 ‰ der zugehörigen Dachfläche

Dachbereich
freie Lüftungshöhe
mind. 2 cm ≥ 200 cm²/m

Traufe
freier Lüftungsquerschnitt
mind. 200 cm²/m
≥ 2 ‰ der zugehörigen Dachfläche

Um die Diffusion von Wasserdampf aus den Innenräumen in die Belüftungsschicht einzugrenzen, müssen die zum Innenraum hin angeordneten Bauteilschichten Sperreigenschaften haben. Die Dampfsperreigenschaft von Bauteilen wird gekennzeichnet durch ihre diffusionsäquivalente Luftschichtdicke (s_d) in m.

Sie errechnet sich wie folgt:

$$s_d = \mu \times s$$

μ ist die Wasserdampf-Diffusionswiderstandszahl (dimensionslos) für den jeweiligen Bau- bzw. Dämmstoff. Diese Größe gibt an, wievielmal größer der Diffusionswiderstand einer Stoffschicht ist als der einer gleich dicken Luftschicht unter denselben Bedingungen.

s ist die Baustoff- bzw. Dämmstoffdicke in Metern.

Beispiel:

Im Holzbau wird häufig eine 0,2 mm dicke PE (Polyethylenfolie) als Dampfsperre[1] eingesetzt. Der µ-Wert dieses Materials beträgt 100 000 gemäß DIN 4108-4 [9], bezogen auf 1 m Dicke. Daraus resultiert:

s_d-Wert der PE-Folie
$(100\,000 \times 0{,}0002\ m)$ = **20 m**

Ist ein Bauteil aus unterschiedlichen Baustoffschichten zusammengesetzt, so ergibt sich der s_d-Wert des gesamten Bauteils aus der Addition der schichtspezifischen Einzelwerte:

$s_d = s_{d1} + s_{d2} + \ldots + s_{dn}$

Bei belüfteten Dächern ($\geq 10°$) werden zur Eingrenzung der Wasserdampfdiffusion je nach Sparrenlänge (a) normativ [23] folgende s_d-Werte für die Bauteilschichten unterhalb des Lüftungsquerschnitts gefordert:

bei a ≤ **10 m:** s_d-**Wert** ≥ **2 m**

bei a ≤ **15 m:** s_d-**Wert** ≥ **5 m**

bei a > **15 m:** s_d-**Wert** ≥ **10 m**

Die steigenden s_d-Werte berücksichtigen die reduzierte Konvektion und die dadurch beeinträchtigte Feuchteabfuhr bei großen Dachtiefen.

Im Bild 2.2.1.1-5 setzt sich der s_d-Wert unterhalb der Belüftungsschicht aus den Einzelwerten der Schichten Nr. 7, 8 und 9 zusammen.

---

[1]**Anmerkung:**
Der Begriff *Dampfsperre* wird in Anlehnung an DIN 4108-3 unabhängig vom s_d-Wert der Sperre benutzt. Es wird deshalb im Folgenden begrifflich nicht zwischen Dampfsperre und Dampfbremse unterschieden. Die Differenzierung erfolgt lediglich durch die Angabe des s_d-Wertes.

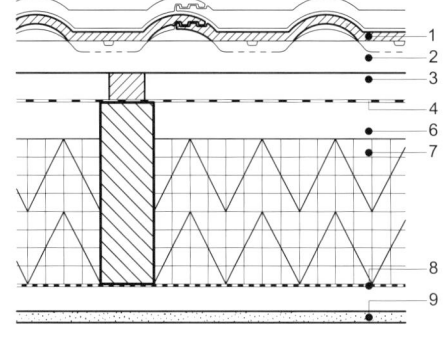

2.2.1.1-5.1
Zusatzmaßnahme: Unterspannung

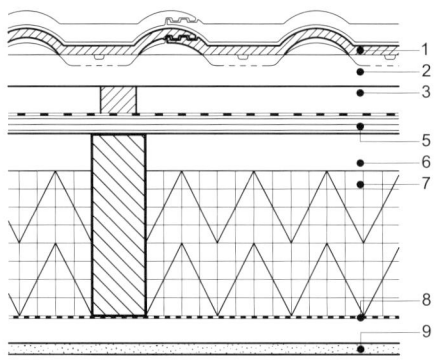

2.2.1.1-5.2
Zusatzmaßnahme: Unterdeckung

2.2.1.1-5
Belüftete Dachkonstruktionen mit Zusatzmaßnahmen, Wärmedämmung zwischen den Sparren (Querschnitte)

1 Dachsteine
2 Traglattung auf Grundlattung
3 Hohlraum, durchlüftet
4 Unterspannung /
 zweite wasserableitende Ebene
5 Unterdeckung /
 zweite wasserableitende Ebene
6 Hohlraum, durchlüftet
7 Dämmstoff
8 Dampfsperre und Luftsperre / Windsperre
 (Σs_d aus 7, 8 und 9)
9 Innenbekleidung

Bisher galten belüftete Dächer im Hinblick auf die Vermeidung von Tauwasserausfall als besonders sicher. Detailliertere Untersuchungen an geneigten Satteldächern [31] haben aber gezeigt, dass neben der Tauwasserbildung durch Wasserdampfdiffusion aus den angrenzenden Innenräumen auch eine Tauwasserbelastung durch die Belüftung der Wärmedämmschichten entstehen kann. Tauwasser kann sich z. B. an der Unterseite der Unterspannbahn bilden, wenn feuchtwarme Außenluft an der Bahn vorbeistreicht, die infolge nächtlicher Wärmeabstrahlung oder Schneebedeckung des Daches kühl ist. Das Wasser kann abtropfen und den Feuchtigkeitsgehalt im Dämmstoff sowie in den Sparren erhöhen. Diese Erkenntnis relativiert die bisherige positive Bewertung der belüfteten Dächer im Hinblick auf Tauwasserfreiheit.

Außerdem kann die Belüftung z. B. bei sehr differenzierten Dachflächen und häufig unterbrochenen Belüftungsschichten in ihrer Funktion stark eingeschränkt werden. In solchen Fällen sind unbelüftete Dächer den belüfteten Dächern bauphysikalisch überlegen.

2.2.1.2 Unbelüftete Dächer

Für die Realisierung unbelüfteter Konstruktionen gibt es unter dem Aspekt des Tauwasserschutzes folgende Alternativen:

① Der notwendige s_d-Wert für die innenseitige Dampfsperrschicht wird in Abhängigkeit von dem s_d-Wert der äußeren Schutzmaßnahme nach DIN 4108-5 [27] rechnerisch ermittelt (Glaser-Verfahren).

② Gemäß DIN 4108-3 [23] wird raumseitig eine Dampfsperrschicht mit einem s_d-Wert von mindestens 100 m eingebaut, unabhängig von der außenseitigen Schutzmaßnahme.

③ Die außenseitige Schutzmaßnahme, die zweite wasserableitende Schicht, ist sehr diffusionsoffen mit $s_{da} \leq 0{,}3$ m. Die Bauteilschichten darunter erreichen in der Summe einen Diffusionswiderstand s_{di} von $\geq 2{,}0$ m. [30]

④ Das Verhältnis der Diffusionswiderstände s_{di}/s_{da} innen zu außen beträgt ≥ 6. [30]

Bei der Alternative ① sind nach DIN 4108-5 [27] Konstruktionen mit sehr hohen Diffusionswiderständen, z. B. s_{di} bei 100 m, und diffusionsdichteren Schichten auf der Außenseite rechnerisch möglich. Sie können aber nicht empfohlen werden, da eingeschlossene oder später eingedrungene Feuchtigkeit nur sehr schwer ausdiffundieren kann.

Die Alternative ② beinhaltet das Risiko, dass der s_{di}-Wert mit ≥ 100 m größer ist als bauphysikalisch notwendig und das Austrocknen nach innen beeinträchtigt.

Die Angaben zu den Lösungen ③ und ④ gelten für normal genutzte Gebäude mit Raumtemperaturen bis zu 22 °C und einer relativen Luftfeuchtigkeit bis zu 65 %. Klimatisierte Räume oder Räume mit besonderer Nutzung wie Schwimmbad, Wäscherei o. Ä. erfordern einen rechnerischen Tauwassernachweis.

Die Alternative ③ wurde erstmalig 1991 veröffentlicht. [32] Sie war das Ergebnis weiterer Anforderungen, bauphysikalisch komplexerer Überlegungen und neuer Materialentwicklungen. Auf dieser Basis werden seitdem verstärkt unbelüftete Dächer realisiert, insbesondere bei Holzbausystemen. Sie erfordern zwar größere Sorgfalt bei der Erstellung der innenraumseitigen Schutzmaßnahmen (Luftsperrre / Dampfsperre), aber sie erlauben auch, den Konstruktionsraum in voller Höhe (Sparrenhöhe) für die Unterbringung von Dämmstoff zu nutzen. Als Zusatzmaßnahmen bieten sich biegesteife bzw. flexible Konstruktionen an. Bei flexiblen Unterdeckungen (Folien) ist darauf zu achten, dass die Dämmschicht den Raum der Grundlattung nicht einengt. Die Funktion der zweiten Entwässerungsebene und die Belüftung der Dachdeckung sind zu gewährleisten.

Bei Faserdämmstoffen ist eine mögliche Dickenzunahme planerisch zu berücksichtigen.

Die Planung und die Realisierung von Dächern ohne belüftete Dämmschichten ist einfacher und sicherer durchzuführen. Das gilt insbesondere für stark differenzierte Dächer mit Gauben etc.

Ob eine Verschmutzung der diffusionsoffenen Zusatzmaßnahmen langfristig zur Beeinträchtigung der Feuchteabführung führen kann, wird gegenwärtig noch diskutiert. [33] Aufgrund der Systemreserven – $s_{di}/s_{da} \geq 6$ – ist das sehr unwahrscheinlich.

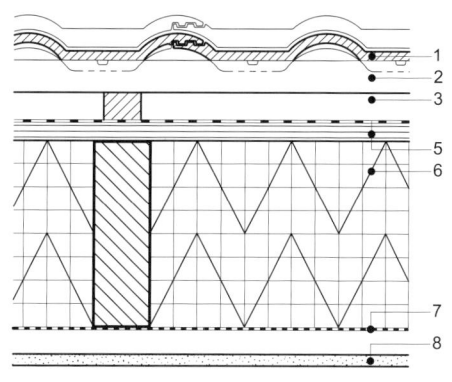

1 Dachsteine
2 Traglattung auf Grundlattung
3 Hohlraum, durchlüftet
4 Unterspannung, $s_{da} \leq 0{,}3$m, Windsperre
5 Unterdeckung, $s_{da} \leq 0{,}3$m, Windsperre
6 Dämmstoff / dimensionsstabil
7 Luftsperre / Dampfsperre
8 Innenbekleidung
 $s_{di} \geq 2{,}0$ m (Σs_d aus 6, 7 und 8)

2.2.1.2-1.1 Zusatzmaßnahme: Unterspannung

2.2.1.2-1.2 Zusatzmaßnahme: Unterdeckung

2.2.1.2-1
Unbelüftete Dachkonstruktionen mit Zusatzmaßnahmen, Wärmedämmungen zwischen den Sparren, $s_{da} \leq 0{,}3$ m; $s_{di} \geq 2{,}0$ m (Querschnitte)

Unbelüftete Konstruktionen (siehe Bild 2.2.1.2-1) reagieren auf handwerkliche Ausführungsmängel sensibler als belüftete Systeme. Die Bauplanung muss sicherstellen, dass die insbesondere für unbelüftete Systeme notwendige Luftdichtheit auch baupraktisch zu erreichen ist. Die Luftsperre/Dampfsperre darf in der Fläche keine Fehlstellen aufweisen und muss auch an den Rändern dicht anschließen. Die Bilder 2.2.1.2-2 und 2.2.1.2-3 zeigen Beispiele, wie Luftdichtheit zu erreichen ist.

Ein weiterer, sehr positiver Aspekt dieser Systeme ist, dass die aktuelle Holzschutznormung [34] erlaubt, unbelüftete Dächer – im Gegensatz zu belüfteten Systemen – auch ohne vorbeugenden chemischen Holzschutz zu realisieren. Der chemische Holzschutz wird durch *besondere bauliche Maßnahmen* ersetzt. Sie müssen sicherstellen, dass eine Gefährdung der Holzteile durch Insekten oder Pilze nicht eintritt. Normativ werden die Konstruktionen der Gefährdungsklasse (GK) 0 zugeordnet.

Gegenüber den bisher – primär unter dem Aspekt des Tauwasserschutzes – dargestellten Alternativen für unbelüftete Dächer resultieren aus der GK 0 weitere bzw. modifizierte Auflagen für die Konstruktionen [35]:

- Bei der Holzfeuchte ist die Einbaufeuchte $u \leq 20\%$ anzustreben. Der Wert $u = 35\%$ darf nicht überschritten werden.
- Zwischen den Sparren (im Gefach) müssen mineralische Faserdämmstoffe gemäß DIN 18165-1 [36] oder Dämmstoffe mit entsprechendem Verwendbarkeitsnachweis (bauaufsichtliche Zulassung) eingesetzt werden.
- Bei Dächern mit Unterspannbahnen oder dergleichen müssen diese diffusionsoffener als bei der Alternative ③ sein, $s_{da} \leq 0{,}2$ m.

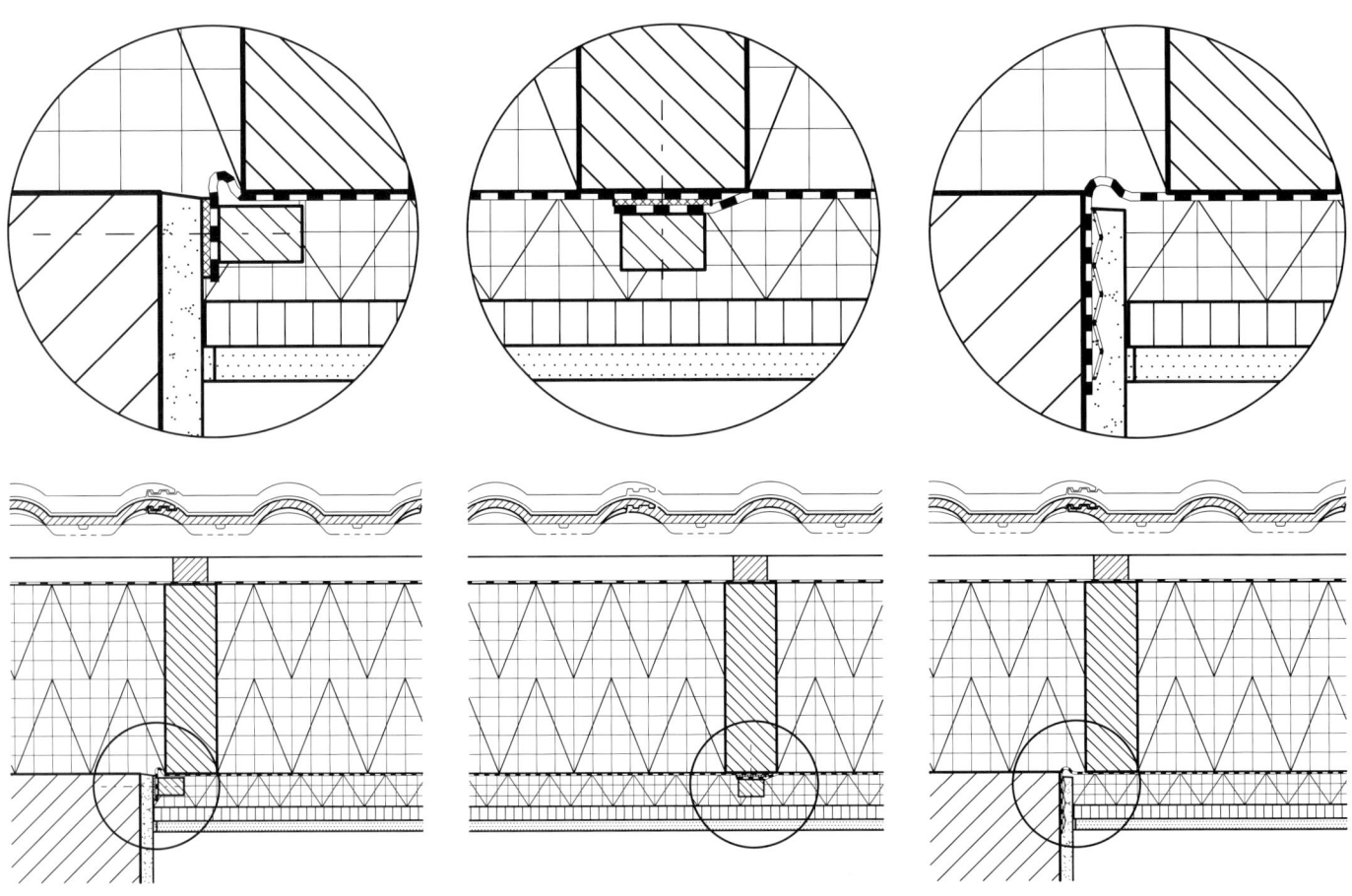

2.2.1.2-2 [18]
Einsatz von Folie zur Luftdichtheit des Systems, Stoßausbildung durch Überlappung und Folienwandanschluss mit Dichtband und Anpresslatte (Querschnitt)

2.2.1.2-3 [18]
Einsatz von Folie zur Luftdichtheit des Systems, Folienanschluss an eine Wand aus Mauerwerk oder Beton, Folie eingeputzt hinter Rippenstreckmetallstreifen (Querschnitt)

2.2 Tauwasserbildung in Bauteilen

- Bei Dächern mit Unterdeckung aus Brettschalung bestehen folgende zusätzliche Auflagen: Brettbreite ≤ 100 mm, Fugenbreite ≥ 5 mm mit aufliegendem, extrem diffusionsoffenem (wasserableitendem) Material, s_d ≤ 0,02 m. Dafür wird z. B. die Folie Permo eingesetzt. [37]

Die Norm empfiehlt als bevorzugte Konstruktion die Lösung: *ohne chemischen Holzschutz*. So lässt sich u. a. bei der Herstellung der Bauteile, bei der Nutzung der Gebäude und bei der späteren Entsorgung ein Beitrag zum Umweltschutz erbringen.

Je diffusionsoffener die obere Abdeckung (s_{da}) dieser Systeme ist, desto größer die Sicherheit, dass auch relativ feucht eingebautes Holz sehr schnell unter die kritische Grenze für Pilzwachstum, u = 20 %, austrocknet. [38]

Insektenbefall bei Dächern wird verhindert, wenn keine Eiablage erfolgen kann. Deshalb muss die hölzerne Tragkonstruktion oben und unten dauerhaft insektenundurchlässig abgedeckt werden. Weder mit der Außen- noch der Innenraumluft darf eine direkte Verbindung zu den Holzbauteilen bestehen (Luftsperre / Dampfsperre innen, Windsperre außen).

Weitere Hinweise zu Dachkonstruktionen der Gefährdungsklasse (GK) 0:

- Der Hohlraum zwischen der ersten und zweiten wasserableitenden Ebene (Grundlattenschicht) ist zu durchlüften. Die dort angeordneten Holzteile (Traglattung, Grundlattung, Schalung) brauchen nicht gegen Insekten geschützt zu werden. Sie können ebenfalls der GK 0 zugeordnet werden. [35]
- Dächer über Aufenthaltsräumen mit sichtbaren Sparren (Übersparrendämmung) dürfen bereits nach DIN 68800-3 [39] der GK 0 zugeordnet werden.
- Mineralische Faserdämmstoffe in den Gefachen ermöglichen eine zügige Austrocknung des Bauteils einschließlich des eingebauten Holzes.

Für die beiden folgenden Konstruktionssysteme wurde der normative rechnerische Tauwasserschutznachweis [38] geführt. Er belegt die Sicherheitsreserven, die unbelüftete diffusionsoffene Systeme bieten. Bei beiden Konstruktionen zeigt sich, dass für sie ein s_{di}-Wert (Luftsperre / Dampfsperre) von deutlich unter 2,0 m ausreichend ist.

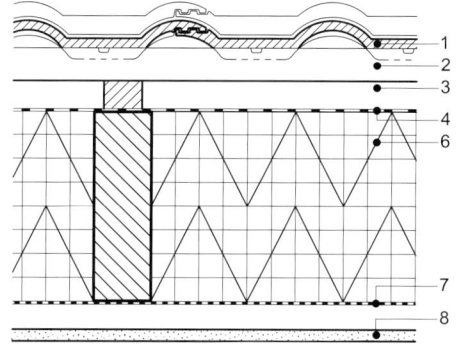

1 Dachsteine
2 Traglattung auf Grundlattung
3 Hohlraum, durchlüftet
4 Unterspannung, s_{da} ≤ 0,2 m, Windsperre
5 Unterdeckung, s_{da} ≤ 0,2 m, Windsperre
6 Mineralischer Faserdämmstoff, dimensionsstabil
7 Luftsperre / Dampfsperre s_{di} ≥ 2,0 m (Σs_d aus 6, 7 und 8)
8 Innenbekleidung

2.2.1.2-4.1 Zusatzmaßnahme: Unterspannung

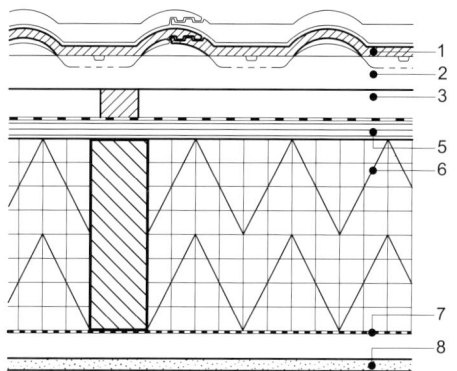

2.2.1.2-4.2 Zusatzmaßnahme: Unterdeckung

2.2.1.2-4
Unbelüftete Dachkonstruktionen der Gefährdungsklasse GK 0 gemäß DIN 68800-2 [34] ohne vorbeugenden chemischen Holzschutz (Querschnitte)

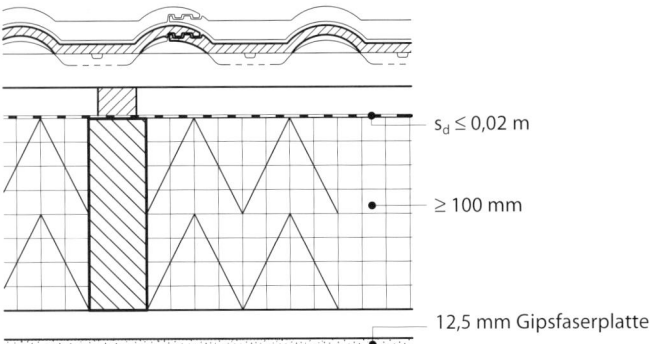

2.2.1.2-5
Unbelüfteter Dachaufbau ohne Dampfsperre, gemäß DIN 4108-5 [27] tauwasserfrei [40] (Querschnitt)

Bild 2.2.1.2-5 zeigt eine Konstruktion mit Unterspannbahn (Unterspannung). Da die gewählte Folie mit einem s_{da}-Wert von $\leq 0{,}02$ m extrem diffusionsoffen ist, reichen nach DIN 4108-5 [27] allein die Diffusionswiderstände der Innenbekleidung und der Dämmschicht (12,5 mm Gipsfaserplatte, ≥ 100 mm Mineralwolle) aus, um einen Tauwasserausfall gänzlich zu vermeiden.

Allerdings muss dieser Widerstand überall und dauerhaft gesichert sein, um insbesondere Wasserdampfkonvektion auszuschließen. Warm-feuchte Innenraumluft darf nicht in die Konstruktion eindringen. Da aber bei Holzkonstruktionen Formänderungen häufig zu Abrissen und Fugen führen, sollte aus baupraktischen Gründen der Einbau einer flexiblen Folie oberhalb der starren Innenbekleidungen erfolgen (Luftsperre / Dampfsperre).

Bild 2.2.1.2-6 zeigt eine Konstruktion mit offener Brettschalung. Die darauf liegende Unterdeckung hat einen s_d-Wert von $\leq 0{,}02$ m.

Bei diesem System ist ein s_d-Wert der Luftsperre / Dampfsperre von 0,8 m ausreichend, um schädlichen Tauwasserausfall zu vermeiden. Wird der Diffusionswiderstand auf 20 m erhöht, z. B. durch eine 0,2 mm dicke PE-Folie, so bleibt die Konstruktion gänzlich tauwasserfrei.

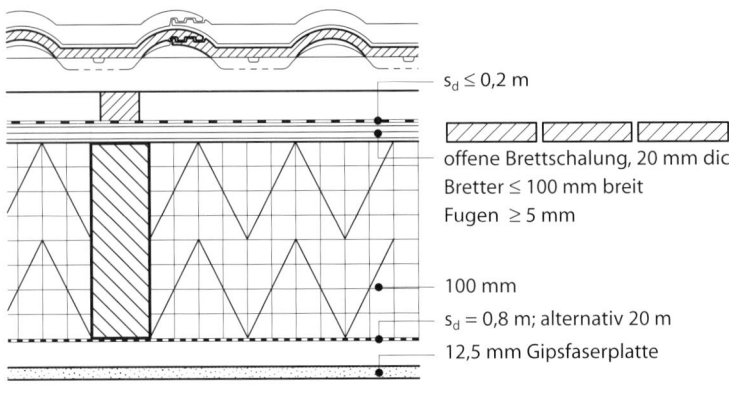

2.2.1.2-6
Unbelüfteter Dachaufbau mit raumseitig alternativen Diffusionswiderständen der Luftsperre / Dampfsperre, 0,8 m bzw. 20 m (Querschnitt)

3 Schutz gegen Niederschlagsfeuchtigkeit

Gebäude werden durch Niederschläge belastet. Regenwasser und Flugschnee können durch Undichtigkeiten, Spalten, Risse, fehlerhafte Stellen und durch Kapillarwirkung in die Bauteile eindringen. Treten Niederschläge in Verbindung mit Wind auf, kommt es zur Schlagregenbeanspruchung. Sie richtet sich in ihrer Größe nach den regionalen Klimabedingungen und der lokalen Situation (Höhe des Gebäudes, Nachbarbebauung, Vegetation).

3.1 Niederschlagsbelastung bei geneigten Dächern

Dächer unterscheidet man in Flachdächer und geneigte Dächer. Flachdächer müssen wasserdicht ausgebildet werden, da auf ihnen mit stehendem Wasser zu rechnen ist. Von geneigten Dächern fließt der Niederschlag in der Regel zügig ab. Sie dürfen deshalb gedeckt werden. Ihre Ausbildung ist regensicher, aber nicht wasserdicht.

Es gibt eine große Zahl verschiedener Systeme von Dachdeckungen. Ihre Deckelemente unterscheiden sich nach Werkstoff, Struktur und Abmessungen. Neben organischen Materialien, wie Halmen, Holz, Bitumen und Kunststoffen, bestehen die Deckelemente heute überwiegend aus anorganischen Stoffen. Im Hinblick auf die Struktur und die Maße der Deckelemente dominiert noch das älteste System: die Deckung mit kleinformatigen Schuppen.

Die Elemente sind technisch sehr leistungsfähig und wegen ihrer geringen Abmessungen und schuppenartigen Anordnung besonders anpassungsfähig. Gestalterisch sind die Deckungen charakterisiert durch Übereinandergreifen der Elemente, wahlweise mit plastisch unterschiedlich ausgeprägten Strukturen. Heute werden überwiegend Steine als Deckelemente eingesetzt, entweder Tondachziegel oder Betondachsteine. Zu ihrer großen Verbreitung haben die Dauerhaftigkeit, die Reparaturfreundlichkeit und das relativ geringe Bauschadenrisiko dieser Systeme beigetragen.

Die technischen Anforderungen an gedeckte Dächer und damit an die verschiedenen Decksysteme resultieren primär aus:

- den klimatischen Verhältnissen
- der Struktur und der Neigung der Dachflächen
- der Nutzung des Dachraumes.

Besondere klimatische Gegebenheiten wie z. B. viel Schnee und viel Wind, aber auch sehr differenzierte Gliederungen der Dachflächen führen zu besonderen Anforderungen an das Decksystem. Von großer Relevanz für die Regensicherheit der Dächer ist die systemspezifische Regeldachneigung (siehe Bild 3.1-1). Die Neigung der Dachflächen, bei denen sich die einzelnen Decksysteme als ausreichend regensicher erwiesen haben, wird als Regeldachneigung bezeichnet. Sie ist durch Fachregeln und Herstellerangaben vorgegeben und bezieht sich auf die Neigung der Sparren. Bei Bauplanungen ist zu berücksichtigen, dass Aufschieblinge, Durchbiegungen der Konstruktion, Toleranzen der Bauausführung usw. zu Unterschreitungen der Mindestdachneigung führen können. Für die Deckelemente ergibt sich durch ihre schuppenartige Anordnung je nach Höhenüberdeckung stets eine geringere Neigung.

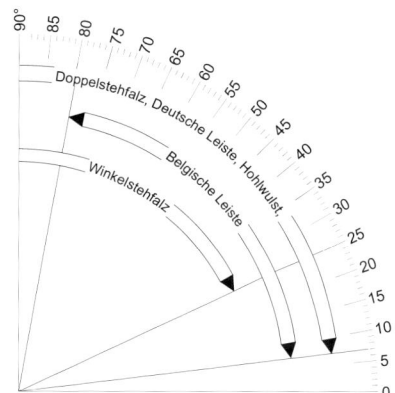

3.1-1.1 Metallbänder

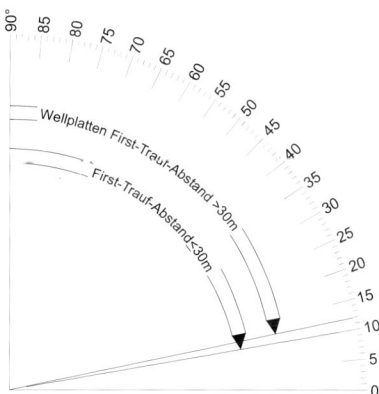

3.1-1.2 Faserzementwellplatten

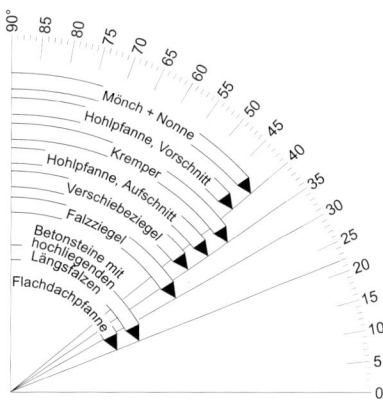

3.1-1.3 Dachsteine aus Ton bzw. Beton

3.1-1
Beispiele von Regeldachneigungen bei Dachdeckungen (nach [41])

Differenziertere Angaben zu den Regeldachneigungen, zu weiteren Decksystemen wie Schindeln, Stroh- und Reetdeckungen und zum Einsatz der Systeme finden sich in den Regelwerken des Dachdeckerhandwerks [42] und den jeweiligen Produktdatenblättern der Hersteller.

Wird die Regeldachneigung unterschritten oder werden aufgrund der Nutzung des Dachraumes über die Regensicherheit hinaus Anforderungen gestellt, sind zusätzliche Schutzmaßnahmen notwendig, so z. B. gegen das Einwehen von Flugschnee und Staub oder gegen das Eindringen von Schmelzwasser bei Rückstau.

Als Zusatzmaßnahmen [29] zur Regensicherheit gelten

① Unterdach
   Unterdeckung
   Unterspannung

② Docken
   Vermörtelung / Innenverstrich

Während die Maßnahmen zu ② die Dichtung zwischen den Deckelementen verbessern (einstufige Lösung), schaffen die Maßnahmen zu ① eine zweite wasserableitende Ebene (zweistufige Lösung).

Die Alternativen der zweistufigen Lösungen sind in einem Merkblatt [28] detailliert dargestellt (siehe Bild 3.1-2).

	Art	Ausführung	Konterlatteneinbindung	Naht- und Stoßausbildung
1	**Unterdach**			
1.1	Wasserdichtes Unterdach	– Kunststoff-Dachbahn – Kunststoff-Dichtungsbahn – Bitumen-/Polymerbitumen-Dachdichtungsbahn – Bitumen-/Polymerbitumen-Schweißbahn	über Konterlatte	verschweißt oder verklebt
1.2	Regensicheres Unterdach	wie 1.1	unter Konterlatte	verschweißt oder verklebt
2	**Unterdeckung**			
2.1	Verschweißte oder verklebte Unterdeckung	Unterdeckplatte Unterdeckbahn	unter Konterlatte	verschweißt oder verklebt
2.2	Überdeckte Unterdeckung mit Bitumenbahn	– Bitumen-/Polymerbitumen-Dachdichtungsbahn – Bitumen-/Polymerbitumen-Schweißbahn	unter Konterlatte	überdeckt und genagelt
2.3	Überlappte oder verfalzte Unterdeckung	Unterdeckplatte Unterdeckbahn	unter Konterlatte	lose überlappend oder verfalzt
3	**Unterspannung**			
		Gespannte Unterspannbahn Frei hängende Unterspannbahn	unter Konterlatte	lose überlappend

3.1-2
Einstufung von Unterdach, Unterdeckung und Unterspannung (nach [28])

3.1 Niederschlagsbelastung bei geneigten Dächern

Bei Neubauplanungen wird als zusätzliche Schutzmaßnahme überwiegend ein System nach ① gewählt, aus Kostengründen häufig **Unterspann- bzw. Unterdeckbahnen.** Das sind wasserundurchlässige, flexible Bahnen, die über den Sparren angeordnet werden, wenn möglich mit leichtem Durchhang. Mit ihnen kann der hölzerne Dachstuhl nach dem »Richten« relativ zügig abgedeckt und so gegen Niederschläge geschützt werden.

Biegesteife **Unterdeckungen** sind aufwändiger, aber technisch auch leistungsfähiger. Die häufig begehbaren, wasserableitenden Bauteilschichten bestehen aus Platten oder aus Bahnen in Kombination mit einer festen Unterlage. Diese Unterdeckungen sind insbesondere bei Durchbrüchen der Dachfläche, wie Rohrdurchführungen, Schornsteinen, Dachflächenfenstern usw. den flexiblen Bahnen bautechnisch überlegen, u. a. weil die jeweilige fachgerechte Randeindichtung einfacher und dauerhafter hergestellt werden kann.

Während bei flexiblen Bahnen nicht dimensionsstabile Dämmstoffe den geplanten Belüftungs- und Entwässerungsraum einschränken können, ist das mit biegesteifen Unterdeckungen auszuschließen.

Bei z. B. sturmbedingten Schäden in der Dachdeckung bieten die biegesteifen Unterdeckungen, bis eine Reparatur der Deckung möglich ist, einen soliden Witterungsschutz.

Die Abführung der Niederschläge erfolgt in der Regel von der Dachdeckung in eine Dachrinne. In der Baupraxis wird häufig auch die Unterspannung bzw. die Unterdeckung in die Dachrinne entwässert. Das kann im Winter, wenn Schnee auf den Dächern und in den Dachrinnen liegt, zu Durchfeuchtungen führen. Schnee in der Dachrinne kann die Unterlüftung der Dachdeckung beeinträchtigen und bei Eisbildung sogar die Entwässerung blockieren. Vereisungen in den Dachrinnen können bei bestimmten klimatischen Gegebenheiten auftreten. Dadurch wird Schmelzwasser zurückgestaut. Die Stautiefe ist abhängig von der Dachneigung und der Höhe der Eisbarriere, siehe Bild 3.1-4.

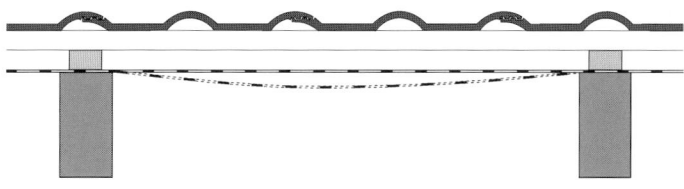

3.1-3.1 Unterspannung, Unterspannbahn

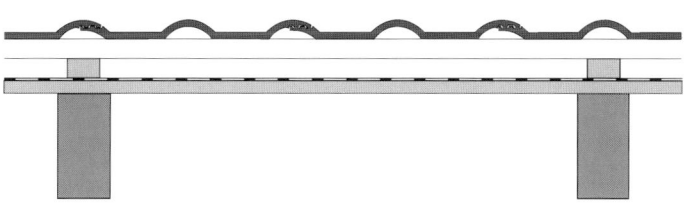

3.1-3.2 Unterdeckung, Brettschalung mit Dichtungsbahn

3.1-3
Zweite wasserableitende Ebene als Zusatzmaßnahme bei Dachdeckungen (Querschnitt)

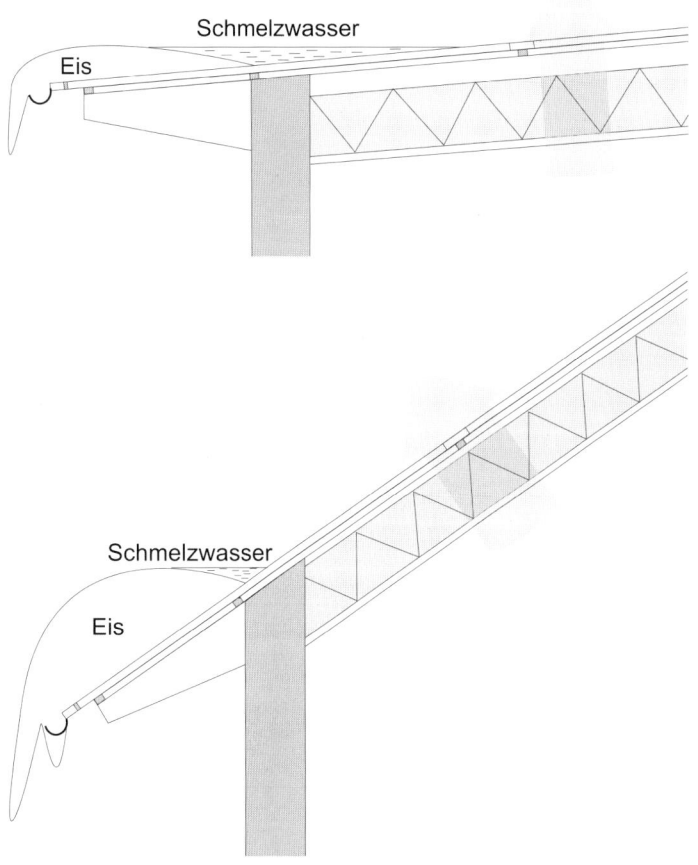

Diesen Belastungen können Dachdeckungen nur in Kombination mit besonders leistungsfähigen Zusatzmaßnahmen genügen. Das eingedrungene Rückstauwasser muss durch eine zweite Ebene daran gehindert werden, in die Konstruktion bzw. in das Gebäude einzudringen. In Extremsituationen, wenn auch auf der zweiten wasserableitenden Ebene Druckwasser möglich ist, muss das Unterdach wasserdicht ausgebildet werden. Dabei darf die zweite Ebene nicht in die Dachrinne geführt, sondern muss separat entwässert werden. Eine solche Lösung ermöglicht auch die ungehinderte Unterlüftung der Dachdeckung, siehe Bild 3.1-5.

3.1-4
Eisschanzenbildung – Rückstau des Schmelzwassers in Abhängigkeit von der Dachneigung und der Höhe der Eisbarriere (nach [43]) (Querschnitte)

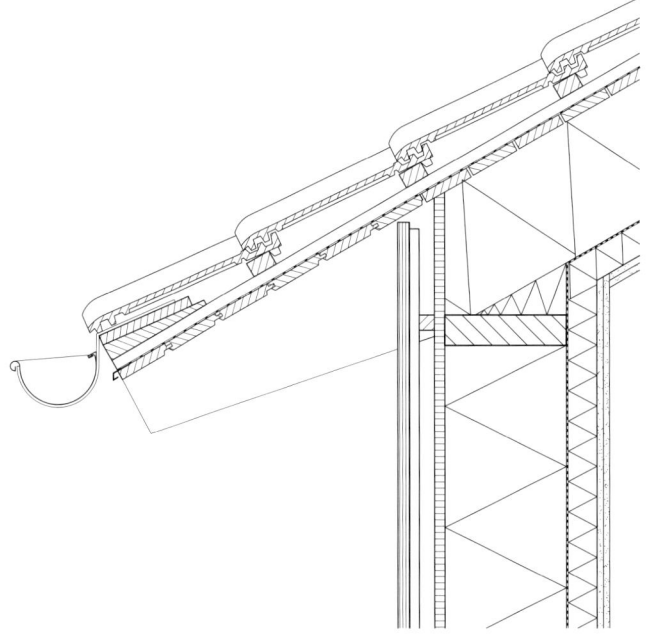

3.1-5
Führung der Niederschlagsfeuchtigkeit
- von der Dachdeckung in die Rinne
- von der Unterdeckung ins Freie (Querschnitt)

3.2 Niederschlagsbelastung bei Außenwänden

Ein wirksamer Feuchteschutz ist Voraussetzung für ein hohes Wärmeschutzniveau der Wände. Bei Beregnung kann Wasser in Außenbauteile kapillar eindringen und/oder unter Winddruck durch Spalten und fehlerhafte Stellen in die Konstruktion geleitet werden.

Normativ [23] wird die Schlagregenbeanspruchung in drei Beanspruchungsgruppen unterschieden: I (geringe Beanspruchung), II (mittlere Beanspruchung) und III (starke Beanspruchung).

Zur Begrenzung der Wasseraufnahme bei Außenwänden gibt es eine Vielzahl bautechnischer Systeme. Sie lassen sich untergliedern in:

einstufiges System:
- wasserdichte Oberfläche
- wasserabweisende Oberfläche
- wasserhemmende Oberfläche des wärmedämmenden Bauteils

zweistufiges System:
- eine mit Abstand vor dem wärmedämmenden Bauteil angeordnete Schicht.

Bei hohen Anforderungen (Beanspruchungsgruppe III) hat sich in der Baupraxis das zweistufige System besonders bewährt. Die Wirksamkeit beruht darauf, dass die äußere Schale bzw. Bekleidung die Regensperre, die Innenschale die Windsperre darstellt. Die Luftschicht zwischen den beiden Schalen verhindert die Leitung der Feuchtigkeit zur Innenschale. Eventuell eingedrungenes Regenwasser kann bei diesem System an der Rückseite drucklos herunter und nach außen ablaufen.

Die Luftschichtdicke von belüfteten Fassadenbekleidungen variiert je nach Unterkonstruktion und Art der Bekleidung. In der Regel beträgt sie mindestens 20 mm. Für zweischaliges Mauerwerk werden mindestens 40 mm gefordert. [44] Die beiden Mauerschalen werden durch Drahtanker mit aufgesetzten Tropfscheiben verbunden. Die Scheiben unterbinden eine Wasserleitung über die Drahtanker von Schale zu Schale. Seit 1991 müssen die für dieses System eingesetzten Dämmstoffe normativ [36] wasserabweisend behandelt sein. Wenn der Hohlraum zwischen Innen- und Außenschale vollständig mit Dämmstoff gefüllt werden soll, genannt Kerndämmung, muss für den Dämmstoff ein spezifischer Brauchbarkeitsnachweis vorliegen (Normung oder bauaufsichtliche Zulassung). Diese Wandkonstruktion entspricht seit 1990 (Aufnahme in die Mauerwerksnorm) den anerkannten Regeln der Technik.

Hier soll auf die große Zahl und die Detailausbildungen der anderen Systeme nicht eingegangen, sondern nur kritisch auf eine Einstufung nach der Wärmeschutznorm [23] hingewiesen werden.

Normativ ist zweischaliges Verblendmauerwerk mit bzw. ohne Luftschicht der Beanspruchungsgruppe III zugeordnet. Das Schalenfugenmauerwerk ist also qualitativ dem Luftschichtmauerwerk gleichgestellt. Diese Zuordnung hat sich in der Baupraxis nicht bestätigt. Das Verblendmauerwerk mit Schalenfuge ist bei Schlagregenbelastung der zweischaligen Konstruktion mit Luftschicht deutlich unterlegen.

Inzwischen wurde durch die Novellierung der Mauerwerksnorm [44] die Schalenfuge durch eine Putzschicht ersetzt. Auch diese Mauerwerkkonstruktion hat sich – bei hohen Anforderungen – bislang in der Praxis nicht bewährt. [45]

4 Schutz gegen Feuchtigkeit im Erdreich

Aus dem Wunsch, auch Räume in Kellergeschossen zu beheizen und hochwertig zu nutzen, resultiert die Notwendigkeit, die erdberührenden Bauteile gegen Wärmeverluste und entsprechend sorgfältig gegen Feuchtigkeit zu schützen.

4.1 Bauwerkabdichtungen

Erdberührende Bauteile wie Wände und Fußböden sind gegen Feuchtigkeit durch Abdichtungen zu schützen, die normativ nach DIN 18195, Bauwerkabdichtungen [46] auszuführen sind. Die Norm differenziert die Maßnahmen je nach Wasserangriff für die drei Belastungsfälle:

- Bodenfeuchtigkeit (Teil 4, 08/1983)
- nichtdrückendes Wasser (Teil 5, 02/1984)
- von außen drückendes Wasser (Teil 6, 08/1983).

Schutz gegen Bodenfeuchtigkeit

Im Sinne der Norm ist mit Bodenfeuchtigkeit bei jeder Baumaßnahme zu rechnen. Zu dieser relativ geringen Belastung der Bauteile kommt es nur bei sehr wasserdurchlässigem, nichtbindigen Boden und ebenem Gelände. Die Feuchtigkeit resultiert aus dem im Boden vorhandenen, kapillar gebundenen Wasser (Bodenfeuchtigkeit, Saugwasser, Haftwasser, Kapillarwasser) und dem nichtstauenden Sickerwasser aus Niederschlägen. Bei diesem Belastungsfall reichen Dichtschichten allein aus. Eine Dränung ist nicht erforderlich.

Schutz gegen nichtdrückendes Wasser

Bei diesem Belastungsfall liegt Wasser in tropfbar-flüssiger Form vor, z. B. als Niederschlags-, Sicker- oder Brauchwasser. Das Wasser übt aber auf die Abdichtung keinen oder nur vorübergehend einen geringfügigen hydrostatischen Druck aus. Um das zu gewährleisten, ist bei schwach wasserdurchlässigen Böden und/oder bei Hanglagen außer der Dichtung eine Dränung notwendig. Sie leitet das Wasser am Bauteil drucklos ab. Einzelheiten zu Dränanlagen finden sich in DIN 4095 [47] und bei Muth [48].

Schutz gegen drückendes Wasser

Bei diesem Belastungsfall übt das Wasser von außen auf die Abdichtung einen hydrostatischen Druck aus. Die Dichtung muss eine geschlossene Wanne bilden, d. h. das Bauwerk allseitig umschließen und gegen drückendes Wasser schützen. Die häufigste Ursache für diesen Belastungsfall ist ein hoher Grundwasserstand. Einzelheiten zu Wannenausbildungen finden sich u. a. bei Lufsky [49].

5 Schallschutz

Die DIN 4109 [50] formuliert die Anforderungen an die Luftschalldämmung von Außenbauteilen gegenüber Außenlärm in Abhängigkeit von dem jeweils vorhandenen oder zu erwartenden »*maßgeblichen Außenlärmpegel*«, gegliedert nach Lärmpegelbereichen.

Für Lärmbelastungen aus dem Straßenverkehr sind Mittelungspegel direkt aus einem Nomogramm der Norm zu entnehmen. In anderen Fällen werden die Lärmbelastungen in der Regel berechnet.

Darüber hinaus differenziert die Norm die Anforderungen nach drei verschiedenen Raumnutzungen. Die höchsten Anforderungen werden an Bettenräume in Krankenanstalten und Sanatorien gestellt, dann folgen Aufenthaltsräume in Wohnungen u. Ä., dann Büroräume u. Ä.

Bei Außenbauteilen, die aus mehreren Teilflächen unterschiedlicher Schalldämmung bestehen, z. B. Wand/Fenster, ist das resultierende Schalldämmmaß $R'_{w,res}$ maßgebend. Für verschiedene prozentuale Fensterflächenanteile bei Außenwänden sind die erforderlichen Schalldämmmaße tabellarisch in der DIN 4109, Tabelle 10, aufgelistet, jeweils ein Wert für die Wand und ein Wert für das Fenster.

Die Norm weist ausdrücklich darauf hin, dass bauliche Maßnahmen an Außenbauteilen zum Schutz gegen Außenlärm nur dann voll wirksam werden können, wenn Fenster und Türen bei der Lärmeinwirkung geschlossen bleiben und die notwendige Luftschalldämmung nicht durch Lüftungseinrichtungen und/oder Rollladenkästen verringert wird. Im Bedarfsfall sind schalltechnisch leistungsfähige Rollladenkästen und Lüftungseinrichtungen einzuplanen.

6 Brandschutz

Der vorbeugende bauliche Brandschutz ist Teil des Bauordnungsrechtes der Bundesländer. Die DIN 4102-4 [51] wurde von den Bundesländern als »*anerkannte Regel der Technik*« eingeführt. In dieser Norm sind brandschutztechnische Begriffe festgelegt. Danach ist zwischen dem Brandverhalten von Baustoffen und dem Brandverhalten von Bauteilen zu unterscheiden. Letztere sind häufig aus mehreren Baustoffen zusammengesetzt.

In der DIN 4102-1 [52] werden Baustoffe und Bauteile im Hinblick auf ihr Brandverhalten in Baustoffklassen gegliedert. Man unterscheidet nichtbrennbare Baustoffe: Baustoffklasse A und brennbare Baustoffe: Baustoffklasse B.

Das Brandverhalten von Bauteilen wird je nach Feuerwiderstandsdauer in Feuerwiderstandsklassen untergliedert. Die Feuerwiderstandsdauer ist die Mindestdauer in Minuten, während der ein Bauteil den vorgeschriebenen Anforderungen entspricht. Nach der Art der Bauteile werden die Feuerwiderstandsklassen unterschiedlich gekennzeichnet. Für tragende Bauteile wie Wände wird der Buchstabe F verwendet.

Die brandschutztechnischen Begriffe der Landesbauordnungen unterscheiden sich von denen der Norm. Sie lauten: feuerhemmend, feuerbeständig und hochfeuerbeständig. Sie entsprechen bei tragenden Wänden den Feuerwiderstandsklassen F30, F90 und F180. Die Hamburgische Bauordnung vom 25. Juni 1997 fordert z. B. für tragende Wände von Wohngebäuden mit geringer Höhe und nicht mehr als zwei Wohnungen »*mindestens feuerhemmend*«, also mindestens F30. Diese Auflage gilt allerdings nicht für Gebäude, die bestimmte Abstände zu anderen Gebäuden und Nachbargrenzen einhalten, und auch nicht für Wohngebäude gegenüber untergeordneten Gebäuden. Für Gebäude mittlerer Höhe müssen die tragenden Außenwände gemäß o. g. Bauordnung im Regelfall feuerbeständig sein, also F90 entsprechen.

C Konstruktionselemente der Gebäudehüllflächensysteme

1 Außenwandsysteme

1.1 Systemübersicht

In diesem Abschnitt sind 18 unterschiedliche Außenwandsysteme aus dem Mauerwerkbau und dem Holzbau in Schaubildern (Prinzipskizzen) dargestellt. Sie erleichtern die Einordnung der fünf detailliert behandelten Systeme im Abschnitt 1.2. Die Wandsysteme sind in ihrer Reihenfolge zweifach differenziert. Zuerst werden Systeme des Mauerwerkbaus, dann Systeme des Holzbaus gezeigt. Außerdem sind beide Arten jeweils in Systeme ohne und mit spezifischen Dämmschichten unterschieden.

1.1.1 Standardsysteme gemauerter Außenwände

1.1.1.1 Wandsysteme ohne spezifische Dämmschicht

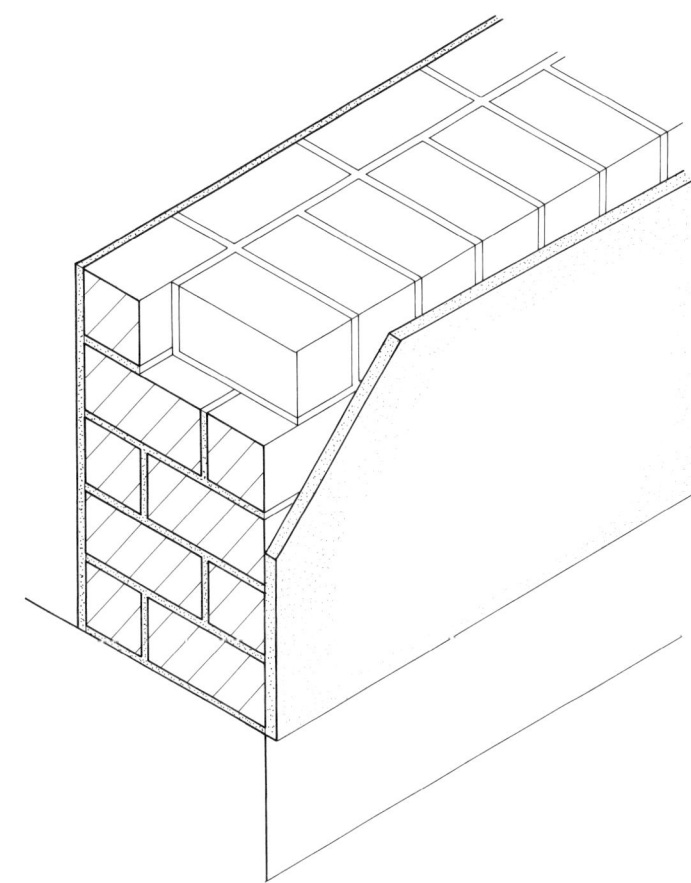

1.1.1.1-1

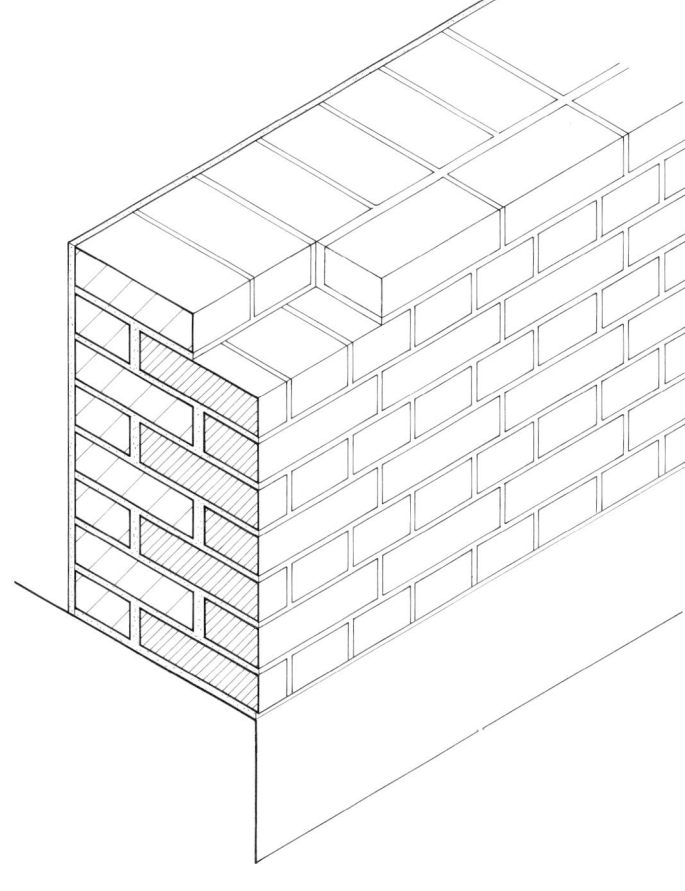

1.1.1.1-1
Einschaliges Mauerwerk mit Außenputz gemäß DIN 1053-1 [44]; Außenputz gemäß DIN 18550-1 [53]. Dieses Außenwandsystem ist im Abschnitt 1.2.1.1 detailliert behandelt und im Kapitel D 1 durch Projekte veranschaulicht.

1.1.1.1-2
Einschaliges Mauerwerk, außen Verblendmauerwerk gemäß DIN 1053-1. Die Mindestwanddicke beträgt 310 mm. Zwischen den Steinreihen verläuft eine 20 mm dicke, hohlraumfrei vermörtelte Längsfuge.

1.1.1.1-2

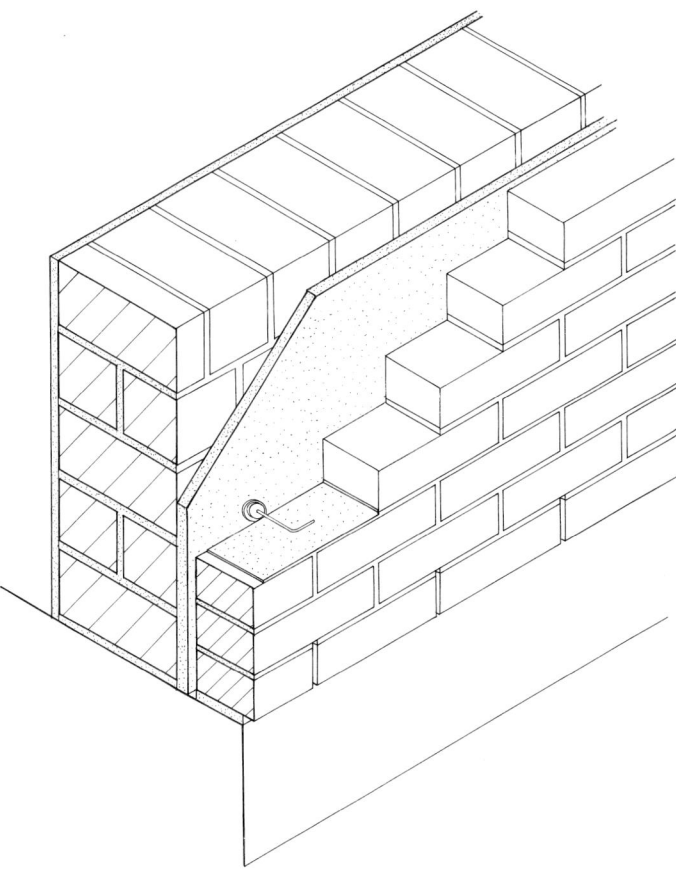

1.1.1.1-3

1.1.1.1-3
Zweischaliges Mauerwerk, außen Verblendmauerschale, Hintermauerschale außenseitig mit zusammenhängender Putzschicht gemäß DIN 1053-1 [44] (mit Fingerspalt).
Anordnung der Sperrschicht wie bei 1.1.1.1-4.

1.1.1.1-4
Zweischaliges Mauerwerk mit Luftschicht, außen Verblendmauerschale, gemäß DIN 1053-1 [44]. Luftschichtdicke ≥ 60 mm, bei Verwendung normativer Drahtanker bis maximal 150 mm. Die Dicke darf bis auf 40 mm vermindert werden, wenn der Fugenmörtel mindestens an einer Hohlraumseite abgestrichen wird. Die Luftschicht ist gegen herabfallenden Mörtel zu schützen!

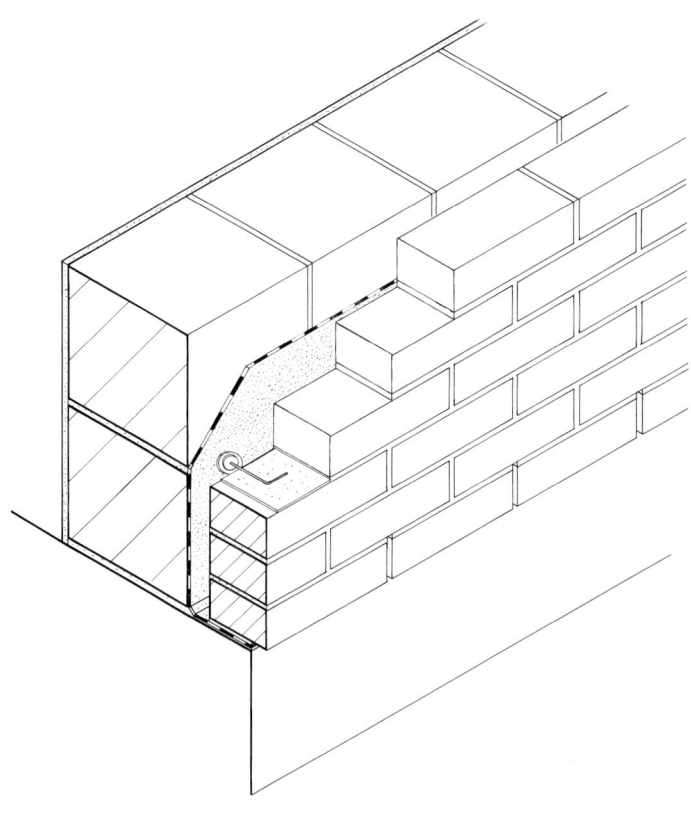

1.1.1.1-4

1.1.1.2 Wandsysteme mit spezifischer Dämmschicht

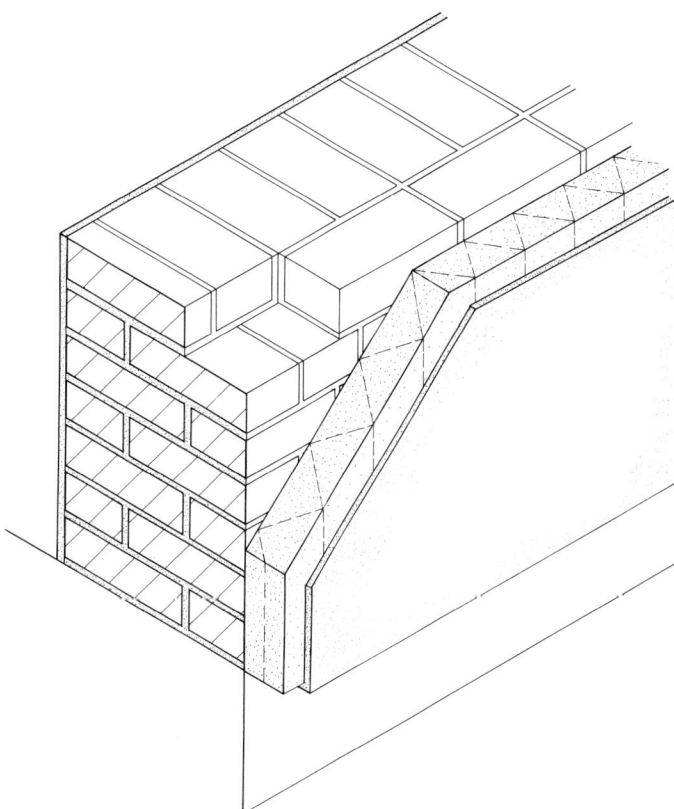

1.1.1.2-1

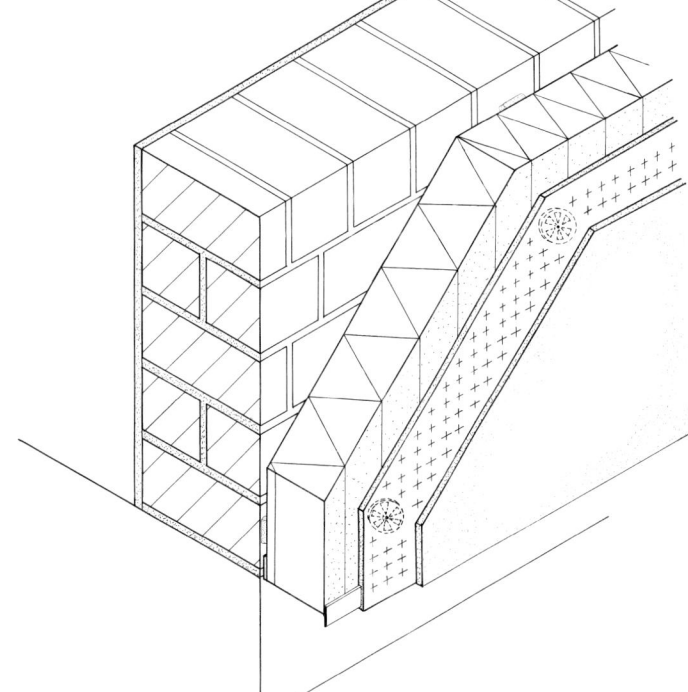

1.1.1.2-1
Einschaliges Mauerwerk, außen Wärmedämmputz, sonst wie Bild 1.1.1.1-1 gemäß DIN 1053-1 [44]. Bauphysikalische Richtwerte für dieses System sind im Abschnitt 1.2.1.1 aufgeführt.

1.1.1.2-2
Einschaliges Mauerwerk mit Fassaden-Wärmedämmverbundsystem (WDV-System). Dieses Außenwandsystem ist im Abschnitt 1.2.1.2 detailliert behandelt und im Kapitel D 2 durch Projekte veranschaulicht.

1.1.1.2-2

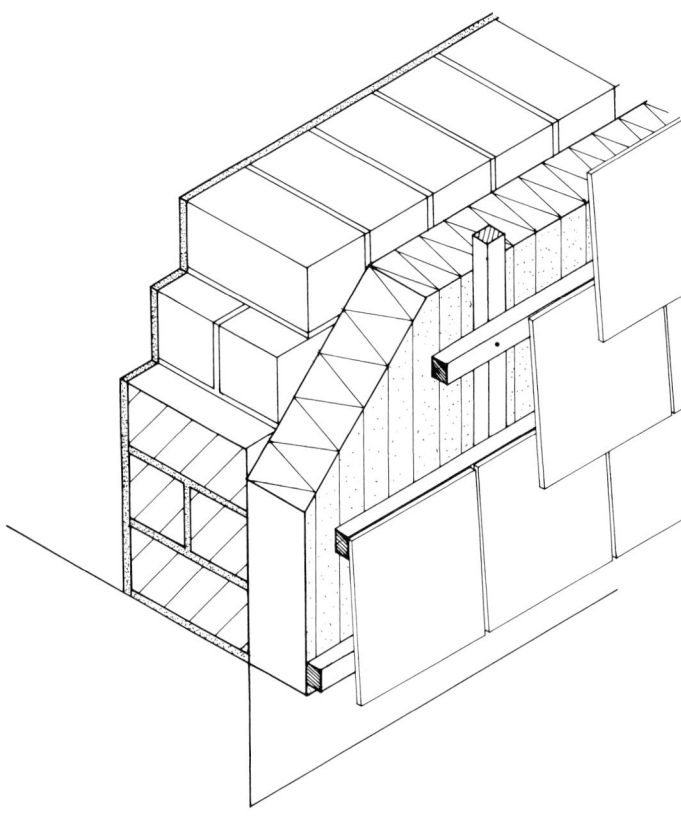

1.1.1.2-3

1.1.1.2-3
Einschaliges Mauerwerk mit Dämmschicht und belüfteter Fassadenbekleidung.
Dieses Außenwandsystem ist im Abschnitt 1.2.1.3 detailliert behandelt und im Kapitel D 3 durch Projekte veranschaulicht.

1.1.1.2-4
Einschaliges Mauerwerk mit Außenputz gemäß DIN 1053-1 [44]; Außenputz gemäß DIN 18550-1, Dämmschicht innen.
Hinweis:
Bei Sanierungsaufgaben und geringer Geschosszahl ist Innendämmung vertretbar. [54] Tauwasserrisiken bestehen primär bei Innenwand- und Deckenanschlüssen. Das gilt insbesondere für Anschlüsse von Holzbalkendecken, wenn die Innendämmung den Deckenbereich nicht einschließt und konvektiver Feuchtetransport in den Deckenraum hinein möglich ist.

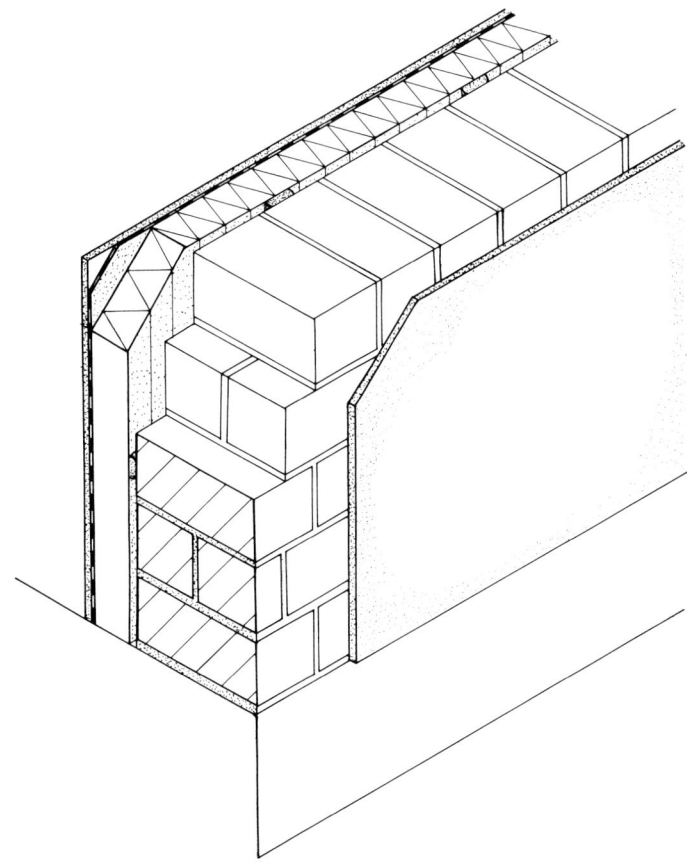

1.1.1.2-4

1.1 Systemübersicht

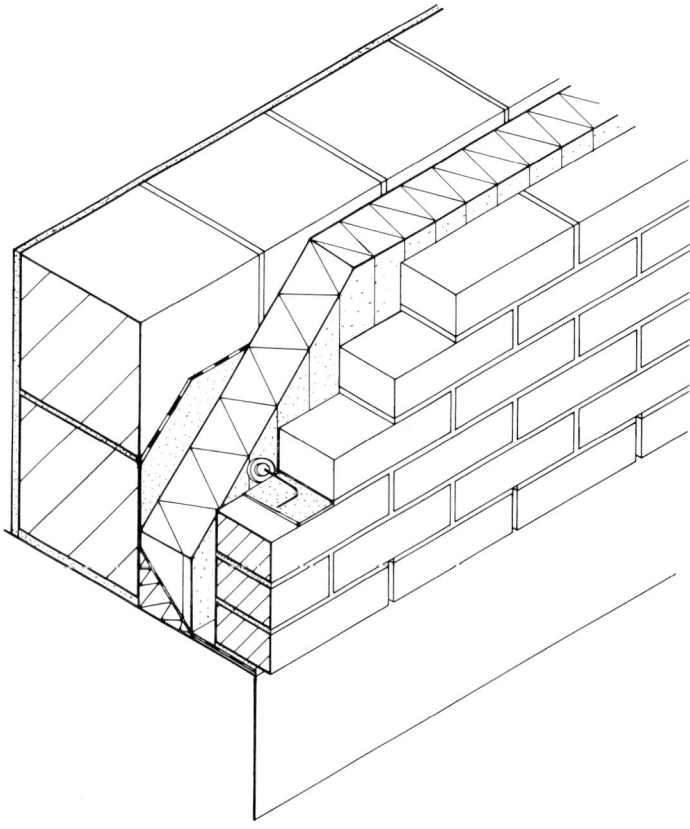

1.1.1.2-5

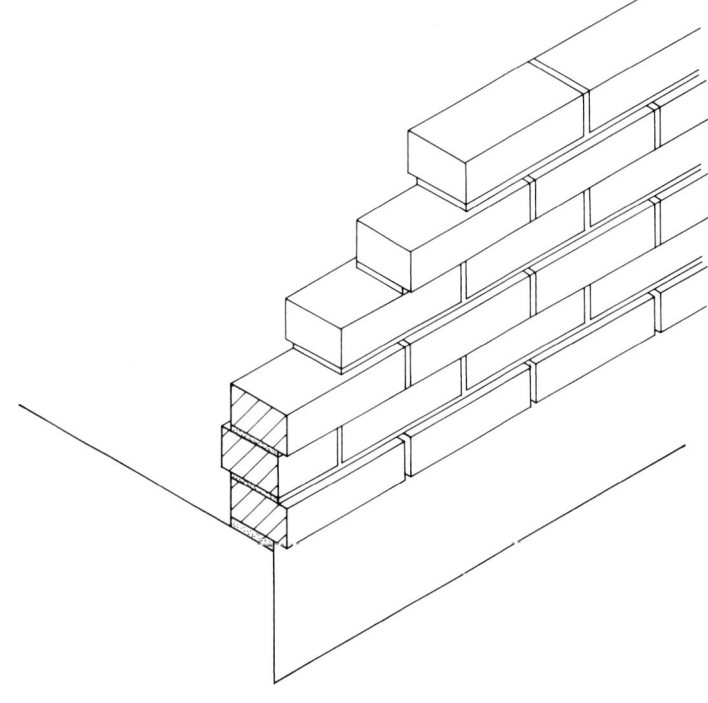

1.1.1.2-5
Zweischaliges Mauerwerk mit Luft- und Dämmschicht (Kerndämmung), außen Verblendmauerschale, gemäß DIN 1053-1. [44]
Dieses Außenwandsystem ist im Abschnitt 1.2.1.4 detailliert behandelt und im Kapitel D 4 durch Projekte veranschaulicht.

1.1.1.2-5.1
Beispiel für eine vertikale plastische Gestaltung der Verblendmauerschale. Mit zwei entsprechend unterschiedlichen Steinbreiten lässt sich auch bei einer plastisch strukturierten Fassade eine bündige Rückseite der Vormauerschale erreichen.

1.1.1.2-5.

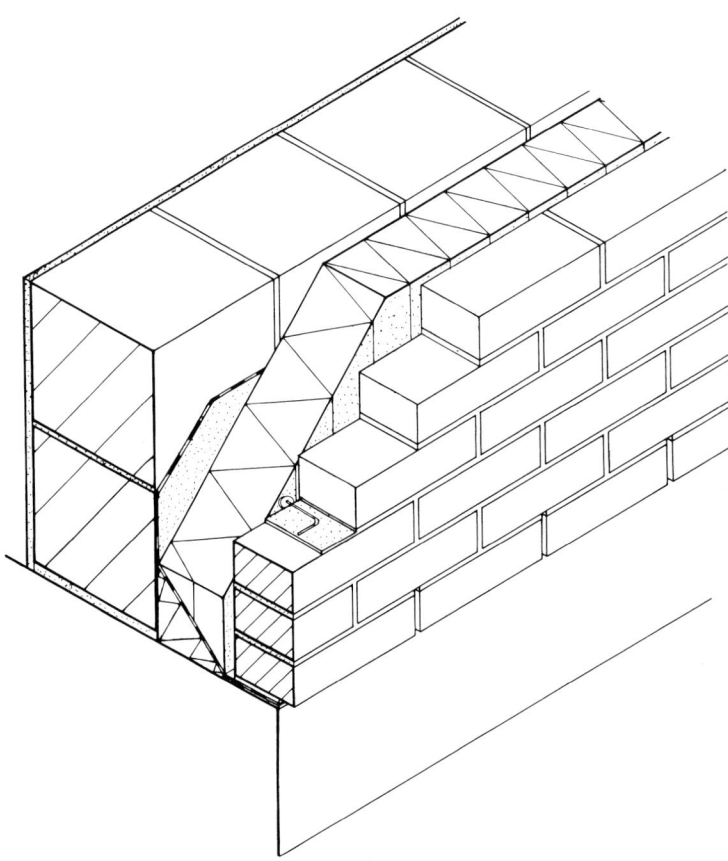

1.1.1.2-6
Zweischaliges Mauerwerk mit Kerndämmung, außen Verblendmauerschale, gemäß DIN 1053-1 [44]   1.1.1.2-6

1.1 Systemübersicht

1.1.2 Standardsysteme von Holzaußenwänden

1.1.2.1 Wandsysteme ohne spezifische Dämmschicht

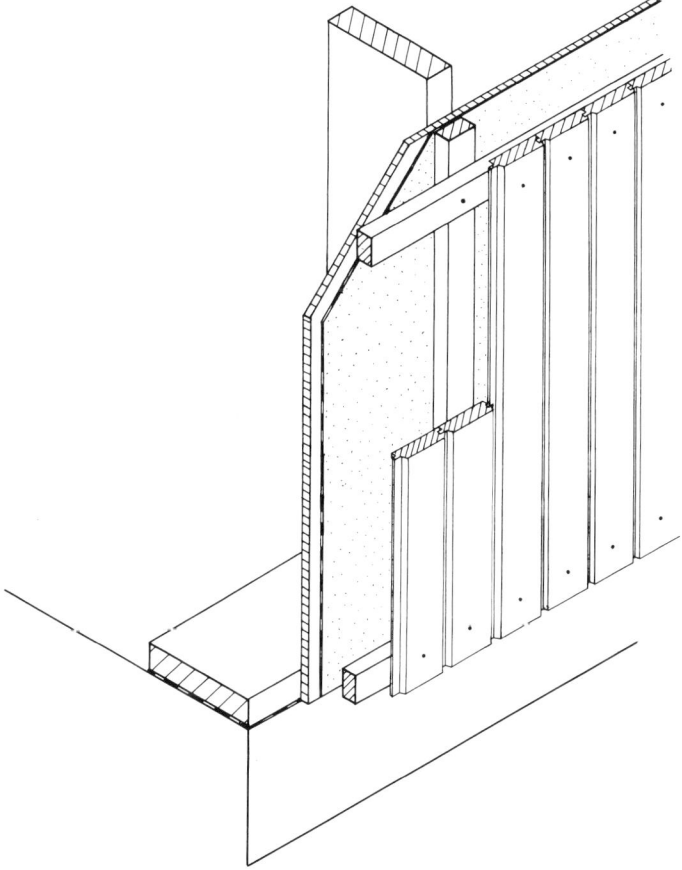

1.1.2.1-1

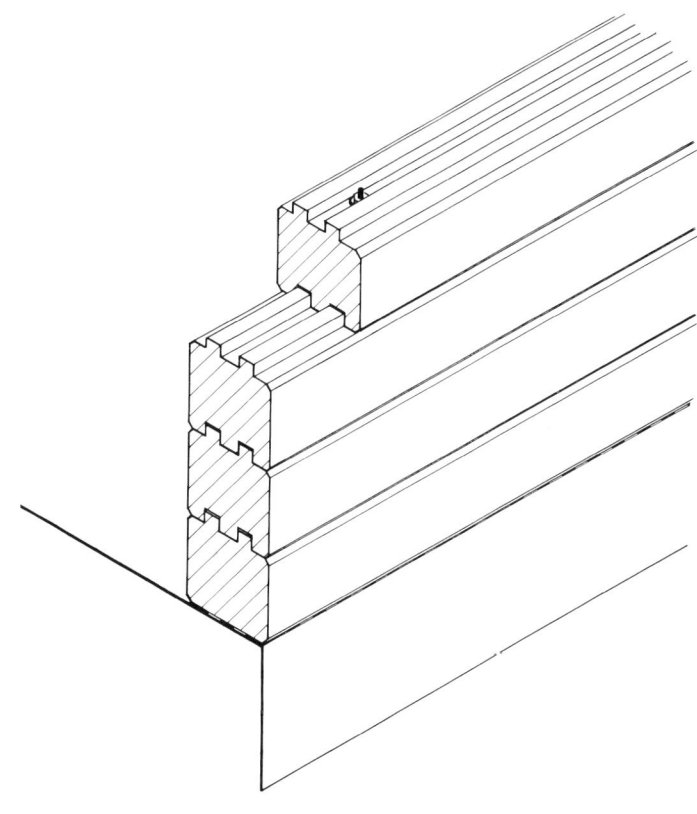

1.1.2.1-1
Holzständersystem beplankt (horizontale Aussteifung) mit Holzwerkstoffplatten; Wind- und Feuchteschutz durch diffusionsoffene Abdeckung.
Eine Bekleidung aus vertikalen Profilholzbrettern auf Grund- und Traglattung bildet die belüftete Fassade.
Die vertikale Grundlattung kann entfallen, z. B. bei geringer Niederschlagsbelastung.

1.1.2.1-2
Einschaliges Blockbalkensystem   1.1.2.1-2

1.1.2.2 Wandsysteme mit spezifischer Dämmschicht

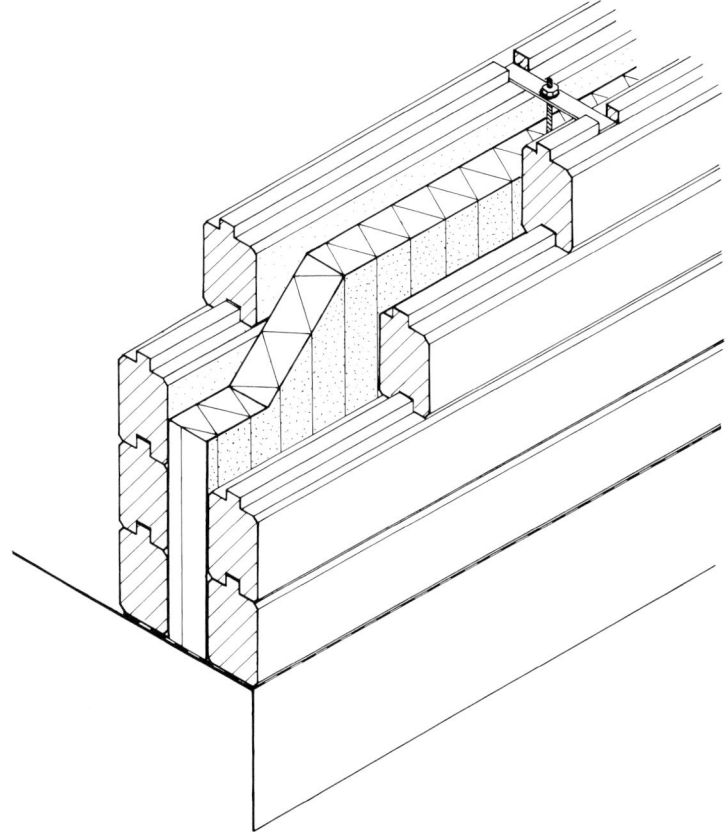

1.1.2.2-1

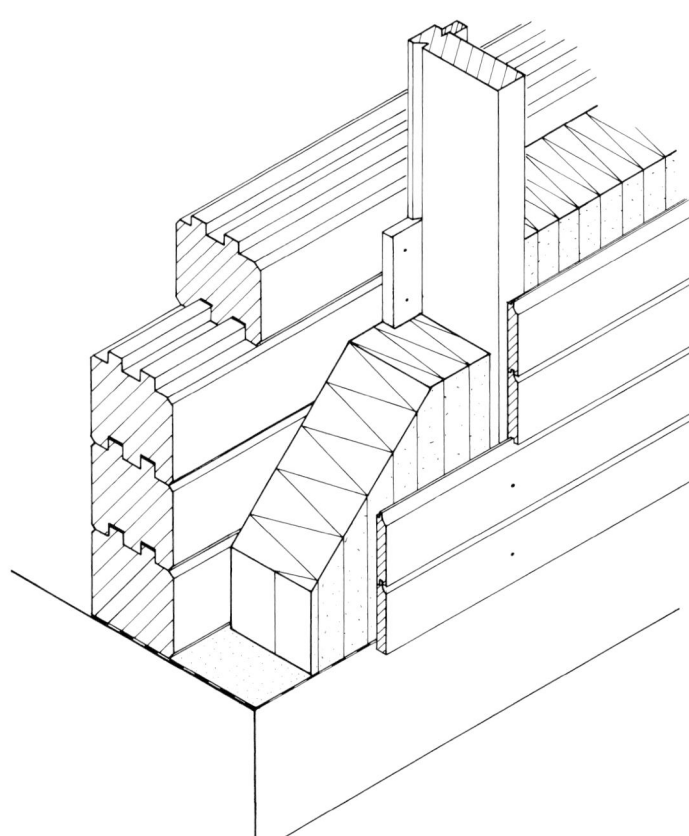

1.1.2.2-1
Zweischaliges Blockbalkensystem mit Kerndämmung

1.1.2.2-2
Blockbalkensystem mit außenseitig angeordneter Dämmschicht. Horizontale Profilholzbretter (Stülpschalung) bilden die belüftete Fassade.
Zusätzlicher Wind- und Feuchteschutz ist durch eine diffusionsoffene Abdeckung zu erreichen.

1.1.2.2-2

1.1 Systemübersicht

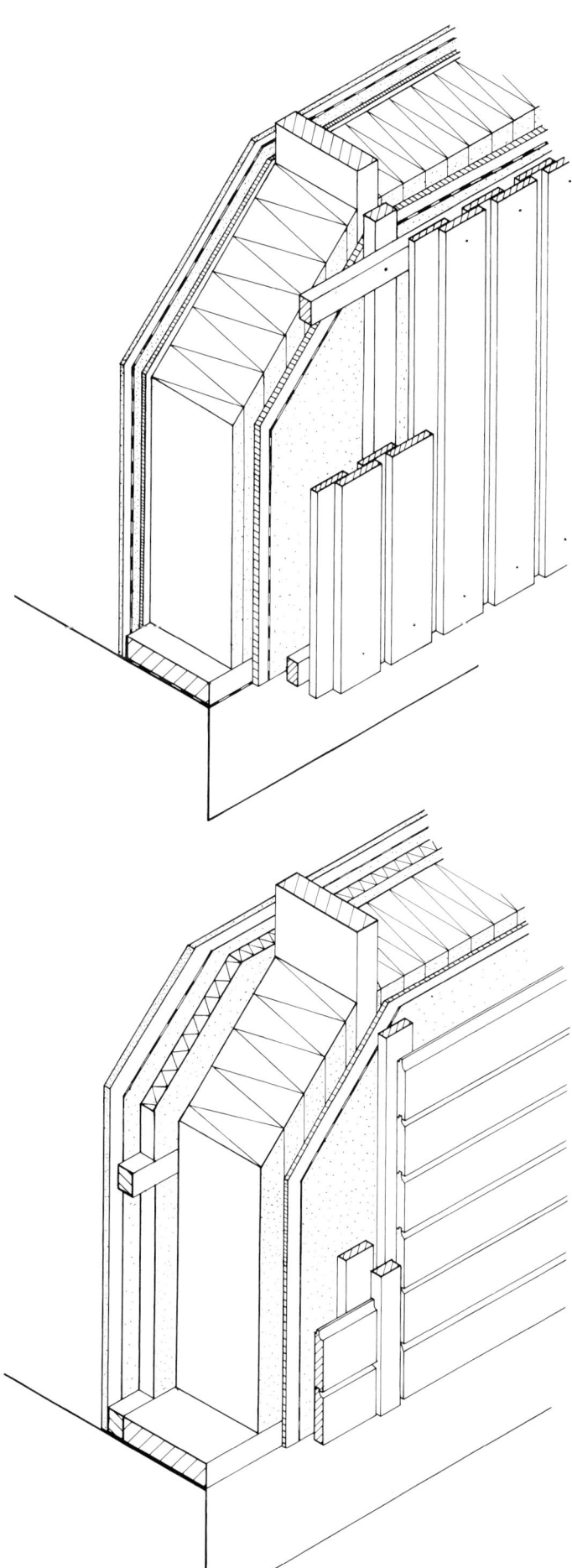

1.1.2.2-3

1.1.2.2-3
Holzständersystem mit Dämmschicht zwischen den Ständern.
Äußere Beplankung / Bekleidung: Holzwerkstoffplatten mit diffusionsoffener Feuchte- und Windschutzabdeckung.
Innere Beplankung / Bekleidung: Plattenwerkstoffe, häufig eine Kombination aus Holzwerkstoff-(Beplankung) und Gipsbauplatten.
Eine belüftete Bodendeckelschalung aus parallel besäumten Brettern auf vertikaler Grund- und horizontaler Traglattung bildet die Fassade. Bei geringer Niederschlagsbelastung kann die vertikale Grundlattung entfallen. Diese Fassadenbekleidung veranschaulichen die Projekte E 1.1 und E 1.4 im Detail.

1.1.2.2-4
Holzständersystem mit primärer Dämmschicht zwischen den Ständern und sekundärer Dämmschicht innenseitig vor den Ständern.
Äußere Beplankung / Bekleidung: Holzwerkstoffplatten mit diffusionsoffener Feucht- und Windschutzabdeckung.
Innere Beplankung / Bekleidung: Gipsbauplatten, häufig auch eine Kombination aus Holzwerkstoff- und Gipsbauplatten einschließlich Luftsperre / Dampfsperre.
Eine Bekleidung aus horizontalen Profilholzbrettern (Stülpschalung) auf vertikaler Lattung bildet die belüftete Fassade.
Dieses Außenwandsystem ist im Abschnitt 1.2.2.1 detailliert behandelt und wird mit dem Projekt E 1.2 exemplarisch veranschaulicht.

1.1.2.2-4

1.1.2.2-5
Holzständersystem mit primärer Dämmschicht zwischen den Ständern und sekundärer Dämmschicht (Holzwolleleichtbauplatten) außen vor den Ständern auf Holzwerkstoffplatten mit diffusionsoffener Feuchteschutzabdeckung
Äußere Bekleidung:
Die äußere Abdeckung der Holzwolleleichtbauplatten bildet ein mineralischer Oberputz auf einem – mit Drahtnetz armierten – mineralischen Unterputz. [55]
Auch WDV- Systeme wie sie beim Wandsystem 1.1.1.2-2 auf massivem Untergrund gezeigt sind, werden im Holzständerbau eingesetzt.
Innere Beplankung der Ständer: Plattenwerkstoffe, ggf. mit zusätzlicher Luftsperre / Dampfsperre.

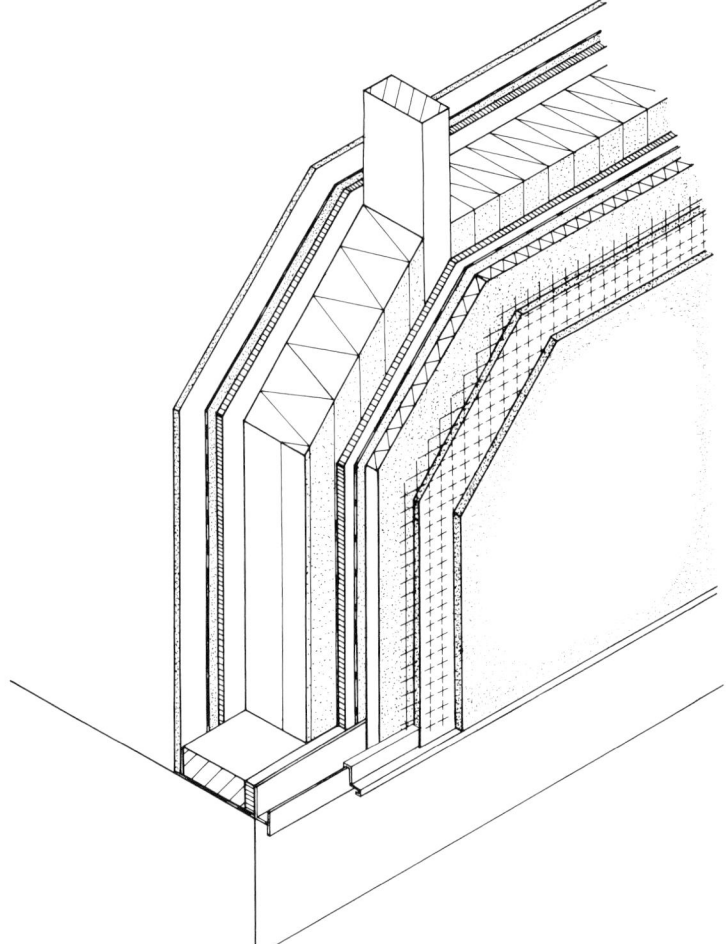

1.1.2.2-5

1.1.2.2-6
Holzständersystem mit primärer Dämmschicht zwischen den Ständern und sekundärer Dämmschicht innenraumseitig vor den Ständern. Die Sekundärdämmschicht dient gleichzeitig als Installationsschale (siehe dazu auch Abschnitt B 1.1.2).
Äußere Bekleidung:
Holzwerkstoffplatte mit diffusionsoffener Feuchte- und Windschutzabdeckung.
Innenraumseitige Beplankung der Ständer: Plattenwerkstoff, ggf. mit zusätzlicher Luftsperre / Dampfsperre.
Bekleidung der Installationsschale: Holzwerkstoffplatten und innenraumseitig Gipsbauplatten (Gipskarton- oder Gipsfaserplatten).
Die Fassade bildet ein mindestens 90 mm dickes Verblendmauerwerk mit mindestens 40 mm Luftschicht. Dieses Außenwandsystem ist im Abschnitt 1.2.2.1 detailliert behandelt und wird mit dem Beispiel E 1.4 exemplarisch veranschaulicht.

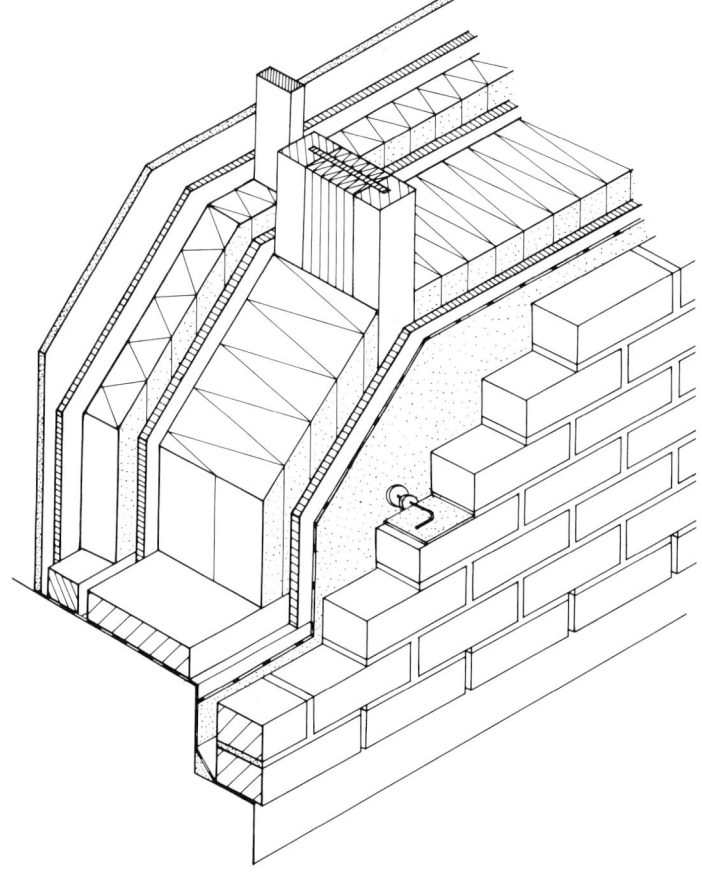

1.1.2.2-6

1.2 Wandsysteme im Detail

1.2.1 Mauerwerksysteme

Der Mauerwerkbau ist prädestiniert für Bauaufgaben, bei denen relativ kleine Räume zellenartig addiert werden. Das gilt vorrangig für den Wohnungsbau. Für das Erscheinungsbild von Mauerwerkbauten ist die relativ geringe Zugfestigkeit des Mauerwerks maßgebend. Im Gegensatz zu den transparenten Skelettsystemen sind Mauerwerksysteme durch tragende und aussteifende Wandscheiben charakterisiert. Die Scheiben können geschlossen oder mit Einzelöffnungen – Fenster, Türen – versehen sein. Ihre schachtelartige Verbindung untereinander gewährleistet die räumliche Steifigkeit der Gebäude. Bei freistehenden Scheiben übernehmen häufig horizontale Konstruktionselemente die notwendige Aussteifung. So sind auch im Mauerwerkbau Räume mit geschosshohen transparenten Außenwandelementen möglich.

1.2.1.1 Einschaliges Mauerwerk mit Außenputz

Wandsystem

Bei diesem kompakten System werden die Aufgaben Gestaltung / Witterungsschutz, Standsicherheit, Wärmeschutz, Schallschutz und Brandschutz dem monolithischen Wandquerschnitt zugewiesen. Durch Art und Dicke des Mauerwerks sowie des Putzes ist das System in seiner Leistungsfähigkeit zu differenzieren. Energetisch lässt sich der jeweilige Mauerquerschnitt durch einen Wärmedämmputz verbessern.

Wärmedämmputzsysteme

Wärmedämmputzsysteme [56] bestehen aus:

- wärmedämmenden Unterputzen (Wärmedämmputze) und
- ein- oder zweilagigen wasserabweisenden Oberputzen.

Die Dämmputze werden – nach ihrem Brandverhalten – in den Baustoffklassen A1 bzw. A2 und B1 angeboten (siehe Bild 1.2.1.1-1).

1.2.1.1-1
Wärmedämmputzsysteme nach [56]

Die normativen Wärmedämmputzssysteme mit Expandiertem Polystyrol (EPS) als Zuschlag, B1, $\lambda_R \sim 0{,}07$ W/(mK) können bis zur Hochhausgrenze eingesetzt werden. Wärmedämmputze mit mineralischem Zuschlag, A1 bzw. A2, $\lambda_R \sim 0{,}10$ bis $0{,}14$ W/(mK), bedürfen einer Zulassung des Deutschen Instituts für Bautechnik (DIBt). Die Dicken der Dämmputze reichen von 20 bis 100 mm. Bei nicht ausreichend tragfähigem Untergrund werden zusätzliche Putzträger eingesetzt.

Die Abdeckung der Wärmedämmputze erfolgt ausschließlich mit mineralischen Oberputzen. Bei zweilagigen Oberputzen erhält die erste Lage (Ausgleichsputz) eine Faser- bzw. Gewebearmierung.

Putztechnologie

Bei Mauerwerk aus Leichtziegeln ist es in den letzten Jahren häufig zu Putzschäden gekommen. Als Ursache dafür wird die Anisotropie des Steinmaterials gesehen. [57], [58] Die Optimierung der Leichtziegel erfolgte unter den Aspekten Minimierung der Wärmeleitfähigkeit und ausreichende Druckfestigkeit für senkrechte Belastung. Quer zu dieser Belastungsrichtung liegen die Festigkeitswerte deutlich niedriger. Die Querdruckfestigkeit porosierter Leichtziegel beträgt in Längsrichtung nur 20 % der Normaldruckfestigkeit. [59] Wände aus diesen Steinen sind empfindlich gegenüber Querkräften, wie sie in der Fassade bei Kraftumlenkung durch Fenster und bei Schwindvorgängen von Betondecken auftreten. Werden diese Kräfte von der Wand nicht mehr aufgenommen, entstehen Risse im Mauerwerk.

Ziel der Putztechnologie muss es sein, dass sich diese Formänderungen nicht auf den Oberputz übertragen. Diesen Ausgleich können Wärmedämmputze bzw. Wärmedämmverbundsysteme als schubweiche Schicht zwischen Mauerwerk und Oberputz bewirken.

Bei Wandkonstruktionen aus großformatigen, hoch wärmedämmenden Steinen gilt deshalb die neue Putzregel: »Entkoppeln durch schubweiche Zwischenschicht«. [57], [58] So lässt sich das Risiko von Putzschäden durch Formänderungen im Mauerwerk reduzieren. Entsprechende Richtlinien der Steinhersteller und der Mörtelindustrie fehlen gegenwärtig noch. [57], [58] Die alte Putzregel »weich auf hart« resultiert aus den Erfahrungen mit massivem Mauerwerk aus kleinformatigen Steinen.

Anordnung von Fenstern, Türen und Rollladenkästen

Die Anordnung von Fenstern und Türen ist wärmetechnisch etwa in der Mitte des Wandquerschnitts günstig. (Einzelheiten dazu siehe Kapitel C 4 und C 5.)

Die Integration von Rollladenkästen in den Wandquerschnitt stellt häufig eine energetische und schalltechnische Schwachstelle dar (siehe auch Abschnitt C 4.7). Außerdem ist darauf zu achten, dass beim Wechsel Mauerwerk / Rollladenkastenmaterial der Außenputz rissefrei bleibt und sich der Materialwechsel im Putz nicht farblich abzeichnet.

Bauphysikalische Richtwerte

Die Tabelle 1.2.1.1-2 zeigt Richtwerte für drei unterschiedliche Wandaufbauten: für Ziegel-, Porenbeton- und Bimsbetonmauerwerk. Die Angabe der λ_R-Werte für die einzelnen Schichten erleichtert den qualitativen Vergleich mit anderen Systemen.

Die Schallschutzwerte sind rechnerisch nach DIN 4109 Beiblatt 1 [60] ermittelt worden. Wie einige Prüfungszeugnisse zeigen, können Messwerte in realen Situationen höher, also günstiger, liegen.

Zur Benutzung der Tabelle:

Es soll der Wärmedurchgangskoeffizient U ermittelt werden, der sich mit einer verputzten monolithischen Außenwand aus 365 mm dickem Ziegelmauerwerk, $\lambda_R = 0{,}21$ W/(mK), erreichen lässt.

Dieser Wandaufbau ist 1.2.1.1-2.1 aufgeführt. Der gesuchte Wert ist senkrecht unter der Wanddicke 365 mm und der Wärmeleitfähigkeit 0,21 W/(mK) abzulesen: Er beträgt 0,50 W/(m²K). Durch einen zusätzlichen 60 mm dicken Dämmputz, $\lambda_R = 0{,}10$ W/(mK) kann eine Verbesserung von 0,50 auf 0,39 W/(m²K) erreicht werden. Dieser Wert ist senkrecht darunter in derselben Spalte abzulesen.

Ergänzend zu dem U-Wert sind zwei weitere thermische Richtwerte für das Wandsystem aufgeführt: der Temperaturfaktor f (siehe auch Abschnitt B 1.1.1.1) und die maximale relative Luftfeuchte des Innenraumes. Beide Werte gelten – wie der U-Wert – für den ungestörten Regelquerschnitt und bei freier Konvektion. Der Luftfeuchtewert bezieht sich auf die klimatischen Randbedingungen außen –15 °C, innen +20 °C. Für die Wandkonstruktion mit dem U-Wert 0,39 W/(m²K) beträgt der f-Wert 0,93 und die maximale relative Luftfeuchte 86,6 %. Bei höherer Luftfeuchte im Innenraum kommt es zu Tauwasserniederschlag auf der Wandoberfläche.

1.2 Wandsysteme im Detail

**Wandsystem:
Einschaliges Mauerwerk
mit Außenputz**

außen

Wandaufbau		1.2.1.1-2.1		1.2.1.1-2.2		1.2.1.1-2.3	
		S1 **Außenputz**, 20 mm Leichtputz, $\lambda_R = 0{,}30$ W/(mK) S3 **Ziegel-Mauerwerk** S4 **Innenputz**, 15 mm $\lambda_R = 0{,}70$ W/(mK)		S1 **Außenputz**, 20 mm $\lambda_R = 0{,}87$ W/(mK) S3 **Mauerwerk** Porenbeton-Plansteine S4 **Innenputz**, 10 mm, $\lambda_R = 0{,}70$ W/(mK)		S1 **Außenputz**, 20 mm Leichtputz, $\lambda_R = 0{,}30$ W/(mK) S3 **Leichtbeton-Mauerwerk** Vollblöcke SW Naturbims S4 **Innenputz**, 15 mm, $\lambda_R = 0{,}70$ W/(mK)	
S 3	mm	365	490	300	365	300	365
Wärmeleitfähigkeit λ_R	W/(mK)	0,21 0,27	0,21 0,27	0,17 0,27	0,17 0,27	0,16 0,24	0,16 0,24
Steinrohdichteklasse	kg/dm³	0,80 0,90	0,80 0,90	0,50 0,80	0,50 0,80	0,50 0,80	0,50 0,80

Wärmeschutz (DIN 4108-2 [22])

Wärmedurchgangskoeffizient U [W/(m²K)]
Rechenwerte der Wärmeleitfähigkeit nach DIN 4108-4 bzw. bauaufsichtlicher Zulassung

0,50	0,62	0,37	0,48	0,51	0,76	0,43	0,64	0,47	0,66	0,39	0,56

mit zusätzlichem Wärmedämmputz

Dämmputzdicke	mm											
S 2 Dämmputz $\lambda_R = 0{,}10$ W/(mK)	40	0,42	0,50	0,33	0,40	0,42	0,58	0,36	0,51	0,40	0,52	0,34	0,46
	60	0,39	0,45	0,31	0,37	0,39	0,52	0,34	0,46	0,37	0,47	0,32	0,42

Temperaturfaktor f

bei S 2 [mm]												
0	0,92	0,90	0,94	0,92	0,91	0,87	0,93	0,89	0,92	0,89	0,93	0,91
40	0,93	0,92	0,94	0,93	0,93	0,90	0,94	0,91	0,93	0,91	0,94	0,92
60	0,93	0,92	0,95	0,94	0,93	0,91	0,94	0,92	0,94	0,92	0,95	0,93

Schallschutz (DIN 4109 Beiblatt 1 [60])

Bewertetes Schalldämm-Maß $R'_{W,R}$ [dB]
rechnerisch ermittelte Werte für Außenwände ohne Wärmedämmputz

50	51	53	54	46	50	48	50	43	47	45	50

Brandschutz (DIN 4102-4 [61])

Feuerwiderstandsklasse
Wandaufbau ohne Wärmedämmputz

Ausnutzungsfaktor	α_2						
	0,2						
	0,6	F180-A	F180-A	F180-A	F180-A	F180-A	F180-A
	1,0						

Tauwasserschutz/ Schlagregenschutz

Tauwasserschutz im Bauteilquerschnitt (DIN 4108-3 [23])

Tauwasserschutz gemäß DIN 4108-3 eingehalten	Tauwasserschutz gemäß DIN 4108-3 eingehalten	Tauwasserschutz gemäß DIN 4108-3 eingehalten

Maximale relative Luftfeuchte [%]

Tauwasserschutz auf der Bauteiloberfläche im Innenraum (außen –15 °C, innen +20 °C)	S 2 [mm]											
	0	83,3	79,8	87,3	83,9	83,0	75,9	85,4	79,2	84,2	78,7	86,6	81,5
	40	85,7	83,3	88,5	86,3	85,7	81,0	87,6	83,0	86,3	82,7	88,2	84,5
	60	86,6	84,8	89,2	87,3	86,6	82,7	88,2	84,5	87,3	84,2	88,8	85,7

Schlagregenschutz gemäß DIN 4108-3 [23]

Beanspruchungsgruppe I: Außenputz ohne besondere Anforderungen (DIN 18550-1 [53])
Beanspruchungsgruppe II: Wasserhemmender Außenputz (DIN 18550-1 [53])
Beanspruchungsgruppe III: Wasserabweisender Außenputz (DIN 18550-1 [53])

1.2.1.1-2: Bauphysikalische Richtwerte

1.2.1.2 Einschaliges Mauerwerk mit Fassaden-Wärmedämmverbundsystem (WDV-System)

Wandsystem

Dieses System stellt häufig eine Kombination des in Abschnitt C 1.2.1.1 erläuterten einschaligen Mauerwerks mit einer energetisch sehr leistungsfähigen außenseitigen Dämmschicht einschließlich Beschichtung dar. Verbundsysteme dieser Art gibt es seit mehr als 30 Jahren. Ihr Einsatz umfasst Neubau- und Sanierungsaufgaben. In jüngster Vergangenheit gehört dazu insbesondere die Sanierung von »Plattenbauten« in den neuen Bundesländern.

Die längsten baupraktischen Erfahrungen mit WDV-Systemen liegen für EPS-Hartschaumplatten vor. Seit Ende der 70er Jahre werden darüber hinaus Systeme mit Mineralfaserplatten eingesetzt. Diese beiden Dämmstoffe dominieren den Markt. Daneben gibt es aber auch noch eine Reihe anderer Dämmplatten für WDV-Systeme.

Aus wirtschaftlichen Gründen dominieren beim Dämmstoff die Polystyrol (EPS)-Hartschaumplatten (B1-040). Sie sind je nach Systemvariante mit oder ohne Stufenfalz ausgebildet. Die Platten werden aus Blöcken geschnitten oder bandgeschäumt und haben glatte oder gerillte Oberflächen. Polystyrol (EPS)-Hartschaumplatten weisen u.a. je nach Rohstoffmischung ein unterschiedliches Nachschwindverhalten auf, welches erst nach etwa fünf Jahren abklingt und die Dämmstoffplatten bis zu 0,4% gegenüber dem Herstellungsprozess verkürzt. Das Nachschwindverhalten steigt mit der Rohdichte der EPS-Platten. Für die Anwendung in WDV-Systemen wird das Material vor dem Einbau entsprechend abgelagert.

Die Dämmstoffdicken der gegenwärtig angebotenen WDV-Systeme mit Hartschaum- bzw. Mineralfaserdämmplatten reichen nach den Produktinformationen bis etwa 150 mm. Größere Dicken sind jedoch möglich und wurden bereits eingebaut.

Als Beschichtung wird auf die Dämmplatten zuerst ein Unterputz mit einem eingebetteten systemspezifischen Glasfaserarmierungsgewebe und abschließend ein Oberputz aufgebracht. Für den Armierungs- und den Oberputz wurden anfangs ausschließlich organische Systeme (organische Bindemittel) eingesetzt. Mit den anorganischen Dämmplatten (Mineralwolle) kamen anorganische Beschichtungssysteme mit Bindemitteln wie Zement, Kalk und Wasserglas hinzu. Anstelle des Oberputzes sind auch Flachverblender möglich. Einige Systemlieferanten arbeiten mit kunstharzgebundenen, andere mit keramischen Verblendern. Keramische Verblender weisen hohe µ-Werte auf. Dies ist im Hinblick auf den Tauwasserschutz bei der Planung des Gesamtsystems Außenwand zu beachten.

Aus Gründen des vorbeugenden Brandschutzes sind für Hochhäuser ausschließlich mineralische Dämmsysteme, wie z.B. Mineralfaserplatten (A1-035/040) zugelassen.

Bei Außendämmsystemen kann infolge nächtlicher Wärmeabstrahlung die Oberflächentemperatur der Putzschicht unter die Taupunkttemperatur der Außenluft abfallen. Die daraus resultierende Feuchtigkeit auf den Fassaden fördert insbesondere auf den nicht besonnten Flächen das Wachstum von Mikroorganismen wie Algen und Pilzen. [57] Diesem Risiko wird u.a. durch geringe Wasseraufnahmefähigkeit und biozide Ausrüstung der Beschichtung begegnet.

Die systemimmanente unmittelbare Verbindung von Dämmstoff und Außenputz, die Schutzschicht gegen Niederschlagsfeuchtigkeit, erfordert besondere Sorgfalt bei der Planung und Ausführung der WDV-Systeme. Um eine möglichst lange Funktionsdauer der Systeme zu erreichen, ist die korrekte Verarbeitung der Systemelemente entsprechend den Verarbeitungsvorschriften der Systemhersteller und den bauaufsichtlichen Zulassungen unverzichtbar.

Bei den Ursachen von Schadenfällen mit WDV-Systemen dominiert die mangelhafte Verarbeitung auf der Baustelle.

Baurechtlich gelten WDV-Systeme als nicht geregelte Bauprodukte. Das Deutsche Institut für Bautechnik (DIBt) hat festgelegt, dass für sie allgemeine bauaufsichtliche Zulassungen erteilt werden. Dazu wurden vier verschiedene Systemkategorien geschaffen (siehe Bilder 1.2.1.2-1.1 bis 1.4).

1.2 Wandsysteme im Detail

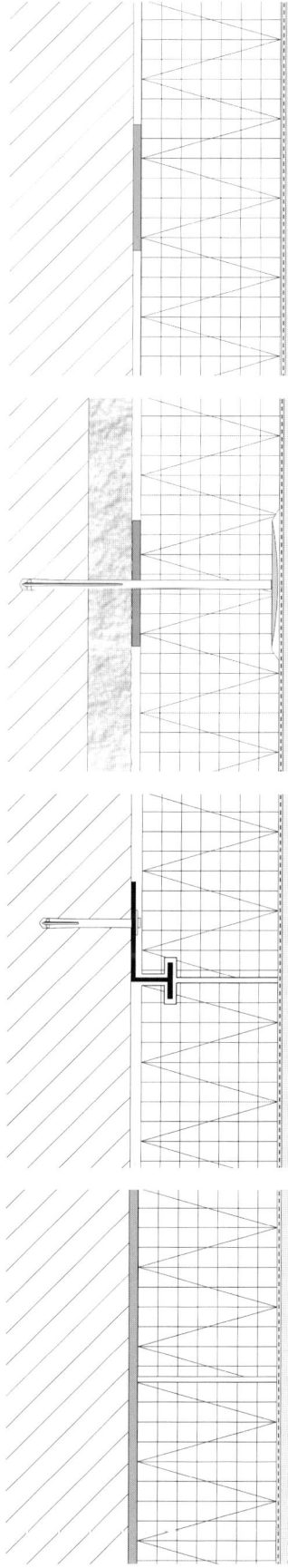

1.2.1.2-1.1
Wärmedämm-Verbundsysteme mit angeklebten Dämmstoffplatten aus Polystyrol-Partikelschaum
Derartige Systeme dürfen mit einer Eigenlast von ≤ 0,3 kN/m² ausschließlich verklebt werden, wenn die Haftzugfestigkeit (Abreißfestigkeit) am Untergrund ≥ 0,08 N/mm² beträgt. Eine hilfsweise konstruktive Verdübelung ist möglich.

1.2.1.2-1.2
Wärmedämm-Verbundsysteme mit angeklebten und angedübelten Dämmstoffplatten
Hierbei werden Systeme mit Dämmstoff aus Polystyrol und Mineralwolle beschrieben, deren Standsicherheitsnachweis durch die Befestigung mit bauaufsichtlich zugelassenen Tellerdübeln geführt wird.
Diese Variante kommt zum Einsatz, wenn die Abreißfestigkeit des Untergrundes nicht ausreicht bzw. wenn die Eigenlast über 0,3 kN/m² beträgt.

1.2.1.2-1.3
Wärmedämm-Verbundsysteme mit schienenbefestigten Dämmstoffplatten
Die statisch nachgewiesene Befestigung mittels Schienen kann sowohl bei Dämmstoffplatten aus Polystyrol als auch Mineralwolle zum Einsatz kommen.

1.2.1.2-1.4
Wärmedämm-Verbundsysteme mit angeklebten Mineralwolle-Lamellenplatten
Bei Mineralwolle-Lamellenplatten kann für Gebäudehöhen bis 20 m ein Nachweis der Standsicherheit auf der Basis einer vollflächigen Verklebung geführt werden.

1.2.1.2-1
Systemkategorien von WDV-Systemen [62]

Die bauaufsichtliche Zulassung einzelner Systeme umfasst die Aspekte:

- Widerstandsfähigkeit und Dauerhaftigkeit
- Wärme- und Feuchteschutz
- Schallschutz
- Umweltverträglichkeit

In jüngster Zeit wird von verschiedenen Firmen ein weiteres WDV-System angeboten. Dieses System basiert auf mineralischen Dämmplatten (A2). Hergestellt werden die Dämmplatten von der Fa. Hebel AG, Emmering-Fürstenfeldbruck. Das neue Dämmmaterial besteht aus massen-hydrophobiertem Mineralschaum mit Rohdichten von etwa 100 bis 120 kg/m³. Die Platten sind der WLG 045 zugeordnet und erlauben einen durchgehend mineralischen, massiven und verdübelungsfreien Systemaufbau.

Wärmeschutz

Fassaden-WDV-Systeme umschließen den Baukörper von außen. Das ist im Hinblick auf die Vermeidung von Wärmebrücken und für die Nutzung der Tragstruktur zur Wärmespeicherung vorteilhaft. Befestigungsdübel stellen Wärmebrücken dar; Anzahl und Dübelart sind darauf abzustimmen.

Schallschutz

Die Schalldämmung von Außenwänden mit WDV-Systemen wird primär von der Masse der massiven Wandstruktur bestimmt. Je nach dynamischer Steifigkeit der eingesetzten Dämmplatten variiert die Schalldämmung des Gesamtsystems. Bei üblichen Polystyrolplatten verringert sich die Schalldämmung – gegenüber der massiven Struktur – um etwa 5 dB. Elastisch eingestellte Polystyrolplatten verhalten sich günstiger. Das Gleiche gilt für Mineralfaserplatten mit liegenden Fasern. Bei Platten aus Mineralfaserlamellen (stehenden Fasern) muss mit um 3 dB geminderten Werten gerechnet werden.

Für den Schutz der Wohnräume ist das resultierende Schalldämmmaß der Außenwände einschließlich Fenster maßgebend.

Tauwasserschutz / Schlagregenschutz

Der Schutz gegen Tauwasserbildung auf der Innenoberfläche und im Innern der Wände ist bei Wandkonstruktionen mit Fassaden-WDV-Systemen in der Regel unproblematisch. Es bestehen allerdings bauphysikalische Abhängigkeiten zwischen der tragenden Wand, dem Dämmstoff, der Dämmstoffdicke und der Fassadenbeschichtung. Bei relativ dünnen Dämmstoffplatten und verhältnismäßig diffusionsdichten Außenbeschichtungen oder keramischen Belägen kann es bei Mauerwerk mit niedriger Rohdichte zu schädlichem Tauwasserausfall kommen.

Auch starke Durchfeuchtung des tragenden Wandquerschnitts erhöht das Tauwasserrisiko. Diffusionsoffene Dämmstoffe unterstützen eine schnelle Austrocknung.

Der Schlagregenschutz dieser Verbundsysteme ist je nach Qualität des Außenputzes bis zur Beanspruchungsgruppe III möglich.

An die Außenputze auf den Dämmplatten werden gegenüber Putzen auf Mauerwerk besondere Anforderungen gestellt. Die geringe Saug- und Wärmeleitfähigkeit der Dämmplatte als Putzuntergrund führt im Vergleich zu Mauerwerk zu größeren hygrothermischen Beanspruchungen des Außenputzes. [64] Wenn in der Putzbeschichtung Kantenschutzschienen aus Metall vorgesehen werden, schließen z. B. Edelstahlprofile Rostfahnen an der Fassade langfristig aus.

Bauphysikalische Richtwerte

In der folgenden Tabelle 1.2.1.2-2 sind Richtwerte für drei verschiedene Wandaufbauten aufgeführt, jeweils alternativ mit drei unterschiedlich dicken Außendämmungen. Die Mauerwerk-Wärmeleitfähigkeiten sind so variiert, dass Richtwerte für ein breites Anwendungsspektrum erreicht werden. Die Dämmstoffdicken betragen alternativ 100, 150 und 200 mm. Sie werden in unterschiedlichen Wärmeleitfähigkeitsgruppen (WLG) angeboten. Den Richtwerten liegt die in der Baupraxis dominierende WLG 040 zugrunde. Die Schallschutzwerte dienen zur Abschätzung der bauakustischen Leistungsfähigkeit. Sie wurden gemäß DIN 4109 Beiblatt 1 [60] für Wände ohne WDV-System ermittelt. Messwerte fertiger Gesamtsysteme liegen – je nach Dämmstoff – häufig niedriger.

Zur Benutzung der Tabelle

Es soll ermittelt werden, welcher Wärmedurchgangskoeffizient U sich mit einer 240 mm dicken verputzten Außenwand aus Ziegel-Mauerwerk, $\lambda_R = 0{,}33$ W/(mK), plus 150 mm dicken Dämmplatten der WLG 040 erreichen lässt.

Dieser Wandaufbau ist unter 1.2.1.2-2.2 aufgeführt. Der gesuchte U-Wert ist senkrecht abzulesen unter der Wanddicke 240 mm, Wärmeleitfähigkeit 0,33 W/(mK), und der Dämmplattendicke 150 mm. Er beträgt 0,21 W/(m²K).

Ergänzend zu dem U-Wert sind zwei weitere thermische Richtwerte für das Wandsystem aufgeführt: der Temperaturfaktor f – siehe auch Abschnitt B 1.1.1.1 – und die maximale relative Luftfeuchte des Innenraumes. Beide Werte gelten – wie der U-Wert – für den ungestörten Regelquerschnitt und bei freier Konvektion. Der Luftfeuchtewert bezieht sich auf die klimatischen Randbedingungen außen –15 °C, innen +20 °C. Für die Wandkonstruktion mit dem U-Wert 0,21 W/(m²K) beträgt der f-Wert 0,96 und die maximale relative Luftfeuchte 92,4 %. Bei höherer Luftfeuchte im Innenraum kommt es zu Tauwasserniederschlag auf der Wandoberfläche.

1.2 Wandsysteme im Detail

**Wandsystem:
Einschaliges Mauerwerk
mit WDV-System**

außen

		1.2.1.2-2.1				1.2.1.2-2.2				1.2.1.2-2.3			
Wandaufbau		S 1 **keramischer Verblender,** 6 mm, ρ = 2000 kg/m³, λ_R = 1,20 W/(mK) auf Unterputz (14 mm) S 2 **Mineralfaserplatten** S 3 **Kalksandstein-Mauerwerk** S 4 **Innenputz,** 15 mm, λ_R = 0,70 W/(mK)				S 1 **mineralischer Außenputz,** 20 mm, λ_R = 0,87 W/(mK) S 2 **Mineralfaserplatten** S 3 **Ziegel-Mauerwerk** S 4 **Innenputz,** 15 mm, λ_R = 0,70 W/(mK)				S 1 **mineralischer Außenputz,** 20 mm, λ_R = 0,87 W/(mK) S 2 **EPS-Hartschaumplatten** S 3 **Mauerwerk** Porenbeton-Plansteine S 4 **Innenputz,** 10 mm, λ_R = 0,70 W/(mK)			
S 3	mm	240		300		240		300		175		240	
Wärmeleitfähigkeit λ_R	W/(mK)	0,79	1,10	0,79	1,10	0,33	0,39	0,33	0,39	0,16	0,27	0,16	0,27
Steinrohdichteklasse	kg/dm³	1,60	2,00	1,60	2,00	0,80	1,00	0,80	1,00	0,60	0,80	0,60	0,80

Wärmeschutz (DIN 4108 2 [22])

Wärmedurchgangskoeffizient U [W/(m²K)]
Rechenwerte der Wärmeleitfähigkeit nach DIN 4108-4 bzw. bauaufsichtlicher Zulassung

S 2	mm												
Dämmplatten der Wärmeleit-fähigkeitsgruppe 040	100	0,33	0,34	0,32	0,33	0,29	0,30	0,28	0,29	0,26	0,30	0,24	0,28
	150	0,23	0,24	0,23	0,23	0,21	0,22	0,21	0,21	0,20	0,22	0,18	0,21
	200	0,18	0,18	0,18	0,18	0,17	0,17	0,16	0,17	0,16	0,17	0,15	0,16

Temperaturfaktor f

bei S 2 [mm]	100	0,94	0,94	0,95	0,94	0,95	0,95	0,95	0,95	0,96	0,95	0,96	0,95
	150	0,96	0,96	0,96	0,96	0,96	0,96	0,96	0,96	0,97	0,96	0,97	0,96
	200	0,97	0,97	0,97	0,97	0,97	0,97	0,97	0,97	0,97	0,97	0,98	0,97

Schallschutz (DIN 4109 Beiblatt 1 [60])

Der tatsächliche Wert verringert sich je nach dynamischer Steifigkeit der Dämmplatten.

Bewertetes Schalldämm-Maß $R'_{w,R}$ [dB]
rechnerisch ermittelte Werte für Außenwände ohne Wärmedämm-Verbundsystem

	52	54	55	57	44	47	46	50	40	43	43	46

Brandschutz (DIN 4102-4 [61])

Feuerwiderstandsklasse

Ausnutzungsfaktor	α_2												
	0,2					F180-A		F180-A		F180-AB			
	0,6	F180-A		F180-A		F90-A		F180-A		F120-AB		F180-AB	
	1,0					F90-A		F120-A		F90-AB			

Tauwasserschutz/ Schlagregenschutz

Tauwasserschutz im Bauteilquerschnitt (DIN 4108-3 [23])

	Tauwasserschutz gemäß DIN 4108-3 eingehalten	Tauwasserschutz gemäß DIN 4108-3 eingehalten	Tauwasserschutz gemäß DIN 4108-3 eingehalten

Maximale relative Luftfeuchte [%]

Tauwasserschutz auf der Bauteiloberfläche im Innenraum (außen – 15 °C, innen + 20 °C)	S 2 [mm] 100 150 200	88,5 91,4 93,4	88,2 91,4 93,4	88,8 91,7 93,4	88,2 91,4 93,4	89,9 92,4 93,7	89,5 92,1 93,7	90,1 92,4 94,1	89,8 92,4 93,7	90,8 92,7 94,1	89,5 92,1 93,7	91,4 93,4 94,4	90,1 92,4 94,1

Schlagregenschutz gemäß DIN 4108-3 [23]

in Abhängigkeit vom Außenputzsystem bis Beanspruchungsgruppe III gegeben

1.2.1.2-2: Bauphysikalische Richtwerte

1.2.1.3 Einschaliges Mauerwerk mit Dämmschicht und belüfteter Fassadenbekleidung

Wandsystem

Bei diesem Wandsystem werden die Aufgaben Gestaltung/Witterungsschutz, Standsicherheit und Wärmeschutz jeweils spezifischen Bauteilschichten übertragen. Daraus resultiert ein großes Anwendungsspektrum für das System und eine außerordentliche Variationsbreite für den Wandaufbau. Der Einsatzbereich dieses Systems umfasst Neubau- wie Sanierungsaufgaben.

Im Gegensatz zum WDV-System sind bei diesem System Witterungsschutz und Dämmschicht durch eine Luftschicht getrennt. Dadurch wird die Fassadenbekleidung belüftet. Das führt zu einem sehr wirksamen zweistufigen Witterungsschutz. Die äußere Bekleidung wirkt als Regensperre. Wenn trotzdem Niederschlag in bzw. durch die Bekleidung dringt, verhindert die Luftschicht einen kapillaren Weitertransport in den Dämmstoff hinein. Eingedrungene Feuchtigkeit läuft auf der Rückseite der Bekleidung drucklos herunter oder wird mit dem Konvektionsstrom der Luftschicht – besonders in regenfreien Phasen – abtransportiert. Die Belüftung der Fassade unterstützt auch das Abtrocknen der Bekleidung an der Außenfläche. So kann einer »Vergrünung« der Fassade entgegengewirkt werden.

Als Dämmstoffe werden aus Gründen der leichten Verarbeitbarkeit vorrangig Mineralfaserplatten eingesetzt, meist mit einem Vlies kaschiert. Die Vlies-Kaschierung gibt den Dämmplatten eine höhere Witterungsbeständigkeit und Festigkeit, außerdem verbessert sie das Luftströmungsverhalten. Aus energetischen Gründen müssen die Platten dicht und vollflächig auf dem Mauerwerk bzw. Untergrund aufliegen. Luftkonvektion zwischen Platten und Wand muss ausgeschlossen werden. Die Befestigung der Dämmplatten erfolgt in der Regel in Verbindung mit der Fassadenunterkonstruktion. Die Wärmebrückenwirkung der Befestigungselemente ist zu minimieren.

Wie Bauschäden [65] zeigen, kommt es vor, dass Tiere, z. B. Marder, Mineralfaserdämmschichten zerstören. Auch bei anderen Dämmschichten [66] besteht ein Zerstörungsrisiko durch Nagetiere, Vögel oder Insekten. Dieser Gefahr kann durch vorbeugende Maßnahmen begegnet werden. So können z. B. Lüftungsprofile den Zugang zum Dämmstoff erschweren. Oder es kommt ein besonders widerstandsfähiger Dämmstoff, wie z. B. Schaumglas, zum Einsatz.

Als Bekleidung kann eine Vielzahl von Elementen unterschiedlichen Materials, unterschiedlicher Struktur und unterschiedlichen Formats eingesetzt werden, z. B. Schindeln, Ziegel, Bleche, Natursteine, Faserzementplatten, Holz und Holzwerkstoffe. Die Befestigungselemente und Zubehörteile verschiedener Systeme sind in anerkannten Handwerksregeln erfasst.

Seit einigen Jahren werden auch belüftete Bekleidungen als fugenlose verputzte Systeme angeboten. Bei ihnen werden Putzträgerplatten auf einer Unterkonstruktion – Holz oder Aluminium – fixiert und dann ähnlich den WDV-Systemen beschichtet, entweder mit Putz oder mit Flachverblendern. [67] Bei der U-Wert-Berechnung für das System bleiben gemäß DIN 4108-2 [22] die Fassadenbekleidungen einschließlich Luftschicht außer Ansatz.

Schallschutz

Die Schalldämmung dieses Systems wird primär von dem massiven Mauerquerschnitt bestimmt. Bauakustische Verbesserungen sind beim Einsatz von Mineralwolleplatten je nach Dicke und Fassadenausbildung möglich. Bild 1.2.1.3-1 zeigt Schätzwerte für Verbesserungsmaße: bei 10 cm Dämmstoffdicke etwa 11 dB (Labor-Schalldämmmaße). [68] Der beschriebene Effekt fällt bei Mauerquerschnitten mit relativ geringer Schalldämmung höher aus als bei Wänden, die schon ohne Dämmplatten hohe dB-Werte aufweisen. [69]

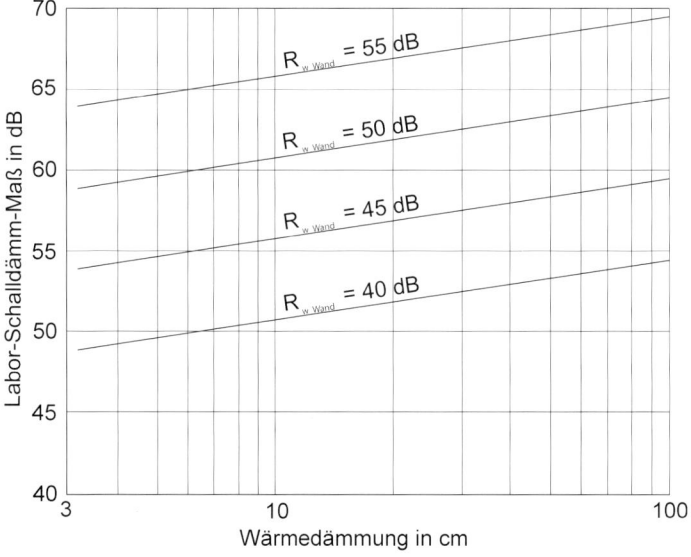

1.2.1.3-1
Abschätzung der erreichten Schalldämmung bei vorgehängten, hinterlüfteten Fassaden in Abhängigkeit von der Dicke der Mineralfaserdämmschicht nach [68]

1.2 Wandsysteme im Detail

Bauphysikalische Richtwerte

Für drei verschiedene Wandaufbauten aus unterschiedlichem Steinmaterial sind in der Tabelle 1.2.1.3-2 Richtwerte für 175 mm und 240 mm dickes Mauerwerk aufgeführt. Bei allen Wandsystemen wurden die Wärmeleitfähigkeiten variiert, um Richtwerte für ein möglichst breites Anwendungsspektrum zu erreichen. Die Dicken der Dämmplatten, WLG 040, betragen 100, 150 und 200 mm.

Die Angaben zu den Schalldämmmaßen wurden rechnerisch ermittelt. Wie Meßwerte vorliegender Konstruktionsbeispiele zeigen, kann das Schalldämmmaß im Einzelfall höher liegen. Die Mineralfaser-Dämmschicht erhöht das Dämmmaß nach [68] erheblich.

Die Brandschutzklassen sind in Kombination mit den Baustoffklassen differenziert dargestellt, da sowohl die Fassadenbekleidung wie die Unterkonstruktion und der Dämmstoff unbrennbar bzw. brennbar gewählt werden können.

Zur Benutzung der Tabelle

Es soll der Wärmedurchgangskoeffizient U ermittelt werden, der sich bei einer 240 mm dicken Kalksandstein-Außenwand, $\lambda_R = 0{,}79$ W/(mK), mit 100 mm Mineralwolle-Dämmplatten (WLG 040) und belüfteter Fassadenbekleidung erreichen lässt.

Dieser Aufbau ist unter 1.2.1.3-2.1 aufgeführt. Der gesuchte U-Wert ist senkrecht unter der Wanddicke 240 mm, Wärmeleitfähigkeit 0,79 W/(mK), abzulesen: Er beträgt 0,36 W/(m^{2}K). Direkt unter diesem Wert sind die U-Werte bei dickeren Dämmstoff-Schichten abzulesen.

Ergänzend zu dem U-Wert sind zwei weitere thermische Richtwerte für das Wandsystem aufgeführt: der Temperaturfaktor f – siehe auch Abschnitt B 1.1.1.1 – und die maximale relative Luftfeuchte des Innenraumes. Beide Werte gelten – wie der U-Wert – für den ungestörten Regelquerschnitt und bei freier Konvektion. Der Luftfeuchtewert bezieht sich auf die klimatischen Randbedingungen außen – 15 °C, innen + 20 °C. Für die Wandkonstruktion mit dem U-Wert 0,36 W/(m^{2}K) beträgt der f-Wert 0,94 und die maximale relative Luftfeuchte 87,6 %. Bei höherer Luftfeuchte im Innenraum kommt es zu Tauwasserniederschlag auf der Wandoberfläche.

**Wandsystem:
Einschaliges Mauerwerk mit Dämmschicht und belüfteter Fassadenbekleidung**

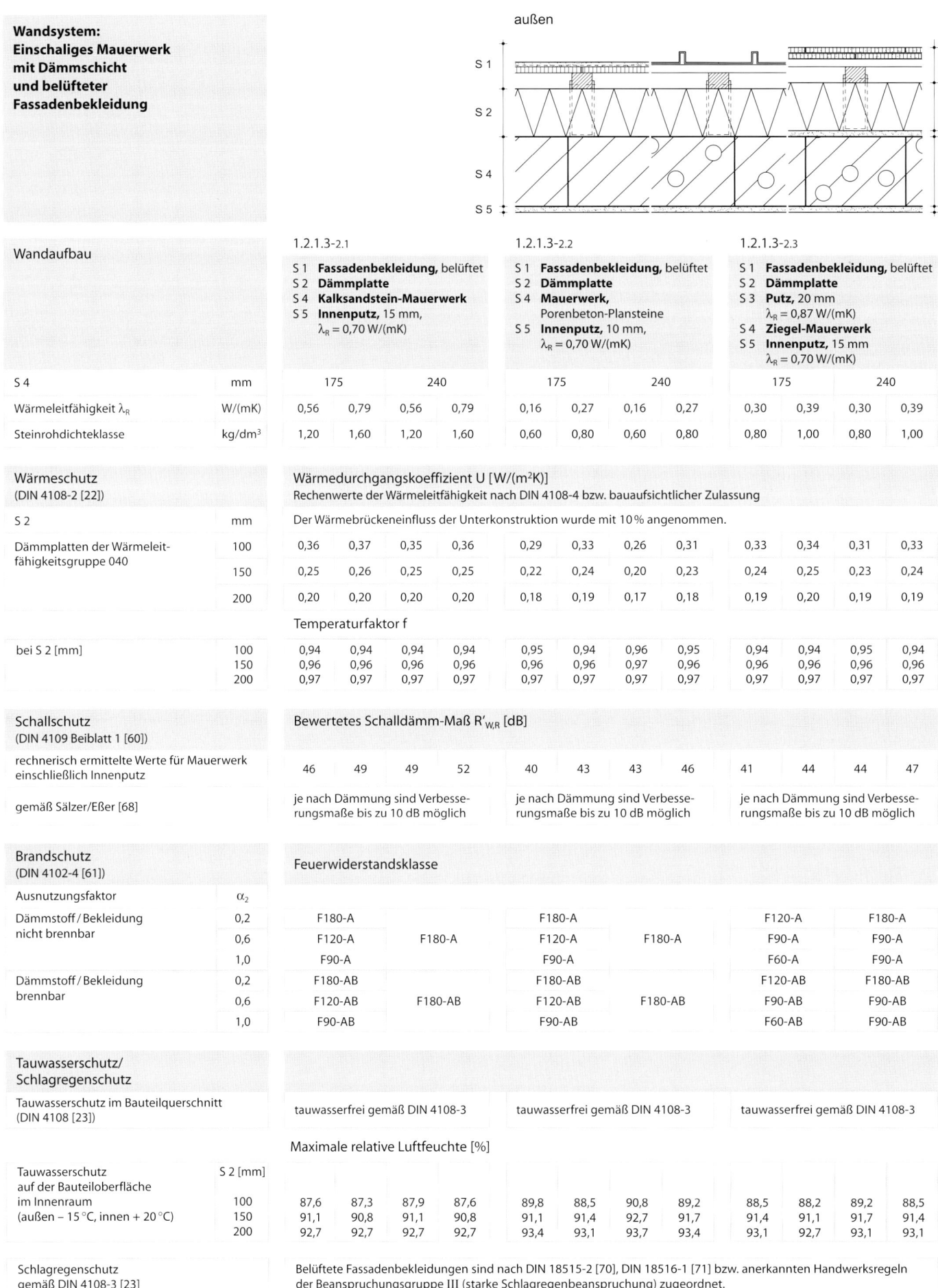

Wandaufbau			1.2.1.3-2.1				1.2.1.3-2.2				1.2.1.3-2.3			
			S1 **Fassadenbekleidung**, belüftet S2 **Dämmplatte** S4 **Kalksandstein-Mauerwerk** S5 **Innenputz**, 15 mm, $\lambda_R = 0{,}70$ W/(mK)				S1 **Fassadenbekleidung**, belüftet S2 **Dämmplatte** S4 **Mauerwerk**, Porenbeton-Plansteine S5 **Innenputz**, 10 mm, $\lambda_R = 0{,}70$ W/(mK)				S1 **Fassadenbekleidung**, belüftet S2 **Dämmplatte** S3 **Putz**, 20 mm $\lambda_R = 0{,}87$ W/(mK) S4 **Ziegel-Mauerwerk** S5 **Innenputz**, 15 mm $\lambda_R = 0{,}70$ W/(mK)			
S4		mm	175		240		175		240		175		240	
Wärmeleitfähigkeit λ_R		W/(mK)	0,56	0,79	0,56	0,79	0,16	0,27	0,16	0,27	0,30	0,39	0,30	0,39
Steinrohdichteklasse		kg/dm³	1,20	1,60	1,20	1,60	0,60	0,80	0,60	0,80	0,80	1,00	0,80	1,00

Wärmeschutz (DIN 4108-2 [22])

Wärmedurchgangskoeffizient U [W/(m²K)]
Rechenwerte der Wärmeleitfähigkeit nach DIN 4108-4 bzw. bauaufsichtlicher Zulassung
Der Wärmebrückeneinfluss der Unterkonstruktion wurde mit 10% angenommen.

S2	mm													
Dämmplatten der Wärmeleitfähigkeitsgruppe 040	100	0,36	0,37	0,35	0,36	0,29	0,33	0,26	0,31	0,33	0,34	0,31	0,33	
	150	0,25	0,26	0,25	0,25	0,22	0,24	0,20	0,23	0,24	0,25	0,23	0,24	
	200	0,20	0,20	0,20	0,20	0,18	0,19	0,17	0,18	0,19	0,20	0,19	0,19	

Temperaturfaktor f

bei S2 [mm]													
100	0,94	0,94	0,94	0,94	0,95	0,94	0,96	0,95	0,94	0,94	0,95	0,94	
150	0,96	0,96	0,96	0,96	0,96	0,96	0,97	0,96	0,96	0,96	0,96	0,96	
200	0,97	0,97	0,97	0,97	0,97	0,97	0,97	0,97	0,97	0,97	0,97	0,97	

Schallschutz (DIN 4109 Beiblatt 1 [60])

rechnerisch ermittelte Werte für Mauerwerk einschließlich Innenputz

gemäß Sälzer/Eßer [68]

Bewertetes Schalldämm-Maß $R'_{w,R}$ [dB]

46	49	49	52	40	43	43	46	41	44	44	47
je nach Dämmung sind Verbesserungsmaße bis zu 10 dB möglich				je nach Dämmung sind Verbesserungsmaße bis zu 10 dB möglich				je nach Dämmung sind Verbesserungsmaße bis zu 10 dB möglich			

Brandschutz (DIN 4102-4 [61])

Feuerwiderstandsklasse

Ausnutzungsfaktor	α_2												
Dämmstoff/Bekleidung nicht brennbar	0,2	F180-A				F180-A				F120-A		F180-A	
	0,6	F120-A		F180-A		F120-A		F180-A		F90-A		F90-A	
	1,0	F90-A				F90-A				F60-A		F90-A	
Dämmstoff/Bekleidung brennbar	0,2	F180-AB				F180-AB				F120-AB		F180-AB	
	0,6	F120-AB		F180-AB		F120-AB		F180-AB		F90-AB		F90-AB	
	1,0	F90-AB				F90-AB				F60-AB		F90-AB	

Tauwasserschutz/Schlagregenschutz

Tauwasserschutz im Bauteilquerschnitt (DIN 4108 [23])

tauwasserfrei gemäß DIN 4108-3	tauwasserfrei gemäß DIN 4108-3	tauwasserfrei gemäß DIN 4108-3

Maximale relative Luftfeuchte [%]

Tauwasserschutz auf der Bauteiloberfläche im Innenraum (außen −15 °C, innen +20 °C)	S2 [mm]												
	100	87,6	87,3	87,9	87,6	89,8	88,5	90,8	89,2	88,5	88,2	89,2	88,5
	150	91,1	90,8	91,1	90,8	91,1	91,4	92,7	91,7	91,4	91,1	91,7	91,4
	200	92,7	92,7	92,7	92,7	93,4	93,1	93,7	93,4	93,1	92,7	93,1	93,1

Schlagregenschutz gemäß DIN 4108-3 [23]

Belüftete Fassadenbekleidungen sind nach DIN 18515-2 [70], DIN 18516-1 [71] bzw. anerkannten Handwerksregeln der Beanspruchungsgruppe III (starke Schlagregenbeanspruchung) zugeordnet.

1.2.1.3-2: Bauphysikalische Richtwerte

1.2.1.4 Zweischaliges Verblendmauerwerk mit Kerndämmung und Luftschicht

Wandsystem

Dieses System wird gemäß DIN 1053-1 [44] als zweischalige Außenwand mit Luftschicht und Wärmedämmung bezeichnet. Da die normative Definition nichts über die Lage der Dämmschicht aussagt, wurde die o. g. Bezeichnung gewählt. Das System ist in der Erstellung relativ kostenaufwendig, aber sehr leistungsfähig und dauerhaft. In dem differenzierten Wandquerschnitt werden den unterschiedlichen Schichten jeweils spezifische Aufgaben zugewiesen. Die innere Schale übernimmt vorrangig die Tragfunktion und die Wärmespeicherung, die Dämmschicht primär die Wärmedämmung und die Verblendmauerschale einschließlich Luftschicht den Schlagregenschutz. Die Verblendschale ist gestalterisch durch Steinmaterial, Steinformat, Steinfarbe und auch vertikal durch ihre strukturelle Ausbildung zu differenzieren (siehe auch Bild 1.1.1.2-5.1). Die Mindestdicke der Vormauerschale beträgt 90 mm; bisher üblich ist die Dicke von 115 mm. Die Schale besteht aus frostwiderstandsfähigen Steinen und wird statisch über Drahtanker von der inneren Mauerwerkschale gehalten. Die Mindestzahl der nichtrostenden Stahlanker beträgt je Quadratmeter Wandfläche 5 Stück, bei einem Durchmesser von 3, 4 bzw. 5 mm, je nach Abstand der Mauerschalen. An den Rändern sind zusätzliche Anker notwendig.

Der lichte Abstand der Mauerschalen darf normativ 150 mm nicht überschreiten. Größere Abstände erfordern einen rechnerischen Nachweis für die Verankerung. Die Wandschalen sind an ihren Berührungsflächen, wie z. B. bei Fensteranschlägen, durch eine Sperrschicht zu trennen.

Vertikale Trennfugen (Dehnungsfugen) ermöglichen schadenfrei horizontale Formänderungen. Der notwendige Trennfugenabstand richtet sich u. a. nach Steinmaterial, Wandfarbe und klimatischen Gegebenheiten. Als Regelabstände gelten bei Verblendmauerwerk mit Luftschicht aus Ziegelsteinen 10–12 m [72], aus Kalksandsteinen 8 m [73]. Auch in vertikaler Richtung müssen Formänderungen der Außenschale schadenfrei möglich sein.

Bei zweischaligem Verblendmauerwerk bewirkt die Luftschicht einen sehr wirksamen Schlagregenschutz. Die Luftschichtdicke muss normativ mindestens 40 mm betragen.

Eine Feuchtigkeitsleitung von der Vormauerschale über die Drahtanker zum Dämmstoff wird durch aufgesteckte Kunststoffscheiben (Tropfscheiben) verhindert. Frühestens 100 mm über Gelände beginnt die Luftschicht. Be- und Entlüftungsöffnungen erhält die Außenschale durch offene Stoßfugen oder spezifische Lüftungsgitter. Da die Vormauerschale nicht schlagregendicht ist, dienen die unteren Öffnungen gleichzeitig der Entwässerung der Luftschicht. Die Öffnungen und die dort notwendigen horizontalen Sperrschichten müssen rückstauendes Wasser sicher nach außen abführen (siehe Bild 1.2.1.4-1).

Die eingesetzten Dämmstoffe dürfen keine Feuchtigkeit aufnehmen. Vorwiegend werden hydrophobierte Mineralfaserplatten – genormt oder mit bauaufsichtlicher Zulassung – verwendet. Sie sind dicht gestoßen einzubauen. Die schon erwähnten Mauerdrahtanker sollen den Dämmstoff mittels Klemmkrallenplatten direkt an der Mauer fixieren.

Um die Wärmebrücken bei Fenster- bzw. Türanschlägen zu minimieren, ist es sinnvoll, den Dämmstoff jeweils bis an das Ausbauelement heranzuführen. Dort wird der Raum zwischen den beiden Mauerschalen vollständig mit Dämmstoff gefüllt. Bei den Konstruktionsbeispielen in Kapitel D 4 wurde der Mineralfaser-Dämmstoff im Anschlagbereich durch einen Streifen Schaumglas ersetzt. Das Glas ist für den Randbereich besser geeignet als Mineralfaserplatten. Schaumglas ist ein druckfester Dämmstoff, WLG 040, kapillar nicht leitend, nichtbrennbar und leicht zu bearbeiten. An den Stößen wird das Schaumglas mit Kaltkleber verbunden. Da in den angeschnittenen Poren gefrierende Nässe zu Frostschäden führt, müssen die Kontaktflächen zur Vormauerschale, z. B. mit Kaltkleber, abgespachtelt oder werkseitig geschützte Schaumglasplatten eingesetzt werden.

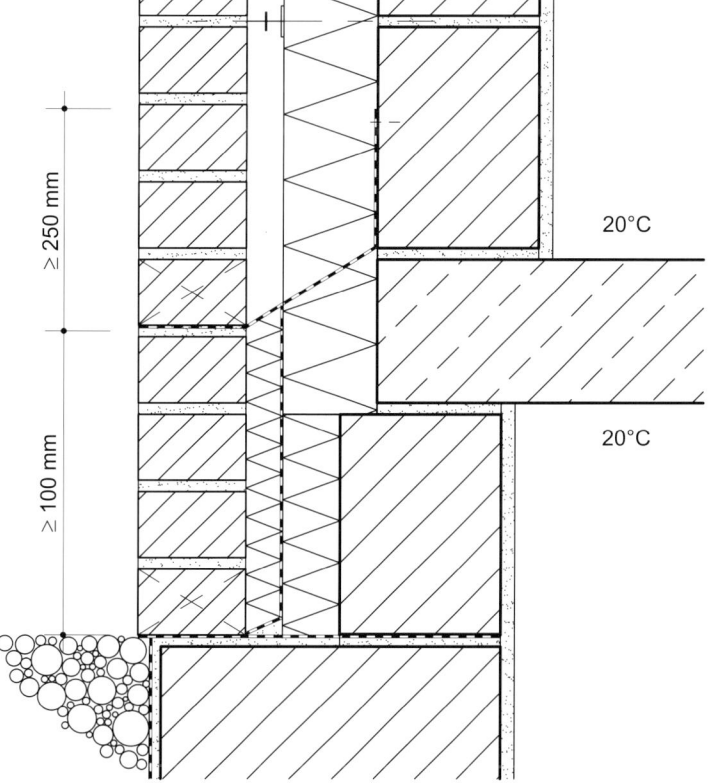

1.2.1.4-1
Zweischaliges Verblendmauerwerk, Fußpunktausbildung (Vertikalschnitt)

Beim Einbau werden die Schaumglasstreifen mit dem gleichen Kaltkleber an der Hintermauerschale fixiert. Durch diese festen Dämmstreifen wird der Raum zwischen den beiden Wandschalen schon vor dem Einbau der Tür- und Fensterelemente geschlossen. Das gewährleistet das »Sauberhalten« der Luftschicht und erleichtert den Einbau der Ausbauelemente, insbesondere beim Ausstopfen bzw. Ausschäumen des Anschlussbereiches. Die Tür- und Fensterelemente stoßen dadurch direkt an die Dämmschicht. Das ist wärmetechnisch optimal. Häufig werden statt Schaumglas auch extrudierte Hartschaumplatten (XPS) eingesetzt.

Neu auf dem Markt sind hydrophobierte Mineralschaumplatten (A2) [63] der WLG 045. Mit ihnen lassen sich die Wärmebrücken bei Fenster- und Türanschlusskonstruktionen ebenfalls – ähnlich wie mit Schaumglas – minimieren.

Um das zweischalige Wandsystem bei gleicher Wanddicke energetisch noch zu verbessern, kann auf die Luftschicht verzichtet und die Dämmstoffdicke entsprechend erhöht werden. Lediglich ein Fingerspalt muss für das Mauern der äußeren Schale verbleiben.

Dieses System wurde 1990 in die Mauerwerknorm aufgenommen. Forschungsergebnisse [74] haben gezeigt, dass dieser Wandaufbau in feuchtetechnischer Sicht dem Aufbau mit Luftschicht gleichwertig ist, wenn der Dämmstoff fachgerecht eingebaut wird und sein Wasseraufnahmekoeffizient niedrig liegt ($\leq 1{,}0 \text{ kg}/\text{m}^2\text{h}^{0{,}5}$). Außerdem zeigten die Untersuchungen, dass die normativen Belüftungsöffnungen bei zweischaligem Mauerwerk mit Luftschicht keinen Einfluss auf die Feuchtigkeitsverhältnisse in der Wand haben, weder in der Vormauerschale noch im Gesamtaufbau. Eventuell eingedrungene Feuchtigkeit soll danach in der Regel von unteren, noch nicht gesättigten Bereichen aufgesogen und in niederschlagsfreien Phasen wieder abgegeben werden. Die dafür notwendige Pufferkapazität der Vormauerschale wird von der Saugfähigkeit des Steinmaterials und des Mörtels bestimmt.

Da die Gegebenheiten bei Forschungsvorhaben – wie fachgerechter Einbau der Dämmschichten, fachgerechtes Mauerwerk einschließlich Verfugung etc. – nicht immer auf die Baupraxis übertragbar sind, sollte trotz der genannten Forschungsergebnisse beim zweischaligen Mauerwerk sorgfältig geprüft werden, ob auf eine fachgerechte Entwässerung am Fußpunkt und über den Stürzen (mit seitlichen Aufkantungen) verzichtet werden kann.

Luftdichte Fugen und vollflächige Fixierung der Mineralfaserplatten sind nur bei sorgfältiger Verarbeitung zu erreichen. Um diese Risiken auszuschließen, werden auch Schaumglasplatten als Kerndämmung eingesetzt. Dieses Material kann bei der Montage auf das Hintermauerwerk geklebt, und die Fugen zwischen den Platten können dicht verschlossen werden. Dadurch wird eine energetisch unzulässige Konvektion zwischen Dämmung und Hintermauerwerk vermieden. Schaumglas nimmt auch ohne weitere Behandlung – bei Mineralfaserplatten nur durch Hydrophobierung – keine Feuchtigkeit auf. Es ist jedoch dampfdicht. Sein Einsatz sollte durch einen Tauwasserschutznachweis (Glaser-Verfahren) abgesichert werden. Die notwendigen Anker für die Vormauerschale werden bei Schaumglasplatten häufig anschließend eingebohrt. (Weitere Einzelheiten siehe Produktinformationen. [75])

Bauphysikalische Richtwerte

In der Tabelle 1.2.1.4-2 sind Richtwerte für drei unterschiedliche Wandaufbauten angegeben: für Kalksandstein, Ziegel und Porenbeton-Plansteine bei unterschiedlichen Dicken des Hintermauerwerks. Die Wärmeleitfähigkeiten dieser Schale wurden variiert, um ein breiteres Anwendungsspektrum zu erreichen. Die Dämmschicht des Wandsystems mit Luftschicht darf normativ bis zu 110 mm dick sein. Es wurde eine Dämmstoffdicke von 100 mm gewählt.

Da Mineralfaserplatten der Wärmeleitfähigkeitsgruppe 045 (WLG 045) unüblich sind und Schaumglasplatten der WLG 035 nicht angeboten werden, wurden für diese Fälle keine Werte berechnet. Zu dem Wandsystem mit Schaumglas als Dämmstoff werden in der Schallschutznorm keine Angaben gemacht.

In die U-Wert-Ermittlung gehen alle Schichten einschließlich Luftschicht ein.

Zur Benutzung der Tabelle

Es soll der Wärmedurchgangskoeffizient U eines zweischaligen Ziegelmauerwerks ermittelt werden, dessen hintere Schale 240 mm dick ist und eine Wärmeleitfähigkeit von $\lambda_R = 0{,}39$ W/(mK) aufweist. Die Dämmung erfolgt mit Mineralfaserdämmplatten der WLG 040. Die Vormauerschale besteht aus 115 mm Ziegelmauerwerk, $\lambda_R = 0{,}68$ W/(mK).

Dieser Wandaufbau ist unter 1.2.1.4-2.2 aufgeführt. Der gesuchte Wert für den Wärmedurchgangskoeffizienten ist senkrecht abzulesen unter der Wanddicke (S 4) 240 mm, Wärmeleitfähigkeit 0,39 W/(mK), und für die Dämmschicht (S 3) WLG 040. Er beträgt 0,27 W/(m²K).

Ergänzend zu dem U-Wert sind zwei weitere thermische Richtwerte für das Wandsystem aufgeführt: der Temperaturfaktor f – siehe auch Abschnitt B 1.1.1.1 – und die maximale relative Luftfeuchte des Innenraums. Beide Werte gelten – wie der U-Wert – für den ungestörten Regelquerschnitt und bei freier Konvektion. Der Luftfeuchtewert bezieht sich auf die klimatischen Randbedingungen außen – 15 °C, innen + 20 °C. Für die Wandkonstruktion mit dem U-Wert 0,27 W/(m²K) beträgt der f-Wert 0,95 und die maximale relative Luftfeuchte 90,4 %. Bei höherer Luftfeuchte im Innenraum kommt es zu Tauwasserniederschlag auf der Wandoberfläche.

1.2 Wandsysteme im Detail

Wandsystem: Zweischaliges Verblendmauerwerk mit Kerndämmung und Luftschicht

außen

S 1 / S 2 / S 3 / S 4 / S 5

Wandaufbau

1.2.1.4-2.1
- S 1 **Ziegel-Vormauerschale,** 90 mm, $\lambda_R = 0{,}68$ W/(mK), $\rho = 1{,}6$ kg/dm³
- S 2 **Luftschicht,** 40 mm
- S 3 **Dämmschicht,** Mineralfaserplatten, 100 mm
- S 4 **Kalksandstein-Mauerwerk**
- S 5 **Innenputz,** 15 mm, $\lambda_R = 0{,}70$ W/(mK)

1.2.1.4-2.2
- S 1 **Ziegel-Vormauerschale,** 115 mm, $\lambda_R = 0{,}68$ W/(mK), $\rho = 1{,}6$ kg/dm³
- S 2 **Luftschicht,** 40 mm
- S 3 **Dämmschicht,** Mineralfaserplatten, 100 mm
- S 4 **Ziegel-Mauerwerk**
- S 5 **Innenputz,** 15 mm, $\lambda_R = 0{,}70$ W/(mK)

1.2.1.4-2.3
- S 1 **Ziegel-Vormauerschale,** 115 mm, $\lambda_R = 0{,}68$ W/(mK), $\rho = 1{,}6$ kg/dm³
- S 2 **Luftschicht,** 40 mm
- S 3 **Dämmschicht,** Schaumglasplatten, 100 mm
- S 4 **Mauerwerk** Porenbeton-Plansteine
- S 5 **Innenputz,** 10 mm, $\lambda_R = 0{,}70$ W/(mK)

		1.2.1.4-2.1				1.2.1.4-2.2				1.2.1.4-2.3			
S 4	mm	240		300		240		300		175		240	
Wärmeleitfähigkeit λ_R	W/(mK)	0,56	0,79	0,56	0,79	0,30	0,39	0,30	0,39	0,20	0,27	0,20	0,27
Steinrohdichteklasse	kg/dm³	1,20	1,60	1,20	1,60	0,70	1,00	0,70	1,00	0,60	0,80	0,60	0,80

Wärmeschutz (DIN 4108-2 [22])

Wärmedurchgangskoeffizient U [W/(m²K)]
Rechenwerte der Wärmeleitfähigkeit nach DIN 4108-4 bzw. bauaufsichtlicher Zulassung

S 3 Dämmplatten der Wärmeleitfähigkeitsgruppe (WLG)													
045	–	–	–	–	–	–	–	–	0,28	0,30	0,25	0,28
040	0,29	0,30	0,28	0,30	0,26	0,27	0,25	0,26	0,26	0,27	0,24	0,26
035	0,27	0,27	0,26	0,27	0,24	0,25	0,23	0,24	–	–	–	–

Temperaturfaktor f

bei WLG													
045	–	–	–	–	–	–	–	–	0,95	0,95	0,96	0,95
040	0,95	0,95	0,95	0,95	0,96	0,95	0,96	0,96	0,96	0,95	0,96	0,96
035	0,95	0,95	0,96	0,95	0,96	0,96	0,96	0,96	–	–	–	–

Schallschutz (DIN 4109 Beiblatt 1 [60])

Höhere Werte sind erreichbar, abhängig von der flächenbezogenen Masse der anschließenden Trennwände.

Bewertetes Schalldämm-Maß $R'_{w,R}$ [dB]

54	56	55	58	53	55	55	55	Wandaufbau normativ nicht klassifiziert			

Brandschutz (DIN 4102-4 [61])

Feuerwiderstandsklasse

Ausnutzungsfaktor α_2													
0,2					F180-A		F180-A		F180-A			
0,6	F180-A		F180-A		F90-A		F180-A		F180-A		F180-A	
1,0					F90-A		F120-A		F120-A			

Tauwasserschutz/Schlagregenschutz

Tauwasserschutz im Bauteilquerschnitt (DIN 4108-3 [23])

Tauwasserschutz gemäß DIN 4108-3 eingehalten	Tauwasserschutz gemäß DIN 4108-3 eingehalten	Tauwasserschutz gemäß DIN 4108-3 eingehalten

Maximale relative Luftfeuchte [%]

Tauwasserschutz auf der Bauteiloberfläche im Innenraum (außen –15 °C, innen +20 °C)

WLG													
045	–	–	–	–	–	–	–	–	90,1	89,5	91,1	90,1
040	89,8	89,5	90,1	89,5	90,8	90,4	91,1	90,8	90,8	90,4	91,4	90,8
035	90,4	90,4	90,8	90,4	91,4	91,1	91,7	91,4	–	–	–	–

Schlagregenschutz gemäß DIN 4108-3 [23]

der Beanspruchungsgruppe III (starke Schlagregenbeanspruchung) zugeordnet

1.2.1.4-2: Bauphysikalische Richtwerte

1.2.2 Holzständersysteme

Außenwandsysteme mit hölzerner Tragstruktur haben im Wohnungs- und Gewerbebau in den letzten Jahren eine zunehmende Verbreitung gefunden. Bei den Konstruktionen dominieren die Holzständersysteme. Ihre Tragstruktur wird gestalterisch nur selten – weder außen noch innen – wirksam. Häufig lassen Bekleidungen oder gemauerte Vorsatzschalen nicht erkennen, dass die Tragstruktur dieser Gebäude aus Holz und Plattenwerkstoffen besteht. Sind die Tragsysteme in der Fassade sichtbar, erfordern die relativ vielen Fugen bei der Planung und Ausführung besondere Aufmerksamkeit.

1.2.2.1 Holzständersystem mit Dämmschicht und belüfteter Fassadenbekleidung bzw. Verblendmauerwerk-Vorsatzschale

Holzständer- bzw. Holztafelsysteme werden von der Systemhausindustrie seit Jahrzehnten erfolgreich eingesetzt. Diese Holzsysteme sind aufgrund ihres geringen Gewichts für die Vorfertigung, den Transport und die Montage auf dem Bauplatz besonders geeignet. In jüngster Zeit werden aber auch verstärkt nichtindustriell gefertigte Systeme realisiert. Dazu gehört die Holzrahmenbauweise. Detaillierte Fachliteratur [76], [77] hat diese Entwicklung initiiert und vorangetrieben.

Wandsystem

Für das Maß der Stützenabstände sind neben den Aspekten Gebäudeplanung und Tragfunktion auch die bautechnischen Erfordernisse der Fassade und des Innenausbaus relevant. Der Holzrahmenbau basiert auf einem 1250-mm-Stützen-Raster mit Zwischenstützen bei 625 mm in den opaken Wandflächen. Ein anderes relativ verbreitetes System basiert auf einem 815-mm-Stützen-Raster. [78]

Bei energetisch leistungsstarken Systemen ist die Unterbringung der Dämmschichten ein wesentlicher Planungsaspekt. Das führt in der Regel zu mehreren Dämmschichten, häufig zu einer primären Dämmschicht zwischen den Stützen und einer sekundären Dämmschicht außen oder innen vor den Stützen. So lassen sich die Tiefe der Stützen und deren Wärmebrückeneffekt reduzieren.

Die Aussteifung der Systeme erfolgt in der Regel durch Plattenelemente – meist Holzwerkstoffplatten. Solche Beplankungen werden einseitig oder beidseitig angeordnet.

Luftdichtheit / Tauwasserschutz

Um die notwendige Luftdichtheit – gemäß § 4 WSchV 1995 – auch bei elementierten Systemen zu erreichen, sind i. d. R. spezifische Bauteilschichten notwendig. Dafür eignen sich Plattenwerkstoffe mit gedichteten Fugen oder Folien. Diese Schichten haben die Doppelfunktion Luftsperre und Dampfsperre.

Häufig wird durch den Einbau von Installationen in den Wandquerschnitt die notwendige Luftdichtheit nicht erreicht. Dieser Problematik kann man durch eine räumliche Trennung der beiden Funktionen – durch die Anordnung von Installationsschalen – begegnen (siehe auch Bilder 1.2.2.1-1 und B 1.1.2-2). Der Installationsraum kann zusätzlich zur Unterbringung einer Dämmschicht genutzt werden.

Baulicher Holzschutz / Schlagregenschutz

Bei der Planung von Wandsystemen mit hölzernen Bekleidungen kommt dem baulich-konstruktiven Holzschutz besondere Bedeutung zu. Durch ihn soll der Feuchtigkeitsgehalt der Bauteile möglichst konstant auf dem richtigen Niveau gehalten werden. Er umfasst insbesondere die Maßnahmen:

- angemessene Dachüberstände
- fachgerechte Ausbildung und Belüftung der Fassadenbekleidungen
- ausreichender Spritzwasserschutz.

Ein wirksamer Schlagregenschutz wird durch einen zweistufigen Aufbau der Fassaden erreicht. Wenn Niederschlag in bzw. durch die Bekleidung dringt, verhindert das System einen Weitertransport in den energetisch relevanten Wandquerschnitt.

Die eingedrungene Feuchtigkeit läuft auf der Rückseite der Bekleidung drucklos herunter oder wird mit dem Konvektionsstrom in der Luftschicht fortgetragen.

Wandsysteme ohne chemischen Holzschutz

Ähnlich wie bei den unbelüfteten Dächern – siehe Abschnitt B 2.2.1.2 – kann bei Wandsystemen der vorbeugende chemische Holzschutz normativ [34] durch »besondere bauliche Maßnahmen« ersetzt werden. Die Konstruktionen, bei denen ein chemischer Holzschutz entbehrlich ist, werden der Gefährdungsklasse 0 (GK 0) zugeordnet. Bild 1.2.2.1-1 zeigt die Voraussetzungen für die Zuordnung von Außenwänden zur GK 0. [35]

Fassadenbekleidungen aus Vollholz werden mit und ohne Hinterlüftung normativ der GK 0 zugeordnet. Bei den nicht hinterlüfteten Bekleidungen entfällt die in Bild 1.2.2.1-1 dargestellte Grundlattung und die horizontale Traglattung muss auf einer diffusionsoffenen ($s_d \leq 0{,}2$ m) Abdeckung montiert werden. Diese Abdeckung übernimmt die Funktionen Windsperre und Feuchtesperre. Bei einem mindestens 20 mm dicken, ringsum abgeschlossenen Luftspalt bewirkt allein die »Pumpwirkung« des Windes einen ausreichenden Luftaustausch. Das gilt auch für Fassadenbekleidungen aus gefederten und genuteten Brettverbindungen. [79] Diese Aussage hat auch Gültigkeit für den notwendigen Tauwasserschutz gemäß DIN 4108-3. [23]

Bei den beschriebenen Systemen ist im Regelfall lediglich die Schwelle des Ständerwerks auf der Kellerdecke bzw. der Bodenplatte der GK 2 zuzuordnen. Dort ist chemischer Holzschutz bzw. natürlich dauerhaftes Holz notwendig.

Bei Fassadenbekleidungen aus großformatigen, nicht luftdurchlässigen Platten, z. B. Faserzementplatten, ist eine Hinterlüftung notwendig, wenn für die Lattung GK 0 angestrebt wird. Ohne Hinterlüftung wird die Unterkonstruktion »Lattung« der GK 2 zugeordnet, trotz GK 0 für die Wandkonstruktion.

1.2 Wandsysteme im Detail

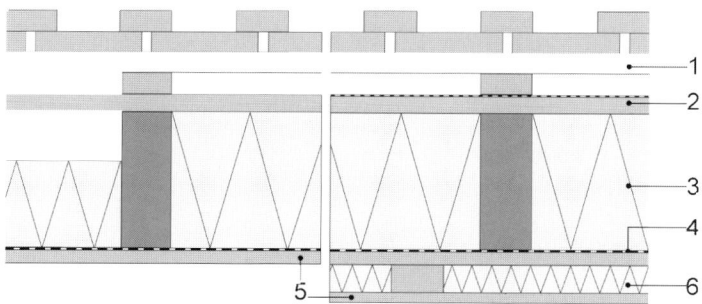

1 belüftete Fassadenbekleidung einschließlich Grund- und Traglattung bzw. Mauerwerk-Vorsatzschale mit mindestens 40 mm belüftetem Hohlraum
2 äußere Bekleidung/Beplankung, erforderlichenfalls mit diffusionsoffener Abdeckung
3 mineralischer Faserdämmstoff gemäß DIN 18165-1 [36] oder Dämmstoff mit allgemeiner bauaufsichtlicher Zulassung für diesen Anwendungsfall. Hohlraum zwischen den Stielen (Gefach) insektenunzugänglich und
   3.1 vollständig mit Dämmstoff ausgefüllt oder
   3.2 nur partiell gefüllt, nicht belüftet.
4 erforderlichenfalls Dampfsperre
5 innenseitige Bekleidung/Beplankung
6 evtl. innenseitige Installationsschale

1.2.2.1-1
Voraussetzungen für die Zuordnung von Außenwänden zur GK 0 gemäß DIN 68800-2 [34]; Übersicht [35]

Bauphysikalische Richtwerte

In der Tabelle 1.2.2.1-3 sind Richtwerte für drei unterschiedliche Wandaufbauten aufgeführt. Bedingt durch die Ständerstruktur mit integriertem Wärmeschutz ist für den Wärmeschutznachweis jeweils der mittlere U-Wert (U_m) maßgebend.

Bei den Wandaufbauten 1.2.2.1-3.1 und -3.2 ist die Fassadenbekleidung jeweils leicht und belüftet. Bei ihnen bleibt für die rechnerische Ermittlung des U_m-Wertes gemäß DIN 4108-2 [22] die Schicht S 1 unberücksichtigt. Der Wärmeübergangswiderstand $1/\alpha_a$ (R_{se}) erhöht sich wegen der Zweischaligkeit auf 0,08 m²K/W.

Beim Wandaufbau 1.2.2.1-3.3 mit gemauerter Vorsatzschale sind normativ alle Bauteilschichten von S 1 bis S 6 energetisch relevant.

Die ermittelten U_m-Werte der drei Wandaufbauten basieren auf der skizzierten Tragstruktur, Bild 1.2.2.1-2. Der prozentuale Flächenanteil beträgt für den Kreuzungsbereich Stütze/Querlatte 1%, Bereich Stütze 9%, Bereich Querlatte 10% und Bereich Dämmung 80%. Der U_m-Wert setzt sich rechnerisch zusammen aus den Wärmedurchgangskoeffizienten dieser vier Teilbereiche.

Bei allen drei Wandaufbauten wurde zum Innenraum hin eine doppelte Plattenlage angeordnet. Dadurch werden u.a. der Schallschutz und die Wärmespeicherfähigkeit der Systeme positiv beeinflusst.

Brandschutz

Auch für Anforderungen, die über F 30-B hinausgehen, z. B. für Wände zur Unterteilung in Brandabschnitte, stehen im Holzbau Systeme zur Verfügung. [77] Ihre baurechtliche Zulassung regeln die einzelnen Bundesländer.

Zur Benutzung der Tabelle

Mit einem Holzständer-Wandaufbau 1.2.2.1-3.1 soll ein mittlerer U-Wert (U_m) von maximal 0,20 W/(m²K) erreicht werden. Die betreffenden Werte sind aufgeführt in der Zeile »mittlerer U-Wert«.

Ein U_m-Wert von 0,19 W/(m²K) ist erreichbar, wenn die Dämmstoffdicke (s_3, s_5) in der Summe 220 mm beträgt. Bei diesem Wandaufbau liegen 160 mm Dämmstoff der WLG 040 in der Stützenebene (s_3) und 60 mm in Sekundärdämmschicht (s_5). Die Holzwerkstoffplatten und die Gipskartonplatten haben auf die Größe des U_m-Wertes nur geringen Einfluss.

Ergänzend zu dem U_m-Wert sind zwei weitere thermische Richtwerte für das Wandsystem aufgeführt: der Temperaturfaktor f – siehe auch Abschnitt B 1.1.1.1 – und die maximale relative Luftfeuchte des Innenraumes. Beide Werte gelten für den wärmetechnisch ungünstigsten Bereich Stütze/Querlatte und bei freier Konvektion. Der Luftfeuchtewert bezieht sich auf die klimatischen Randbedingungen – 15°C, innen + 20°C. Für die Wandkonstruktion mit dem U_m-Wert 0,19 W/(m²K) beträgt der f-Wert im Bereich Stütze/Querlatte 0,92 und die maximale relative Luftfeuchte 84,5%. Bei höherer Luftfeuchte im Innenraum ist mit Tauwasserniederschlag auf der Wandoberfläche zu rechnen.

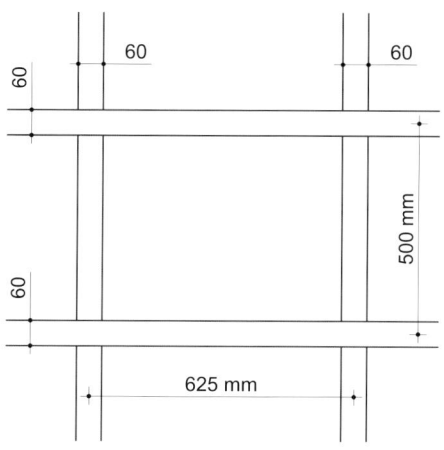

1.2.2.1-2
Ausschnitt der hölzernen Tragstruktur (Innenansicht)

Wandsystem:
Holzständerwerk mit Dämmschicht und belüfteter Fassadenbekleidung bzw. Verblendmauerwerk-Vorsatzschale

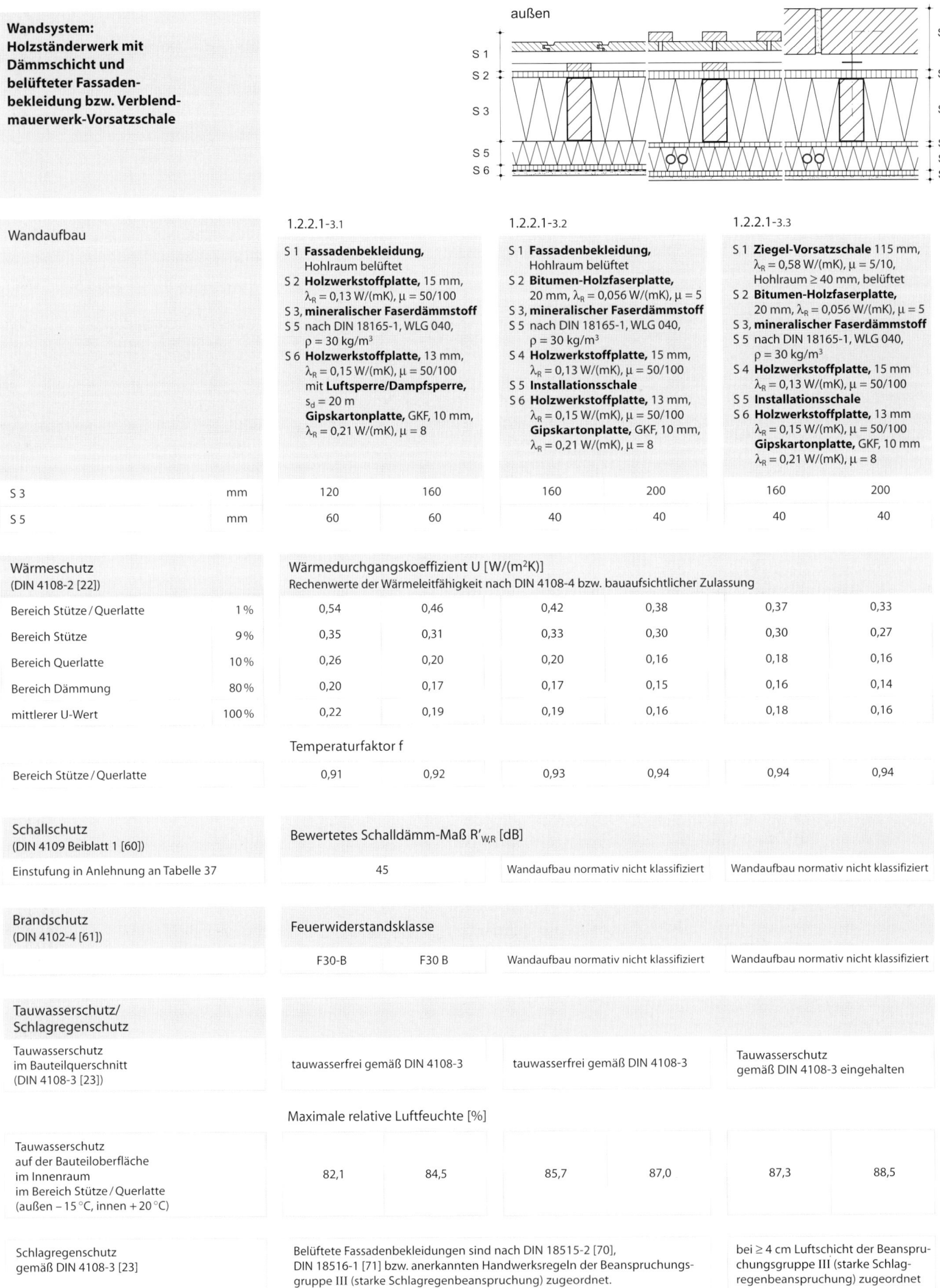

Wandaufbau		1.2.2.1-3.1		1.2.2.1-3.2		1.2.2.1-3.3	
		S 1 **Fassadenbekleidung,** Hohlraum belüftet S 2 **Holzwerkstoffplatte,** 15 mm, $\lambda_R = 0{,}13$ W/(mK), $\mu = 50/100$ S 3, **mineralischer Faserdämmstoff** S 5 nach DIN 18165-1, WLG 040, $\rho = 30$ kg/m³ S 6 **Holzwerkstoffplatte,** 13 mm, $\lambda_R = 0{,}15$ W/(mK), $\mu = 50/100$ mit **Luftsperre/Dampfsperre,** $s_d = 20$ m **Gipskartonplatte,** GKF, 10 mm, $\lambda_R = 0{,}21$ W/(mK), $\mu = 8$		S 1 **Fassadenbekleidung,** Hohlraum belüftet S 2 **Bitumen-Holzfaserplatte,** 20 mm, $\lambda_R = 0{,}056$ W/(mK), $\mu = 5$ S 3, **mineralischer Faserdämmstoff** S 5 nach DIN 18165-1, WLG 040, $\rho = 30$ kg/m³ S 4 **Holzwerkstoffplatte,** 15 mm, $\lambda_R = 0{,}13$ W/(mK), $\mu = 50/100$ S 5 **Installationsschale** S 6 **Holzwerkstoffplatte,** 13 mm, $\lambda_R = 0{,}15$ W/(mK), $\mu = 50/100$ **Gipskartonplatte,** GKF, 10 mm, $\lambda_R = 0{,}21$ W/(mK), $\mu = 8$		S 1 **Ziegel-Vorsatzschale** 115 mm, $\lambda_R = 0{,}58$ W/(mK), $\mu = 5/10$, Hohlraum ≥ 40 mm, belüftet S 2 **Bitumen-Holzfaserplatte,** 20 mm, $\lambda_R = 0{,}056$ W/(mK), $\mu = 5$ S 3, **mineralischer Faserdämmstoff** S 5 nach DIN 18165-1, WLG 040, $\rho = 30$ kg/m³ S 4 **Holzwerkstoffplatte,** 15 mm, $\lambda_R = 0{,}13$ W/(mK), $\mu = 50/100$ S 5 **Installationsschale** S 6 **Holzwerkstoffplatte,** 13 mm, $\lambda_R = 0{,}15$ W/(mK), $\mu = 50/100$ **Gipskartonplatte,** GKF, 10 mm, $\lambda_R = 0{,}21$ W/(mK), $\mu = 8$	
S 3	mm	120	160	160	200	160	200
S 5	mm	60	60	40	40	40	40

Wärmeschutz (DIN 4108-2 [22])

Wärmedurchgangskoeffizient U [W/(m²K)]
Rechenwerte der Wärmeleitfähigkeit nach DIN 4108-4 bzw. bauaufsichtlicher Zulassung

Bereich Stütze/Querlatte	1 %	0,54	0,46	0,42	0,38	0,37	0,33
Bereich Stütze	9 %	0,35	0,31	0,33	0,30	0,30	0,27
Bereich Querlatte	10 %	0,26	0,20	0,20	0,16	0,18	0,16
Bereich Dämmung	80 %	0,20	0,17	0,17	0,15	0,16	0,14
mittlerer U-Wert	100 %	0,22	0,19	0,19	0,16	0,18	0,16

Temperaturfaktor f

Bereich Stütze/Querlatte		0,91	0,92	0,93	0,94	0,94	0,94

Schallschutz (DIN 4109 Beiblatt 1 [60])

Bewertetes Schalldämm-Maß $R'_{w,R}$ [dB]

Einstufung in Anlehnung an Tabelle 37	45		Wandaufbau normativ nicht klassifiziert		Wandaufbau normativ nicht klassifiziert

Brandschutz (DIN 4102-4 [61])

Feuerwiderstandsklasse

	F30-B	F30 B	Wandaufbau normativ nicht klassifiziert		Wandaufbau normativ nicht klassifiziert

Tauwasserschutz/Schlagregenschutz

| Tauwasserschutz im Bauteilquerschnitt (DIN 4108-3 [23]) | tauwasserfrei gemäß DIN 4108-3 | | tauwasserfrei gemäß DIN 4108-3 | | Tauwasserschutz gemäß DIN 4108-3 eingehalten | |

Maximale relative Luftfeuchte [%]

| Tauwasserschutz auf der Bauteiloberfläche im Innenraum im Bereich Stütze/Querlatte (außen –15 °C, innen +20 °C) | 82,1 | 84,5 | 85,7 | 87,0 | 87,3 | 88,5 |

| Schlagregenschutz gemäß DIN 4108-3 [23] | Belüftete Fassadenbekleidungen sind nach DIN 18515-2 [70], DIN 18516-1 [71] bzw. anerkannten Handwerksregeln der Beanspruchungsgruppe III (starke Schlagregenbeanspruchung) zugeordnet. | bei ≥ 4 cm Luftschicht der Beanspruchungsgruppe III (starke Schlagregenbeanspruchung) zugeordnet |

1.2.2.1-3: Bauphysikalische Richtwerte

2 Dachsysteme im Detail
Schichtenaufbau

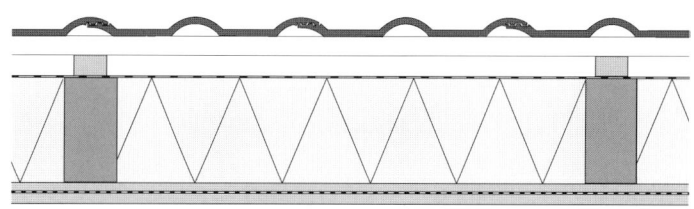

2.1-1.1 Tragkonstruktion integriert,
Dämmschicht zwischen den Sparren

Zum architektonischen Gesamtkonzept eines Gebäudes gehört die Gestaltung des Daches, sowohl für den Außen- wie für den Innenraum. Die klimatische Trennung zwischen innen und außen kann durch massive oder skelettartige Dachsysteme erfolgen. Im Wohnungsbau dominieren bei geneigten Dächern die Skelettkonstruktionen mit Sparren.

Als Teile der thermischen Hüllfläche werden die Dachsysteme in diesem Kapitel exemplarisch betrachtet. Dabei stehen folgende Aspekte im Vordergrund:

- Wärmeschutz
- Tauwasserschutz
- Holzschutz
- Wind- und Luftdichtheit.

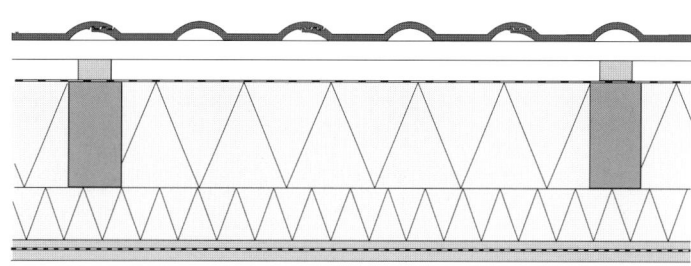

2.1-1.2 Tragkonstruktion integriert,
Dämmschicht zwischen und unter den Sparren

2.1 Geneigte Dächer

Bei geneigten Dächern können gedeckte oder gedichtete Systeme eingesetzt werden. In der Baupraxis dominieren die gedeckten Systeme. Sie werden in großer Vielfalt angeboten. Die Deckelemente unterscheiden sich u. a. im Material, in der Struktur, in der Farbe und in den Dachrandausbildungen.

Bei der Gestaltung des Innenraumes im Dachgeschoss erlauben die Skelettkonstruktionen die Wahl zwischen integrierter oder sichtbarer Tragkonstruktion. Daraus resultiert die Lage der Dämmschicht – von Kombinationen abgesehen – entweder zwischen oder auf den Sparren (siehe Bild 2.1-1).

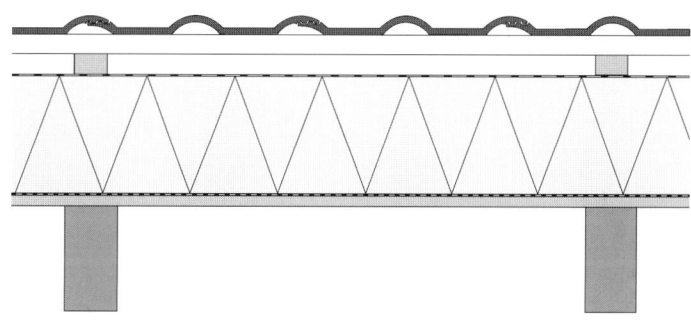

2.1-1.3 Tragkonstruktion sichtbar,
Dämmschicht auf den Sparren (Aufsparrendämmung)

2.1-1
Alternative Systeme für die Anordnung von Dämmschichten bei Sparrenkonstruktionen

Dachkonstruktionen mit Dämmschicht zwischen den Sparren sind in der Praxis besonders häufig anzutreffen. Ihre handwerkliche Realisierung ist einfach, weil der Einbau der Dämmschicht – unabhängig von der Witterung – vom Innenraum her erfolgt. Die Dämmschichtdicken sind nicht systemgebunden, sondern frei wählbar. Bei den unbelüfteten Konstruktionen sind Sparrenhöhe und Dämmschichtdicke i. d. R. identisch. Diese Systeme ermöglichen deshalb bei gleicher Sparrenhöhe ein höheres Wärmeschutzniveau. Außerdem erlauben sie, den chemischen Holzschutz durch »besondere bauliche Maßnahmen« zu ersetzen (siehe auch Abschnitt B 2.2.1.2). Sie werden dann normativ gemäß DIN 68800-2 [34] der Gefährdungsklasse (GK) 0 zugeordnet.

Bei integrierter Tragkonstruktion durchstoßen die Sparren die Wärmedämmschicht; sie stellen Wärmebrücken dar. Der Wärmedurchgangskoeffizient der Dachkonstruktionen ist deshalb gemäß DIN 4108-5 [27] nach den jeweiligen Flächenanteilen und U-Werten zu ermitteln. Das Ergebnis ist immer ein U_m-Wert.

Der Wärmebrückeneffekt von Sparrenvollquerschnitten lässt sich durch differenzierte Trägerprofile reduzieren (siehe Bild 2.1-2).

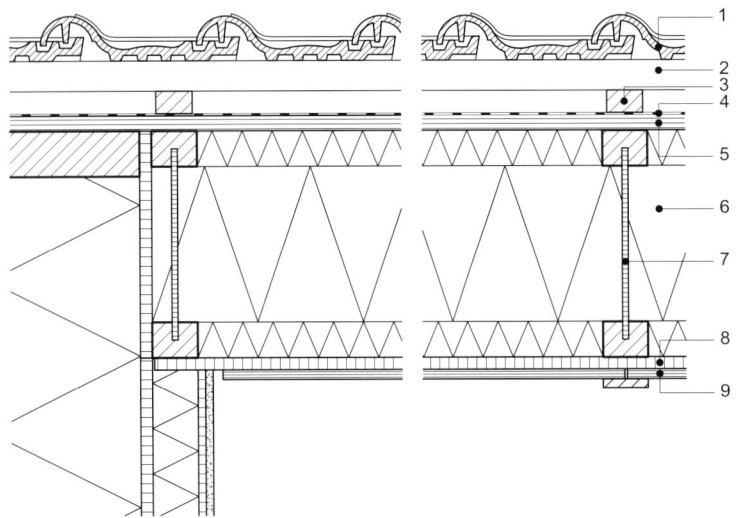

1 Dachziegel
2 Traglattung 40/60 mm
3 Grundlattung 30/50 mm
4 Unterdeckbahn/Windsperre,
  $S_d \leq 0,02$ m (z. B. Permo, Fa. Klöber)
5 Offene Brettschalung, 20 mm dick,
  Brettbreite ≤ 100 mm
  Fugenbreite $\geq$ 5 mm
6 Mineralwolle, $\lambda_R = 0,040$ W/(mK)
7 Sparren (z. B. Fa. AGEPAN), 300 mm
  hoch, Abstand l = 900 mm
8 Luftsperre/Dampfsperre,
  Holzwerkstoffplatte,
  16 mm dick, Fugen abgeklebt
9 Profilholzschalung, 13 mm dick, Stöße
  durch Leisten abgedeckt, l = 900 mm

2.1-2
Unbelüftete Dachkonstruktion, GK 0, mit Anschluss an Giebelwand,
Wärmedämmschicht zwischen den Sparren
Zusatzmaßnahme: diffusionsoffene Unterdeckung auf offener Brettschalung

Wärmeschutz (DIN 4108-2 [22]):
   $U_m = 0,13$ W/(m²K), rechnergestützt ermittelt
Winddichtheit:
   Unterdeckbahn auf offener Brettschalung, Bahnenstöße gedichtet
Luftdichtheit:
   Holzwerkstoffplatte, luftdichte Plattenstöße
Tauwasserschutz (DIN 4108-5 [27]):
   $W_T <$ zul. W_T, $W_v > W_T$
Holzschutz (DIN 68800-2 [34]):
   ohne chemischen Holzschutz (GK 0)

Im Hinblick auf den Tauwasserschutz ist für die jeweilige Konstruktion nachzuweisen, dass

ⓐ sie dauerhaft trocken bleibt
ⓑ der Tauwasserausfall den zulässigen Maximalwert nicht überschreitet.

Der rechnerische Nachweis gemäß DIN 4108-5 [27] zeigt für das Beispiel 2.1-2 folgende Ergebnisse:

zu ⓐ
Die in der Tauwasserperiode ausfallende Tauwassermenge (W_T) beträgt 0,45 kg/m². Die in der Verdunstungsperiode entweichende Wassermenge (W_V) beträgt 3,71 kg/m². Es verbleibt also kein Wasser im Bauteil.

zu ⓑ
Der massebezogene Feuchtigkeitsgehalt der Holzschalung darf sich durch den Tauwasserniederschlag nur um maximal 5 % erhöhen. Rechnerisch resultiert daraus folgender zulässiger Wert (zul. W_T) für die offene Brettschalung:

zul. $W_T = 0,05 \times 0,02 \times 0,95 \times 600$
     $= 0,57$ kg/m²

Dieser zulässige Wert ist höher als W_T mit 0,45 kg/m². Der Nachweis hat gezeigt, dass die Tauwasserbildung bei der Dachkonstruktion 2.1-2 gemäß DIN 4108-3 [23] unschädlich ist.

Aus diesem Ergebnis lässt sich ablesen, dass der notwendige innere Diffusionswiderstand (s_{di}) des Dachsystems durch die konstruktiv vorgegebenen Bauteilschichten – insbesondere die Holzwerkstoffplatte – bereits erreicht ist. Spezifische Maßnahmen, wie der Einbau einer Folie, sind hier nicht erforderlich. Allerdings müssen die Holzwerkstoffplatten, die auch als Luftsperre/Dampfsperre dienen, an den Stößen dauerhaft abgedichtet werden. Das gilt auch für den Übergang von der Dach- zur Außenwandkonstruktion. Diese Fuge ist z. B. mit der Klebebandtechnik handwerklich relativ einfach und dauerhaft zu sichern. Für die luftdichte Verbindung von Platten- bzw. Bahnenstößen gibt es neben Klebebändern oder direkten Verklebungen auch noch Systeme, die auf Klebe-/Dichtbändern plus Leistenabdeckungen basieren. Alle Systeme müssen mögliche Formänderungen der Bahnen, der Platten bzw. der angrenzenden Bauteile tolerieren, damit die Luftdichtheit der Konstruktionen gewährleistet bleibt.

Die Verleistung der Profilholzschalung, jeweils unter den Sparren, verdeckt Brettstöße und strukturiert die Deckenuntersicht.

2.1 Geneigte Dächer

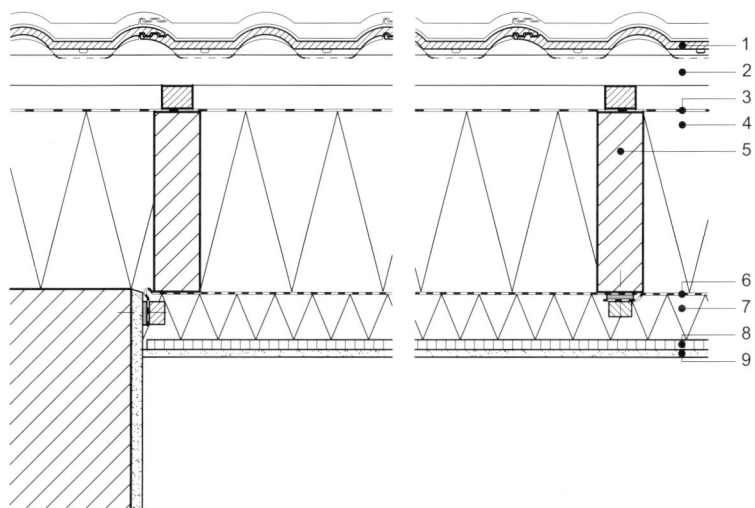

1 Dachziegel
2 Traglattung 40/60 mm, auf Grundlattung 30/50 mm
3 Unterdeckbahn/Windsperre, $s_d \leq 0{,}2$ m
4 Mineralwolle 240 mm hoch, volumenstabil $\lambda_R = 0{,}04$ W/(mK)
5 Sparren, 240 mm hoch, l = 900 mm
6 Sperrbahn, $s_d \geq 2{,}0$ m als Luftsperre/Dampfsperre
7 Mineralwolle 60 mm, $\lambda_R = 0{,}04$ W/(mK)
Lattenunterkonstruktion 40/60 mm, l = 500 mm
8 Holzwerkstoffplatte, 13 mm
9 Gipskartonplatte, 10 mm

2.1-3
Unbelüftete Dachkonstruktion, GK 0, mit Anschluss an verputzte Giebelwand, Wärmedämmschichten zwischen und unter den Sparren
Zusatzmaßnahme: diffusionsoffene Unterdeckung auf Dämmschicht

Wärmeschutz (DIN 4108-2 [22]):
  $U_m = 0{,}14$ W/(m²K)
Winddichtheit:
  Unterdeckung (Unterdeckbahn) auf Dämmschicht, Stöße gedichtet
Luftdichtheit:
  Sperrbahn, Stöße und Ränder mit Fugenbändern in Kombination mit Leisten abgedichtet
Tauwasserschutz:
  $s_{da} \leq 0{,}2$ m, $s_{di} \geq 2{,}0$ m, nach DDH-Merkblatt: Wärmeschutz bei Dächern, 1997-09
Holzschutz (DIN 68800-2 [34]):
  GK 0, ohne chemischen Holzschutz (siehe auch Abschnitt B 2.2.1)

Falls die statisch notwendige bzw. vorgegebene Sparrenhöhe geringer ist als die wärmetechnisch erwünschte Dämmstoffdicke, bietet sich eine weitere Dämmschicht unter den Sparren an. Dafür lässt sich z.B. die Unterkonstruktion der Innenbekleidung nutzen. Dieses additive System der Dämmschichten wirkt sich energetisch besonders positiv aus, da die untere Dämmschicht die Wärmebrückenwirkung der Sparren reduziert. Falls die Dicke der zusätzlichen Dämmschicht lediglich 20 % der Gesamtdicke beträgt [23], darf die Luftsperre/Dampfsperre – ohne rechnerischen Tauwassernachweis – auch zwischen den Dämmschichten angeordnet werden (siehe Bild 2.1-3).

Alternativ ist es auch möglich, die Dämmschicht in voller Höhe unter den Sparren anzuordnen. Dadurch wird allerdings der zur Verfügung stehende Dachraum entsprechend eingeschränkt.

Eine maximale Nutzung des Raumes unter dem Dach erlauben Aufsparren-Systeme. Sie stellen bauphysikalisch eine Außendämmung dar. Bei ihnen liegt häufig eine Holzschalung mit Dichtungsbahn auf den Sparren, darüber Dämmschicht und Dachdeckung. Den Feuchteschutz übernimmt i.d.R. eine Glasvlies-Bitumenbahn, z.B. V13. Je nach System und Dämmstoff ist eine weitere Dichtungsbahn über der Dämmung anzuordnen. Die statisch notwendige Verbindung mit den Sparren erfolgt über die Grundlattung mit Spezialschrauben. Die jeweiligen systemspezifischen technischen Einzelheiten sind den bauaufsichtlichen Zulassungen zu entnehmen. Als Dämmstoffe werden häufig Hartschaumplatten oder Mineralfaserelemente eingesetzt. Ihre Wärmeleitfähigkeitsgruppen (WLG) liegen zwischen 025 und 040. Das entspricht einen λ_R-Wert von 0,025 bis 0,040 W/(mK).

Die Anordnung der Dämmschicht oberhalb der Tragkonstruktion und die nur punktuelle Fixierung durch Schrauben wirken sich energetisch positiv aus. Die Aufsparren-Systeme sind relativ frei von Wärmebrücken. Die Winddichtheit der Schalungsbahnen ist durch verdeckte Nagelung und Verklebung der Überlappungen und Stöße zu erreichen. Bautechnisch schwieriger herzustellen sind die Anschlüsse an die Außenwände. In der Regel sind dort expandierende Fugendichtbänder unverzichtbar.

Aufsparren-Dämmsysteme sind normativ der Gefährdungsklasse (GK) 0 zugeordnet. [39] Sie dürfen deshalb ohne chemischen Holzschutz realisiert werden (siehe auch Abschnitt B 2.2.1). Bild 2.1-4 zeigt als Beispiel das Aufsparren-Dämmsystem Unitop-Plus. [80]

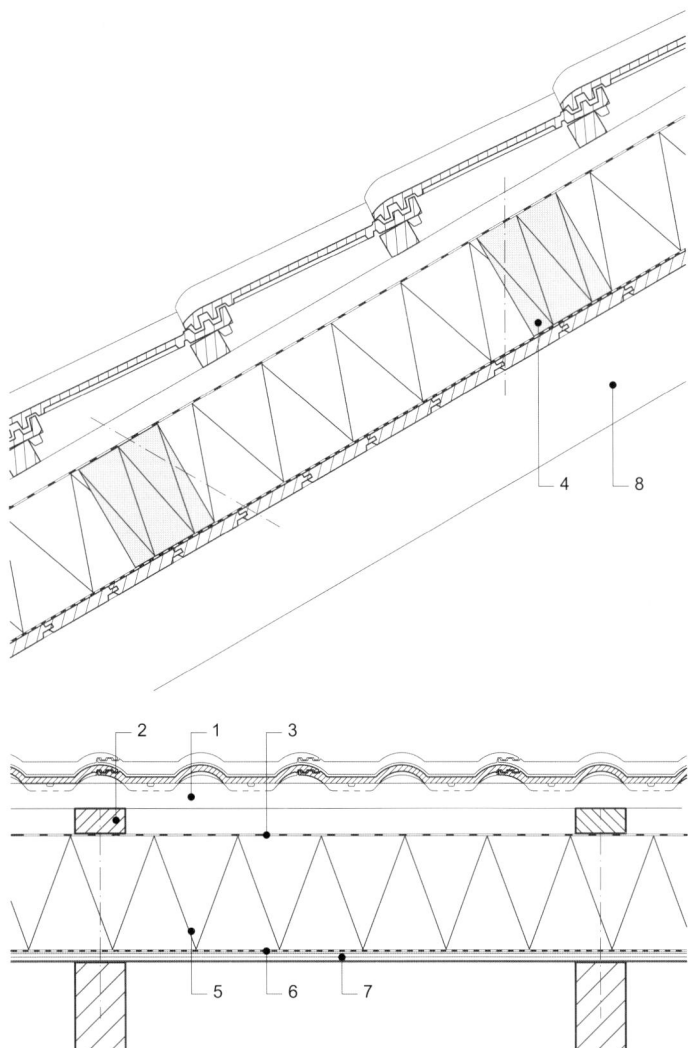

1 Traglattung 40/60 mm
2 Grundlattung 40/80 mm
3 Unterdeckbahn, $s_d \leq 0{,}02$ m, konfektioniert
4 Mineralwolle-Streifen, druckfest WLG 040, 180 mm dick
5 Mineralwolle-Dämmfilz WLG 035, 180 mm dick, konfektioniert einschließlich Unterdeckbahn, $s_d \leq 0{,}02$ m
6 Unterdeckbahn, $s_d \geq 2$ m, z.B. Glasvlies- oder Polymerbitumenbahn
7 Profilholzschalung, 20 mm dick
8 Sparren 80/160 mm, l = 800 mm

2.1-4
Dachsystem mit Aufsparren-Dämmung, Unitop-Plus (nach [80]) GK 0, ohne chemischen Holzschutz (Längsschnitt und Querschnitt)

Wärmeschutz (DIN 4108-2 [22]):
    U-Wert (einschließlich Holzschalung) = 0,19 W/(m²K) (Herstellerangabe)
Winddichtheit:
    Unterdeckung (Folie) auf Dämmschicht, Stöße mit Klebebändern gedichtet
Luftdichtheit:
    Unterdeckung, z.B. Bitumenbahn auf Holzschalung, verdeckt genagelt, Stöße und Überlappungen verklebt
Tauwasserschutz:
    $S_{da} \leq 0{,}02$ m, $S_{di} \geq 2{,}0$ m (Herstellerangabe)
Holzschutz (DIN 68800-3 [34]):
    GK 0, ohne chemischen Holzschutz
Schallschutz:
    Bei Eindeckung mit Flachdachziegeln nach DIN 456 oder Betondachsteinen nach DIN 1115, $R_{W,R} = 47$ dB (Herstellerangabe)
    Durch zusätzlich auf die Profilholzschalung gelegte zementgebundene Holzspanplatten (≥ 25 kg/m²) plus Polymerbitumen-Schalungsbahn ist der Schalldämmwert $R_{W,R} = 53$ dB zu erreichen (Herstellerangabe)

2.2 Flachdachsysteme

Flachdächer sind durch Dachabdichtungen – großflächige Häute – charakterisiert. Diese Systeme stellen besonders hohe Anforderungen an die Planungs- und Fertigungsqualität. Im Gegensatz zu den zweistufigen Deckungen der geneigten Dächer sind Dachabdichtungen vom System her nur einstufig. Das birgt im Hinblick auf den Schutz gegen Durchfeuchtung entsprechende Risiken. Dichte Dächer sind aber die Voraussetzung für einen hohen energetischen Standard und Schadenfreiheit der Konstruktion. Um dieses Ziel zu erreichen, müssen bereits in der Bauplanung die dafür notwendigen Voraussetzungen geschaffen werden. Dazu gehören u. a. ein ausreichendes Dachgefälle, in der Regel möglichst ≥ 5° (= 8,75 %), eine wirksame Entwässerung und fachgerecht herstellbare Anschluss- und Durchdringungsbereiche. Schäden an Flachdächern haben häufig ihre Ursache in der Vernachlässigung dieser Aspekte.

Die Baupraxis hat gezeigt, dass insbesondere unter dem Aspekt der Langzeitbewährung [81] der genannte Wert von ca. 9 % in der Planung nicht unterschritten werden sollte. Nur so lassen sich gefällelose Dachbereiche sicher ausschließen.

Bei Flachdächern dominieren hinsichtlich der Tragstruktur die massiven Systeme. Es sind belüftete und unbelüftete Konstruktionen zu unterscheiden. Hinzu kommt die Differenzierung nach genutzter und ungenutzter Dachfläche. Außerdem kann die Dämmschicht unter die Dachabdichtung, über der Dachabdichtung und kombiniert angeordnet werden (siehe Bild 2.2-1).

Die im Bild 2.2-1 gezeigten Dachsysteme mit ungenutzter Dachfläche sind denen mit genutzter Dachfläche sehr ähnlich. Beispiele dazu zeigt Bild 2.2-2. Modifikationen im Aufbau resultieren aus den jeweiligen Nutzungen, Systemen und gestalterischen Ansprüchen.

2.2-1.1 Belüftete Systeme

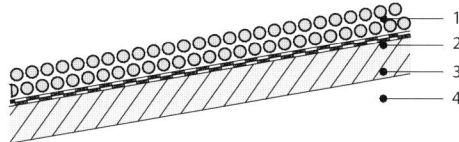

1 Schutzschicht
2 Abdichtung
3 Tragschicht
4 Luftraum, belüftet
5 Dämmschicht
6 Tragschicht

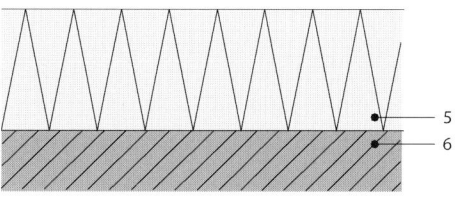

2.2-1.1.1 Belüftetes System (Beispiel)

2.2-1.2 Unbelüftete Systeme

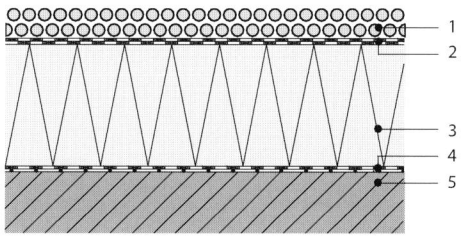

1 Schutzschicht
2 Abdichtung
3 Dämmschicht
4 Dampfsperre
5 Tragschicht

2.2-1.2.1 Regelaufbau

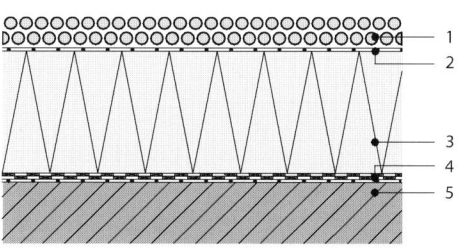

1 Auflast / Schutzschicht
2 Filtervlies
3 Dämmschicht
4 Abdichtung
5 Tragschicht

2.2-1.2.2 Umkehrdach

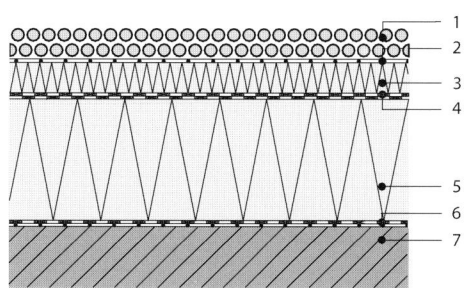

1 Auflast / Schutzschicht
2 Filtervlies
3 Dämmschicht
4 Abdichtung
5 Dämmschicht
6 Dampfsperre
7 Tragschicht

2.2-1.2.3 Plusdach / Duodach

2.2-1
Dachsysteme mit ungenutzter Dachfläche

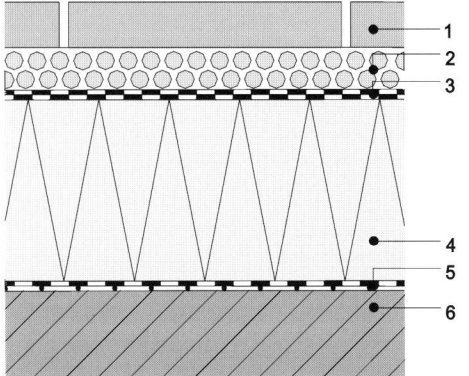

1 Nutzschicht
2 Trag-/Dränschicht
3 Abdichtung
4 Dämmschicht
5 Dampfsperre
6 Tragschicht

2.2-2.1 Nutzung Dachterrasse

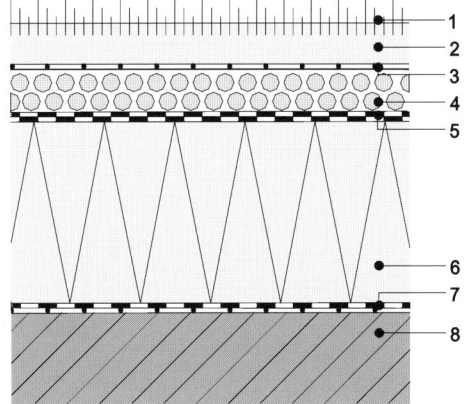

1 Vegetation
2 Erdreich/Substrat
3 Filterschicht
4 Drän-/Speicher-/Schutzschicht
5 Abdichtung/Wurzelschutzschicht
6 Dämmschicht
7 Dampfsperre
8 Tragschicht

2.2.-2.2 Nutzung Gründach

2.2-2
Dachsysteme mit genutzter Dachfläche

Aus bautechnischer Sicht ist beim belüfteten Dach (Bild 2.2-1.1.1) die Trennung der Funktionen *Dichtung* und *Dämmung* durch eine Luftschicht positiv zu bewerten, insbesondere wenn der Hohlraum so hoch ist, dass er Inspektionen der Abdichtung zulässt. Darüber hinaus erlaubt dieses System im Deckenhohlraum sehr dicke Dämmschichten zu platzieren und damit einen hohen energetischen Standard zu erreichen.

Bei unbelüfteten Dachsystemen – entsprechend dem Regelaufbau, Bild 2.2-1.2.1 – besteht das Risiko, dass Schäden an der Abdichtung unbemerkt zur Durchfeuchtung der Dämmschicht führen. In solchen Fällen sammelt sich Wasser in der Dämmschicht, ohne dass ein Feuchteschaden an der Raumdecke sichtbar wird. Dann wirkt die Dampfsperre als Dachabdichtung und die Dämmschicht verliert ihre thermische Wirksamkeit. Für den Nutzer zeigt sich der Bauschaden i.d.R. durch Schimmelpilzbildung an der Deckenfläche.

Um dieses spezifische Risiko der Regelkonstruktion zu reduzieren, können u.a. folgende Maßnahmen ergriffen werden:

- Die Abdichtung wird möglichst solide und dauerhaft konzipiert und je nach Material mit einem effizienten Oberflächenschutz versehen.
- Die Dachfläche wird in der Dämmschichtebene durch Dichtungen segmentiert, um bei Undichtigkeiten eine Schadenbegrenzung zu erreichen und gezielt sanieren zu können.
- Es wird ein wasser- und dampfdichter Dämmstoff, z.B. Schaumglas, eingesetzt. Damit die Platten vollsatt aufliegen und bei Belastung nicht brechen, werden sie in Bitumen eingeschwemmt und die Stoßfugen mit Bitumen vergossen. Dadurch wird eine spezifische Dampfsperre entbehrlich. Außerdem kann bei Undichtigkeiten der Dachhaut kein Wasser in den Dämmstoff eindringen. Die Praxis hat aber gezeigt, dass Oberflächenwasser im Winter zu einer Frost-/Tauwasserbelastung des Dämmstoffs führen und ihn zerstören kann. Um das zu vermeiden, sind auch bei Konstruktionen mit Schaumglasdämmungen angemessene Wartungsintervalle für die Dachhaut notwendig.

Beim System Umkehrdach (siehe Bild 2.2-1.2.2) liegt die Wärmedämmung auf der Abdichtung. Der Dämmstoff dieses Systems darf also keine Feuchtigkeit aufnehmen, muss unverrottbar, ausreichend druckfest und frostbeständig sein. Diese Eigenschaften haben extrudierte Polystyrol-Hartschaumplatten. Allerdings mit einer Einschränkung: Die Platten nehmen zwar in flüssiger Form praktisch keine Feuchtigkeit (max. 1,5 V-%) auf, sind aber gegenüber Wasserdampf aufnahmefähig. Deshalb muss der Dachaufbau ab Oberfläche Dachabdichtung diffusionsoffen ausgebildet werden.

Der Dämmstoff darf – wie die Praxis gezeigt hat – nur einlagig eingesetzt werden. Andernfalls bildet sich zwischen den Platten ein Wasserfilm, der zu Durchfeuchtungen im Dämmstoff führt. Außerdem müssen die Dämmplatten durch Auflast in ihrer Lage und gegen Aufschwimmen gesichert werden. Bei den U-Werten des Systems sind Abschläge (10–20%) notwendig, da Niederschlagswasser den Dämmstoff unterläuft. Große Dämmstoffdicken erfordern entsprechende Auflasten. Sie führen deshalb zu aufwändigen Konstruktionen. Sehr positiv bei diesem System ist der thermomechanische Schutz der Dachabdichtung durch den Dämmstoff.

2.2 Flachdachsysteme

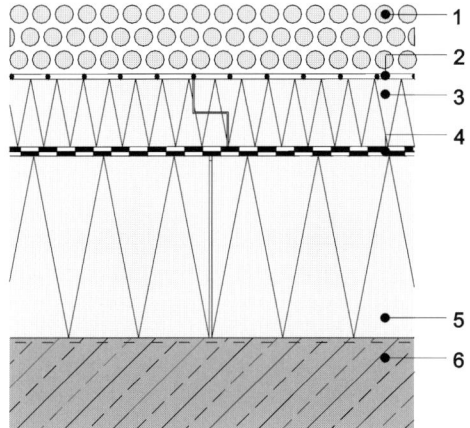

1. Auflast / Oberflächenschutz
   Kiesschüttung, 16/32 mm Rundkorn, 50 mm hoch
2. Trennlage, diffusionsoffen
   Rieselschutzvlies, Naht- und Stoßüberdeckung ≥ 10 cm
3. Sekundärdämmschicht
   XPS-Hartschaumplatten mit Stufenfalz (Polyfoam)
   50 mm dick, WLG 035, lose aufgelegt
4. Dachabdichtung, Polymerbitumen-Schweißbahnen
   zweilagig, Naht- und Stoßüberdeckung 10 cm
   zweite Lage Kebu Decolen S grün, 5 mm dick, vollflächig aufgeschweißt
   erste Lage Kebu Polymer GW4, 4 mm dick, im Gießverfahren aufgeklebt
5. Primärdämmschicht aus Schaumglas, 120 mm dick,
   FOAMGLAS T4-040 in Platten 600 × 450 mm, DIN 18174 [83] WDS-A1,
   druckbelastbar, nicht brennbar, vollflächig und vollfugig in Heißbitumen
   verklebt auf Voranstrich
6. Tragschicht Stahlbeton

2.2-3
System Duo-Kompaktdach (nach [82]) mit ungenutzter Dachfläche

Wärmeschutz:
U-Wert = 0,20 W/(m²K),
Aufbaugewicht ca. 135 kg/m²
(Herstellerangaben)

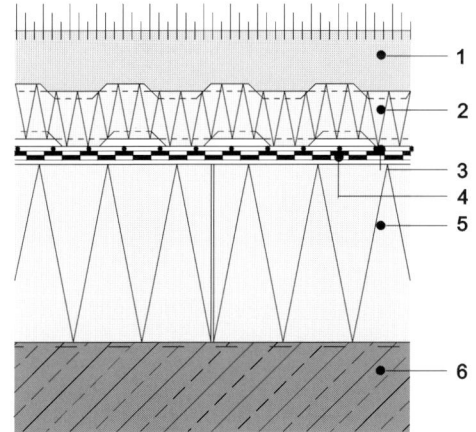

1. Vegetation, Sedum-Teppich mit Substratschicht,
   Zincolit ca. 80 l/m²
2. Sekundärdämmschicht
   Zinco FLORATHERM WD 65
3. Speicherschutzmatte Zinco SSM 45
4. Dachabdichtung, Polymerbitumen-Schweißbahnen, zweilagig,
   Naht- und Stoßüberdeckung 10 cm
   zweite Lage Kebu Decolen S grün, 5 mm dick, vollflächig aufgeschweißt
   erste Lage Kebu Polymer GW4, 4 mm dick, im Gießverfahren aufgeklebt
5. Primärdämmschicht aus Schaumglas, 120 mm dick,
   FOAMGLAS T4-040 in Platten 600 × 450 mm, DIN 18174 [83], WDS-A1,
   druckbelastbar, nicht brennbar, vollflächig und vollfugig in Heißbitumen
   verklebt auf Voranstrich
6. Tragschicht Stahlbeton

Bild 2.2-4
System Duo-Kompaktdach mit genutzter Dachfläche (Gründach)

Wärmeschutz:
U-Wert = 0,20 W/(m²K),
Aufbaugewicht ca. 135 kg/m²
(Herstellerangaben)

Das System Plusdach bzw. Duo-Dach (siehe Bild 2.2-1.2.3) stellt eine Kombination von Regelaufbau und Umkehrdach dar. Bei ihm wird ein Teil der Dämmschicht unter und ein Teil über der Abdichtung angeordnet. Ursprünglich wurde dieser Aufbau gern eingesetzt, um vorhandene Flachdächer energetisch zu verbessern, wenn eine Erneuerung der Dachabdichtung noch nicht notwendig war. Ein Konstruktionsbeispiel für dieses System stellt das Duo-Kompaktdach dar (siehe Bild 2.2-3). Die Hersteller dieses Systems geben auf ihr gemeinsames Produkt eine ungewöhnlich hohe Gewährleistungsfrist von 25 Jahren.

Bild 2.2-4 zeigt ein Beispiel für die Nutzung der Dachfläche als Gründach. Es ist ebenfalls mit primärer und sekundärer Dämmschicht auf der Basis »Duo-Dach« konzipiert.

3 Bauteilanschlüsse an Außenwandsysteme

Konstruktion, thermische Richtwerte

Die Betrachtung der folgenden Anschlüsse erfolgt primär unter konstruktiven und wärmetechnischen Aspekten. Einige der Konstruktionsbeispiele sind den komplexen Projekten der Teile D und E entnommen. Anschlüsse mit folgenden Bauteilen werden dargestellt:

- Dach
- Geschossdecke
- Balkon
- Kellerdecke
- Grundplatte

Sie umfassen jeweils:

- den konstruktiven Aufbau einschließlich thermischer Kennwerte
- Isothermenverlauf und thermische Richtwerte.

Die thermischen Kennwerte präzisieren den konstruktiven Aufbau in wärmetechnischer Hinsicht. Die Isothermenverläufe veranschaulichen die sich einstellenden Temperaturen an der Oberfläche und in den Konstruktionen. Außerdem veranschaulichen sie Größe und Richtung der sich einstellenden Wärmeströme, siehe auch Abschnitt B 1.1.1.1.

Die thermischen Richtwerte stellen das Ergebnis der Untersuchung dar und belegen die wärmetechnische Leistungsfähigkeit der einzelnen Elemente, siehe auch Abschnitt B 1.1.

Folgende Richtwerte werden jeweils ausgewiesen:

- Wärmedurchgangskoeffizient (U-Wert)
- Wärmebrückenverlustkoeffizient WBVK (Ψ-Wert)
- Temperaturfaktor (f-Wert)

3.1 Dachanschlüsse

In der Regel verfügen geneigte Dächer am Ortgang und an der Traufe über unterschiedliche Dachränder. Da diese Differenzierung häufig thermische Auswirkungen hat, sind in den folgenden Beispielen jeweils Ortganganschluss und Traufenanschluss dargestellt und untersucht.

3.1.1 Dachanschluss an zweischaliges Mauerwerk, Kerndämmung und Luftschicht

3.1.1.1 Ortganganschluss

Wandsystem:
Zweischaliges Mauerwerk, Kerndämmung und Luftschicht

Dachsystem:
Offene Brettschalung, Sparrenraum voll gedämmt, Sekundärdämmschicht

Bild 3.1.1.1-1 zeigt den Anschluss eines Daches mit Sparren an eine gemauerte zweischalige Außenwand mit Kerndämmung. Um die linienförmige Wärmebrücke an Ortgang und Traufe zu minimieren, muss konstruktiv versucht werden, die Dämmschichten von Dach und Außenwand möglichst ungeschwächt zusammenzuführen. Das ist bei dem Beispiel, Bild 3.1.1.1-1, am Ortgang nur bedingt gelungen. Der Ringbalken reduziert die Dämmschicht des Daches von 300 auf 240 mm.

Der angegebene U-Wert des Daches bezieht sich auf ein als homogen angenommenes Bauteil ohne Berücksichtigung der Wärmebrücke *Sparren*. Diese Störung findet als linienförmige Wärmebrücke Berücksichtigung. Diese Definition entspricht dem Beispiel B_2 in Abschnitt B 1.1.1.1. Die Transmissionswärmeverluste des Daches berechnen sich demnach aus dem U-Wert und ihrer Fläche, dem Ψ_2-Wert und der zugeordneten Länge der Sparren sowie dem Ψ_3-Wert und der zugeordneten Länge der Lattung (Bild 3.1.1.2-1.1).

Während die Sparren in der Dachfläche aufgrund der inneren Sekundärdämmschicht geringe Ψ_2-Werte von 0,01 W/(mK) aufweisen, verursacht der Sparren im Anschlussbereich in Verbindung mit dem Ringbalken einen verstärkten Wärmestrom, der sich ungünstig auf den Ψ_1-Wert auswirkt. Der Isothermenverlauf veranschaulicht diese Schwachstelle.

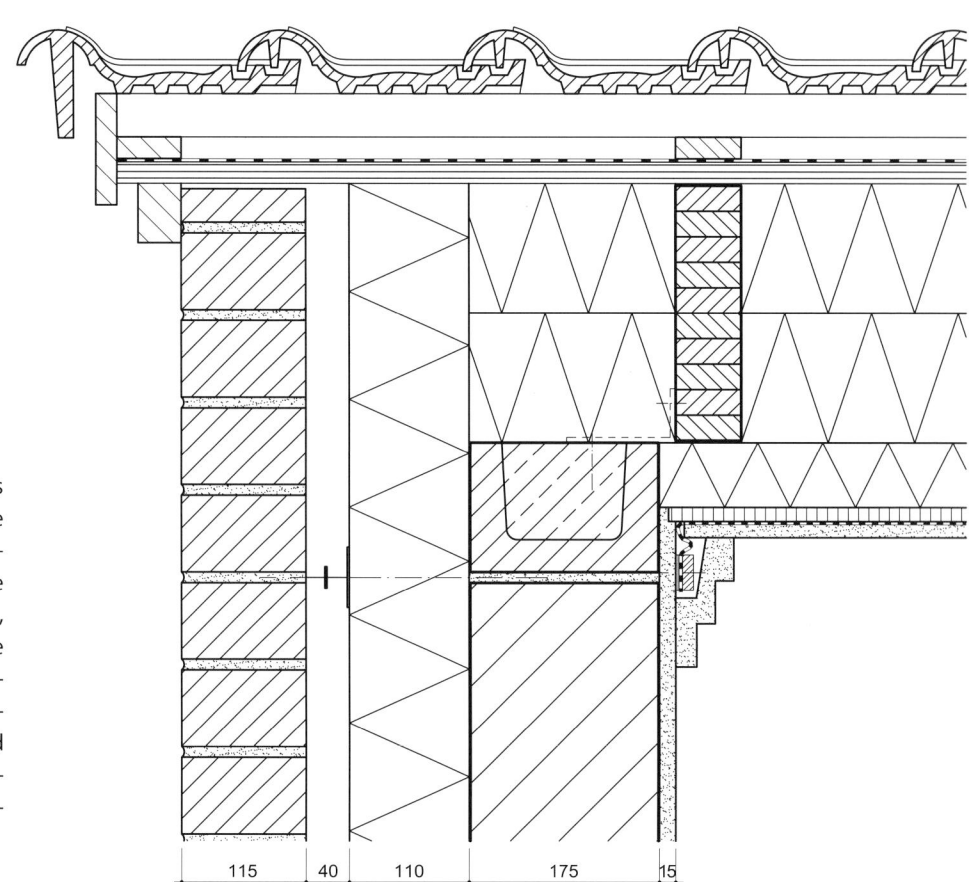

3.1.1.1-1
Konstruktiver Aufbau im Bereich Ortgang (Vertikalschnitt)

Baustoff / Bauteil	Wärmeleitfähigkeit λ_R [W/(mK)]	Rohdichte ρ [kg/m³]
Dämmstoff (Mineralfaser)	0,04	–
Dichtbänder (PU-Schaumstoff)	0,05	80
Nadelholz	0,13	600
Holzwerkstoffplatte	0,13	700
Gipsbauplatte	0,21	900
Hintermauerwerk	0,79	1600
Verblendmauerwerk	0,96	2000
Normalbeton	2,1	2400
Innenputz	0,70	1400

Thermische Kennwerte (3.1.1.1-1)

3.1 Dachanschlüsse
3.1.1 Dachanschluss an zweischaliges Mauerwerk, Kerndämmung und Luftschicht

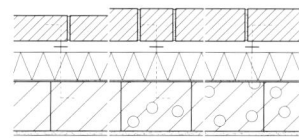

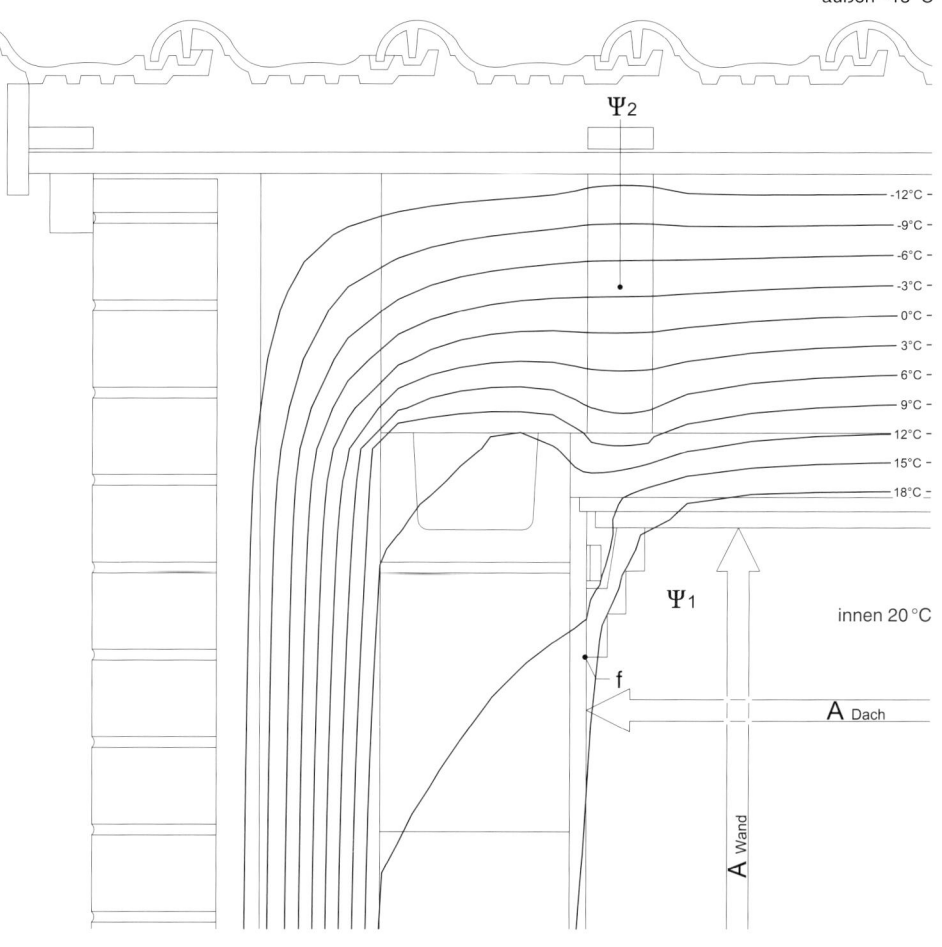

3.1.1.1-1.1
Isothermenverlauf

Die Oberflächentemperaturen im Eckbereich liegen trotz dieser Störung relativ günstig. Das bewirkt vor allem das Abdeckprofil aus Polystyrol.

Die wärmetechnische Leistungsfähigkeit der Außenwand kann bei gleichen Schichtdicken ggf. noch verbessert werden. Eine geringere Wärmeleitfähigkeit beim Mauerwerk und bzw. oder bei der Kerndämmung führt zu einem niedrigeren Wärmedurchgangskoeffizienten. Diese Maßnahmen reduzieren allerdings die Größe der Wärmebrücke nur minimal.

Ungestörter Bereich		Gestörter Bereich	
Wärmedurchgangskoeffizient	U-Wert [W/(m²K)]	linienf. Wärmebrücke WBVK	Ψ-Wert [W/(mK)]
Dach (Gefach)	0,12	Ψ_1 Dach – Wand	0,06
Wand	0,29	Ψ_2 Dachsparren	0,01
Temperaturfaktor	f-Wert [–]	Temperaturfaktor	f-Wert [–]
Dach (Gefach)	0,97	f	0,89
Wand	0,95		

Thermische Richtwerte,
Ergebnis der thermischen Untersuchung (3.1.1.1-1.1)

3.1.1.2 Traufanschluss

Wandsystem:
Zweischaliges Mauerwerk, Kerndämmung und Luftschicht

Dachsystem:
Offene Brettschalung, Sparrenraum voll gedämmt, Sekundärdämmschicht

Deckensystem:
Stahlbetonplatte, Deckenrand – Schalelement (Polystyrol)

Bild 3.1.1.2-1 zeigt den Traufanschluss des Daches an die gemauerte zweischalige Außenwand mit Kerndämmung und Luftschicht. Wie beim Ortganganschluss dieses Beispiels kommt es auch am Traufanschluss zu einer Reduktion der Dämmschichtdicke. Die Fußpfette unterbricht die 60 mm dicke Sekundärdämmschicht.

Den Deckenrand bildet ein Deckenrand-Schalelement [84] aus Polystyrol mit Aussteifungswinkel. Die dünnwandige Winkelkonstruktion gewährleistet auch am Rand eine ausreichende Betonüberdeckung der Stahlbewehrung.

Die konfektionierten Elemente werden in 1000 mm-Längen für Deckendicken von 160 mm bis 260 mm angeboten. Ihre Fixierung auf den Wänden erfolgt in der Regel mit PU-Montageschaum. Ein Nut- und Federsystem erleichtert die fachgerechte wärmebrückenfreie Erstellung.

Die gewählten geometrischen Randbedingungen dominieren die Größe der WBVK. Hier wurde als Bezugslinie der gedachte Schnitt von Dachinnenbekleidung und Wandinnenputz gewählt. Die Schnittlinie liegt außerhalb der direkt beheizten Nutzfläche. Der Wärmestrom der Wärmebrücke fließt ausschließlich über die Betondecke in den Abseitenraum. Ψ_1 weist daher einen relativ hohen Wert auf, während Ψ_2 negativ ausfällt. Beide Werte als Summe kennzeichnen die Wärmebrücke.

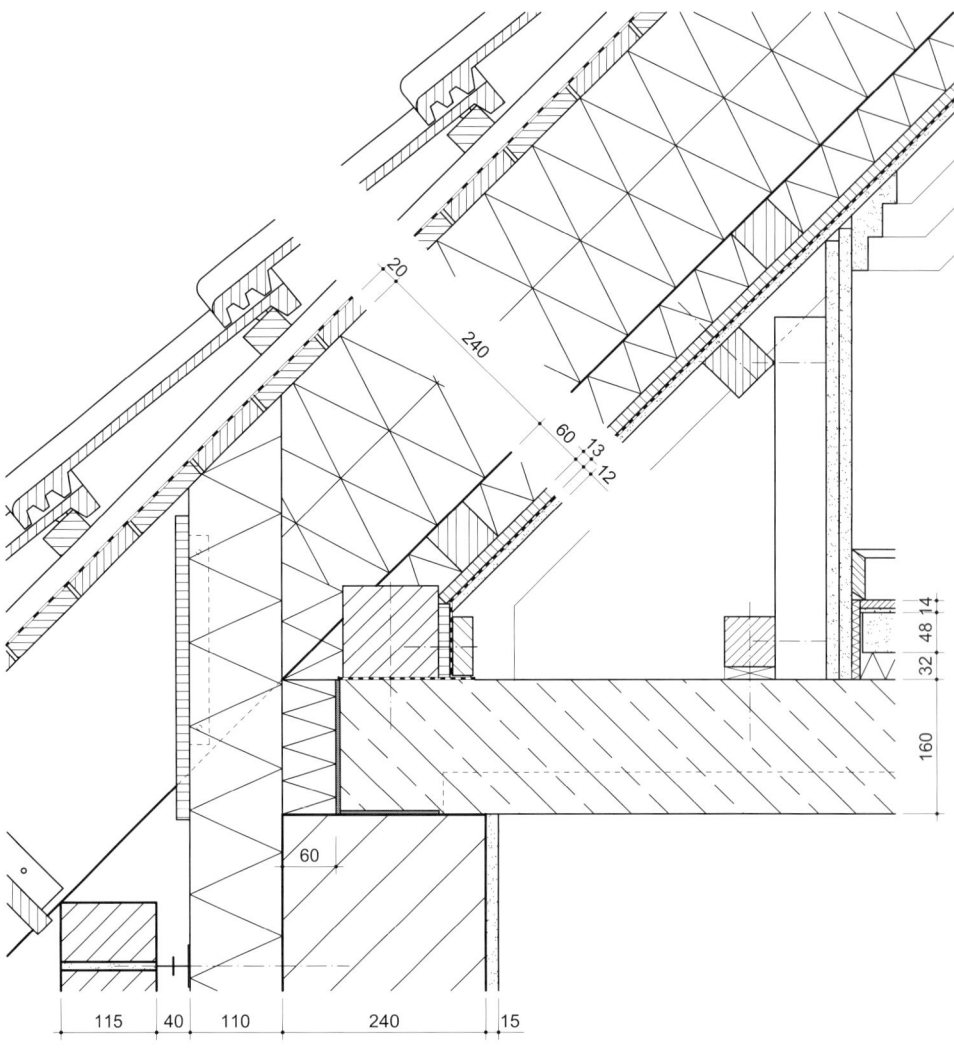

3.1.1.2-1
Konstruktiver Aufbau im Bereich Traufe (Vertikalschnitt)

Baustoff / Bauteil	Wärmeleitfähigkeit λ_R [W/(mK)]	Rohdichte ρ [kg/m³]
Dämmstoff (Mineralfaser)	0,04	–
Dämmstoff (PS-Hartschaum)	0,04	≥ 15
Dichtbänder (PU-Schaumstoff)	0,05	80
Nadelholz	0,13	600
Sperrholz	0,15	800
Gipsbauplatte	0,21	900
Hintermauerwerk	0,79	1600
Verblendmauerwerk	0,96	2000
Zementestrich	1,4	2000
Normalbeton	2,1	2400
Innenputz	0,70	1400

Thermische Kennwerte (3.1.1.2-1)

3.1 Dachanschlüsse
3.1.1 Dachanschluss an zweischaliges Mauerwerk, Kerndämmung und Luftschicht

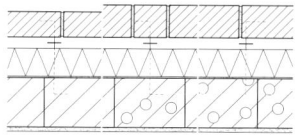

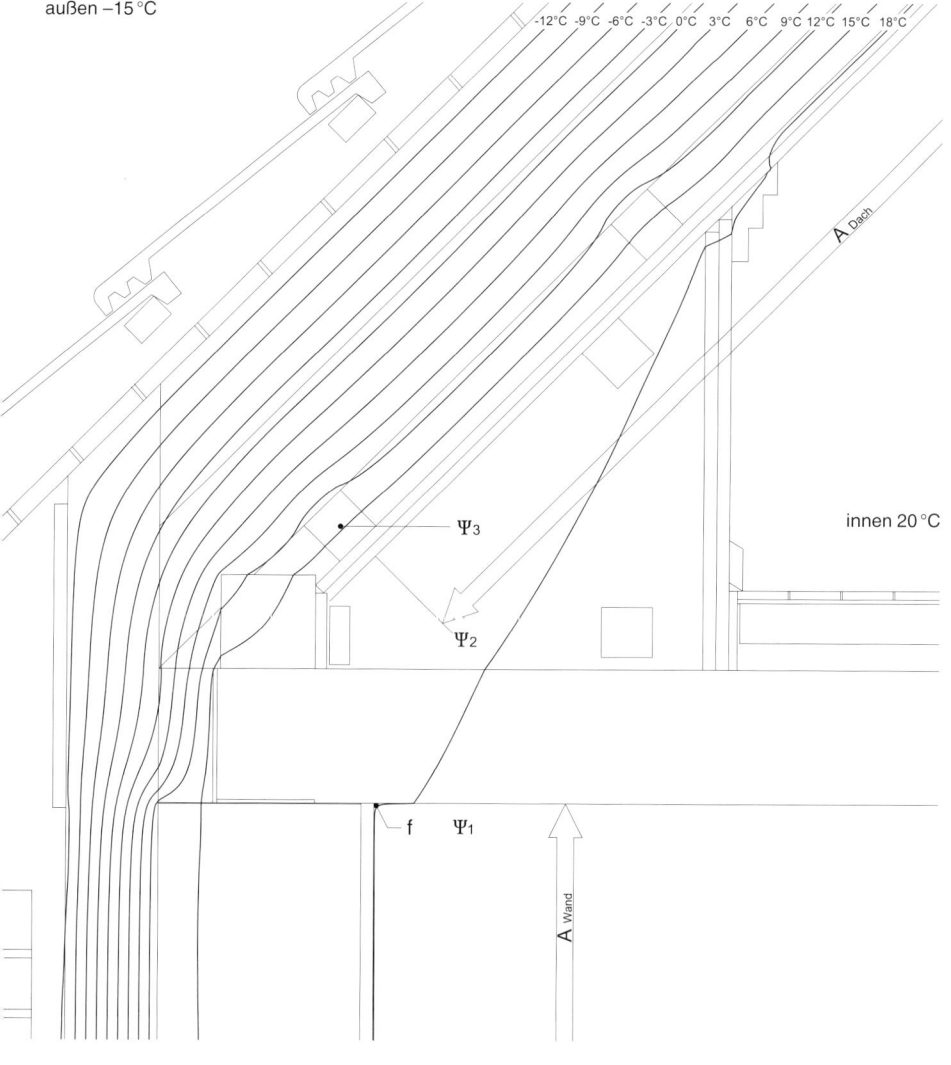

3.1.1.2-1.1
Isothermenverlauf

Der U_m-Wert des Daches ist nicht angegeben, da dieser je nach Abstand der Sparren und der Latten differiert. Bei bekannten Abständen setzt sich der U-Wert dieser Konstruktion aus dem U-Wert (Gefach) und den Ψ-Werten der Sparren und der Lattung zusammen.

Hinweis:

Als Wohnungstrenndecke o. Ä. muss der Wärmeschutz der Stahlbetondecke auch im Bereich der Abseite mindestens den Auflagen der DIN 4108-2 [22] genügen.

Ungestörter Bereich		Gestörter Bereich	
Wärmedurchgangs-koeffizient	U-Wert [W/(m²K)]	linienf. Wärmebrücke WBVK	Ψ-Wert [W/(mK)]
Dach (Gefach)	0,12	$Ψ_1$ Dach – Wand	0,226
Wand	0,28	$Ψ_2$ Dach – Wand	–0,03
		$Ψ_3$ Lattung	0,002
Temperaturfaktor	f-Wert [–]	Temperaturfaktor	f-Wert [–]
Dach (Gefach)	0,97	f	0,93
Wand	0,95		

Thermische Richtwerte,
Ergebnis der thermischen Untersuchung (3.1.1.2-1.1)

3.1.2 Dachanschluss an Holzständerwerk mit Vormauerschale bzw. Holzdeckelschalung

3.1.2.1 Ortganganschluss

Wandsystem:
Vormauerschale, Holzständerwerk voll gedämmt, Sekundärdämmschicht / Installationsschale

Dachsystem:
Offene Brettschalung, Sparren voll gedämmt

Bild 3.1.2.1-1 zeigt den Anschluss eines Daches mit Sparren an eine Giebelwand aus dem Holzbau mit Vormauerschale. Bei dieser Ortgangkonstruktion lassen sich die 260 mm dicke Dämmschicht der Außenwand und die 300 mm dicke des Daches relativ ungeschwächt zusammenführen.

Das Doppel-T-Profil mit Holzwerkstoffsteg minimiert die Wärmebrücke Sparren. Die weitgehend parallel verlaufenden Isothermen veranschaulichen die thermische Leistungsfähigkeit dieses Anschlusses. Die Wärmebrücke ist primär geometriebedingt. Bei dem hier verwendeten Innenmaßbezug ergeben sich Verluste. Ein Außenmaßbezug würde Gewinne ausweisen.

Der U-Wert des Daches und die Wärmebrücke *Sparren* sind analog zu 3.1.1.1 definiert.

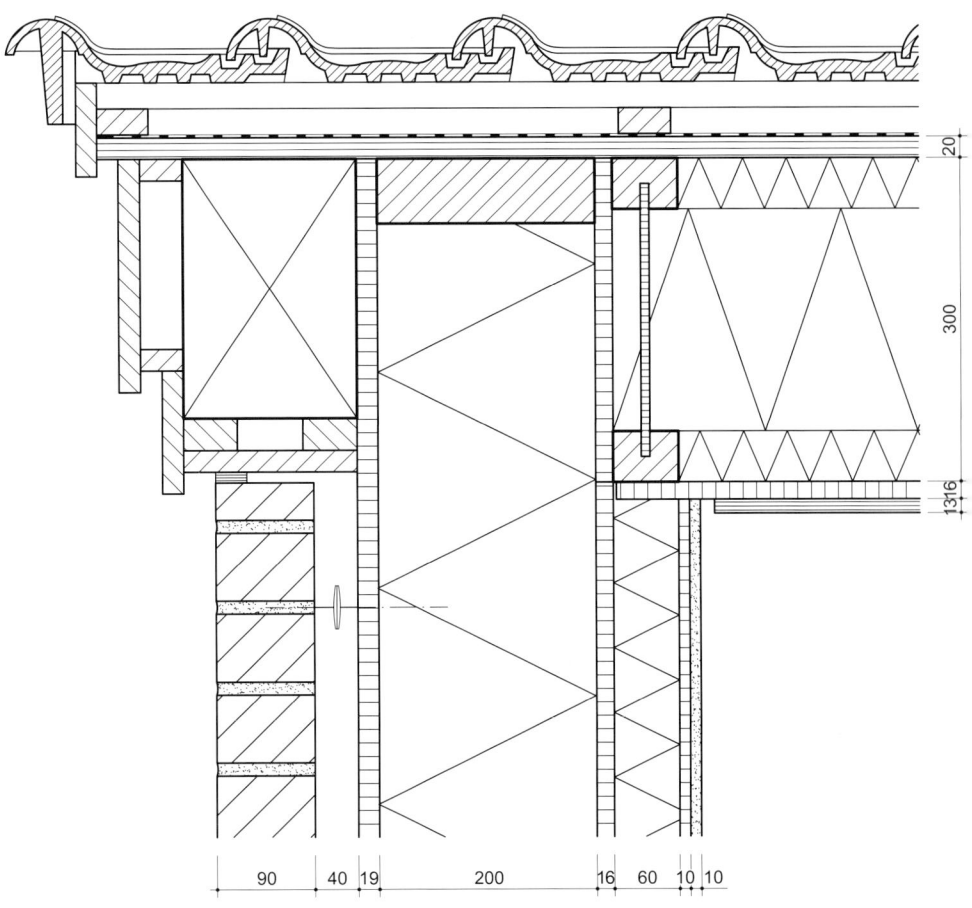

3.1.2.1-1
Konstruktiver Aufbau im Bereich Ortgang (Vertikalschnitt)

Baustoff / Bauteil	Wärmeleitfähigkeit λ_R [W/(mK)]	Rohdichte ρ [kg/m³]
Dämmstoff (Mineralfaser)	0,04	–
Dichtbänder (PU-Schaumstoff)	0,05	80
Nadelholz	0,13	600
Holzwerkstoffplatte	0,13	700
Holzweichfaserplatte (19)	0,06	≤ 300
Gipsbauplatte	0,21	900
Verblendmauerwerk	0,96	2000

Thermische Kennwerte (3.1.2.1-1)

3.1 Dachanschlüsse
3.1.2 Dachanschluss an Holzständerwerk mit Vormauerschale bzw. Holzdeckelschalung

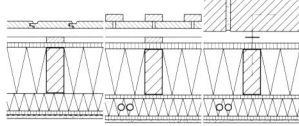

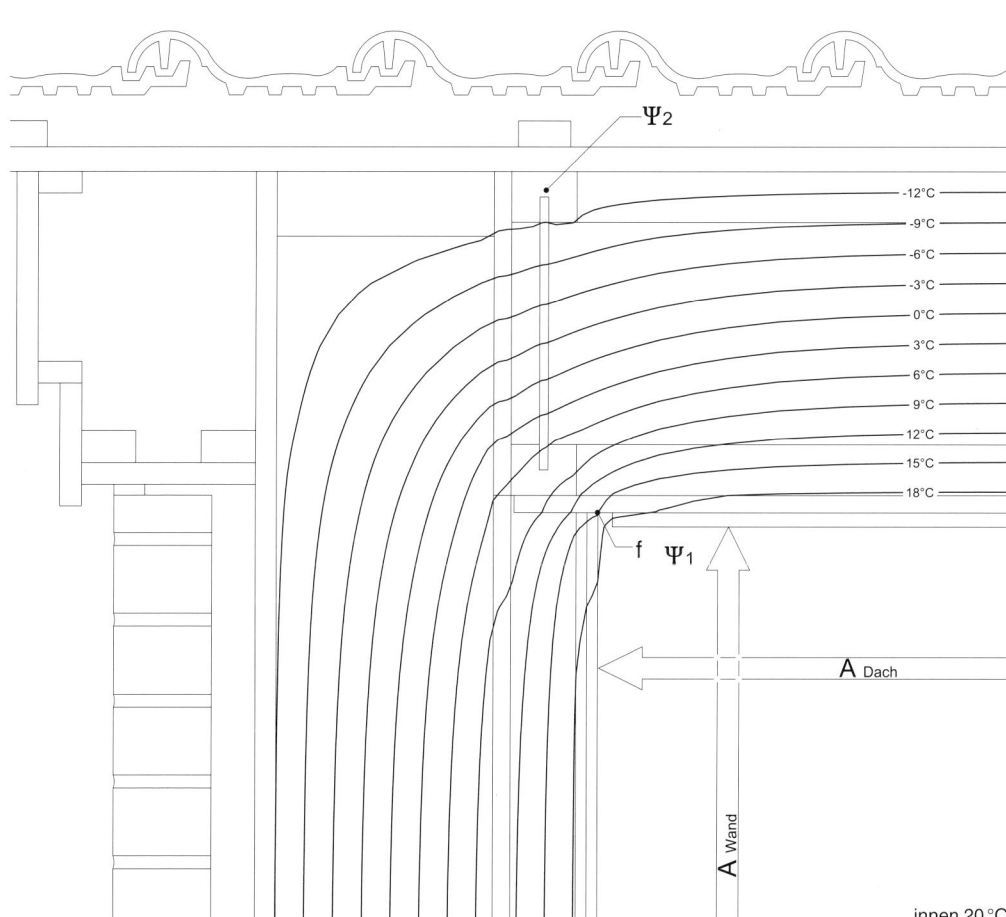

3.1.2.1-1.1
Isothermenverlauf

Ungestörter Bereich		Gestörter Bereich	
Wärmedurchgangs-koeffizient	U-Wert [W/(m²K)]	linienf. Wärmebrücke WBVK	Ψ-Wert [W/(mK)]
Dach (Gefach)	0,13	Ψ_1 Dach – Wand	0,03
Wand	0,14	Ψ_2 Sparren	0,004
Temperaturfaktor	f-Wert [–]	Temperaturfaktor	f-Wert [–]
Dach (Gefach)	0,97	f	0,85
Wand	0,96		

Thermische Richtwerte,
Ergebnis der thermischen Untersuchung (3.1.2.1-1.1)

3.1.2.2 Traufanschluss

Wandsystem:
Holzdeckelschalung, Holzständerwerk voll gedämmt, Sekundärdämmschicht / Installationsschale

Dachsystem:
Offene Brettschalung, Sparrenraum voll gedämmt

Bild 3.1.2.2-1 zeigt den Traufanschluss des Daches an die Holzbau-Außenwand. Eine Holzdeckelschalung bildet die leichte Fassadenbekleidung.

Bei diesem Anschluss unterbricht die Fußpfette die 200 mm dicke Dämmschicht der Außenwand. Wie der Isothermenverlauf zeigt, wird diese Schwachstelle durch die Sekundärdämmschicht auf der Innenseite partiell kompensiert.

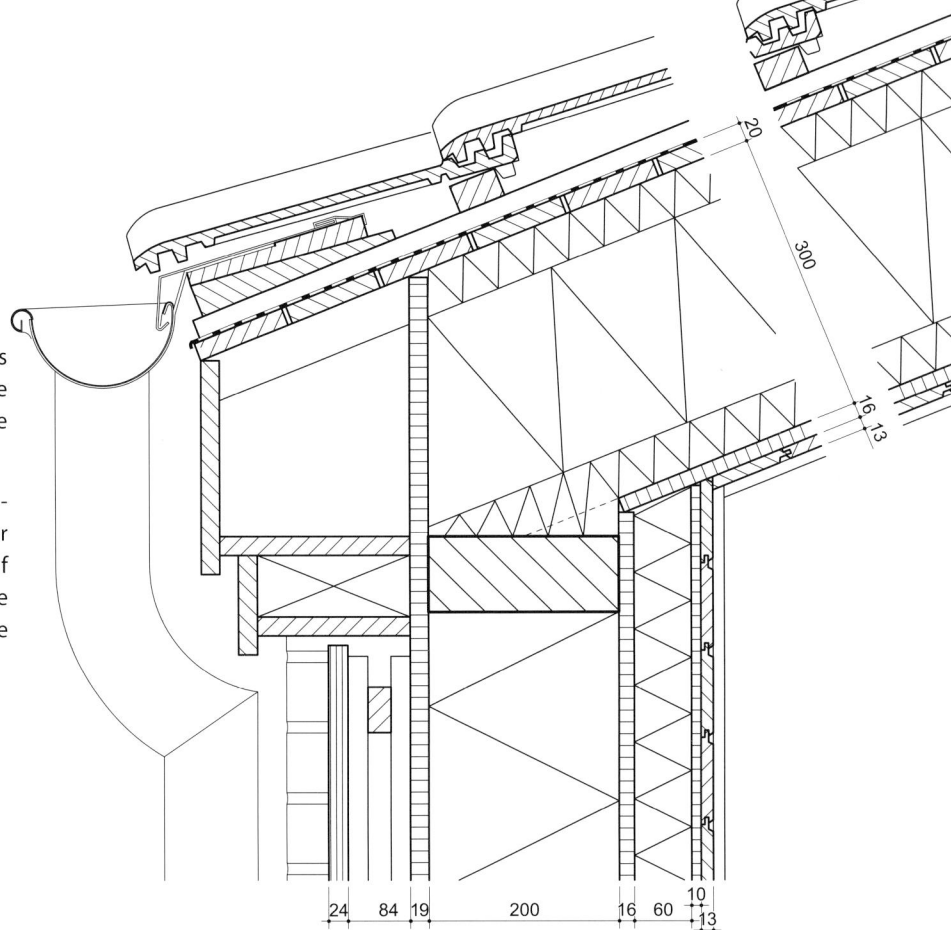

3.1.2.2-1
Konstruktiver Aufbau im Bereich Traufe (Vertikalschnitt)

Baustoff / Bauteil	Wärmeleitfähigkeit λ_R [W/(mK)]	Rohdichte ρ [kg/m³]
Dämmstoff (Mineralfaser)	0,04	–
Dichtbänder (PU-Schaumstoff)	0,05	80
Nadelholz	0,13	600
Holzwerkstoffplatte	0,13	700
Holzweichfaserplatte (19)	0,06	≤ 300
Gipsbauplatte	0,21	900
Verblendmauerwerk	0,96	2000

Thermische Kennwerte (3.1.2.2-1)

3.1 Dachanschlüsse
3.1.2 Dachanschluss an Holzständerwerk mit Vormauerschale bzw. Holzdeckelschalung

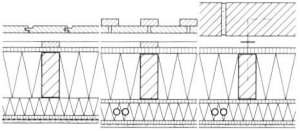

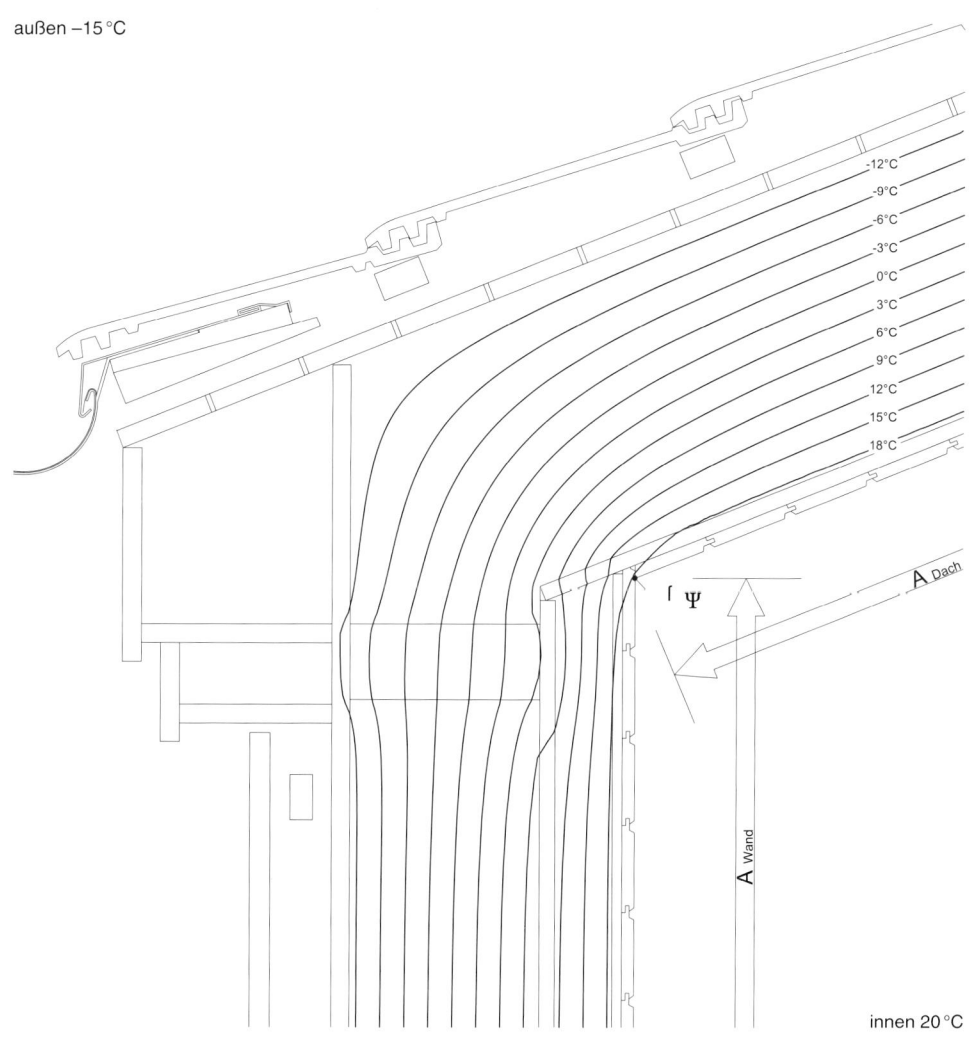

außen −15 °C

innen 20 °C

3.1.2.2-1.1
Isothermenverlauf

Ungestörter Bereich		Gestörter Bereich	
Wärmedurchgangs-koeffizient	U-Wert [W/(m²K)]	linienf. Wärmebrücke WBVK	Ψ-Wert [W/(mK)]
Dach (Gefach)	0,13		
Wand	0,15	Ψ Dach − Wand	0,03
Temperaturfaktor	f-Wert [−]	Temperaturfaktor	f-Wert [−]
Dach (Gefach)	0,97		
Wand	0,97	f	0,89

Thermische Richtwerte,
Ergebnis der thermischen Untersuchung (3.1.2.2-1.1)

3.2 Geschossdeckenanschlüsse

3.2.1 Geschossdeckenanschluss an einschaliges Mauerwerk mit WDV-System

Wandsystem:
Einschaliges Mauerwerk mit WDV-System, verputzt

Deckensystem:
Parkettboden, Zementestrich auf Dämmschicht, Stahlbetonplatte, Deckenrand-Schalelement (Polystyrol)

Bild 3.2.1-1 zeigt einen Geschossdeckenanschluss aus dem Massivbau. Eine Stahlbetonplatte bindet in eine Wand aus Mauerwerk ein. Das konfektionierte Deckenrand-Schalelement [84] aus Polystyrolhartschaum reduziert den thermisch negativen Einfluss der Stahlbetondeckenplatte. Diese Randelemente werden in 1000 mm-Längen für Deckendicken von 160 bis 260 mm angeboten. Sie verfügen über ein Nut- und Federsystem. Ihre Fixierung auf den Wänden erfolgt mit Montageschaum, die dünnwandige Winkelkonstruktion gewährleistet auch am Rand eine ausreichende Betonüberdeckung der Stahleinlagen.

Die Wärmebrücke aus der Summe von Ψ_1 und Ψ_2 ist weitgehend geometriebedingt. Bei dem gewählten Innenmaßbezug geht die Wandfläche im Bereich der Geschossdecke als Wärmebrücke in die Bilanzierung ein.

Die Wirksamkeit des Deckenrand-Schalelementes zeigt eine Vergleichsrechnung: Ohne Zusatzdämmung steigt die linienförmige Wärmebrücke Ψ_2 auf einen Wert von 0,05 W/(mK) an. Die hohe Wärmeleitfähigkeit des Stahlbetons führt dazu, dass der Temperaturfaktor f_2 höher liegt als im ungestörten Bereich der Wand.

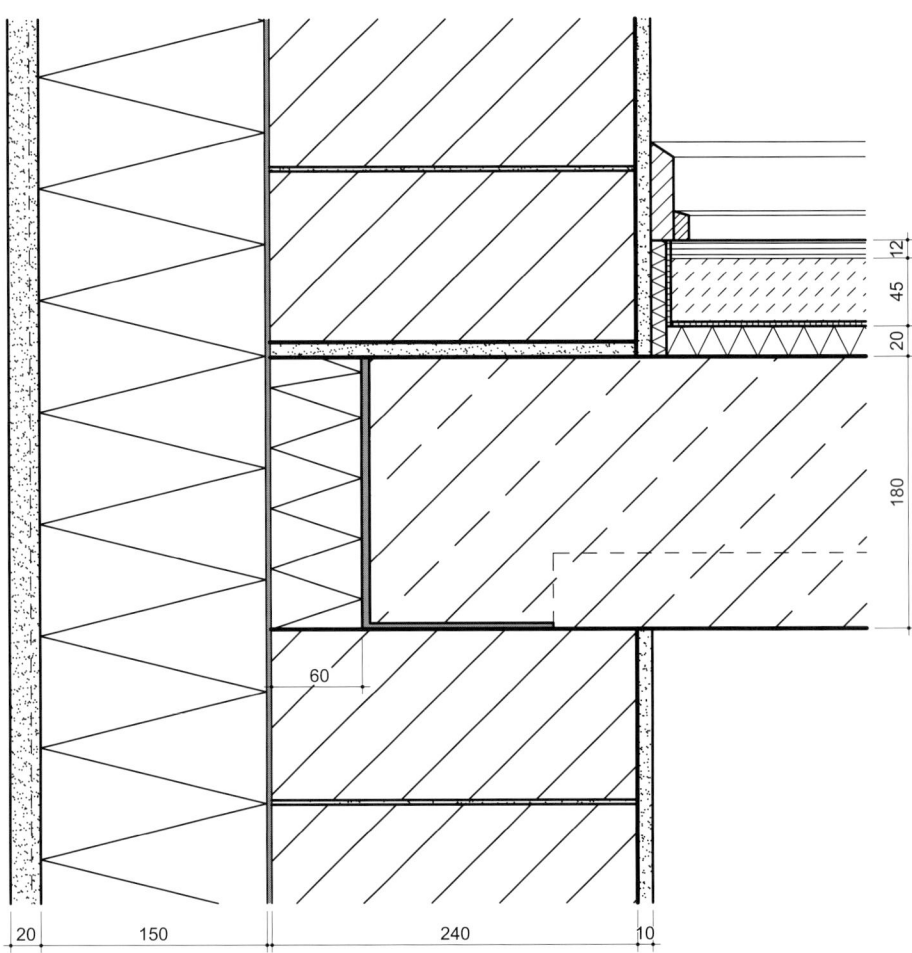

3.2.1-1
Konstruktiver Aufbau (Vertikalschnitt)

Baustoff/Bauteil	Wärmeleitfähigkeit λ_R [W/(mK)]	Rohdichte ρ [kg/m³]
Dämmstoff (Mineralfaser)	0,04	–
Dämmstoff (PS-Hartschaum)	0,04	≥ 15
Dichtbänder (PU-Schaumstoff)	0,05	80
Nadelholz	0,13	600
Hintermauerwerk	0,79	1600
Zementestrich	1,4	2000
Normalbeton	2,1	2400
Außenputz	0,87	1800
Innenputz	0,70	1400

Thermische Kennwerte (3.2.1-1)

3.2 Geschossdeckenanschlüsse
3.2.1 Geschossdeckenanschluss an einschaliges Mauerwerk mit WDV-System

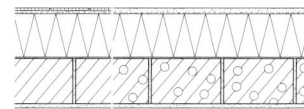

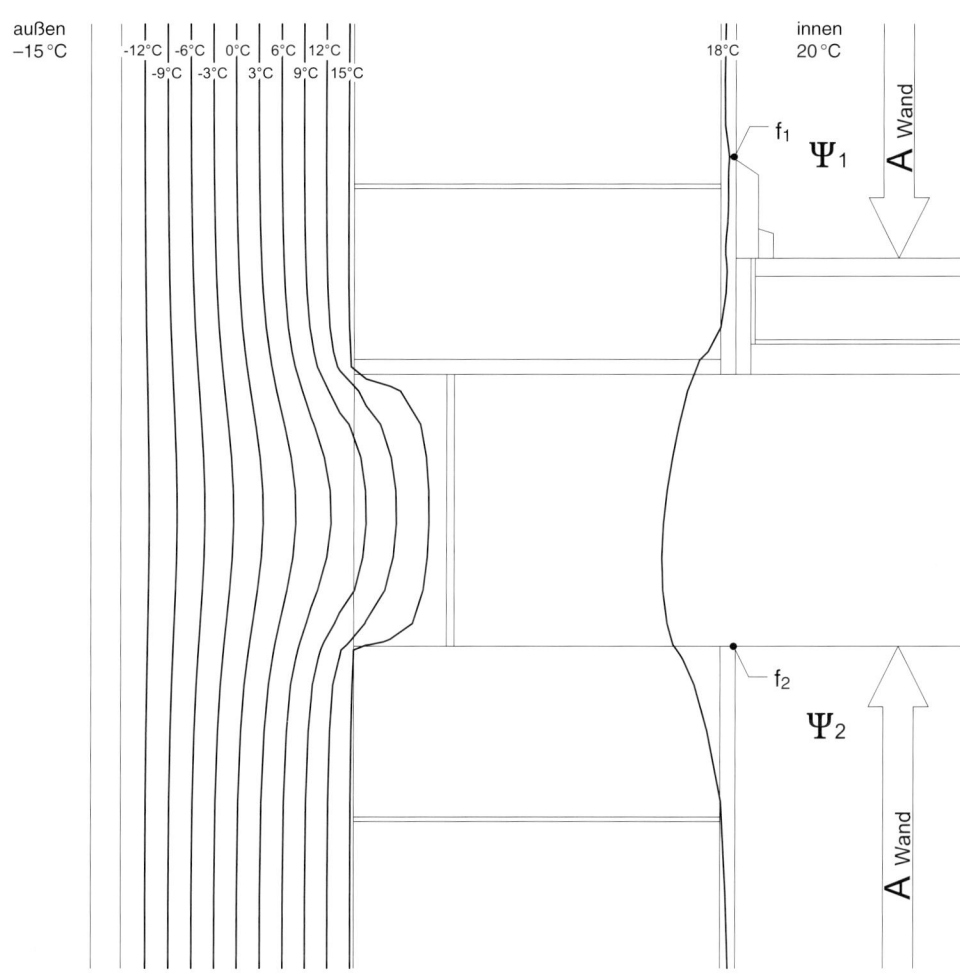

3.2.1-1.1
Isothermenverlauf

Ungestörter Bereich			Gestörter Bereich	
Wärmedurchgangs-koeffizient	U-Wert [W/(m²K)]		linienf. Wärmebrücke WBVK	Ψ-Wert [W/(mK)]
			Ψ_1 Decke – Wand	0,01
Wand	0,23		Ψ_2 Wand – Decke	0,04
Temperaturfaktor	f-Wert [–]		Temperaturfaktor	f-Wert [–]
Wand	0,94		f_1	0,94
			f_2	0,95

Thermische Richtwerte,
Ergebnis der thermischen Untersuchung (3.2.1-1.1)

3.2.2 Geschossdeckenanschluss an Holzständerwerk mit Holzdeckelschalung

Wandsystem:
Holzdeckelschalung, Holzständerwerk voll gedämmt,
Sekundärdämmschicht / Installationsschale

Deckensystem:
Dielung auf Holzbalken

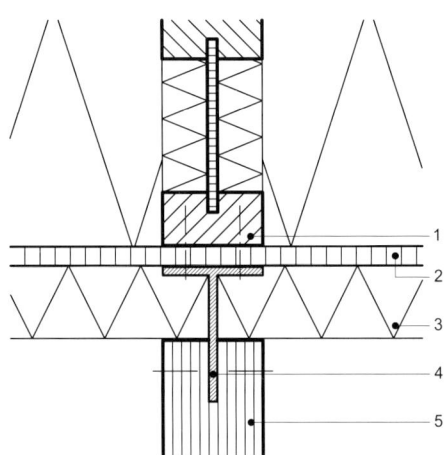

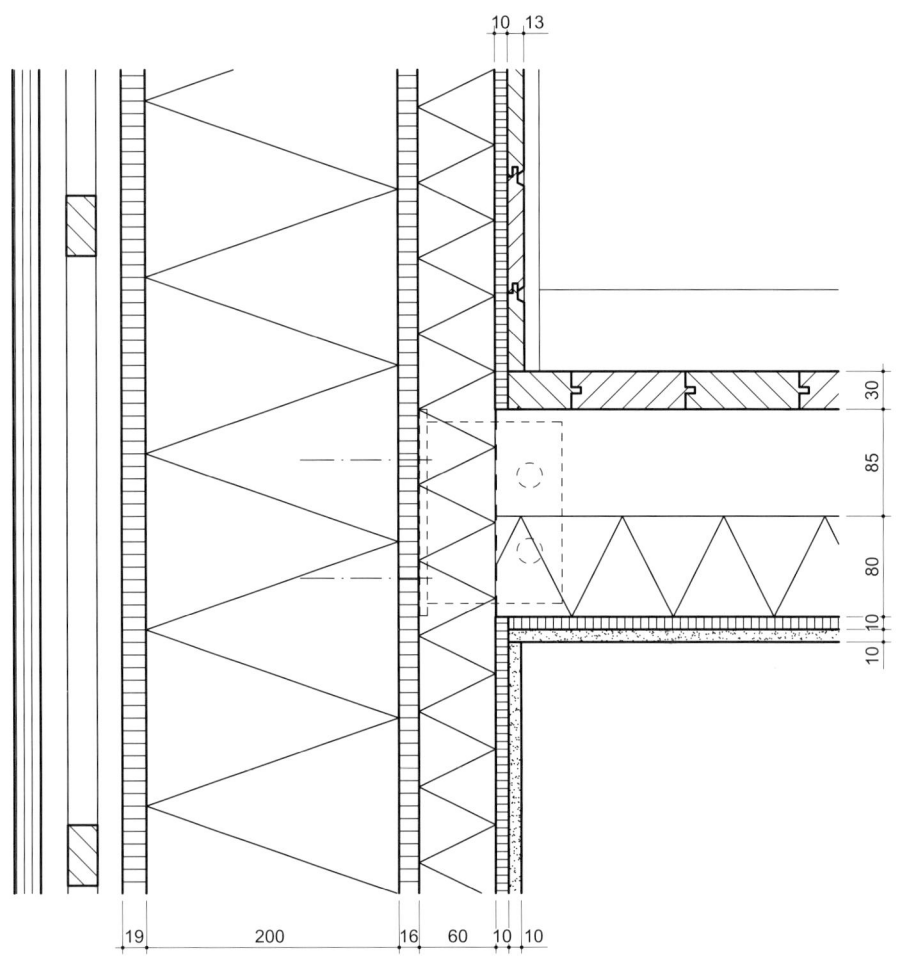

3.2.2-1
Konstruktiver Aufbau (Horizontalschnitt)

3.2.2-2
Konstruktiver Aufbau (Vertikalschnitt)

1 Holzständer
2 Holzwerkstoffplatte
3 Sekundärdämmschicht
4 Balkenträger
5 Deckenbalken

Baustoff / Bauteil	Wärmeleitfähigkeit λ_R [W/(mK)]	Rohdichte ρ [kg/m³]
Dämmstoff (Mineralfaser)	0,04	–
Nadelholz	0,13	600
Holzwerkstoffplatte	0,13	700
Holzweichfaserplatte (19)	0,06	≤ 300
Gipsbauplatte	0,21	900
Baustahl	60	7000

Thermische Kennwerte (3.2.2-1 und 3.2.2-2)

Bild 3.2.2-1 und -2 zeigen den Anschluss einer Holzbalkendecke an eine Außenwand aus dem Holzbau. Die Wand verfügt über ein durchlaufendes Ständerwerk. Um die punktförmige Wärmebrücke des Anschlusses zu reduzieren, enden die Deckenbalken vor der Sekundärdämmschicht. Die Verbindung zu den vertikalen Stützen erfolgt über stählerne Balkenträger (siehe Bild 3.2.2-1).

3.2 Geschossdeckenanschlüsse
3.2.2 Geschossdeckenanschluss an Holzständerwerk mit Holzdeckelschalung

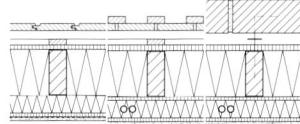

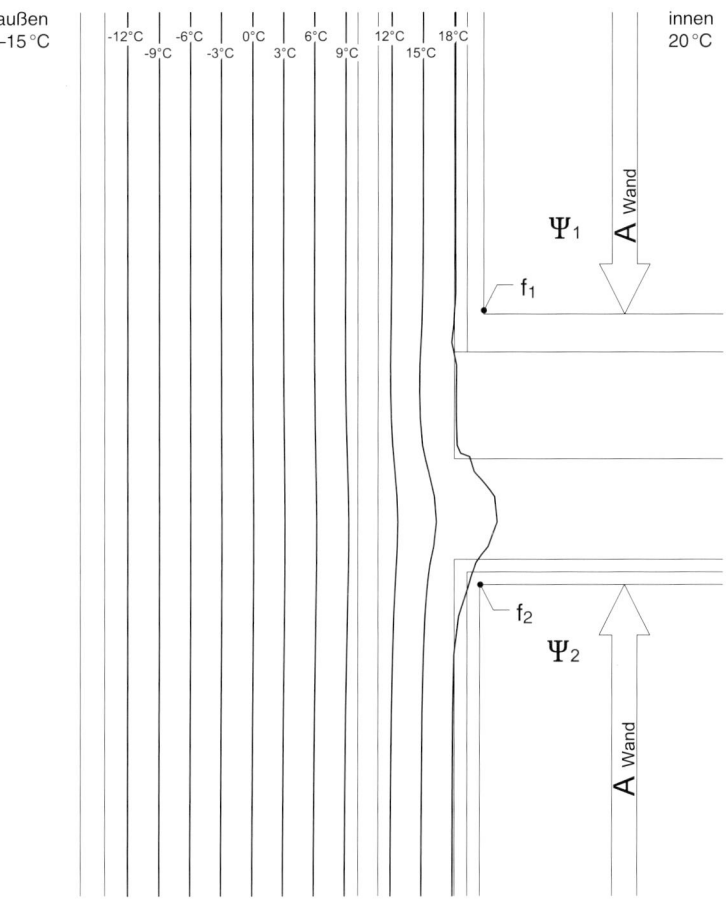

3.2.2-2.1
Isothermenverlauf

Der Isothermenverlauf und die thermischen Richtwerte belegen das hohe wärmetechnische Niveau dieses Anschlusses. Vergleichsrechnungen haben gezeigt, dass die Sekundärdämmschicht hinter dem Deckenbalken nur eine geringe Verbesserung bringt. Thermisch dominiert der stählerne Balkenträger.

Ungestörter Bereich		Gestörter Bereich	
Wärmedurchgangskoeffizient	U-Wert [W/(m²K)]	linienf. Wärmebrücke WBVK	Ψ-Wert [W/(mK)]
		Ψ_1 Decke – Wand	0,02
Wand (Gefach)	0,139	Ψ_2 Wand – Decke	0,01
Wand inkl. Ständer und Lattung	0,151	punktf. Wärmebrücke WBVK	χ-Wert [W/K]
		Anschluss Balken	0,002 *
Temperaturfaktor	f-Wert [–]	Temperaturfaktor	f-Wert [–]
Wand (Gefach)	0,98	f_1	0,95
		f_2	0,96

Thermische Richtwerte,
Ergebnis der thermischen Untersuchung (3.2.2-2.1)
* vereinfacht zweidimensional ermittelt

3.3 Balkonanschlüsse

Balkonanschlüsse sollen den Wärmeschutz angrenzender Außenwände möglichst wenig beeinträchtigen. Das ist mit separaten Tragkonstruktionen zu erreichen. Dafür bieten sich neben individuellen Lösungen auch konfektionierte Systeme an.

Das Balkonsystem von Bild 3.3-1 basiert auf einer feuerverzinkten stählernen Tragstruktur mit zwei parallel zur Fassade verlaufenden Stützenreihen. Bei der Decken- und Brüstungsausbildung erlaubt das System eine Vielzahl von Alternativen.

3.3-1
Industriell vorgefertigtes, selbst tragendes Balkonsystem
(Quelle: Müssig [85])

3.3 Balkonanschlüsse

Bild 3.3-2 zeigt ebenfalls ein zweiseitig gelagertes Balkonsystem, das aber punktuell Lasten auf die Außenwand abträgt. Das System basiert auf einer Aluminium-Tragstruktur. Es erlaubt ebenfalls eine Vielzahl technischer und gestalterischer Variationsmöglichkeiten.

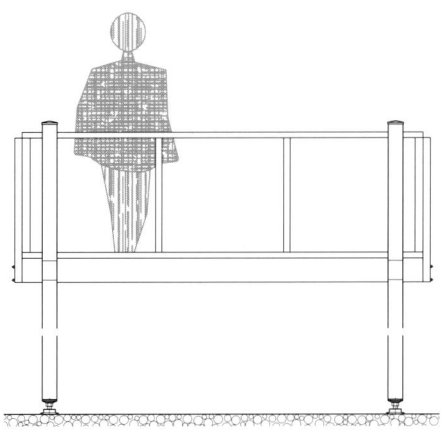

3.3-2.1 Ansicht Balkon

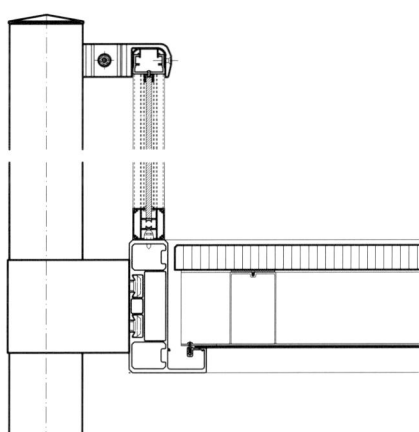

3.3-2.2 Detail Brüstung, Deckensystem (Vertikalschnitt)

3.3-2
Systembalkon nach [86], Tragstruktur aus Aluminium

3.3.1 Balkonanschluss an einschaliges Mauerwerk mit Außenputz, Balkonplatte zweiseitig gelagert

Wandsystem:
Einschaliges Mauerwerk mit Außenputz

Balkonsystem:
Stahlbetonplatte, zweiseitig gelagert

System Geschossdecke:
Stahlbetonplatte, Estrich auf Dämmschicht

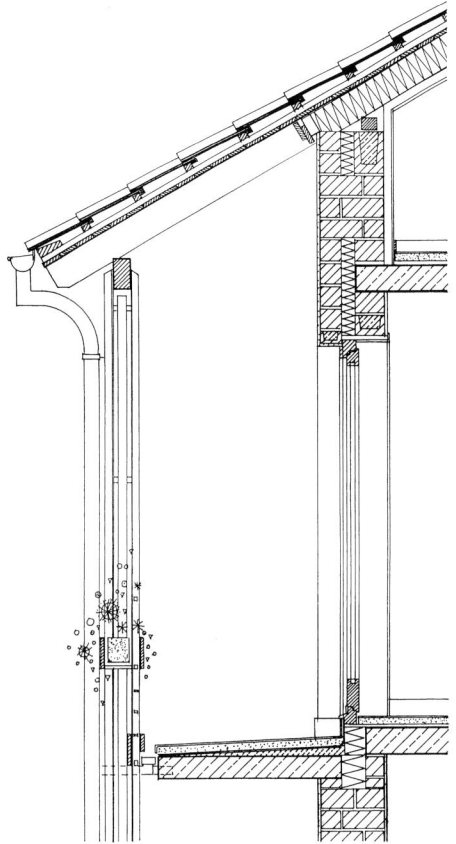

3.3.1-1
Lagerung einer Balkonplatte auf Stahlstützen mit Konsolen und Mauerwerk (Vertikalschnitt)

Bild 3.3-1.1 zeigt eine nicht konfektionierte Balkonkonstruktion mit einem Auflager auf der Außenwand und punktuellen Unterstützungen auf der Gegenseite.

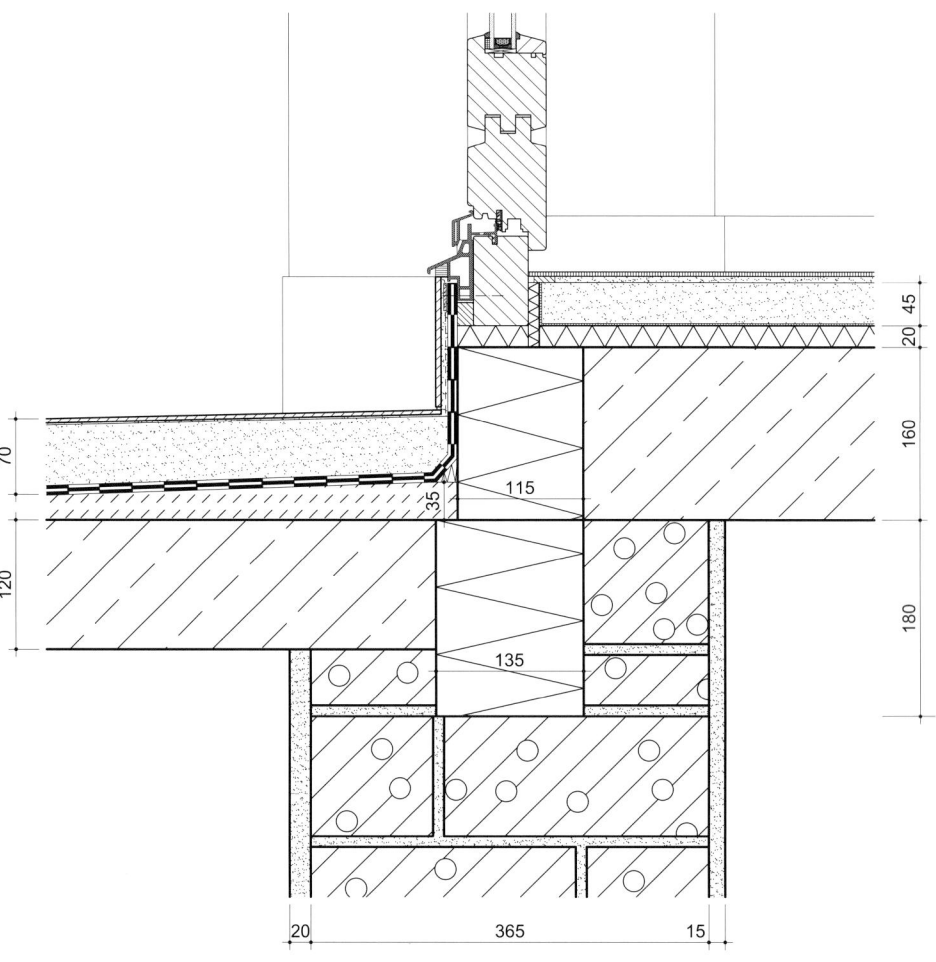

3.3.1-2
Konstruktiver Aufbau (Vertikalschnitt)

Baustoff / Bauteil	Wärmeleitfähigkeit λ_R [W/(mK)]	Rohdichte ρ [kg/m³]
Dämmstoff (Mineralfaser)	0,04	–
Dämmstoff (PS-Hartschaum/Schaumglas)	0,04	≥ 15/≥ 110
Dichtbänder (PU-Schaumstoff)	0,05	80
Nadelholz	0,13	600
Mauerwerk	0,18	800
Zementestrich	1,4	2000
Normalbeton	2,1	2400
Außenputz	0,87	1800
Aluminium	220	2700
Innenputz	0,70	1400
Fliesen	1,0	2000

Thermische Kennwerte (3.3.1-1 und 3.3.1-2)

3.3 Balkonanschlüsse
3.3.1 Balkonanschluss an einschaliges Mauerwerk mit Außenputz, Balkonplatte zweiseitig gelagert

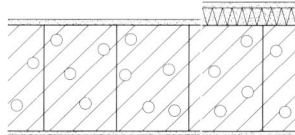

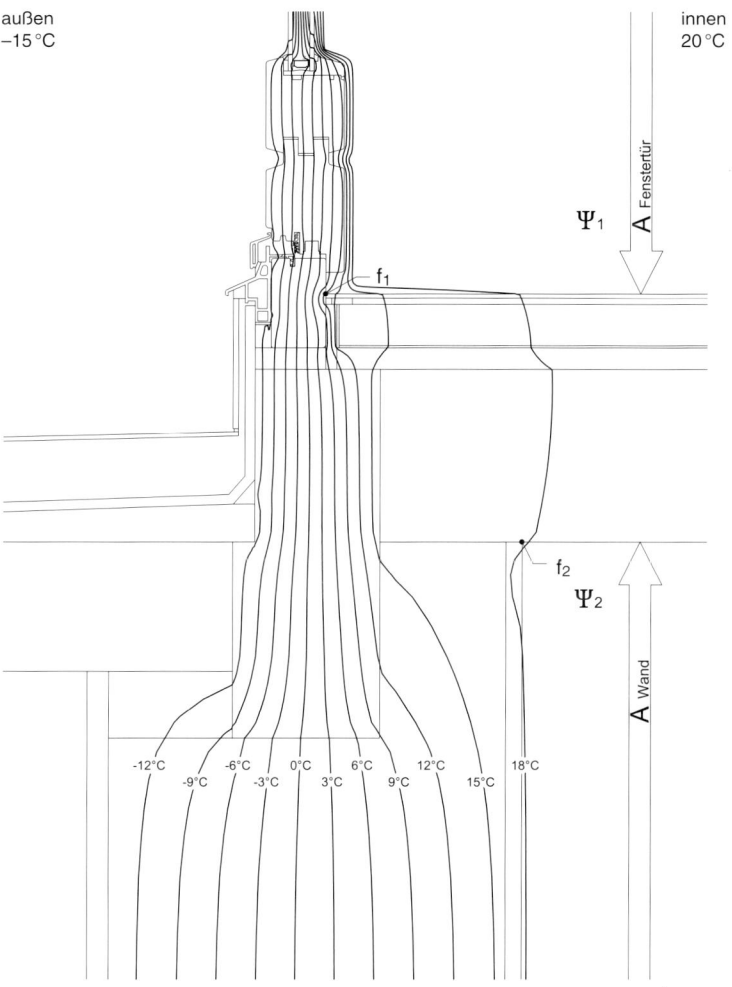

3.3.1-2.1
Isothermenverlauf

Dämmplatten zwischen Balkon- und Geschossdeckenplatten reduzieren die Wärmebrücke des Anschlusses. Der hohe Ψ_1-Wert Boden – Fenstertür resultiert nicht aus dem Balkonanschluss, sondern aus der hohen Wärmeleitfähigkeit des Holzrahmens der Fenstertür.

Ungestörter Bereich		Gestörter Bereich	
Wärmedurchgangskoeffizient	U-Wert [W/(m²K)]	linienf. Wärmebrücke WBVK	Ψ-Wert [W/(mK)]
		Ψ_1 Boden – Fenstertür	0,10
Wand	0,44	Ψ_2 Wand – Decke	0,01
Temperaturfaktor	f-Wert [–]	Temperaturfaktor	f-Wert [–]
		f_1	0,56
Wand	0,89	f_2	0,94

Thermische Richtwerte,
Ergebnis der thermischen Untersuchung (3.3.1-2.1)

3.3.2 Balkonanschluss an einschaliges Mauerwerk mit WDV-System, Balkonplatte auskragend

Wandsystem:
Einschaliges Mauerwerk mit WDV-System, verputzt

Balkonsystem:
Auskragende Stahlbetonplatte

System Geschossdecke:
Stahlbetonplatte mit Estrich auf Dämmschicht

Bild 3.3.2-1 zeigt einen Balkonanschluss mit einer frei auskragenden Stahlbetonplatte. Thermische Trennelemente aus Hartschaumplatten mit Edelstahlbewehrung reduzieren die Wärmebrücke am Auflager. Das Dämmelement der Kragplatte ist eingebunden in das WDV-System der Fassade. Die 80 mm dicken konfektionierten Dämmelemente erreichen nicht die Dicke der Dämmplatten des WDV-Systems (140 mm).

Bild 3.3.2-1.1 zeigt den Isothermenverlauf im Schnitt ohne die spezifische Bewehrung der Dämmelemente und alternativ durch die spezifische Bewehrung. Der Verlauf wurde nur zweidimensional ermittelt und zeigt nicht die reale Temperaturverteilung. Deshalb fehlen die f-Werte. Das Bild gibt aber Aufschluss über die prinzipielle Auswirkung der Stahlbewehrung. Für die Wärmebrücke sind die Stahlelemente dominant. Im vorliegenden Beispiel wurde ihr Abstand mit 15 cm angenommen.

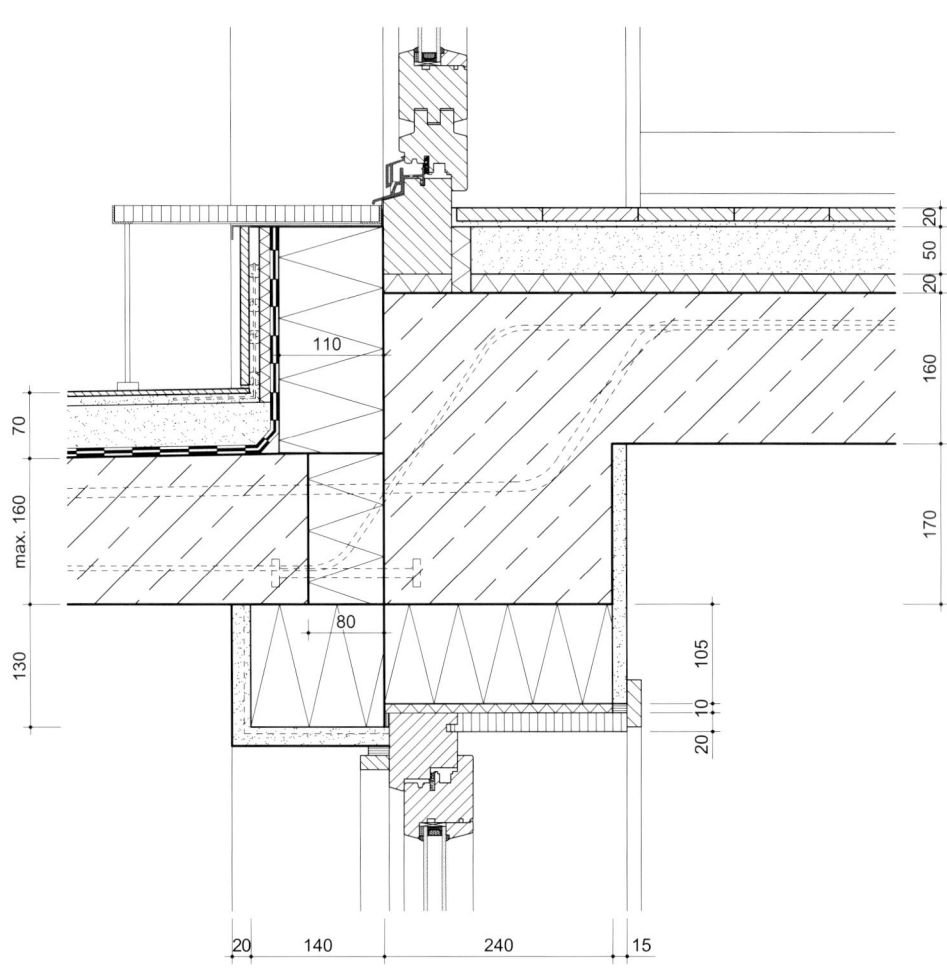

3.3.2-1
Konstruktiver Aufbau (Vertikalschnitt)

Baustoff / Bauteil	Wärmeleitfähigkeit λ_R [W/(mK)]	Rohdichte ρ [kg/m³]
Dämmstoff (Mineralfaser)	0,04	–
Dämmstoff (PS-Hartschaum/Schaumglas)	0,04	$\geq 15 / \geq 110$
Dichtbänder (PU-Schaumstoff)	0,05	80
Nadelholz	0,13	600
Mauerwerk	0,18	800
Zementestrich	1,4	2000
Normalbeton	2,1	2400
Baustahl	60	7000
Aluminium	220	2700
Außenputz	0,87	1800
Innenputz	0,70	1400
Fliesen	1,0	2000

Thermische Kennwerte (3.3.2-1)

3.3 Balkonanschlüsse
3.3.2 Balkonanschluss an einschaliges Mauerwerk mit WDV-System, Balkonplatte auskragend

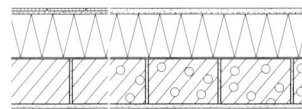

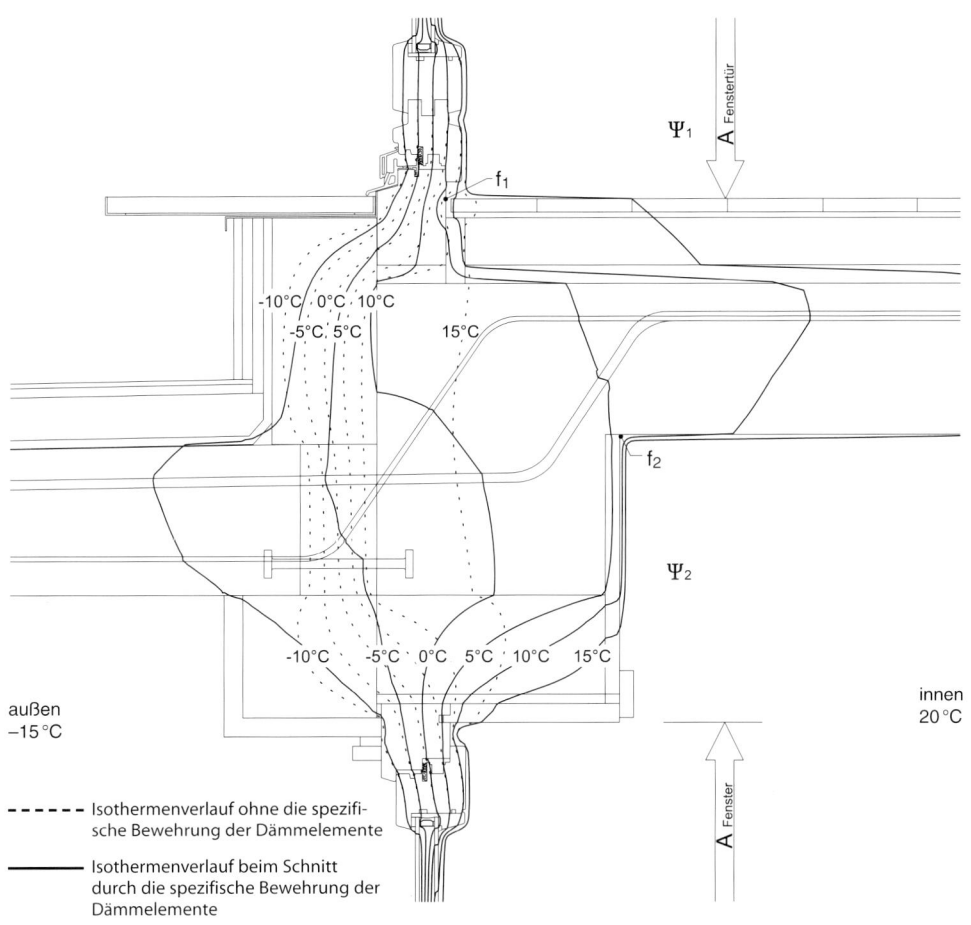

----- Isothermenverlauf ohne die spezifische Bewehrung der Dämmelemente

——— Isothermenverlauf beim Schnitt durch die spezifische Bewehrung der Dämmelemente

3.3.2-1.1
Isothermenverlauf*

Ungestörter Bereich		Gestörter Bereich	
Wärmedurchgangs-koeffizient	U-Wert [W/(m²K)]	linienf. Wärmebrücke WBVK	Ψ-Wert [W/(mK)]
Fenstertür	1,6	Ψ_1 Boden – Fenstertür	0,10*
Wand	0,2	Ψ_2 Wand – Decke	0,35*
Temperaturfaktor	f-Wert [–]	Temperaturfaktor	f-Wert [–]
		f_1	–
Wand	0,94	f_2	–

Thermische Richtwerte,
Ergebnis der thermischen Untersuchung (3.3.2-1.1)
* vereinfacht zweidimensional ermittelt

3.4 Kellerdeckenanschlüsse

Während bei Geschossdeckenanschlüssen Wärmeströme primär zur Außenwand fließen, muss bei Deckenanschlüssen über unbeheizten Kellergeschossen auch der Wärmeabfluss nach unten konstruktiv minimiert werden. Das kann z. B. durch leistungsfähige Dämmschichten unter dem Estrich erfolgen. Falls der Fußbodenaufbau auch Trittschallschutzanforderungen zu genügen hat, kann es sinnvoll sein, verschiedene Dämmstoffe einzusetzen. Für den Trittschallschutz sollte die dynamische Steifigkeit der Dämmplatten möglichst niedrig liegen.

3.4.1 Kellerdeckenanschluss an einschaliges Mauerwerk mit Außenputz

Wandsystem:
Einschaliges Mauerwerk mit Außenputz

Deckensystem:
Parkettboden, Estrich auf Dämmschicht, Stahlbetonplatte

Bild 3.4.1-1 zeigt den Anschluss einer Stahlbetondeckenplatte an einschaliges Mauerwerk. Am Deckenauflager verstärkt eine 80 mm dicke Dämmstoffschicht die wärmetechnische Leistungsfähigkeit des Anschlussformsteins. Die Dämmschichtdicke unter dem Estrich beträgt in der Summe 100 mm.

Statt der üblichen 10 mm beträgt die Dicke des Estrichrandstreifens 20 mm. Die thermischen Richtwerte bestätigen die hohe Leistungsfähigkeit dieser Konstruktion.

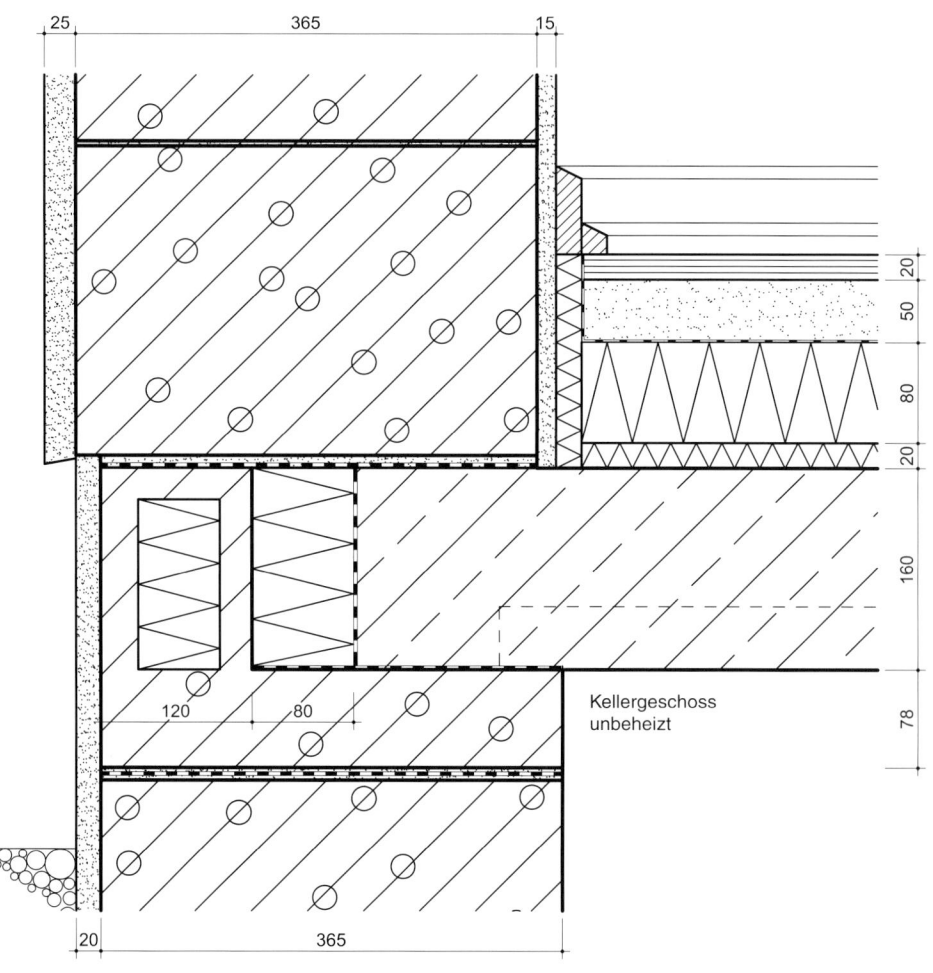

3.4.1-1
Konstruktiver Aufbau (Vertikalschnitt)

Baustoff/Bauteil	Wärmeleitfähigkeit λ_R [W/(mK)]	Rohdichte ρ [kg/m³]
Dämmstoff (Mineralfaser)	0,04	–
Dämmstoff (PS-Hartschaum)	0,04	≥ 15
Nadelholz	0,13	600
Mauerwerk	0,18	800
Zementestrich	1,4	2000
Normalbeton	2,1	2400
Außenputz/Sperrputz	0,87	1800
Innenputz	0,70	1400

Thermische Kennwerte (3.4.1-1)

3.4 Kellerdeckenanschlüsse
3.4.1 Kellerdeckenanschluss an einschaliges Mauerwerk mit Außenputz

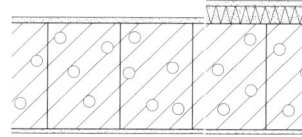

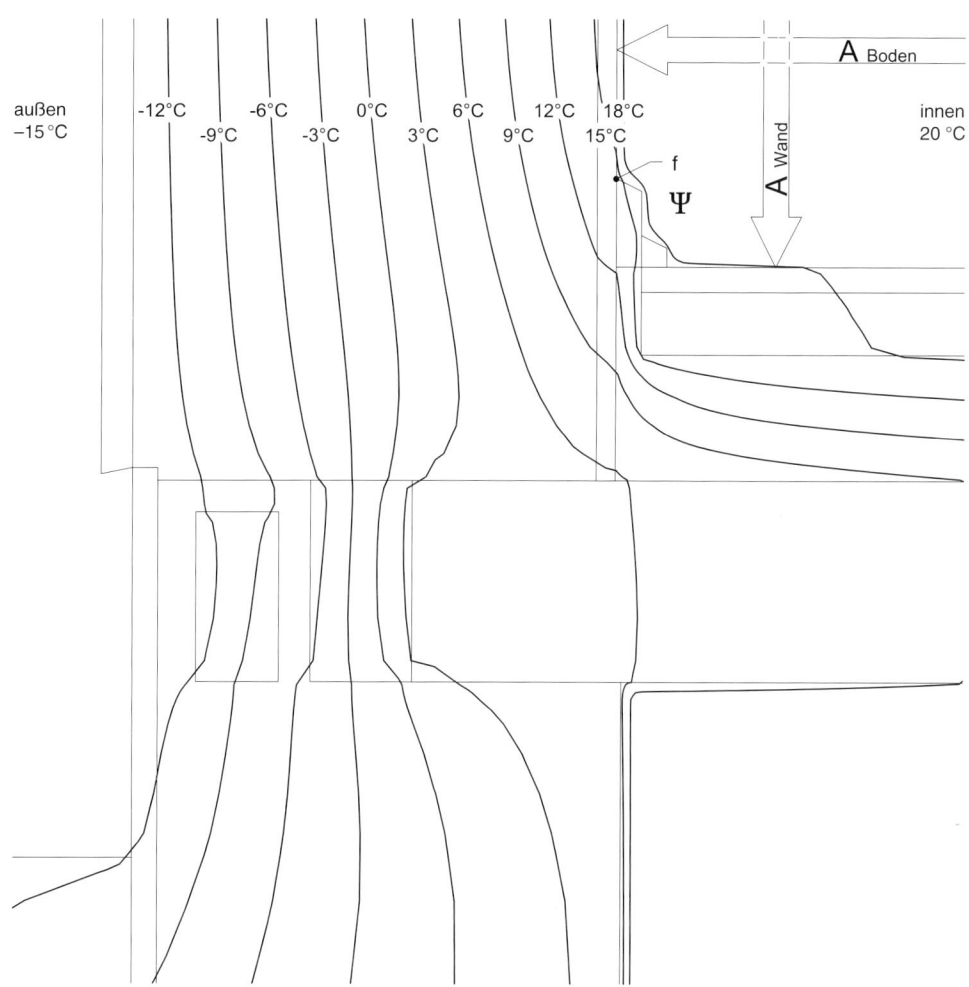

3.4.1-1.1
Isothermenverlauf

Ungestörter Bereich		Gestörter Bereich	
Wärmedurchgangs-koeffizient	U-Wert [W/(m²K)]	linienf. Wärmebrücke WBVK	Ψ-Wert [W/(mK)]
Kellerdecke	0,34		
Wand	0,44	Ψ Wand – Boden	0,07
Temperaturfaktor	f-Wert [–]	Temperaturfaktor	f-Wert [–]
Fußboden	0,94	f	0,91
Wand	0,92		

Thermische Richtwerte,
Ergebnis der thermischen Untersuchung (3.4.1-1.1)

3.4.2 Kellerdeckenanschluss an zweischaliges Mauerwerk mit Kerndämmung und Luftschicht

Wandsystem:
Zweischaliges Mauerwerk, Kerndämmung und Luftschicht

Deckensystem:
Parkettboden, Estrich auf Dämmschicht, Stahlbetonplatte

Bild 3.4.2-1 zeigt den Anschluss einer Stahlbetonplatte an zweischaliges Mauerwerk mit Kerndämmung und Luftschicht. Den Deckenrand bildet ein konfektioniertes Deckenrand-Schalelement aus Polystyrolhartschaum, das für Deckendicken von 160 bis 260 mm angeboten wird. Bei dieser Anschlusskonstruktion stellt das Hintermauerwerk mit $\lambda_R = 0{,}79$ W/(mK) eine thermische Schwachstelle dar. Es trennt die Kerndämmschicht der Wand von der Dämmschicht unter dem Estrich. Der Ψ-Wert der Wärmebrücke liegt mit 0,14 W/(mK) relativ hoch.

Der Anschluss ließe sich gegebenenfalls durch Materialien mit geringerer Wärmeleitfähigkeit im relevanten Bereich thermisch verbessern (siehe auch Anschluss 3.5.1).

Diese Wärmebrücke besteht nicht nur bei den Außenwänden. Auch über die Innenwände fließt Wärme in das unbeheizte Kellergeschoss.

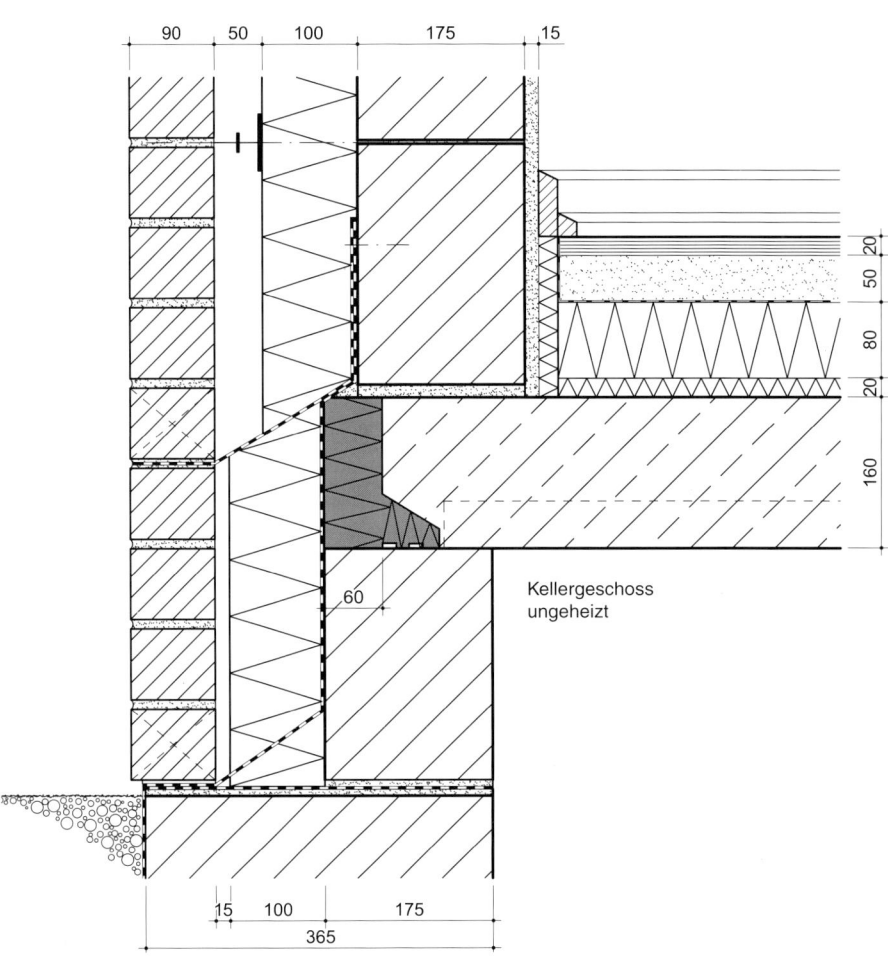

3.4.2-1
Konstruktiver Aufbau (Vertikalschnitt)

Baustoff / Bauteil	Wärmeleitfähigkeit λ_R [W/(mK)]	Rohdichte ρ [kg/m³]
Dämmstoff (Mineralfaser)	0,04	–
Dämmstoff (PS-Hartschaum)	0,04	≥ 15
Hartholz	0,20	800
Hintermauerwerk	0,79	1600
Verblendmauerwerk	0,96	2000
Zementestrich	1,4	2000
Normalbeton	2,1	2400
Innenputz	0,70	1400

Thermische Kennwerte (3.4.2-1)

3.4 Kellerdeckenanschlüsse
3.4.2 Kellerdeckenanschluss an zweischaliges Mauerwerk mit Kerndämmung und Luftschicht

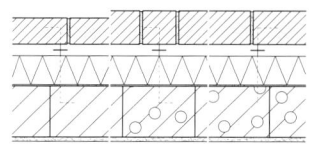

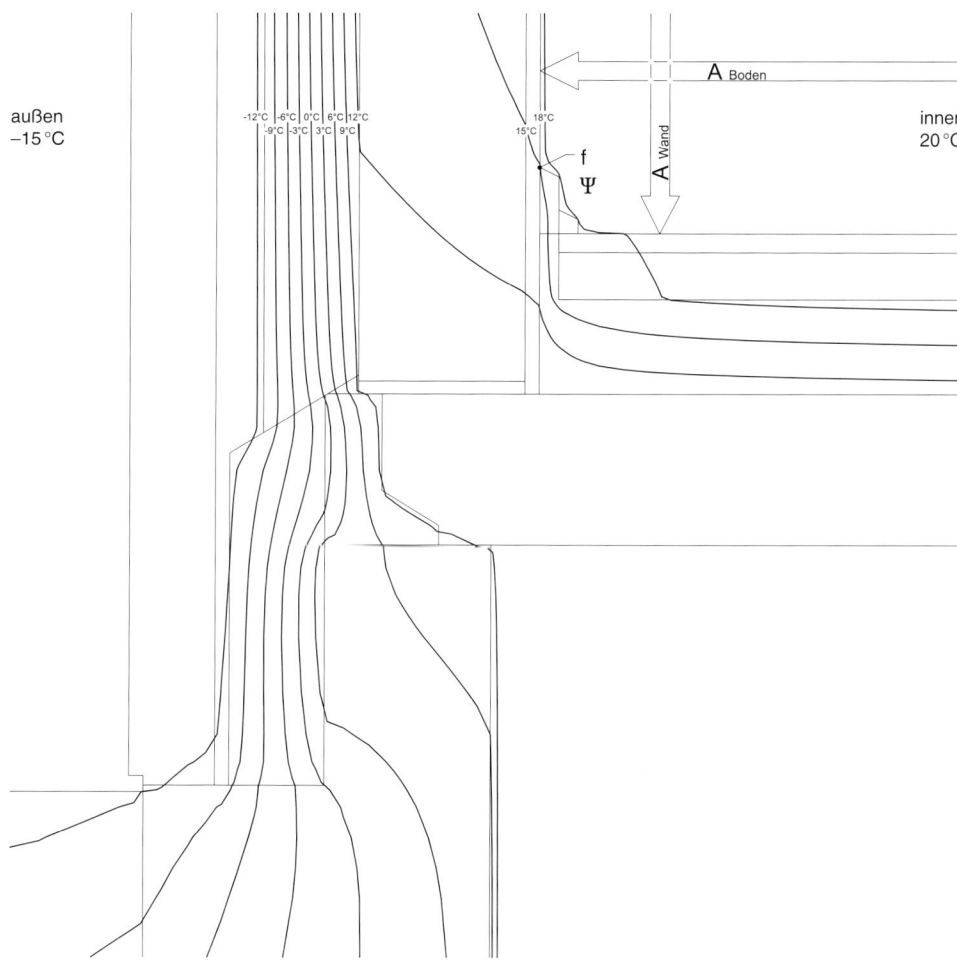

3.4.2-1.1
Isothermenverlauf

Ungestörter Bereich		Gestörter Bereich	
Wärmedurchgangs-koeffizient	U-Wert [W/(m²K)]	linienf. Wärmebrücke WBVK	Ψ-Wert [W/(mK)]
Kellerdecke	0,34		
Wand	0,31	Ψ Wand – Boden	0,14
Temperaturfaktor	f-Wert [–]	Temperaturfaktor	f-Wert [–]
Fußboden	0,94		
Wand	0,92	f	0,85

Thermische Richtwerte,
Ergebnis der thermischen Untersuchung (3.4.2-1.1)

3.5 Grundplattenanschlüsse

Wie Isothermenverläufe zeigen, muss bei Grundplattenanschlüssen insbesondere der Wärmestrom über den Baugrund minimiert werden. Außerdem ist die horizontale Dämmschicht ungeschwächt an das thermisch relevante vertikale Bauteil anzuschließen.

3.5.1 Anschluss Grundplatte an zweischaliges Mauerwerk mit Kerndämmung und Luftschicht

Wandsystem:
Zweischaliges Mauerwerk, Kerndämmung und Luftschicht

Grundplatte:
Estrich auf Dämmschicht, Stahlbetonplatte, kapillarbrechende Schicht

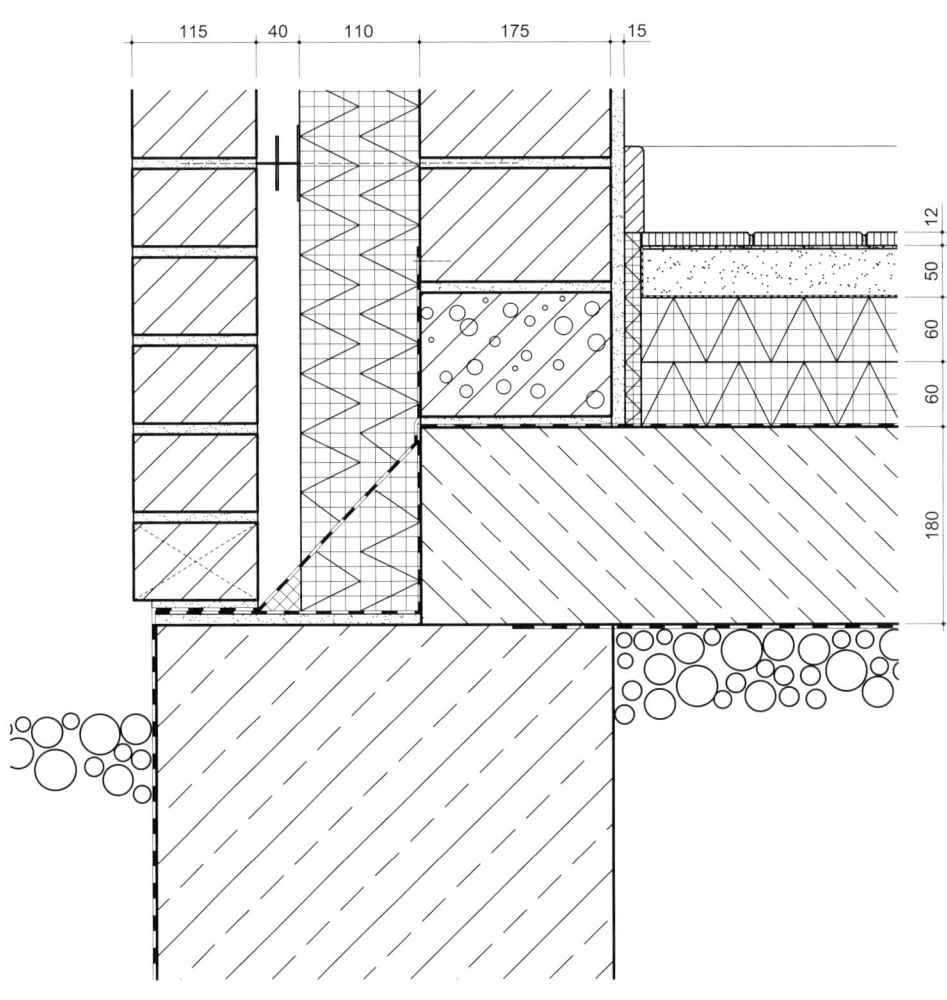

Bild 3.5.1-1 zeigt einen Anschluss aus dem Massivbau. Zweischaliges Mauerwerk mit Kerndämmung steht auf Streifenfundamenten und Grundplatte. Um die thermische Unterbrechung zwischen der horizontalen und der vertikalen Dämmschicht zu reduzieren, besteht die untere Schicht der Hintermauerschale aus einem Steinmaterial mit geringerer Wärmeleitfähigkeit, z. B. aus KS-ISO-Kimmsteinen.

Je nach statischen Erfordernissen können dort statt Mauerwerk ggf. auch entsprechend druckfeste Dämmstoffe eingesetzt werden.

Trotz 120 mm Dämmstoff unter dem Estrich liegt der Ψ-Wert der Wärmebrücke dieses Anschlusses mit 0,60 W/(mK) relativ hoch.

Eine weitere thermische Verbesserung ist durch leistungsfähigere Dämmschichten und durch eine Reduzierung der Wärmeleitfähigkeit der Grundplatte, z. B. durch Leichtbeton, zu erreichen.

3.5.1-1
Konstruktiver Aufbau (Vertikalschnitt)

Baustoff/Bauteil	Wärmeleitfähigkeit λ_R [W/(mK)]	Rohdichte ρ [kg/m³]
Dämmstoff (Mineralfaser)	0,04	–
Dämmstoff (PS-Hartschaum)	0,04	≥ 15
Nadelholz	0,13	600
Hintermauerwerk	0,79	1600
Verblendmauerwerk	0,96	2000
KS-ISO-Kimmstein	0,36	1200
Zementestrich	1,4	2000
Normalbeton	2,1	2400
Innenputz	0,70	1400

Thermische Kennwerte (3.5.1-1)

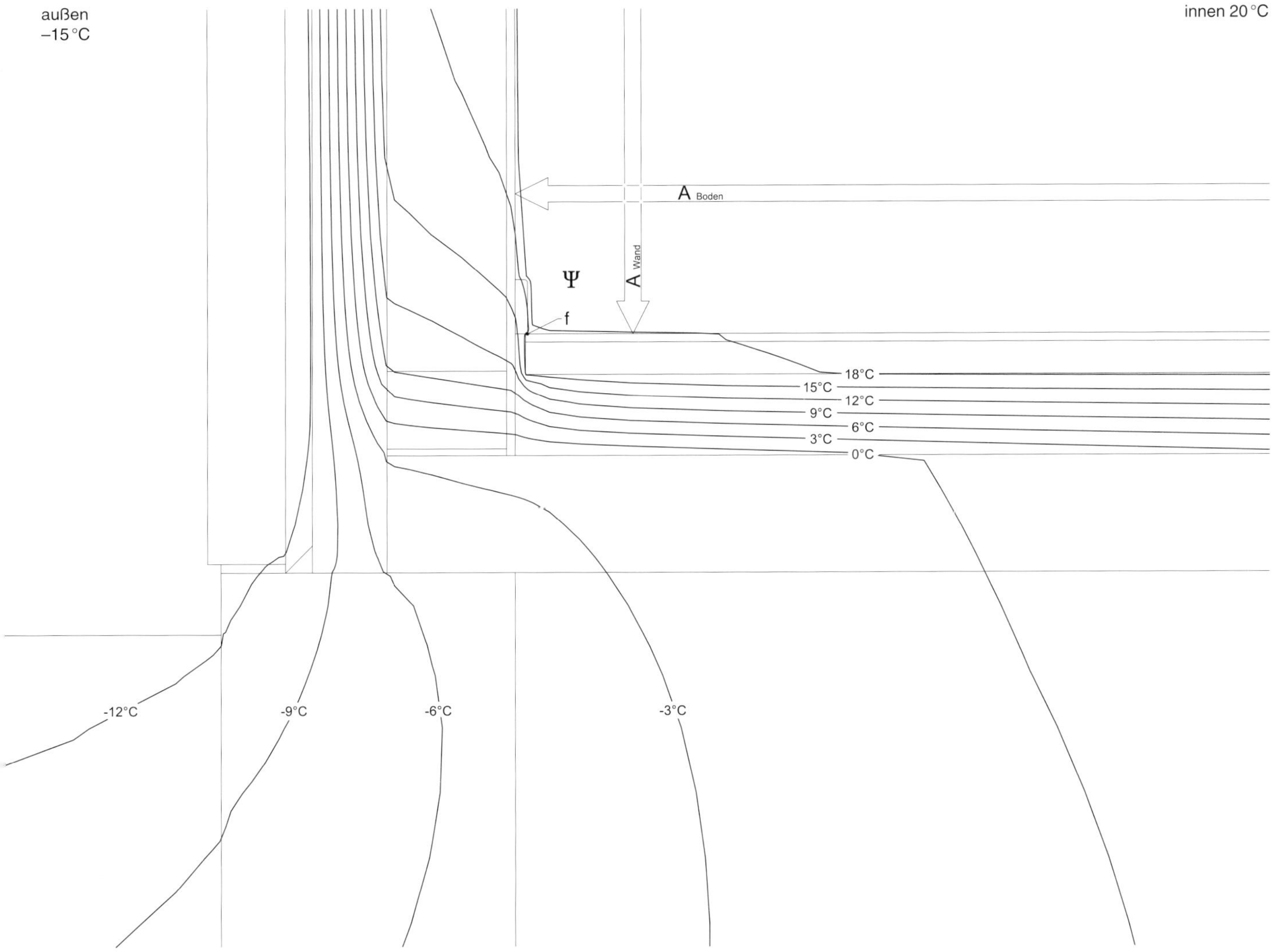

3.5 Grundplattenanschlüsse
3.5.1 Anschluss Grundplatte an zweischaliges Mauerwerk mit Kerndämmung und Luftschicht

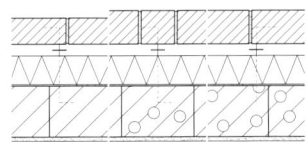

3.5.1-1.1
Isothermenverlauf

Ungestörter Bereich		Gestörter Bereich	
Wärmedurchgangs-koeffizient	U-Wert [W/(m²K)]	linienf. Wärmebrücke WBVK	Ψ-Wert [W/(mK)]
Bodenplatte	0,30	Ψ Wand – Boden	0,60
Wand	0,30		
Temperaturfaktor	f-Wert [–]	Temperaturfaktor	f-Wert [–]
Fußboden	0,97	f	0,84
Wand	0,93		

Thermische Richtwerte,
Ergebnis der thermischen Untersuchung (3.5.1-1.1)

3.5.2 Anschluss Grundplatte an Holzständerwerk mit Vormauerschale

Wandsystem:
Vormauerschale, Holzständerwerk voll gedämmt, Sekundärdämmschicht / Installationsschale

Grundplatte:
Estrich auf Dämmschicht, Stahlleichtbetonplatte, kapillarbrechende Schicht

Bild 3.5.2-1 zeigt den Anschluss einer Stahlleichtbetongrundplatte an ein Holzständerwerk mit Vormauerschale. Bedingt durch die Holzkonstruktion der Außenwand lassen sich die vertikale und die horizontale Dämmschicht relativ gut zusammenführen. Der Isothermenverlauf veranschaulicht das. Allerdings ist auch sichtbar, dass trotz der relativ niedrigen U-Werte von Bodenplatte und Außenwand im ungestörten Bereich der Ψ-Wert der linienförmigen Wärmebrücke mit 0,23 W/(mK) relativ hoch liegt. Im Vergleich mit dem Anschluss 3.5.1, zweischaliges Mauerwerk, ist der Wert aber deutlich geringer.

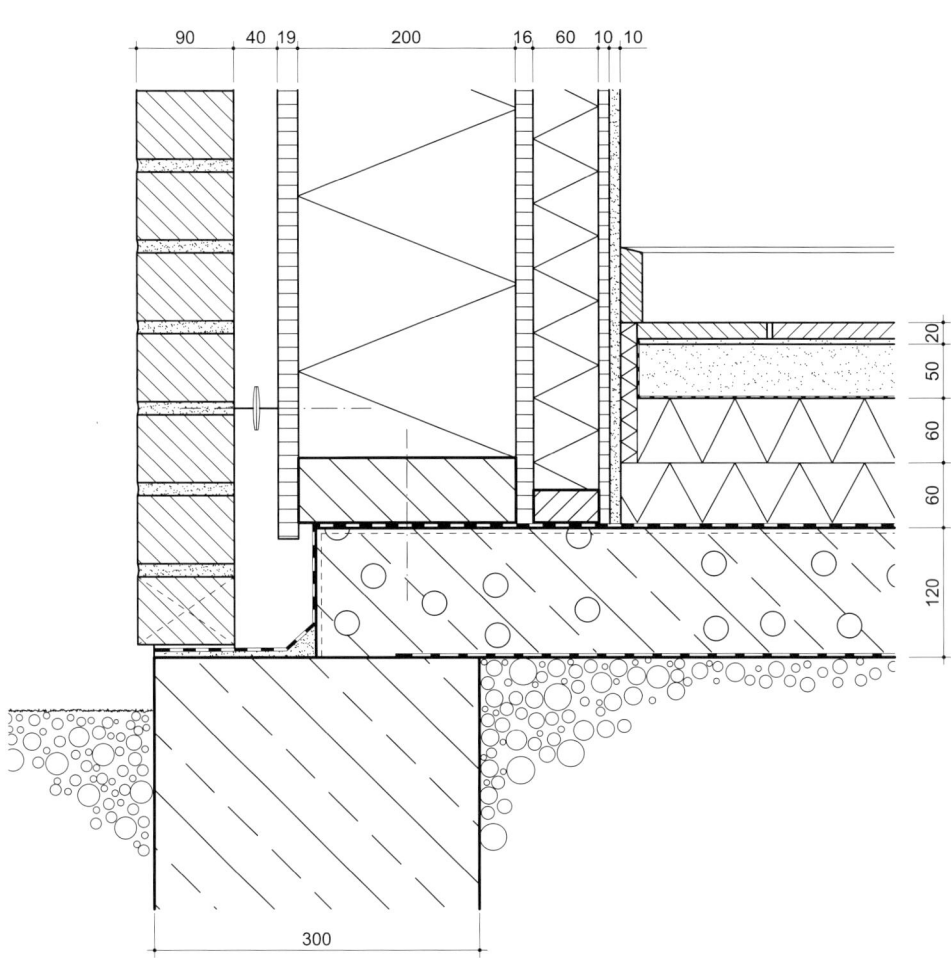

3.5.2-1
Konstruktiver Aufbau (Vertikalschnitt)

Baustoff / Bauteil	Wärmeleitfähigkeit λ_R [W/(mK)]	Rohdichte ρ [kg/m³]
Dämmstoff (Mineralfaser)	0,04	–
Dämmstoff (PS-Hartschaum)	0,04	≥ 15
Nadelholz	0,13	600
Holzwerkstoffplatte	0,13	700
Holzweichfaserplatte (19)	0,06	≤ 300
Verblendmauerwerk	0,96	2000
Gipsbauplatte	0,21	900
Zementestrich	1,4	2000
Normalbeton	2,1	2400
Stahlleichtbeton	0,55	1100

Thermische Kennwerte (3.5.2-1)

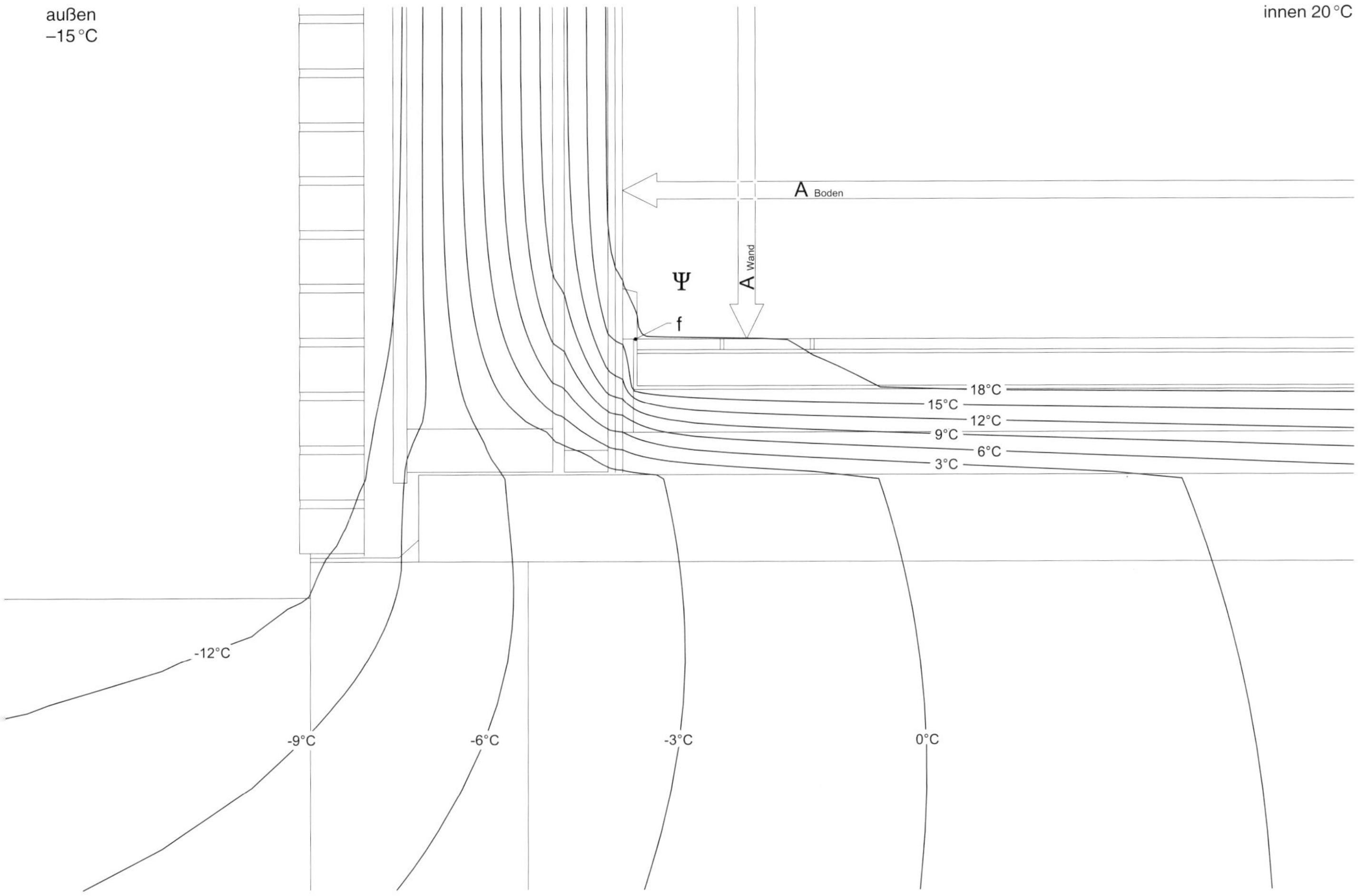

3.5 Grundplattenanschlüsse
3.5.2 Anschluss Grundplatte an Holzständerwerk mit Vormauerschale

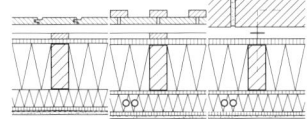

3.5.2-1.1
Isothermenverlauf

Ungestörter Bereich		Gestörter Bereich	
Wärmedurchgangs-koeffizient	U-Wert [W/(m²K)]	linienf. Wärmebrücke WBVK	Ψ-Wert [W/(mK)]
Bodenplatte	0,29		
Wand	0,13	Ψ Wand – Boden	0,23
Temperaturfaktor	f-Wert [–]	Temperaturfaktor	f-Wert [–]
Fußboden	0,94		
Wand	0,97	f	0,91

Thermische Richtwerte,
Ergebnis der thermischen Untersuchung (3.5.2-1.1)

4 Fenster

4.1 Bezeichnungen

Fenster bestehen häufig aus am Baukörper befestigten Blendrahmen und verglasten Flügelrahmen. Außerdem sind die Anschlussbereiche Baukörper/Rahmen und Rahmen/Verglasungseinheit zu unterscheiden (siehe Bild 4.1-1).

Der Blendrahmen nimmt den bzw. die Flügel oder die Verglasung auf und kann durch Pfosten und/oder Riegel gegliedert sein.

Der Flügelrahmen ist i.d.R. beweglich mit dem Blendrahmen verbunden und kann durch Sprossen unterteilt sein (siehe Bild 4.1-2).

Bei den Bezeichnungen der Fenster wird u.a. die jeweilige Raumzuordnung verwendet, z.B. Küchenfenster, Kellerfenster etc. Weitere – jeweils durch Bilder veranschaulichte – Unterscheidungen und Bezeichnungen erfolgen nach:

- Anschlagart am Baukörper (Bild 4.1-3)
- nicht zu öffnende Fenster (Bild 4.1-4)
- zu öffnende Fenster (Bild 4.1-5)
- Flügelart (Bild 4.1-6)
- Fensterrahmenausbildung (Bild 4.1-7)
- Konstruktions- bzw. Bauart (Bild 4.1-8)
- Verglasung (Bilder 4.1-9 und 4.1-10)
- Rahmenwerkstoff (Bild 4.1-11)

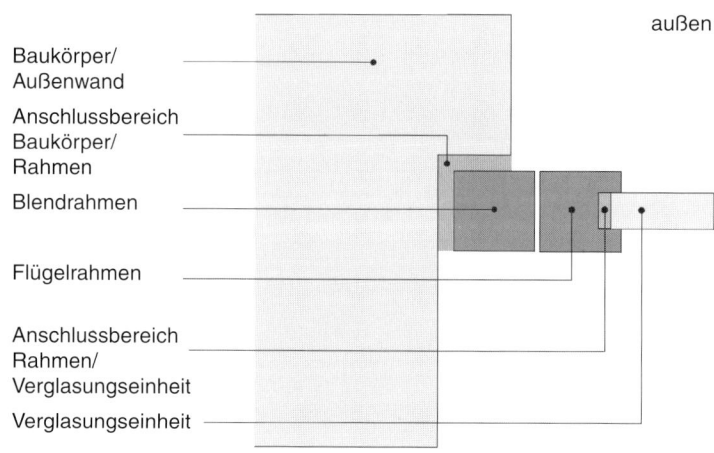

4.1-1
Anschluss Fenster/Baukörper, Bezeichnungen

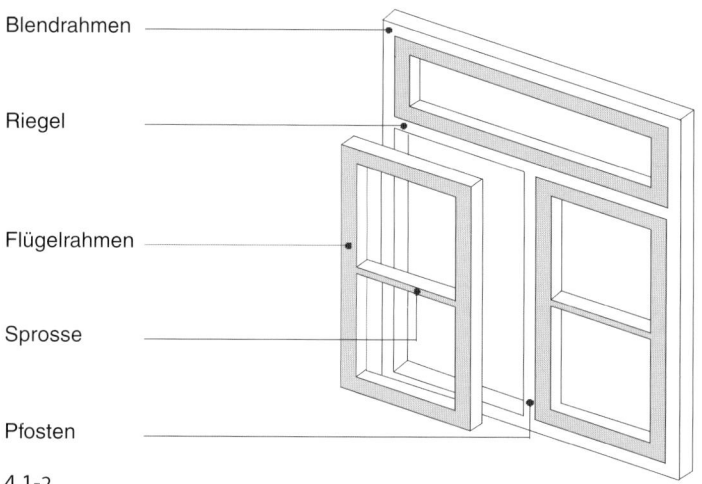

4.1-2
Fensterelement mit Bezeichnungen

4.1 Bezeichnungen

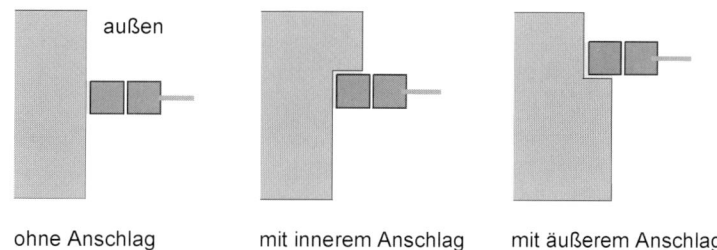

außen

ohne Anschlag — mit innerem Anschlag — mit äußerem Anschlag

4.1-3
Anschlagart am Baukörper

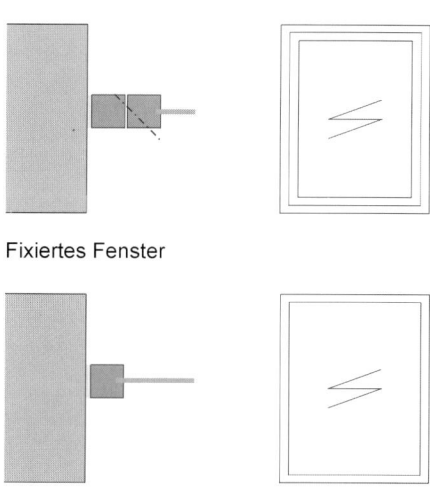

Fixiertes Fenster

Fixverglasung

4.1-4
Nicht zu öffnende Fenster

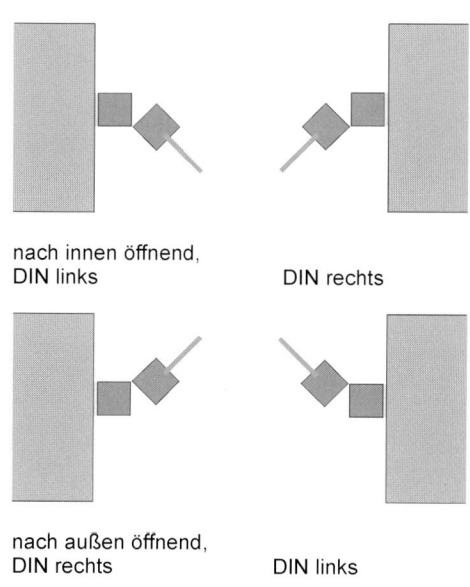

nach innen öffnend,
DIN links — DIN rechts

nach außen öffnend,
DIN rechts — DIN links

4.1-5
Zu öffnende Fenster

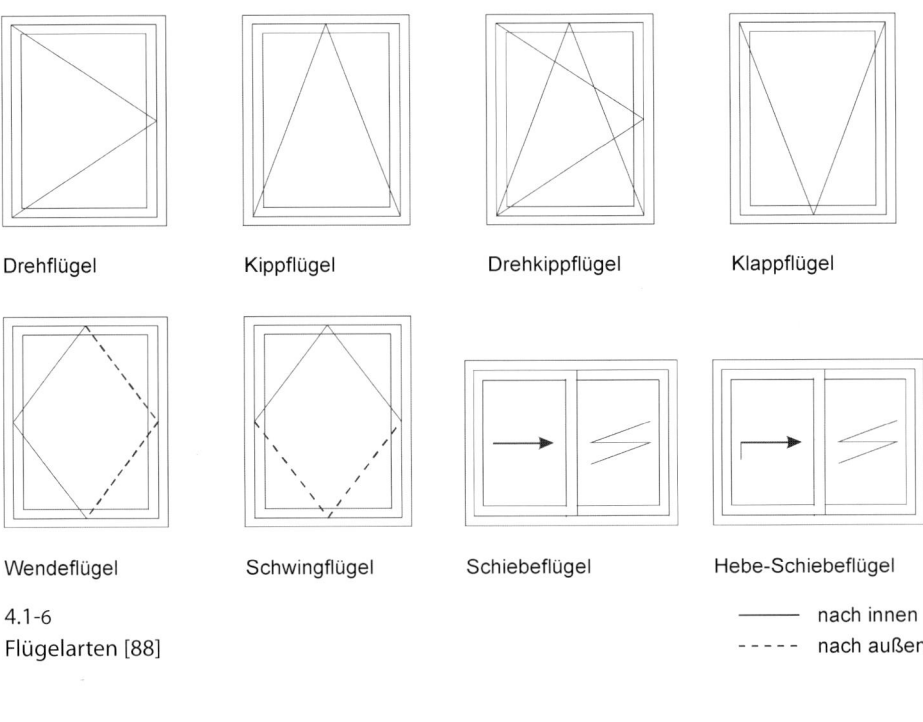

4.1-6
Flügelarten [88]

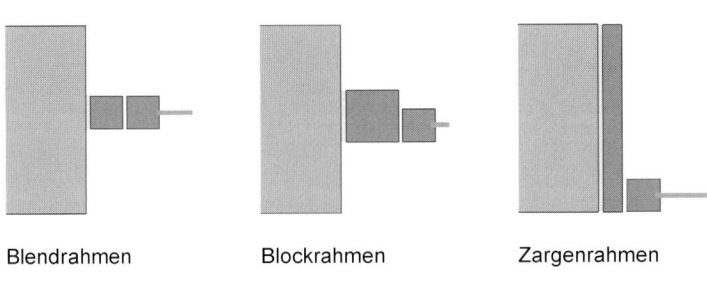

4.1-7
Fensterrahmenausbildung

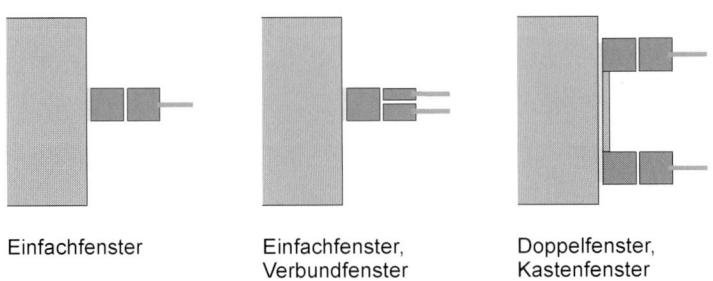

4.1-8
Konstruktions- bzw. Bauart

4.1 Bezeichnungen

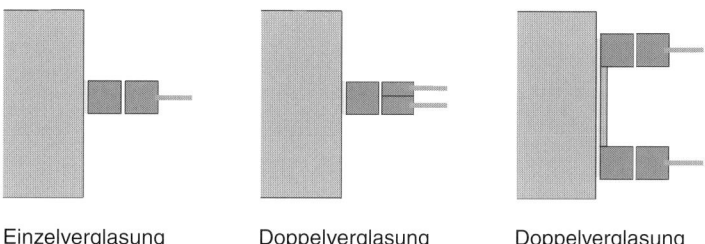

4.1-9
Anzahl der Verglasungseinheiten
Unabhängig vom Aufbau werden **eine** Verglasungseinheit als Einzelverglasung und **zwei** Verglasungseinheiten als Doppelverglasung bezeichnet.

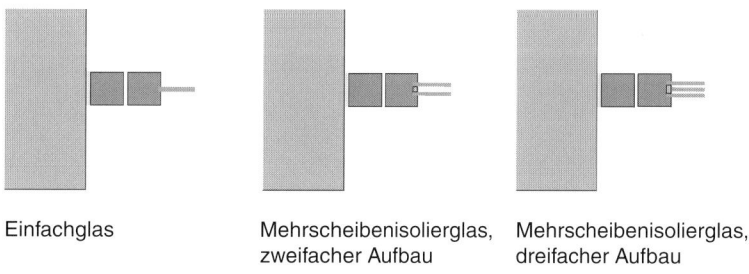

4.1-10
Aufbau der Verglasungseinheiten
Entsprechend dem Aufbau werden unterschieden:
Einfachglas und Mehrscheibenisolierglas.

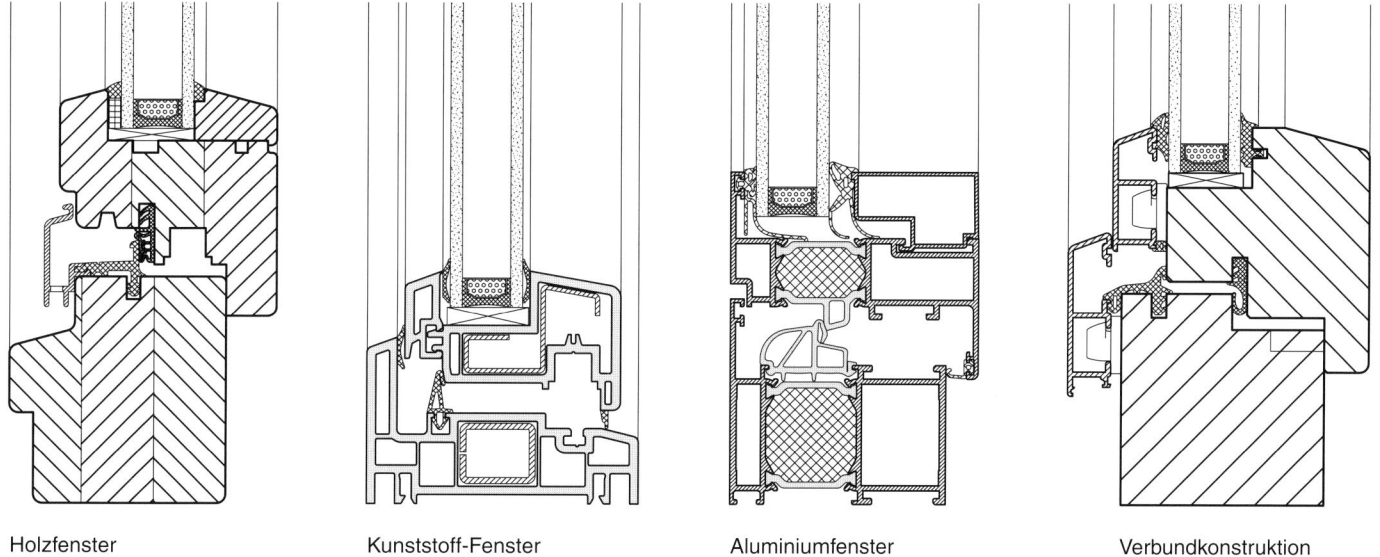

4.1-11
Fensterbezeichnung nach Rahmenwerkstoff

4.2 Planungsaspekte

Für die Planung von Fenstern können je nach Anforderungen folgende Aspekte relevant sein:

Ästhetik / Gestaltung	Funktion / Nutzung
• Anordnung, Größe, Form und Format • Gliederung der Fenster • Farbwahl und Oberflächenstruktur	• Belichtung • Belüftung • Kommunikation • Schutz vor Klimaeinfluss, Witterung, Lärm und Einbruch • Nutzungssicherheit und Gebrauchstauglichkeit • Stabilität
Umweltverträglichkeit	**Wirtschaftlichkeit**

• Energieeinsparung
• Nachhaltigkeit
• Recycelbarkeit / Entsorgung
	• Kosten:
	  Material
	  Herstellung
	  Montage
	  Wartung
	  Erneuerung
	  Veränderung
	  Entsorgung
	• Nutzungsdauer

Bild 4.2-1
Aspekte der Fensterplanung

Einige der genannten Aspekte sollen wegen ihrer thermischen und bautechnischen Relevanz näher betrachtet werden.

Funktion / Nutzung

Für die Belichtung von Innenräumen mit Tageslicht sind die Anordnung, die Größe und das Format der Fensterflächen relevant. Das Verglasungssystem beeinflusst die Helligkeit (Lichtausbeute).

Der notwendige Luftaustausch findet häufig durch freie Fensterlüftung oder mechanische Anlagen statt. Er führt Luftschadstoffe und überhöhte Luftfeuchtigkeit ab. Die inneren Anschlussfugen zwischen Baukörper und Fenstersystem sind u. a. aus energetischen Gründen luftdicht auszuführen. Lediglich zwischen Blend- und Flügelrahmen ist eine Fugendurchlässigkeit (a-Wert) zulässig [20].

Als Teil der Fassade wird das Fenster einschließlich Anschlussbereich durch das Außenklima mit Wind, Niederschlag und Sonneneinstrahlung belastet. Nach DIN 18055 darf ». . . *unter gleichzeitiger Beanspruchung durch Wind und Regen (Schlagregen) . . . kein Wasser durch das geschlossene Fenster (und den Anschlussbereich, d. V.) in den Raum eindringen. Es muß sichergestellt sein, daß in die Rahmenkonstruktion eingedrungenes Wasser unmittelbar und kontrollierbar abgeführt wird . . .* « [20]

Die Sonnenstrahlung bewirkt je nach Material unterschiedliche Längenänderungen. Das kann zu Formänderungen und Spannungen innerhalb der Bauteile und an deren Anschlussbereichen führen. Außerdem kann der UV-Strahlenanteil die Alterung der Materialien beschleunigen. Viele Werkstoffe müssen vor Witterungseinflüssen konstruktiv oder durch geeignete Oberflächenbehandlung geschützt werden.

Schalldämmende ([50], [89]) und einbruchhemmende [90] Maßnahmen umfassen die konstruktive Ausführung der Anschlussbereiche, der Rahmen und Verglasungen sowie Zusatzmaßnahmen am Beschlagssystem.

Umweltverträglichkeit

Für die ökologische Bewertung von Fenstern steht ihre energetische Leistungsfähigkeit während der Nutzung im Vordergrund. [91]

Bei Fenstern addieren sich die Transmissionswärmeverluste anteilig aus den Verlusten der Verglasung und der Rahmen sowie den Wärmebrücken der Anschlussbereiche. Eine Reduzierung der Transmissionswärmeverluste kann durch verbesserte U-Werte der Verglasung, des Rahmens und durch energetisch optimierte Anschlussbereiche erreicht werden. Die Lüftungswärmeverluste werden primär durch den Nutzer bestimmt. Wärmegewinne durch Strahlung sind vorrangig durch zur Sonne ausgerichtete energiedurchlässige Verglasungen zu erzielen.

Regelmäßig durchgeführte Instandhaltungsmaßnahmen verlängern die Nutzungsdauer der Fenster und tragen zu ihrer Nachhaltigkeit bei. Für alle Fensterkonstruktionen ist ein möglichst geschlossenes Recyclingsystem bzw. eine umweltverträgliche Entsorgung anzustreben.

Wirtschaftlichkeit

»Das Wirtschaftlichkeitsprinzip verlangt, daß zur Erreichung eines Zieles ein möglichst geringer Mitteleinsatz erfolgt oder daß bei gegebenem Mitteleinsatz ein Ziel bestmöglich erreicht wird…« [92] Dabei fällt die Zieldefinition je nach Komplexität der Betrachtung unterschiedlich aus. Wirtschaftlichkeit im engeren Sinne ist die Kostenwirtschaftlichkeit. Sie lässt sich für Bauwerke und Bauteile konkret erfassen. In einer umfassenderen Betrachtung der Wirtschaftlichkeit sind auch nur schwer quantifizierbare Aspekte wie Ästhetik und Ökologie in die Bewertung einzubeziehen.

4.3 Verglasungssystem

Ein Verglasungssystem besteht aus der Verglasungseinheit (Einfachglas oder Mehrscheibenisolierglas), der Glasfalzausbildung und der Eindichtung in den Rahmen.

4.3.1 Verglasungseinheit

Die Entwicklung der Glastechnologie und der Fenstersysteme steht in einem engen Wechselverhältnis zueinander. Zur Verbesserung der bauphysikalischen Leistungsfähigkeit wurde die Anzahl der Verglasungseinheiten erhöht und ihr Aufbau modifiziert. Die zunächst aus einem Einfachglas bestehende Verglasungseinheit wurde durch ein weiteres Einfachglas zur Doppelverglasung. Eine Doppelverglasung im gleichen Flügel wird als Panzerfenster, in einem zusätzlichen Flügel als Doppelrahmen- oder Doppelfenster bezeichnet. Die Leistungsfähigkeit der Verglasungseinheiten wurde durch die Entwicklung der Mehrscheibenisoliergläser verbessert. Je nach funktionellen Ansprüchen sind sie u. a. als Wärme- oder Schallschutzgläser oder als Multifunktionsgläser konzipiert. Um die Verglasung je nach Bedarf flexibel nutzen zu können, wurden auch schaltbare Verglasungseinheiten mit veränderbaren Eigenschaften (fototrop, thermotrop, elektrochrom oder gasochrom) sowie Lichtlenksysteme entwickelt.

Mehrscheibenisoliergläser

Mehrscheibenisoliergläser sind Verglasungseinheiten, die aus mindestens zwei Glasscheiben bestehen und i. d. R. mit einem Abstandhalter verklebt sind (siehe Bild 4.3.1-1). Der Scheibenzwischenraum (SZR) ist mit Luft oder einem spezifischen Gas gefüllt. Der gas- bzw. wasserdampfdichte Randverbund schließt Gasaustausch und Tauwasser im SZR aus. Der während der Produktion über die Raumluft eingebrachte Wasserdampf wird durch ein Trocknungsmittel im Abstandhalter absorbiert.

Kenngrößen von Mehrscheibenisolierglas sind u. a.:

- Wärmedurchgangskoeffizient (U_g-Wert) [W/(m²K)]
- Gesamtenergiedurchlassgrad (g-Wert)
- Emissivität (ε)
- Lichttransmissionsgrad (τ_L)
- Farbwiedergabe-Index (R_a)
- bewertetes Schalldämmmaß (R_W) [dB]

Folgende Faktoren bestimmen primär den Wärmestrom durch Mehrscheibenisoliergläser:

- Strahlungsaustausch zwischen den Scheiben infolge des Emissionsvermögens der Scheibenoberfläche
- Wärmeleitung des Gases im SZR
- Konvektion des Gases im SZR
- Wärmeleitung des Randverbundes

Mit Wärmeschutzglas (siehe Bild 4.3.1-1.2) lassen sich die Wärmeverluste durch Strahlung je nach Produkt auf etwa $^1/_3$ gegenüber Standard-Mehrscheibenisolierglas reduzieren und U_g-Werte von etwa 1,5 W/(m²K) erreichen. Hierfür werden hauchdünne Metallbeschichtungen mit niedriger Emissivität aufgebracht. Eine weitere Verbesserung bewirkt spezifisches Gas statt Luft im SZR. Eingesetzt werden Gase mit einer gegenüber Luft geringeren Wärmeleitfähigkeit, wie z. B. Argon, Xenon u. a.

Dreifach-Mehrscheibenisoliergläser (siehe Bild 4.3.1-1.3) erreichen – bei g-Werten von etwa 42% – U_g-Werte von etwa 0,5 W/(m²K).

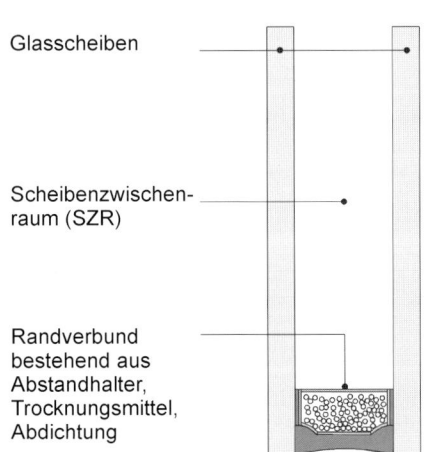
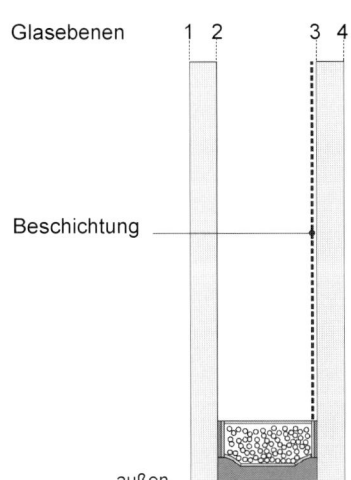
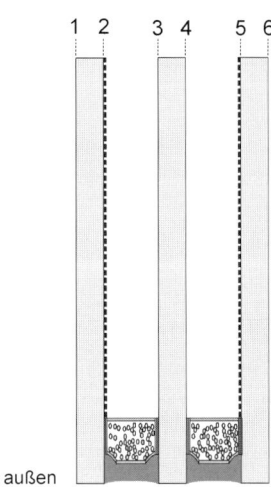

4.3.1-1.1 Standard-Mehrscheibenisolierglas

4.3.1-1.2 Wärmeschutzglas

4.3.1-1.3 Dreifach-Mehrscheibenisolierglas mit Wärmeschutz-Beschichtungen

4.3.1-1
Mehrscheibenisoliergläser im Schnitt

Randverbund

Die thermische Qualität des Randverbundes wird durch das Material und den Aufbau des Randverbundes bestimmt. Gegenwärtig dominieren Abstandhalter aus Aluminium. Durch thermisch verbesserte Abstandhalter, z. B. aus Edelstahl oder Kunststoff, kann je nach Fensterrahmenmaterial, Verglasung und Glasfalzausbildung eine Reduzierung der Wärmebrücke im Anschlussbereich Rahmen / Verglasung um 30 – 50 % erreicht werden.

Scheibengröße

Unabhängig von der thermischen Qualität des Randverbundes bleibt der Rand eine energetische Schwachstelle. Möglichst große und quadratische Scheiben reduzieren den prozentualen Randanteil. Werden Sprossen gewünscht, können diese aufgeklebt werden. Damit entfällt der Randverbund im Bereich der Sprossen. Dunkle Kleber haben sich dafür bewährt.

4.3.2 Glasfalzraum

Normative Vorgaben für die Glasfalzmaße bei Mehrscheibenisoliergläsern zeigt Bild 4.3.2-1.

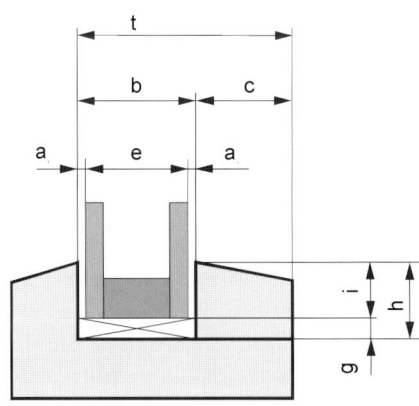

a_1 äußere Dichtstoffdicke (je nach Länge und Werkstoff 3, 4 oder 5 mm)
a_2 innere Dichtstoffdicke (je nach Länge und Werkstoff 3, 4 oder 5 mm)
b Glasfalzbreite
c Auflagebreite der Glashalteleiste (12 mm geschraubt, 14 mm genagelt)
e Dicke der Verglasungseinheit
g Glasfalzgrund (ca. 5 mm)
h Glasfalzhöhe (i. d. R. 18 mm)
i Glaseinstand (i. d. R. $2/3$ mm)
t Gesamtfalzbreite

4.3.2-1
Glasfalzmaße bei Mehrscheibenisoliergläsern mit Glashalteleisten (nach [92])

4.3.3 Anschluss Rahmen / Verglasungseinheit

Eine Verklotzung ermöglicht die fachgerechte Lagerung der Verglasungseinheiten. Gemäß DIN 18545-1 [94] werden Verglasungssysteme mit ausgefülltem und mit dichtstofffreiem Falzraum unterschieden. Ausgefüllte Falzräume sind nur bei Holzfenstern zulässig. Bei den dichtstofffreien Systemen müssen Öffnungen (Bohrungen oder Schlitze) vom Glasfalzgrund in den Anschlagbereich zwischen Flügel- und Blendrahmen vorhanden sein, um einen Dampfdruckausgleich und bei schadhafter äußerer Dichtung eine Entwässerung zu ermöglichen.

Die Luftdichtheit von innen und die äußere Schlagregen- und Winddichtheit sind mit Dichtstoffen oder Dichtprofilen zu erreichen. Die Fuge zwischen Glashalteleiste und Glasfalzgrund ist luft- und winddicht auszuführen. Die Bedeutung dieser Fuge wird häufig unterschätzt. Ihre luftdichte Ausführung ist relevant für die Vermeidung von Tauwasser im Glasfalz bzw. am Randverbund. Außerdem kann durch diese Fuge Wind über den Glasfalzraum in den Innenraum gelangen. Das führt u. a. zu erhöhten Lüftungswärmeverlusten.

Bei Anschlüssen von Rahmen und Verglasungseinheiten mit Versiegelungen trägt die Versiegelung zur Stabilisierung des Rahmens bei. Bei Verglasungen mit umlaufenden Dichtprofilen ist auf definierten Anpressdruck und Dichtheit der Ecken zu achten.

Bei Aluminium-Fenstersystemen wirken sich Dichtprofile energetisch positiv aus. Das Profil reduziert die Wärmebrücke im Anschlussbereich (siehe Bild 4.3.3-2).

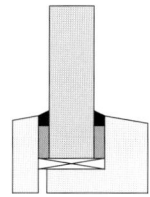

Verglasung mit außen und innen umlaufender Versiegelung auf Vorlegeband

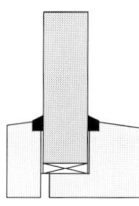

Verglasung außen und innen in Ausfalzung umlaufend versiegelt. Die Ausfalzung muss an der engsten Stelle einen Dichtstoffquerschnitt von mindestens 4 mm Breite und in der Höhe eine Haftfläche an Glas und Fensterrahmen von 5 mm gewährleisten. Das Glas darf seitlich nicht fest zwischen Rahmen und Glashalteleiste eingespannt werden (Rosenheimer Richtlinie »Verglasung ohne Vorlegeband«. Institut für Fenstertechnik e.V. Rosenheim 9/1983)

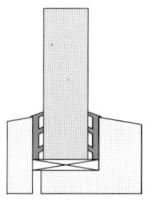

Verglasung mit außen und innen umlaufenden Dichtprofilen

4.3.3-1
Schematische Darstellung von Verglasungsmöglichkeiten im Schnitt nach [95]

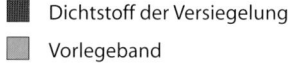

■ Dichtstoff der Versiegelung
▨ Vorlegeband
▤ Dichtprofil

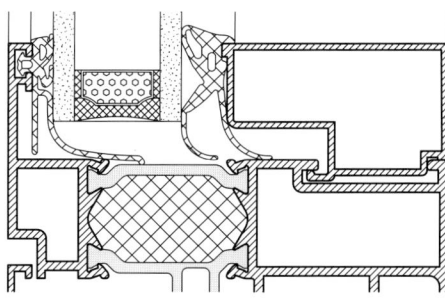

4.3.3-2
Verglasung eines Aluminiumflügelrahmens mit Dichtprofilen im Schnitt

4.4 Rahmensysteme

Rahmensysteme werden aus unterschiedlichen Materialien hergestellt. Die Anteile betrugen 1998 in Deutschland: Kunststoff 53,5 %; Holz 26 %; Aluminium 17 %; Sonstige 3,5 %. [96]

Unabhängig vom Material haben die verschiedenen Rahmenbauweisen (siehe Bild 4.4-1) neben gestalterischer auch energetische Bedeutung. Kompakte Profile mit kleiner Außenoberfläche sind anzustreben.

Für die Schlagregendichtheit, die Begrenzung der Fugendurchlässigkeit (a-Wert) und die Verbesserung des Schall- und Wärmeschutzes sind umlaufende Dichtungen zwischen Flügel- und Blendrahmen notwendig. Sie können als Mitteldichtung und/oder Anschlagdichtung innen bzw. außen im Blend- oder Flügelrahmen positioniert werden (siehe Bild 4.4-2).

Im energetischen Vergleich von Außenwand, Fensterrahmen und Verglasung stellt der Fensterrahmen häufig eine wärmetechnische Schwachstelle dar. Die thermische Leistungsfähigkeit der Rahmensysteme lässt sich durch Optimierung der Profilausbildung, dickere Querschnitte und mehrschichtige Verbundkonstruktionen steigern. Durch Vergrößern der Glasflächenanteile und Verkleinern der Rahmenflächenanteile ist i. d. R. der U_w-Wert ebenfalls zu reduzieren (siehe Bild 4.4-3).

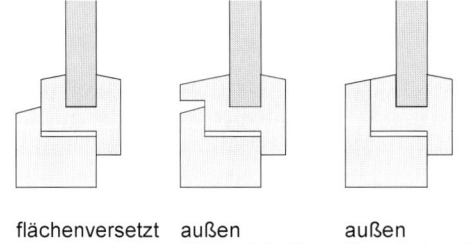

flächenversetzt — außen flächenbündig — außen überdeckend

4.4-1
Profilausbildung bei Flügel- und Blendrahmenkonstruktionen

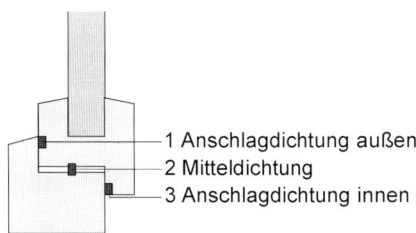

1 Anschlagdichtung außen
2 Mitteldichtung
3 Anschlagdichtung innen

4.4-2
Mögliche Anordnung von umlaufenden Dichtungen zwischen Flügel- und Blendrahmen

Hersteller		Leitz	Unilux	Brügmann	Rekord
Rahmensystem		IV68	IV72	k-line	Quadro
Ansichtbreite Fensterrahmen seitlich/oben	mm	125	95	80,8	144
Ansichtbreite Fensterrahmen unten	mm	148	95	80,8	144
Glasfläche	m²	1,18	1,34	1,41	1,12
Fensterrahmenfläche	m²	0,64	0,48	0,41	0,7
Glasflächenanteil	%	**64,68**	**73,71**	**77,39**	**61,7**
Fensterrahmenflächenanteil	%	**35,32**	**26,29**	**22,61**	**38,3**

4.4-3
Vergleich unterschiedlicher Rahmensysteme im Hinblick auf die Anteile der Glas- und Fensterrahmenfläche, Berechnungsbasis: Normfenster 1,23 × 1,48 m

4.4.1 Holzfenster

Holzarten und -qualitäten für den Fensterbau sind normativ [97] geregelt. Die Konstruktionsmerkmale von Holzfenstern mit Mehrscheibenisoliergläsern (IV) für die Profilquerschnitte IV 56, IV 68, IV 78 und IV 92 behandelt DIN 68121 [98]. Diese Profile erfordern keinen normativen [20] Nachweis der Gebrauchstauglichkeit.

Zur besseren Holzausnutzung werden anstelle von Vollholzkanteln auch lamellierte, symmetrisch aufgebaute Kanteln verwendet. Die Leimfugen der lamellierten Holzfensterprofile dürfen nicht der direkten Bewitterung ausgesetzt werden.

Überwiegend erfolgen die Eckverbindungen der Rahmen mit Schlitz und Zapfen. Bei einer $2^1/_2$-Zapfenteilung erhalten die Flügelrahmen Öffnungen vom Glasfalzgrund in den Anschlagbereich zwischen Flügel- und Blendrahmen.

Die Wärmedurchgangskoeffizienten handelsüblicher Holzfensterrahmen liegen zwischen 1,5 und 1,8 W/(m²K). Erhöhte Wärmeverluste treten bei Holzfenstern im Bereich der Regenschutzschienen auf. Die i. d. R. aus Aluminium bestehenden Regenschutzschienen können durch einen Verbund mit Kunststoffprofilen oder durch konstruktive Maßnahmen thermisch verbessert werden (siehe Bild 4.4.1-2).

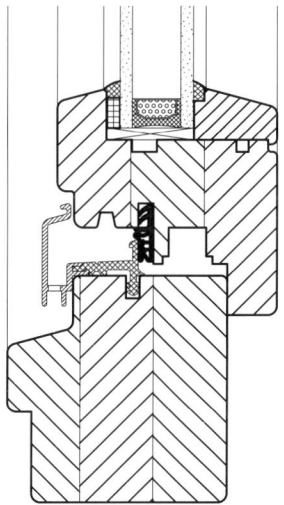
Hersteller: Unilux
System: Meister-Fenster IV 72/75
U_f-Wert: keine Angabe des Herstellers

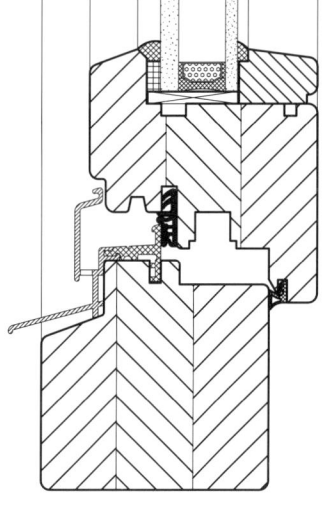
Hersteller: Leitz
System: IV 78/76
U_f-Wert: keine Angabe des Herstellers

4.4.1-1
Beispiele für den konstruktiven Aufbau von Holzfenstersystemen
Vertikalschnitt unteres Rahmenstück

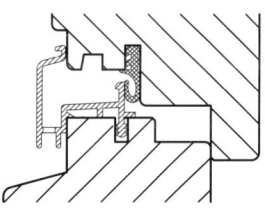
Aluminium-Regenschutzschiene

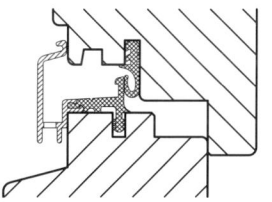
wärmetechnisch verbesserte Regenschutzschiene

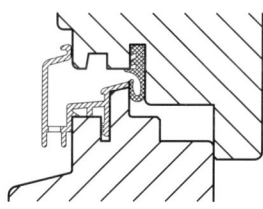
wärmetechnisch verbesserte Konstruktion

4.4.1-2
Thermisch unterschiedliche Regenschutzschienen für Holzfenstersysteme, Vertikalschnitte

4.4.2 Kunststofffenster

Die meist aus Hart-PVC (nach [99]) extrudierten Kunststoffprofile sind als Kammersysteme aufgebaut. Ihre Entwicklung verlief vom Einkammer- zum Mehrkammer-System. Wegen des niedrigen E-Moduls von Hart-PVC erhalten Flügel- und Rahmenprofile eine Metall-Armierung. Die Kammern ermöglichen eine Trennung der verschiedenen technischen Funktionen. So können die Öffnungen der Glasfälze in einer Kammer, die Beschlagfestigung in einer anderen und die Metallarmierung in einer weiteren Kammer untergebracht werden. Außerdem hat die Erhöhung der Kammerzahl zur Verbesserung des U_f-Wertes beigetragen. Dieser beträgt beispielsweise für Vierkammer-Kunststoffprofile ca. 1,4 W/(m²K).

Zur Herstellung der Rahmen werden konfektionierte Strangprofile auf Gehrung geschnitten und thermoplastisch verschweißt. Aufgrund der hohen Wärmedehnung von Hart-PVC besteht ein großes Verformungsrisiko, insbesondere bei dunklen Farben. Im unteren Blendrahmenfalz sind Bohrungen bzw. Schlitze vorhanden, die eine Entwässerung ermöglichen (siehe Bild 4.4.2-2).

Die Metall-Armierung der Kunststoff-Rahmenprofile beeinträchtigt den Wärmeschutz. Darauf ist bei Angaben zu U_f-Werten zu achten.

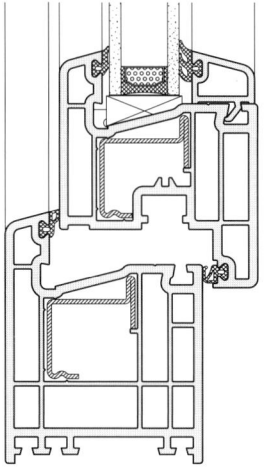 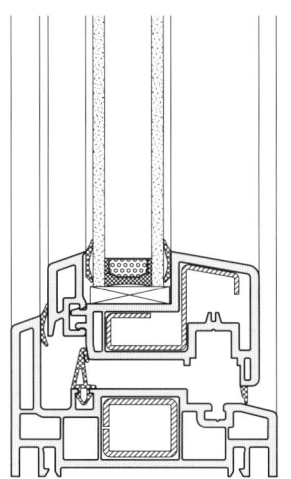 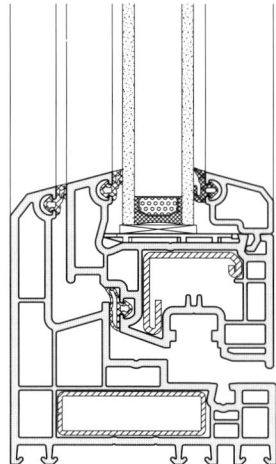

Hersteller: Rekord
System: Quadro
U_f-Wert: 1,3 W/(m²K)
(Herstellerangabe)

Hersteller: Brügmann
System: k-line
U_f-Wert: 1,4 W/(m²K)
(Herstellerangabe)

Hersteller: Veka
System: artline
U_f-Wert: keine Angabe des Herstellers

4.4.2-1
Beispiele für den konstruktiven Aufbau von Kunststoff-Fenstersystemen im Schnitt

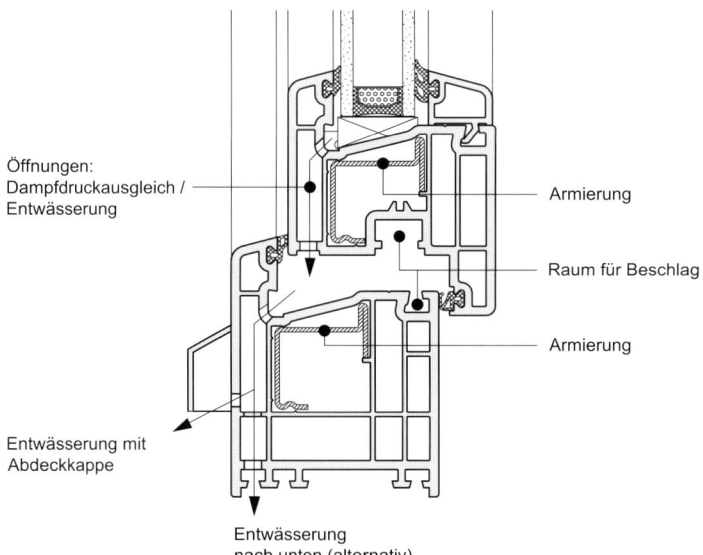

4.4.2-2
Beispiel für den Aufbau und die Funktion der Kammern beim Vierkammer-Kunststoff-Fenster, Vertikalschnitt unteres Rahmenstück

4.4 Rahmensysteme

4.4.3 Aluminiumfenster

Aluminiumfenstersysteme werden häufig mit anderen Fassadenelementen kombiniert. Die auf Gehrung geschnittenen Strangprofile sind durch Eckwinkel mechanisch verbunden oder verschweißt, ihre Oberfläche ist eloxiert oder pulvereinbrennlackiert. Das Aluminium darf mit einigen Metallen (blanker Stahl) bzw. alkalischen Baustoffen (Beton, Mörtel) nicht direkt in Verbindung kommen. Die hohe Wärmeleitfähigkeit des Aluminiums erfordert eine thermische Trennung der Rahmen durch Kunststoffprofile. So sind z. B. U_f-Werte $\leq 2{,}0\ W/(m^2K)$ zu erreichen.

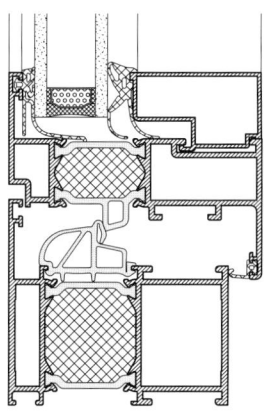

Hersteller: Hueck
System: Hueck 1.0
U_f-Wert: $2{,}0\ W/(m^2K)$
(Herstellerangabe)

4.4.3-1
Beispiel für den konstruktiven Aufbau eines Aluminiumfenstersystems, Schnitt

4.4.4 Verbundkonstruktionen

Bei Verbundkonstruktionen (siehe Bild 4.4.4-1) werden zur Optimierung der Fenstersysteme unterschiedliche Rahmenmaterialien miteinander kombiniert.

Holz-Aluminiumfenster bestehen häufig aus einem statisch tragenden Holzrahmen und einem zusätzlichen belüfteten, drehbar gelagerten Aluminiumrahmen außen. Die U_f-Werte dieser Systeme liegen je nach Holzdicke zwischen 1,3 und 1,5 $W/(m^2K)$.

Verbundkonstruktionen mit äußeren Holzschichten und einer effizient dämmenden Mittelschicht, z. B. aus Polyurethanschaum oder Holzfaserwerkstoff, erreichen U_f-Werte zwischen 0,5 und 0,8 $W/(m^2K)$.

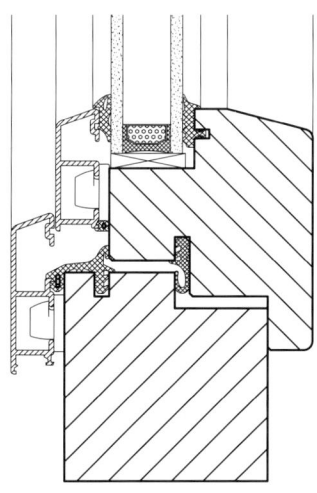

Hersteller: Bug
System: Bug 2000
U_f-Wert: $1{,}3\ W/(m^2K)$
(Herstellerangabe)

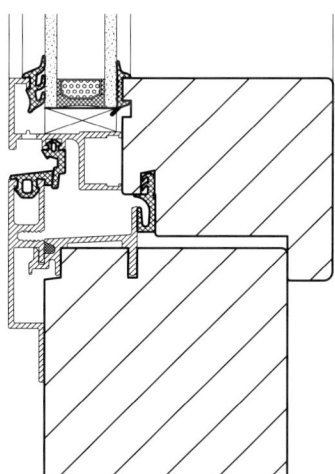

Hersteller: Alco
System: CB 1
U_f-Wert: $1{,}3\ W/(m^2K)$
(Herstellerangabe)

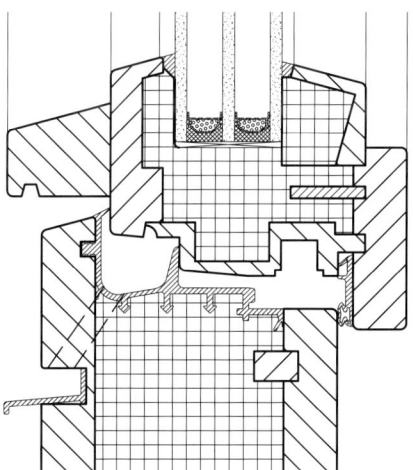

Hersteller: Eurotec
System: serie 0,5
U_f-Wert: $0{,}5\ W/(m^2K)$
(Herstellerangabe)

4.4.4-1
Beispiele für den konstruktiven Aufbau von Verbundkonstruktionen, Vertikalschnitte unteres Rahmenstück

4.5 Anschluss Fenster / Baukörper

Bei der folgenden Betrachtung von Anschlusskonstruktionen stehen neben Verankerung, Montage und Ausbildung der Einbaufuge thermische Aspekte im Vordergrund.

Bei den üblichen Anschlüssen ist die »Nahtstelle« zwischen industriell gefertigten Ausbauelementen und »vor Ort« erstellten Wandsystemen zu schließen. Die zu verbindenden Bauteile unterscheiden sich u. a. in ihrer Dicke und in ihren Ausdehnungskoeffizienten.

Die bisher üblichen Anschlüsse orientieren sich vorwiegend an monolithischen Systemen, da Wandsysteme mit spezifischer Dämmschicht noch relativ neu sind.

Monolithische Wandsysteme bieten vielfältige Befestigungs- und Eindichtungsmöglichkeiten. Die wärmetechnische Leistungsfähigkeit der Anschlüsse dieser Systeme wird von der Lage der Fenster innerhalb des Wandquerschnitts und den baulichen Zusatzmaßnahmen bestimmt. Bei Wandsystemen mit spezifischer Dämmschicht sollten – im Hinblick auf den optimalen Wärmeschutz – die Fenster in der Wärmedämmebene platziert werden. Das schränkt allerdings die Befestigungs- und Eindichtungsmöglichkeiten ein.

4.5.1 Wärmetechnische Leistungsfähigkeit von Anschlusskonstruktionen

Für die quantitative Bewertung der wärmetechnischen Qualität von Anschlusskonstruktionen sind thermische Kenngrößen notwendig (siehe Bild 4.5.1-1). Nachfolgend werden die Zahlenwerte der Wärmebrücken als Wärmebrückenverlustkoeffizient (WBVK) Ψ und die minimale Oberflächentemperatur als Oberflächentemperaturverhältnis f angegeben. Da sich die U-Werte der zu verbindenden Wand- und Fenstersysteme i. d. R. erheblich unterscheiden, ist der Zahlenwert der Wärmebrücke des Anschlussbereichs abhängig von der Wahl der Flächengrenzen. Als Grenzkante für die innenmaßbezogene Wärmebrücke ist der Übergang von der Wand in die Leibungsfläche gewählt worden (siehe Bild 4.5.1-1).

Wird die Grenzkante Leibungsfläche/ Blendrahmenaußenmaß – z. B. durch den Einbau eines Fensterfutters – verschoben, verändert sich die einzubeziehende Rahmenfläche. Das erfordert – statt der Verwendung des Fenster-U-Wertes – eine differenzierte Aufteilung der verbleibenden Fensterfläche in Rahmen- und Glasflächen unter Einbeziehung der Wärmebrücke Rahmen/Glas. In dieser Publikation bezieht sich der Wert der Wärmebrücke auf diese differenzierte Flächenaufteilung. Dabei ist zu beachten, dass Fensterrahmen i. d. R. wärmetechnische Schwachstellen (hoher U-Wert) darstellen und – im Gegensatz zur Glasfläche – keine nennenswerten Strahlungsgewinne aufweisen.

Für die Bewertung der folgenden Anschlusskonstruktionen sind jeweils die gewählten Grenzkanten mit den dazugehörigen Ψ-Werten und die Temperaturfaktoren f ausgewiesen.

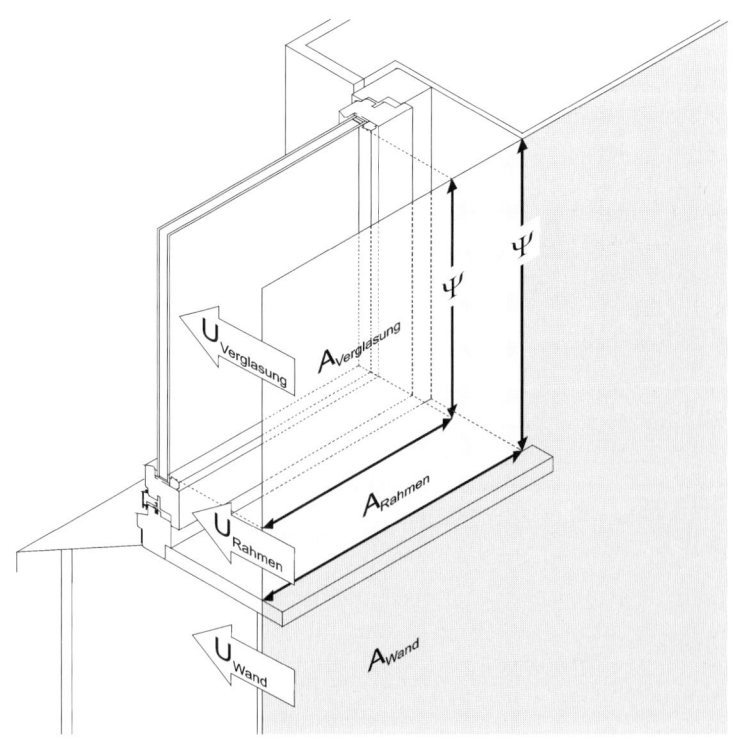

4.5.1-1
Schaubild Fenster / Wand
thermische Kenngrößen

4.5 Anschluss Fenster / Baukörper

4.5.1.1 Anschluss an monolithische Wandsysteme

Beim Anschluss von Fenstern an monolithische Wandkonstruktionen können systembedingt besonders niedrige Oberflächentemperaturen mit großen Wärmebrücken auftreten (siehe Bild 4.5.1.1-1).

Die Isothermen veranschaulichen diesen Sachverhalt. Die über den gesamten Wandquerschnitt in gleichmäßigen Abständen verlaufenden Isothermen werden im Bereich des Anschlusses stark eingeschnürt. Die senkrecht zu den Isothermen verlaufenden Wärmeströme (siehe Bild B 1.1.1.1-1) fließen über die innere und äußere Fensterleibung ab. Dieser relativ große Wärmestrom kommt in dem vergleichsweise hohen Zahlenwert für den WBVK Ψ zum Ausdruck.

Die Einbaulage beeinflusst die wärmetechnische Leistungsfähigkeit in besonderem Maße (siehe Bild 4.5.1.1-1 bis 4.5.1.1-3). Eine mittige Einbaulage verhält sich in Bezug auf die Wärmebrückenverluste am günstigsten, da die Verformungen der Isothermen weniger ausgeprägt sind. Hinsichtlich der Oberflächentemperaturen erweist sich die innere Einbaulage (siehe Bild 4.5.1.1-3) als die günstigere. Hier ist keine innere Leibung, über die Wärme abfließen kann. Durch den Einsatz von thermisch optimierten Rahmenkonstruktionen (siehe Bild 4.5.1.1-4) wird keine nennenswerte Reduzierung der Wärmebrücke erzielt, es stellt sich aber ein vergleichsweise sehr günstiger f-Wert ein.

Diese einfachen Anschlusskonstruktionen mit ihren hohen Wärmebrückenverlustkoeffizienten in Verbindung mit relativ großen energetisch relevanten Rahmenflächen eignen sich daher nicht für Niedrigenergiekonzepte.

Für die energetische Optimierung dieser Anschlusskonstruktionen sind zusätzliche bauliche Maßnahmen erforderlich. Zur Reduzierung der Wärmeströme über die Leibungsflächen können Leibungsdämmungen – z. B. als gedämmte Futter – eingesetzt werden.

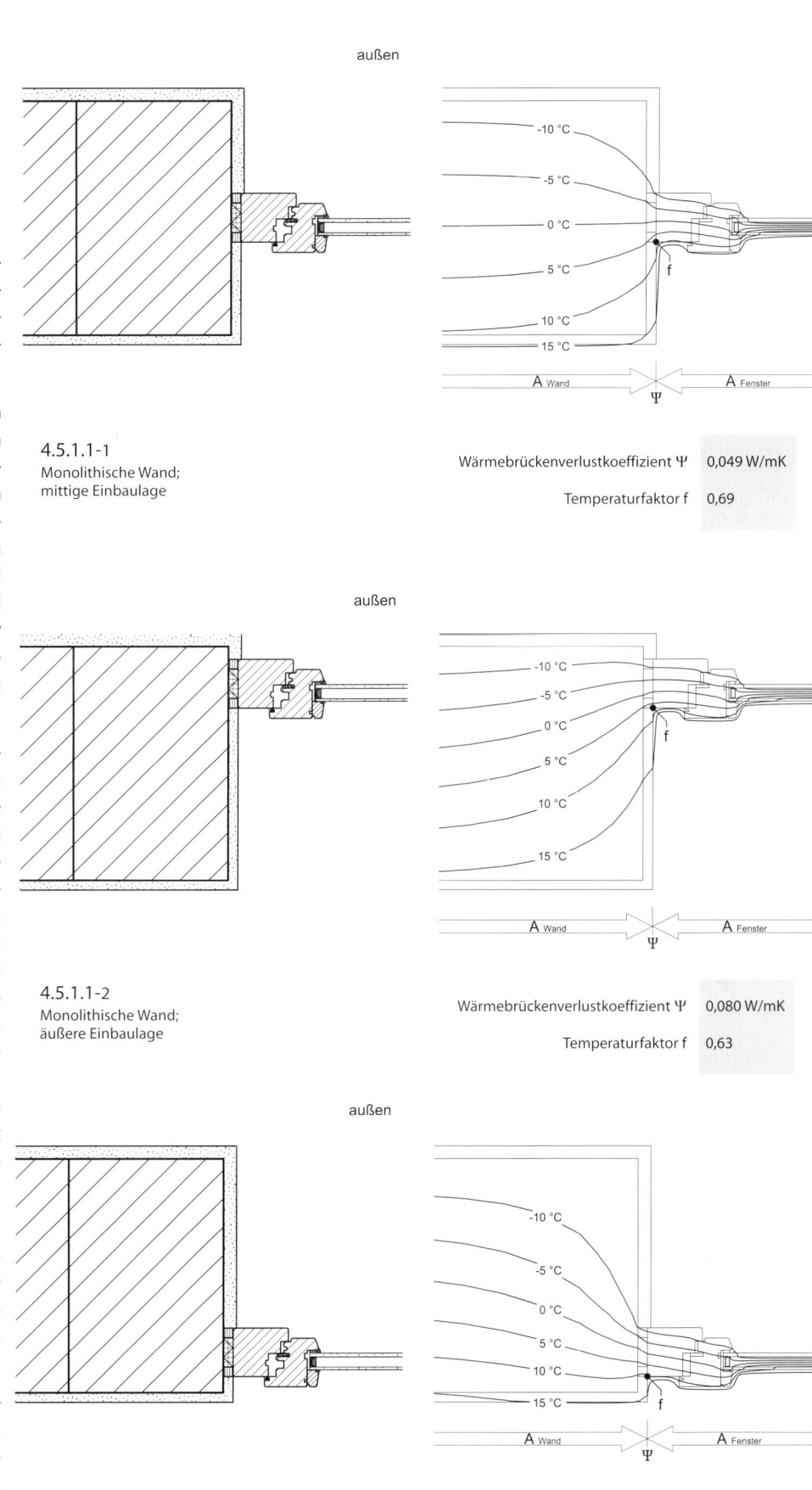

4.5.1.1-1
Monolithische Wand;
mittige Einbaulage

Wärmebrückenverlustkoeffizient Ψ   0,049 W/mK
Temperaturfaktor f   0,69

4.5.1.1-2
Monolithische Wand;
äußere Einbaulage

Wärmebrückenverlustkoeffizient Ψ   0,080 W/mK
Temperaturfaktor f   0,63

4.5.1.1-3
Monolithische Wand;
innere Einbaulage

Wärmebrückenverlustkoeffizient Ψ   0,079 W/mK
Temperaturfaktor f   0,74

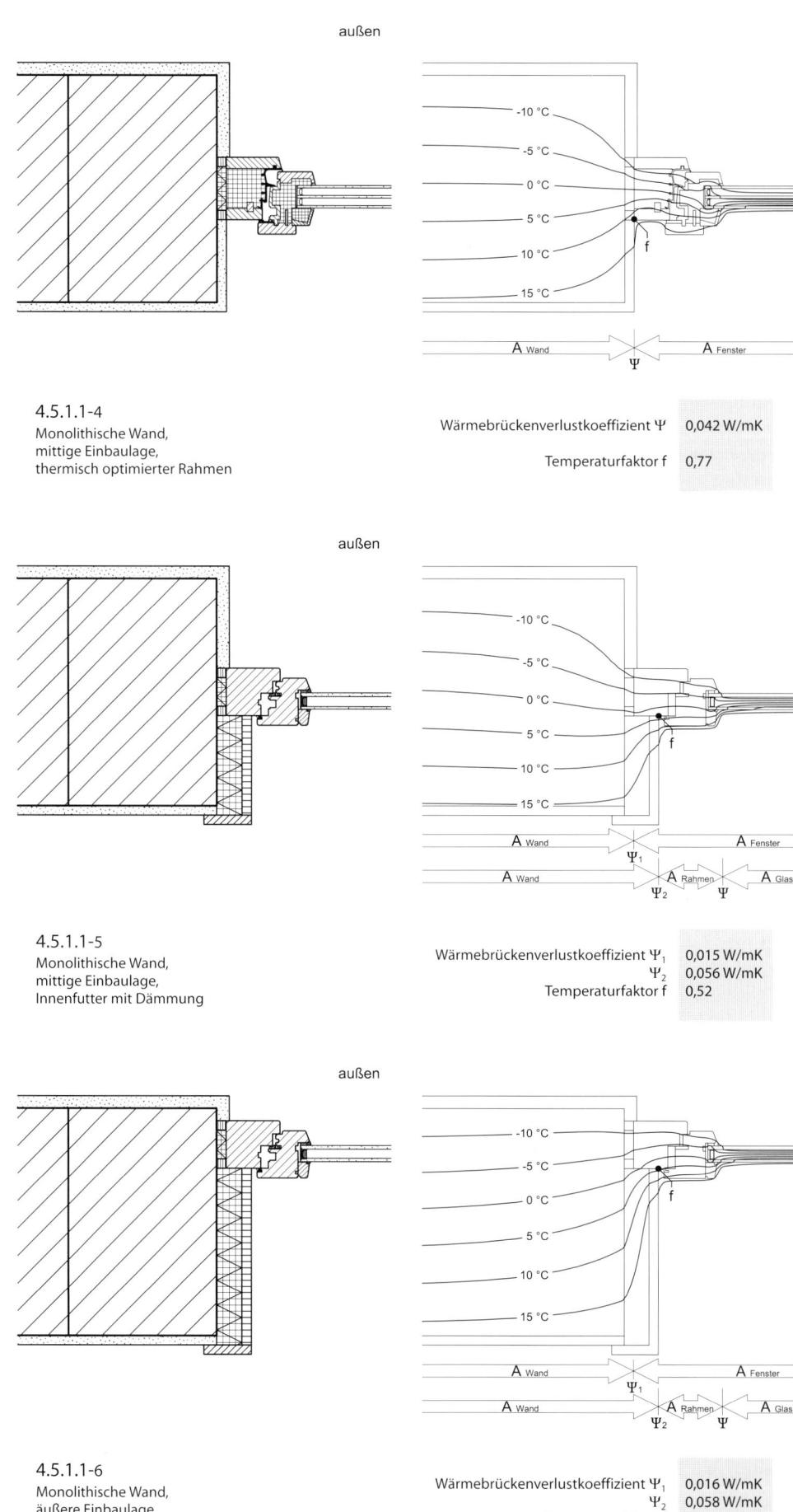

4.5.1.1-4
Monolithische Wand,
mittige Einbaulage,
thermisch optimierter Rahmen

Wärmebrückenverlustkoeffizient Ψ 0,042 W/mK
Temperaturfaktor f   0,77

4.5.1.1-5
Monolithische Wand,
mittige Einbaulage,
Innenfutter mit Dämmung

Wärmebrückenverlustkoeffizient Ψ_1 0,015 W/mK
Ψ_2 0,056 W/mK
Temperaturfaktor f   0,52

4.5.1.1-6
Monolithische Wand,
äußere Einbaulage,
Innenfutter mit Dämmung

Wärmebrückenverlustkoeffizient Ψ_1 0,016 W/mK
Ψ_2 0,058 W/mK
Temperaturfaktor f   0,54

4.5 Anschluss Fenster / Baukörper

Da durch den Einbau eines Futters – im Vergleich zu futterlosen Konstruktionen – der Übergang von der Wand in die Leibungsfläche verschoben wird, verändern sich rechnerisch die Flächenanteile. Während sich die Wandfläche vergrößert, reduziert sich die Rahmenfläche. Das ist in den Bildern mit Futter als WBVK Ψ_2 ausgewiesen. Zur besseren Vergleichbarkeit mit den futterlosen Konstruktionen ist der Zahlenwert für die Wärmebrücken Ψ_1 mit rahmenaußenmaßbezogenen Flächen jeweils zusätzlich angegeben.

Wie in Bild 4.5.1.1-5 ersichtlich, verringert ein Futter die Wärmebrücke erheblich. Während sich – wie zu erwarten – auf großen Teilen der Futteroberfläche hohe Oberflächentemperaturen einstellen, ist ein starkes Abfallen der Temperatur im Eckbereich zu beobachten. Das resultiert einerseits aus der sehr ungünstigen Geometrie an dieser Stelle – schmaler Abstand zwischen überfälztem Flügelrahmen und Futter – und andererseits aus den Temperatursprüngen, die typisch für den Übergang von gut auf weniger gut gedämmte Zonen sind.

Die äußere Einbaulage in Verbindung mit einer gedämmten Futterkonstruktion (siehe Bild 4.5.1.1-6) erreicht trotz der ungünstigen Einbaulage wegen der großflächigen Leibungsdämmung ähnliche Werte für den WBVK und den f-Wert wie die Lösung in Bild 4.5.1.1-5.

Der Einsatz von thermisch optimierten Rahmenkonstruktionen mit einer Leibungsdämmung beeinflusst in erster Linie den Temperaturfaktor f günstig (siehe Bild 4.5.1.1-7).

Werden statt des gedämmten Innenfutters Dämmungen im äußeren Leibungsbereich angebracht, so stellen sich wesentlich günstigere Oberflächentemperaturen bei ähnlichen Werten für den WBVK ein.

Wärmetechnisch optimal ist die Kombination von innerer und äußerer Leibungsdämmung bei mittiger Einbaulage (siehe Bild 4.5.1.1-8).

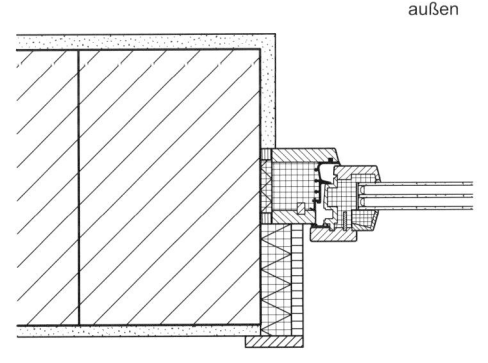
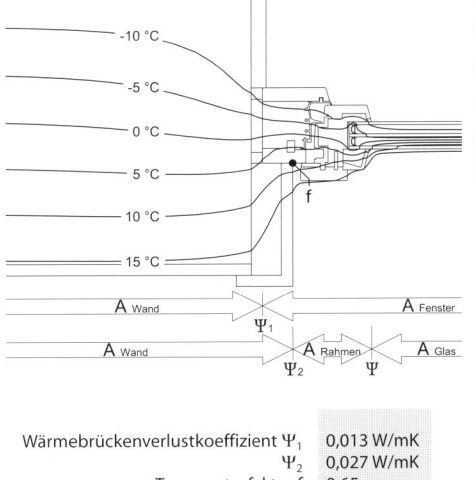

Wärmebrückenverlustkoeffizient Ψ_1 0,013 W/mK
Ψ_2 0,027 W/mK
Temperaturfaktor f   0,65

4.5.1.1-7
Monolithische Wand,
mittige Einbaulage,
thermisch optimierter Rahmen,
Innenfutter mit Dämmung

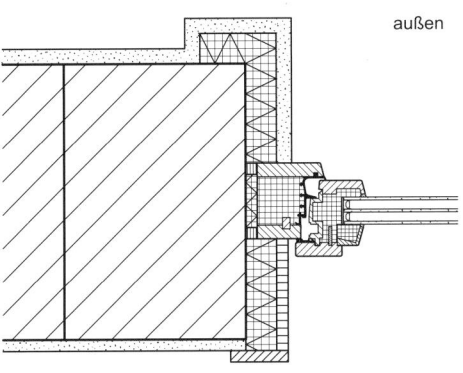
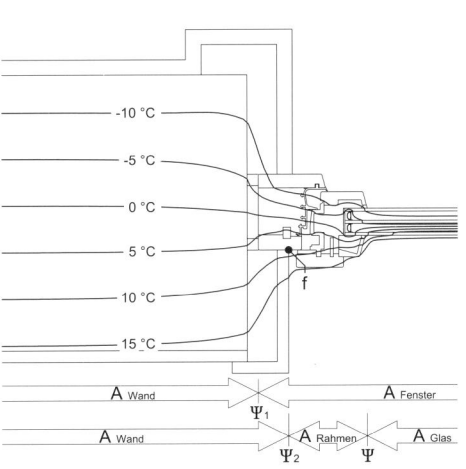

Wärmebrückenverlustkoeffizient Ψ_1 -0,003 W/mK
Ψ_2 0,011 W/mK
Temperaturfaktor f   0,67

4.5.1.1-8
Monolithische Wand,
mittige Einbaulage,
thermisch optimierter Rahmen,
Leibungsdämmung innen und außen

4.5.1.2 Anschluss an Wandsysteme mit spezifischer Dämmschicht

Bei diesen Wandsystemen ist die Platzierung der Fenster in der Dämmebene wärmetechnisch ideal. Der Verlauf der Isothermen weist nur geringe Verformungen auf. Bild 4.5.1.2-4 zeigt eine entsprechende Konstruktion.

Da die Dicke der Blendrahmen häufig kleiner ist als die der Dämmschichten, werden wegen der einfacheren Verankerungs- und Abdichtungsmöglichkeiten vielfach Konstruktionen gewählt, die von dieser optimalen Einbauebene abweichen. Ein typisches Beispiel dafür sind stark verringerte Dämmschichten zwischen Verblend- und Hintermauerwerk (siehe Bild 4.5.1.2-5) mit entsprechend hohen Werten für den WBVK Ψ.

Bei der Verwendung hochdämmender Rahmensysteme (siehe Bild 4.5.1.2-6) wird der f-Wert, die Oberflächentemperatur, günstig beeinflusst, während die Wärmebrückenverluste ungeachtet des verbesserten Isothermenverlaufes leicht ansteigen. Dieser Sachverhalt bestätigt das häufig zu beobachtende Phänomen, dass Anschlusskonstruktionen aus Bauteilen mit besonders guten U-Werten zu erhöhten Wärmebrücken neigen.

Bei Wandsystemen mit außen liegenden Dämmschichten und Rahmensystemen mit üblichen U-Werten stellt ein Versatz der Einbauebene – bei ausreichender Dämmstoffüberdeckung des Blendrahmens – keine Schwachstelle dar. In diesem Fall gestalten sich Befestigung und Abdichtung relativ einfach (siehe Bild 4.5.1.2-1). Die positive Auswirkung der Dämmstoffüberdeckung entfällt bei Rahmenmaterialien mit hoher Wärmeleitfähigkeit wie z. B. bei Aluminium oder Holz-Aluminium, denn über die Aluminiumschale fließen hohe Wärmeströme ab.

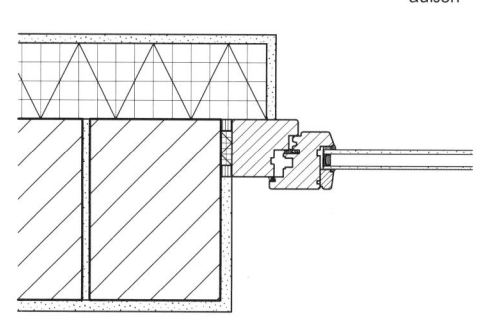
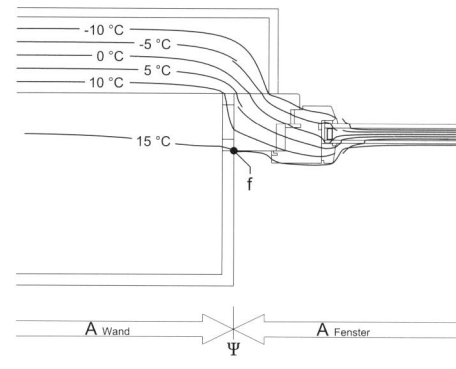

4.5.1.2-1
Wand mit Außendämmung, Rahmen thermisch überdeckt

Wärmebrückenverlustkoeffizient Ψ 0,009 W/mK

Temperaturfaktor f   0,83

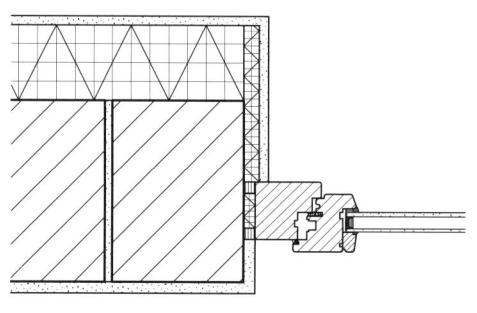
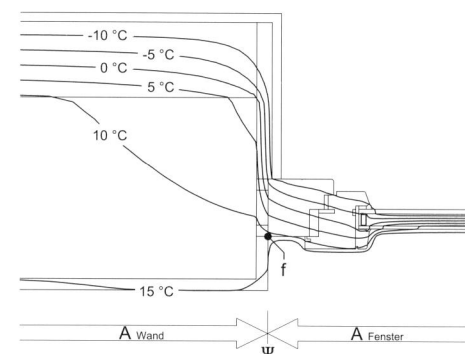

4.5.1.2-2
Wand mit Außendämmung, reduzierte Dämmung in der Leibung

Wärmebrückenverlustkoeffizient Ψ 0,144 W/mK

Temperaturfaktor f   0,76

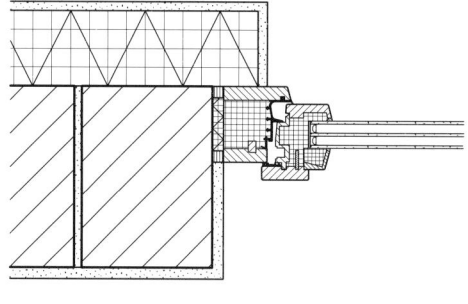
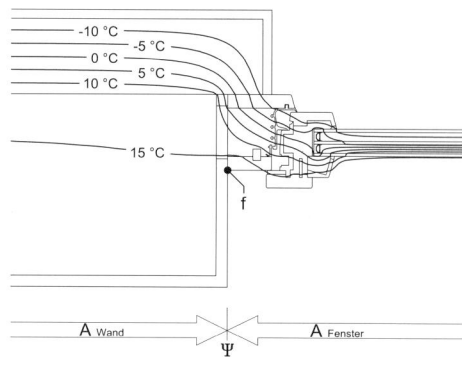

4.5.1.2-3
Wand mit Außendämmung, hochdämmender Rahmen thermisch überdeckt

Wärmebrückenverlustkoeffizient Ψ 0,026 W/mK

Temperaturfaktor f   0,87

4.5 Anschluss Fenster / Baukörper

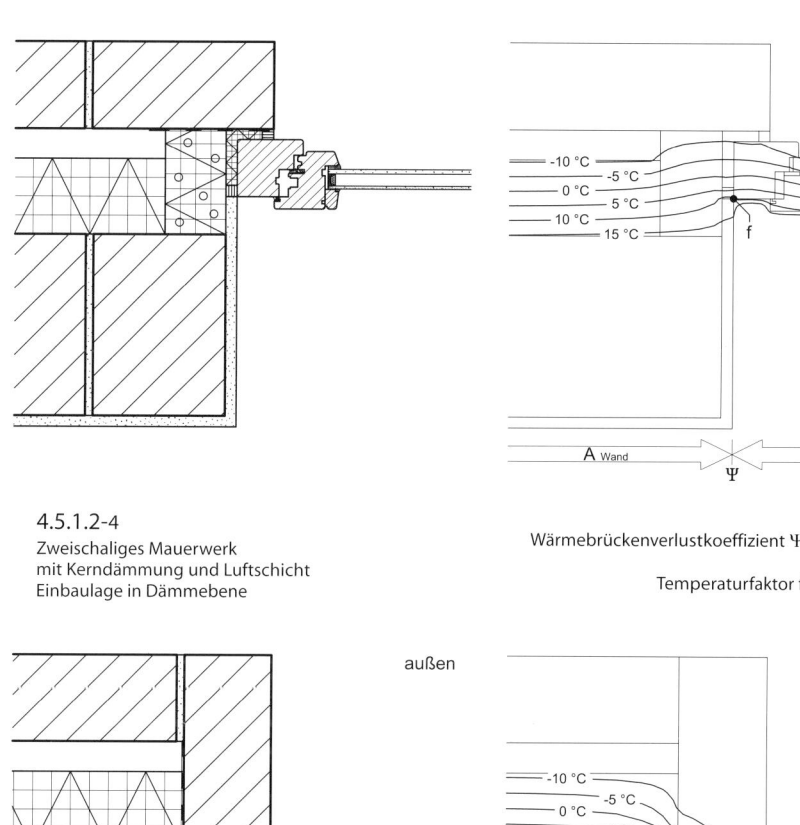

4.5.1.2-4
Zweischaliges Mauerwerk
mit Kerndämmung und Luftschicht
Einbaulage in Dämmebene

Wärmebrückenverlustkoeffizient Ψ 0,001 W/mK
Temperaturfaktor f   0,73

4.5.1.2-5
Zweischaliges Mauerwerk
mit Kerndämmung und Luftschicht
Einbaulage versetzt zur Dämmebene

Wärmebrückenverlustkoeffizient Ψ 0,057 W/mK
Temperaturfaktor f   0,79

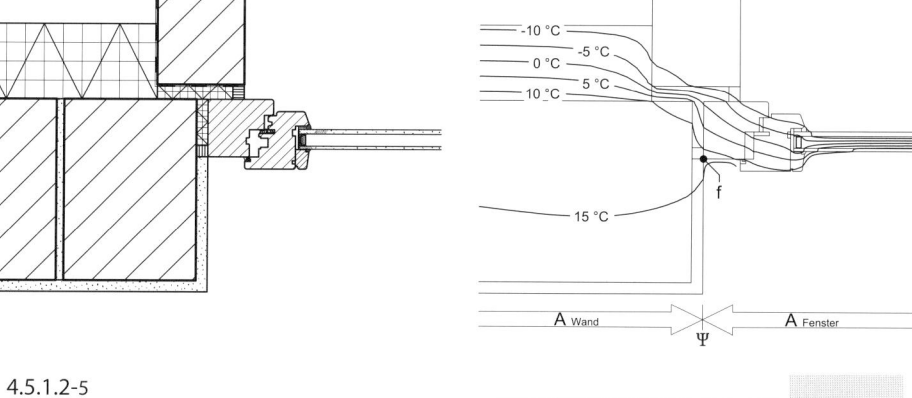

4.5.1.2-6
Zweischaliges Mauerwerk
mit Kerndämmung und Luftschicht
Einbaulage in Dämmebene, thermisch optimierter Rahmen

Wärmebrückenverlustkoeffizient Ψ 0,006 W/mK
Temperaturfaktor f   0,83

Bei einem großen Versatz zwischen Dämmebene und Fenster – wie z. B. im Sanierungsfall – steigen die wärmebrückenbedingten Verluste stark an (siehe Bild 4.5.1.2-2). Deshalb sollte die Leibungsdämmung möglichst dick sein.

Häufig stellt der Brüstungsbereich eine besondere Schwachstelle dar. Auch hier ist eine entsprechende Dämmung unter der Fensterbank notwendig.

Bild 4.5.1.2-3 zeigt einen ganz ähnlichen Fensteranschluss wie Bild 4.5.1.2-1, aber mit einem thermisch hochdämmenden Fenstersystem. Trotz dieser Elementverbesserung ist der WBVK Ψ mit 0,026 W/(mK) gegenüber 0,009 W/(mK) entschieden größer als bei dem »einfachen« Fenstersystem. Diese Gegenüberstellung zeigt, dass wärmetechnisch leistungsfähige Ausbausysteme möglichst direkt in der Dämmebene platziert werden sollten. Wie Bild 4.5.1.2-3 zeigt, können bei diesen Rahmensystemen Dämmstoffüberdeckungen den nachteiligen »abgeknickten« Isothermenverlauf nicht kompensieren.

4.5.2 Verankerung des Fensters am Baukörper

Die mechanische Fensterbefestigung überträgt alle am Fenster auftretenden Kräfte auf den Baukörper. Das sind die aus dem Eigengewicht des Fensterelementes resultierenden vertikalen Kräfte und die durch Wind und beim Öffnen und Schließen des Elementes hervorgerufenen horizontalen Kräfte.

Die Befestigungselemente müssen Formänderungen des Baukörpers und des Fensterrahmens schadenfrei zulassen.

Zur Ableitung der Vertikalkräfte werden häufig Verklotzungen eingesetzt. Sie dienen auch zur horizontalen Ausrichtung der Fenster. Die Dimensionierung der Klötze muss innen und außen eine unterbrechungsfreie Abdichtung der Fuge ermöglichen.

Zur Ableitung der horizontalen Kräfte werden z. B. Rahmendübelschrauben, Abstandsrahmenschrauben, Flachmetallanker etc. eingesetzt.

Bei der Anordnung der Fenster in der Dämmschichtebene steht für eine Verklotzung keine tragfähige Basis zur Verfügung. In diesen Fällen müssen die Befestigungsmittel neben den horizontalen auch die vertikalen Kräfte aus dem Fenster auf den Baukörper übertragen. Häufig übernehmen das Kragarmsysteme, wie Flachmetallanker, Zargenkonstruktionen etc.

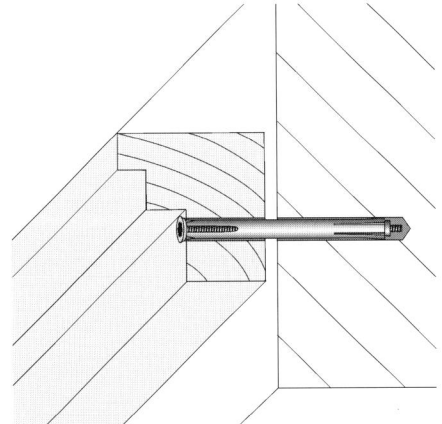

4.5.2-1.1 Rahmendübelschraube

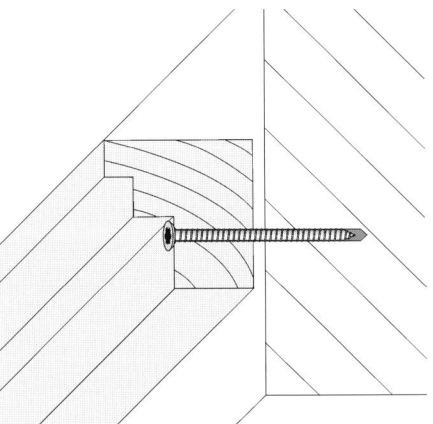

4.5.2-1.2 Abstandsrahmenschraube

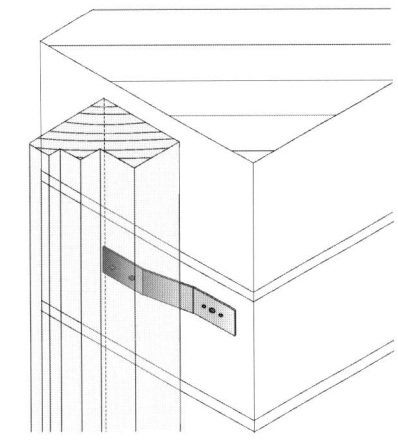

4.5.2-1.3 Flachmetallanker

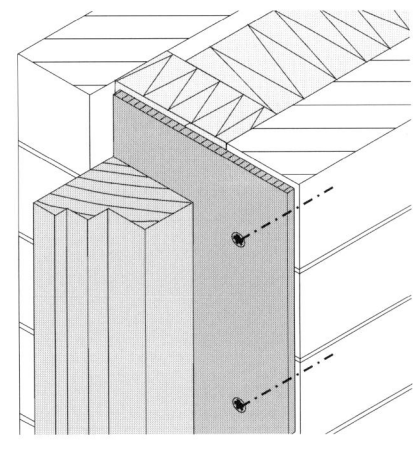

4.5.2-1.4 Montagezarge

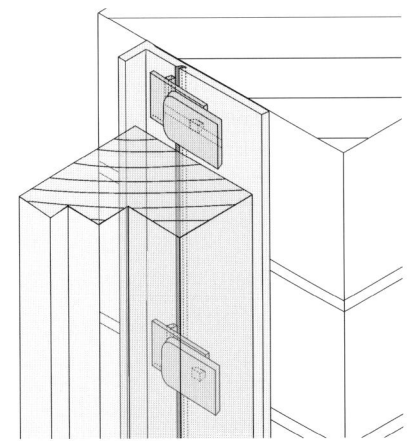

4.5.2-1.5 Einbauzarge

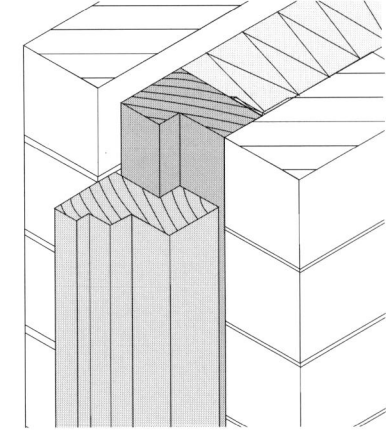

4.5.2-1.6 Montagerahmen

4.5.2-1
Mittel zur mechanischen Befestigung von Fenstern am Baukörper

4.5 Anschluss Fenster / Baukörper

Rahmendübelschraube

4.5.2-1.1

Die Dübelhülsen können aus Kunststoff oder Metall bestehen. Die am Rahmen notwendige Bohrung erfolgt konfektioniert oder auf der Baustelle.

Für die Montage wird nach Ausrichtung des Rahmens der Baukörper angebohrt, der Dübel eingesetzt und verschraubt.

Formänderungen aus dem Baukörper und dem Rahmen können partiell durch Gleiten in der Blendrahmenbohrung aufgenommen werden. Bei großen Fenstern kann das Befestigungssystem zu schädlichen Spannungen im Blendrahmen führen. Positiv ist anzumerken: Der Rahmendübel durchstößt keine Dichtungsebene.

Abstandsrahmenschraube

4.5.2-1.2

Bei diesem System wird der Fensterrahmen starr mit dem Baukörper verbunden. Die Abstandsschraube ist deshalb nur für sehr untergeordnete Aufgaben vertretbar. Sie kommt im Vergleich zum Rahmendübel mit kleinerem Bohrdurchmesser aus. Das Gewinde der Schraube schneidet direkt in den Rahmenwerkstoff und in den Baukörper, ohne dass ein zusätzlicher Dübel erforderlich ist.

Flachmetallanker

4.5.2-1.3

Die geringe Biegesteifigkeit des Flachmetallankers erlaubt auch bei größeren Formänderungen eine weitgehend spannungsfreie Befestigung. Im Bereich der Leibung muss der Anker abgedeckt werden. Das erfordert bei einer verputzten Leibung u. U. besondere Maßnahmen.

Bei der Abdichtung der Fuge zwischen Blendrahmen und Baukörper auf der Rauminnenseite kann der Anker die Dichtigkeit beeinträchtigen.

Montagezarge

4.5.2-1.4

Die Zarge erlaubt die Anordnung des Fensters in der Dämmstoffebene. Sie kann als sichtbares Leibungsfutter ausgeführt oder zusätzlich bekleidet werden. Durch die Kombination verschiedener Werkstoffe für Blendrahmen und Futter können sich die Eckverbindungen öffnen. Wegen der geforderten Luftdichtheit sind aber dichte Zargenecken notwendig.

Bei der Anordnung der Fenster in der Dämmstoffebene kann sich die Abdichtung (Luftsperre / Dampfbremse) schwierig gestalten. Durch den Einsatz einer Zarge lässt sich die Abdichtung auf die Rauminnenseite verlagern. So werden technisch einfache Lösungen möglich.

Einbauzarge

4.5.2-1.5

Konfektionierte Einbauzargen werden vorwiegend aus Aluminiumprofilen angeboten und verfügen i. d. R. über entsprechende Anschlussmöglichkeiten für Wand- und Rahmensysteme. Sie bieten sich deshalb für einen relativ späten Fenstereinbau an, wenn die übrigen Ausbauarbeiten bereits weitgehend abgeschlossen sind. Bei der Montage ist die exakte Ausrichtung der Zarge notwendig. Während der Bauarbeiten muss die Zarge vor Beschädigungen geschützt werden, damit ein fachgerechter Fenstereinbau sichergestellt bleibt.

Die Fensterrahmen werden mit speziellen nachstellbaren Befestigungselementen mit der Zarge verbunden. Die äußere Abdichtung zum Blendrahmen übernimmt ein Dichtungsprofil, die innere Abdichtung kann durch eine Verleistung mit Fugendichtband erfolgen.

Auf gute thermische Trennung im Zargenprofil ist zu achten.

Montagerahmen

4.5.2-1.6

Montagerahmen werden gern bei Wandsystemen mit spezifischer Dämmschicht – z. B. bei zweischaligem Mauerwerk mit Kerndämmung – eingesetzt. Die Rahmenbefestigung erfolgt außen an der Wand, bevor die Dämmschicht eingebaut wird. Der Rahmen erlaubt die Platzierung des Fensters in der Dämmstoffebene und hält die Leibungen von Befestigungselementen frei. Sein Einsatz bietet sich deshalb besonders bei Sichtbeton bzw. Sichtmauerwerk an.

Da die Wärmeleitfähigkeit des Montagerahmens (vorwiegend Holz) deutlich höher liegt als die des Dämmstoffs, ist die Anschlusskonstruktion wärmetechnisch nicht optimal.

4.5.3 Anforderungen an die Fuge zwischen Fenster und Bauwerk

Die Fuge zwischen Fenster und Bauwerk ist Teil der wärmeübertragenden Hüllfläche des Gebäudes. Entsprechend hohe und komplexe Anforderungen werden an sie gestellt. Für ihre Realisierung steht häufig nur ein relativ kleiner Raum zur Verfügung. Das erschwert die Aufgabe.

Zum Schutz gegen Schlagregen bieten sich – wie auch sonst bei Fassadenausbildungen – ein- und zweistufige Lösungen an. Wird der Schlagregen räumlich getrennt von der Windsperre abgeführt, liegt eine zweistufige Abdichtung vor.

Die Abdichtung auf der Rauminnenseite gewährleistet die Luftdichtheit und den notwendigen Dampfdiffusionswiderstand. Um schädlichen Tauwasserniederschlag in der Fuge auszuschließen, ist die Fugenausbildung so zu gestalten, dass der Diffusionswiderstand nach außen hin abnimmt.

Der zwischen innerer und äußerer Abdichtung verbleibende Fugenraum wird gedämmt (Wärmeschutz / Schallschutz). Häufig kommen dafür Ortschäume, Mineralwolle oder Spritzkork zum Einsatz. Der Dämmstoff darf die mechanische Befestigung nicht ersetzen und kann weder die geforderte Luftdichtheit noch den notwendigen Diffusionswiderstand gewährleisten.

Die Fugenausbildung muss Formänderungen aus dem Bauwerk und dem Rahmen schadenfrei und dauerhaft aufnehmen können. Die eingesetzten Stoffe müssen Dehnungen und Stauchungen zulassen. Ortschäume in den Fugen haben – aufgrund ihrer Steifigkeit – schon häufig zu Bauschäden geführt (eingeschränkte Beweglichkeit der Flügel).

Die Dimensionierung der Fugenbreite erfolgt i.d.R. primär nach den wärme- und feuchtigkeitsbedingten Formänderungen der Rahmenprofile sowie nach dem verwendeten Dichtungssystem.

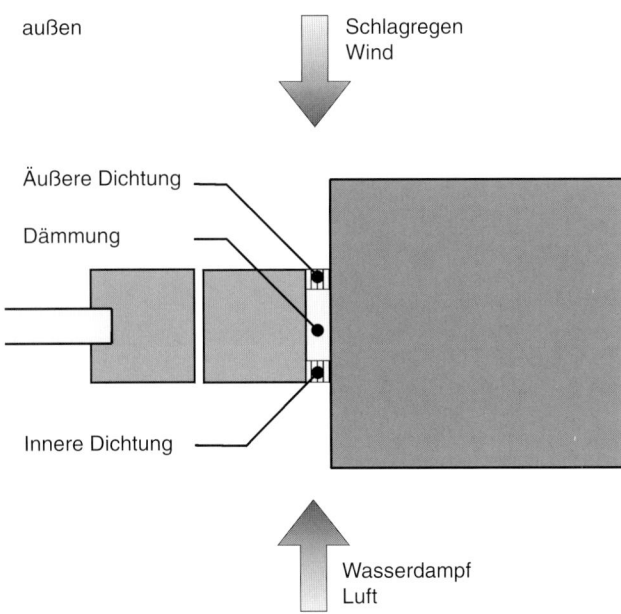

4.5.3-1
Anforderungen an die Fuge zwischen Fenster und Bauwerk

4.5.4 Abdichtungssysteme für die Fuge zwischen Fenster und Bauwerk

Die notwendigen Abdichtungen der Einbaufuge sollen möglichst in einer Ebene verlaufen. Versätze in der Dichtungsebene erhöhen das Schadenrisiko. Das gilt für die außen- und die innenraumseitige Abdichtung.

Die Oberflächen der Abdichtungsflanken sollten möglichst fest, glatt, rissfrei und fugenlos sein. Der Einbau luftdichter Innenfutter erlaubt eine Spreizung der äußeren und inneren Abdichtungsebene. Die größere Distanz zwischen den Abdichtungen erweitert den Fugenraum und ermöglicht bauphysikalisch leistungsfähigere Lösungen.

Folgende Abdichtungen werden unterschieden:

- spritzbare Dichtstoffe
- vorkomprimierte, imprägnierte Fugendichtbänder aus Schaumkunststoff
- bahnenförmige Dichtstreifen
- spezielle Putzprofile.

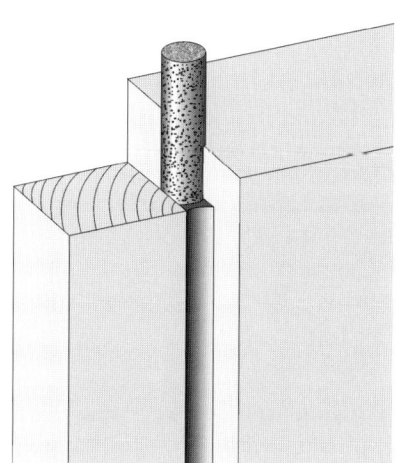

4.5.4-1.1 Anschluss mit Dichtstoff

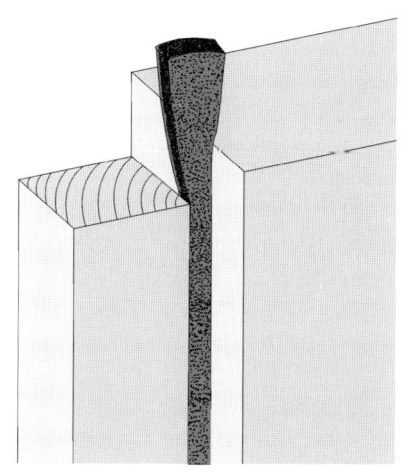

4.5.4-1.2 Anschluss mit Fugendichtband

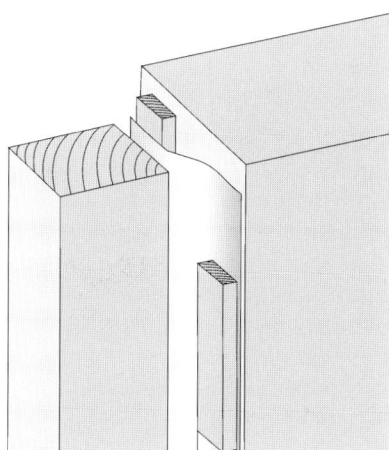

4.5.4-1.3 Anschluss mit bahnenförmigem Dichtstreifen

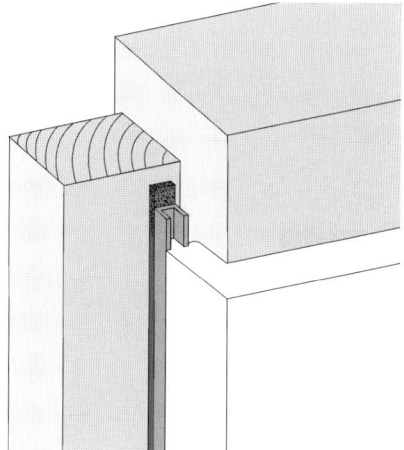

4.5.4-1.4 Anschluss mit Putzprofil

4.5.4-1
Abdichtungssysteme für die Fuge zwischen Fenster und Bauwerk

Fugenabdichtung mit Dichtstoff

4.5.4-1.1
Fugenbreite und Schichtdicke sind aufeinander abzustimmen. Die Fugenbreite ist für die maximal zu erwartenden Formänderungen auszulegen. Dabei sollte die Stauchung bzw. Dehnung 25 % nicht überschreiten. Die Dichtstoffe müssen an den Fugenflanken haften. Ggf. sind Reinigung und Vorbehandlung der Flanken notwendig. Die Dichtstoffgeometrie muss breite Flanken und eine gleichmäßige, definierte Schichtdicke sicherstellen. Dazu sind runde Hinterfüllprofile und ihre entsprechende Platzierung notwendig. Außerdem wird durch sie eine unzulässige Dreiflankenhaftung vermieden. Dichtungsmassen sind relativ dampfdicht. Sie eignen sich deshalb besonders für die innenraumseitige Abdichtung.

Detaillierte Hinweise zum Einsatz von Dichtstoffen gibt der Industrieverband Dichtstoff im IVD-Merkblatt Nr. 9 von 1997.

Fugenabdichtung mit Fugendichtbändern

4.5.4-1.2
Fugenbänder dichten die Fuge durch Anpressdruck. Der Druck resultiert aus der Vorkomprimierung der Bänder. Sie eignen sich deshalb auch für Oberflächen mit relativ schlechter Haftfähigkeit. Um den notwendigen Kompressionsdruck zu erreichen, werden die Bänder auf die Fugenbreiten abgestimmt. Stark variierende Fugenbreiten stellen ein Schadenrisiko dar.

Bei der Fenstermontage werden die Fugenbänder im vorkomprimierten Zustand in die abzudichtende Fuge geschoben oder unmittelbar vor dem Einbau des Elementes angebracht. Häufig verhindern selbstklebende Bandoberflächen ein Herausrutschen aus der Fuge. Der Anpressdruck kann durch Alterung – insbesondere in Kombination mit UV-Strahlung – nachlassen und die Dichtheit beeinträchtigen. Fugenbänder sind relativ dampfdiffusionsoffen. Sie eignen sich daher besonders als äußere Abdichtung. Werden Fugenbänder als innere und äußere Dichtung eingesetzt, lässt sich der Diffusionswiderstand durch den Grad der Kompression beeinflussen. Mit der Kompression nimmt der Diffusionswiderstand zu.

Fugenabdichtung mit bahnenförmigen Dichtstreifen

4.5.4-1.3
Bahnenförmige Dichtungen aus Butyl, Isobutylen bzw. Elastomeren erlauben schadenfrei relativ große Formänderungen. Um eine fachgerechte Montage und Eindichtung der Fensterelemente zu erreichen, erfordern diese Systeme sorgfältige Detailplanung. Dazu gehört auch das Einbringen des Dämmstoffs in die Anschlussfuge. Die notwendige dauerhafte Dichtheit der Anschlussfugen wird durch Verklebungen der Dichtstreifen mit dem Baukörper und dem Blendrahmen erreicht. Zusätzliche mechanische Sicherungen durch Verleistung oder Einputzen sind möglich. Erfolgt der Einbau der Dichtstreifen nach Montage des Fensterelementes, muss noch ausreichend Blendrahmenfläche für den Anschluss vorhanden sein.

Die bahnenförmigen Dichtstreifen verfügen über unterschiedliche Wasserdampfdiffusionswiderstände. Das System der raumseitigen Abdichtung sollte möglichst diffusionsdicht, das der äußeren Dichtung diffusionsoffener sein.

Fugenabdichtung mit konfektionierten Putzprofilen

4.5.4-1.4
Konfektionierte Putzprofile – häufig aus Kunststoff – dienen gleichzeitig als Putzlehre und als Eindichtung. Durch integrierte Klebebänder auf der Basis von Schaumstoffen sollen an den Fensterrahmen dichte und elastische Anschlüsse erreicht werden. Diese wirtschaftliche Abdichtung wird insbesondere bei Rahmen aus PVC eingesetzt. Die maximal zulässigen Formänderungen des Systems sind auf das jeweilige Fensterformat abzustimmen.

4.6 Beispiele von Fensteranschlüssen an Außenwandsysteme
Gestaltung, Konstruktion, thermische Richtwerte

Die folgenden Beispiele zeigen Fensteranschlüsse in ihrer Komplexität als Teil der Fassade und der Gebäudehüllfläche. Deshalb stehen gestalterische, konstruktive und thermische Aspekte im Vordergrund der Betrachtung.

Um ein möglichst großes Spektrum an alternativen Lösungen aufzuzeigen, sind jeweils verschiedene Fenstersysteme mit verschiedenen Wandsystemen kombiniert. Außerdem variieren die Beispiele in der Ausbildung der Fensterbänke, insbesondere der Außenfensterbänke. Die Bänke haben ein ausgeprägtes Gefälle und einen weiten Überstand zur Fassadenebene. Isometrien veranschaulichen die gestalterischen Konzepte.

Die Darstellungen der Projekte beinhalten außerdem:

- konstruktiver Aufbau einschließlich thermischer Kennwerte
- Isothermenverlauf und thermische Richtwerte.

Die thermischen Kennwerte präzisieren den konstruktiven Aufbau in wärmetechnischer Hinsicht. Die Isothermenverläufe zeigen die sich einstellenden Temperaturen an der Oberfläche und in den Konstruktionen. Außerdem veranschaulichen sie Größe und Richtung der sich einstellenden Wärmeströme, siehe auch Abschnitt B 1.1.1.1. Die thermischen Richtwerte stellen das Ergebnis der Untersuchung dar und belegen die wärmetechnische Leistungsfähigkeit der einzelnen Elemente, siehe auch Abschnitt B 1.1.

Folgende Richtwerte werden jeweils ausgewiesen:

- Wärmedurchgangskoeffizient (U-Wert)
- Wärmebrückenverlustkoeffizient WBVK (Ψ-Wert)
- Temperaturfaktor (f-Wert).

4.6.1 Anschlüsse an einschaliges, beidseitig verputztes Mauerwerk

4.6.1.1 Anschluss eines Kunststofffensters, Leibungen verputzt

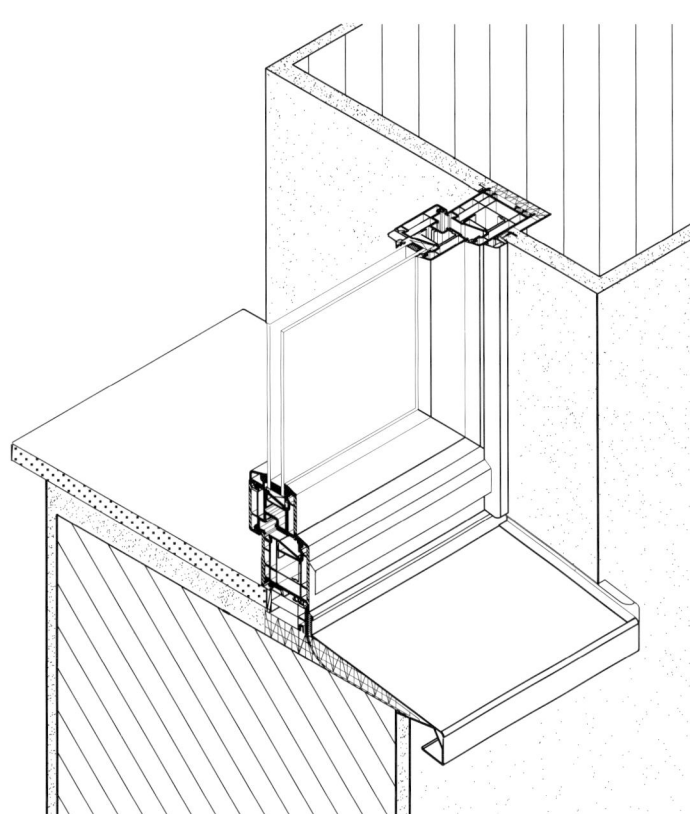

4.6.1.1-1.1 Isometrie

4.6.1.1-1.2 Horizontalschnitt

Das Beispiel zeigt den Anschluss eines Vierkammer-Kunststofffensters an eine gemauerte monolithische Außenwand mit Innenanschlag. Das Mauerwerk erreicht mit einem Steinmaterial geringer Wärmeleitfähigkeit und 490 mm Dicke einen U-Wert von 0,36 W/(m²K). Die mechanische Verankerung des Fensters erfolgt mit Rahmendübel durch eine spezifische Kammer. So bleibt die Kammer mit der Metallarmierung unverletzt und das Blechprofil korrosionsgeschützt.

Der Ψ-Wert dieses Anschlusses liegt hoch. Die Isothermen schnüren sich im Anschlussbereich stark ein. Über die großflächigen Leibungen fließt Wärme ab.

Baustoff/Bauteil	Wärmeleitfähigkeit λ_R [W/(mK)]	Rohdichte ρ [kg/m³]
Dämmstoff (Mineralfaser)	0,04	–
Dichtbänder (PU-Schaumstoff)	0,05	80
Schaumglas	0,05	130
Dichtung (Gummi)	0,24	1200
Mauerwerk	0,18	800
Außenputz	0,87	1800
Innenputz (Gips)	0,35	1200
Aluminium	220	2700
PVC	0,17	1390

Thermische Kennwerte (4.6.1.1-1.2)

4.6 Beispiele von Fensteranschlüssen an Außenwandsysteme
4.6.1 Anschlüsse an einschaliges, beidseitig verputztes Mauerwerk

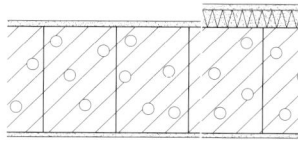

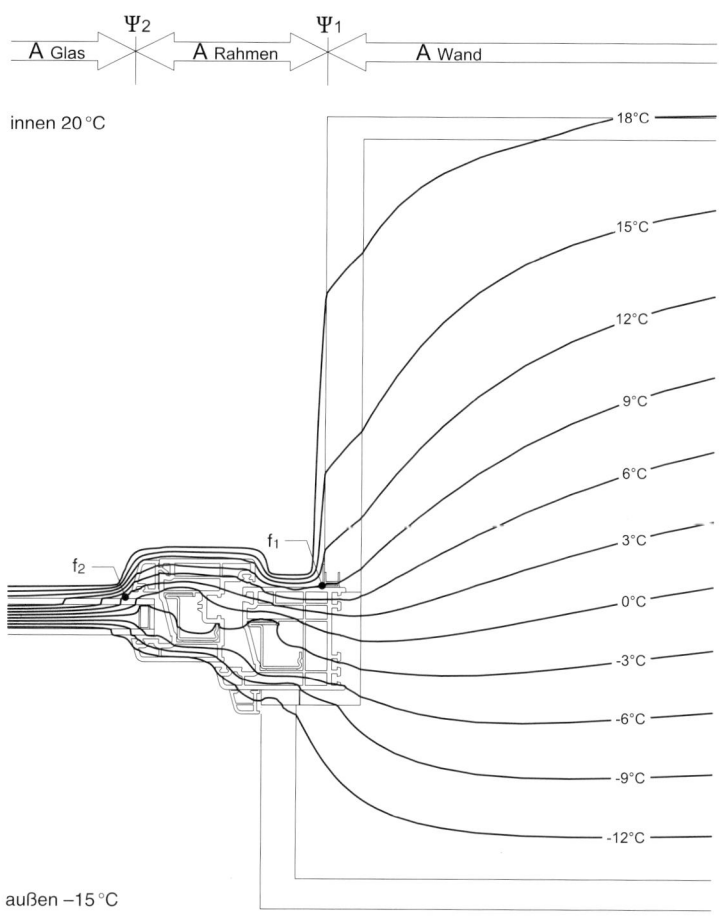

Die Wärmebrücke im Brüstungsbereich ist wegen der hohen Leitfähigkeit der Marmorfensterbank verstärkt. Die Oberflächentemperaturen werden dadurch positiv beeinflusst.

Im Sturzbereich verstärken die U-Schalen mit Stahlbeton die Wärmebrücke.

4.6.1.1-1.2.1 Isothermenverlauf

Ungestörter Bereich		Gestörter Bereich	
Wärmedurchgangskoeffizient	U-Wert [W/(m²K)]	linienf. Wärmebrücke WBVK	Ψ-Wert [W/(mK)]
Wand	0,36	Ψ_1 Wand – Rahmen	0,063
Rahmen	1,79	Ψ_2 Rahmen – Glas	0,040
Wärmeschutzglas*	1,13		
Temperaturfaktor	f-Wert [–]	Temperaturfaktor	f-Wert [–]
Wand	0,91	f_1	0,79
Wärmeschutzglas	0,75	f_2	0,49

195 Mauerwerk aus Steinen, Rohdichte ≤ 0,8 kg/dm³
249 Außenputz
250 Innenputz
433 Mineralwolle gestopft oder Schaumkunststoff, örtlich eingebracht
439 Fugendichtband, vorkomprimiert
617 PVC-Fenster

Thermische Richtwerte,
Ergebnis der thermischen Untersuchung (4.6.1.1-1.2.1)
*argongefüllt, innere Scheibe e = 0,05, Aluminiumabstandhalter

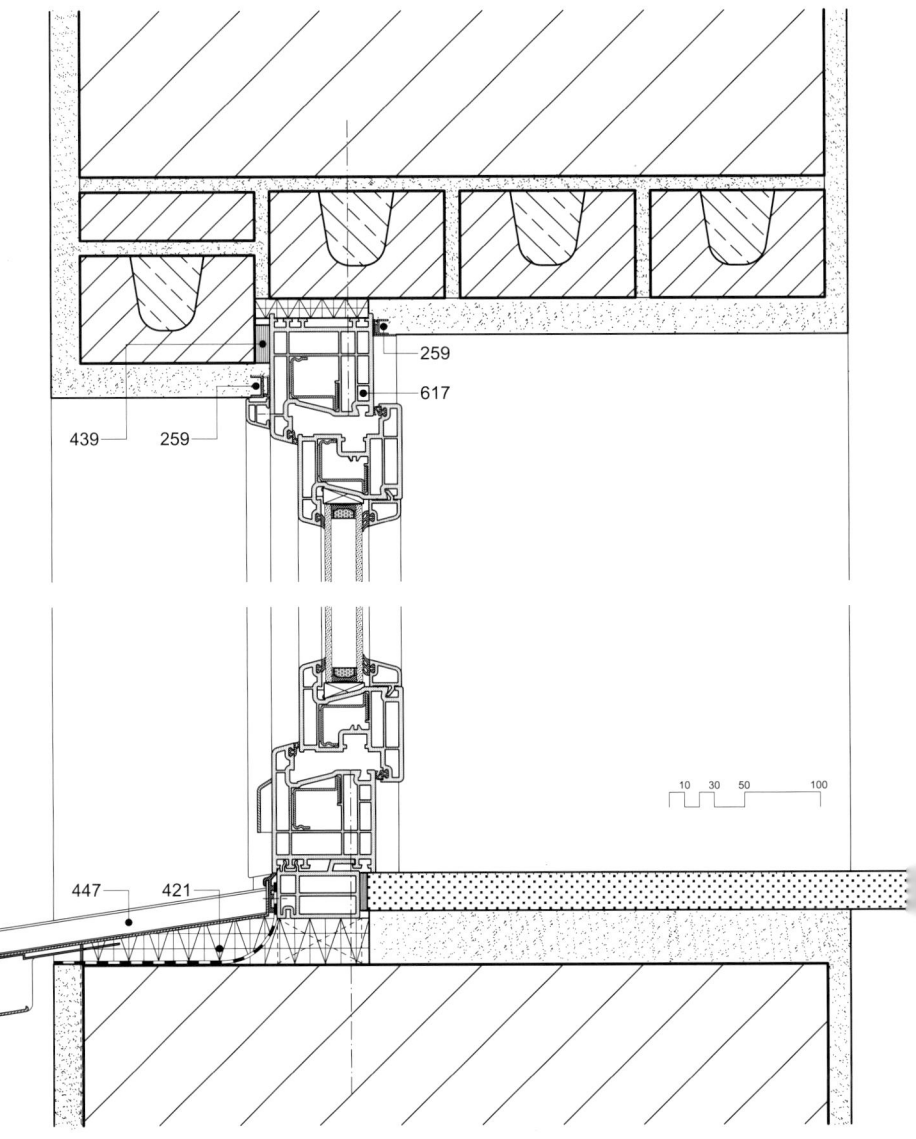

4.6.1.1-1.3 Vertikalschnitt

259 Putzanschlussprofil
421 Dämmstoff
439 Fugendichtband, vorkomprimiert
447 Metallfensterbank mit seitlichen Aufkantungen
617 PVC-Fenster

Baustoff/Bauteil	Wärmeleitfähigkeit λ_R [W/(mK)]	Rohdichte ρ [kg/m³]
Dämmstoff (Mineralfaser)	0,04	–
Dichtbänder (PU-Schaumstoff)	0,05	80
Dichtung (Gummi)	0,24	1200
Mauerwerk	0,18	800
Außenputz	0,87	1800
Innenputz (Gips)	0,35	1200
Normalbeton	2,1	2400
Aluminium	220	2700
Marmor	3,5	2800
PVC	0,17	1390

Thermische Kennwerte (4.6.1.1-1.3)

4.6 Beispiele von Fensteranschlüssen an Außenwandsysteme
4.6.1 Anschlüsse an einschaliges, beidseitig verputztes Mauerwerk

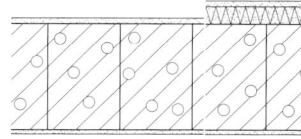

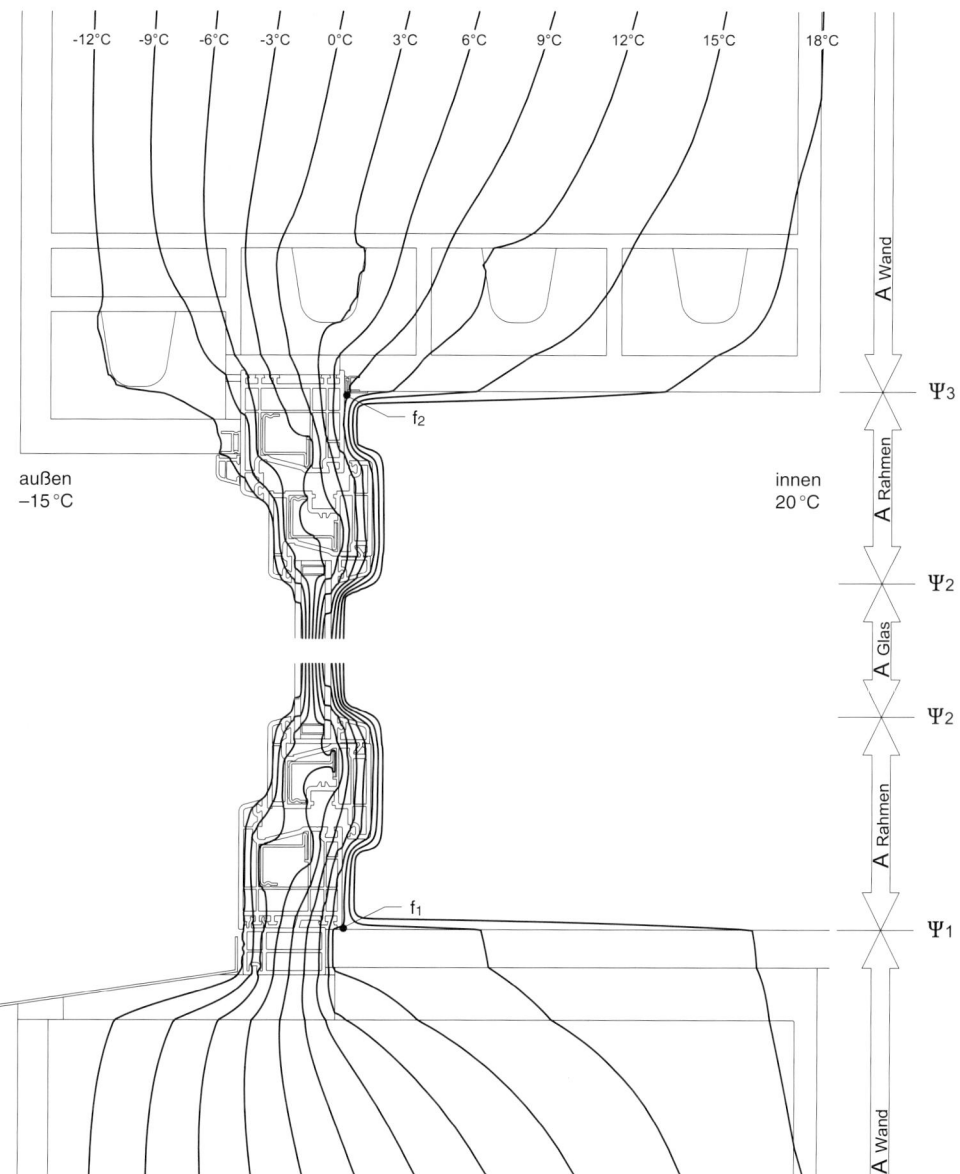

4.6.1.1-1.3.1 Isothermenverlauf

Ungestörter Bereich		Gestörter Bereich	
Wärmedurchgangs-koeffizient	U-Wert [W/(m²K)]	linienf. Wärmebrücke WBVK	Ψ-Wert [W/(mK)]
Wand	0,36	Ψ_1 Wand – Rahmen	0,086
Rahmen	1,79	Ψ_2 Rahmen – Glas	0,040
Wärmeschutzglas*	1,13	Ψ_3 Rahmen – Wand	0,078
Temperaturfaktor	f-Wert [–]	Temperaturfaktor	f-Wert [–]
Wand	0,91	f_1	0,78
Wärmeschutzglas	0,75	f_2	0,66

Thermische Richtwerte,
Ergebnis der thermischen Untersuchung (4.6.1.1-1.3.1)
*argongefüllt, innere Scheibe e = 0,05, Aluminiumabstandhalter

4.6.1.2 Anschluss eines Holzfensters mit Innenfutter

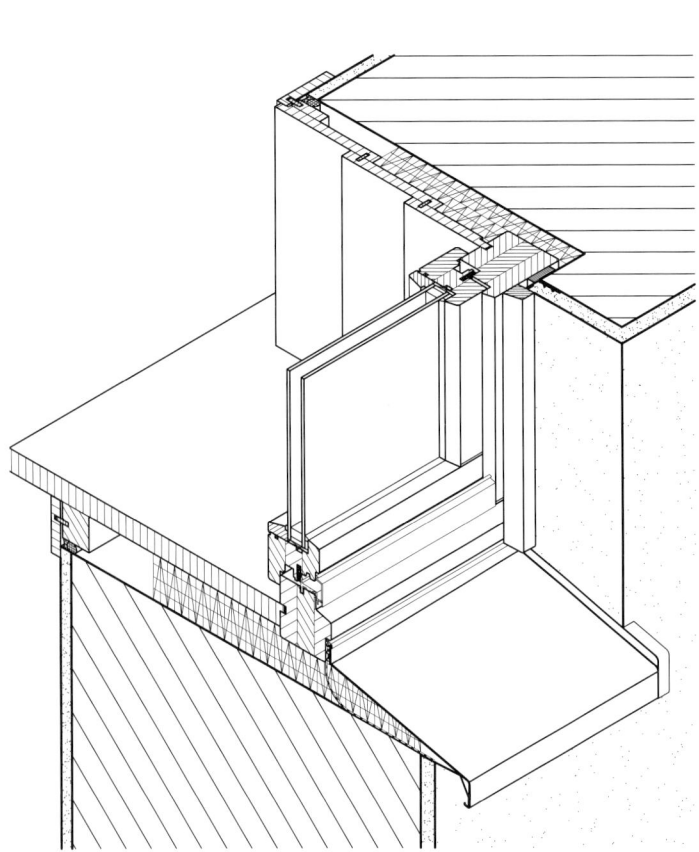

4.6.1.2-1.1 Isometrie

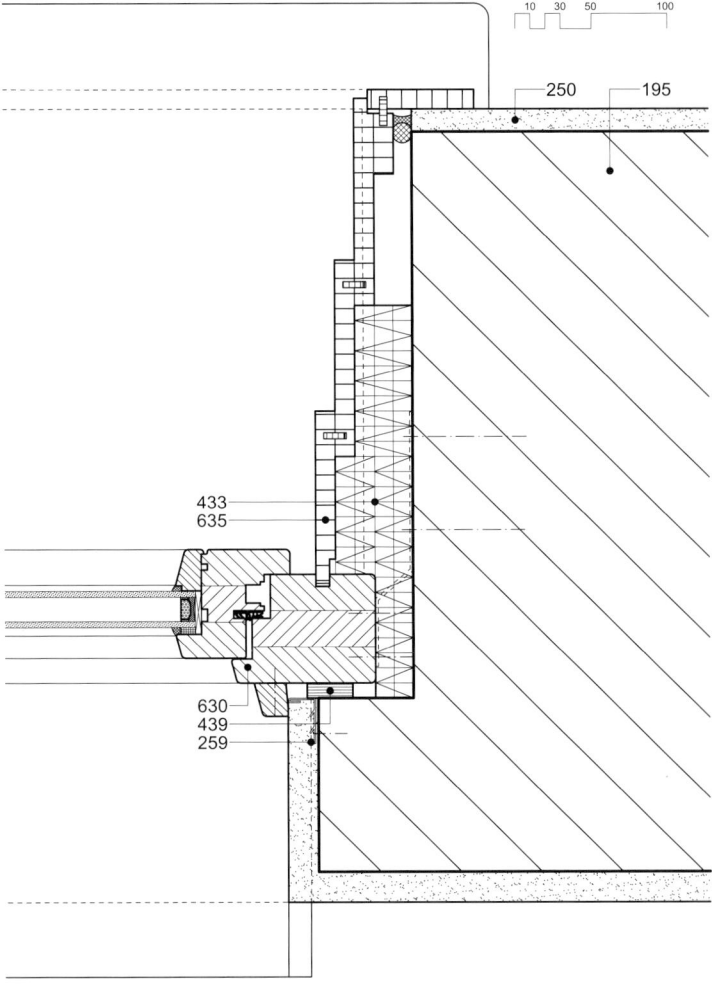

4.6.1.2-1.2 Horizontalschnitt

Das eingesetzte Innenfutter ist abgestuft und erlaubt eine relativ dicke Innenleibungsdämmung mit partieller innenseitiger Blendrahmenüberdeckung, die sich im Vergleich zum Beispiel Bild 4.6.1.1 sehr positiv auf die Wärmebrücke auswirkt. Außerdem beeinflusst das abgestufte Futter den Lichteinfall günstig.

Baustoff / Bauteil	Wärmeleitfähigkeit λ_R [W/(mK)]	Rohdichte ρ [kg/m³]
Dämmstoff (Mineralfaser)	0,04	–
Dichtbänder (PU-Schaumstoff)	0,05	80
Dichtung (Gummi)	0,24	1200
Dichtstoff (Silikon)	0,35	1240
Nadelholz	0,13	600
Holzwerkstoffplatte	0,13	700
Mauerwerk	0,18	800
Außenputz	0,87	1800
Innenputz	0,70	1400
Baustahl	60	7000
Aluminium	220	2700

Thermische Kennwerte (4.6.1.2-1.2)

4.6 Beispiele von Fensteranschlüssen an Außenwandsysteme
4.6.1 Anschlüsse an einschaliges, beidseitig verputztes Mauerwerk

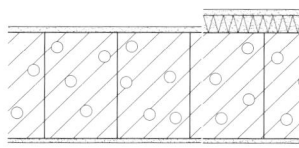

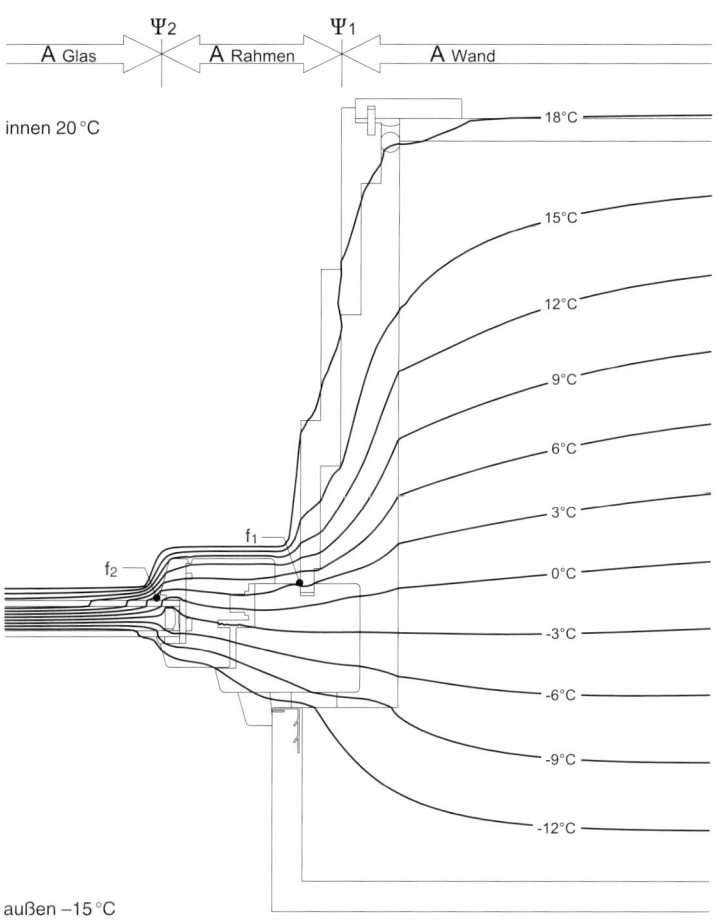

Um die Luftdichtheit zu gewährleisten, wurde das Innenfutter am Blendrahmen eingenutet und verleimt. Das Futter kann inklusive Fensterbank als vorgefertigtes Element montiert werden. Dieses Vorgehen erlaubt umlaufend eine luftdichte Ausbildung der Futterecken und der Übergänge zur Fensterbank.

Die Abdichtung mit Hinterfüllschnur und Dichtstoff erfolgt nach der Montage des Futterelementes. Anschließend folgt die Bekleidung.

Die Nut für die Anbringung des Futters lässt die Oberflächentemperatur f_1 auf sehr niedrige Werte absinken.

Dicke Dämmschichten unter Blendrahmen und Fensterbank beeinflussen die Wärmebrücke im Brüstungsbereich positiv.

Die hohe Wärmeleitfähigkeit der Fensterstürze begrenzt dort die Wirksamkeit der Leibungsdämmung. Durch den Einsatz der Putzschiene (259) ist der Fenstereinbau nach Abschluss der wesentlichen Putzarbeiten innen und außen möglich.

4.6.1.2-1.2.1 Isothermenverlauf

Ungestörter Bereich		Gestörter Bereich		
Wärmedurchgangskoeffizient	U-Wert [W/(m²K)]	linienf. Wärmebrücke WBVK	Ψ-Wert [W/(mK)]	
Wand	0,36	Ψ_1 Wand – Rahmen	0,015	
Rahmen	1,48	Ψ_2 Rahmen – Glas	0,060	
Wärmeschutzglas*	1,13			
Temperaturfaktor	f-Wert [–]	Temperaturfaktor	f-Wert [–]	
Wand	0,91	f_1	0,52	
Wärmeschutzglas	0,75	f_2	0,45	

Thermische Richtwerte,
Ergebnis der thermischen Untersuchung (4.6.1.2-1.2.1)
*argongefüllt, innere Scheibe e = 0,05, Aluminiumabstandhalter

195 Mauerwerk aus Steinen, Rohdichte ≤ 0,8 kg/dm³
250 Innenputz
259 Putzanschlussprofil
433 Mineralwolle gestopft oder Schaumkunststoff, örtlich eingebracht
439 Fugendichtband, vorkomprimiert
630 Fenster
635 Fensterfutter mit Bekleidung

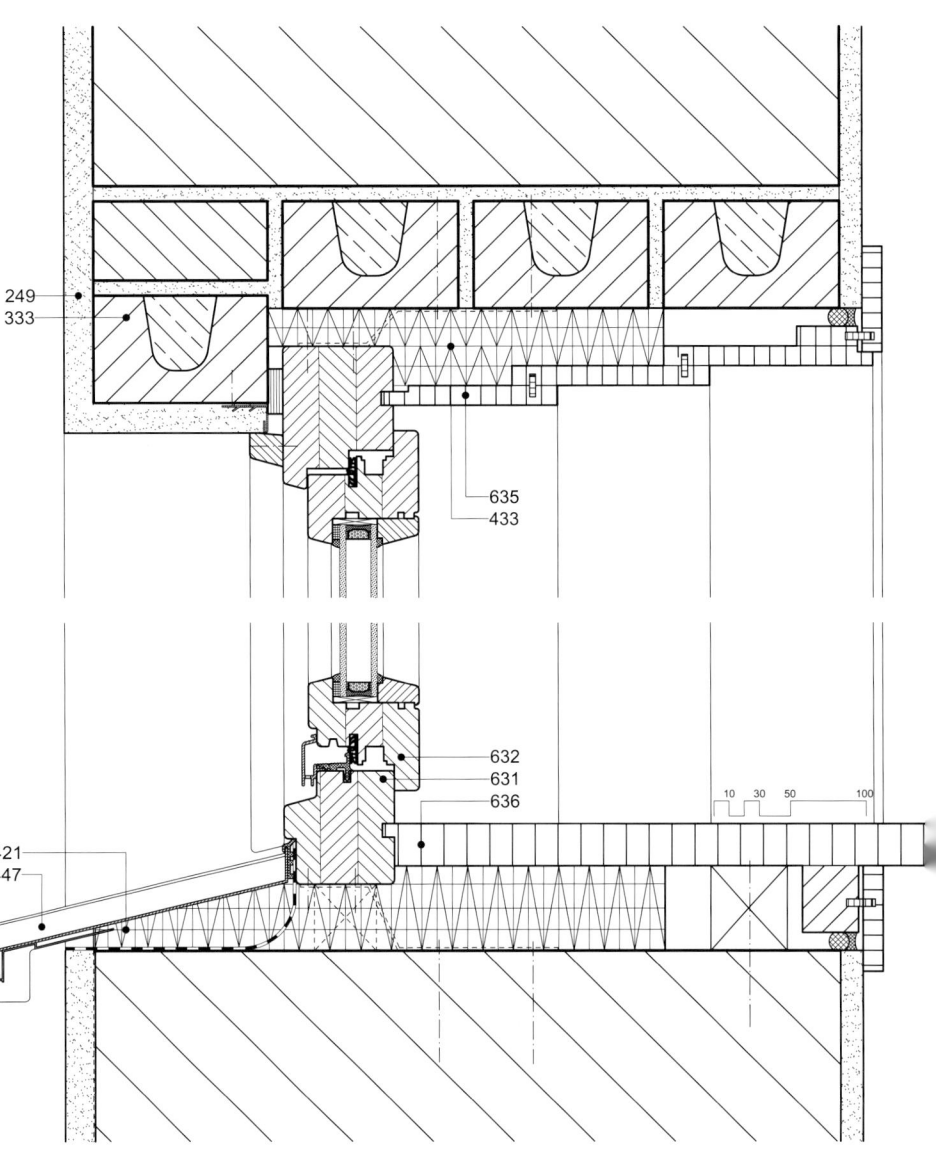

4.6.1.2-1.3 Vertikalschnitt

249 Außenputz
333 U-Schalen-Fertigteilsturz
421 Dämmstoff
433 Mineralwolle gestopft oder Schaumkunststoff, örtlich eingebracht
447 Metallfensterbank mit seitlichen Aufkantungen
631 Fensterrahmen
632 Fensterflügel
635 Fensterfutter mit Bekleidung
636 Fensterbank, Holzwerkstoff bzw. Brettschichtholz

Baustoff / Bauteil	Wärmeleitfähigkeit λ_R [W/(mK)]	Rohdichte ρ [kg/m³]
Dämmstoff (Mineralfaser)	0,04	–
Dichtbänder (PU-Schaumstoff)	0,05	80
Dichtung (Gummi)	0,24	1200
Dichtstoff (Silikon)	0,35	1240
Nadelholz	0,13	600
Holzwerkstoffplatte	0,13	700
Mauerwerk	0,18	800
Normalbeton	2,1	2400
Außenputz	0,87	1800
Innenputz	0,70	1400
Baustahl	60	7000
Aluminium	220	2700

Thermische Kennwerte (4.6.1.2-1.3)

4.6 Beispiele von Fensteranschlüssen an Außenwandsysteme
4.6.1 Anschlüsse an einschaliges, beidseitig verputztes Mauerwerk

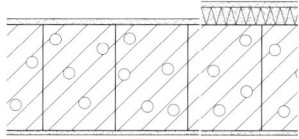

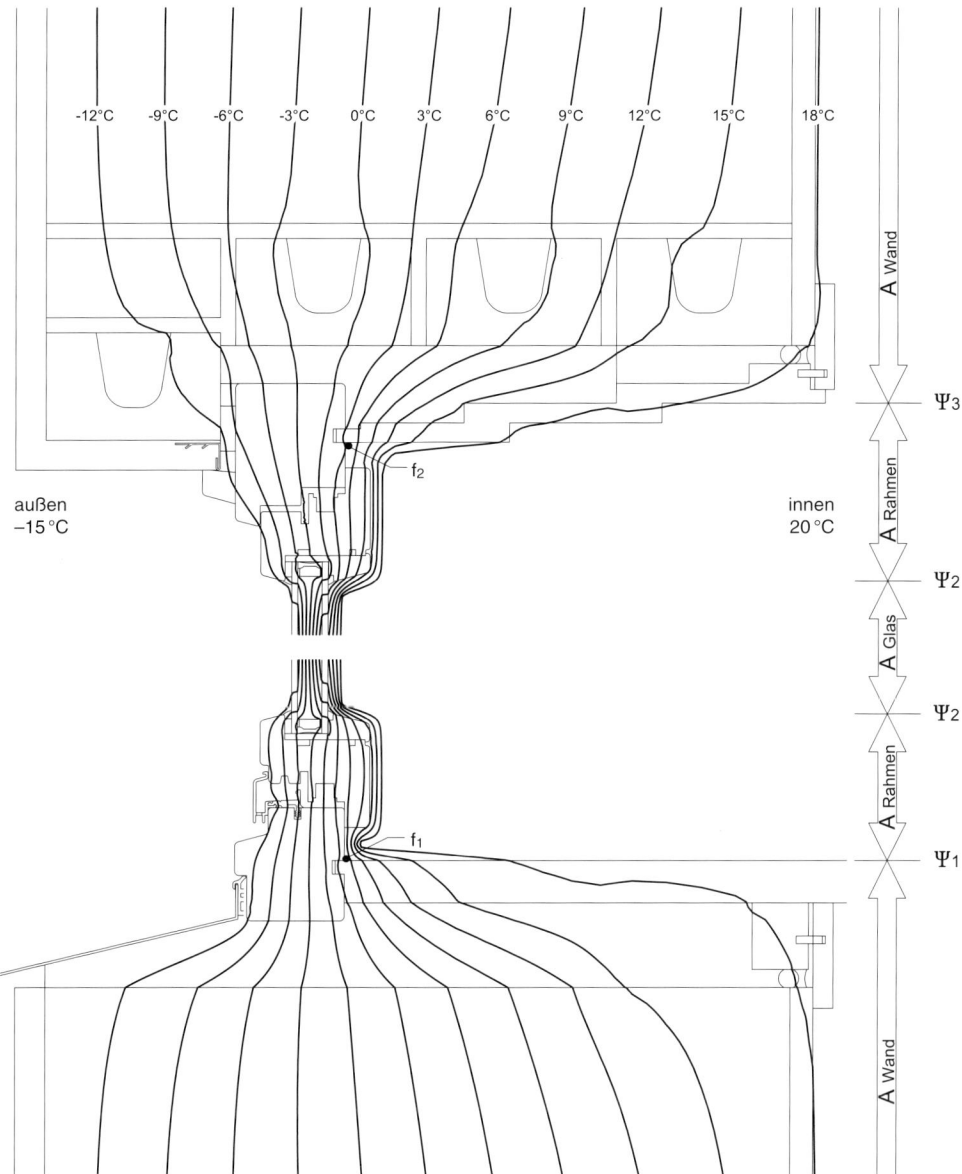

4.6.1.2-1.3.1 Isothermenverlauf

Ungestörter Bereich		Gestörter Bereich	
Wärmedurchgangs-koeffizient	U-Wert [W/(m²K)]	linienf. Wärmebrücke WBVK	Ψ-Wert [W/(mK)]
Wand	0,36	Ψ_1 Wand – Rahmen	0,070
unteres Rahmenstück	1,82	Ψ_2 Rahmen – Glas	0,060
Wärmeschutzglas*	1,13	Ψ_3 Rahmen – Wand	0,021
Temperaturfaktor	f-Wert [–]	Temperaturfaktor	f-Wert [–]
Wand	0,91	f_1	0,54
Wärmeschutzglas	0,75	f_2	0,52

Thermische Richtwerte,
Ergebnis der thermischen Untersuchung (4.6.1.2-1.3.1)

* argongefüllt, innere Scheibe e = 0,05, Aluminiumabstandhalter

4.6.2 Anschlüsse an einschaliges Mauerwerk mit WDV-System, beidseitig verputzt

4.6.2.1 Anschluss eines Kunststofffensters, Leibungen verputzt

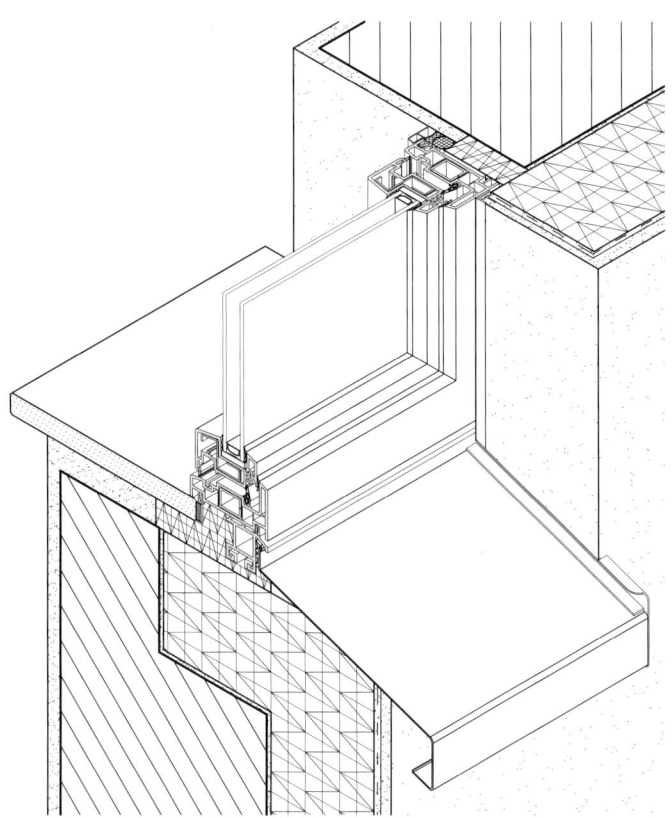

4.6.2.1-1.1 Isometrie

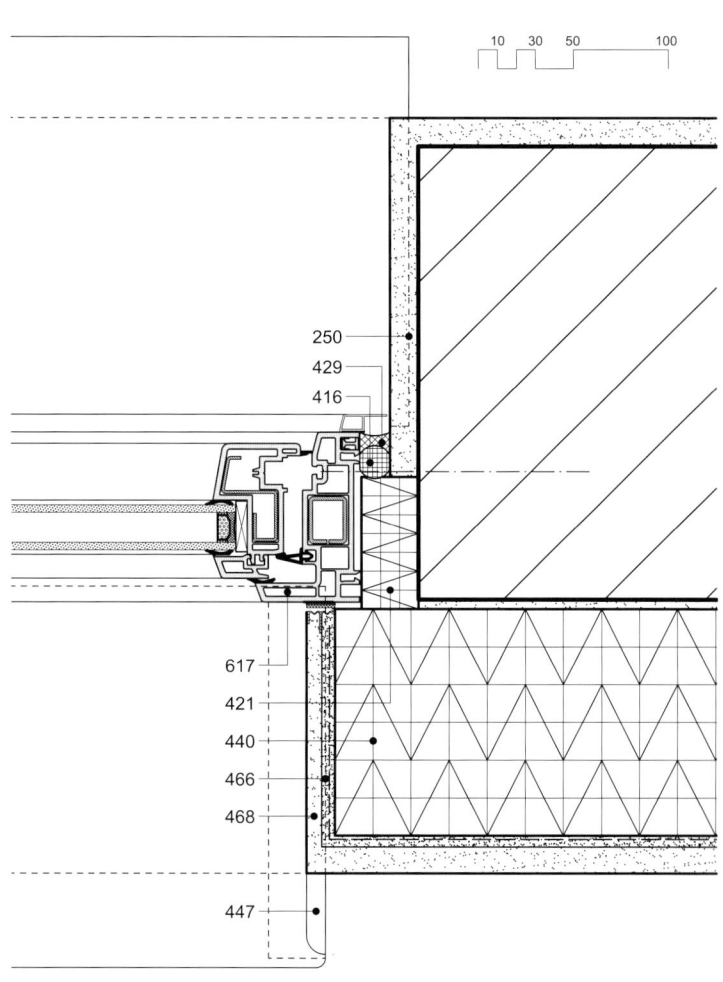

4.6.2.1-1.2 Horizontalschnitt

Dieses Beispiel zeigt den Anschluss eines Kunststofffensters an ein Mauerwerk mit WDV-System. Durch die gewählte Platzierung des Blendrahmens verbleibt dahinter ein relativ großer Raum für Dämmstoff. Das ermöglicht einen günstigen Isothermenverlauf, obwohl das Fenster zur Dämmebene versetzt angeordnet ist. Der Ψ_1-Wert des Anschlusses liegt mit 0,016 W/(mK) niedrig.

Baustoff / Bauteil	Wärmeleitfähigkeit λ_R [W/(mK)]	Rohdichte ρ [kg/m³]
Dämmstoff (Mineralfaser)	0,04	–
Dichtbänder (PS-Schaumstoff)	0,04	≥ 15
Dichtbänder (PU-Schaumstoff)	0,05	80
Dichtung (Gummi)	0,24	1200
Mauerwerk	0,79	1600
Außenputz	0,87	1800
Innenputz (Gips)	0,35	1200
Aluminium	220	2700
PVC	0,17	1390

Thermische Kennwerte (4.6.2.1-1.2)

4.6 Beispiele von Fensteranschlüssen an Außenwandsysteme
4.6.2 Anschlüsse an einschaliges Mauerwerk mit WDV-System, beidseitig verputzt

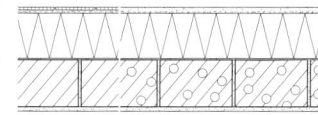

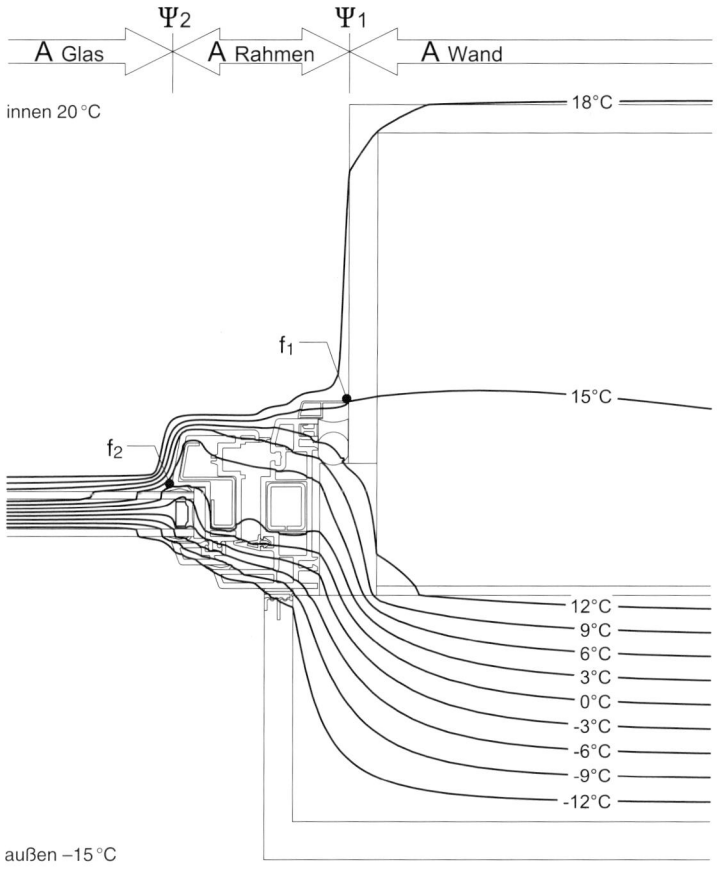

Um einen thermischen Kurzschluss zwischen Fensterbank und Mauerwerk zu vermeiden, wurde das Mauerwerk im Brüstungsbereich abgetreppt. Trotz dieser Maßnahme liegt der Ψ_1-Wert mit 0,041 W/(mK) gegenüber dem Seitenanschluß höher. Die Ursache dafür ist das Ergänzungsprofil für den Anschluss der äußeren Fensterbank.

Eine Vergleichsrechnung zeigt die Wirksamkeit der Abtreppung des Mauerwerks. Ohne Abtreppung steigt der WBVK Ψ_1 auf einen Wert von 0,124 W/(mK), also etwa der dreifache Wert.

Wegen der Dämmstoffüberdeckung bleibt die Auswirkung des Sturzes relativ gering. Die Oberflächentemperaturen im Anschlussbereich sind wegen der großen Profiltiefe in Kombination mit der Außendämmung sehr günstig.

Unterstützt durch die hohe Leitfähigkeit der Natursteinfensterbank kommt die Oberflächentemperatur dort der ungestörten Wand nahe.

Auf die sehr niedrige Oberflächentemperatur im Anschluss »Rahmen – Verglasung« haben auch gute Anschlusskonstruktionen keinen Einfluss.

4.6.2.1-1.2.1 Isothermenverlauf

Ungestörter Bereich		Gestörter Bereich	
Wärmedurchgangs-koeffizient	U-Wert [W/(m²K)]	linienf. Wärmebrücke WBVK	Ψ-Wert [W/(mK)]
Wand	0,28	Ψ_1 Wand – Rahmen	0,016
Rahmen	1,96	Ψ_2 Rahmen – Glas	0,060
Wärmeschutzglas*	1,13		
Temperaturfaktor	f-Wert [–]	Temperaturfaktor	f-Wert [–]
Wand	0,93	f_1	0,83
Wärmeschutzglas	0,75	f_2	0,50

250 Innenputz
416 Rundes, geschlossenzelliges Hinterfüllprofil
421 Dämmstoff
429 Fugendichtungsmasse
440 Wärmedämmverbundsystem
447 Metallfensterbank mit seitlichen Aufkantungen
466 Armierungsputz mit Armierungsgewebe
468 Oberputz
617 PVC-Fenster

Thermische Richtwerte,
Ergebnis der thermischen Untersuchung (4.6.2.1-1.2.1)
* argongefüllt, innere Scheibe e = 0,05, Aluminiumabstandhalter

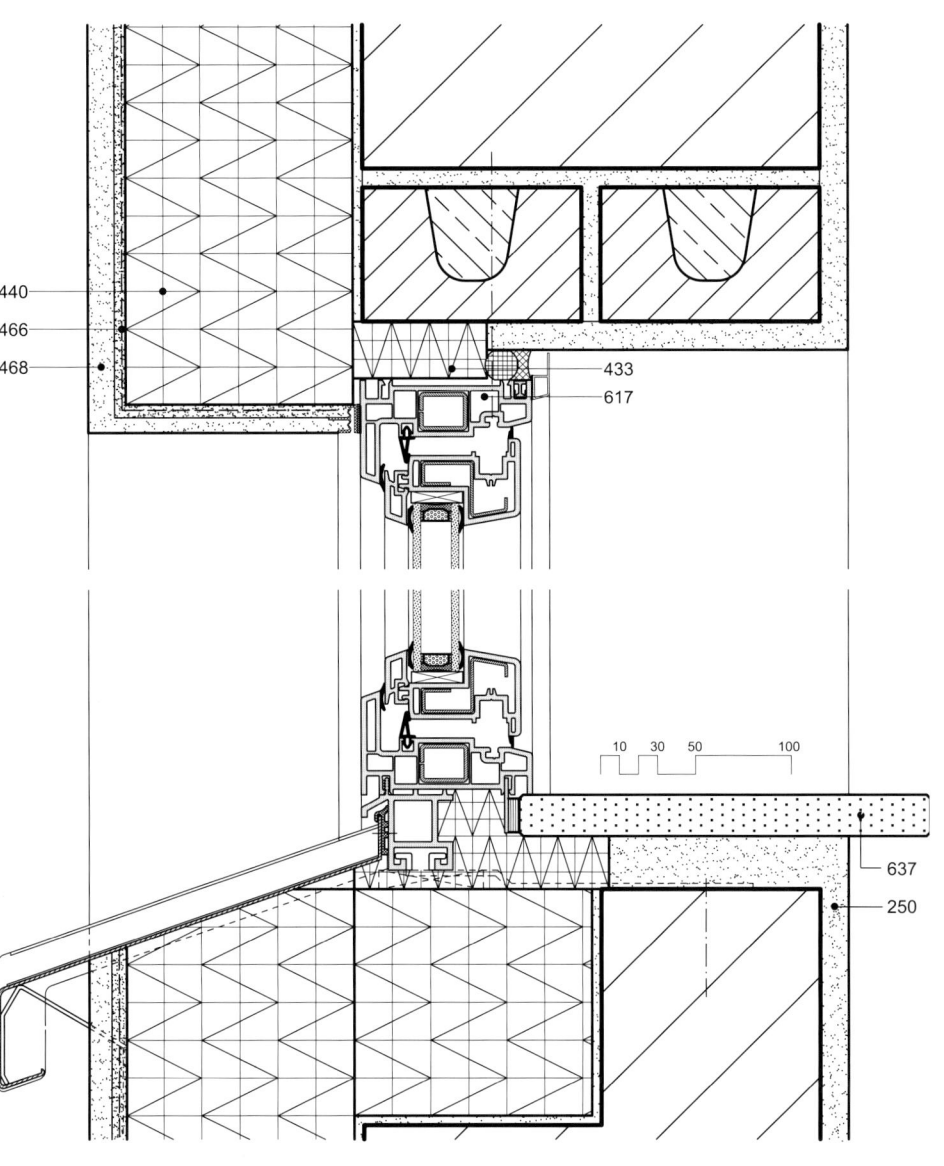

4.6.2.1-1.3 Vertikalschnitt

250 Innenputz
433 Mineralwolle gestopft oder Schaumkunststoff, örtlich eingebracht
440 Wärmedämmverbundsystem
466 Armierungsputz mit Armierungsgewebe
468 Oberputz
617 PVC-Fenster
637 Natursteinfensterbank

Baustoff / Bauteil	Wärmeleitfähigkeit λ_R [W/(mK)]	Rohdichte ρ [kg/m³]
Dämmstoff (Mineralfaser)	0,04	–
Dichtbänder (PS-Schaumstoff)	0,04	≥ 15
Dichtbänder (PU-Schaumstoff)	0,05	80
Dichtung (Gummi)	0,24	1200
Mauerwerk	0,79	1600
Außenputz	0,87	1800
Innenputz (Gips)	0,35	1200
Normalbeton	2,1	2400
Aluminium	220	2700
Marmor	3,5	2800
PVC	0,17	1390

Thermische Kennwerte (4.6.2.1-1.3)

4.6 Beispiele von Fensteranschlüssen an Außenwandsysteme
4.6.2 Anschlüsse an einschaliges Mauerwerk mit WDV-System, beidseitig verputzt

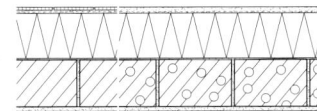

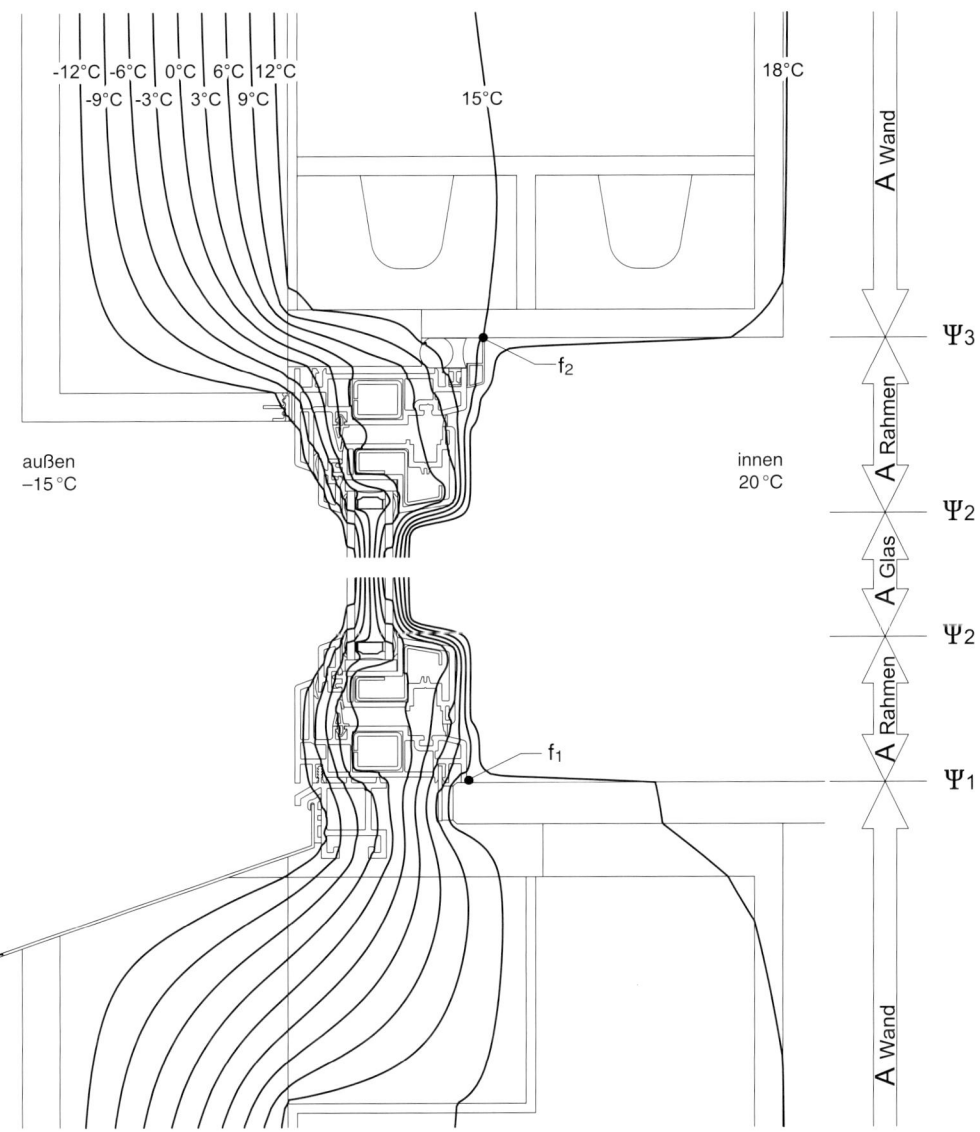

4.6.2.1-1.3.1 Isothermenverlauf

Ungestörter Bereich		Gestörter Bereich	
Wärmedurchgangs-koeffizient	U-Wert [W/(m²K)]	linienf. Wärmebrücke WBVK	Ψ-Wert [W/(mK)]
Wand	0,28	Ψ₁ Wand – Rahmen	0,041
Rahmen	1,96	Ψ₂ Rahmen – Glas	0,060
Wärmeschutzglas*	1,13	Ψ₃ Rahmen – Wand	0,019
Temperaturfaktor	f-Wert [–]	Temperaturfaktor	f-Wert [–]
Wand	0,93	f₁	0,90
Wärmeschutzglas	0,75	f₂	0,84

Thermische Richtwerte,
Ergebnis der thermischen Untersuchung (4.6.2.1-1.3.1)
* argongefüllt, innere Scheibe e = 0,05, Aluminiumabstandhalter

4.6.3 Anschlüsse an einschaliges Mauerwerk mit Dämmschicht und belüfteter Fassadenbekleidung

4.6.3.1 Anschluss eines Aluminiumfensters mit Außenfutter, Innenbekleidung Gipsbauplatten, außen belüftete Ziegelbekleidung

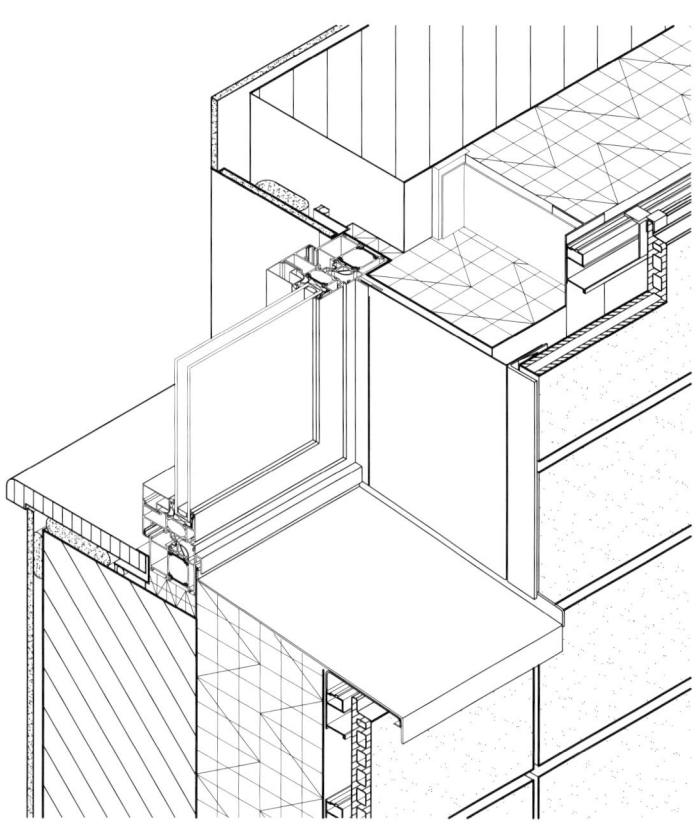

4.6.3.1-1.1 Isometrie

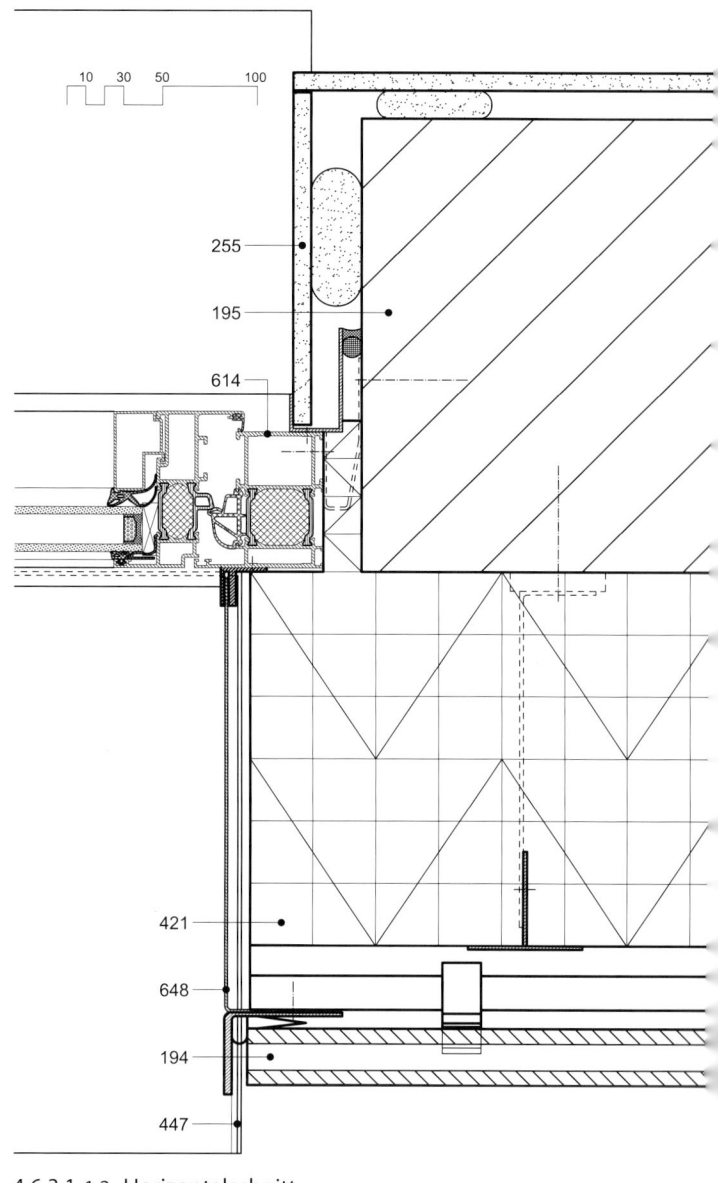

4.6.3.1-1.2 Horizontalschnitt

Der Anschluss zeigt ein Aluminiumfenster in Verbindung mit einer belüfteten Fassadenbekleidung aus Ziegelplatten.

Das Fensterelement wird mit konfektionierten, mehrfach gebogenen Flachstahlankern befestigt. Das anschließend innen auf dem Blendrahmen fixierte Aluminium-U-Profil erlaubt einen einfachen luftdichten Anschluss mit Dichtstoff. Der kürzere Innenschenkel dient zur Ausrichtung der Innenbekleidung und zur Aufnahme von Toleranzen.

Baustoff/Bauteil	Wärmeleitfähigkeit λ_R [W/(mK)]	Rohdichte ρ [kg/m³]
Dämmstoff (Mineralfaser)	0,04	–
Dichtbänder (PU-Schaumstoff)	0,05	80
Dichtung (Gummi)	0,24	1200
Dichtstoff (Silikon)	0,35	1240
Mauerwerk	0,79	1600
Gipsbauplatte	0,25	900
Aluminium	220	2700

Thermische Kennwerte (4.6.3.1-1.2)

4.6 Beispiele von Fensteranschlüssen an Außenwandsysteme
4.6.3 Anschlüsse an einschaliges Mauerwerk mit Dämmschicht und belüfteter Fassadenbekleidung

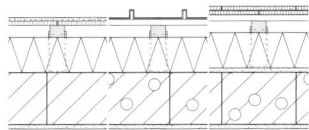

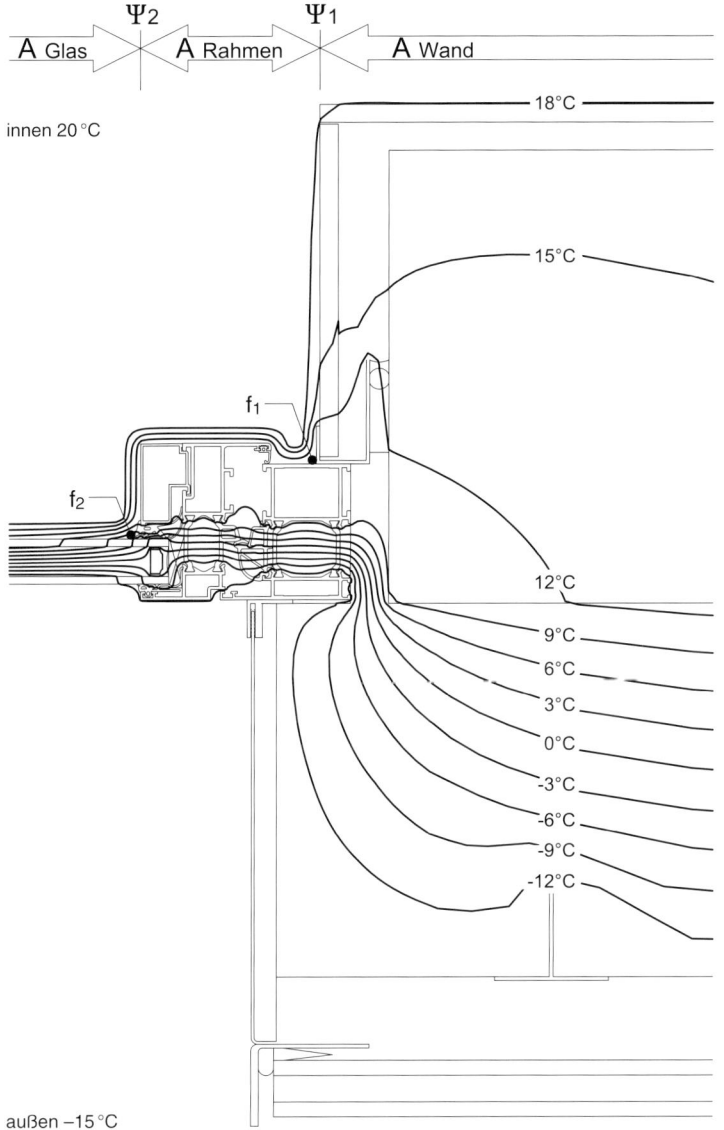

Anschlusskonstruktionen mit belüfteter Fassade verhalten sich thermisch ähnlich wie andere Systeme mit Außendämmung, z. B. WDV-Systeme.

Im Beispiel ist ein Aluminiumfenster mit einer Dämmstoffüberdeckung und sehr schlanker außenseitiger Profilansicht dargestellt.

Der Isothermenverlauf verdeutlicht das ungünstige thermische Verhalten. Die Dämmstoffüberdeckung ist wegen der hohen Leitfähigkeit des Aluminiumrahmens weitgehend unwirksam. Der Ψ-Wert von 0,131 W/(mK) verdeutlicht diese Schwachstelle.

Die äußere Fensterbank kann bei Entwässerungsbohrungen in Fassadenebene auf dem Blendrahmen angebracht werden. Die Ansichtsbreiten der Profile im Brüstungsbereich weichen dadurch nicht von den übrigen ab. Außerdem wird so (auch ohne eine besondere Brüstungsbildung) ein thermischer Kurzschluss vermieden.

4.6.3.1-1.2.1 Isothermenverlauf

- 194 Wandbauplatte (Ziegelmaterial)
- 195 Mauerwerk aus Steinen, Rohdichte ≤ 0,8 kg/dm³
- 255 Gipsbauplatte, Gipskarton- bzw. Gipsfaserplatte
- 421 Dämmstoff
- 447 Metallfensterbank mit seitlichen Aufkantungen
- 614 Aluminiumfenster
- 648 Fensterfutter

Ungestörter Bereich		Gestörter Bereich	
Wärmedurchgangskoeffizient	U-Wert [W/(m²K)]	linienf. Wärmebrücke WBVK	Ψ-Wert [W/(mK)]
Wand	0,18	Ψ_1 Wand – Rahmen	0,131
Rahmen	2,19	Ψ_2 Rahmen – Glas	0,055
Wärmeschutzglas*	1,13		
Temperaturfaktor	f-Wert [–]	Temperaturfaktor	f-Wert [–]
Wand	0,95	f_1	0,71
Wärmeschutzglas	0,75	f_2	0,51

Thermische Richtwerte,
Ergebnis der thermischen Untersuchung (4.6.3.1-1.2.1)
*argongefüllt, innere Scheibe e = 0,05, Aluminiumabstandhalter

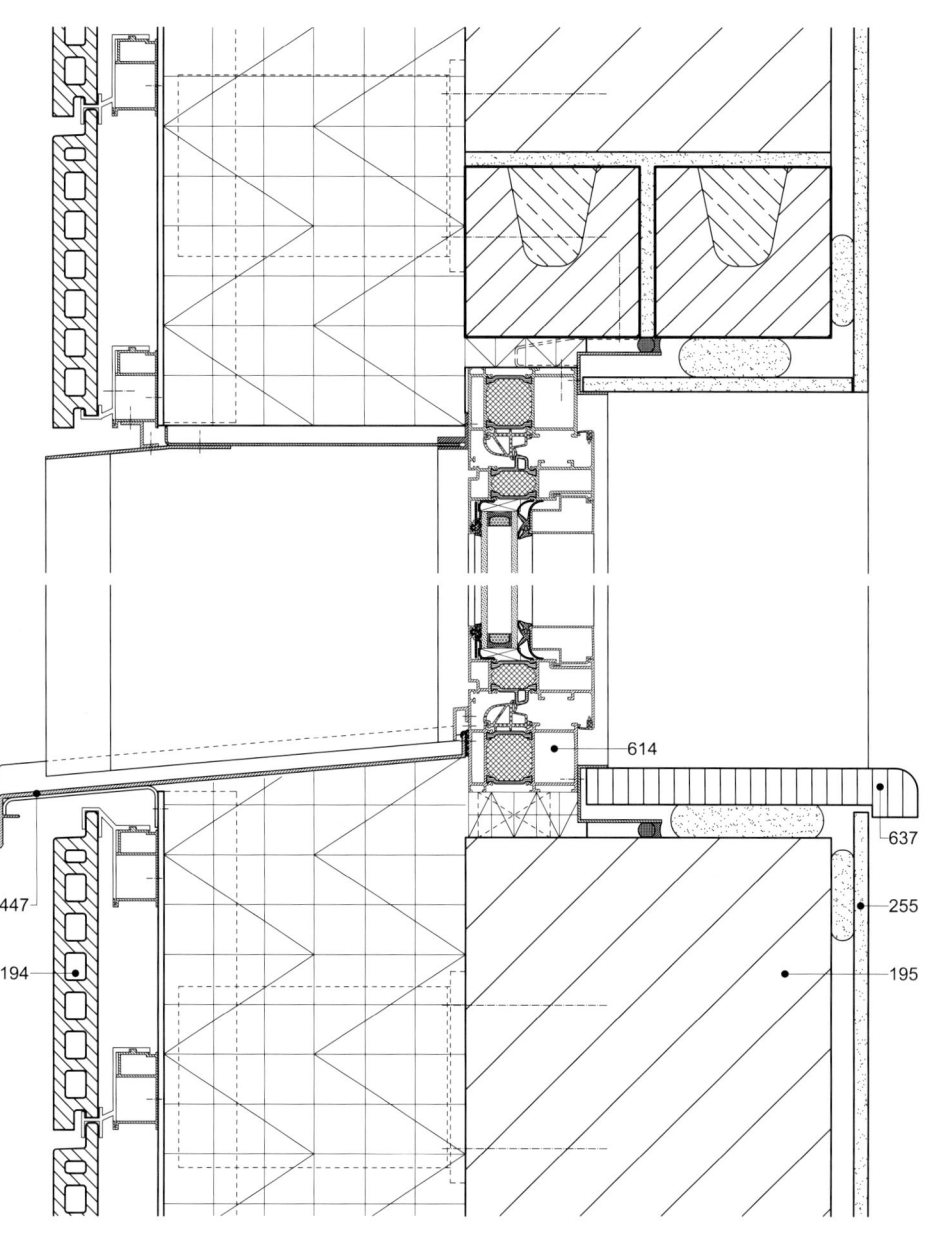

4.6.3.1-1.3 Vertikalschnitt

194 Wandbauplatte (Ziegelmaterial)
195 Mauerwerk aus Steinen, Rohdichte ≤ 0,8 kg/dm³
255 Gipsbauplatte, Gipskarton- bzw. Gipsfaserplatte
447 Metallfensterbank mit seitlichen Aufkantungen
614 Aluminiumfenster
637 Natursteinfensterbank

Baustoff / Bauteil	Wärmeleitfähigkeit λ_R [W/(mK)]	Rohdichte ρ [kg/m³]
Dämmstoff (Mineralfaser)	0,04	–
Dichtbänder (PU-Schaumstoff)	0,05	80
Dichtung (Gummi)	0,24	1200
Dichtstoff (Silikon)	0,35	1240
Mauerwerk	0,79	1600
Gipsbauplatte	0,25	900
Normalbeton	2,1	2400
Aluminium	220	2700

Thermische Kennwerte (4.6.3.1-1.3)

4.6 Beispiele von Fensteranschlüssen an Außenwandsysteme
4.6.3 Anschlüsse an einschaliges Mauerwerk mit Dämmschicht und belüfteter Fassadenbekleidung

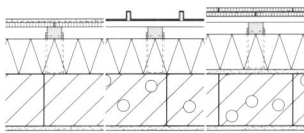

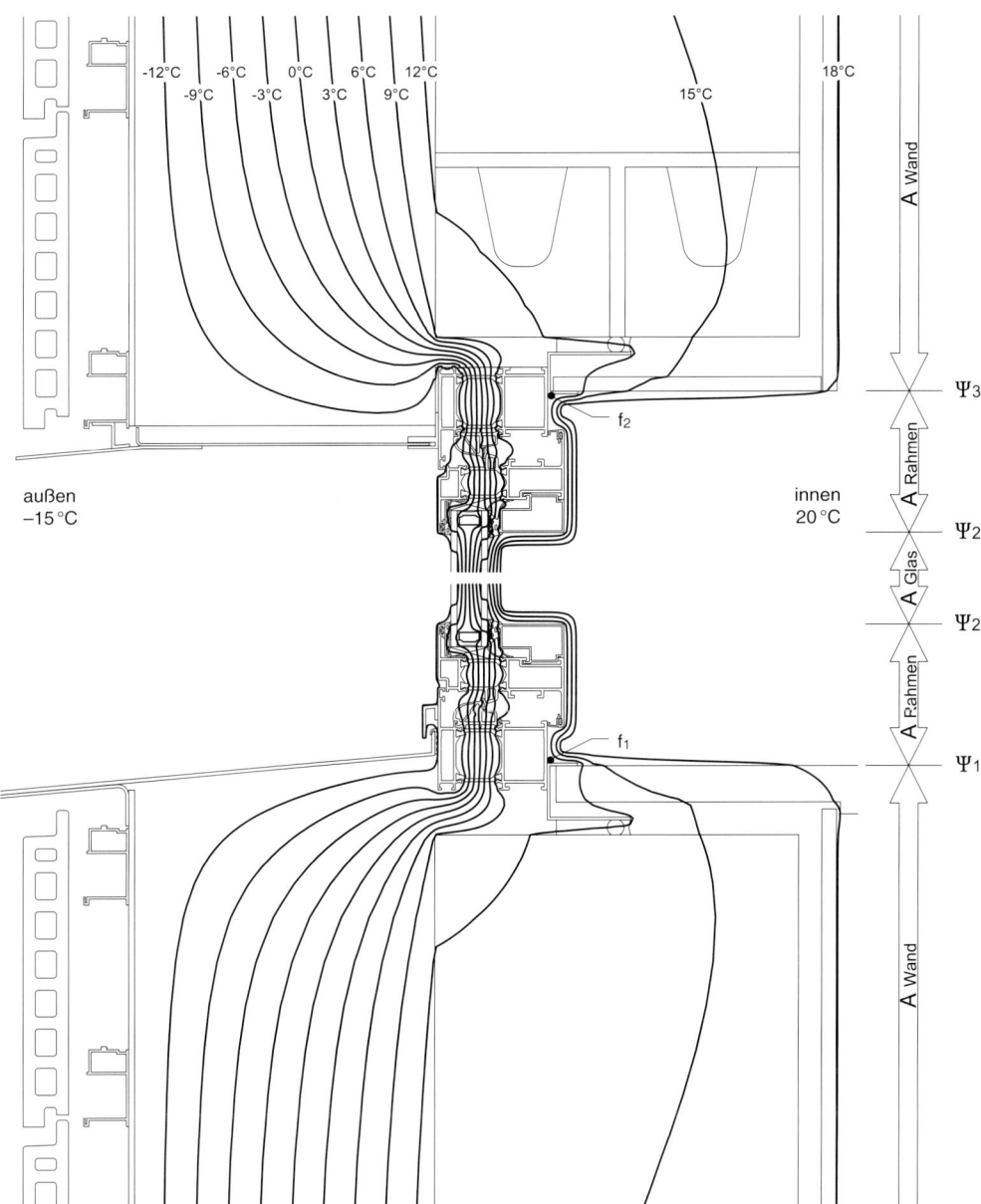

4.6.3.1-1.3.1 Isothermenverlauf

Ungestörter Bereich		Gestörter Bereich	
Wärmedurchgangs-koeffizient	U-Wert [W/(m²K)]	linienf. Wärmebrücke WBVK	Ψ-Wert [W/(mK)]
Wand	0,18	Ψ_1 Wand – Rahmen	0,117
Rahmen	2,19	Ψ_2 Rahmen – Glas	0,055
Wärmeschutzglas*	1,13	Ψ_3 Rahmen – Wand	0,142
Temperaturfaktor	f-Wert [–]	Temperaturfaktor	f-Wert [–]
Wand	0,95	f_1	0,72
Wärmeschutzglas	0,75	f_2	0,71

Thermische Richtwerte,
Ergebnis der thermischen Untersuchung (4.6.3.1-1.3.1)
* argongefüllt, innere Scheibe e = 0,05, Aluminiumabstandhalter

4.6.4 Anschlüsse an zweischaliges Mauerwerk mit Kerndämmung und Luftschicht

4.6.4.1 Anschluss eines Kunststofffensters mit Montagezarge und Innenfutter, Innenputz

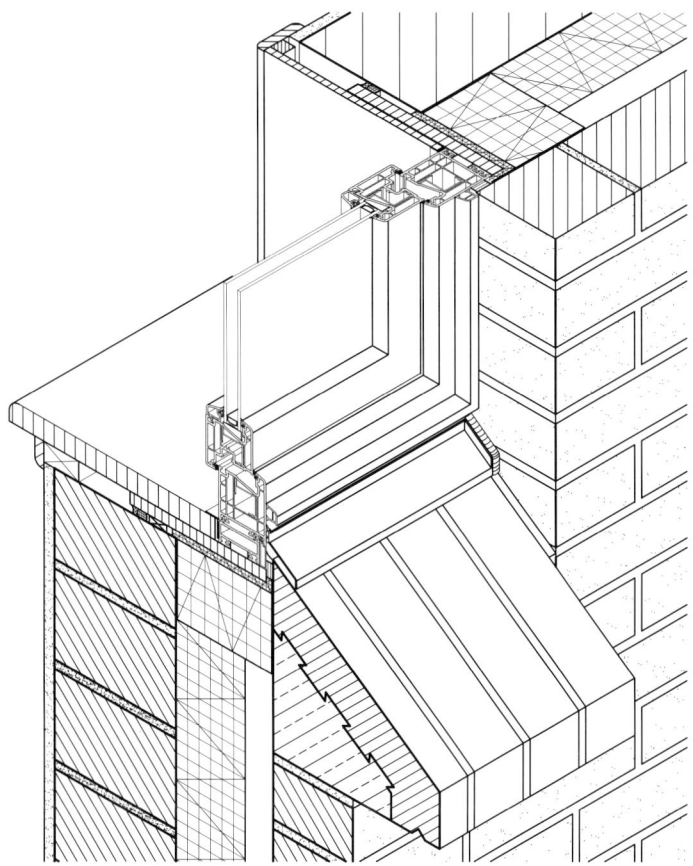

4.6.4.1-1.1 Isometrie

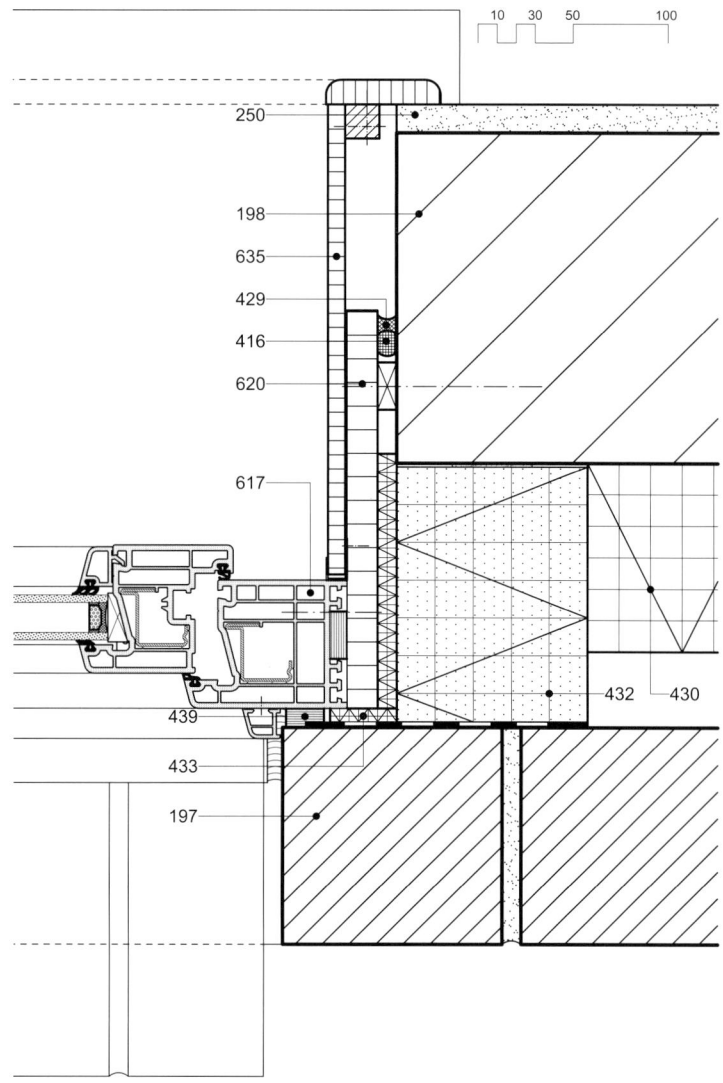

4.6.4.1-1.2 Horizontalschnitt

Dieses Fenster zeichnet sich durch seine optimale Lage zur Dämmebene aus. Im Anschlussbereich befindet sich zwischen den beiden Mauerschalen druckfestes Schaumglas. Die mechanische Verankerung kann nicht im Schaumglas erfolgen, sondern erfolgt mit Hilfe einer verdeckten Montagezarge (620). Die Befestigung und Abdichtung wird dadurch in den Bereich des Hintermauerwerks verlagert. Bei großen Fensterformaten können unterschiedliche Formänderungen von Montagezargen (Holzwerkstoff) und Fensterrahmen (PVC) die Eckdichtungen der Zarge gefährden. Ähnliche Systeme mit Zargen aus PVC reduzieren dieses Risiko.

Baustoff / Bauteil	Wärmeleitfähigkeit λ_R [W/(mK)]	Rohdichte ρ [kg/m³]
Dämmstoff (Mineralfaser)	0,04	–
Dichtbänder (PU-Schaumstoff)	0,05	80
Schaumglas	0,05	130
Dichtung (Gummi)	0,24	1200
Dichtstoff (Silikon)	0,35	1240
Nadelholz	0,13	600
Holzwerkstoffplatte	0,13	700
Hintermauerwerk	0,79	1600
Verblendmauerwerk	0,96	2000
Innenputz	0,70	1400
Aluminium	220	2700
PVC	0,17	1390

Thermische Kennwerte (4.6.4.1-1.2)

4.6 Beispiele von Fensteranschlüssen an Außenwandsysteme
4.6.4 Anschlüsse an zweischaliges Mauerwerk mit Kerndämmung und Luftschicht

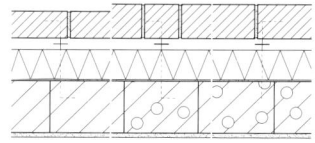

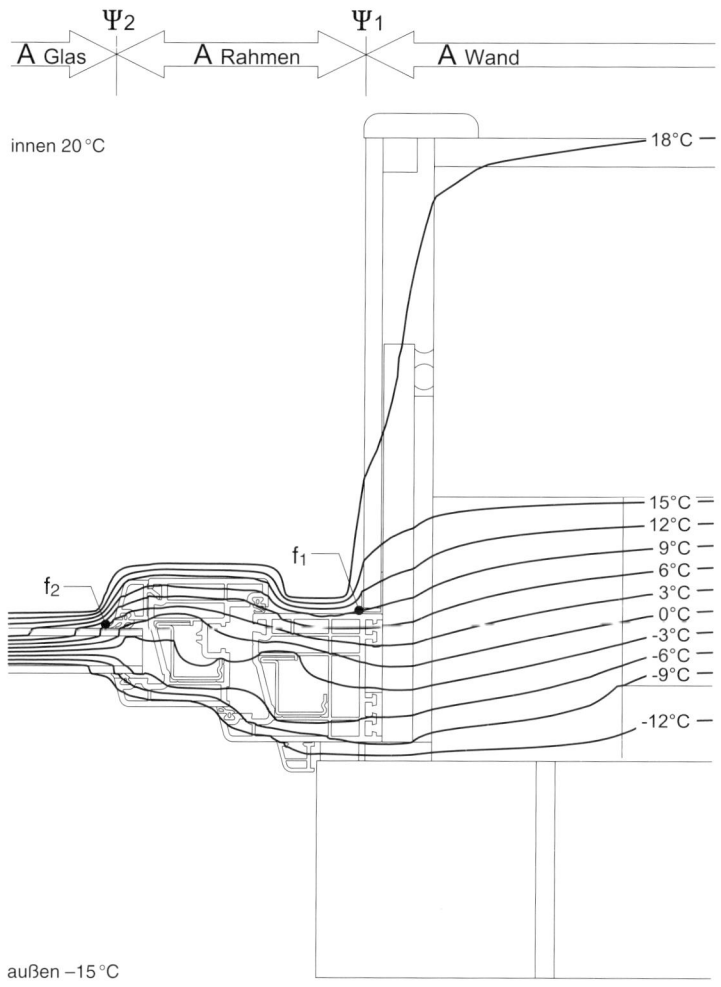

Gestalterisch decken Futter und Bekleidung die Montagezarge ab.

Die Vormauerschale ist vierseitig als Innenanschlag ausgebildet. Das System eignet sich zum nachträglichen Einbau der Fenster.

Um Rahmenentwässerung und Abdichtung zu gewährleisten, ist im Brüstungsbereich ein Verbreiterungsprofil notwendig. Die dadurch bedingte thermische Schwächung ist am vergrößerten Ψ-Wert zu erkennen.

Bei diesem Beispiel ist der negative thermische Einfluss der eingesetzten Stürze minimal.

4.6.4.1-1.2.1 Isothermenverlauf

Ungestörter Bereich	
Wärmedurchgangs-koeffizient	U-Wert [W/(m²K)]
Wand	0,31
Rahmen	1,79
Wärmeschutzglas*	1,13

Gestörter Bereich	
linienf. Wärmebrücke WBVK	Ψ-Wert [W/(mK)]
Ψ_1 Wand – Rahmen	0,018
Ψ_2 Rahmen – Glas	0,040

Temperaturfaktor	f-Wert [–]
Wand	0,93
Wärmeschutzglas	0,75

Temperaturfaktor	f-Wert [–]
f_1	0,67
f_2	0,48

- 197 Verblendmauerschale aus frostwiderstandsfähigen Mauersteinen
- 198 Hintermauerschale
- 250 Innenputz
- 416 Rundes, geschlossenzelliges Hinterfüllprofil
- 429 Fugendichtungsmasse
- 430 Mineralwolle
- 432 Schaumglas
- 433 Mineralwolle gestopft oder Schaumkunststoff, örtlich eingebracht
- 439 Fugendichtband, vorkomprimiert
- 617 PVC-Fenster
- 620 Montagezarge
- 635 Fensterfutter mit Bekleidung

Thermische Richtwerte,
Ergebnis der thermischen Untersuchung (4.6.4.1-1.2.1)
*argongefüllt, innere Scheibe e = 0,05, Aluminiumabstandhalter

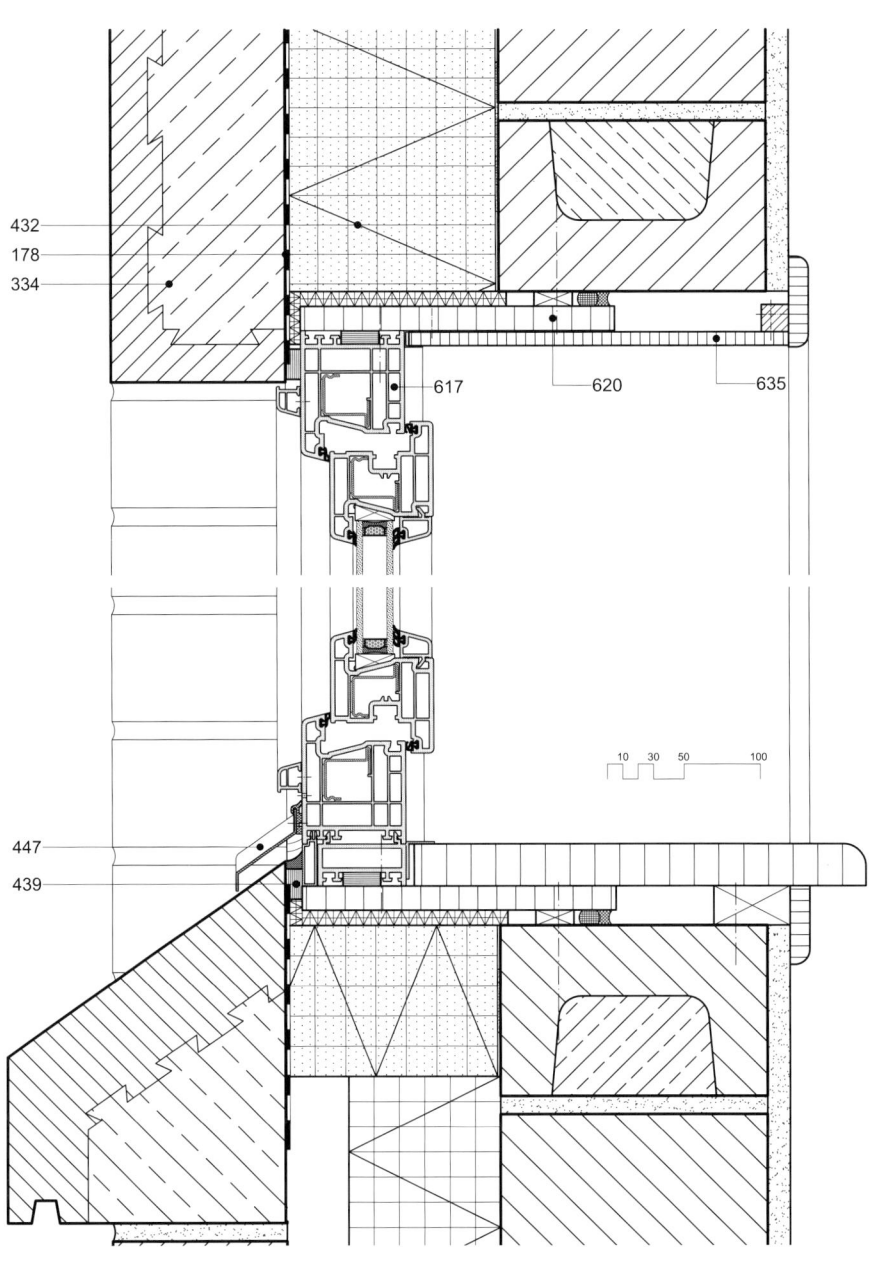

4.6.4.1-1.3 Vertikalschnitt

178 Sperrschicht
334 Fertigteil-Verblendsturz, aus Stahlbeton mit Mauerstein-Riemchen
432 Schaumglas
439 Fugendichtband, vorkomprimiert
447 Metallfensterbank mit seitlichen Aufkantungen
617 PVC-Fenster
620 Montagezarge
635 Fensterfutter mit Bekleidung

Baustoff / Bauteil	Wärmeleitfähigkeit λ_R [W/(mK)]	Rohdichte ρ [kg/m³]
Dämmstoff (Mineralfaser)	0,04	–
Dichtbänder (PU-Schaumstoff)	0,05	80
Schaumglas	0,05	130
Dichtung (Gummi)	0,24	1200
Dichtstoff (Silikon)	0,35	1240
Nadelholz	0,13	600
Holzwerkstoffplatte	0,13	700
Hintermauerwerk	0,79	1600
Verblendmauerwerk	0,96	2000
Normalbeton	2,1	2400
Innenputz	0,70	1400
Aluminium	220	2700
PVC	0,17	1390

Thermische Kennwerte (4.6.4.1-1.3)

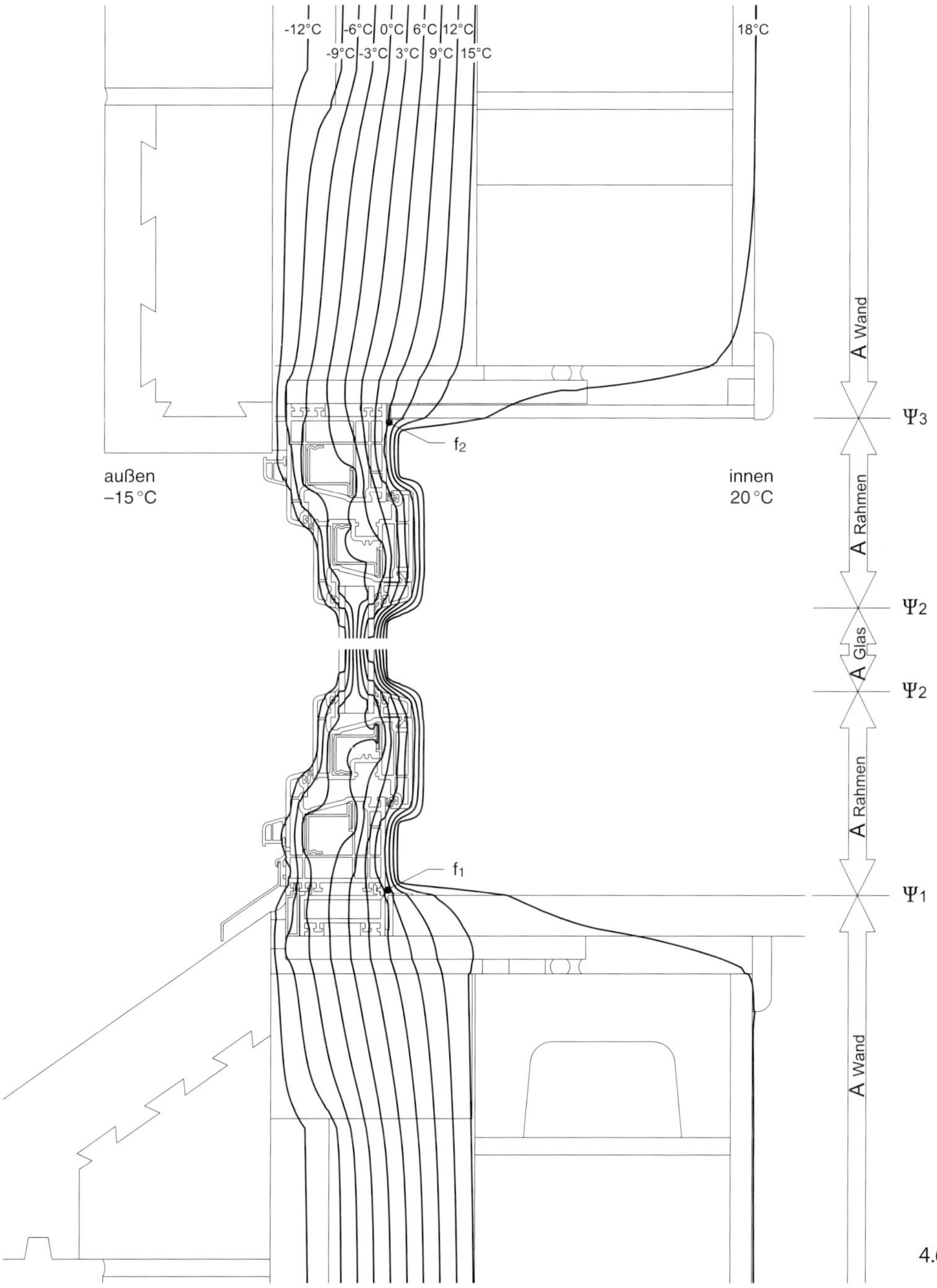

4.6 Beispiele von Fensteranschlüssen an Außenwandsysteme
4.6.4 Anschlüsse an zweischaliges Mauerwerk mit Kerndämmung und Luftschicht

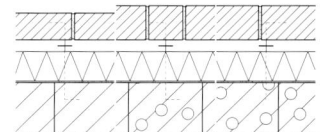

4.6.4.1-1.3.1 Isothermenverlauf

Ungestörter Bereich		Gestörter Bereich	
Wärmedurchgangs-koeffizient	U-Wert [W/(m²K)]	linienf. Wärmebrücke WBVK	Ψ-Wert [W/(mK)]
Wand	0,31	Ψ_1 Wand – Rahmen	0,036
Rahmen	1,79	Ψ_2 Rahmen – Glas	0,040
Wärmeschutzglas*	1,13	Ψ_3 Rahmen – Wand	0,020
Temperaturfaktor	f-Wert [–]	Temperaturfaktor	f-Wert [–]
Wand	0,93	f_1	0,60
Wärmeschutzglas	0,75	f_2	0,71

Thermische Richtwerte,
Ergebnis der thermischen Untersuchung (4.6.4.1-1.3.1)
* argongefüllt, innere Scheibe e = 0,05, Aluminiumabstandhalter

4.6.4.2 Anschluss eines Holzfensters mit Montagezarge und Innenfutter, Sichtmauerwerk innen und außen

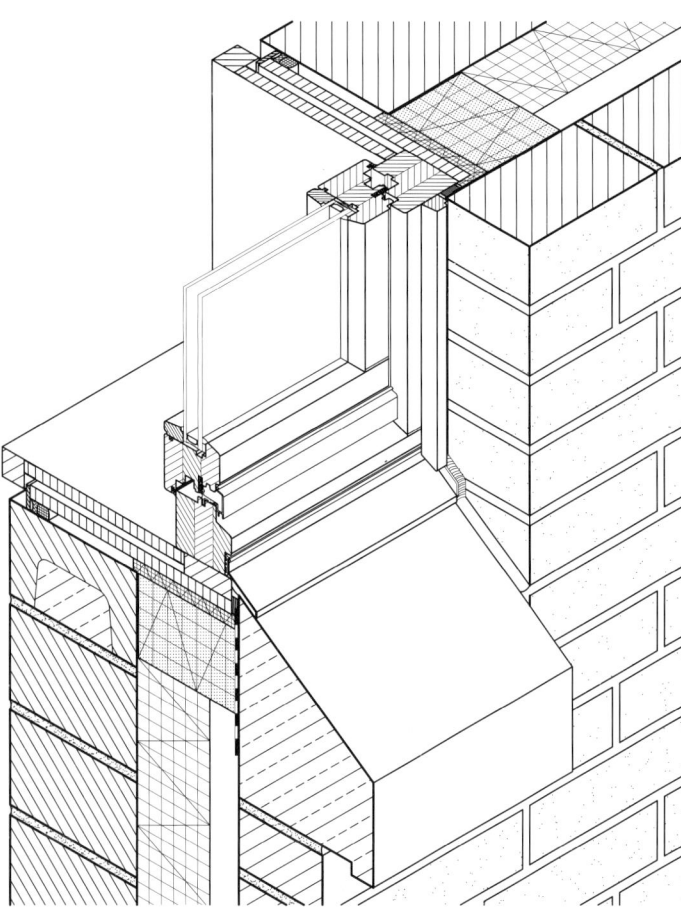

4.6.4.2-1.1 Isometrie

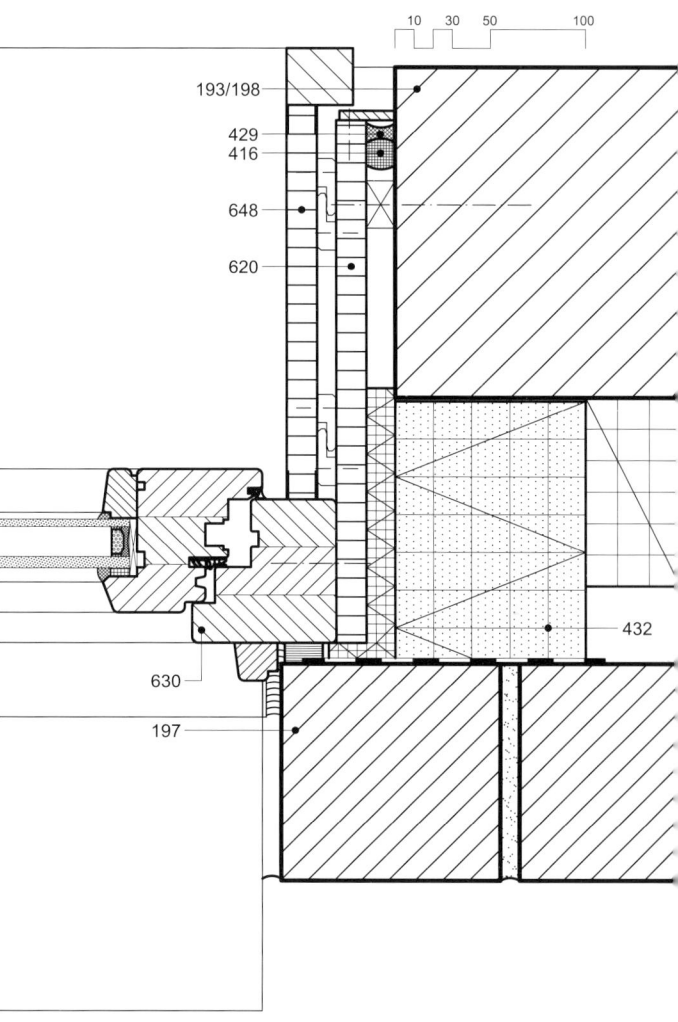

4.6.4.2-1.2 Horizontalschnitt

Dieses Beispiel zeigt den Anschluss eines Holzfensters an eine Wand mit beidseitigem Sichtmauerwerk. Die Ausbildung der Montagezarge und des Innenfutters führt zu einer Schattenfuge zwischen Futter und Sichtmauerwerk.

Mit Aufschiebebeschlägen kann das Innenfutter einschließlich Fensterbank vorgefertigt montiert werden. Die relativ hohen Werte der Wärmebrücke resultieren aus der gewählten Flächenaufteilung. Sie werden bei der Bilanzierung durch entsprechend verkleinerte Rahmenflächen kompensiert.

Im Brüstungsbereich vergrößert die zusätzliche Leiste unter dem Fensterrahmen den WBVK.

Baustoff / Bauteil	Wärmeleitfähigkeit λ_R [W/(mK)]	Rohdichte ρ [kg/m³]
Dämmstoff (Mineralfaser)	0,04	–
Dichtbänder (PU-Schaumstoff)	0,05	80
Schaumglas	0,05	130
Dichtung (Gummi)	0,24	1200
Dichtstoff (Silikon)	0,35	1240
Nadelholz	0,13	600
Holzwerkstoffplatte	0,13	700
Hintermauerwerk	0,79	1600
Verblendmauerwerk	0,96	2000
Aluminium	220	2700

Thermische Kennwerte (4.6.4.2-1.2)

4.6 Beispiele von Fensteranschlüssen an Außenwandsysteme
4.6.4 Anschlüsse an zweischaliges Mauerwerk mit Kerndämmung und Luftschicht

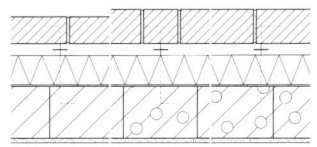

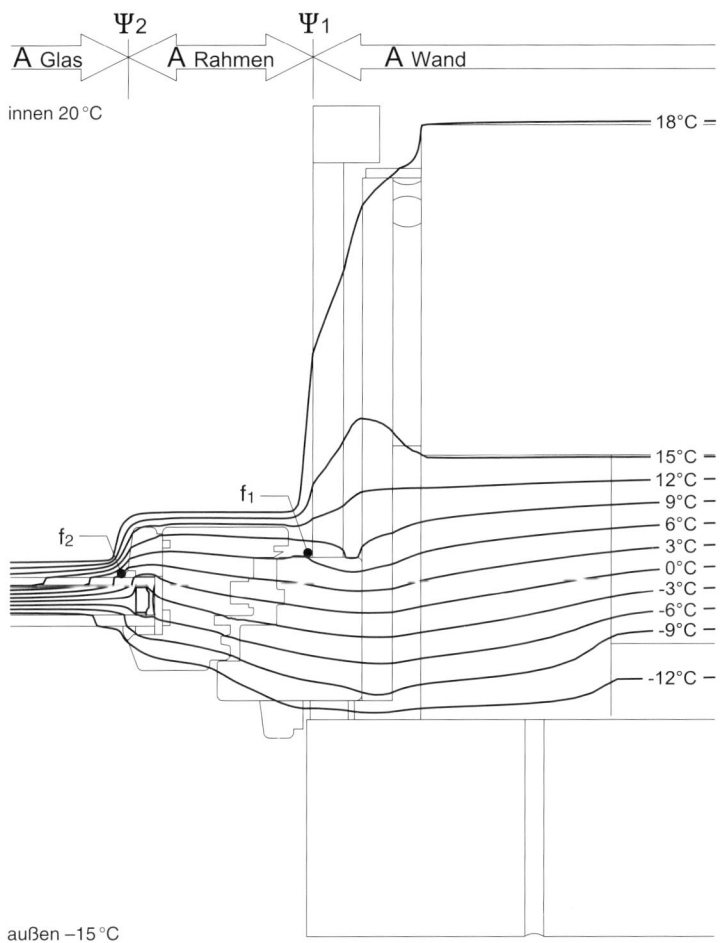

4.6.4.2-1.2.1 Isothermenverlauf

Ungestörter Bereich		Gestörter Bereich	
Wärmedurchgangs-koeffizient	U-Wert [W/(m²K)]	linienf. Wärmebrücke WBVK	Ψ-Wert [W/(mK)]
Wand	0,31	Ψ_1 Wand – Rahmen	0,044
Rahmen	1,45	Ψ_2 Rahmen – Glas	0,060
Wärmeschutzglas*	1,13		
Temperaturfaktor	f-Wert [–]	Temperaturfaktor	f-Wert [–]
Wand	0,93	f_1	0,61
Wärmeschutzglas	0,75	f_2	0,48

193 Sichtmauerwerk
197 Verblendmauerschale aus frostwiderstands-fähigen Mauersteinen
198 Hintermauerschale
416 Rundes, geschlossenzelliges Hinterfüllprofil
429 Fugendichtungsmasse
432 Schaumglas
620 Montagezarge
630 Fenster
648 Fensterfutter

Thermische Richtwerte,
Ergebnis der thermischen Untersuchung (4.6.4.2-1.2.1)
* argongefüllt, innere Scheibe e = 0,05, Aluminiumabstandhalter

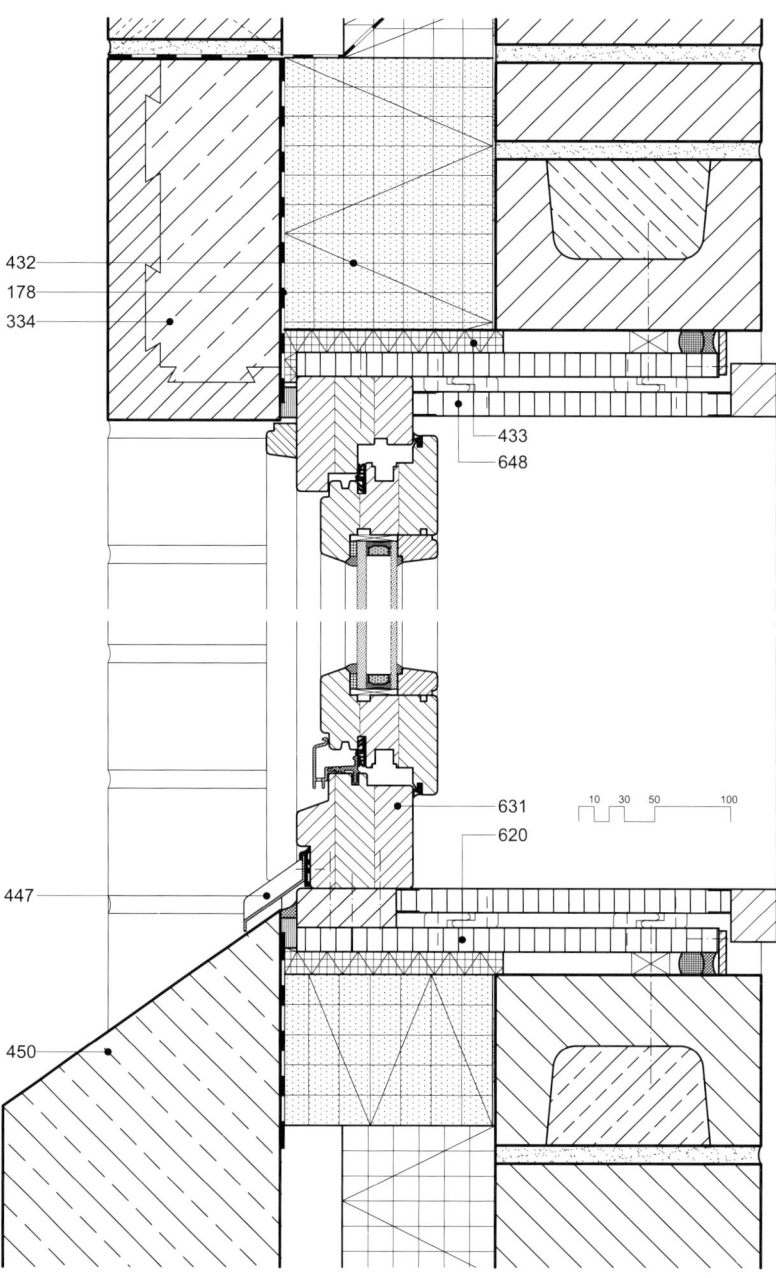

4.6.4.2-1.3 Vertikalschnitt

178 Sperrschicht
334 Fertigteil-Verblendsturz, aus Stahlbeton mit Mauerstein-Riemchen
432 Schaumglas
433 Mineralwolle gestopft oder Schaumkunststoff, örtlich eingebracht
447 Metallfensterbank mit seitlichen Aufkantungen
450 Betonsteinfensterbank
620 Montagezarge
631 Fensterrahmen
648 Fensterfutter

Baustoff / Bauteil	Wärmeleitfähigkeit λ_R [W/(mK)]	Rohdichte ρ [kg/m³]
Dämmstoff (Mineralfaser)	0,04	–
Dichtbänder (PU-Schaumstoff)	0,05	80
Schaumglas	0,05	130
Dichtung (Gummi)	0,24	1200
Dichtstoff (Silikon)	0,35	1240
Nadelholz	0,13	600
Holzwerkstoffplatte	0,13	700
Hintermauerwerk	0,79	1600
Verblendmauerwerk	0,96	2000
Normalbeton	2,1	2400
Aluminium	220	2700

Thermische Kennwerte (4.6.4.2-1.3)

4.6 Beispiele von Fensteranschlüssen an Außenwandsysteme
4.6.4 Anschlüsse an zweischaliges Mauerwerk mit Kerndämmung und Luftschicht

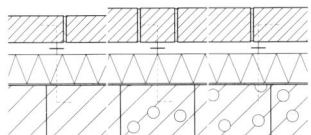

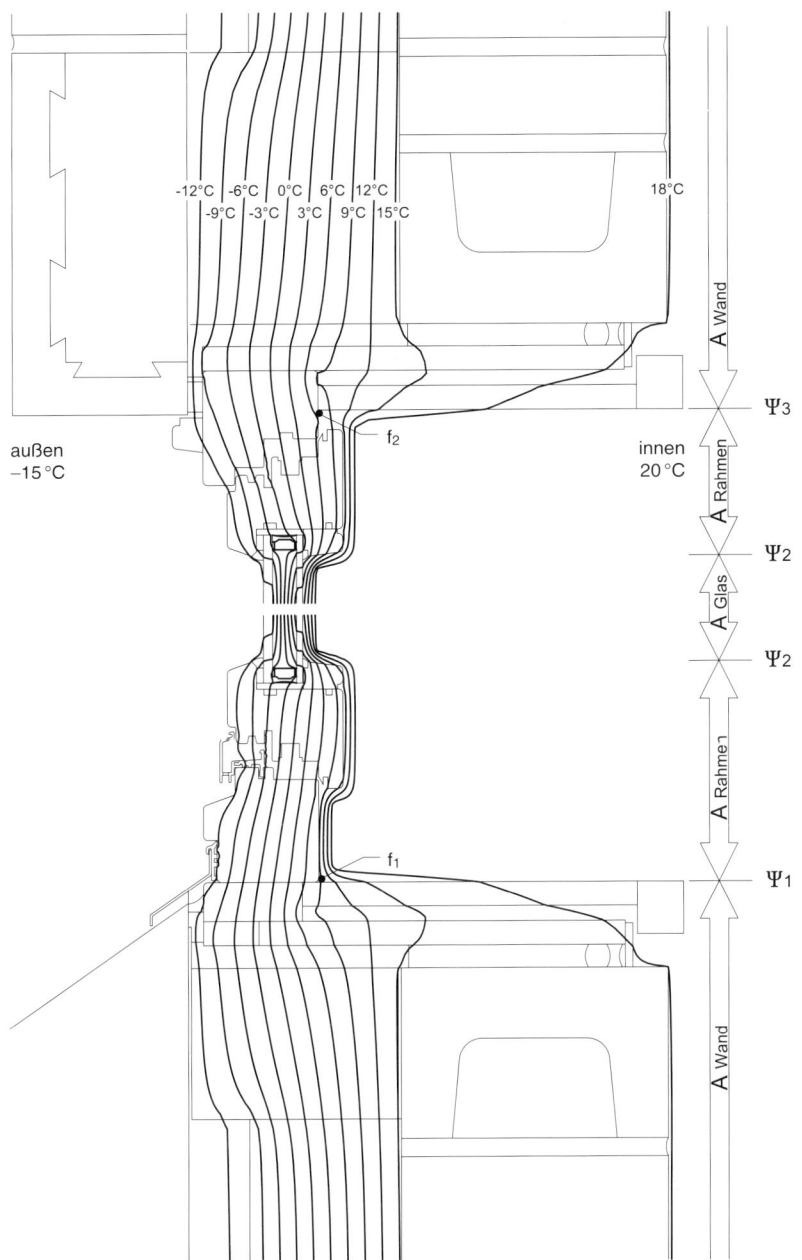

4.6.4.2-1.3.1 Isothermenverlauf

Ungestörter Bereich		Gestörter Bereich	
Wärmedurchgangs-koeffizient	U-Wert [W/(m²K)]	linienf. Wärmebrücke WBVK	Ψ-Wert [W/(mK)]
Wand	0,31	Ψ_1 Wand – Rahmen	0,055
Rahmen	1,45	Ψ_2 Rahmen – Glas	0,060
Wärmeschutzglas*	1,13	Ψ_3 Rahmen – Wand	0,044
Temperaturfaktor	f-Wert [–]	Temperaturfaktor	f-Wert [–]
Wand	0,93	f_1	0,67
Wärmeschutzglas	0,75	f_2	0,62

Thermische Richtwerte,
Ergebnis der thermischen Untersuchung (4.6.4.2-1.3.1)
* argongefüllt, innere Scheibe e = 0,05, Aluminiumabstandhalter

4.6.4.3 Anschluss eines Holz-Aluminiumfensters mit Montagerahmen und Innenfutter, innen Putzprofilanschluss, Sturz und Fensterbank außen Betonwerkstein

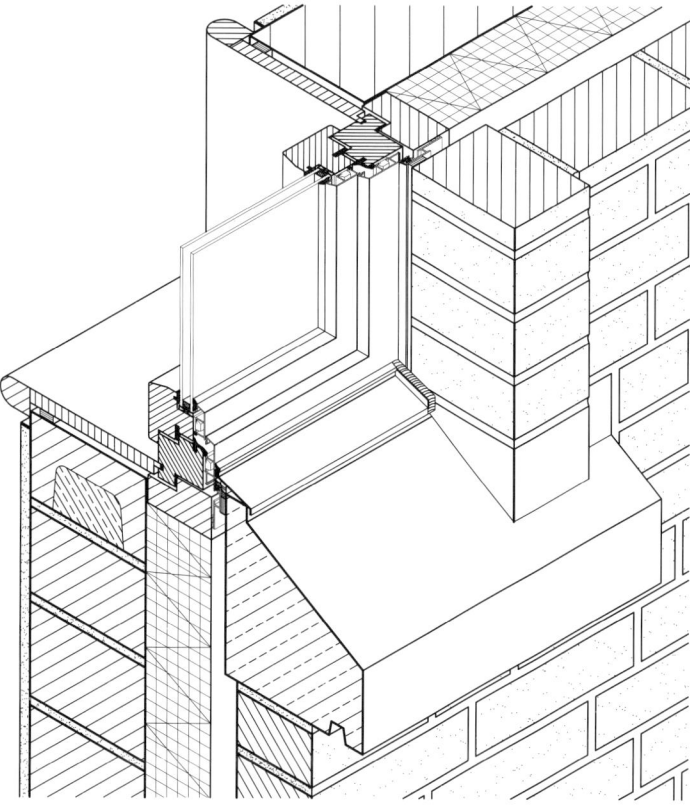

4.6.4.3-1.1 Isometrie

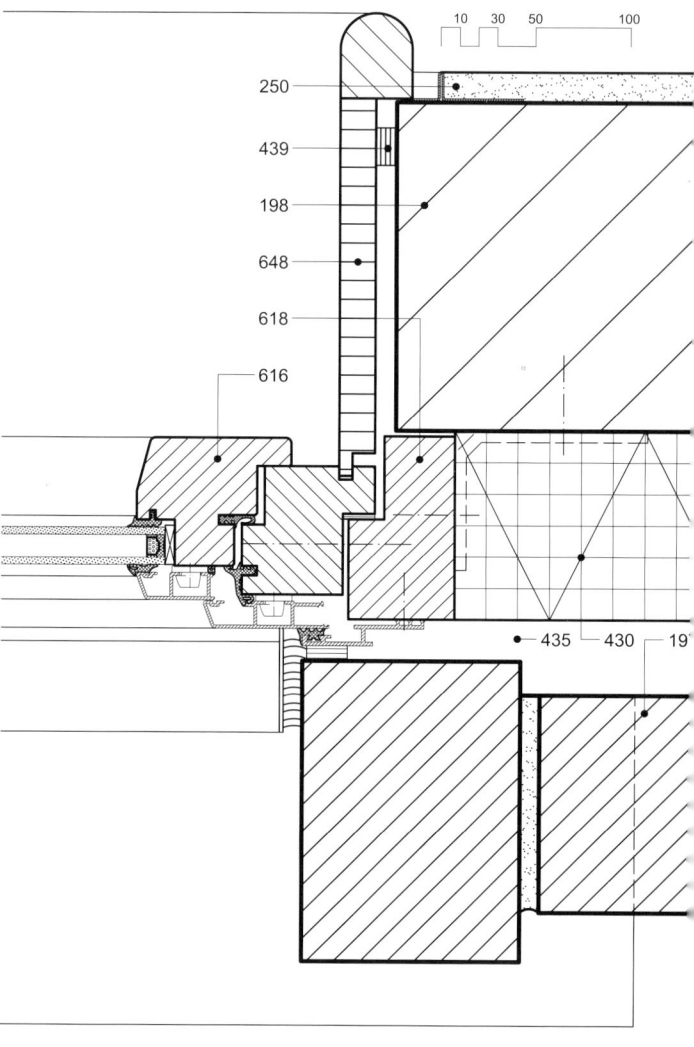

4.6.4.3-1.2 Horizontalschnitt

Dieser Anschluss zeigt ein Holz-Aluminiumfenster mit Montagerahmen und Innenfutter.

Horizontale Betonwerksteinelemente (Sturz und Fensterbank) und vertikale gemauerte Lisenen akzentuieren die Fensteröffnung in der Fassade.

Ein ausgefälzter hölzerner Montagerahmen mit aufgeschraubtem Aluminiumrahmen als Lehre erlaubt eine präzise Erstellung des Verblendmauerwerks und eine entsprechende Vorfertigung der Fensterelemente.

Baustoff / Bauteil	Wärmeleitfähigkeit λ_R [W/(mK)]	Rohdichte ρ [kg/m³]
Dämmstoff (Mineralfaser)	0,04	–
Dichtbänder (PU-Schaumstoff)	0,05	80
Dichtung (Gummi)	0,24	1200
Dichtstoff (Silikon)	0,35	1240
Nadelholz	0,13	600
Holzwerkstoffplatte	0,13	700
Hintermauerwerk	0,79	1600
Verblendmauerwerk	0,96	2000
Innenputz	0,70	1400
Aluminium	220	2700

Thermische Kennwerte (4.6.4.3-1.2)

4.6 Beispiele von Fensteranschlüssen an Außenwandsysteme
4.6.4 Anschlüsse an zweischaliges Mauerwerk mit Kerndämmung und Luftschicht

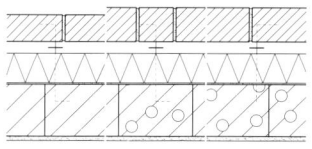

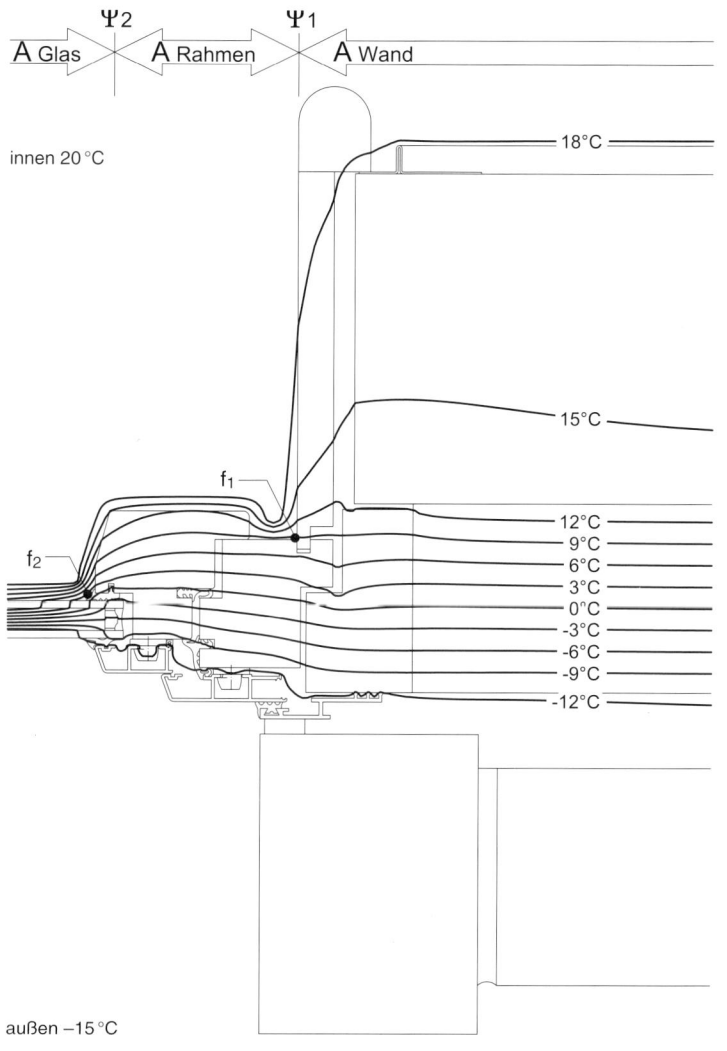

Diese Anschlusskonstruktion eignet sich besonders für den Einbau der Fenster nach den Maurer- und Putzarbeiten.

Das vierseitig umlaufende, luftdichte Innenfutter wird komplett vorgefertigt montiert. Die angeleimte Anschlussleiste schließt mit einer Schattennut an die Edelstahlschiene des Innenputzes an.

Da der hölzerne Montagerahmen etwa um den Faktor 3 leitfähiger ist als der Dämmstoff der Kerndämmung, fällt die Wärmebrücke größer aus als bei dem Anschluss 4.6.4.1.

4.6.4.3-1.2.1 Isothermenverlauf

Ungestörter Bereich		Gestörter Bereich	
Wärmedurchgangs-koeffizient	U-Wert [W/(m²K)]	linienf. Wärmebrücke WBVK	Ψ-Wert [W/(mK)]
Wand	0,31	Ψ_1 Wand – Rahmen	0,055
Rahmen	1,66	Ψ_2 Rahmen – Glas	0,060
Wärmeschutzglas*	1,13		
Temperaturfaktor	f-Wert [–]	Temperaturfaktor	f-Wert [–]
Wand	0,93	f_1	0,67
Wärmeschutzglas	0,75	f_2	0,44

198 Hintermauerschale
250 Innenputz
439 Fugendichtband, vorkomprimiert
616 Holz-Aluminiumfenster
618 Montagerahmen
648 Fensterfutter

Thermische Richtwerte,
Ergebnis der thermischen Untersuchung (4.6.4.3-1.2.1)
*argongefüllt, innere Scheibe e = 0,05, Aluminiumabstandhalter

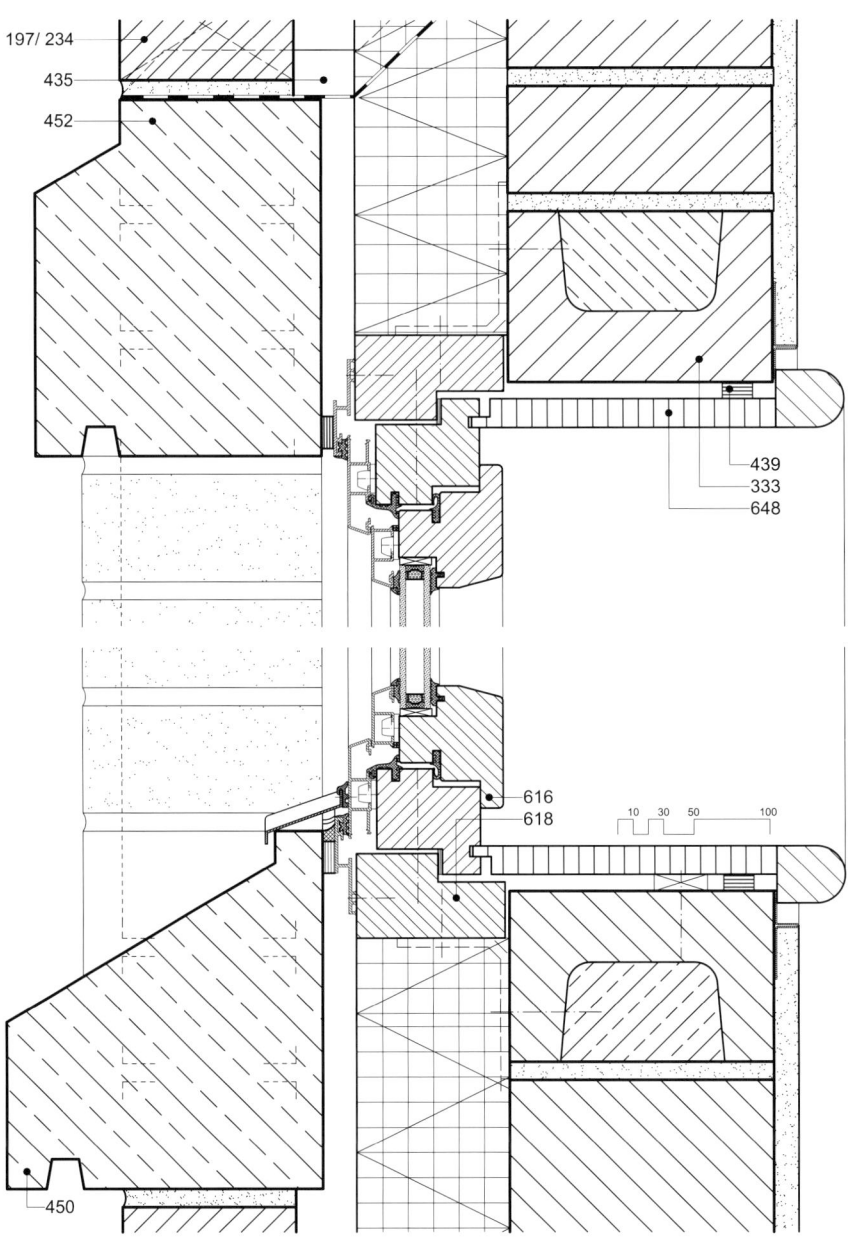

4.6.4.3-1.3 Vertikalschnitt

197 Verblendschale aus frostwiderstandsfähigen Mauersteinen
234 offene Stoßfuge, Lüftung/Entwässerung
333 U-Schalen-Fertigteilsturz
435 Luftschicht
439 Fugendichtband, vorkomprimiert
452 Betonwerksteinsturz
616 Holz-Aluminiumfenster
618 Montagerahmen
648 Fensterfutter

Baustoff / Bauteil	Wärmeleitfähigkeit λ_R [W/(mK)]	Rohdichte ρ [kg/m³]
Dämmstoff (Mineralfaser)	0,04	–
Dichtbänder (PU-Schaumstoff)	0,05	80
Dichtung (Gummi)	0,24	1200
Dichtstoff (Silikon)	0,35	1240
Nadelholz	0,13	600
Holzwerkstoffplatte	0,13	700
Hintermauerwerk	0,79	1600
Verblendmauerwerk	0,96	2000
Normalbeton	2,1	2400
Innenputz	0,70	1400
Aluminium	220	2700

Thermische Kennwerte (4.6.4.3-1.3)

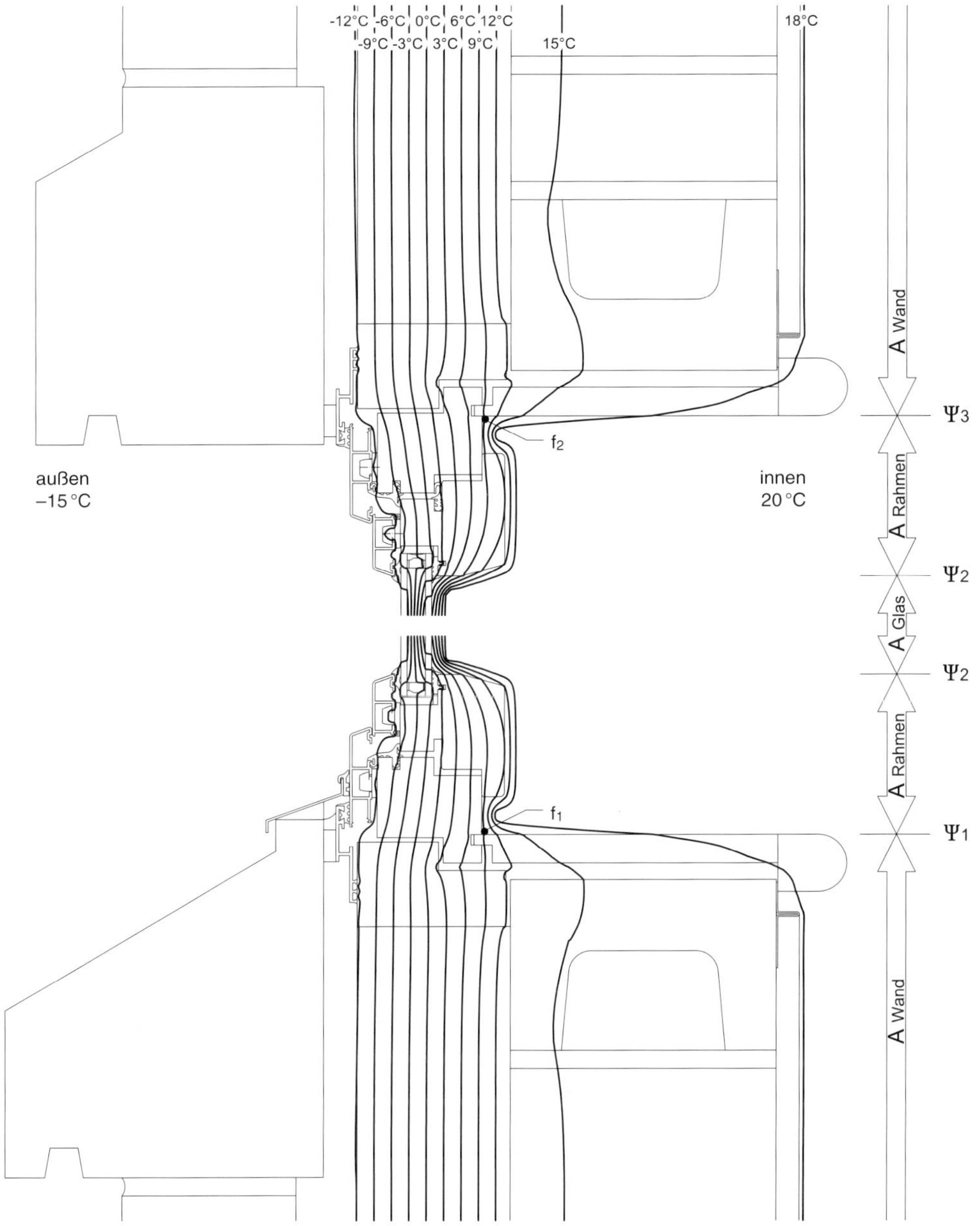

4.6 Beispiele von Fensteranschlüssen an Außenwandsysteme
4.6.4 Anschlüsse an zweischaliges Mauerwerk mit Kerndämmung und Luftschicht

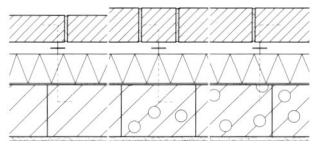

4.6.4.3-1.3.1 Isothermenverlauf

Ungestörter Bereich		Gestörter Bereich	
Wärmedurchgangskoeffizient	U-Wert [W/(m²K)]	linienf. Wärmebrücke WBVK	Ψ-Wert [W/(mK)]
Wand	0,31	Ψ_1 Wand – Rahmen	0,061
Rahmen	1,66	Ψ_2 Rahmen – Glas	0,060
Wärmeschutzglas*	1,13	ψ_3 Rahmen – Wand	0,057
Temperaturfaktor	f-Wert [–]	Temperaturfaktor	f-Wert [–]
Wand	0,93	f_1	0,67
Wärmeschutzglas	0,75	f_2	0,67

Thermische Richtwerte,
Ergebnis der thermischen Untersuchung (4.6.4.3-1.3.1)
* argongefüllt, innere Scheibe e = 0,05, Aluminiumabstandhalter

4.6.5 Anschlüsse an Holzständersysteme mit Dämmschicht und belüfteter Fassadenbekleidung bzw. Verblendmauerwerk-Vorsatzschale

4.6.5.1 Anschluss eines Holzfensters mit Innen- und Außenfutter, Innenbekleidung Gipsbauplatten, außen belüftete Stülpschalung

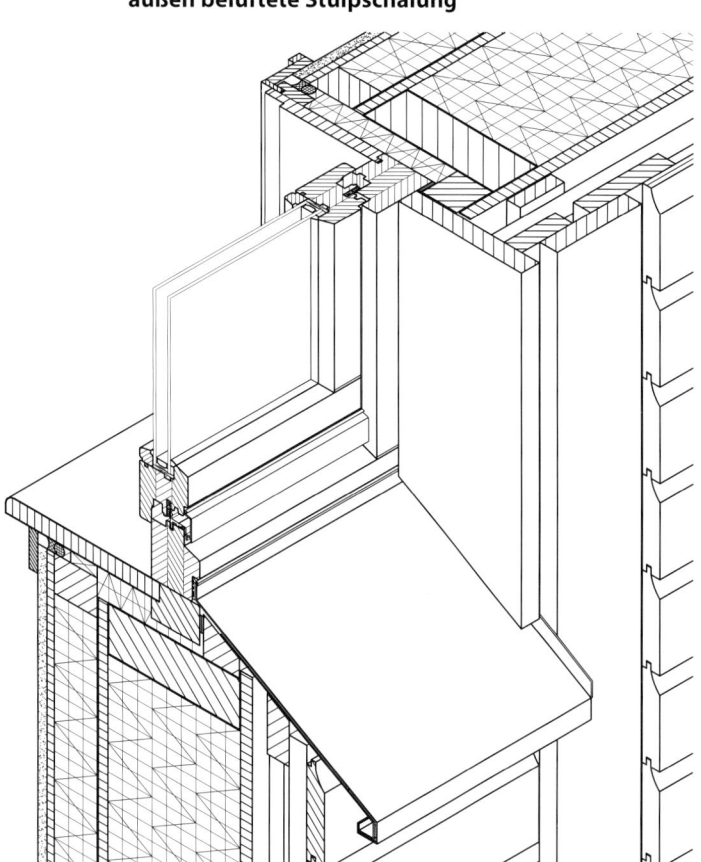

4.6.5.1-1.1 Isometrie

4.6.5.1-1.2 Horizontalschnitt

Dieser Anschluss zeigt eine Holzständerkonstruktion mit belüfteter Stülpschalung aus Profilbrettern und vertikalen Glattkantbrettern vor den Stützen.

Hölzerne Leisten schaffen einen Innenanschlag und platzieren das Fenster in die thermisch günstige mittige Position im Wandquerschnitt. Vorkomprimierte Dichtungsbänder zwischen Anschlagleiste und Blendrahmen gewährleisten den notwendigen Wind- und Feuchteschutz. Ein luftdichtes Innenfutter in Kombination mit einer Spritzdichtung zwischen Futter und luftdichter Wandbekleidung übernimmt die Dichtheit von innen.

Baustoff/Bauteil	Wärmeleitfähigkeit λ_R [W/(mK)]	Rohdichte ρ [kg/m³]
Dämmstoff (Mineralfaser)	0,04	–
Dichtbänder (PU-Schaumstoff)	0,05	80
Dichtung (Gummi)	0,24	1200
Dichtstoff (Silikon)	0,35	1240
Nadelholz	0,13	600
Holzwerkstoffplatte	0,13	700
Gipsbauplatte	0,25	900
Aluminium	220	2700

Thermische Kennwerte (4.6.5.1-1.2)

4.6 Beispiele von Fensteranschlüssen an Außenwandsysteme
4.6.5 Anschlüsse an Holzständersysteme mit Dämmschicht und belüfteter Fassadenbekleidung

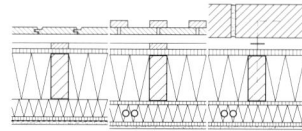

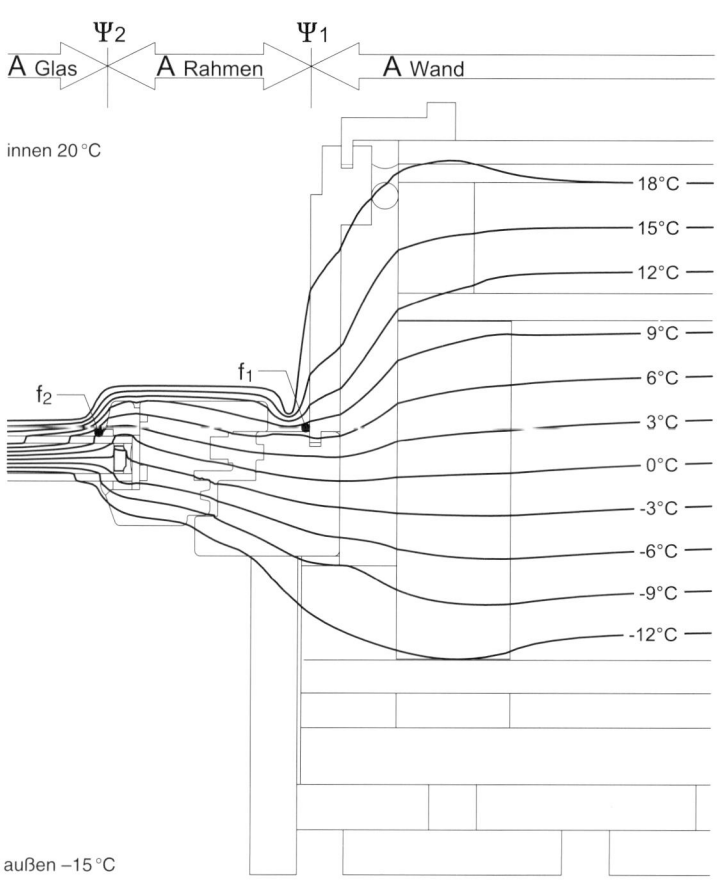

4.6.5.1-1.2.1 Isothermenverlauf

Holzständersysteme verhalten sich thermisch ähnlich wie monolithische Wandsysteme: Die Isothermen verteilen sich über den gesamten Wandquerschnitt. Im Bereich von Fensteranschlüssen kommt es zu Einschnürungen, die zu Wärmebrücken führen.

Gedämmte Futter schränken die Wärmebrückenverluste nicht so effektiv ein wie bei monolithischen Mauerwerkkonstruktionen, da die Leitfähigkeit des Dämmstoffs hinter dem Futter der der Wand ähnlich ist.

Die äußere Fassadenbekleidung geht in die thermische Berechnung als hinterlüftet ein. Da normativ im Bereich der Hinterlüftung mit Außentemperaturen zu rechnen ist, wirken sich Blendrahmenüberdeckungen nur gering aus. Die negativen Einflüsse von Ständern im Anschlussbereich, vor allem von Vollholzständern, können durch gedämmte Futter eingeschränkt werden.

Doppel-T-Träger mit Holzwerkstoffstegen verhalten sich in thermischer Hinsicht deutlich günstiger als Vollholzprofile. Damit ließe sich bei dieser Konstruktion der Ψ_1-Wert von 0,031 auf 0,01 W/(mK) senken. Die thermischen Werte beziehen sich auf Achsabstände der Ständer von 500 mm. Das gilt auch für die übrigen Anschlussbeispiele der Holzständersysteme. Falls zusätzliche Ständer eingesetzt werden, beträgt bei dieser Konstruktion der Ψ-Wert eines Vollholzständers 0,02 W/(mK).

Ungestörter Bereich		Gestörter Bereich	
Wärmedurchgangskoeffizient	U-Wert [W/(m²K)]	linienf. Wärmebrücke WBVK	Ψ-Wert [W/(mK)]
Wand	0,18	Ψ_1 Wand – Rahmen	0,031
Rahmen	1,56	Ψ_2 Rahmen – Glas	0,065
Wärmeschutzglas*	1,13		
Temperaturfaktor	f-Wert [–]	Temperaturfaktor	f-Wert [–]
Wand	0,96	f_1	0,62
Wärmeschutzglas	0,75	f_2	0,48

Thermische Richtwerte,
Ergebnis der thermischen Untersuchung (4.6.5.1-1.2.1)
*argongefüllt, innere Scheibe e = 0,05, Aluminiumabstandhalter

255 Gipsbauplatte, Gipskarton- bzw. Gipsfaserplatte
361 Holzstütze
365 Anschlagholz
386 Poröse Holzfaserplatte
416 Rundes, geschlossenzelliges Hinterfüllprofil
427 Winddichtung / Feuchteschutz, diffusionsoffen
429 Fugendichtungsmasse
430 Mineralwolle
439 Fugendichtband, vorkomprimiert
443 Stülpschalung aus Profilbrettern, 24 mm dick
445 Brett, parallel besäumt
447 Metallfensterbank mit seitlichen Aufkantungen
630 Fenster
635 Fensterfutter mit Bekleidung
648 Fensterfutter

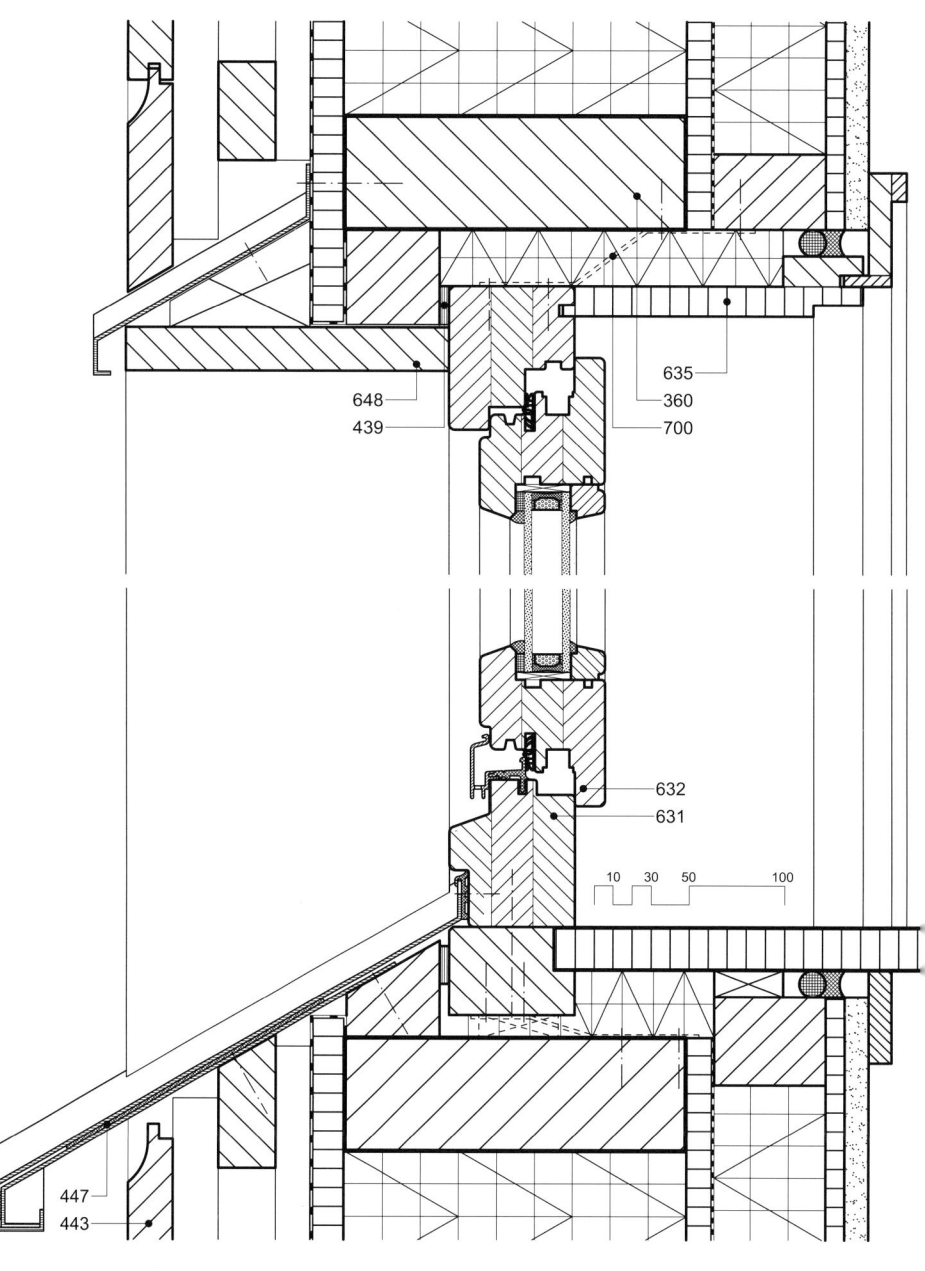

4.6.5.1-1.3 Vertikalschnitt

360 Holzskelett
439 Fugendichtband, vorkomprimiert
443 Stülpschalung aus Profilbrettern, 24 mm dick
447 Metallfensterbank mit seitlichen Aufkantungen
631 Fensterrahmen
632 Fensterflügel
635 Fensterfutter mit Bekleidung
648 Fensterfutter
700 Flachstahlanker, nicht rostend

Baustoff/Bauteil	Wärmeleitfähigkeit λ_R [W/(mK)]	Rohdichte ρ [kg/m³]
Dämmstoff (Mineralfaser)	0,04	–
Dichtbänder (PU-Schaumstoff)	0,05	80
Dichtung (Gummi)	0,24	1200
Dichtstoff (Silikon)	0,35	1240
Nadelholz	0,13	600
Holzwerkstoffplatte	0,13	700
Gipsbauplatte	0,25	900
Aluminium	220	2700

Thermische Kennwerte (4.6.5.1-1.3)

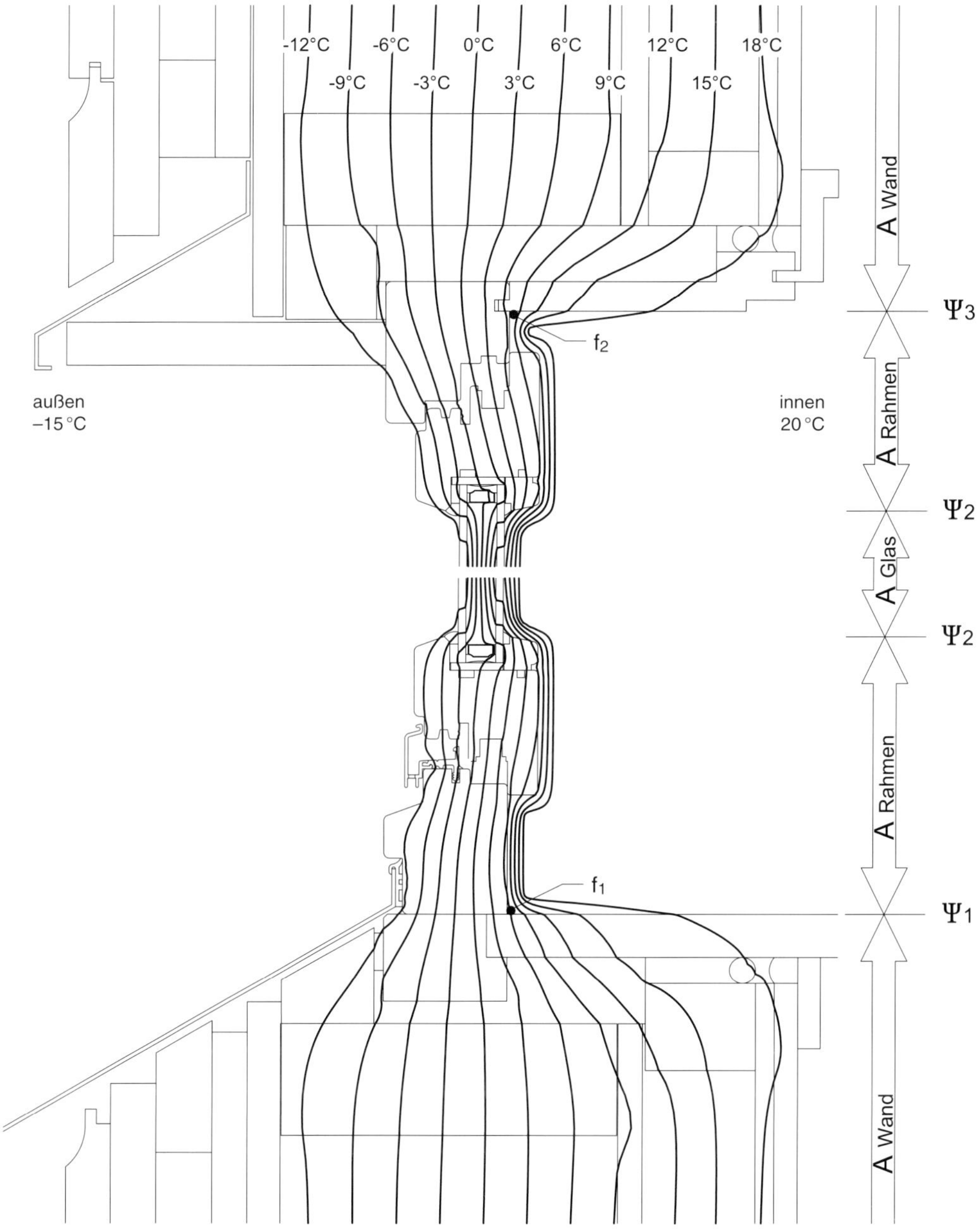

4.6 Beispiele von Fensteranschlüssen an Außenwandsysteme
4.6.5 Anschlüsse an Holzständersysteme mit Dämmschicht und belüfteter Fassadenbekleidung

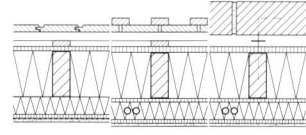

4.6.5.1-1.3.1 Isothermenverlauf

Ungestörter Bereich		Gestörter Bereich	
Wärmedurchgangs-koeffizient	U-Wert [W/(m²K)]	linienf. Wärmebrücke WBVK	Ψ-Wert [W/(mK)]
Wand	0,18	Ψ_1 Wand – Rahmen	0,050
Rahmen	1,56	Ψ_2 Rahmen – Glas	0,065
Wärmeschutzglas*	1,13	Ψ_3 Rahmen – Wand	0,031
Temperaturfaktor	f-Wert [–]	Temperaturfaktor	f-Wert [–]
Wand	0,96	f_1	0,57
Wärmeschutzglas	0,75	f_2	0,62

Thermische Richtwerte,
Ergebnis der thermischen Untersuchung (4.6.5.1-1.3.1)
* argongefüllt, innere Scheibe e = 0,05, Aluminiumabstandhalter

4.6.5.2 Anschluss eines Holzfensters, IV 78, mit Innen- und Außenfutter, Innenbekleidung Gipsbauplatten, außen belüftete Holzdeckelschalung

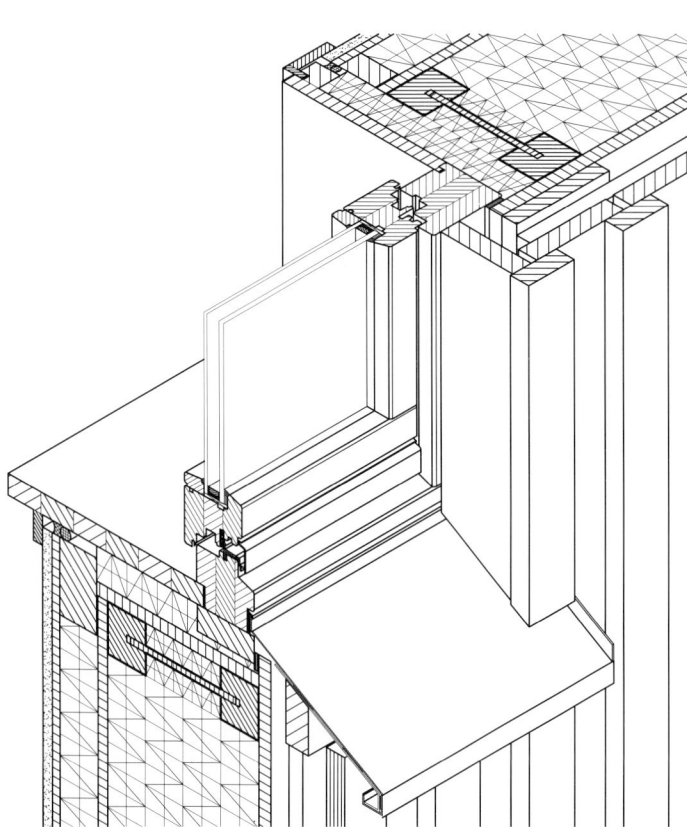

4.6.5.2-1.1 Isometrie

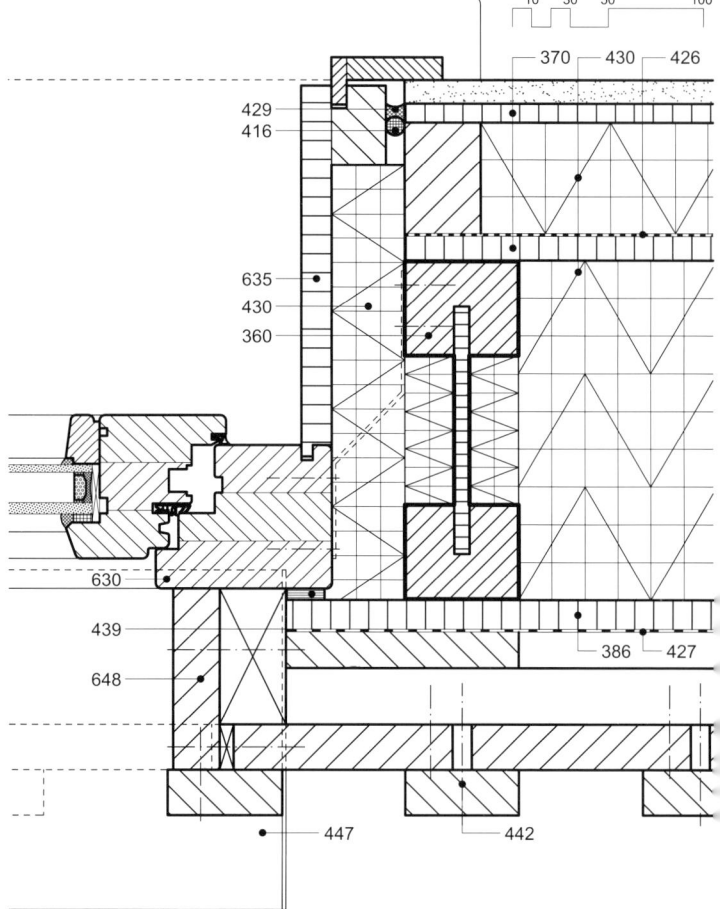

4.6.5.2-1.2 Horizontalschnitt

Der Wandaufbau, die Dichtungen und die Verankerung des Fensters dieses Beispiels sind der Konstruktion in Abschnitt 4.6.5.1 sehr ähnlich.

Hier stehen hinter einer belüfteten, vertikal strukturierten Holzdeckelschalung spezifische Doppel-T-Ständer im Wandquerschnitt. Außerdem unterscheidet sich dieses Beispiel durch die Lage und Ausbildung des Fensteranschlags. Als Innenanschlag dient die äußere Holzwerkstoffplatte (386), verstärkt durch ein außen aufgebrachtes Brett, gleichzeitig Grundlattung für die Fassadenbekleidung.

Baustoff / Bauteil	Wärmeleitfähigkeit λ_R [W/(mK)]	Rohdichte ρ [kg/m³]
Dämmstoff (Mineralfaser)	0,04	–
Dichtbänder (PU-Schaumstoff)	0,05	80
Dichtung (Gummi)	0,24	1200
Dichtstoff (Silikon)	0,35	1240
Nadelholz	0,13	600
Holzwerkstoffplatte	0,13	700
Gipsbauplatte	0,25	900
Aluminium	220	2700

Thermische Kennwerte (4.6.5.2-1.2)

4.6 Beispiele von Fensteranschlüssen an Außenwandsysteme
4.6.5 Anschlüsse an Holzständersysteme mit Dämmschicht und belüfteter Fassadenbekleidung

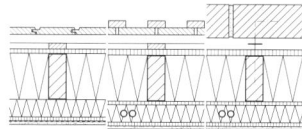

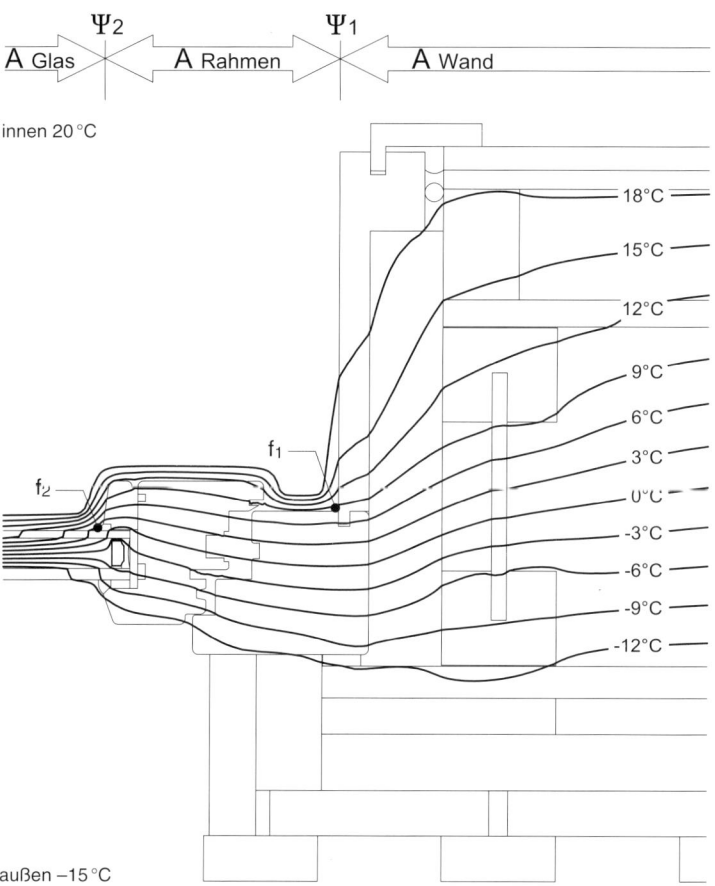

Durch diesen Anschlag rückt die Einbaulage des Fensters aus der thermisch idealen Mittellage. Die wärmetechnischen Richtwerte werden – im Vergleich zur Konstruktion in Abschnitt 4.6.5.1 – trotz der Doppel-T-Ständer ungünstiger.

Wird statt des Doppel-T-Profils Vollholz eingesetzt, verschlechtert sich der WBVK Ψ_1 von 0,035 auf 0,04 W/(mK). Mit einem Dämmstoffstreifen in dem vorhandenen Hohlraum hinter dem Außenfutter, ca. 30 mm dick, ließe sich die Wärmebrücke reduzieren. Die Dämmstoffüberdeckung des Blendrahmens reduziert dann den WBVK von 0,035 auf 0,025 W/(mK). Dadurch steigt auch die Oberflächentemperatur f_1 deutlich an.

4.6.5.2-1.2.1 Isothermenverlauf

Ungestörter Bereich		Gestörter Bereich	
Wärmedurchgangs-koeffizient	U-Wert [W/(m²K)]	linienf. Wärmebrücke WBVK	Ψ-Wert [W/(mK)]
Wand	0,17	Ψ_1 Wand – Rahmen	0,035
Rahmen	1,45	Ψ_2 Rahmen – Glas	0,060
Wärmeschutzglas*	1,13		
Temperaturfaktor	f-Wert [–]	Temperaturfaktor	f-Wert [–]
Wand	0,96	f_1	0,65
Wärmeschutzglas	0,75	f_2	0,47

Thermische Richtwerte,
Ergebnis der thermischen Untersuchung (4.6.5.2-1.2.1)
* argongefüllt, innere Scheibe e = 0,05, Aluminiumabstandhalter

360 Holzskelett
370 Holzwerkstoffplatte E1
386 Poröse Holzfaserplatte
416 Rundes, geschlossenzelliges Hinterfüllprofil
426 Dampfsperre
427 Winddichtung / Feuchteschutz, diffusionsoffen
429 Fugendichtungsmasse
430 Mineralwolle
439 Fugendichtband, vorkomprimiert
442 Boden-/Deckelschalung, 24 mm dick
447 Metallfensterbank mit seitlichen Aufkantungen
630 Fenster
635 Fensterfutter mit Bekleidung
648 Fensterfutter

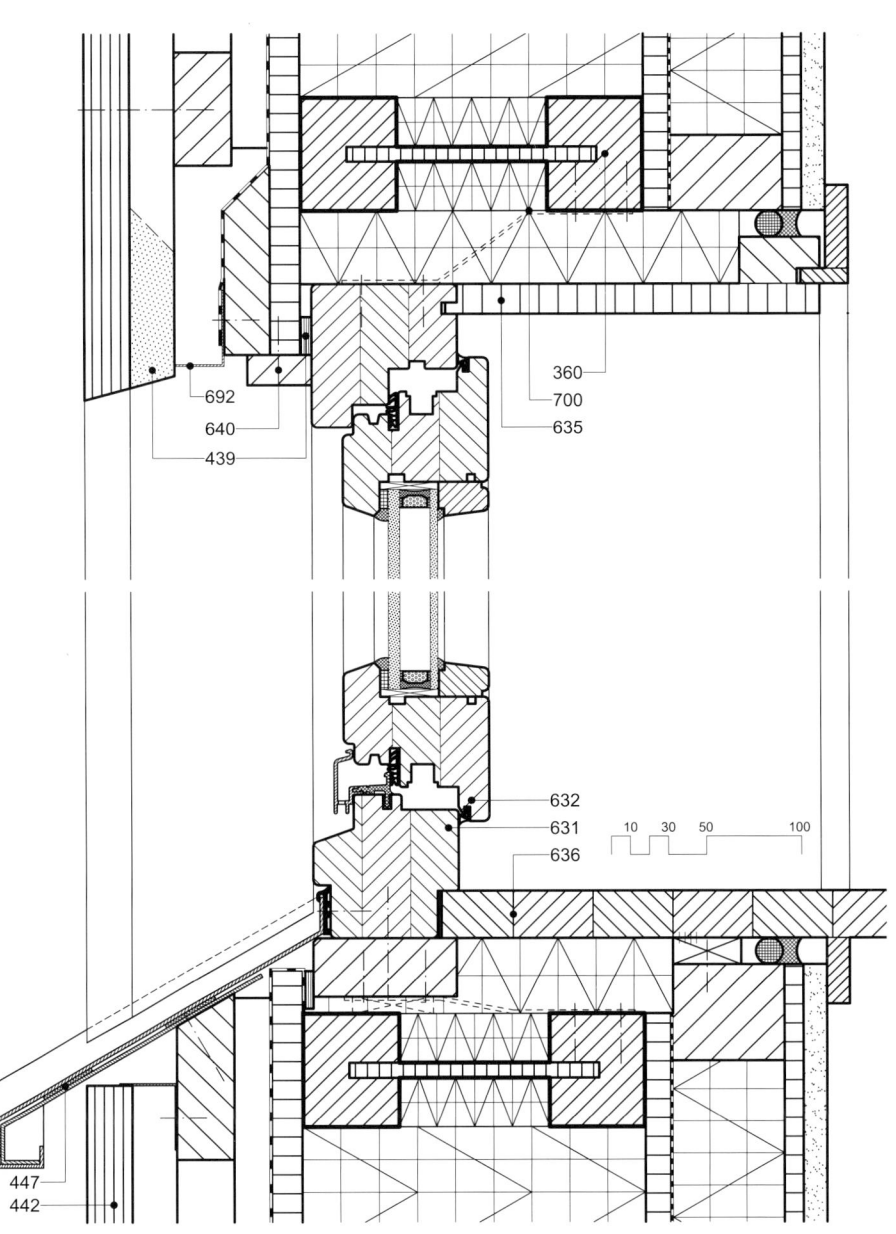

4.6.5.2-1.3 Vertikalschnitt

360 Holzskelett
439 Fugendichtband, vorkomprimiert
447 Metallfensterbank mit seitlichen Aufkantungen
631 Fensterrahmen
632 Fensterflügel
635 Fensterfutter mit Bekleidung
636 Fensterbank, Holzwerkstoff bzw. Brettschichtholz
640 Deckleiste
692 Insektenschutzgitter
700 Flachstahlanker, nicht rostend

Baustoff/Bauteil	Wärmeleitfähigkeit λ_R [W/(mK)]	Rohdichte ρ [kg/m³]
Dämmstoff (Mineralfaser)	0,04	–
Dichtbänder (PU-Schaumstoff)	0,05	80
Dichtung (Gummi)	0,24	1200
Dichtstoff (Silikon)	0,35	1240
Nadelholz	0,13	600
Holzwerkstoffplatte	0,13	700
Gipsbauplatte	0,21	900
Aluminium	220	2700

Thermische Kennwerte (4.6.5.2-1.3)

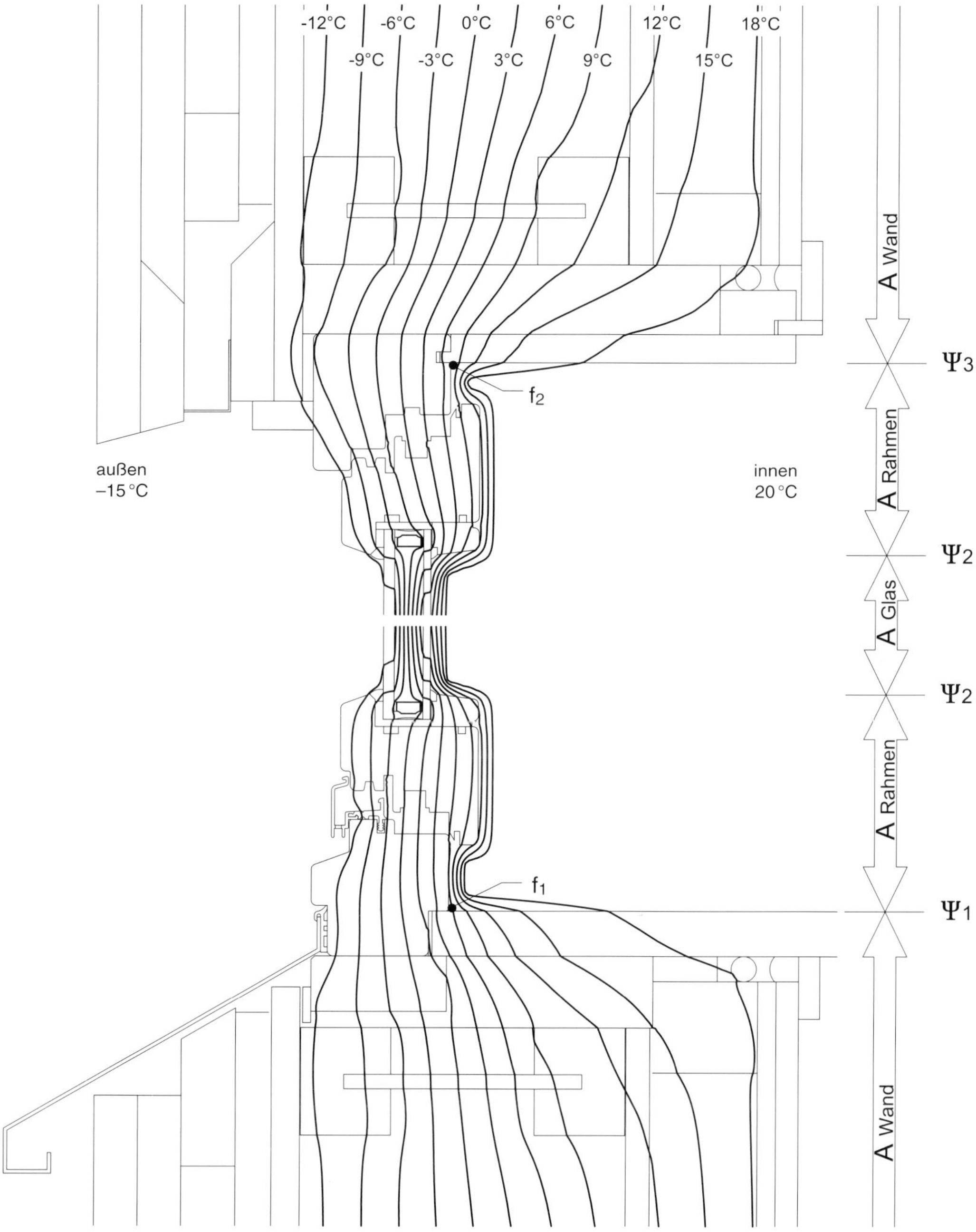

4.6 Beispiele von Fensteranschlüssen an Außenwandsysteme
4.6.5 Anschlüsse an Holzständersysteme mit Dämmschicht und belüfteter Fassadenbekleidung

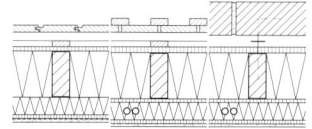

4.6.5.2-1.3.1 Isothermenverlauf

Ungestörter Bereich		Gestörter Bereich	
Wärmedurchgangs-koeffizient	U-Wert [W/(m²K)]	linienf. Wärmebrücke WBVK	Ψ-Wert [W/(mK)]
Wand	0,17	Ψ_1 Wand – Rahmen	0,069
Rahmen (unten)	1,67	Ψ_2 Rahmen – Glas	0,060
Wärmeschutzglas*	1,13	Ψ_3 Rahmen – Wand	0,035
Temperaturfaktor	f-Wert [–]	Temperaturfaktor	f-Wert [–]
Wand	0,96	f_1	0,57
Wärmeschutzglas	0,75	f_2	0,63

Thermische Richtwerte,
Ergebnis der thermischen Untersuchung (4.6.5.2-1.3.1)
* argongefüllt, innere Scheibe e = 0,05, Aluminiumabstandhalter

4.6.5.3 Anschluss eines Holzfensters mit Innenfutter, Innenbekleidung Gipsbauplatten, außen Verblendmauerwerk-Vorsatzschale

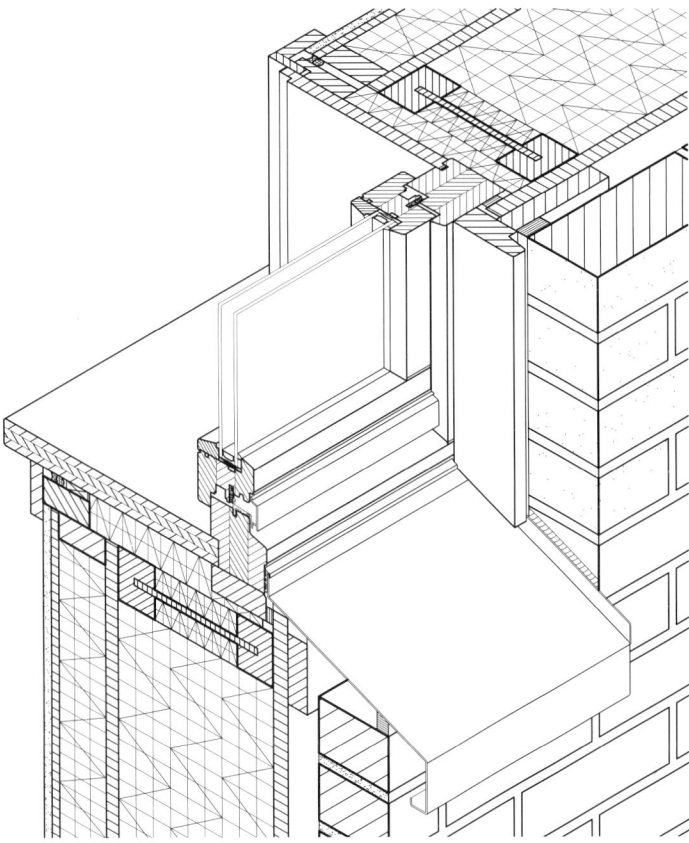

4.6.5.3-1.1 Isometrie

4.6.5.3-1.2 Horizontalschnitt

Das Holzfenster zeichnet sich durch schlanke Profilansichten mit großen Glasflächenanteilen aus. Der Aufbau des Holzständersystems und der Fensteranschluss dieses Beispiels sind technisch weitgehend identisch mit der zuvor gezeigten Konstruktion in Abschnitt 4.6.5.2. Der wesentliche Unterschied liegt in der Fassadengestaltung mit einer Verblendmauerschale. Daraus resultieren auch die thermisch günstigeren Werte. Vormauerschale und Luftschicht finden mit ihren Dicken Berücksichtigung. Außerdem wirken sich Holzweichfaserplatte plus Holzbrett positiv auf die Blendrahmenüberdeckungen aus.

Baustoff/Bauteil	Wärmeleitfähigkeit λ_R [W/(mK)]	Rohdichte ρ [kg/m³]
Dämmstoff (Mineralfaser)	0,04	–
Dichtbänder (PU-Schaumstoff)	0,05	80
Dichtung (Gummi)	0,24	1200
Dichtstoff (Silikon)	0,35	1240
Nadelholz	0,13	600
Holzwerkstoffplatte	0,13	700
Holzfaserplatte	0,06	≤ 300
Gipsbauplatte	0,25	900
Verblendmauerwerk	0,96	2000
Aluminium	220	2700

Thermische Kennwerte (4.6.5.3-1.2)

4.6 Beispiele von Fensteranschlüssen an Außenwandsysteme
4.6.5 Anschlüsse an Holzständersysteme mit Dämmschicht und belüfteter Fassadenbekleidung

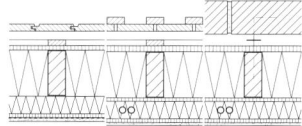

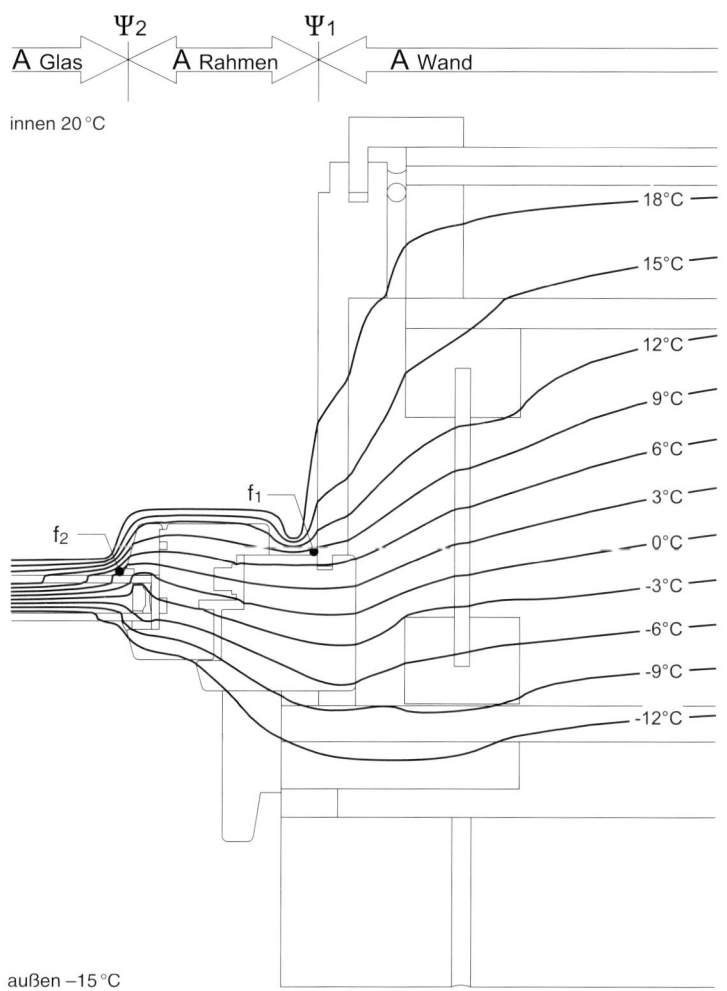

Auf die eingeschränkte thermische Wirksamkeit von gedämmten Innenfuttern bei Holzständerkonstruktionen wurde bereits hingewiesen.

Wird statt des Doppel-T-Trägers Vollholz verwendet, erhöht sich die Wärmebrücke von 0,021 auf 0,025 W/(mK), der U-Wert der Wand verschlechtert sich dadurch von 0,14 auf 0,155 W/(m²K).

4.6.5.3-1.2.1 Isothermenverlauf

Ungestörter Bereich		Gestörter Bereich	
Wärmedurchgangs-koeffizient	U-Wert [W/(m²K)]	linienf. Wärmebrücke WBVK	Ψ-Wert [W/(mK)]
Wand	0,14	Ψ₁ Wand – Rahmen	0,021
Rahmen	1,48	Ψ₂ Rahmen – Glas	0,065
Wärmeschutzglas*	1,13		
Temperaturfaktor	f-Wert [–]	Temperaturfaktor	f-Wert [–]
Wand	0,97	f₁	0,64
Wärmeschutzglas	0,75	f₂	0,47

Thermische Richtwerte,
Ergebnis der thermischen Untersuchung (4.6.5.3-1.2.1)
* argongefüllt, innere Scheibe e = 0,05, Aluminiumabstandhalter

- 197 Verblendschale aus frostwiderstandsfähigen Mauersteinen
- 255 Gipsbauplatte, Gipskarton- bzw. Gipsfaserplatte
- 370 Holzwerkstoffplatte E1
- 386 Poröse Holzfaserplatte
- 416 Rundes, geschlossenzelliges Hinterfüllprofil
- 429 Fugendichtungsmasse
- 430 Mineralwolle
- 439 Fugendichtband, vorkomprimiert
- 447 Metallfensterbank mit seitlichen Aufkantungen
- 630 Fenster
- 635 Fensterfutter mit Bekleidung

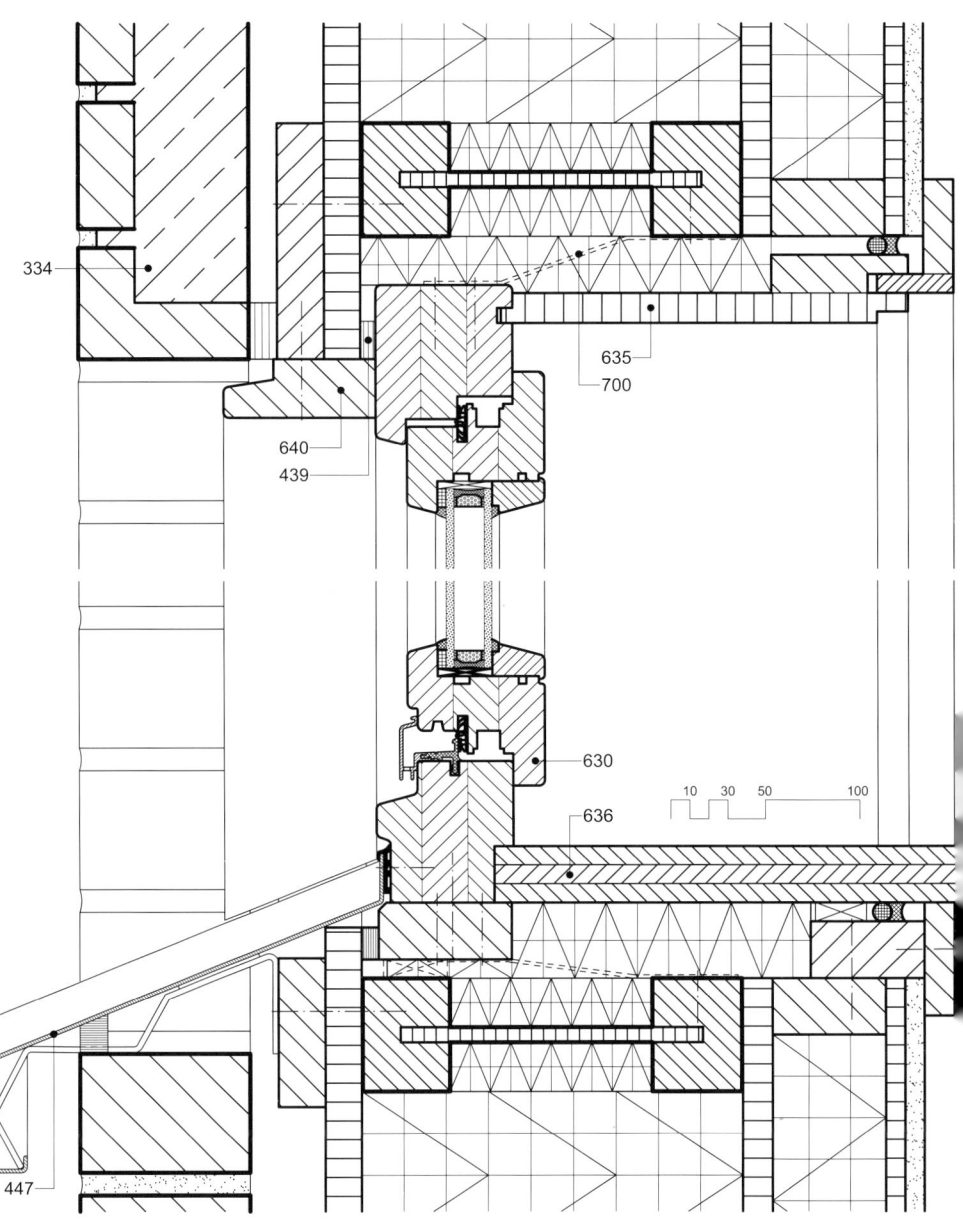

4.6.5.3-1.3 Vertikalschnitt

334 Fertigteil-Verblendsturz, aus Stahlbeton mit Mauerstein-Riemchen
439 Fugendichtband, vorkomprimiert
447 Metallfensterbank mit seitlichen Aufkantungen
630 Fenster
635 Fensterfutter mit Bekleidung
636 Fensterbank, Holzwerkstoff bzw. Brettschichtholz
640 Deckleiste
700 Flachstahlanker, nicht rostend

Baustoff / Bauteil	Wärmeleitfähigkeit λ_R [W/(mK)]	Rohdichte ρ [kg/m³]
Dämmstoff (Mineralfaser)	0,04	–
Dämmstoff (PU-Schaumstoff)	0,05	80
Dichtung (Gummi)	0,24	1200
Dichtstoff (Silikon)	0,35	1240
Nadelholz	0,13	600
Holzwerkstoffplatte	0,13	700
Holzfaserplatte	0,06	≤ 300
Verblendmauerwerk	0,96	2000
Aluminium	220	2700

Thermische Kennwerte (4.6.5.3-1.3)

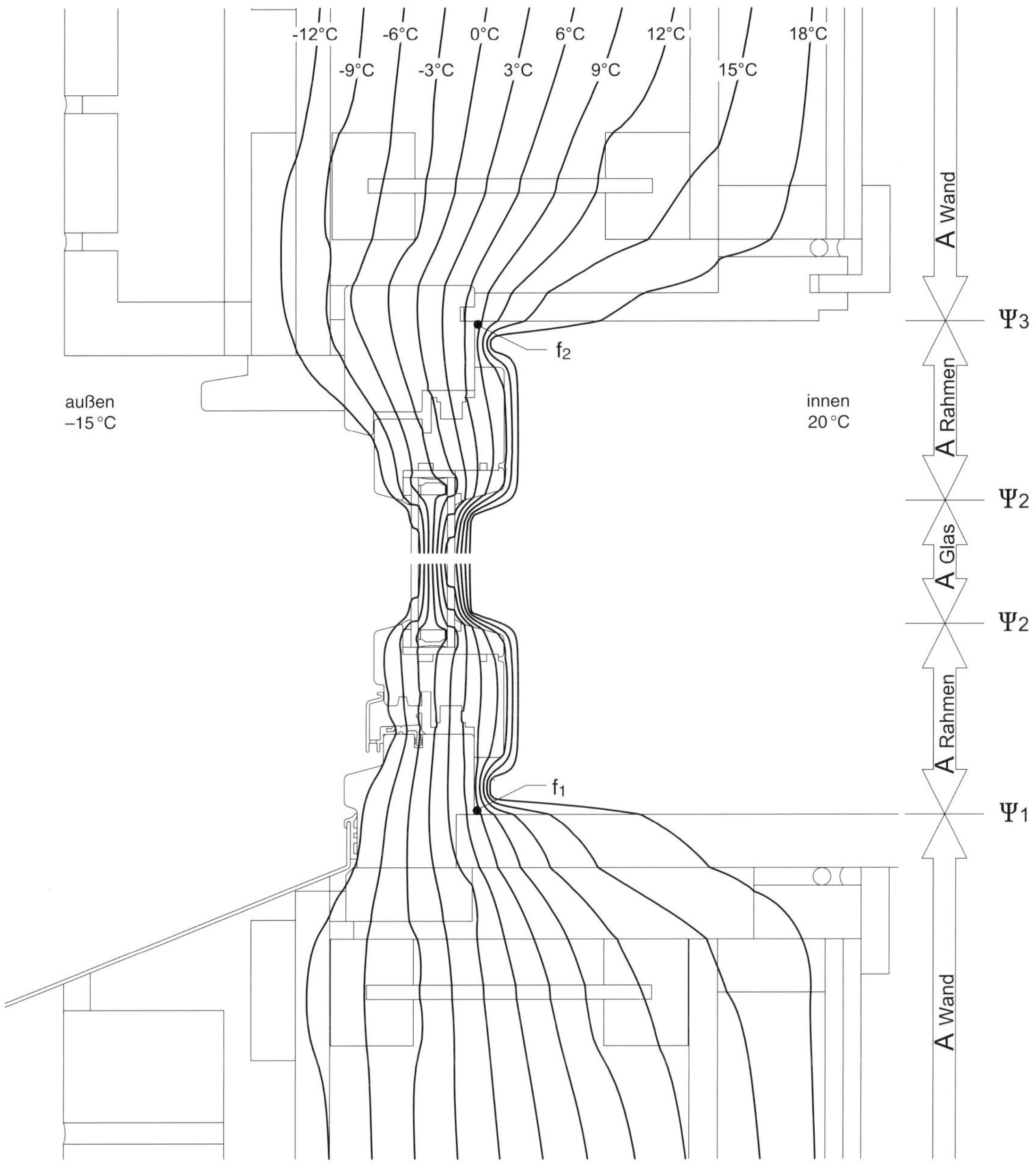

4.6 Beispiele von Fensteranschlüssen an Außenwandsysteme
4.6.5 Anschlüsse an Holzständersysteme mit Dämmschicht und belüfteter Fassadenbekleidung

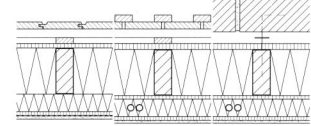

4.6.5.3-1.3.1 Isothermenverlauf

Ungestörter Bereich		Gestörter Bereich	
Wärmedurchgangs-koeffizient	U-Wert [W/(m²K)]	linienf. Wärmebrücke WBVK	Ψ-Wert [W/(mK)]
Wand	0,14	Ψ_1 Wand – Rahmen	0,066
Rahmen (unten)	1,82	Ψ_2 Rahmen – Glas	0,065
Wärmeschutzglas*	1,13	Ψ_3 Rahmen – Wand	0,023
Temperaturfaktor	f-Wert [–]	Temperaturfaktor	f-Wert [–]
Wand	0,97	f_1	0,55
Wärmeschutzglas	0,75	f_2	0,64

Thermische Richtwerte,
Ergebnis der thermischen Untersuchung (4.6.5.3-1.3.1)
*argongefüllt, innere Scheibe e = 0,05, Aluminiumabstandhalter

4.7 Schutzvorrichtungen

Einigen Anforderungen können Fenster nur in Kombination mit zusätzlichen Vorrichtungen bzw. besonderen baulichen Maßnahmen genügen. Zu diesen Anforderungen zählen:

- Wärmeschutz im Sommer
- Einbruchschutz
- Schallschutz
- Wärmeschutz im Winter
- Sichtschutz, Blendschutz, Lichtschutz
- Insektenschutz.

Als zusätzliche Vorrichtungen werden häufig Rollläden gewählt. Ihr Einbau kann die Leistungsfähigkeit der Wand als thermische Hüllfläche beeinträchtigen. Um das zu vermeiden, sind Art und Platzierung der Rollladenkästen von besonderer Bedeutung.

Anordnung von Rollladenkästen

Für die Anordnung eines Rollladenkastens bzw. für die Anordnung des Rollraumes für den Panzer gibt es in der Zuordnung zum Wandsystem drei Alternativen (siehe Bild 4.7-1).

Entweder werden Rollladenkästen in das Außenwandsystem integriert oder sie werden additiv – außen oder innen – vor dem Wandsystem angeordnet.

In der Baupraxis dominieren die in das Außenwandsystem integrierten Rollladenkästen (siehe Bild 4.7-1.1). Das führt in wärme- und schalltechnischer Hinsicht häufig zu einer partiellen Schwächung des Wandsystems. Das größere Risiko besteht bei zum Innenraum hin platzierten Kastendeckeln. Kästen mit außen angeordneten Deckeln sind in der Regel bauphysikalisch leistungsfähiger.

Bauphysikalisch optimal ist die additive Lösung: Rollladenkästen außen vor dem ungeschwächten Wandsystem (siehe Bild 4.7-1.2). Bei dieser Lösung bleibt in der Außenwand lediglich eine Öffnung für die Gurtführung. Mit elektrisch betriebenen Rollläden lässt sie sich vermeiden.

Bei der dritten Alternative, dem innenraumseitig angeordneten Rollladenkasten (siehe Bild 4.7-1.3), bleibt der Wandquerschnitt als thermische Hüllfläche ebenfalls ungeschwächt. Zu dieser Lösung ist kritisch anzumerken, dass sich bei geschlossenem Rollladenpanzer auf der Scheibeninnenseite Tauwasser bilden kann. Die Ursache dafür liegt in dem gegenüber der Fensterscheibe geringeren Wasserdampfdiffusionswiderstand (Luftsperre / Dampfsperre) des Rollladenpanzers.

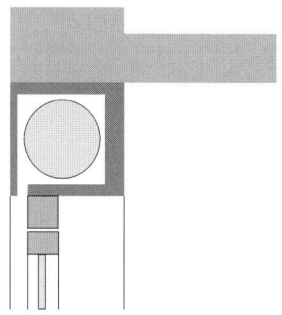

4.7-1.1 Rollladenkasten in das Wandsystem integriert

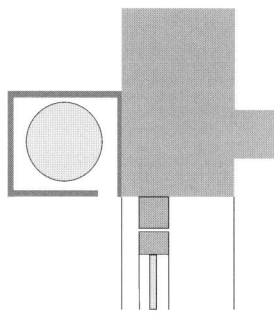

4.7-1.2 Rollladenkasten außen vor dem Wandsystem angeordnet

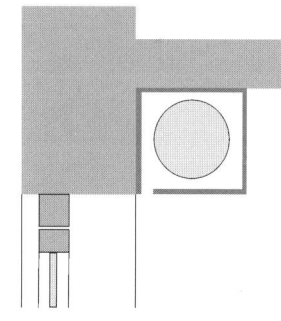

4.7-1.3 Rollladenkasten innen vor dem Wandsystem angeordnet

4.7-1 Anordnungsmöglichkeiten von Rollladenkästen

5 Außentüren

5.1 Planungsaspekte

Die folgende Betrachtung von Außentüren konzentriert sich auf wärmetechnische Gesichtspunkte. Die für Fenster genannten Planungsaspekte (siehe Abschnitt 4.2) sind auf die Planung von Außentüren weitgehend übertragbar. Besonderheiten liegen in der Ausbildung der Türblätter und der Schwellen.

Aufgrund mechanischer und klimatischer Belastungen besteht bei Türblättern das Risiko der Verformung. Das kann die notwendige Luftdichtheit der Türsysteme gefährden. Die für die Verformung maximal zulässigen Werte betragen bei dynamisch / statischer Verdrehung 2,5 mm und bei Differenzklimabelastung 4,5 mm [100].

Der zulässige Fugendurchlasskoeffizient (a-Wert) zwischen Türblatt und Rahmen ist gemäß der WSchV von 1995 abhängig von:

- Höhenlage der Außentüren
- Vorhandensein einer mechanischen Lüftungsanlage.

Bei einer Höhe bis zu zwei Geschossen und dem Fehlen einer mechanischen Lüftungsanlage beträgt der zulässige a-Wert maximal 2,0 m^3/(m h dPa$^{2/3}$). In den anderen Fällen darf er nur maximal 1,0 m^3/(m h dPa$^{2/3}$) betragen.

Die zukünftige EnEV wird die maximale Fugendurchlässigkeit von außen liegenden Fenstern und Fenstertüren neu regeln. Zur Dichtheit von Außentüren finden sich im Referentenentwurf vom Juni 1999 explizit keine Auflagen. Dort heißt es nur allgemein zum ›Nachweis der Dichtheit des gesamten Gebäudes‹: »*Wird eine Überprüfung der Dichtheit durchgeführt, darf der bei einer Druckdifferenz zwischen innen und außen von 50 Pa gemessene Volumenstrom – bezogen auf das beheizte Gebäudevolumen – bei Gebäuden*

- ohne raumlufttechnische Anlagen 3 h^{-1} und
- mit raumlufttechnischen Anlagen 2 h^{-1}

nicht überschreiten.

Gemäß WSchV 1995 gehören Außentüren zur thermischen Hüllfläche. Die Wärmedurchgangskoeffizienten der Türblätter resultieren aus den Profilabmessungen und dem eingesetzten Werkstoff. Ohne weiteren Nachweis darf bei Außentüren aus Holz, Holzwerkstoffen oder Kunststoffen mit einem U-Wert von 3,0 W/m^{2}K gerechnet werden. [101]

Für verglaste Außentüren liegt – analog zu den Fenstern – den normativen U-Werten der DIN 4108-4 [9] ein Glasflächenanteil von 70 % und ein Rahmenflächenanteil von 30 % zu Grunde. Solare Wärmegewinne dürfen bei Außentüren – wie bei Fenstern – nur dann berücksichtigt werden, wenn ihr Glasflächenanteil mehr als 60 % beträgt. [102]

Nach einem Entwurf zur neuen Energieeinsparverordnung (EnEV) [103] sollen die zulässigen U-Werte für Außentüren deutlich verbessert werden. Genannt wird ein maximaler U-Wert von 1,4 W/(m^{2}K).

Die wärmetechnische Problematik der Anschlussbereiche – im Sturz und an den Seiten – entspricht weitgehend der bei Fenstern. Eine Besonderheit stellt der untere Anschluss dar. Dort zeigen sich in der Baupraxis häufig gravierende thermische Schwachstellen.

5.2 Außentürsysteme

Im Regelfall bestehen Außentürsysteme aus einer fest mit dem Bauwerk verbundenen Rahmenkonstruktion und mindestens einem beweglichen Türflügel. Zusätzliche fest stehende Elemente sind möglich.

5.2.1 Türblattsysteme

Außentüren basieren vom System her häufig auf Rahmenprofilen, wie sie auch im Fensterbau eingesetzt werden. Das gilt insbesondere für PVC- und Aluminiumprofile.

Bei opaken Türblättern werden anstelle der bei Fenstern üblichen Verglasungseinheiten Plattenwerkstoffe bzw. Verbundelemente eingesetzt. Die energetische Leistungsfähigkeit dieser Türblätter wird primär von der Dicke der Verbundelemente, dem eingesetzten Dämmstoff und der Rahmenausbildung bestimmt. Da die marktüblichen Rahmenprofile häufig für Verglasungsdicken von maximal 40 mm ausgelegt sind, ist ihre thermische Leistungsfähigkeit entsprechend begrenzt.

Eine von diesem System abweichende Außentür-Bauart mit opakem Türblatt zeigt Bild 5.2.1-1. Das Türblatt besteht aus einem Rahmen mit beidseitigen Aluminiumplatten und stahlarmierter Polyurethanfüllung. Blend- und Türblattrahmen sind thermisch getrennt.

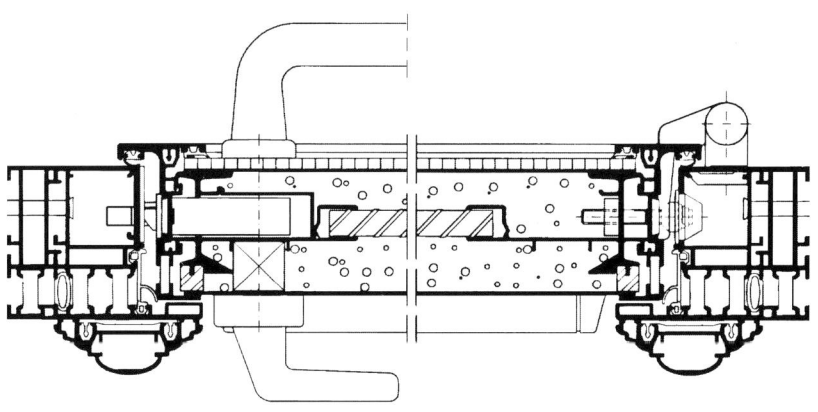

5.2.1-1
Außentür mit Aluminium-Türblatt, wärmegedämmt (Quelle: Biffar [104])

Neben industriellen Türblatt-Systemen gibt es auch Konstruktionen, deren energetische Leistungsfähigkeit vom verarbeitenden Handwerksbetrieb noch beeinflusst werden kann. Es dominieren Holzsysteme mit einer thermisch leistungsfähigen Mittelschicht und symmetrisch angeordneten Deckschichten. Die Stabilisierung der hölzernen Rahmen übernehmen häufig integrierte Stahlprofile. Der Tauwasserschutz erfolgt ggf. durch eine raumseitige Dampfsperre.

Die Türblätter von Holz-Außentüren können unter Verwendung industriell vorgefertigter Sperrholzelemente oder gänzlich handwerklich hergestellt werden. Zu unterscheiden sind Sperrholzkonstruktionen, Hohlraumkonstruktionen, Rahmen- und Füllungskonstruktionen sowie aufgedoppelte Konstruktionen (siehe Bild 5.2.1-2).

Zur Erhöhung der Schlagregensicherheit und zum Schutz vor Beschädigungen kann am Türblatt unten ein Wetterschenkel angebracht werden. Flächig aufgeleimte Wetterschenkel aus Holz haben unten eine Wasserabreißnut und oben eine Schräge von mindestens 20°. Wetterschenkel können auch mit Abstand vor dem Türblatt montiert werden (siehe Bild 5.2.1-3).

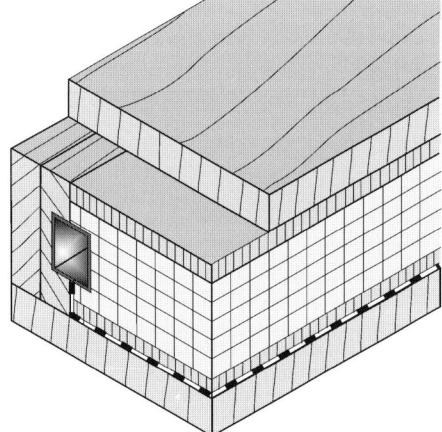

5.2.1-2.1 Sperrholzkonstruktion mit Aussteifungs-Metallprofil

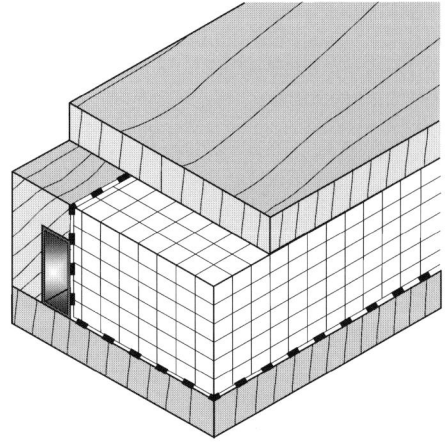

5.2.1-2.2 Hohlraumkonstruktion mit Aussteifungs-Metallprofil

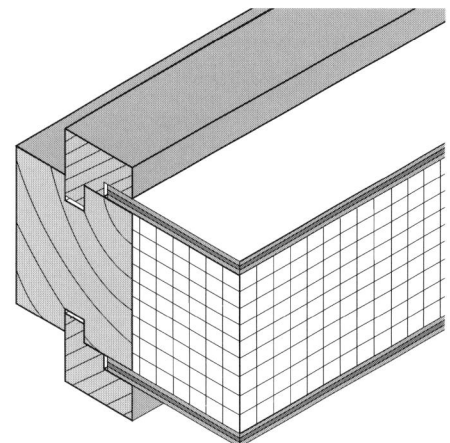

5.2.1-2.3 Rahmen und Füllungskonstruktion

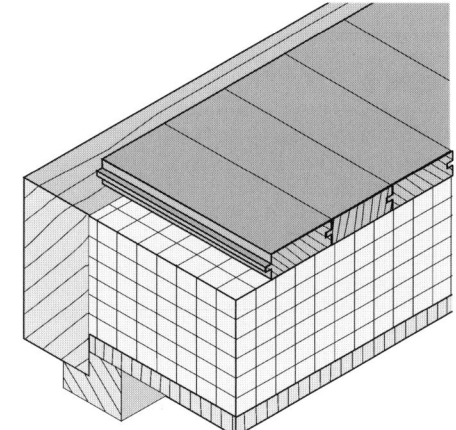

5.2.1-2.4 Aufgedoppelte Konstruktion

5.2.1-2
Konstruktionsarten von Türblattsystemen aus Holz, Holzwerkstoffen und Dämmschichten

5.2.2 Türrahmensysteme

Türrahmen stellen gegenüber Türblättern bzw. Verglasungen i. d. R. wärmetechnische Schwachstellen dar. Die thermische Leistungsfähigkeit der Rahmen ist je nach Material durch thermische Trennelemente, Verbundkonstruktionen bzw. entsprechend dicke Rahmenprofile zu verbessern.

5.2.3 Anschluss Türrahmen / Türblatt

Thermisch muss der Anschluss von Türblatt und Türrahmen mindestens den Anforderungen der WSchV 1995 (a-Wert) genügen. Die umlaufende elastische Dichtung sollte auch im unteren Bereich – im Türblatt bzw. in der Schwelle – ohne Unterbrechung und in der gleichen Ebene verlaufen. Zum Ausgleich der zulässigen Verformungen des Türblattes muss das Dichtungsprofil einen entsprechenden Dichtungsweg aufweisen. Durch ein zweites, parallel laufendes Dichtungsprofil lässt sich die bauphysikalische Leistungsfähigkeit deutlich steigern.

5.3 Anschluss Außentür / Baukörper

Der Aufbau seitlicher und oberer Anschlusskonstruktionen von Außentürblendrahmen am Baukörper unterscheidet sich bezüglich Verankerung, Eindichtung und thermischer Aspekte nur wenig von Anschlüssen zwischen Fensterblendrahmen und Baukörper. Den unteren Anschluss dagegen charakterisieren die für Türen spezifischen Schwellenkonstruktionen.

Die in der Baupraxis üblichen starren Schwellensysteme reichen von einfachen Metallprofilen – primär bei Holzrahmen – bis hin zu konfektionierten thermisch getrennten Aluminiumprofilen. Außerdem gibt es bewegliche, sich automatisch absenkende Systeme. Bei Holzrahmen sind häufig auch als Schwellen ausgebildete Blendrahmen anzutreffen. Nur die starren Systeme erlauben durchgehende, in einer Ebene umlaufende Dichtungsprofile. Bei den schwellenlosen, sich automatisch absenkenden Dichtungen bleiben systembedingt Fugen notwendig.

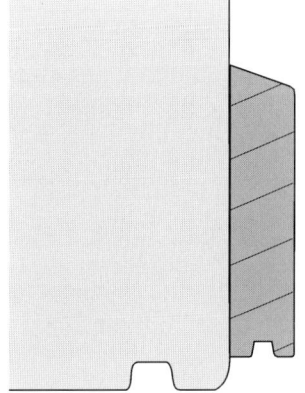

5.2.1-3
Wetterschenkel im Schnitt

5.3.1 Schwellenkonstruktionen
Wärmetechnische Leistungsfähigkeit

Im Folgenden werden Schwellensysteme als untere Anschlusskonstruktion von Außentüren auf ihre wärmetechnische Leistungsfähigkeit hin untersucht. Um andere thermische Einflüsse auszuschließen, müssen für einen Vergleich unterschiedlicher Schwellensysteme die bautechnischen Randbedingungen jeweils identisch sein.

5.3.1.1 Regelanschluss Wand / Grundplatte / Fundament

Als Regelkonstruktion wurde eine erdgeschossige, nichtunterkellerte Hauseingangssituation gewählt (siehe Bild 5.3.1.1-1):

- Stahlbetongrundplatte auf Streifenfundament, Estrich auf Dämmschicht
- Zweischalige Außenwand mit Kerndämmung und Luftschicht, erste Steinschicht des Hintermauerwerks mit reduzierter Wärmeleitfähigkeit
- Türblattausbildungen und geometrische Randbedingungen sind ebenfalls identisch.

Die für den Vergleich notwendigen thermischen Kenngrößen (siehe auch Abschnitt B 1.1.1.1) sind der Wärmebrückenverlustkoeffizient (WBVK) Ψ und die minimale Oberflächentemperatur als Oberflächentemperaturverhältnis f.

Der WBVK dieser Regelkonstruktion ist mit 0,60 W/(mK) relativ hoch. Die Ursache dafür liegt in den Wärmeströmen, die über die Grundplatte und durch Querleitung im Erdreich an die Außenluft abgeleitet werden.

In dieser Hinsicht verhalten sich Anschlusskonstruktionen unterkellerter Gebäude günstiger. Bei ihnen werden Querleitungen durch die Kellerbauteile nicht der Schwelle zugeordnet.

Die jeweiligen Grenzen zwischen Tür- und Bodenfläche richten sich in den folgenden Bildern nach dem Regelanschluss Wand / Boden (Bild 5.3.1.1-1). Die Wärmeverluste der verbleibenden Bodenfläche werden dem WBVK der Schwellenkonstruktion zugeschlagen. Die Pfeile in den Isothermendarstellungen markieren die gewählten Flächenbezüge.

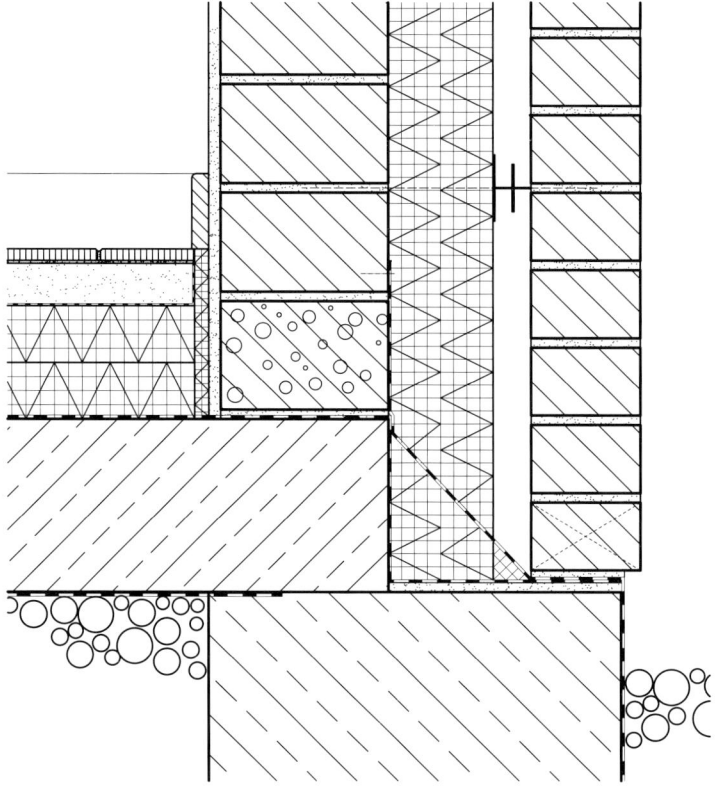

5.3.1.1-1
Konstruktion des Regelanschlusses Wand / Grundplatte / Fundament (Querschnitt)

Baustoff / Bauteil	Wärmeleitfähigkeit λ_R [W/(mK)]	Rohdichte ρ [kg/m³]
Dämmstoff (Mineralfaser)	0,04	–
Dämmstoff (PS-Hartschaum)	0,04	≥ 15
Nadelholz	0,13	600
Holzwerkstoffplatte	0,13	700
Hintermauerwerk	0,79	1600
Verblendmauerwerk	0,96	2000
KS-ISO-Kimmstein	0,36	1200
Zementestrich	1,4	2000
Normalbeton	2,1	2400
Innenputz	0,70	1400
Aluminium	220	2700
Fliesen	1,4	1300

Thermische Kennwerte (5.3.1.1-1)

5.3 Anschluss Außentür / Baukörper
5.3.1 Schwellenkonstruktionen – Wärmetechnische Leistungsfähigkeit

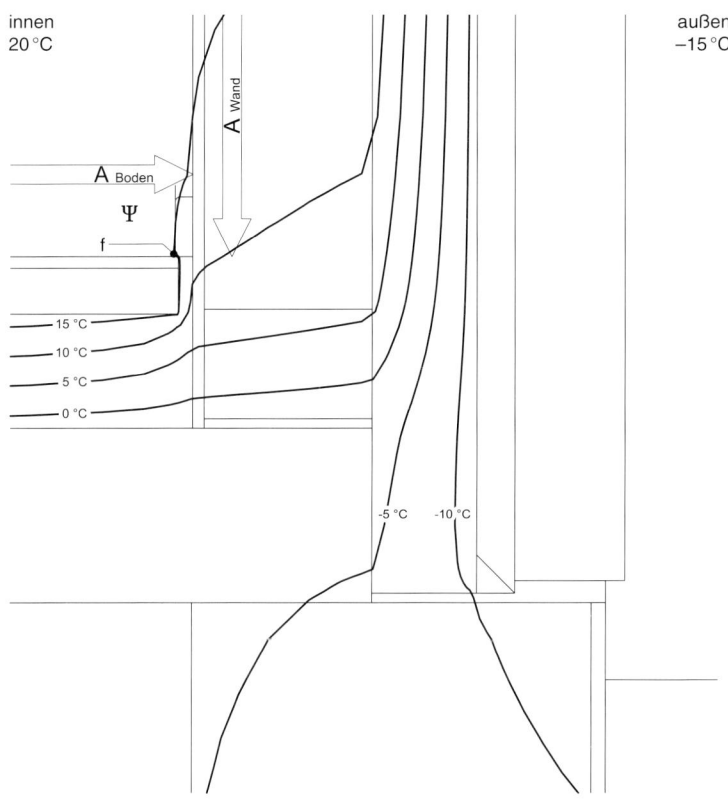

5.3.1.1-1.1 Isothermenverlauf

Ungestörter Bereich		Gestörter Bereich	
Wärmedurchgangs-koeffizient	U-Wert [W/(m²K)]	linienf. Wärmebrücke WBVK	Ψ-Wert [W/(mK)]
Wand	0,28	Ψ Wand – Bodenplatte	0,60
Boden	0,30		
Temperaturfaktor	f-Wert [–]	Temperaturfaktor	f-Wert [–]
Wand	0,93	f	0,84
Bodenplatte	0,97		

Thermische Richtwerte,
Ergebnis der thermischen Untersuchung (5.3.1.1-1.1)

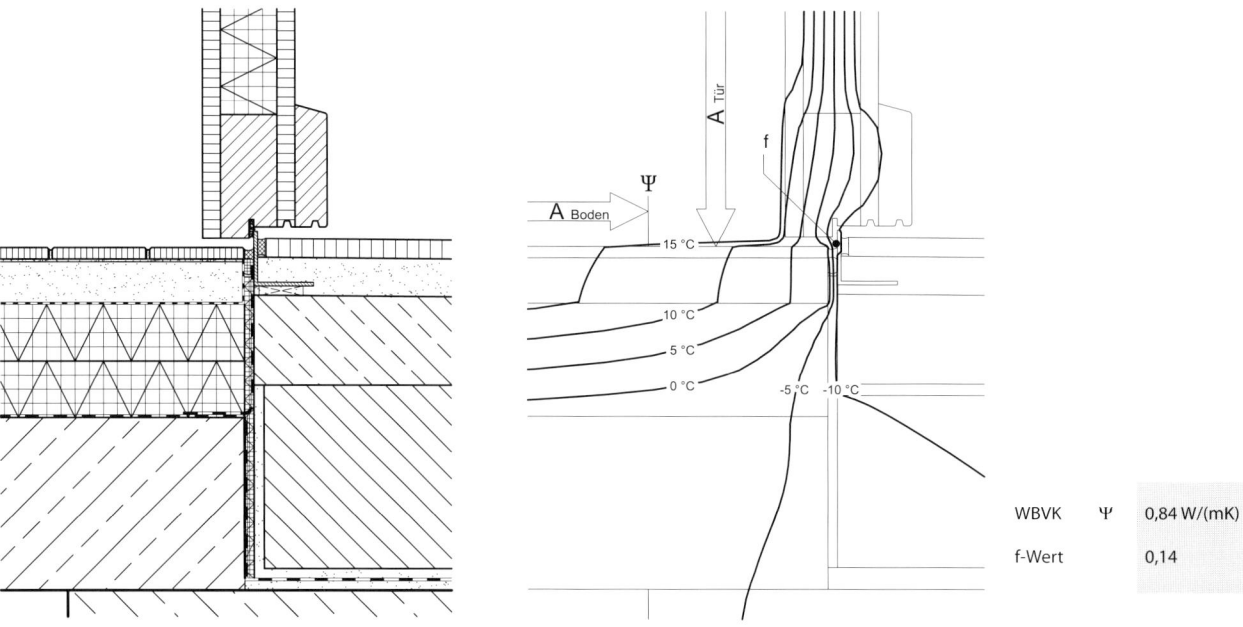

5.3.1.2-1
Schwellenkonstruktion mit einfachem
Metallprofil (L-Schiene); minimale
thermische Trennung (Querschnitt)

5.3.1.2-1.1
Isothermenverlauf,
Wert der Wärmebrücke,
Temperaturfaktor

| WBVK | Ψ | 0,84 W/(mK) |
| f-Wert | | 0,14 |

5.3.1.2 Metallprofile als Schwellenkonstruktionen

Schwellenkonstruktion mit einfachem Metallprofil (L-Schiene), Bild 5.3.1.2-1:

Die noch immer anzutreffende Konstruktion mit einfacher L-Schiene z. B. aus Messing oder nichtrostendem Stahl ist einfach auszuführen, aber wärmetechnisch unzureichend. Im Vergleich zu dem Regelanschluss Bodenplatte/Außenwand, Bild 5.3.1.1-1, wird bei dieser Lösung die Wärmebrücke im Türbereich deutlich verstärkt. Dies ist darauf zurückzuführen, dass die thermische Trennung zwischen Außen- und Innenfußboden lediglich durch einen dünnen Dämmstreifen erfolgt. In der Baupraxis entfällt auch diese minimale Maßnahme häufig. Dann steigt der WBVK auf 1,1 W(mK) an.

Zur Veranschaulichung:
Der wärmebrückenbedingte Transmissionsverlust dieser Schwellenkonstruktion entspricht bei einer Länge von 2 m dem einer Außenwandfläche [U = 0,25 W/(m²K)] von ca. 9 m².

Die Oberflächentemperaturen dieser Schwellenkonstruktion sind entsprechend niedrig. Mit Tauwasserbildung im Schwellenbereich ist schon an milden Wintertagen zu rechnen. Bei niedrigen Außentemperaturen ist ein Festfrieren der Dichtung zu erwarten. Auch die Oberflächentemperaturen des Fußbodens erfahren im Türbereich eine deutliche Absenkung.

Schwellenkonstruktion mit kombiniertem Metallprofil, Bild 5.3.1.2-2:

Durch ein kombiniertes Metallprofil mit dickeren Dämmstreifen vor und hinter dem Profil verringert sich der WBVK. Die Oberflächentemperaturen bleiben jedoch auch bei dieser Konstruktion relativ niedrig. Der Einsatz dickerer Dämmstreifen ist wegen der erforderlichen Abdichtung nur begrenzt möglich.

Schwellenkonstruktion mit thermisch getrenntem Aluminium-Anschlussprofil (nach [105]), Bild 5.3.1.2-3:

Thermisch getrennte Schwellenprofile, die in ihrem Aufbau den Aluminiumfensterprofilen ähnlich sind, erweisen sich als wärmetechnisch sinnvolle Lösungen. Je nach Dicke und Art des eingesetzten Dämmstoffs erlauben sie eine effektive thermische Trennung. Bei dieser Schwelle fällt der WBVK Ψ mit 0,67 nur noch wenig höher aus als beim Regelanschluss Bodenplatte / Außenwand, Bild 5.3.1.1-1, mit Ψ = 0,60 W/(mK).

Das Schwellenprofil erlaubt zwei umlaufende Dichtungsprofile. Damit werden die Oberflächentemperaturen deutlich verbessert. Eine Tauwasserbildung ist jedoch noch möglich.

5.3 Anschluss Außentür / Baukörper
5.3.1 Schwellenkonstruktionen – Wärmetechnische Leistungsfähigkeit

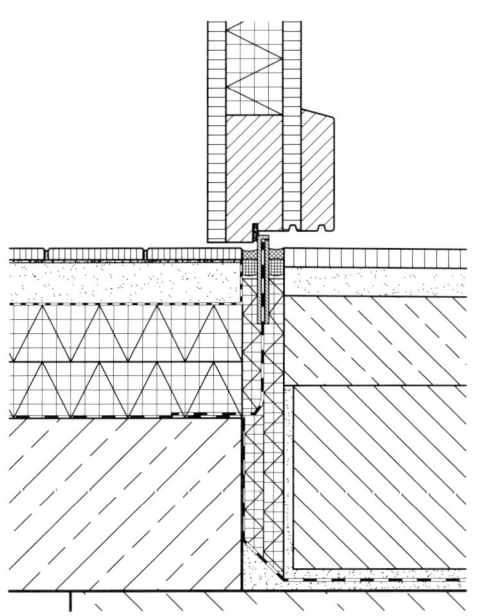

5.3.1.2-2
Schwellenkonstruktion mit kombiniertem Metallprofil; verbesserte thermische Trennung (Querschnitt)

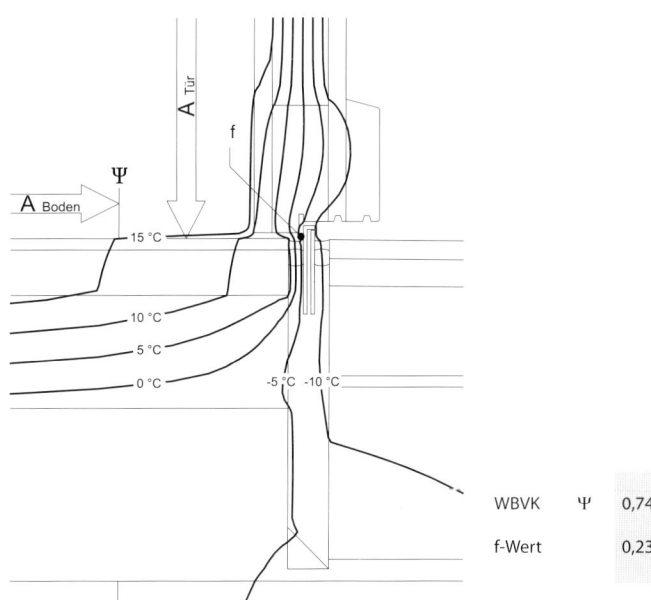

5.3.1.2-2.1
Isothermenverlauf,
Wert der Wärmebrücke,
Temperaturfaktor

WBVK	Ψ	0,74 W/(mK)
f-Wert		0,23

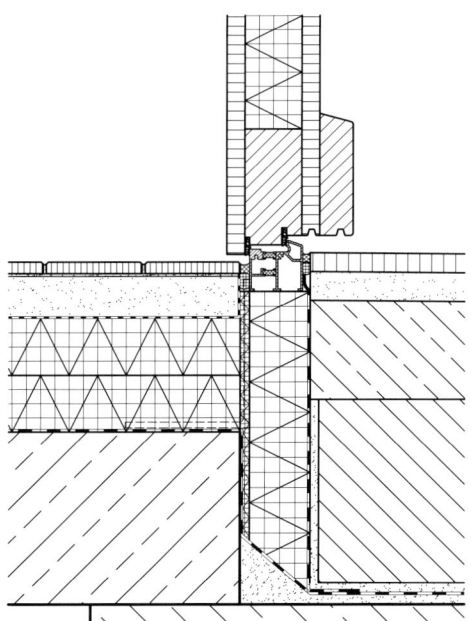

5.3.1.2-3
Schwellenkonstruktion mit thermisch getrenntem Aluminium-Anschlussprofil; zwei Dichtungsprofile (Querschnitt)

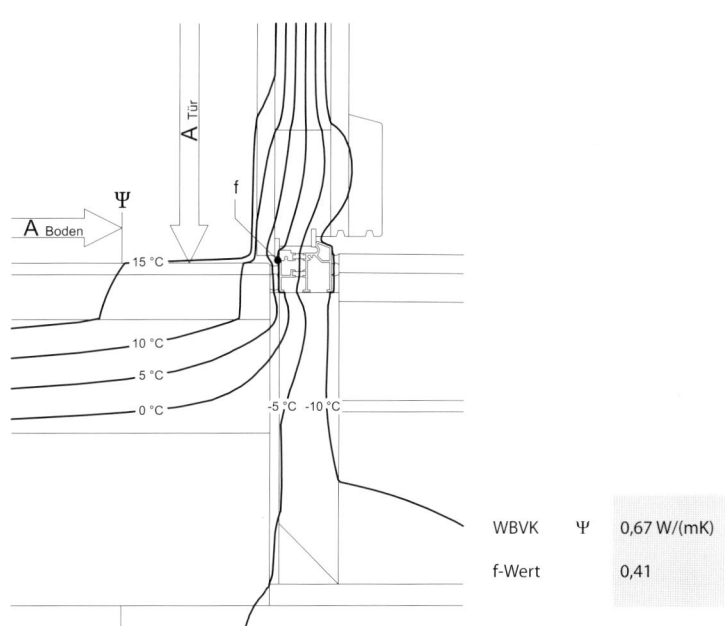

5.3.1.2-3.1
Isothermenverlauf,
Wert der Wärmebrücke,
Temperaturfaktor

WBVK	Ψ	0,67 W/(mK)
f-Wert		0,41

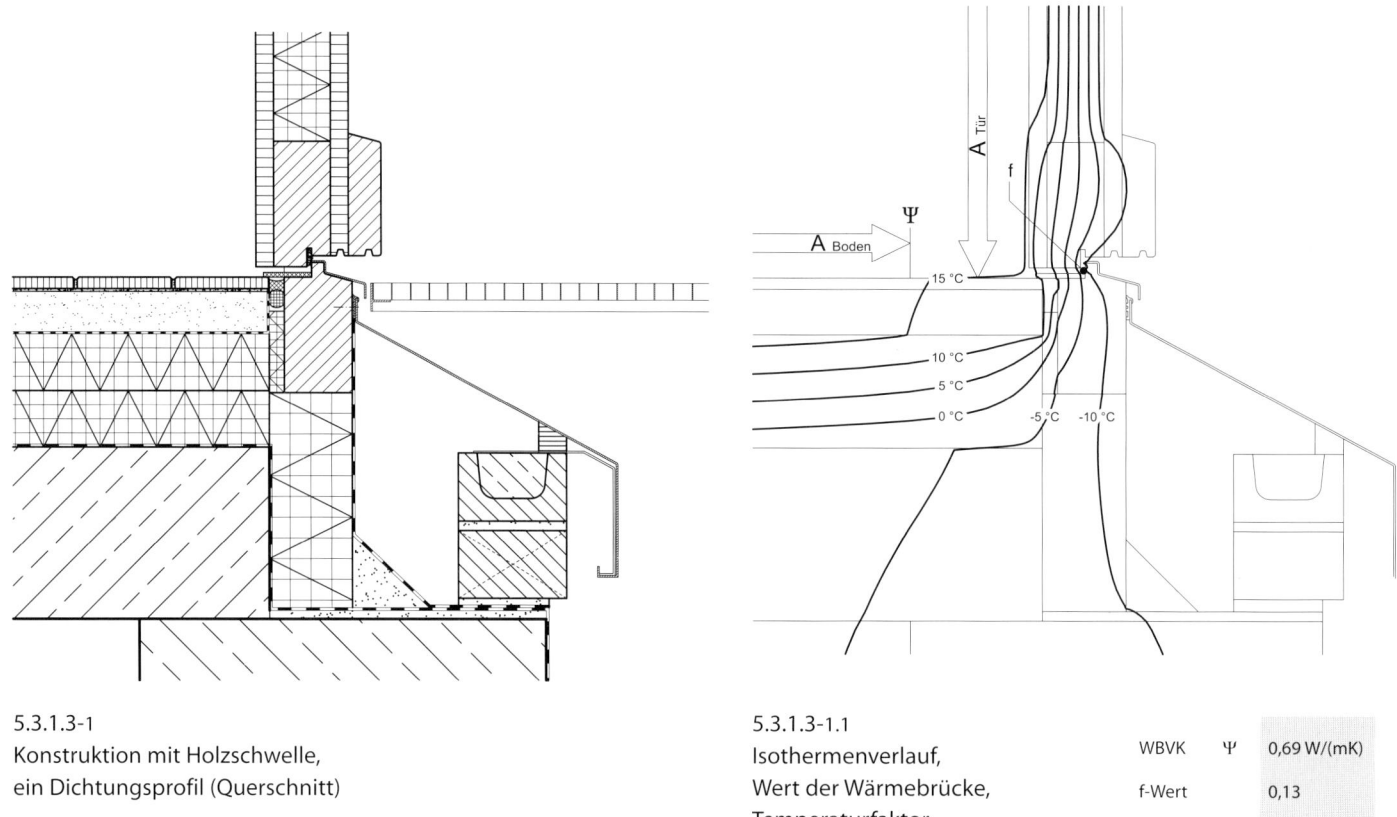

5.3.1.3-1
Konstruktion mit Holzschwelle,
ein Dichtungsprofil (Querschnitt)

5.3.1.3-1.1
Isothermenverlauf,
Wert der Wärmebrücke,
Temperaturfaktor

WBVK	Ψ	0,69 W/(mK)
	f-Wert	0,13

5.3.1.3 Holzprofile als Schwellenkonstruktionen

Konstruktion mit Holzschwelle, ein Dichtungsprofil, Bild 5.3.1.3-1:

Holzschwellen stellen Teile des Blendrahmens dar. Ihre Dicke entspricht deshalb i.d.R. der des Blendrahmens. Da sich auch die Lage und die Anzahl der Dichtungsprofile an der Ausbildung des Blendrahmens orientieren, sind auch doppelte umlaufende Dichtungen möglich.

Obwohl Holzschwellenkonstruktionen mit vergleichsweise großen Flächen direkt an die Außenluft anschließen, sind Konstruktionen, wie in Bild 5.3.1.3-1 dargestellt, wärmetechnisch ähnlich leistungsfähig wie Schwellenausbildungen mit thermisch getrennten Metallprofilen (Bild 5.3.1.2-3).

Der Isothermenverlauf zeigt, dass die Dämmschicht innen vor der Schwelle wärmetechnisch wirksam ist. In diesem Bereich »drängen« sich die Isothermen.

Die minimale Oberflächentemperatur wird maßgeblich von der Anzahl der Dichtungsprofile bestimmt. Bei der dargestellten Konstruktion mit nur einem Dichtungsprofil fällt sie entsprechend ungünstig aus. Die Temperatur wird auch durch die Metallabdeckung beeinträchtigt, die unmittelbar an das Dichtungsprofil herangeführt ist.

5.3 Anschluss Außentür / Baukörper
5.3.1 Schwellenkonstruktionen – Wärmetechnische Leistungsfähigkeit

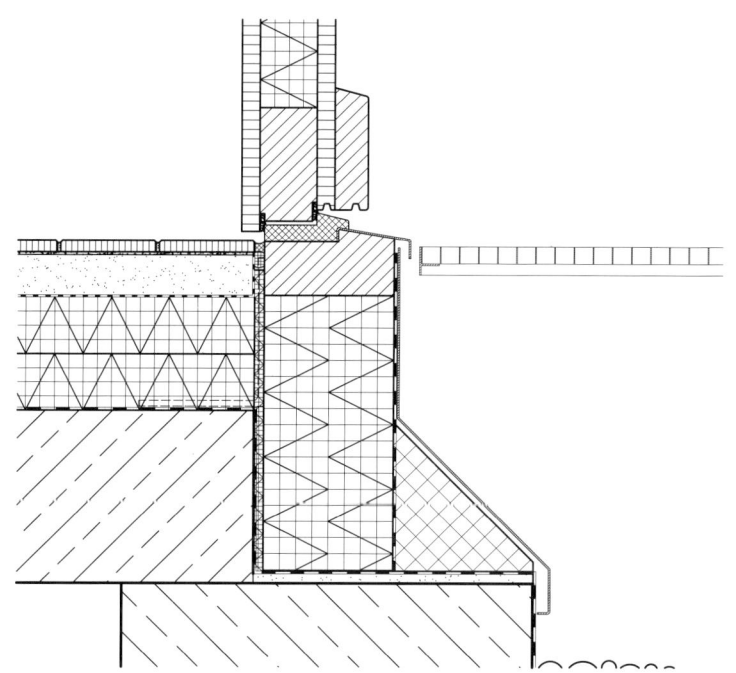

5.3.1.3-2
Konstruktion mit Holzschwelle, dickes Rahmenholz; zwei Dichtungsprofile (Querschnitt)

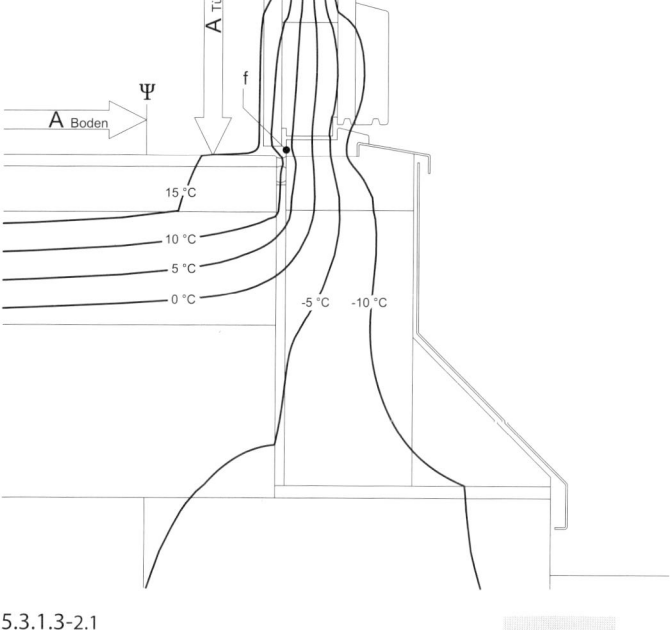

5.3.1.3-2.1
Isothermenverlauf,
Wert der Wärmebrücke,
Temperaturfaktor

WBVK	Ψ	0,55 W/(mK)
f-Wert		0,60

Konstruktion mit Holzschwelle, dickes Rahmenholz und zwei Dichtungsprofile, Bild 5.3.1.3-2:

Holzschwellensysteme lassen sich durch entsprechend dicke Hölzer thermisch optimieren. Das erlaubt zwei Dichtungsebenen und große Dämmstoffdicken. Der WBVK der Schwellenkonstruktion (Bild 5.3.1.3-2) liegt mit Ψ = 0,55 W/(mK) niedriger als der des Regelanschlusses Bodenplatte / Außenwand mit Ψ = 0,60 W/(mK). Bei dieser Schwellenkonstruktion ist Oberflächentauwasser sehr unwahrscheinlich. Die Oberfläche von Holzschwellen ist vor Beschädigungen durch Nutzer zu schützen. Dafür eignen sich Abdeckungen aus Kunststoff oder Metall. Bei Metallprofilen ist eine thermische Trennung notwendig.

5.4 Beispiele von Holzaußentüren einschließlich Bauanschlüssen

Gestaltung, Konstruktion, thermische Richtwerte

Die folgenden Beispiele zeigen Außentüren in ihrer Komplexität als Teile der Fassade und der Gebäudehüllfläche. Deshalb stehen gestalterische, konstruktive und thermische Aspekte im Vordergrund der Betrachtung.

Um ein möglichst großes Spektrum an Alternativen aufzuzeigen, sind jeweils unterschiedliche Türen mit unterschiedlichen Wandsystemen und unterschiedlichen Schwellenausbildungen kombiniert. Die Darstellungen der Projekte beinhalten neben der Gestaltung jeweils:

- den konstruktiven Aufbau einschließlich thermischer Kennwerte
- den Isothermenverlauf und thermische Richtwerte

Die thermischen Kennwerte präzisieren den konstruktiven Aufbau in wärmetechnischer Hinsicht. Die Isothermenverläufe zeigen die sich einstellenden Temperaturen an der Oberfläche und in den Konstruktionen. Außerdem veranschaulichen sie Größe und Richtung der sich einstellenden Wärmeströme (siehe auch Abschnitt B 1.1.1.1).

Die thermischen Richtwerte stellen das Ergebnis der Untersuchung dar und belegen die wärmetechnische Leistungsfähigkeit der einzelnen Elemente (siehe auch Abschnitt B 1.1). Folgende Richtwerte werden jeweils ausgewiesen:

- Wärmedurchgangskoeffizient (U-Wert)
- Wärmebrückenverlustkoeffizient WBVK (Ψ-Wert)
- Temperaturfaktor (f-Wert)

5.4.1 Sperrtürblatt, Futterzarge und Oberlicht

Wandsystem: einschaliges Mauerwerk mit Außenputz

Diesen Hauseingang charakterisiert eine gestalterisch und technisch anspruchsvolle Tür mit einem großen Oberlicht und einem direkt darüber angrenzenden Vordach. Das quadratische Format des Oberlichtes wiederholt sich in sechs kleinen Lichtausschnitten im Sperrtürblatt. Die profilierte Zargenkonstruktion fasst das Türelement gewändeartig ein.

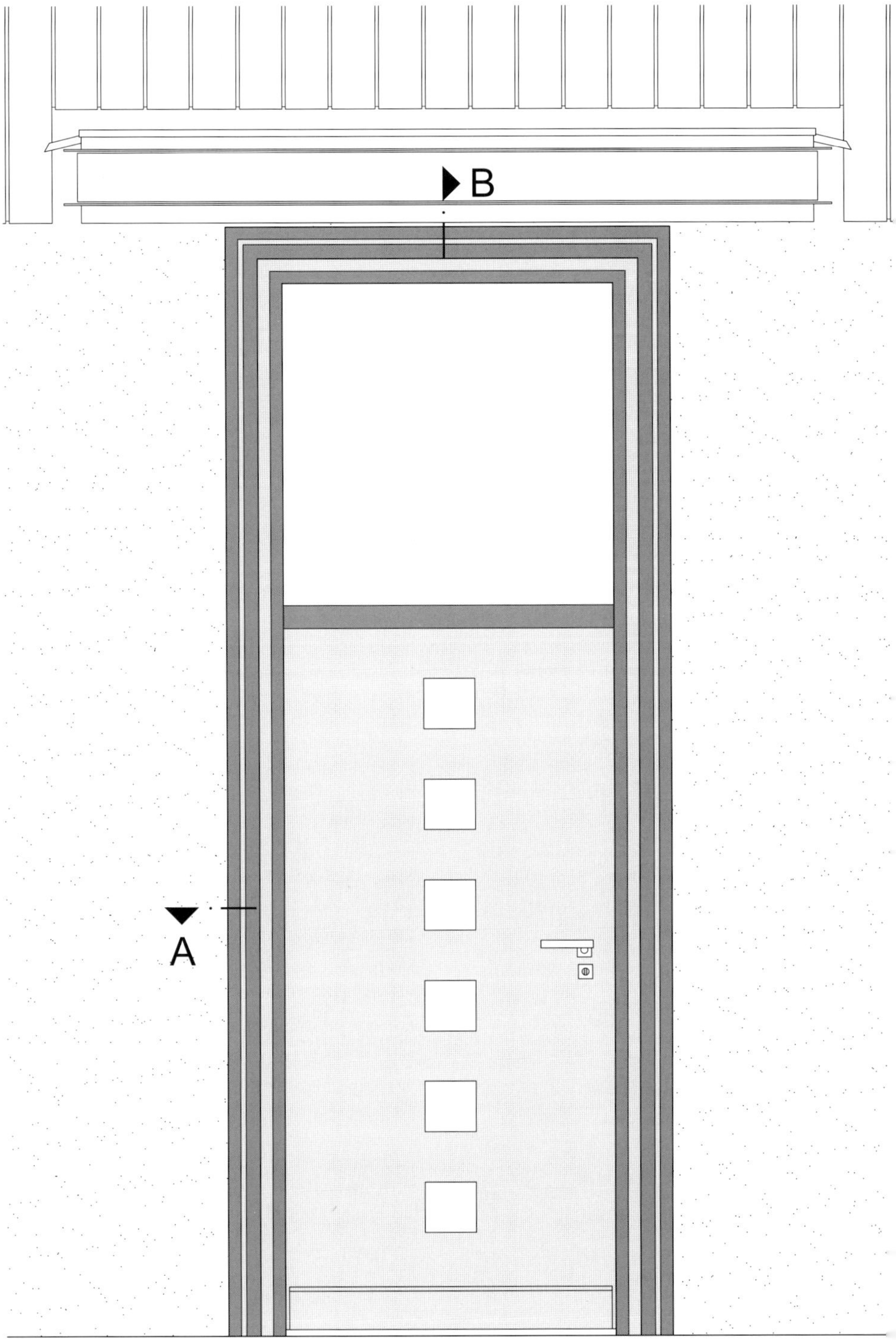

5.4.1-1 Ansicht

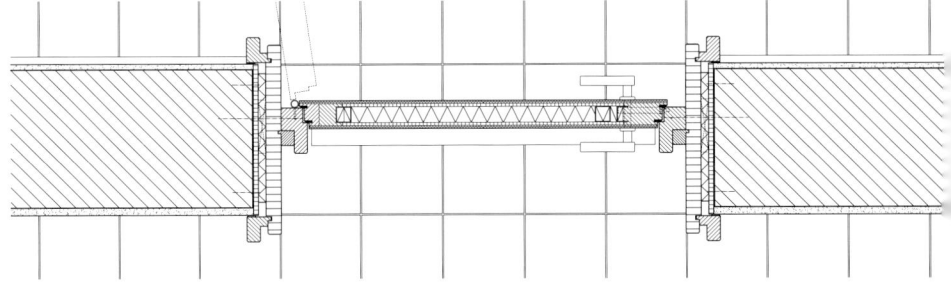

A
5.4.1-2 Horizontalschnitt

5.4 Beispiele von Holzaußentüren einschließlich Bauanschlüssen
5.4.1 Sperrtürblatt, Futterzarge und Oberlicht

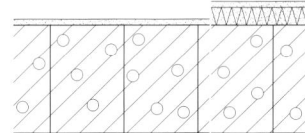

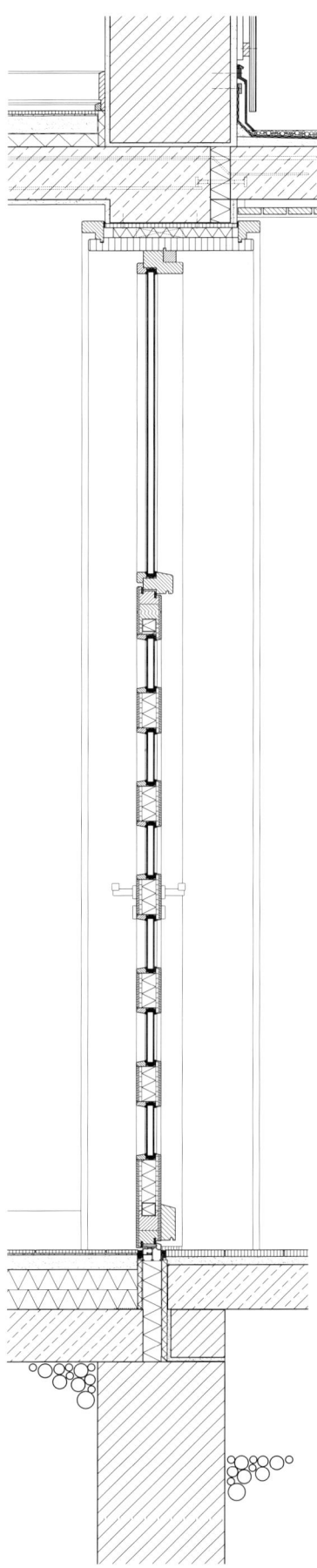

Das Vordach übernimmt u. a. den baulich-konstruktiven Holzschutz. Die unterseitige Verbretterung und die stirnseitigen Metallbekleidungen geben dem Dach ein der Haustür adäquates gestalterisches Niveau. Spezifische Elemente trennen die Stahlbetonkragplatte thermisch von der Geschossdecke. Holzwerkstoffplatten als Putzlehren ermöglichen einen exakten Einbau der vorgefertigten Futterzarge.

Die nicht unterkellerte Fußbodenkonstruktion erhält als Schwelle ein thermisch getrenntes Aluminiumprofil. [105] Es ermöglicht eine zweifache umlaufende Dichtung.

Das industriell vorgefertigte Türblatt weist in seinen gedämmten Bereichen einen relativ guten U-Wert auf. Dagegen stellen die Vollholzverstärkungen und die eingelassenen Stahlprofile thermisch deutliche Schwachstellen dar. Die aufgeführten Ψ-Werte sind ergänzend zu dem U-Wert der gedämmten Türblattbereiche (Gefache) angegeben (siehe auch Abschnitt B 1.1.1.1). Die thermischen Störungen aus dem Holzrahmen und den Metallverstärkungen sind in einem Ψ-Wert zusammengefasst. In diesen Bereichen sinken die Oberflächentemperaturen deutlich ab, sodass Tauwasserbildung und evtl. Verfärbungen nicht auszuschließen sind.

Eine modifizierte Türblattkonstruktion mit dämmstoffüberdeckten Stahlprofilen würde – falls konfektioniert angeboten – zu deutlich besseren thermischen Kennwerten führen.

Die kleinen Fenster im Türblatt stellen ebenfalls thermische Schwachstellen dar. Die Ursache dafür liegt insbesondere im Randverbund der Scheiben. Für solche Aufgaben ist der Einsatz thermisch optimierter Verglasungseinheiten, bei denen der Randverbund z. B. aus Kunststoff besteht, besonders sinnvoll.

Das auskragende Vordach führt trotz der konfektionierten Trennelemente in diesem Bereich zu einer Wärmebrücke. Diese wird primär von den Stahleinlagen verursacht. Da diese Schwachstelle zu Wärmeströmen oberhalb und unterhalb der Geschossdecke führt, werden zu ihrer Quantifizierung zwei WBVK Ψ_1 und Ψ_2 ausgewiesen (siehe Bild 5.4.1-6.1). Die der Ermittlung zugrunde liegenden Bewehrungsabstände betragen 150 mm. Die Isothermen auf dem Bild wurden vereinfacht zweidimensional ermittelt. Sie zeigen deshalb nicht die reale Temperaturverteilung. Die Abbildung gibt aber Hinweise auf die sich einstellenden Wärmeströme.

B
5.4.1-3 Vertikalschnitt

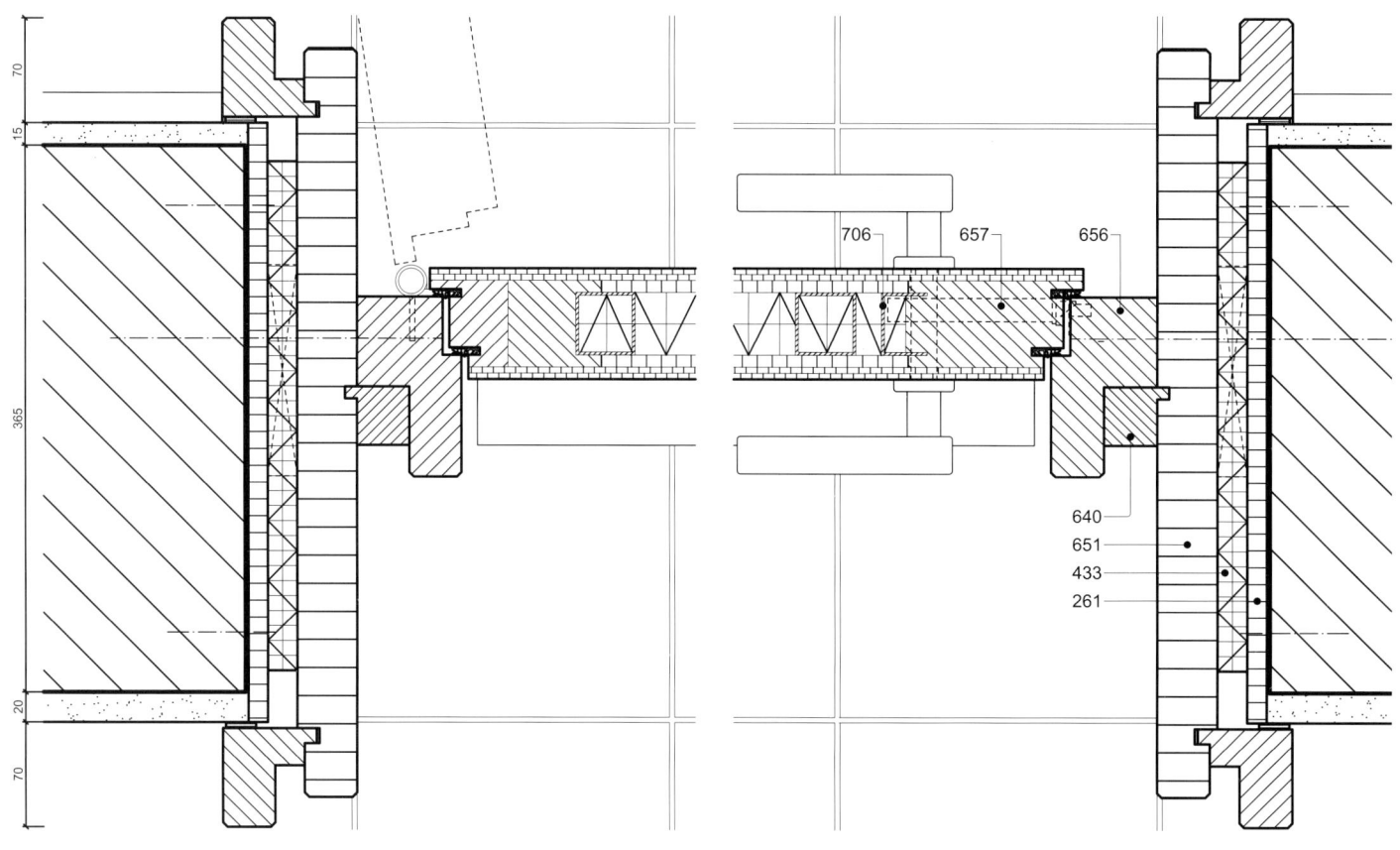

A
5.4.1-4 Detail (Horizontalschnitt)

261 Putzlehre
433 Mineralwolle gestopft oder Schaumkunststoff, örtlich eingebracht
640 Deckleiste
651 Türfutter und Bekleidung
656 Haustürrahmen
657 Haustürflügel
706 Metallprofil

Baustoff/Bauteil	Wärmeleitfähigkeit λ_R [W/(mK)]	Rohdichte ρ [kg/m³]
Dämmstoff (Mineralfaser)	0,04	–
Dämmstoff (PS-Hartschaum)	0,04	≥ 15
Dichtung (Gummi)	0,24	1200
Dichtstoff (Silikon)	0,35	1240
Dichtbänder (PU-Schaumstoff)	0,05	80
Nadelholz	0,13	600
Sperrholz	0,15	800
Mauerwerk	0,18	800
Zementestrich	1,4	2000
Normalbeton	2,1	2400
Außenputz	0,87	1800
Innenputz	0,70	1400
Baustahl	60	7000
Aluminium	220	2700
Fliesen	1,0	1000

Thermische Kennwerte (5.4.1-4, 5.4.1-5 und 5.4.1-6)

5.4 Beispiele von Holzaußentüren einschließlich Bauanschlüssen
5.4.1 Sperrtürblatt, Futterzarge und Oberlicht

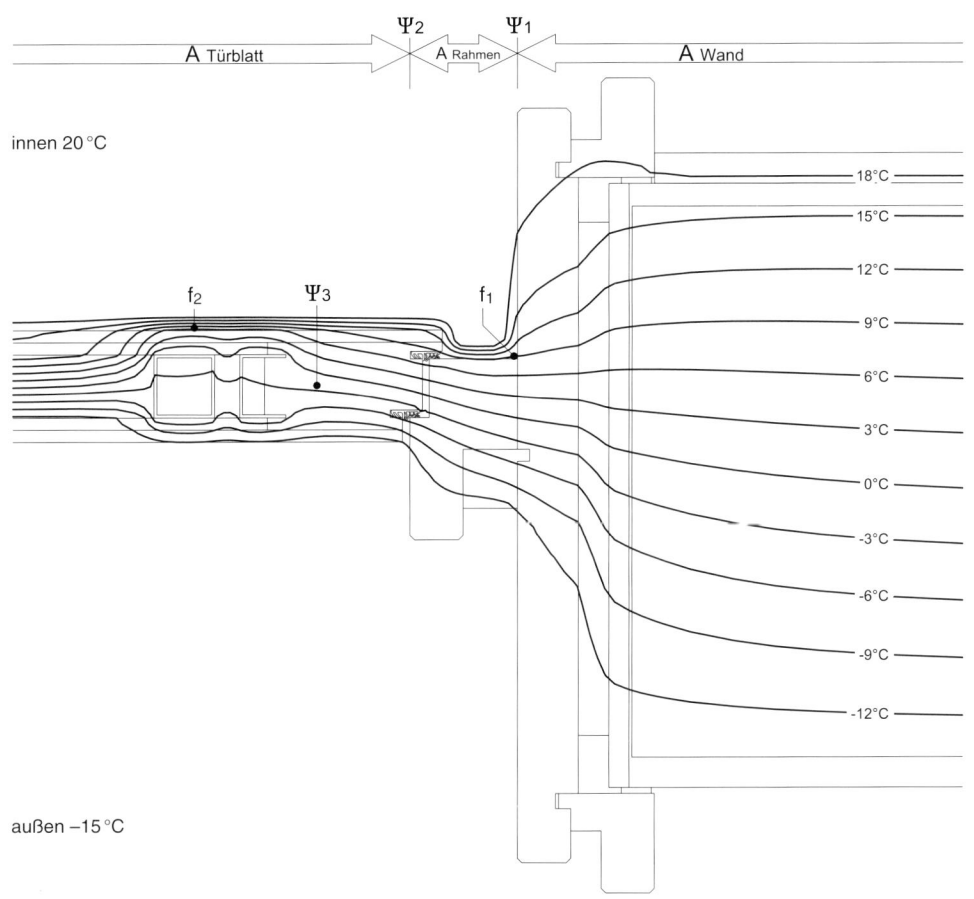

A
5.4.1-4.1 Isothermenverlauf

Ungestörter Bereich		Gestörter Bereich	
Wärmedurchgangs-koeffizient	U-Wert [W/(m²K)]	linienf. Wärmebrücke WBVK	Ψ-Wert [W/(mK)]
Wand	0,44	Ψ_1 Wand – Rahmen	0,023
Rahmen	1,03	Ψ_2 Rahmen – Türblatt	0,038
Türblatt (Gefach)	0,49	Ψ_3 Türblattverstärkung	0,268
Temperaturfaktor	f-Wert [–]	Temperaturfaktor	f-Wert [–]
Wand	0,89	f_1	0,69
Türblatt (Gefach)	0,88	f_2	0,55

Thermische Richtwerte,
Ergebnis der thermischen Untersuchung (5.4.1-4.1)

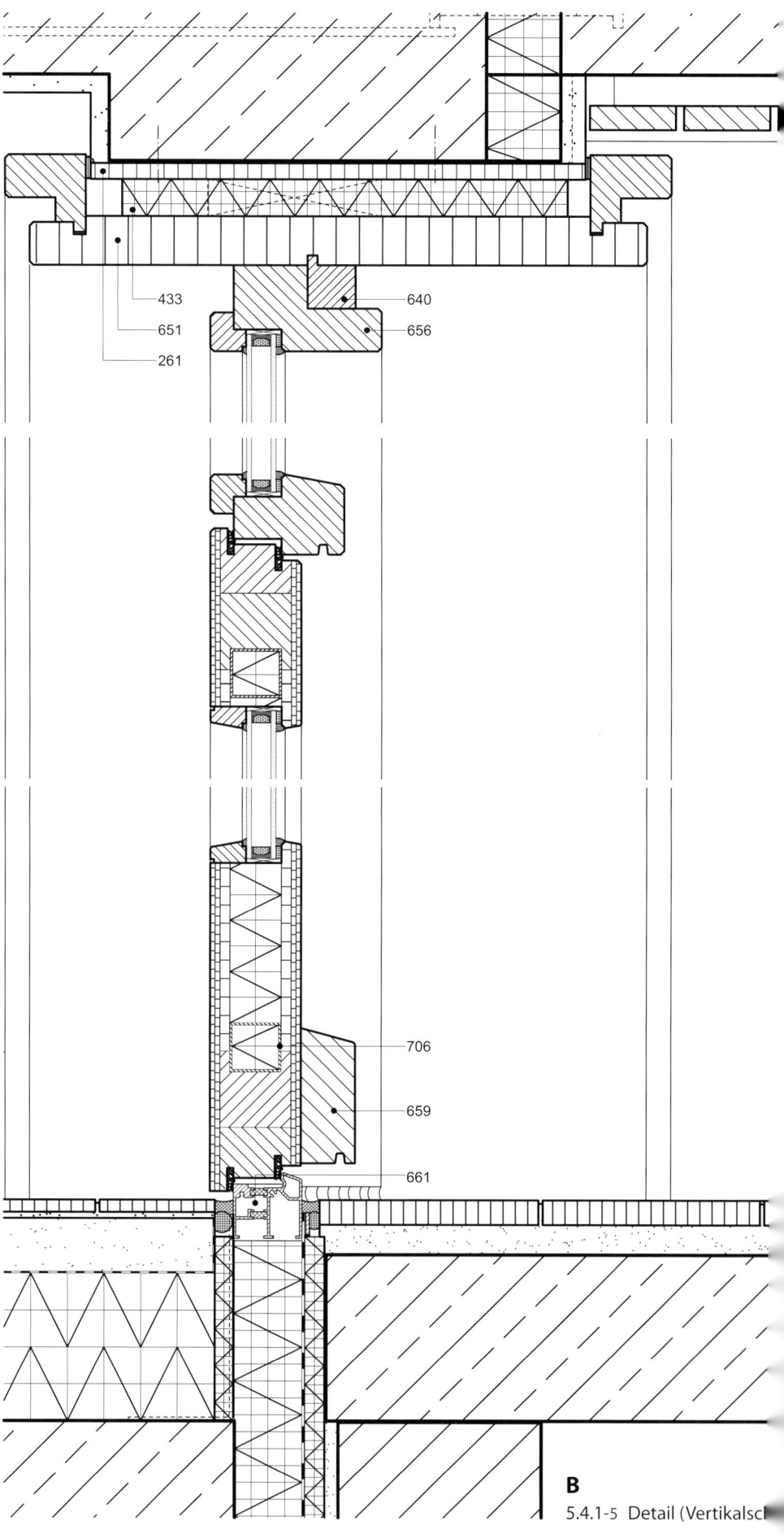

261 Putzlehre
433 Mineralwolle gestopft oder Schaumkunststoff, örtlich eingebracht
640 Deckleiste
651 Türfutter und Bekleidung
656 Haustürrahmen
659 Wetterschenkel
661 Türschwelle, thermisch getrenntes Rohrprofil
706 Metallprofil

B

5.4.1-5 Detail (Vertikalsch

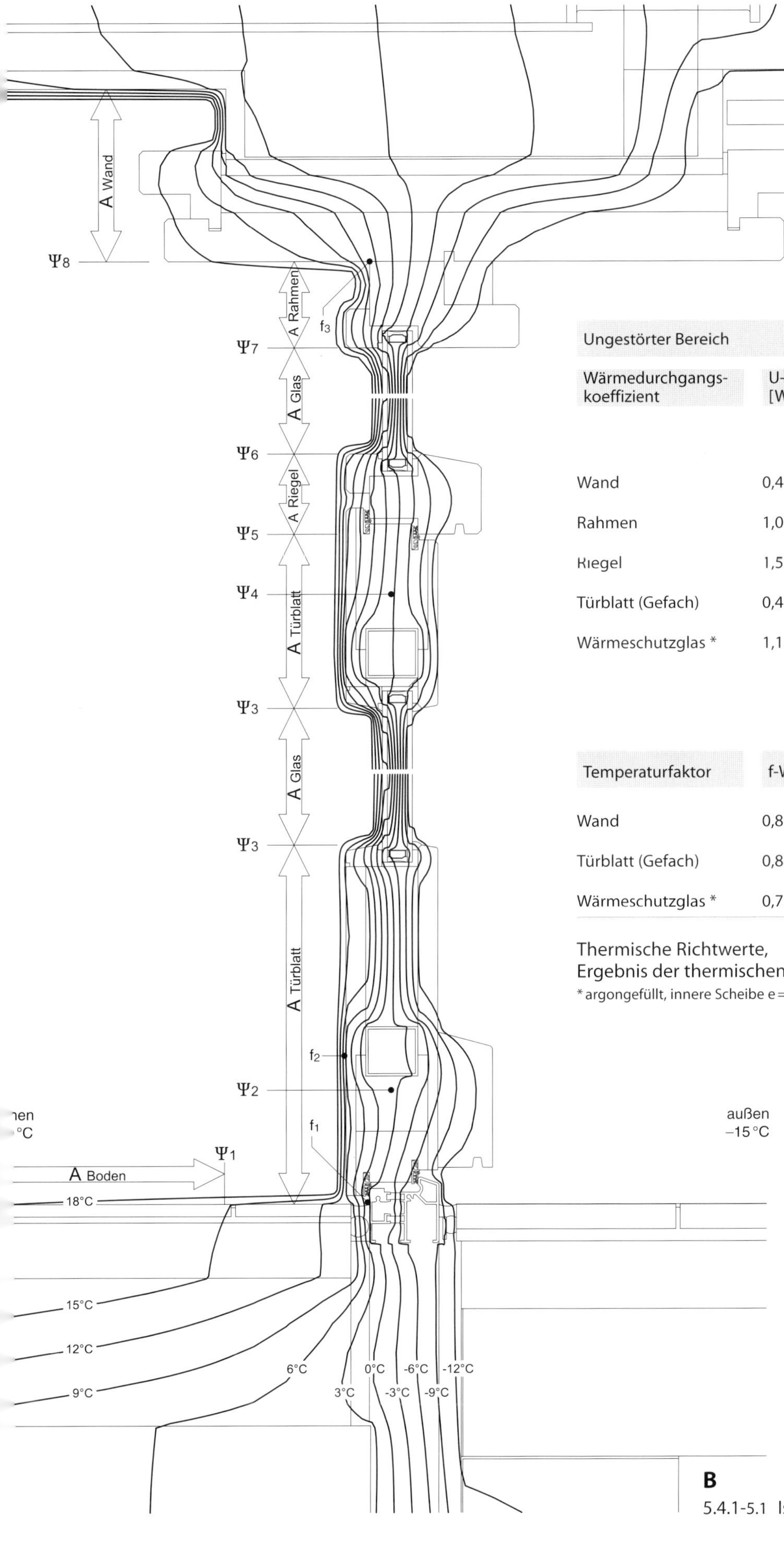

5.4 Beispiele von Holzaußentüren einschließlich Bauanschlüssen
5.4.1 Sperrtürblatt, Futterzarge und Oberlicht

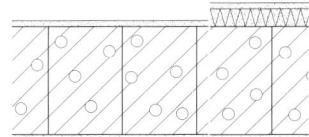

Ungestörter Bereich	
Wärmedurchgangskoeffizient	U-Wert [W/(m²K)]
Wand	0,46
Rahmen	1,03
Riegel	1,58
Türblatt (Gefach)	0,49
Wärmeschutzglas *	1,13

Gestörter Bereich	
linienf. Wärmebrücke WBVK	Ψ-Wert [W/(mK)]
Ψ_1 Boden – Türblatt	0,356
Ψ_2 Türblattverstärkung	0,136
Ψ_3 Türblatt – Glas	0,065
Ψ_4 Türblattverstärkung	0,172
Ψ_5 Türblatt – Riegel	0,011
Ψ_6 Riegel – Glas	0,062
Ψ_7 Glas – Rahmen	0,059
Ψ_8 Rahmen – Wand	0,015

Temperaturfaktor	f-Wert [–]
Wand	0,89
Türblatt (Gefach)	0,88
Wärmeschutzglas *	0,75

Temperaturfaktor	f-Wert [–]
f_1	0,41
f_2	0,63
f_3	0,62

Thermische Richtwerte,
Ergebnis der thermischen Untersuchung (5.4.1-5.1)
* argongefüllt, innere Scheibe e = 0,05, Aluminiumabstandhalter

außen −15 °C

B

5.4.1-5.1 Isothermenverlauf

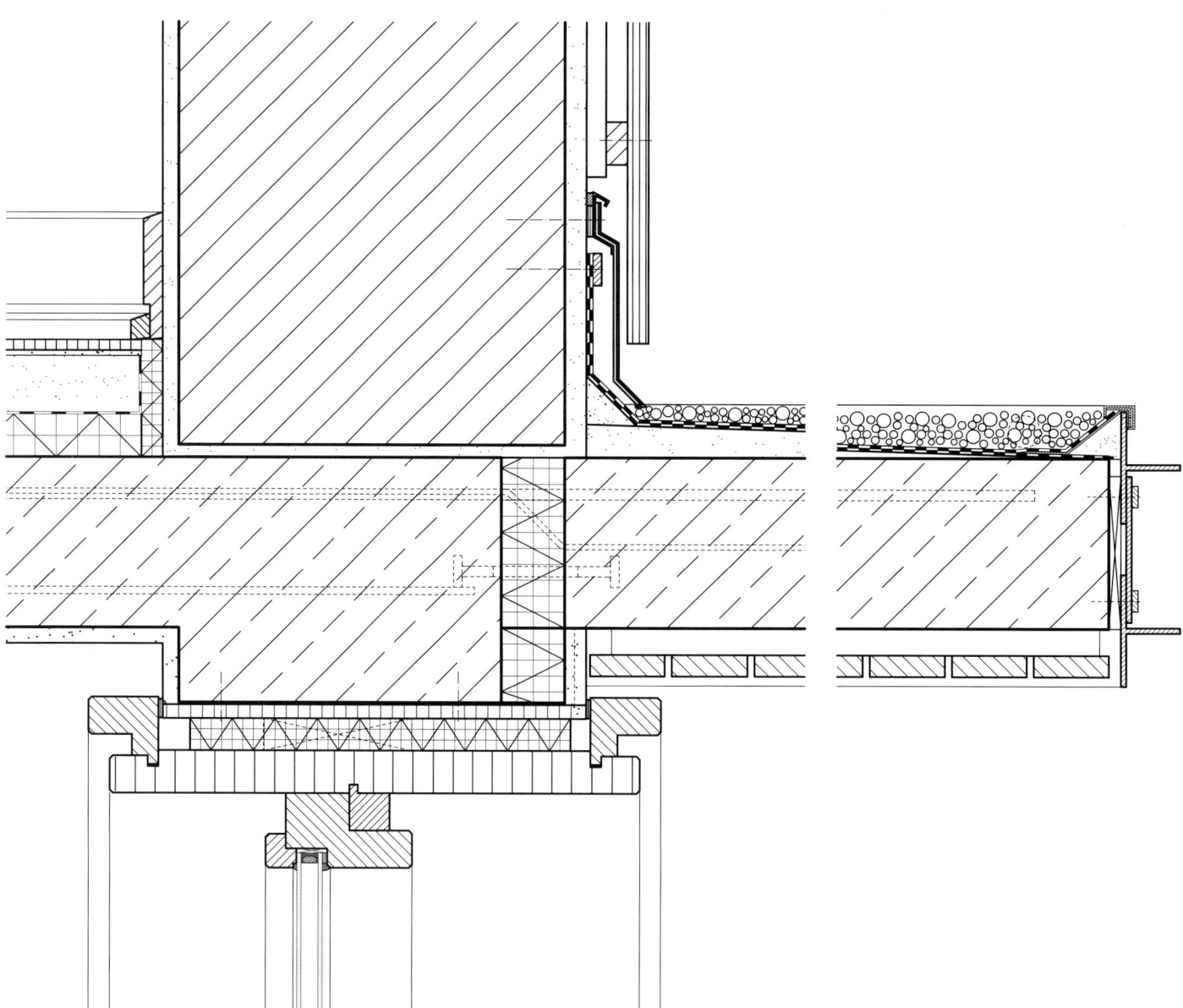

B
5.4.1-6 Detail Kragplatte (Vertikalschnitt)

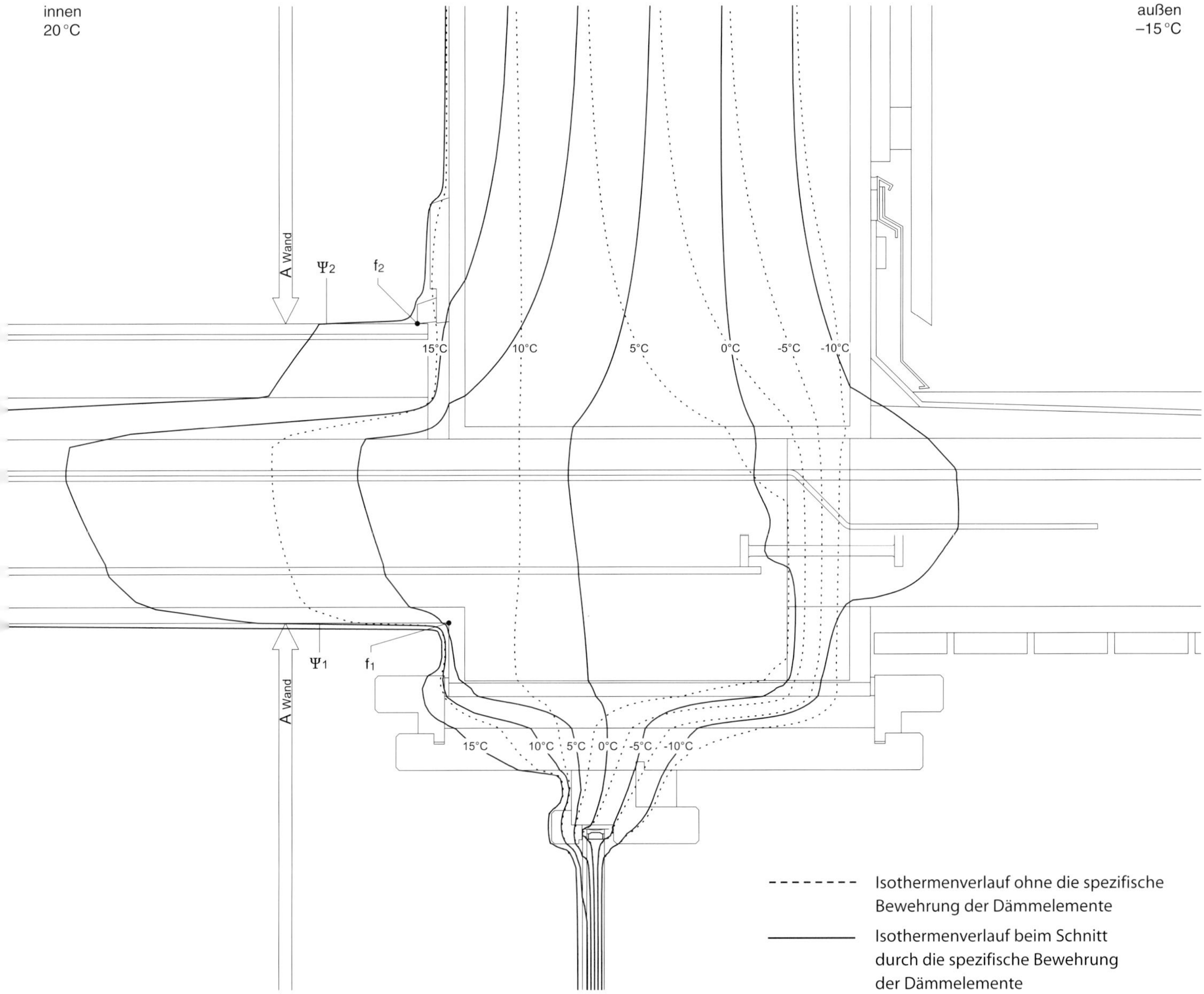

5.4 Beispiele von Holzaußentüren einschließlich Bauanschlüssen
5.4.1 Sperrtürblatt, Futterzarge und Oberlicht

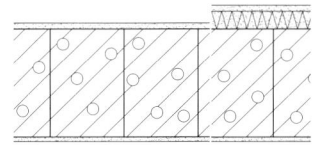

innen 20 °C   außen −15 °C

- - - - - - - - Isothermenverlauf ohne die spezifische Bewehrung der Dämmelemente

———— Isothermenverlauf beim Schnitt durch die spezifische Bewehrung der Dämmelemente

B

5.4.1-6.1 Isothermenverlauf *

Ungestörter Bereich		Gestörter Bereich	
Wärmedurchgangs-koeffizient	U-Wert [W/(m²K)]	linienf. Wärmebrücke WBVK	Ψ-Wert [W/(mK)]
		Ψ_1 Wand unten	0,431*
Wand	0,46	Ψ_2 Wand oben	0,091*
Temperaturfaktor	f-Wert [−]	Temperaturfaktor	f-Wert [−]
Wand	0,89	f_1	−
		f_2	−

Thermische Richtwerte,
Ergebnis der thermischen Untersuchung (5.4.1-6.1)
* vereinfacht zweidimensional ermittelt

5.4.2 Sperrtürblatt, opak, Seitenteile verglast

Wandsystem: einschaliges Mauerwerk mit WDV-System

Diesen Hauseingang charakterisiert ein opakes Türblatt mit schlanken verglasten Seitenteilen. Die umlaufende Fasche kontrastiert mit ihrer glatten Oberfläche zum angrenzenden Putz der Fassade. Das Türblatt wird mechanisch geschützt und gestalterisch akzentuiert durch ein sichtbar aufgeschraubtes Metallprofil in Winkelform. Elliptisch ausgeformte vertikale Rahmenprofile treten plastisch hervor.

Die Wärmebrücke zwischen Wand bzw. Sturz und Blendrahmen wird durch die Überdeckung durch den Dämmstoff des WDV-Systems positiv beeinflusst. Die Türblattverstärkungen mit Stahlprofilen führen zu gravierenden thermischen Schwachstellen (Einzelheiten dazu siehe Beispiel 5.4.1).

Für die Schwellenkonstruktion wurde ein thermisch getrenntes Aluminiumprofil konzipiert. Im Bereich der Seitenteile ist das Profil untergeschraubt. Im Türbereich deckt ein Kunststoffprofil die Alu-Schiene ab. Für die umlaufende elastische Einfachdichtung bietet das Profil einen Anschlag. Seine Anschrägung gewährleistet einen kontrollierten Wasserablauf.

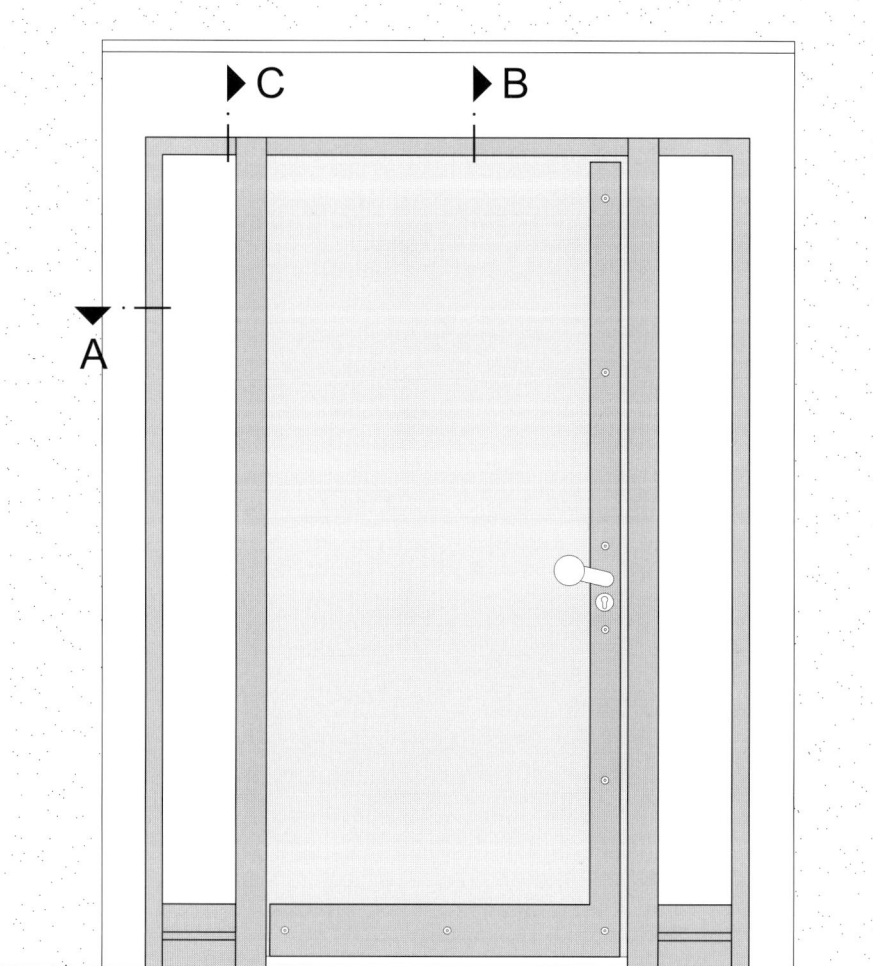

5.4.2-1 Ansicht

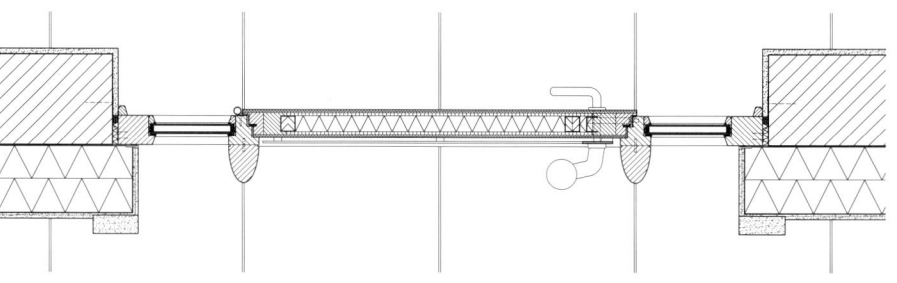

A
5.4.2-2 Horizontalschnitt

5.4 Beispiele von Holzaußentüren einschließlich Bauanschlüssen
5.4.2 Sperrtürblatt, opak, Seitenteile verglast

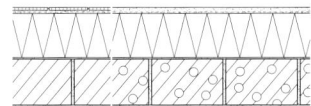

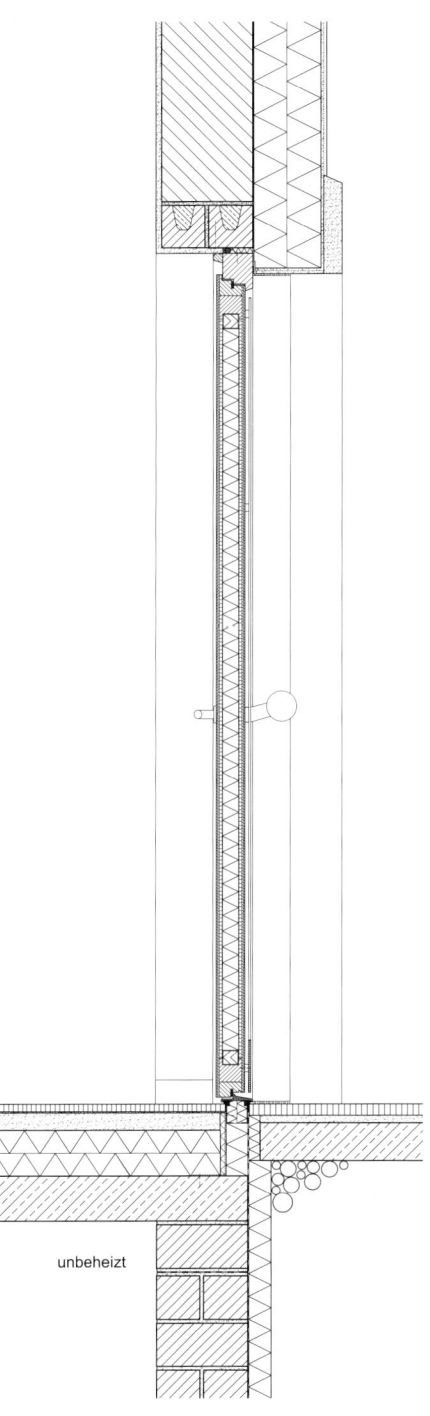

unbeheizt

B
5.4.2-3 Vertikalschnitt

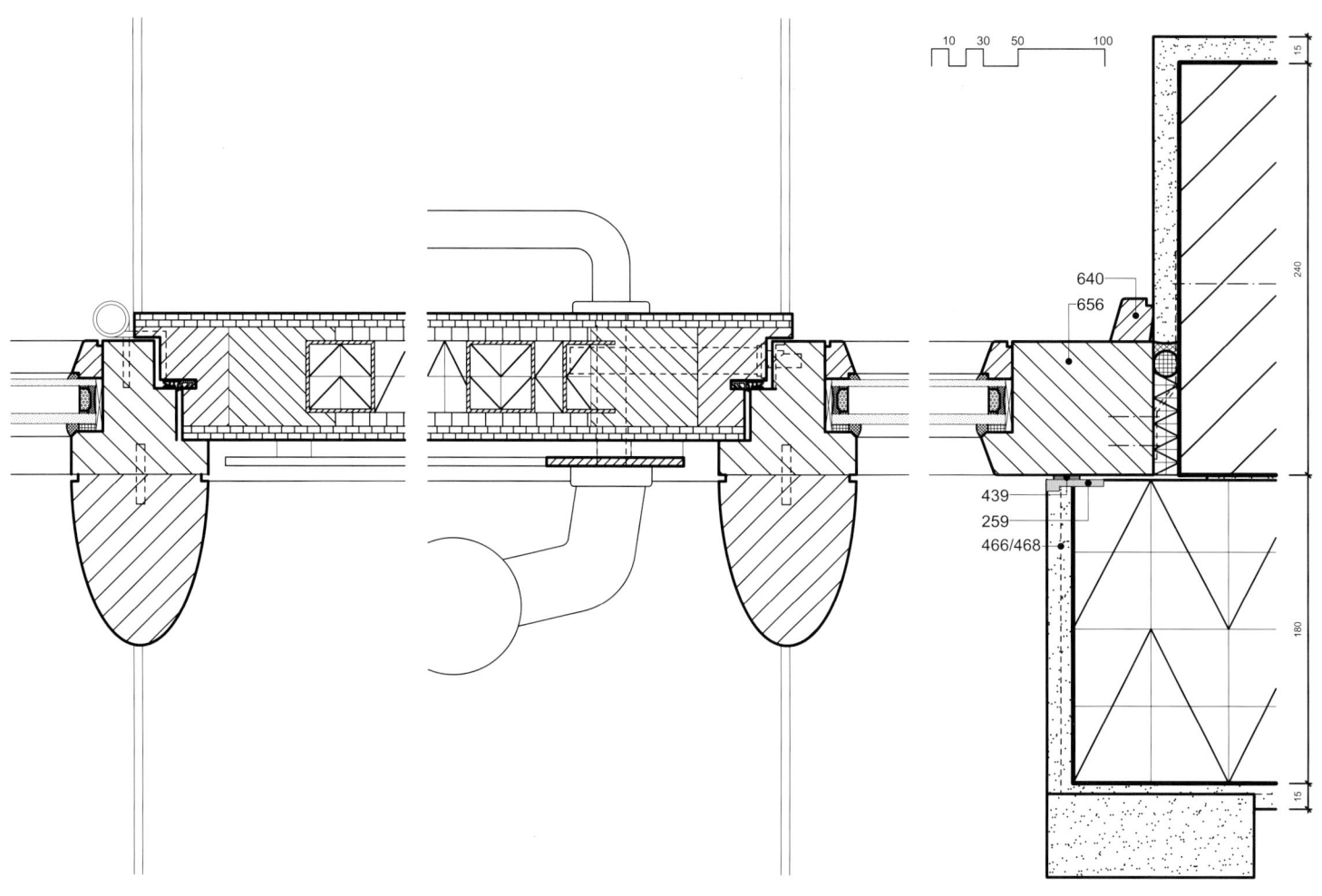

A
5.4.2-4 Detail (Horizontalschnitt)

259 Putzanschlussprofil
439 Fugendichtband, vorkomprimiert
466 Armierungsputz mit Armierungsgewebe
468 Oberputz
640 Deckleiste
656 Haustürrahmen

Baustoff / Bauteil	Wärmeleitfähigkeit λ_R [W/(mK)]	Rohdichte ρ [kg/m³]
Dämmstoff (PS-Hartschaum)	0,04	≥ 15
Dichtung (Gummi)	0,24	1200
Dichtstoff (Silikon)	0,35	1240
Dichtbänder (PU-Schaumstoff)	0,05	80
Nadelholz	0,13	600
Sperrholz	0,15	800
Mauerwerk	0,79	1600
Zementestrich	1,4	2000
Normalbeton	2,1	2400
Außenputz	0,87	1800
Innenputz	0,70	1400
Baustahl	60	7000
Aluminium	220	2700
PVC	0,17	1390
Fliesen	1,0	1000

Thermische Kennwerte (5.4.2-4, 5.4.2-5 und 5.4.2-6)

5.4 Beispiele von Holzaußentüren einschließlich Bauanschlüssen
5.4.2 Sperrtürblatt, opak, Seitenteile verglast

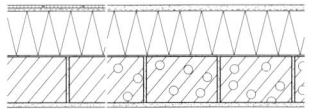

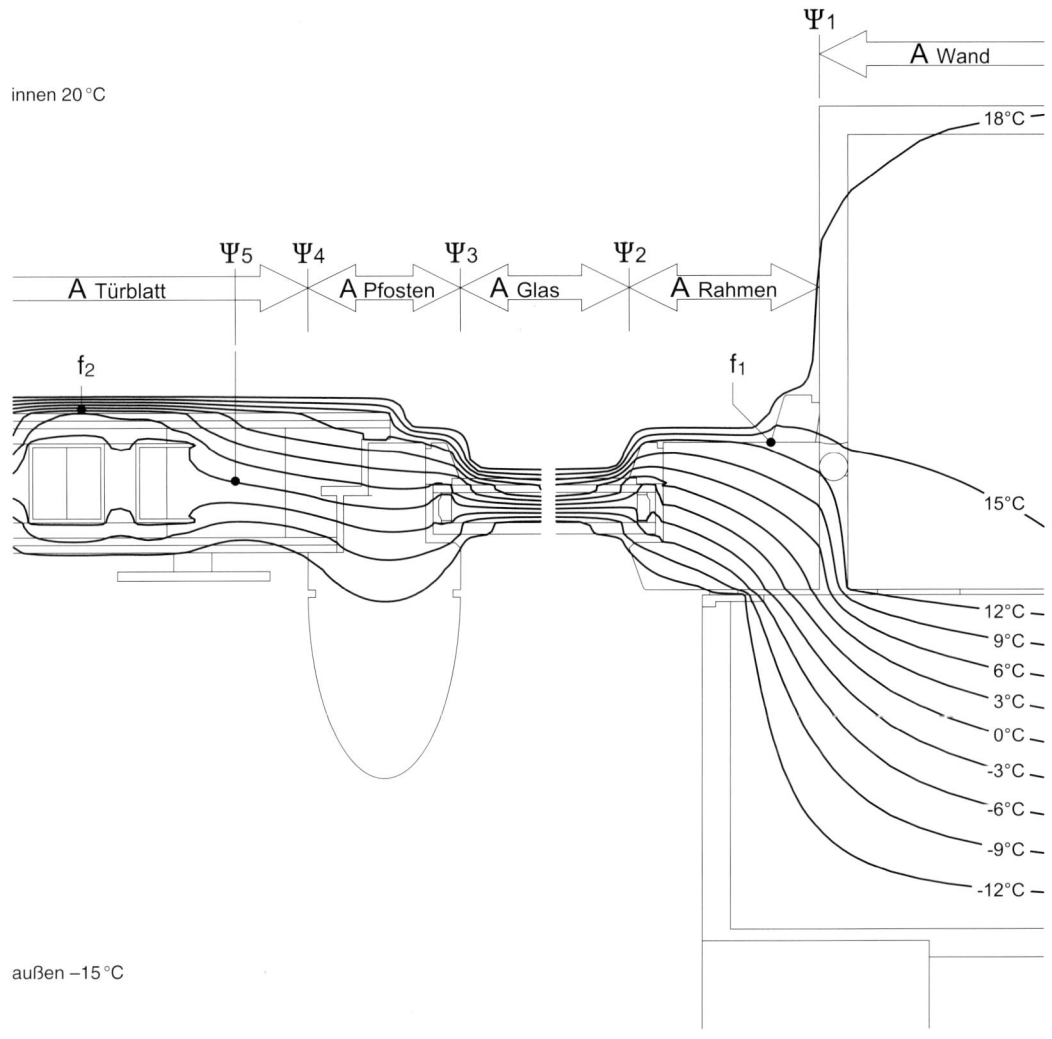

A
5.4.2-4.1 Isothermenverlauf

Ungestörter Bereich	
Wärmedurchgangs-koeffizient	U-Wert [W/(m²K)]
Wand	0,20
Rahmen	1,42
Türblatt (Gefach)	0,52
Pfosten	1,0

Gestörter Bereich	
linienf. Wärmebrücke WBVK	Ψ-Wert [W/(mK)]
Ψ_1 Wand – Rahmen	0,014
Ψ_2 Rahmen – Glas	0,073
Ψ_3 Glas – Pfosten	0,069
Ψ_4 Pfosten – Türblatt	0,015
Ψ_5 Türblattverstärkung	0,367

Temperaturfaktor	f-Wert [–]
Wand	0,95
Türblatt (Gefach)	0,89

Temperaturfaktor	f-Wert [–]
f_1	0,80
f_2	0,43

Thermische Richtwerte,
Ergebnis der thermischen Untersuchung (5.4.2-4.1)

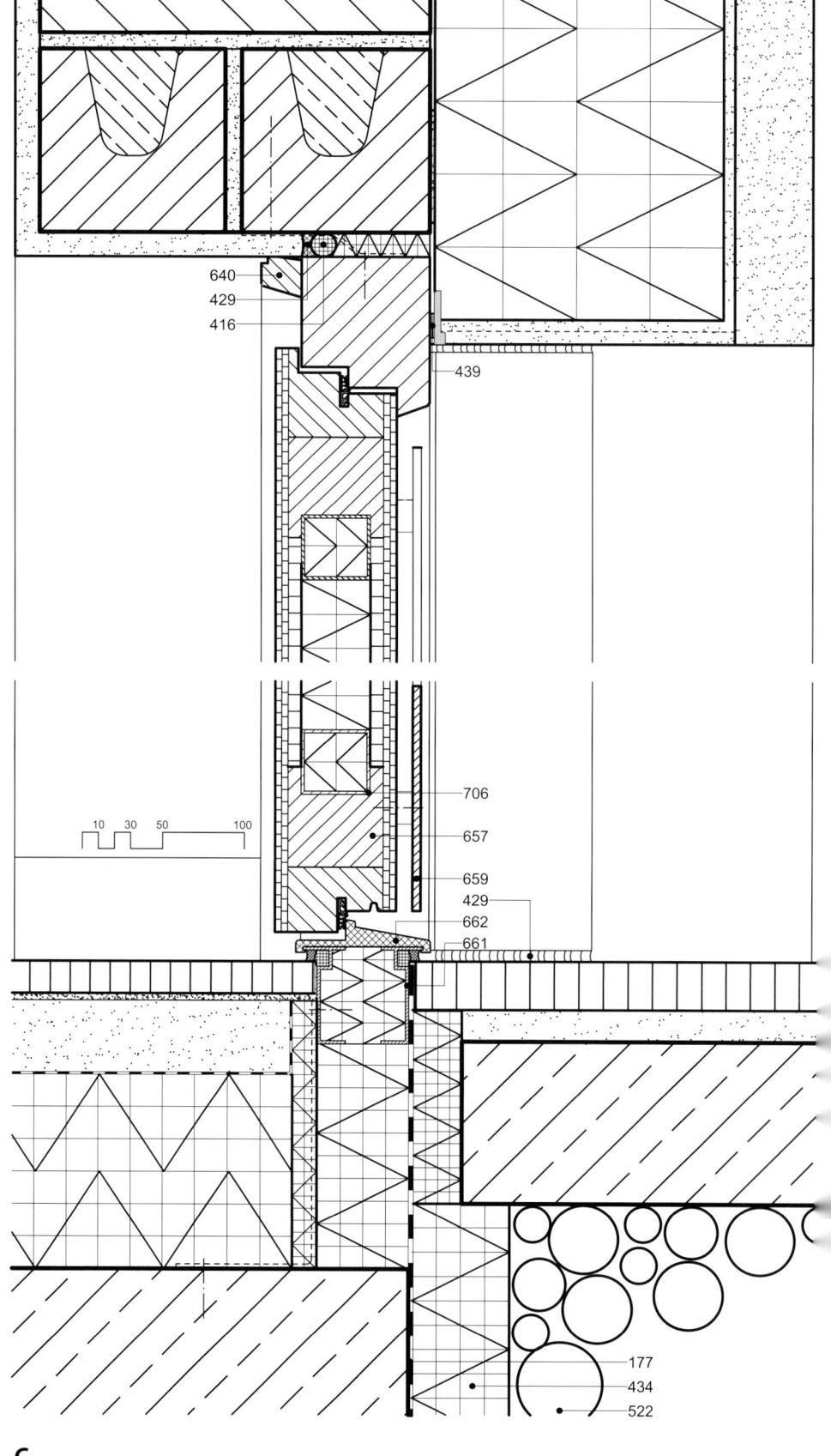

177 Sperrschicht, senkrecht
416 Rundes, geschlossenzelliges Hinterfüllprofil
429 Fugendichtungsmasse
434 extrudierte Polystyrol-Hartschaumplatte
439 Fugendichtband, vorkomprimiert
522 Kiesbett
640 Deckleiste
657 Haustürflügel
659 Wetterschenkel
661 Türschwelle, thermisch getrenntes Rohrprofil
662 Kunststoff-Abdeckprofil
706 Metallprofil

C
5.4.2-5 Detail (Vertikalschnitt)

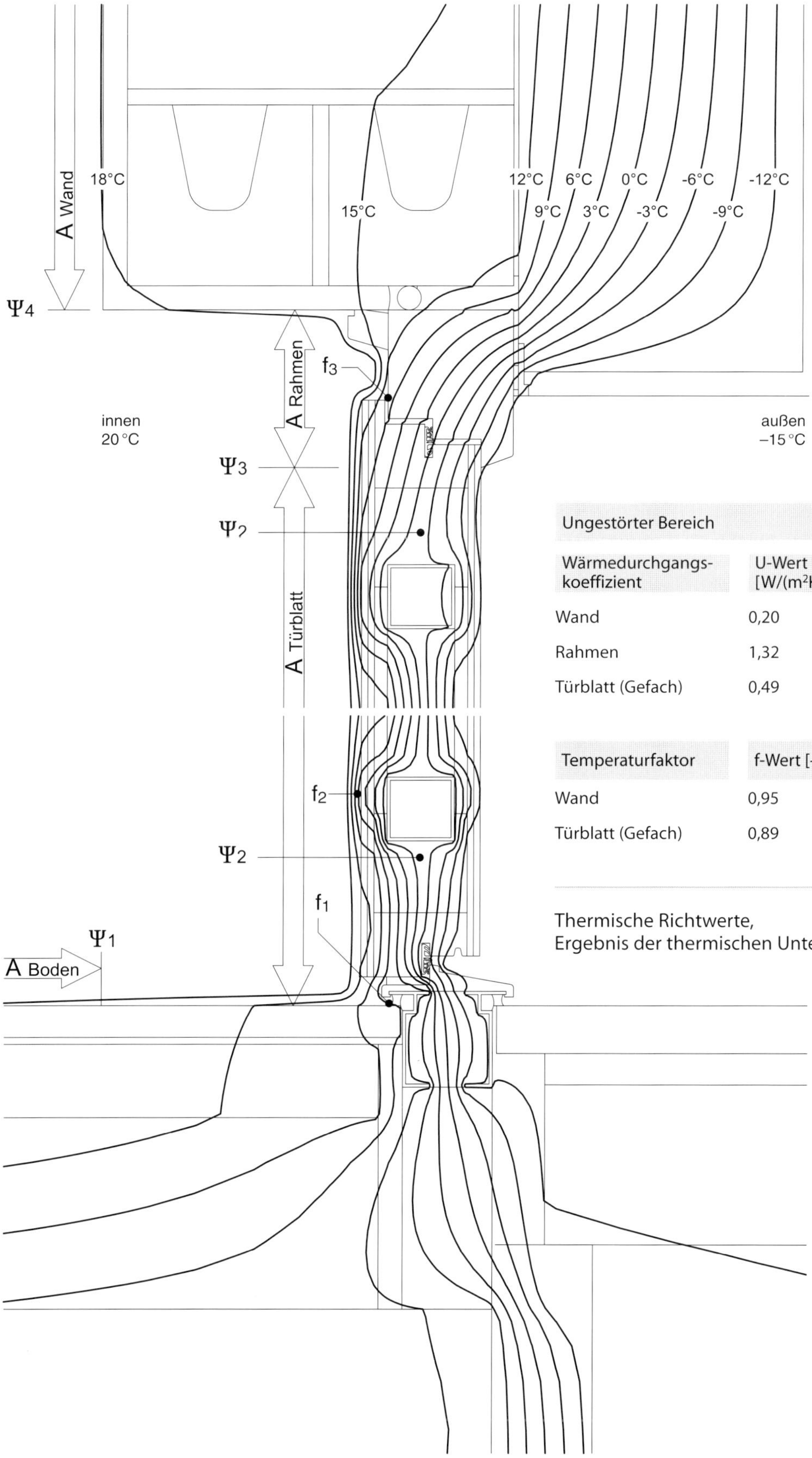

5.4 Beispiele von Holzaußentüren einschließlich Bauanschlüssen
5.4.2 Sperrtürblatt, opak, Seitenteile verglast

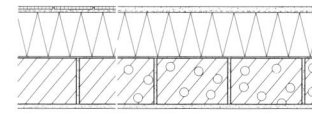

Ungestörter Bereich		Gestörter Bereich	
Wärmedurchgangs-koeffizient	U-Wert [W/(m²K)]	linienf. Wärmebrücke WBVK	Ψ-Wert [W/(mK)]
Wand	0,20	Ψ_1 Boden – Türblatt	0,220
Rahmen	1,32	Ψ_2 Türblattverstärkung	0,172
Türblatt (Gefach)	0,49	Ψ_3 Türblatt – Rahmen	0,0003
		Ψ_4 Rahmen – Wand	0,032
Temperaturfaktor	f-Wert [–]	Temperaturfaktor	f-Wert [–]
Wand	0,95	f_1	0,44
Türblatt (Gefach)	0,89	f_2	0,63
		f_3	0,70

Thermische Richtwerte, Ergebnis der thermischen Untersuchung (5.4.2-5.1)

C

5.4.2-5.1 Isothermenverlauf

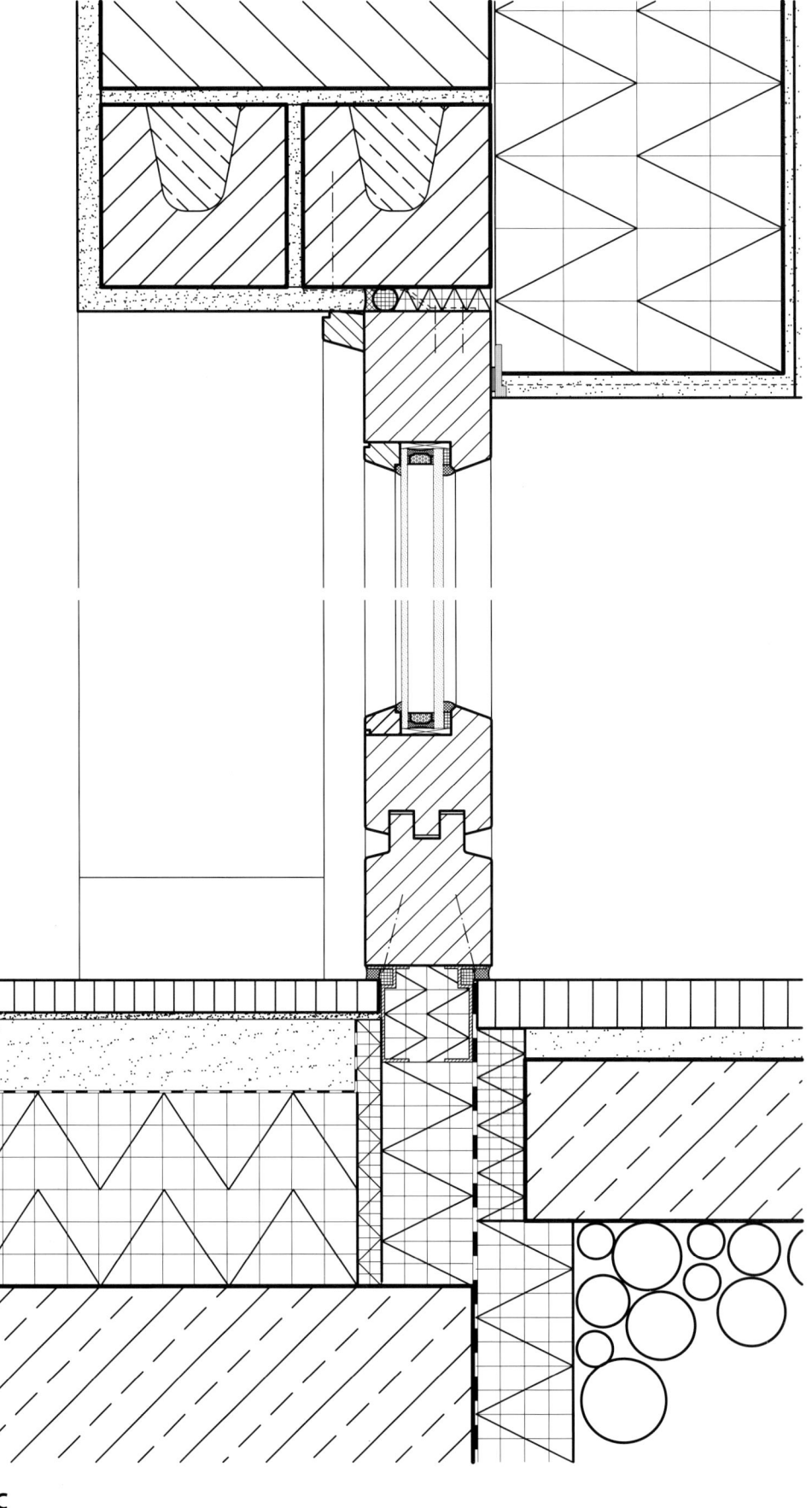

5.4.2-6 Detail (Vertikalschnitt)

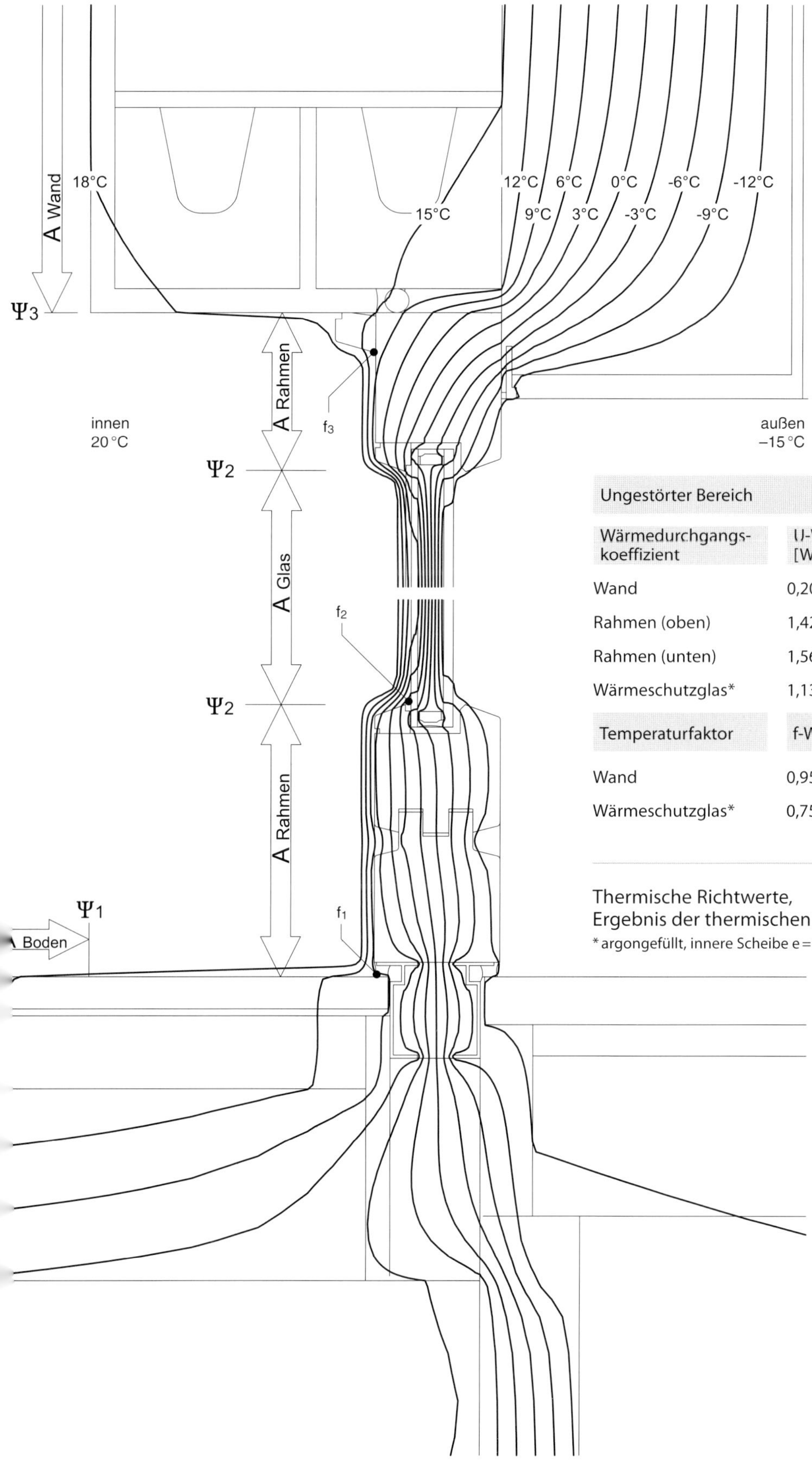

5.4 Beispiele von Holzaußentüren einschließlich Bauanschlüssen
5.4.2 Sperrtürblatt, opak, Seitenteile verglast

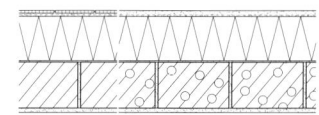

Ungestörter Bereich		Gestörter Bereich	
Wärmedurchgangs-koeffizient	U-Wert [W/(m²K)]	linienf. Wärmebrücke WBVK	Ψ-Wert [W/(mK)]
Wand	0,20	Ψ_1 Boden – Rahmen	0,203
Rahmen (oben)	1,42	Ψ_2 Rahmen – Glas	0,066
Rahmen (unten)	1,56	Ψ_3 Rahmen – Wand	0,016
Wärmeschutzglas*	1,13		
Temperaturfaktor	f-Wert [–]	Temperaturfaktor	f-Wert [–]
Wand	0,95	f_1	0,73
Wärmeschutzglas*	0,75	f_2	0,47
		f_3	0,80

Thermische Richtwerte,
Ergebnis der thermischen Untersuchung (5.4.2-6.1)
* argongefüllt, innere Scheibe e = 0,05, Aluminiumabstandhalter

C

5.4.2-6.1 Isothermenverlauf

5.4.3 Aufgedoppeltes Türblatt, Seitenteile verglast

Wandsystem: Zweischaliges Mauerwerk mit Kerndämmung und Luftschicht

Diesen Hauseingang charakterisiert ein profiliertes opakes Türblatt mit zwei schlanken verglasten Seitenteilen in einer plastisch akzentuierten Ziegelfassade mit Betonwerkstein-Sturz und hölzernem Eingangspodest.

Der zargenartige Rahmen des Türelementes verschwindet seitlich und im Sturz hinter der Fassade. Lediglich die beiden an das Türblatt angrenzenden Pfosten bleiben von vorn sichtbar. Alle Pfosten sind durch aufgeschraubte U-Profile aus Edelstahl statisch verstärkt und gestalterisch akzentuiert.

Das handwerklich gefertigte Türblatt verfügt über eine große Dämmstoffdicke. Eine horizontale Verbretterung strukturiert die Tür plastisch. Die Struktur wird unten in einer Wetterschenkelkonstruktion aus nichtrostendem Stahl fortgeführt. Seitlich fasst ein Edelstahlprofil die Verbretterung ein. Aus thermischen Gründen wurde auf Stahlprofile zur Verstärkung des Türrahmens verzichtet. Aufgrund der eingesetzten Türblattdicke ist mit relativ geringen Formänderungen zu rechnen. Diese können von den elastischen Dichtungen aufgefangen werden.

Die große Rahmentiefe lässt den thermisch günstigen Einsatz von 3-Scheiben-Verglasungseinheiten in den Seitenteilen zu.

Das gewählte Holzpodest erlaubt eine Holzschwellenkonstruktion. Diese mit zwei umlaufenden Dichtungsprofilen ausgestattete thermisch optimierte Lösung erreicht – bei dem unbeheizten Keller als Randbedingung – vergleichsweise gute Ψ-Werte und hohe Oberflächentemperaturen.

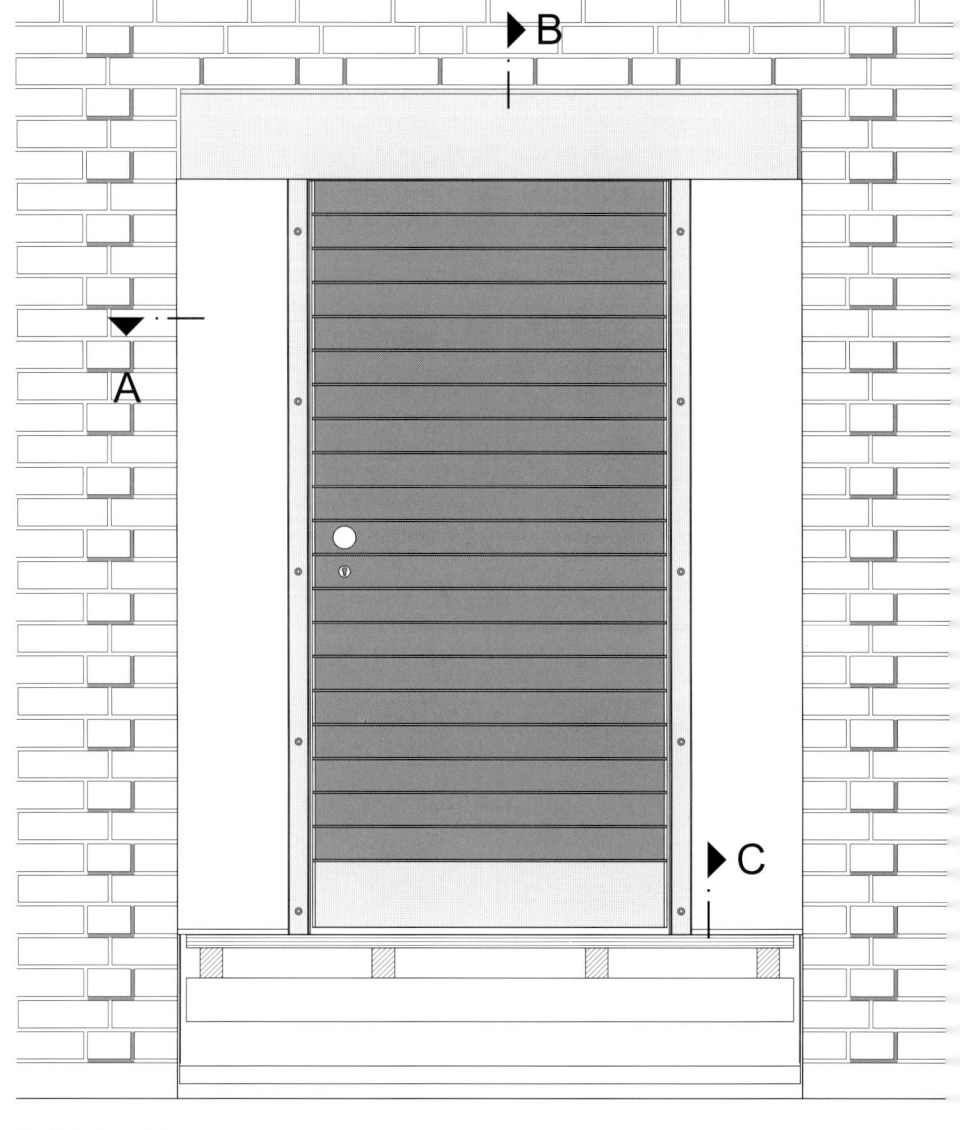

5.4.3-1 Ansicht

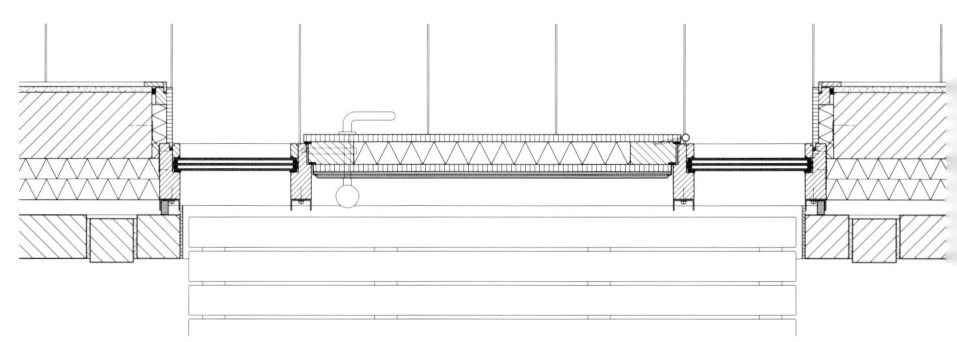

A

5.4.3-2 Horizontalschnitt

5.4 Beispiele von Holzaußentüren einschließlich Bauanschlüssen
5.4.3 Aufgedoppeltes Türblatt, Seitenteile verglast

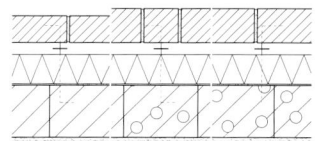

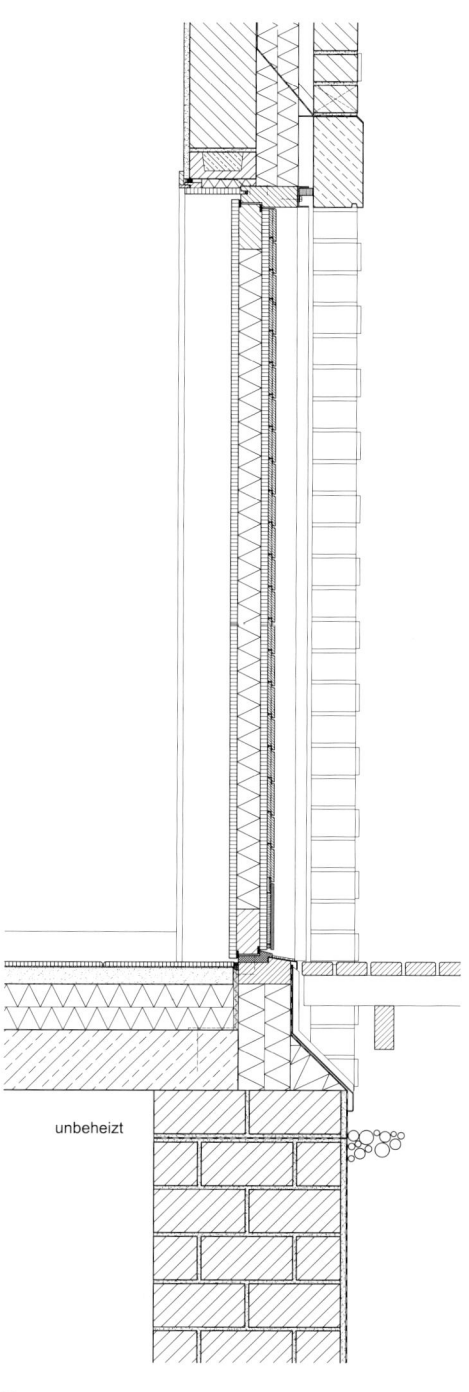

B
5.4.3-3 Vertikalschnitt

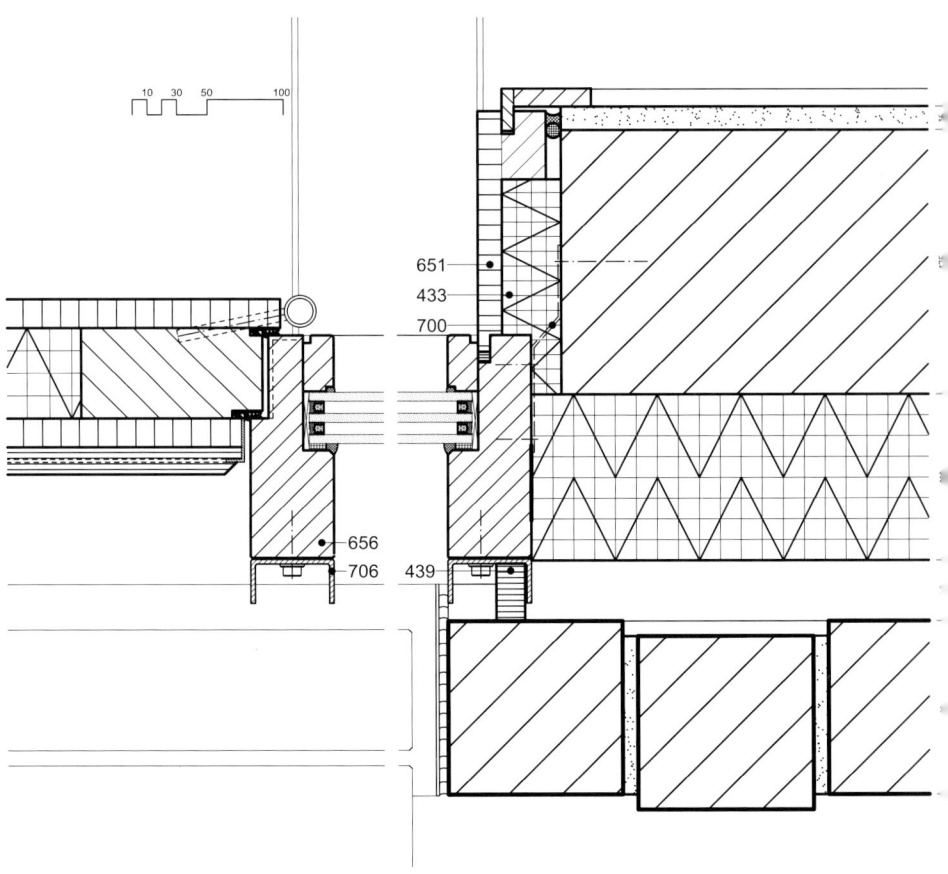

A
5.4.3-4 Detail (Horizontalschnitt)

433 Mineralwolle gestopft oder Schaumkunststoff, örtlich eingebracht
439 Fugendichtband, vorkomprimiert
651 Türfutter und Bekleidung
656 Haustürrahmen
700 Flachstahlanker, nicht rostend
706 Metallprofil

Baustoff / Bauteil	Wärmeleitfähigkeit λ_R [W/(mK)]	Rohdichte ρ [kg/m³]
Dämmstoff (Mineralwolle)	0,04	–
Dämmstoff (PS-Hartschaum)	0,04	≥ 15
Dichtung (Gummi)	0,24	1200
Dichtstoff (Silikon)	0,35	1240
Dichtbänder (PU-Schaumstoff)	0,05	80
Nadelholz	0,13	600
Sperrholz	0,15	800
Verblendmauerwerk	0,96	2000
Hintermauerwerk	0,79	1600
Zementestrich	1,4	2000
Normalbeton	2,1	2400
Innenputz	0,70	1400
Baustahl	60	7000
Aluminium	220	2700
Fliesen	1,0	1000

Thermische Kennwerte (5.4.3-4, 5.4.3-5 und 5.4.3-6)

5.4 Beispiele von Holzaußentüren einschließlich Bauanschlüssen
5.4.3 Aufgedoppeltes Türblatt, Seitenteile verglast

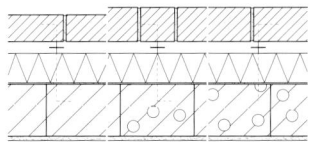

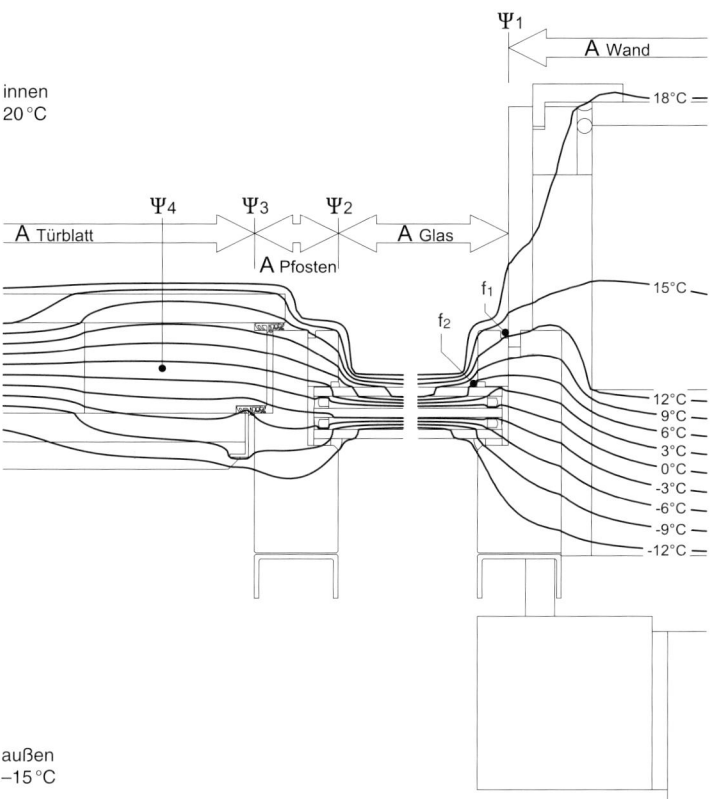

A
5.4.3-4.1 Isothermenverlauf

Ungestörter Bereich		Gestörter Bereich	
Wärmedurchgangs-koeffizient	U-Wert [W/(m²K)]	linienf. Wärmebrücke WBVK	Ψ-Wert [W/(mK)]
Wand	0,29	Ψ_1 Wand – Glas	0,017
Türblatt (Gefach)	0,35	Ψ_2 Glas – Pfosten	0,004
Pfosten	1,30	Ψ_3 Pfosten – Türblatt	0,024
Wärmeschutzglas *	1,09	Ψ_4 Türblattverstärkung	0,075
Temperaturfaktor	f-Wert [–]	Temperaturfaktor	f-Wert [–]
Wand	0,93	f_1	0,76
Türblatt (Gefach)	0,92	f_2	0,57
Wärmeschutzglas *	0,79		

Thermische Richtwerte,
Ergebnis der thermischen Untersuchung (5.4.3-4.1)
* argongefüllt, mittlere und innere Scheibe e = 0,05, Aluminiumabstandhalter

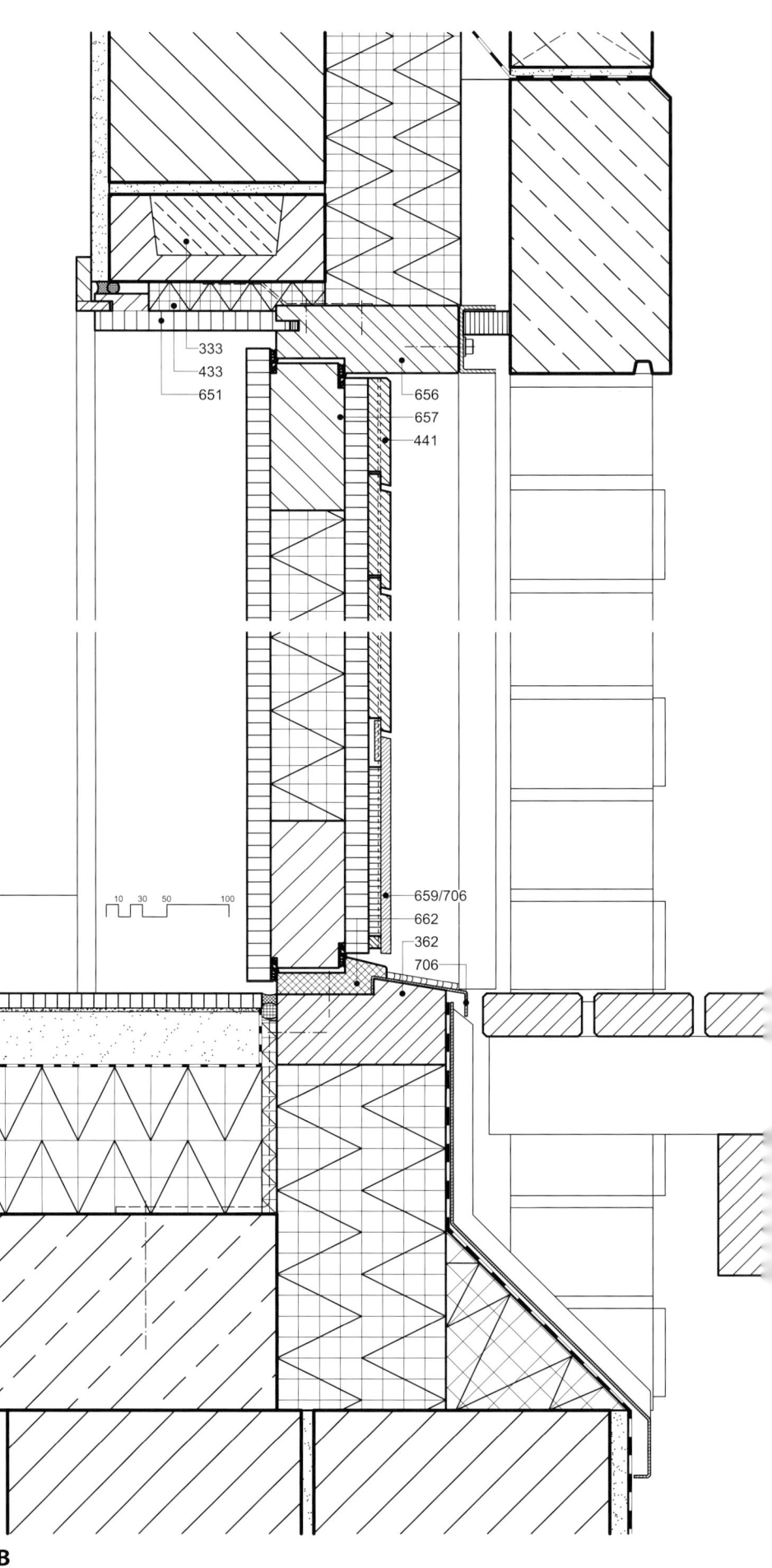

333 U-Schalen-Fertigteilsturz
362 Holzschwelle
433 Mineralwolle gestopft oder Schaumkunststoff, örtlich eingebracht
441 Profilholzschalung
651 Türfutter und Bekleidung
656 Haustürrahmen
657 Haustürflügel
659 Wetterschenkel
662 Kunststoff-Abdeckprofil
706 Metallprofil

B

5.4.3-5 Detail (Vertikalschnitt)

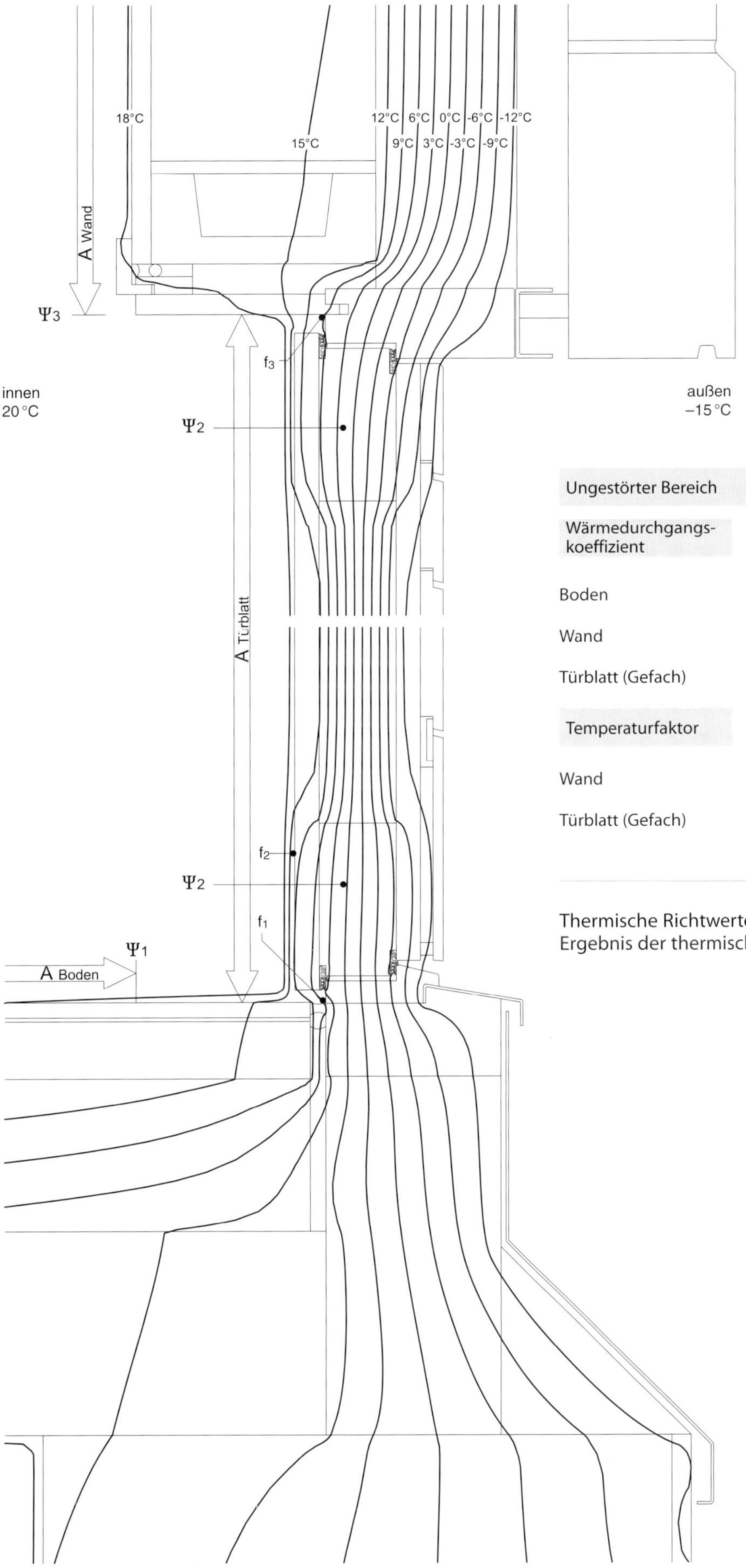

5.4 Beispiele von Holzaußentüren einschließlich Bauanschlüssen
5.4.3 Aufgedoppeltes Türblatt, Seitenteile verglast

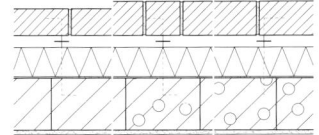

Ungestörter Bereich		Gestörter Bereich	
Wärmedurchgangs-koeffizient	U-Wert [W/(m²K)]	linienf. Wärmebrücke WBVK	Ψ-Wert [W/(mK)]
Boden	0,29	Ψ_1 Boden – Türblatt	0,148
Wand	0,29	Ψ_2 Türblattverstärkung	0,079
Türblatt (Gefach)	0,35	Ψ_3 Türblatt – Wand	0,021
Temperaturfaktor	f-Wert [–]	Temperaturfaktor	f-Wert [–]
Wand	0,93	f_1	0,60
Türblatt (Gefach)	0,92	f_2	0,79
		f_3	0,67

Thermische Richtwerte,
Ergebnis der thermischen Untersuchung (5.4.3-5.1)

B

5.4.3-5.1 Isothermenverlauf

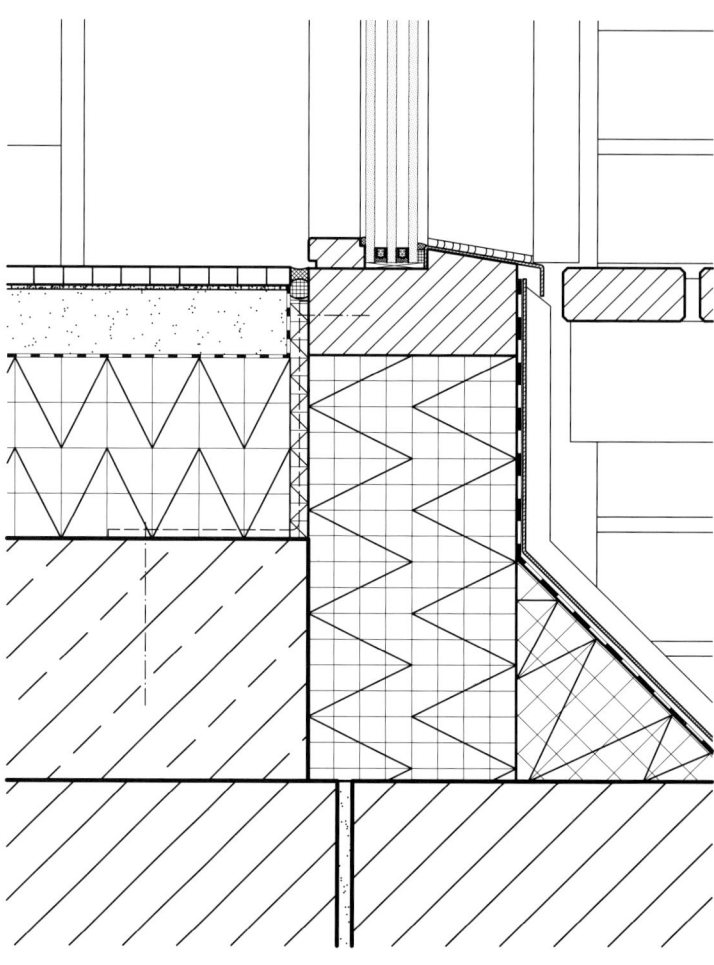

C
5.4.3-6 Detail Fußbodenanschluss (Vertikalschnitt)

5.4 Beispiele von Holzaußentüren einschließlich Bauanschlüssen
5.4.3 Aufgedoppeltes Türblatt, Seitenteile verglast

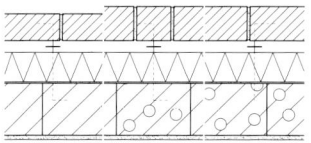

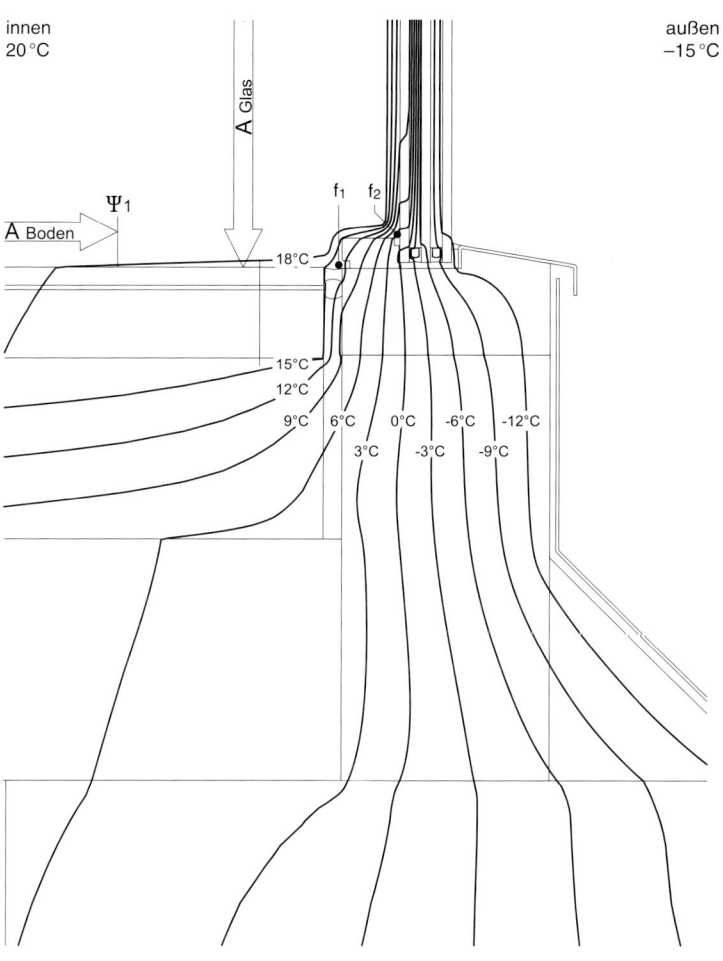

C
5.4.3-6.1 Isothermenverlauf

Ungestörter Bereich		Gestörter Bereich	
Wärmedurchgangs-koeffizient	U-Wert [W/(m²K)]	linienf. Wärmebrücke WBVK	Ψ-Wert [W/(mK)]
Boden	0,29	Ψ_1 Boden – Verglasung	0,083
Wärmeschutzglas *	1,09		
Temperaturfaktor	f-Wert [–]	Temperaturfaktor	f-Wert [–]
Boden	0,93	f_1	0,79
Wärmeschutzglas *	0,79	f_2	0,66

Thermische Richtwerte,
Ergebnis der thermischen Untersuchung (5.4.3-6.1)
* argongefüllt, mittlere und innere Scheibe e = 0,05, Aluminiumabstandhalter

5.4.4 Verglaste Holzrahmentürkonstruktion

Wandsystem: Holzständersystem mit Dämmschicht und belüfteter Verblendmauerwerk-Vorsatzschale

Diesen Hauseingang charakterisiert eine sehr transparente vollflächig verglaste Rahmentür mit einer Sprossengliederung im unteren Bereich. Die Türöffnung ist maßlich abgestimmt auf das plastisch differenzierte Verblendmauerwerk. Der Zugang erfolgt über einen feuerverzinkten Metallrost.

Die Blendrahmendicke und -breite orientieren sich an der notwendigen Profilsteifigkeit und dem Platzbdarf für die Beschläge. Die größere Rahmendicke des unteren Flügelholzes erlaubt die Ausbildung als Wetterschenkel. Die im unteren Bereich von Fenstern üblichen Regenschutzschienen findet man bei Außentüren nur bei Balkon- oder Terrassentüren. Bei Haustüren sind robustere Schwellenausbildungen notwendig. Das als Schwelle konzipierte Blendrahmenholz trägt außen eine Abdeckung aus Edelstahl und innen ein Kunststoffprofil.

Die Verglasung trägt aufgeklebte Sprossen, da Einzelscheiben zu einem längeren Randverbund führen. Gegenüber durchgehenden stellen aufgeklebte Sprossen eine wärmebrückenfreie Konstruktion dar. Eine Vergleichsrechnung veranschaulicht das: Bei Verwendung von separaten Verglasungseinheiten verschlechtert sich bei diesem Beispiel die Wärmebrücke Ψ_3 »Sprosse« (Bild 5.4.4-5.1) von jetzt – 0,004 auf den Wert von 0,19 W/(mK).

Aus gestalterischen Gründen können in den Scheibenzwischenraum entlang der Sprossen Profile eingesetzt werden. Dabei verhalten sich Kunststoffprofile thermisch weitgehend neutral.

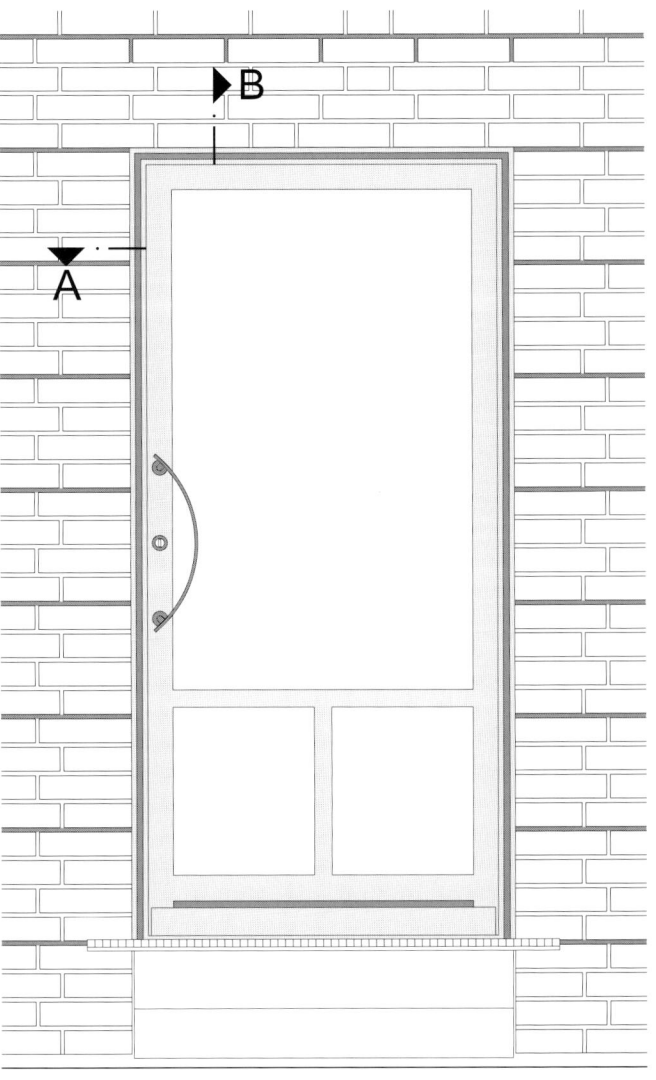

5.4.4-1 Ansicht

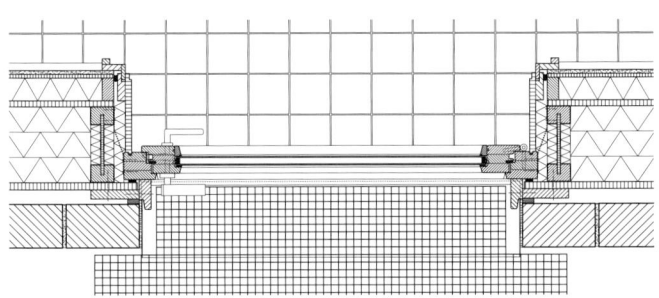

A
5.4.4-2 Horizontalschnitt

5.4 Beispiele von Holzaußentüren einschließlich Bauanschlüssen
5.4.4 Verglaste Holzrahmentürkonstruktion

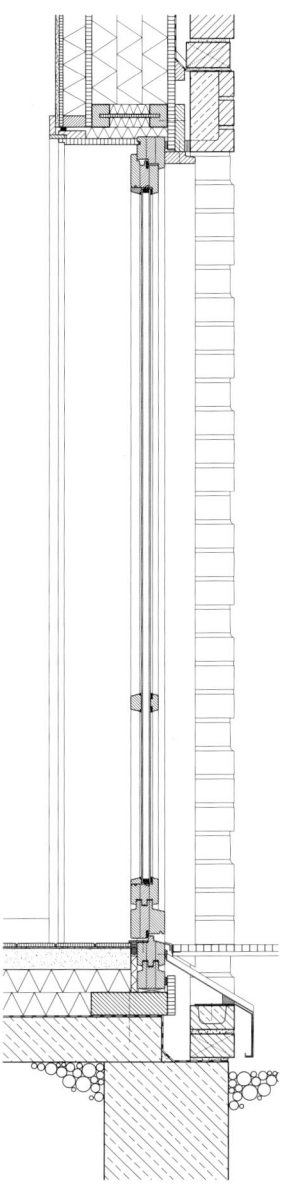

B
5.4.4-3 Vertikalschnitt

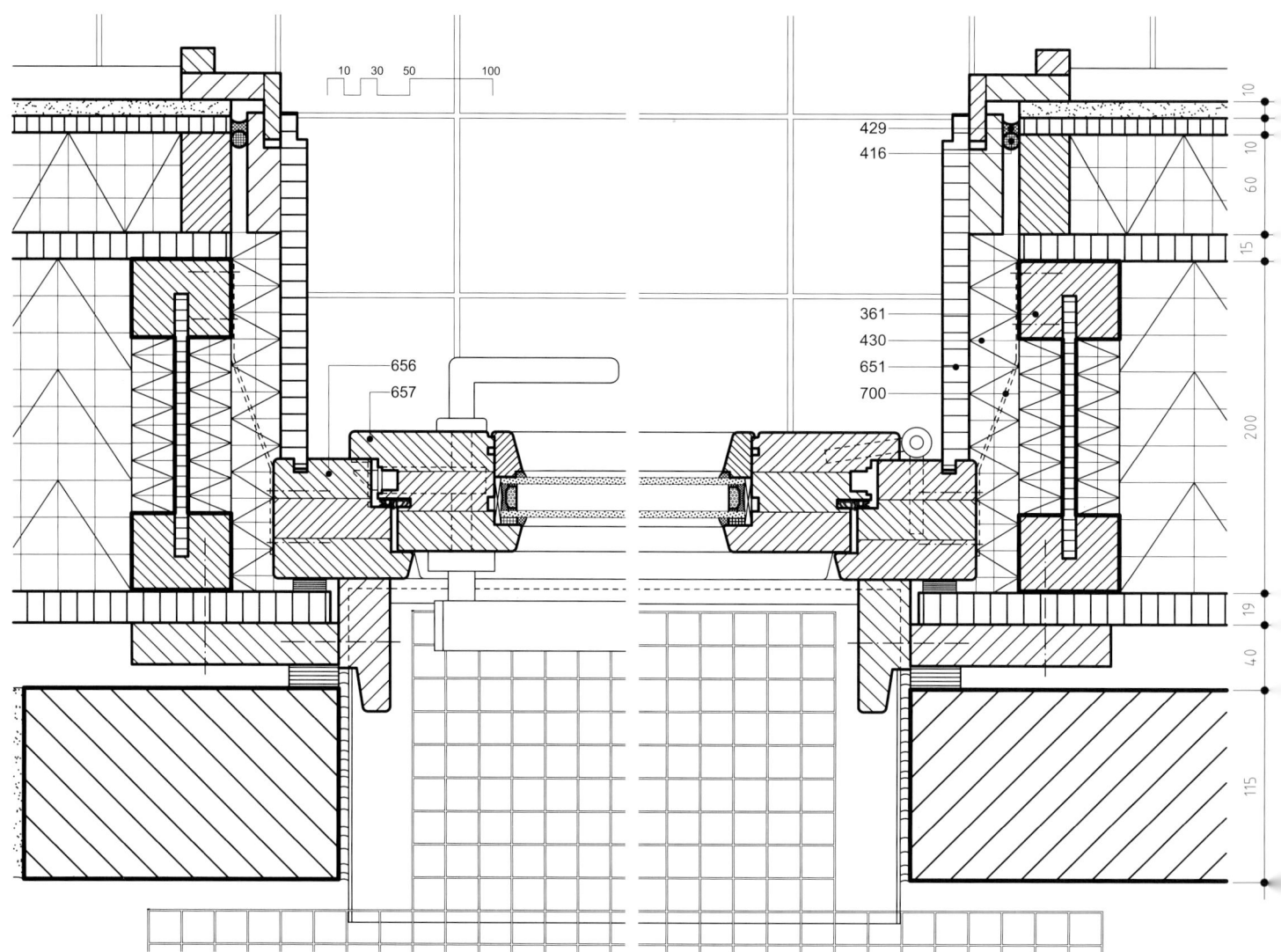

A
5.4.4-4 Detail (Horizontalschnitt)

361 Holzstütze
416 Rundes, geschlossenzelliges Hinterfüllprofil
429 Fugendichtungsmasse
430 Mineralwolle
651 Türfutter und Bekleidung
656 Haustürrahmen
657 Haustürflügel
700 Flachstahlanker, nicht rostend

Baustoff / Bauteil	Wärmeleitfähigkeit λ_R [W/(mK)]	Rohdichte ρ [kg/m³]
Dämmstoff (Mineralwolle)	0,04	–
Dämmstoff (PS-Hartschaum)	0,04	≥ 15
Dichtung (Gummi)	0,24	1200
Dichtstoff (Silikon)	0,35	1240
Dichtbänder (PU-Schaumstoff)	0,05	80
Nadelholz	0,13	600
Holzwerkstoffplatte	0,13	700
Holzfaserplatte	0,056	≤ 300
Vormauerschale	0,96	2000
Zementestrich	1,4	2000
Normalbeton	2,1	2400
Gipsbauplatte	0,25	900
Baustahl	60	7000
Aluminium	220	2700
Fliesen	1,0	1000

Thermische Kennwerte (5.4.4-4 und 5.4.4-5)

5.4 Beispiele von Holzaußentüren einschließlich Bauanschlüssen
5.4.4 Verglaste Holzrahmentürkonstruktion

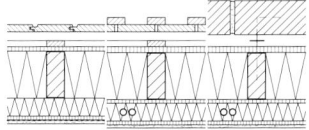

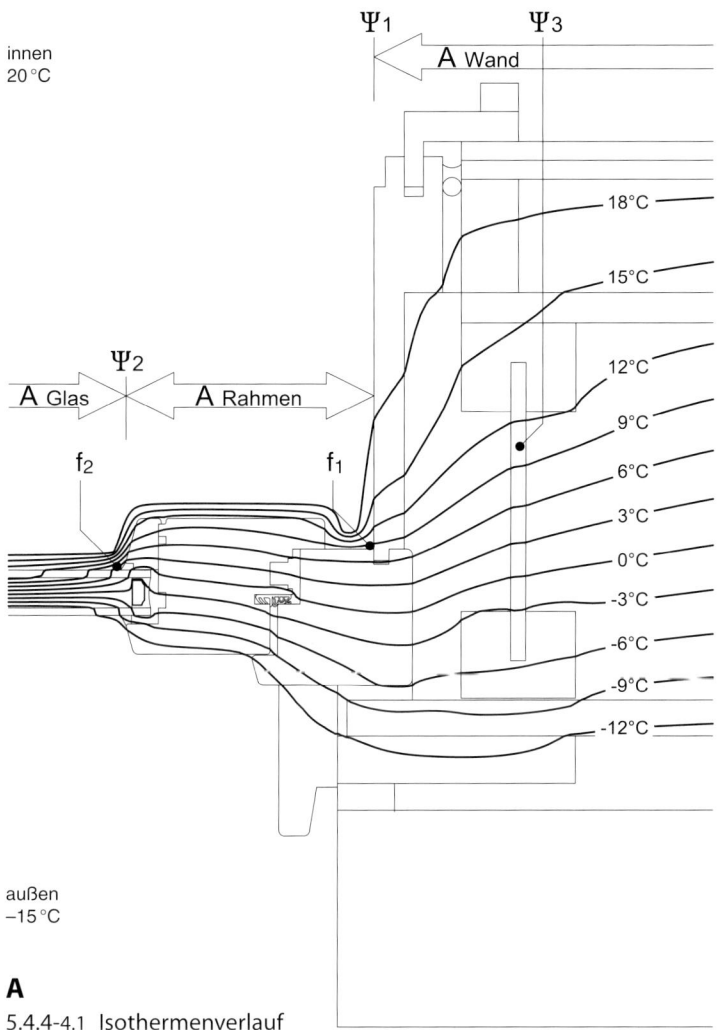

A
5.4.4-4.1 Isothermenverlauf

Ungestörter Bereich			Gestörter Bereich	
Wärmedurchgangs- koeffizient	U-Wert [W/(m²K)]		linienf. Wärmebrücke WBVK	Ψ-Wert [W/(mK)]
Wand	0,13		Ψ_1 Wand – Rahmen	0,024
Rahmen	1,54		Ψ_2 Rahmen – Glas	0,063
Wärmeschutzglas *	1,13		Ψ_3 T-Ständer	0,004
			Ψ_4 Lattung	0,001
Temperaturfaktor	f-Wert [–]		Temperaturfaktor	f-Wert [–]
Wand	0,97		f_1	0,66
Wärmeschutzglas *	0,75		f_2	0,45

Thermische Richtwerte,
Ergebnis der thermischen Untersuchung (5.4.4-4.1)
* argongefüllt, innere Scheibe e = 0,05, Aluminiumabstandhalter

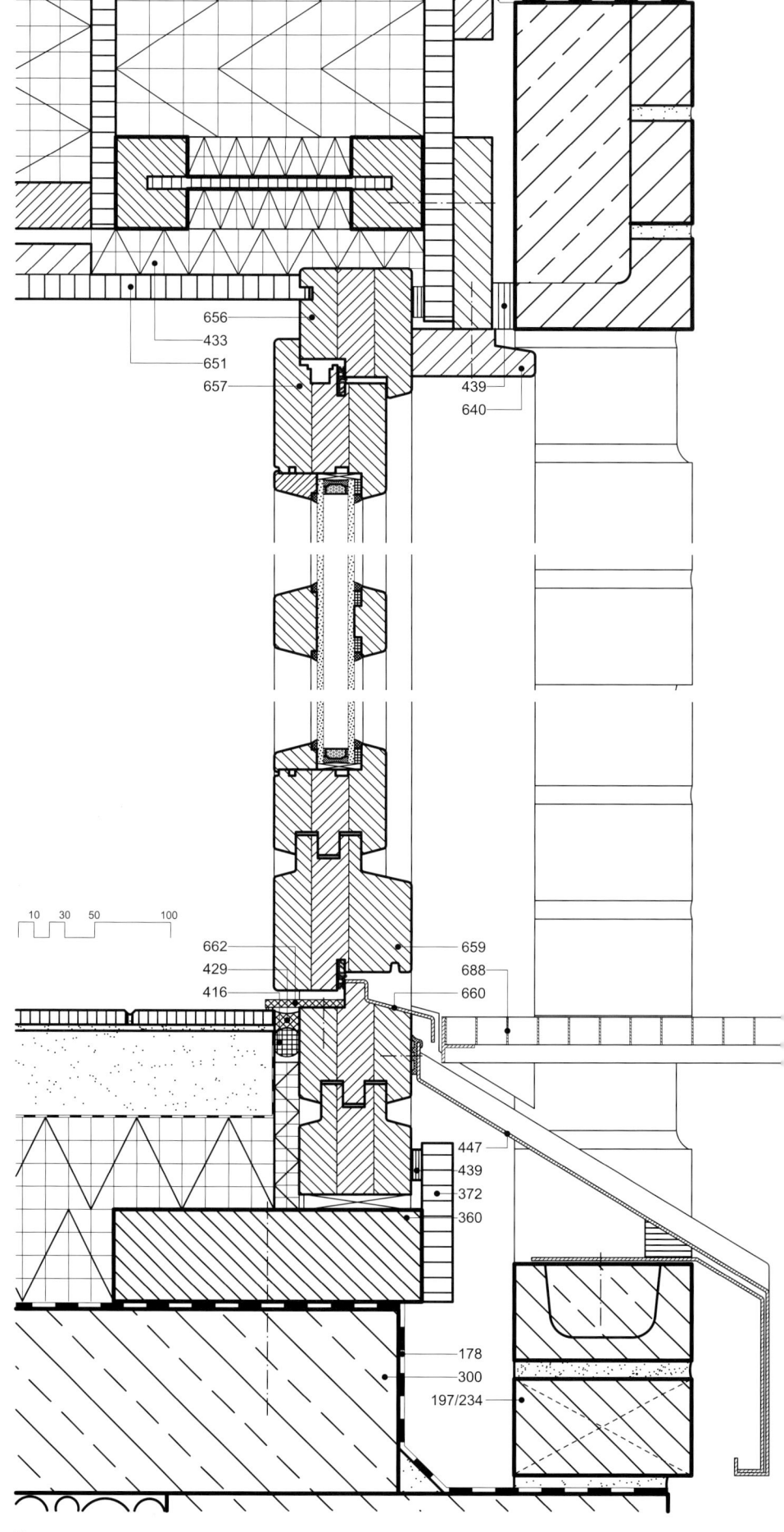

178 Sperrschicht
197 Verblendschale aus frostwiderstandsfähigen Mauersteinen
234 offene Stoßfuge, Lüftung / Entwässerung
300 Stahlbetondecke
360 Holzskelett
372 Holzwerkstoffplatte V 100 E1
416 Rundes, geschlossenzelliges Hinterfüllprofil
429 Fugendichtungsmasse
433 Mineralwolle gestopft oder Schaumkunststoff, örtlich eingebracht
439 Fugendichtband, vorkomprimiert
447 Metallfensterbank mit seitlichen Aufkantungen
640 Deckleiste
651 Türfutter und Bekleidung
656 Haustürrahmen
657 Haustürflügel
659 Wetterschenkel
660 Anschlagprofil, nicht rostend
662 Kunststoff-Abdeckprofil
688 Gitterrost, feuerverzinkt

B
5.4.4-5 Detail (Vertikalschnitt)

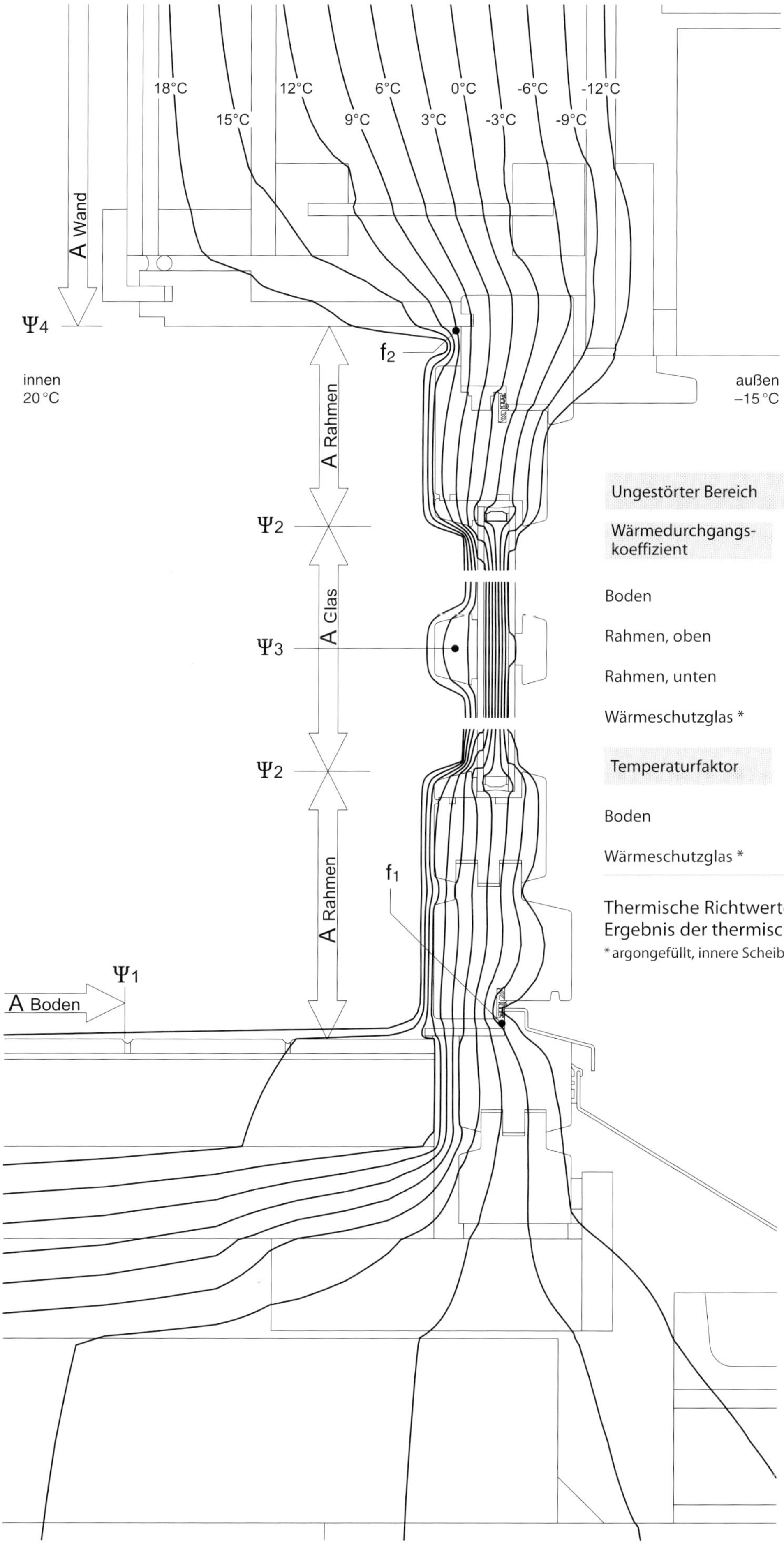

5.4 Beispiele von Holzaußentüren einschließlich Bauanschlüssen
5.4.4 Verglaste Holzrahmentürkonstruktion

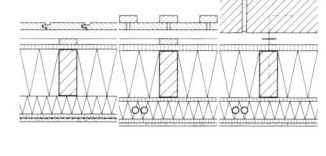

Ungestörter Bereich		Gestörter Bereich	
Wärmedurchgangs-koeffizient	U-Wert [W/(m²K)]	linienf. Wärmebrücke WBVK	Ψ-Wert [W/(mK)]
Boden	0,29	Ψ_1 Boden – Rahmen	0,600
Rahmen, oben	1,54	Ψ_2 Rahmen – Glas	0,063
Rahmen, unten	1,61	Ψ_3 Sprosse	–0,004
Wärmeschutzglas *	1,13	Ψ_4 Rahmen – Wand	0,030
Temperaturfaktor	f-Wert [–]	Temperaturfaktor	f-Wert [–]
Boden	0,93	f_1	0,16
Wärmeschutzglas *	0,75	f_2	0,64

Thermische Richtwerte,
Ergebnis der thermischen Untersuchung (5.4.4-5.1)
* argongefüllt, innere Scheibe e = 0,05, Aluminiumabstandhalter

B

5.4.4-5.1 Isothermenverlauf

D Projekte mit Mauerwerk-Außenwandsystemen

1 Einschaliges Mauerwerk mit Außenputz

1.1 Wohnhaus mit Kellergeschoss, Dachdecke geneigt

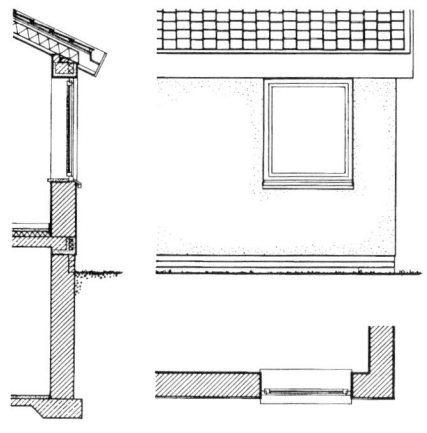

1.1-1

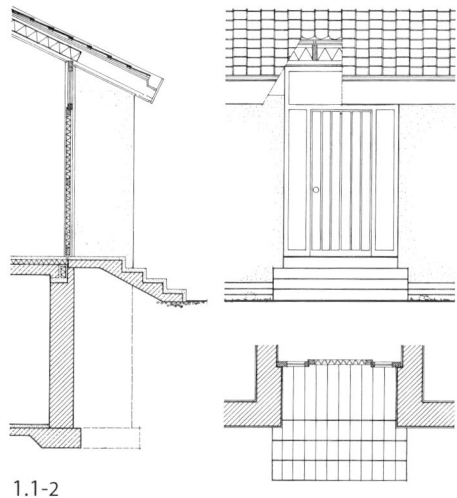

1.1-2

Zu den gestalterischen Merkmalen dieses Projektes zählen das flach geneigte, ausladende, mit Dachsteinen gedeckte Dach, verputzte Außenwände und ein Sockel aus Verblendmauerwerk. Das Dach hat an den Trauf- und Giebelseiten – auch aus Gründen des Witterungsschutzes – einen kräftigen Überstand. Die Dachrinne ist in das Gesims integriert. Die Fenster liegen beinahe bündig in der Fassade (siehe auch Abschnitt C 4.5), die Haustür in einer tiefen Eingangsnische. Das Oberlicht der Haustür reicht bis unter die geneigte Dachdecke und erlaubt – zusammen mit der seitlichen Verglasung – die natürliche Belichtung des Eingangsraumes.

Gestalterische Merkmale der Innenräume sind verputzte Wände und eine geneigte, mit Profilbrettern bekleidete Dachdecke. Die Kellerdecke liegt so hoch, dass Teile der Kellerfenster noch direktes Tageslicht erhalten.

Dach

Die Konstruktion stellt ein unbelüftetes System dar (siehe auch Abschnitt B 2.2.1) und hat folgenden Aufbau:

Die Deckelemente – Dachziegel, Dachsteine – liegen auf Trag- und Grundlattung. Die Unterdeckung, $s_d \leq 0{,}2$ m, besteht aus einer offenen Brettschalung, abgedeckt mit einer sehr diffusionsoffenen Folie, $s_d \leq 0{,}02$ m. Zwischen den Sparren und in der Sekundärdämmschicht übernehmen Mineralwolleplatten die Dämmung. Die Luftsperre/Dampfsperre ($s_d \geq 2{,}0$ m) liegt zwischen Dämmschicht und Profilholzschalung. Sie schließt an den Rändern luftdicht an.

Außenwand

Die Dicke der einschaligen Wandkonstruktion beträgt von der Kellerdecke an aufwärts insgesamt 400 mm (Innenputz 15 mm, Mauerwerk 365 mm, Außenputz 20 mm). Das gewählte Stein- und Mörtelmaterial bestimmt den Wärmedurchgangskoeffizienten, den U-Wert. Wärmedämmputze ermöglichen zusätzliche Verbesserungen, bauphysikalische Richtwerte siehe Abschnitt C 1.2.1.1.

Kellerdecke / Eingangstreppe

Die Dicke der Dämmschicht unter dem Estrich der Kellerdecke beträgt – als klimatische Grenzschicht zum unbeheizten Kellergeschoss – 100 mm. Im Bereich des Eingangspodestes übernimmt die Dichtschicht der Außenwand den Schutz gegen Boden- bzw. Niederschlagsfeuchtigkeit bis hinauf zur Haustürschwelle.

139	frostfreie Tiefe
145	Fundamentbeton, bewehrt B15
175	Erste Sperrschicht, waagerecht
176	Zweite Sperrschicht, waagerecht
177	Sperrschicht, senkrecht
178	Sperrschicht
196	Mauerwerk aus Steinen, Rohdichte ≤ 0,8 kg/dm³, geklebt
200	Kelleraußenmauer
207	U-Schalungsstein
240	Mörtelbett
245	Kalkzementmörtel
249	Außenputz
250	Innenputz
263	Ringbalken
300	Stahlbetondecke
305	Deckenrandstein
338	Konsole, Betonfertigteil
340	Lichtschacht, Betonfertigteil
342	Lichtschachtgitterrost, feuerverzinkt
343	Grobkies
344	Entwässerung
367	Holzbrett
368	Holzleiste
378	Holzunterkonstruktion
380	Sperrholz
416	Rundes, geschlossenzelliges Hinterfüllprofil
419	Luftsperre / Dampfsperre, $s_d ≥ 2,0$ m
429	Fugendichtungsmasse
430	Mineralwolle
431	Polystyrol-Hartschaum
433	Mineralwolle gestopft oder Schaumkunststoff, örtlich eingebracht
436	Hohlraum, belüftet
439	Fugendichtband, vorkomprimiert
441	Profilholzschalung
447	Metallfensterbank mit seitlichen Aufkantungen
451	Trennschicht, z.B. Glasvlies-Bitumendachbahn V13
455	Gesimsabdeckblech
470	Fußpfette
473	Sparren
474	Flugsparren
475	Traglattung 30/50 mm bzw. 40/60 mm,
476	Grundlattung 30/50 mm
484	Trauflatte
486	Dachstein
488	Deckleiste, mit Dichtband hinterlegt
492	Unterdeckung auf offener Brettschalung, $s_d ≤ 0,2$ m
493	Dichtungsbahn
496	Regenrinne, verdeckt liegend
582	Bodenbelag
585	Estrich auf Dämmschicht
586	Verbundestrich
594	Fußleiste
598	Estrichdämmschicht
599	Abdeckung, z.B. 0,2 mm PE-Folie
600	Estrichrandstreifen ≤ 10 mm, Polystyrol bzw. Mineralwolle
630	Fenster
634	Futterholz
636	Fensterbank, Holzwerkstoff bzw. Brettschichtholz
640	Deckleiste
649	Fenstergitter
664	Regenschutzschiene
675	Mehrscheibenisolierglas
689	Vogelschutzgitter
700	Flachstahlanker, nicht rostend
705	Metallwinkel, nicht rostend
730	Fundamenterder

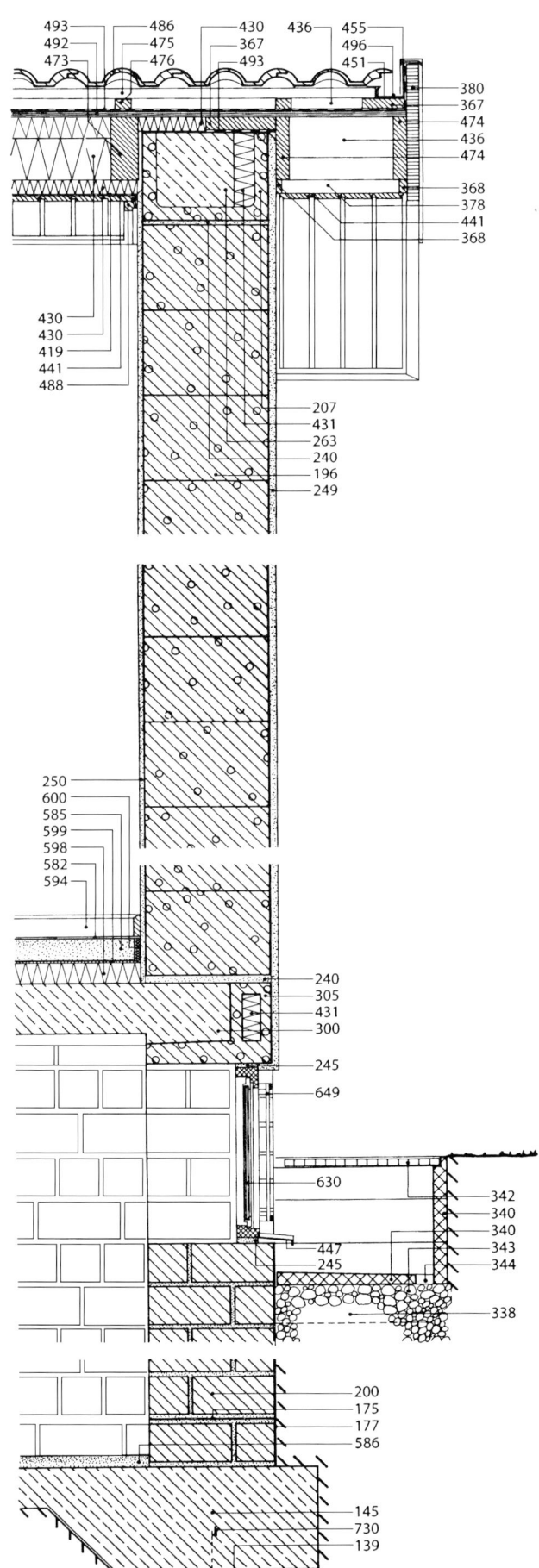

A
1.1-3

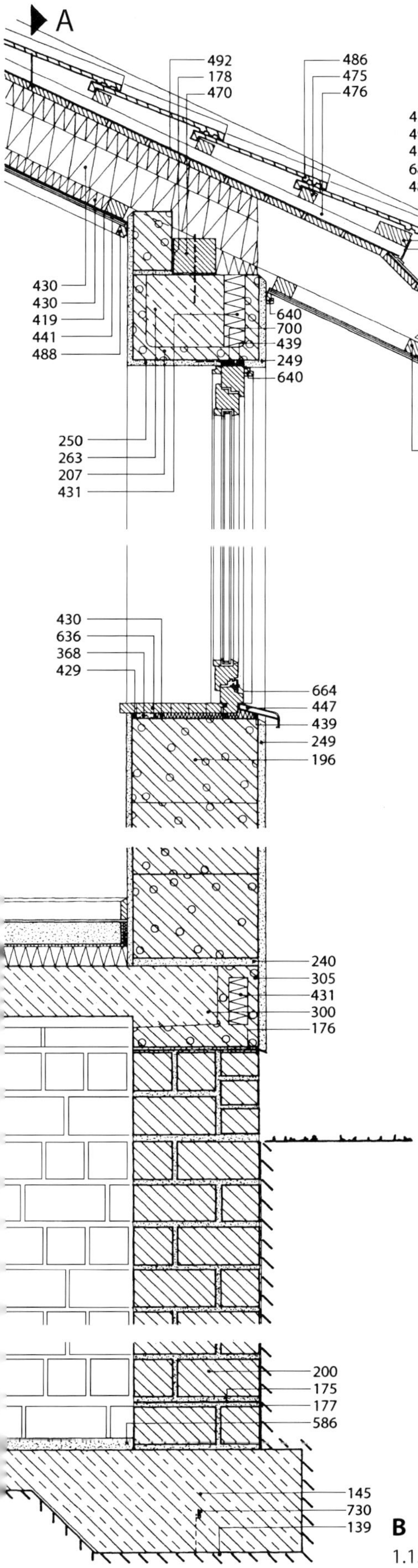

1.1 Wohnhaus mit Kellergeschoss, Dachdecke geneigt

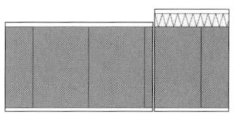

1.1.4 B

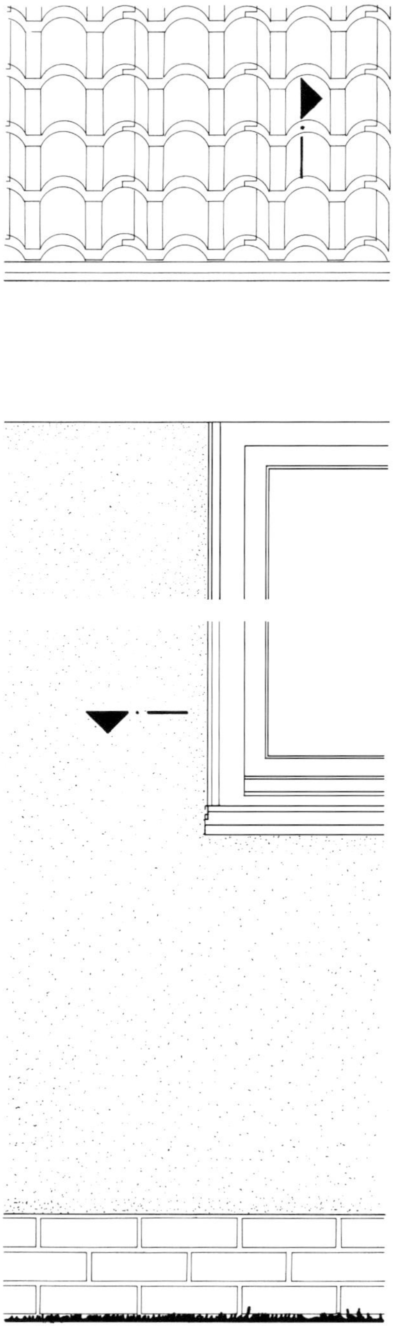

1.1-5

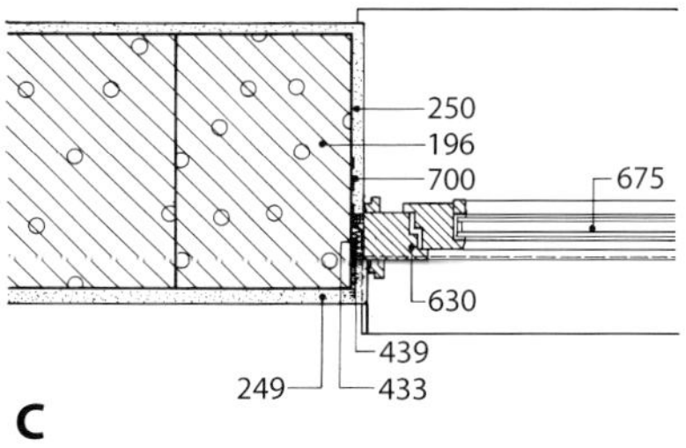

1.1-6 C

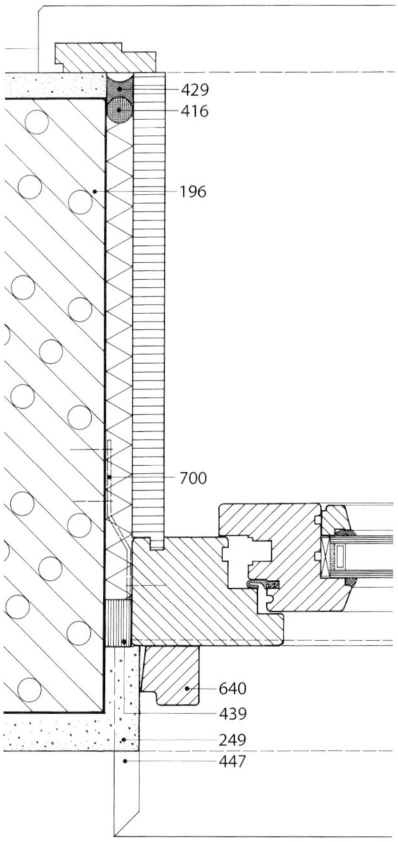

1.1-7 alternativ
Detail C

212 D Projekte mit Mauerwerk-Außenwandsystemen
1 Einschaliges Mauerwerk mit Außenputz

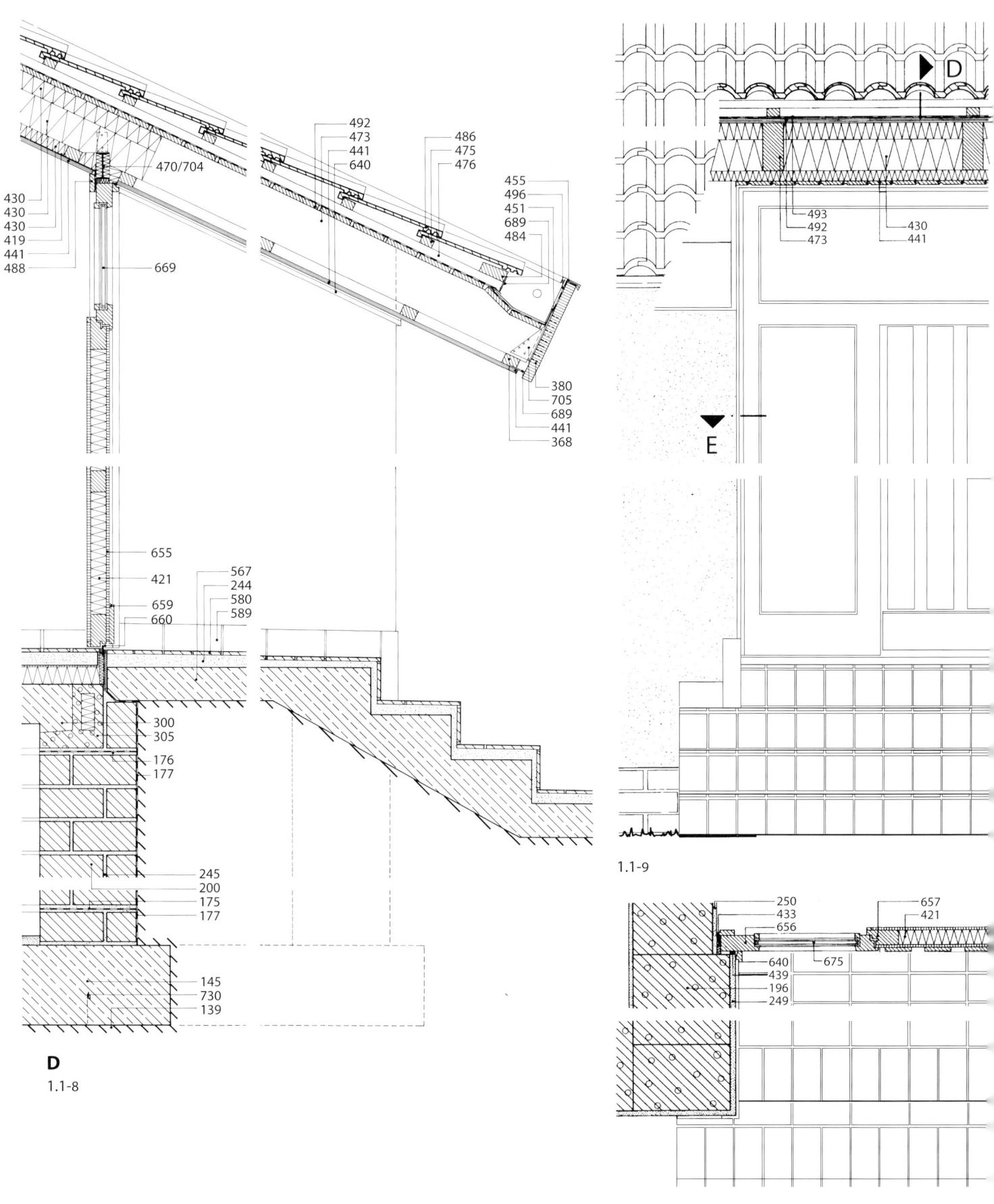

D
1.1-8

1.1-9

E
1.1-10

1.1 Wohnhaus mit Kellergeschoss, Dachdecke geneigt

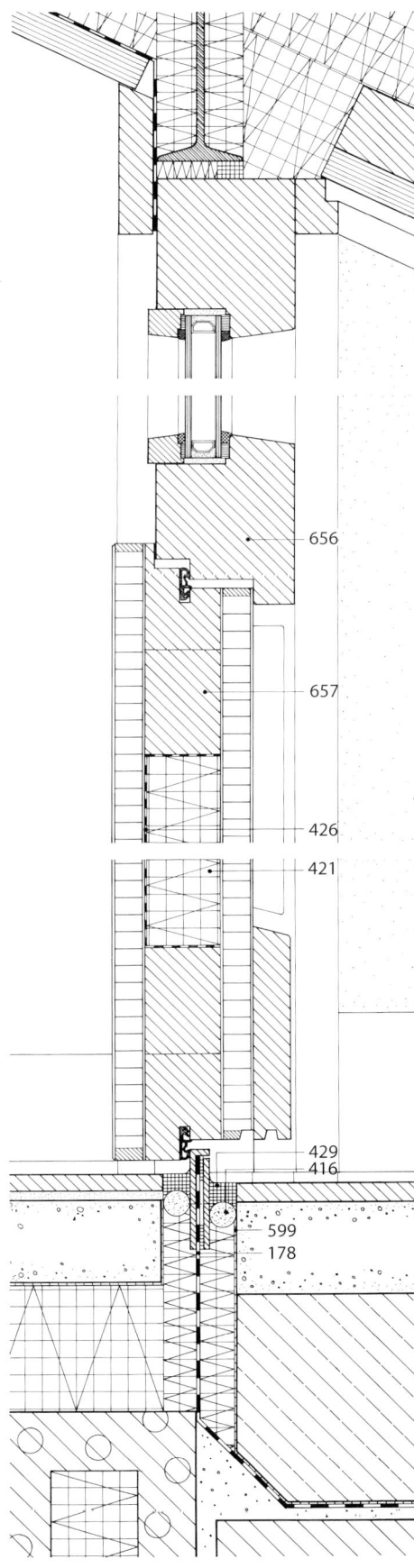

139 frostfreie Tiefe
145 Fundamentbeton, bewehrt B15
175 Erste Sperrschicht, waagerecht
176 Zweite Sperrschicht, waagerecht
177 Sperrschicht, senkrecht
178 Sperrschicht
196 Mauerwerk aus Steinen, Rohdichte ≤ 0,8 kg/dm³, geklebt
200 Kelleraußenmauer
244 Zementmörtel
245 Kalkzementmörtel
249 Außenputz
250 Innenputz
300 Stahlbetondecke
305 Deckenrandstein
368 Holzleiste
380 Sperrholz
416 Rundes, geschlossenzelliges Hinterfüllprofil
419 Luftsperre/Dampfsperre, $s_d ≥ 2,0$ m
421 Dämmstoff
426 Dampfsperre
429 Fugendichtungsmasse
430 Mineralwolle
433 Mineralwolle gestopft oder Schaumkunststoff, ortlich eingebracht
439 Fugendichtband, vorkomprimiert
441 Profilholzschalung
451 Trennschicht, z.B. Glasvlies-Bitumendachbahn V13
455 Gesimsabdeckblech
470 Fußpfette
473 Sparren
475 Traglattung 30/50 mm bzw. 40/60 mm
476 Grundlattung 30/50 mm
484 Trauflatte
486 Dachstein
488 Deckleiste, mit Dichtband hinterlegt
492 Unterdeckung auf offener Brettschalung, $s_d ≤ 0,2$ m
493 Dichtungsbahn
496 Regenrinne, verdeckt liegend
567 Stahlbetonpodest
580 Baukeramikplatte, Dickbettverlegung
589 Sockelprofil
599 Abdeckung, z.B. 0,2 mm PE-Folie
640 Deckleiste
655 Haustür
656 Haustürrahmen
657 Haustürflügel
659 Wetterschenkel
660 Anschlagprofil, nicht rostend
669 Oberlicht
675 Mehrscheibenisolierglas
689 Vogelschutzgitter
704 Profilstahl
705 Metallwinkel, nicht rostend
730 Fundamenterder

D
1.1-11
Detail

1.2 Wohnhaus mit Satteldach, Kellergeschoss für wohnähnliche Nutzung

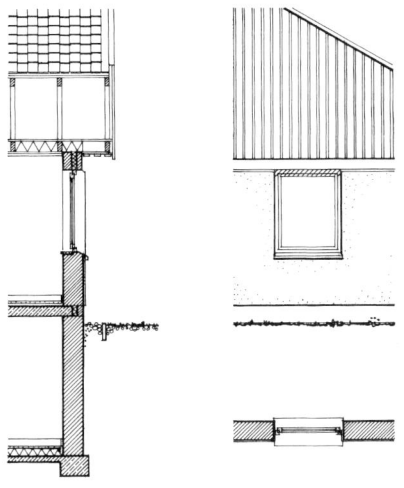

1.2-1

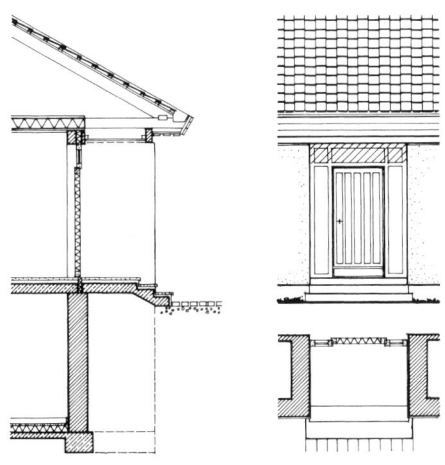

1.2-2

Zu den gestalterischen Merkmalen dieses Projektes gehören das flach geneigte, ausladende Ziegeldach, verputzte Wände und die mit einer vertikalen Profilholzschalung bekleideten Giebeldreiecke. Das Dach erhielt unter anderem aus Gründen des Witterungsschutzes an den Traufseiten einen markanten Dachüberstand. An den Giebelseiten kragen die Giebeldreiecke insgesamt weit aus. Das Gesims trägt eine integrierte Dachrinne, Metalleinfassungen markieren neben den Traufen auch die Ortgänge.

Das nicht ausgebaute Dachgeschoss besteht aus einer Brettbinderkonstruktion mit Nagelblechen an den Knotenpunkten. Die Dachkonstruktion ruht auf umlaufenden, in der Fassade sichtbaren Hölzern, die statisch als Ringanker fungieren. Diese kräftigen Holzprofile – durch ihre Lage gut gegen Witterung geschützt – bilden gleichzeitig den durchlaufenden, außen sichtbaren Sturz der Fenster und der Haustür.

Die Wandöffnungen sind ohne Anschläge ausgebildet und die Fenster etwa mittig im Wandquerschnitt angeordnet. Der Leibungsbereich innen ist energetisch durch eine Zusatzdämmung mit Futter zu verbessern (siehe auch Abschnitt C 4.5).

Die äußeren Metallfensterbänke haben aus Gründen des Fassadenschutzes einen Überstand von ca. 50 mm.

Im Gegensatz zu den Fenstern liegt die opake Haustür in einer Eingangsnische. Das Oberlicht und die seitlichen Verglasungen geben dem Eingangsraum natürliches Licht.

Die gestalterische Charakterisierung der Innenräume erfolgt u. a. durch die mit Profilholzbrettern bekleideten Raumdecken und verputzte Wände.

Dachkonstruktion / Dachraum / Deckenkonstruktion

Die Deckelemente – Dachziegel / Dachsteine – liegen auf Trag- und Grundlattung. Das Unterdach – die zweite wasserführende Ebene – besteht aus Hartfaserplatten. Diese sehr robuste Unterdeckung bedarf besonderer Maßnahmen, wenn auch die horizontalen Stöße der Platten dauerhaft staubdicht sein sollen.

Der nicht ausgebaute belüftete Dachraum ist als Abstellraum mit einem gespundeten Holzfußboden konzipiert. Die klimatische Grenze bildet die Erdgeschossdecke. Sie verfügt über zwei Dämmschichten. Zwischen Sekundärdämmschicht und Deckenbekleidung befindet sich eine Luftsperre / Dampfsperre (PE-Folie 0,2 mm dick), an den Wänden mit einer Leiste plus Dichtband und Dübelschrauben mechanisch fixiert und dicht angepresst (siehe auch Abschnitt B 1.1.2).

Kellergeschoss

Das Kellergeschoss ist für eine wohnähnliche Nutzung konzipiert. Das hochwärmedämmende Steinmaterial der Außenwände führt hinunter bis ins Kellergeschoss. Die Kellerdecke besteht aus Porenbeton-Elementen mit einem – ihrer Rohdichte entsprechenden – relativ geringen Wärmespeichervermögen. Das wirkt sich, insbesondere bei sporadischer Beheizung der Kellerräume, positiv aus. Die Aufheizzeit verkürzt sich. Die Dicke der Dämmschicht unter dem Estrich des Kellerfußbodens beträgt 120 mm. Aus Gründen des Tauwasserschutzes übernimmt die Abdeckung der Estrichdämmschicht auch Dampfsperrfunktion.

Außenwand

Daten über die bauphysikalische Leistungsfähigkeit des Wandsystems sind exemplarisch in Abschnitt C 1.2.1.1 aufgeführt.

Eingangstreppe

Da das Kellergeschoss beheizt wird, ist die Eingangstreppe energetisch separat konzipiert. Die vertikale Dämmschicht zwischen Kellerdecke und Treppenpodest wird oben von einer thermisch getrennten Haustürschwelle abgedeckt.

100	Rasenstein
139	frostfreie Tiefe
142	Fundamentbeton, unbewehrt B5
143	Streifenfundament
174	Sperrschicht, waagerecht, Sperrfolie o. Ä.
175	Erste Sperrschicht, waagerecht
176	Zweite Sperrschicht, waagerecht
177	Sperrschicht, senkrecht
196	Mauerwerk aus Steinen, Rohdichte ≤ 0,8 kg/dm³, geklebt
249	Außenputz
250	Innenputz
251	Putz der Kellerinnenwände, Mörtelgruppe PI oder PII
250	Innenputz
265	Stahlbetonringanker
303	Deckenplatte aus Betonfertigteilen, Porenbeton
310	Betonboden B5, falls bewehrt B15
332	Fertigteilsturz
378	Holzunterkonstruktion
385	Harte Holzfaserplatte
400	Deckenbalken
416	Rundes, geschlossenzelliges Hinterfüllprofil
421	Dämmstoff
425	Dampfsperre, z.B. 0,2 mm PE-Folie
429	Fugendichtungsmasse
430	Mineralwolle
431	Polystyrol-Hartschaum
433	Mineralwolle gestopft oder Schaumkunststoff, örtlich eingebracht
436	Hohlraum, belüftet
439	Fugendichtband, vorkomprimiert
441	Profilholzschalung
442	Boden-/Deckelschalung, 24 mm dick
455	Gesimsabdeckblech
447	Metallfensterbank mit seitlichen Aufkantungen
470	Fußpfette
473	Sparren
475	Traglattung 30/50 mm bzw. 40/60 mm
476	Grundlattung 30/50 mm
480	Vollholz
486	Dachstein
488	Deckleiste, mit Dichtband hinterlegt
491	Unterdeckung
493	Dichtungsbahn
496	Regenrinne, verdeckt liegend
522	Kiesbett
582	Bodenbelag
585	Estrich auf Dämmschicht
595	Holzdielenboden
598	Estrichdämmschicht
599	Abdeckung, z.B. 0,2 mm PE-Folie
600	Estrichrandstreifen ≥ 10 mm, Polystyrol bzw. Mineralwolle
604	Abdeckung/Dampfsperre
631	Fensterrahmen
632	Fensterflügel
637	Natursteinfensterbank
640	Deckleiste
689	Vogelschutzgitter
700	Flachstahlanker, nicht rostend
730	Fundamenterder

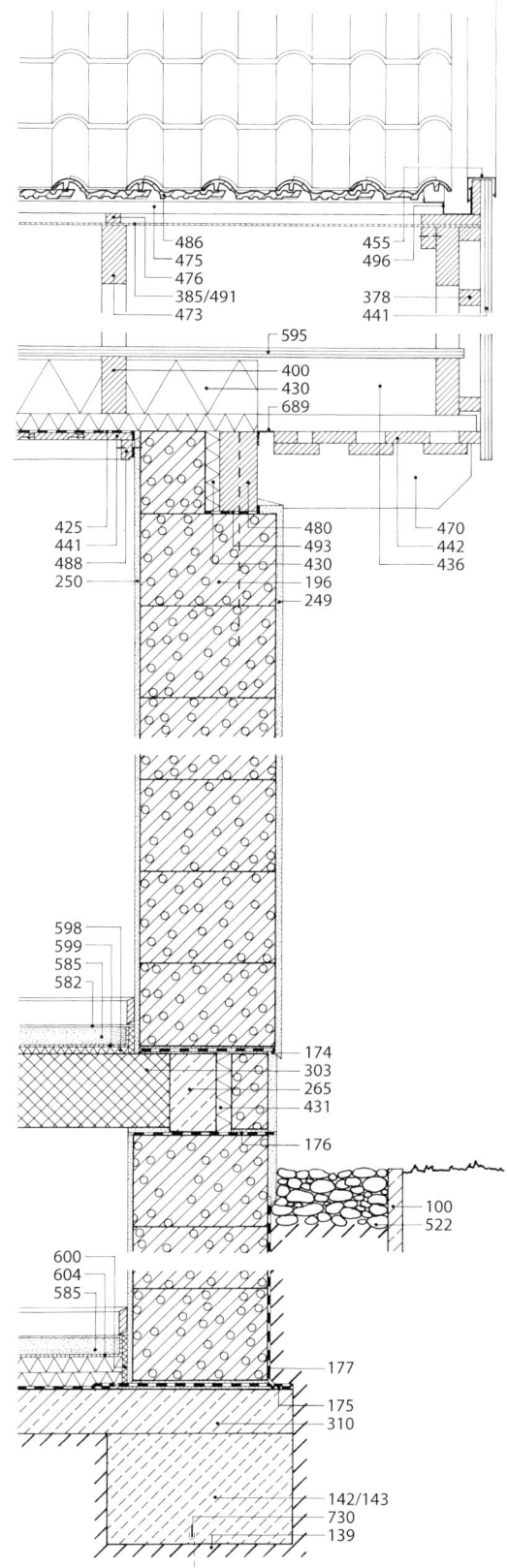

A
1.2-3

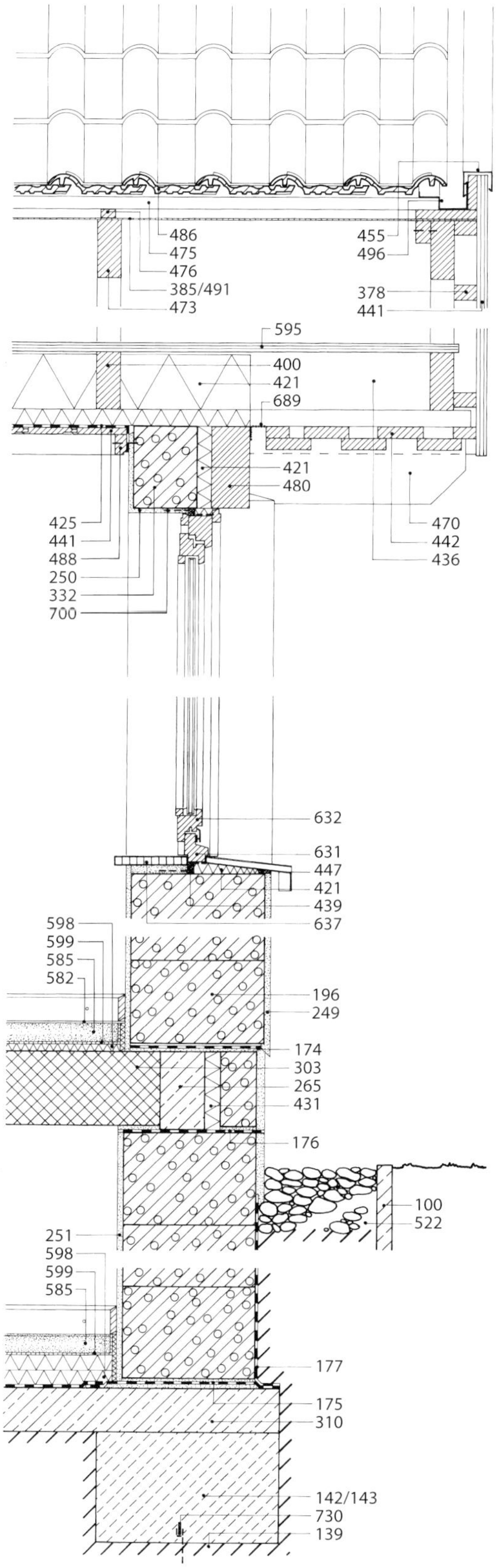

1.2 Wohnhaus mit Satteldach, Kellergeschoss für wohnähnliche Nutzung

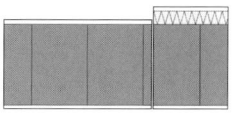

B
1.2-4

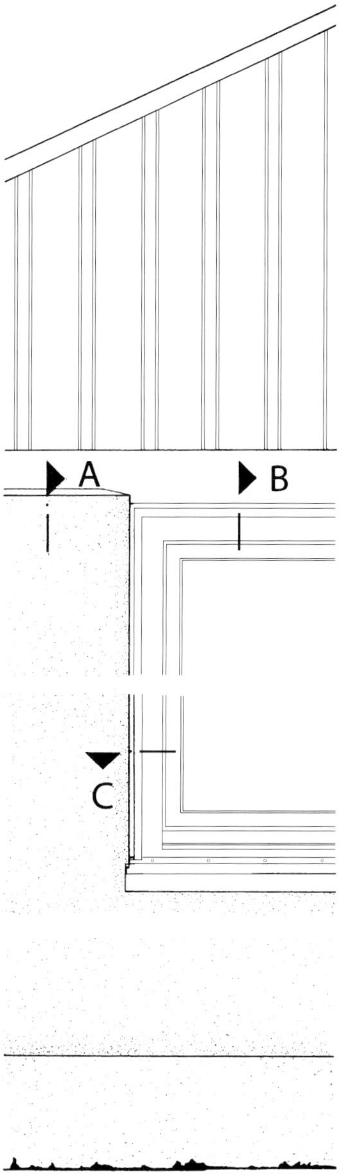

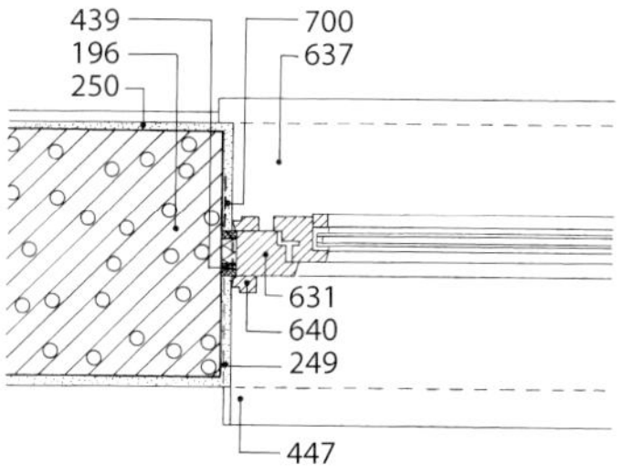

C
1.2-6

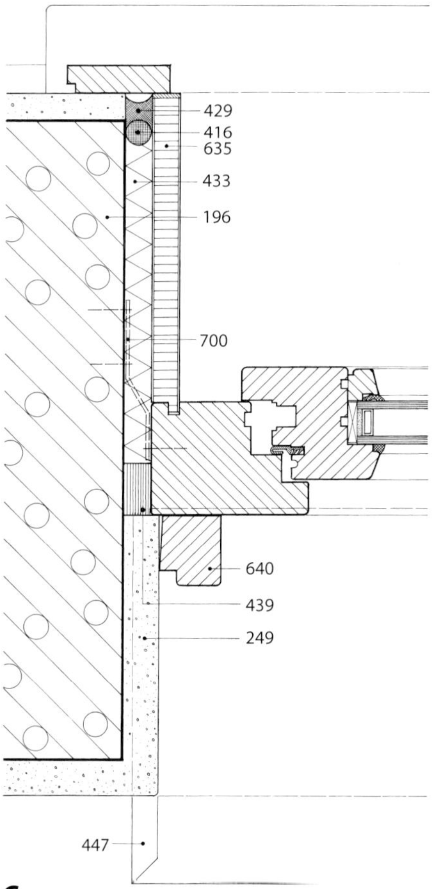

C
1.2-7 alternativ
Detail

D Projekte mit Mauerwerk-Außenwandsystemen
1 Einschaliges Mauerwerk mit Außenputz

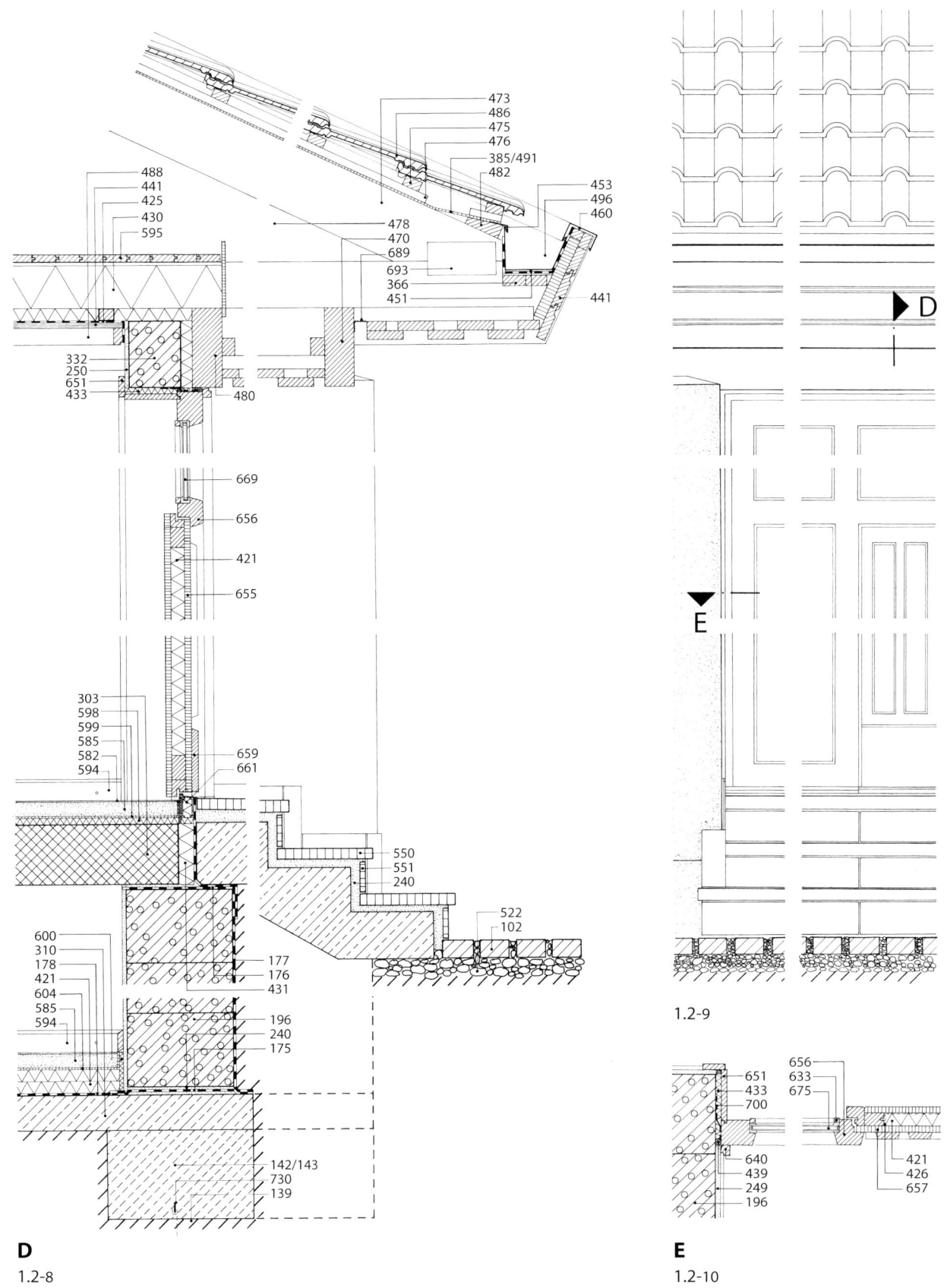

D
1.2-8

E
1.2-9

1.2-10

1.2 Wohnhaus mit Satteldach, Kellergeschoss für wohnähnliche Nutzung

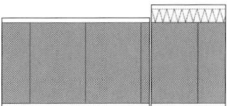

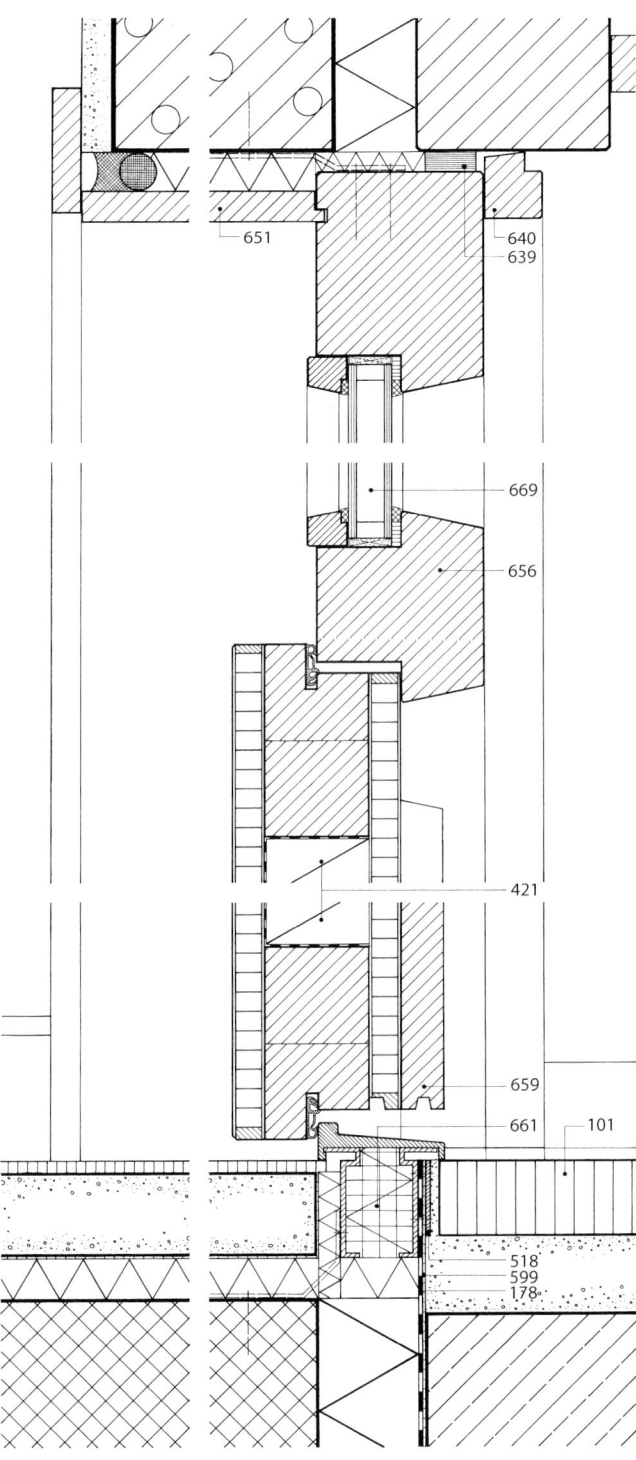

D 1.2-11 Detail

101	Natursteinplatte, frostwiderstandsfähig
102	Steinpflaster
139	frostfreie Tiefe
142	Fundamentbeton, unbewehrt B5
143	Streifenfundament
175	Erste Sperrschicht, waagerecht
176	Zweite Sperrschicht, waagerecht
177	Sperrschicht, senkrecht
178	Sperrschicht
196	Mauerwerk aus Steinen, Rohdichte ≤ 0,8 kg/dm³, geklebt
240	Mörtelbett
249	Außenputz
250	Innenputz
303	Deckenplatte aus Betonfertigteilen, Porenbeton
310	Betonboden B5, falls bewehrt B15
332	Fertigteilsturz
366	Holzbohle
367	Holzbrett
385	Harte Holzfaserplatte
421	Dämmstoff
425	Dampfsperre, z. B. 0,2 mm PE-Folie
426	Dampfsperre
430	Mineralwolle
431	Polystyrol-Hartschaum
433	Mineralwolle gestopft oder Schaumkunststoff, örtlich eingebracht
439	Fugendichtband, vorkomprimiert
441	Profilholzschalung
451	Trennschicht, z. B. Glasvlies-Bitumendachbahn V13
453	Traufstreifen
460	Abdeckblech
470	Fußpfette
473	Sparren
475	Traglattung 30/50 mm bzw. 40/60 mm,
476	Grundlattung 30/50 mm
478	Dachraum, belüftet
480	Vollholz
482	Traufbohle
486	Dachstein
488	Deckleiste, mit Dichtband hinterlegt
491	Unterdeckung
496	Regenrinne, verdeckt liegend
518	Klemmprofil, nicht rostend, geschraubt
522	Kiesbett
550	Trittstufe
551	Setzstufe
582	Bodenbelag
585	Estrich auf Dämmschicht
594	Fußleiste
598	Estrichdämmschicht
599	Abdeckung, z. B. 0,2 mm PE-Folie
600	Estrichrandstreifen ≥ 10 mm, Polystyrol bzw. Mineralwolle
604	Abdeckung / Dampfsperre
633	Glashalteleiste
639	Versiegelung
640	Deckleiste
651	Türfutter und Bekleidung
655	Haustür
656	Haustürrahmen
657	Haustürflügel
659	Wetterschenkel
661	Türschwelle, thermisch getrenntes Rohrprofil
667	Randprofil aus Holzwerkstoff
669	Oberlicht
675	Mehrscheibenisolierglas
700	Flachstahlanker, nicht rostend
689	Vogelschutzgitter
693	Nagelplatte
730	Fundamenterder

1.3 Ausbildung eines Balkons, außen Stahlstützen

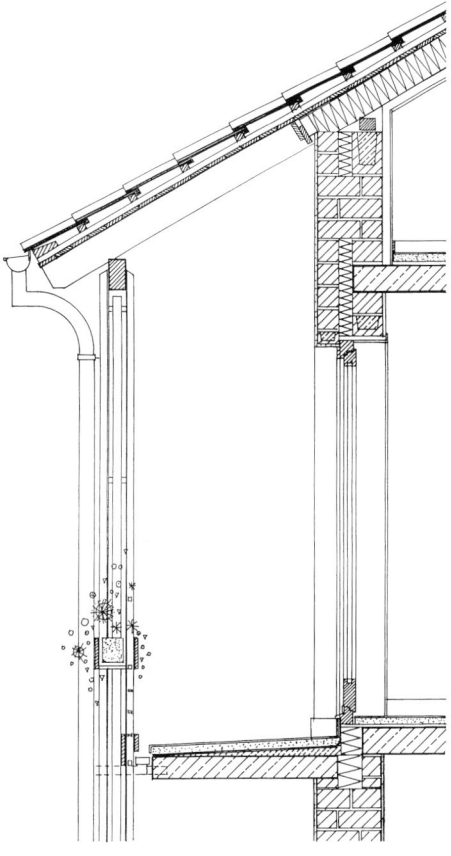

1.3-1

Die Fassade dieses Projektes wird durch zwei Ebenen und eine starke Licht-Schatten-Wirkung charakterisiert. Erste Ebene: Stützenreihe mit transparenten Brüstungselementen; zweite Ebene: Fenstertüren als Einzelöffnungen in einer verputzten Außenwand.

Zwischen den beiden Ebenen liegt der – vom Dach des Hauses überdeckte – Balkon. Die vor dem Balkon angeordneten Stahlstützen enden oben unter dem Schrägdach. Die feuerverzinkten, in zwei Richtungen gespreizten Stahlstützen bestehen aus je vier gleichschenkligen Winkelprofilen. Ihre Transparenz erlaubt, die Fußpfette des Daches gestalterisch und statisch in die Stützen einzubinden und die Rinne des Balkons in das vor den Stützen geführte Fallrohr zu entwässern.

Die Stahlstützen tragen auch die feuerverzinkten Brüstungselemente. Dadurch wird die Befestigung auf dem Balkonbelag und das Durchstoßen der darunter liegenden Sperrschicht vermieden. Die Brüstungselemente können Blumenkästen aufnehmen. Sie tragen in der oberen Zone und im Bereich der Entwässerungsrinne opake Bekleidungen, z. B. Holzbretter, zementgebundene Spanplatten o. Ä.

Balkon

Solide Sichtbetonflächen charakterisieren die Balkonplatte. Auskragende Balkonplatten aus Normalbeton stellen ohne thermische Trennung gravierende Wärmebrücken dar. Bei diesem Projekt kragt die Platte nicht aus, sondern ist zweiseitig gelagert. Das eine Auflager bildet die Außenwand mit einer relativ guten thermischen Trennung (siehe auch Abschnitt C 3.3). Das andere Auflager bilden – über einbetonierte Laschen – die Stahlstützen.

Die horizontale bituminöse Abdichtung der Balkonplatte ist gemäß DIN 18195-5 [106] hinter den Sockelplatten 15 cm hochgeführt. Die Dichtschicht endet unter dem Regenschutzprofil der Fenstertüren. Daraus resultiert ein Höhenversprung zwischen dem Fußbodenniveau im Innenraum und dem Balkonniveau.

Entwässert wird der Balkon nach außen in eine umlaufende, vorgehängte Rinne in Kastenform. Diese Entwässerung schließt Bindemittelauswaschungen in Form von »Fahnen« an der Fassade aus.

Der Fußboden des Balkons hat folgenden Aufbau:

- Rohdecke
- Gefällebeton aus Normalbeton mit mindestens 1,5 % Gefälle
- bituminöser Voranstrich
- dreilagige bituminöse Abdichtung
- zwei Lagen PE-Folie, 0,2 mm, als Gleitschicht
- etwa 5 cm dicker Estrich (Schutzschicht) mit Bewehrung, z. B. Betonstahlgitter mit der Maschenweite 50/50, $\varnothing$ 2 mm, ST 700
- Fliesenbelag und Sockelplatten in Dünnbettmörtel.

(Weitere Einzelheiten zu derartigen Fußbodenausbildungen siehe [107].)

Dach

Der Dachaufbau stellt ein unterbelüftetes System mit primärer und sekundärer Dämmschicht dar. Die Unterdeckung besteht aus einer Folie ($s_d \leq 0,02$ m) auf offener Brettschalung. Der notwendige s_{di}-Wert einschließlich Luftsperre/Dampfsperre beträgt $\geq 2,0$ m (siehe auch Abschnitt B 2.2.1).

Die Sparren und die Profilholzschalung strukturieren die Deckenuntersicht im Balkonbereich.

Außenwand

Das hochwärmedämmende einschalige Mauerwerk trägt beidseitig einen Verputz. Zusätzliche Kerndämmung kennzeichnet die Bereiche Ringbalken und Deckenauflager. Am Drempel haben baukonstruktive und gestalterische Aspekte zu einer zusätzlichen Innendämmung einschließlich Bekleidung geführt. Damit wird auch dem Risiko von Putzrissen im Bereich Ringbalken/Fußpfette vorgebeugt.

Fenstertüren

Die zweiflügligen Fenstertüren mit 78 mm dicken Rahmenhölzern und spezifischer Mehrscheibenisolierverglasung genügen erhöhten Anforderungen an den Wärme- und Schallschutz. Aus statischen Gründen dürfen die Fenstertüren nicht auf dem Dämmstoff ruhen. Die Lasten der Türelemente werden von Flachstahlankern als Kragarme auf das Mauerwerk der Leibungen übertragen. Die Wärmebrücken im Anschlußbereich sind durch Dämmschichten in den Leibungen – abgedeckt durch Holzfutter – reduziert (siehe auch Abschnitt C 4.5). Die äußere Verleistung der Fenstertüren deckt die Blendrahmen in voller Breite ab. Um das exakt zu erreichen, sind Putzlehren (z. B. Leisten) auf den Rahmen notwendig.

Fußboden

Die Innenräume kennzeichnet ein besonders komfortabler Fußbodenaufbau. Der ca. 45 mm dicke Zementestrich auf Dämmschicht trägt einen Spannteppich. Für die Technik »Verspannen« eignet sich nur gewebtes Material. Die Fixierung des gespannten – und nicht verklebten – Teppichbodens erfolgt durch ca. 5 mm dicke, häufig aufgeklebte Nagelrandleisten. Ein zusätzlicher Filzbelag in Leistenhöhe schafft den Höhenausgleich. Darauf liegt der eigentliche – durch die Randleisten fixierte – Teppichboden.

Der Belag kann jederzeit zerstörungsfrei wieder aufgenommen werden. Die Filzunterlage reduziert den Verschleiß des Teppichbodens und erhöht den Komfort im Hinblick auf das Begehen und die thermische Behaglichkeit.

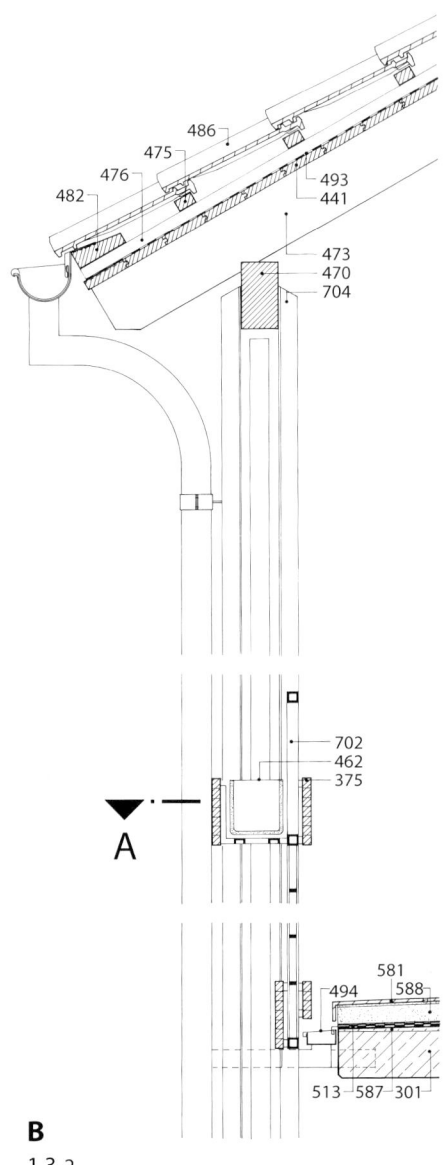

B
1.3-2

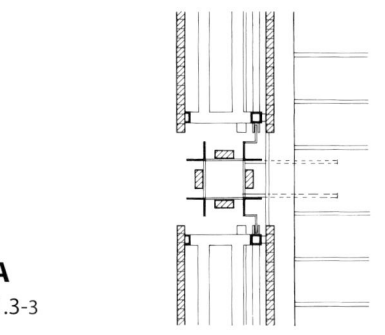

A
1.3-3

1.3 Ausbildung eines Balkons, außen Stahlstützen

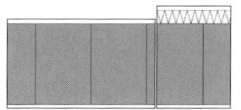

221 Stahlstütze
301 Balkonplatte
368 Holzleiste
375 Spanplatte, zementgebunden
441 Profilholzschalung
462 Blumenkasten
470 Fußpfette
473 Sparren
475 Traglattung 30/50 mm bzw. 40/60 mm,
476 Grundlattung 30/50 mm
482 Traufbohle
486 Dachstein
493 Dichtungsbahn
494 Regenrinne, kastenförmig, vorgehängt mit Rinnenhalter
513 Dachabdichtung
581 Baukeramikplatte, Dünnbettverlegung
587 Gefälleestrich, MG III
588 Schutzestrich, MG III, bewehrt, ca. 50 mm dick
700 Flachstahlanker, nicht rostend
702 Balkongeländer, nicht rostend
704 Profilstahl

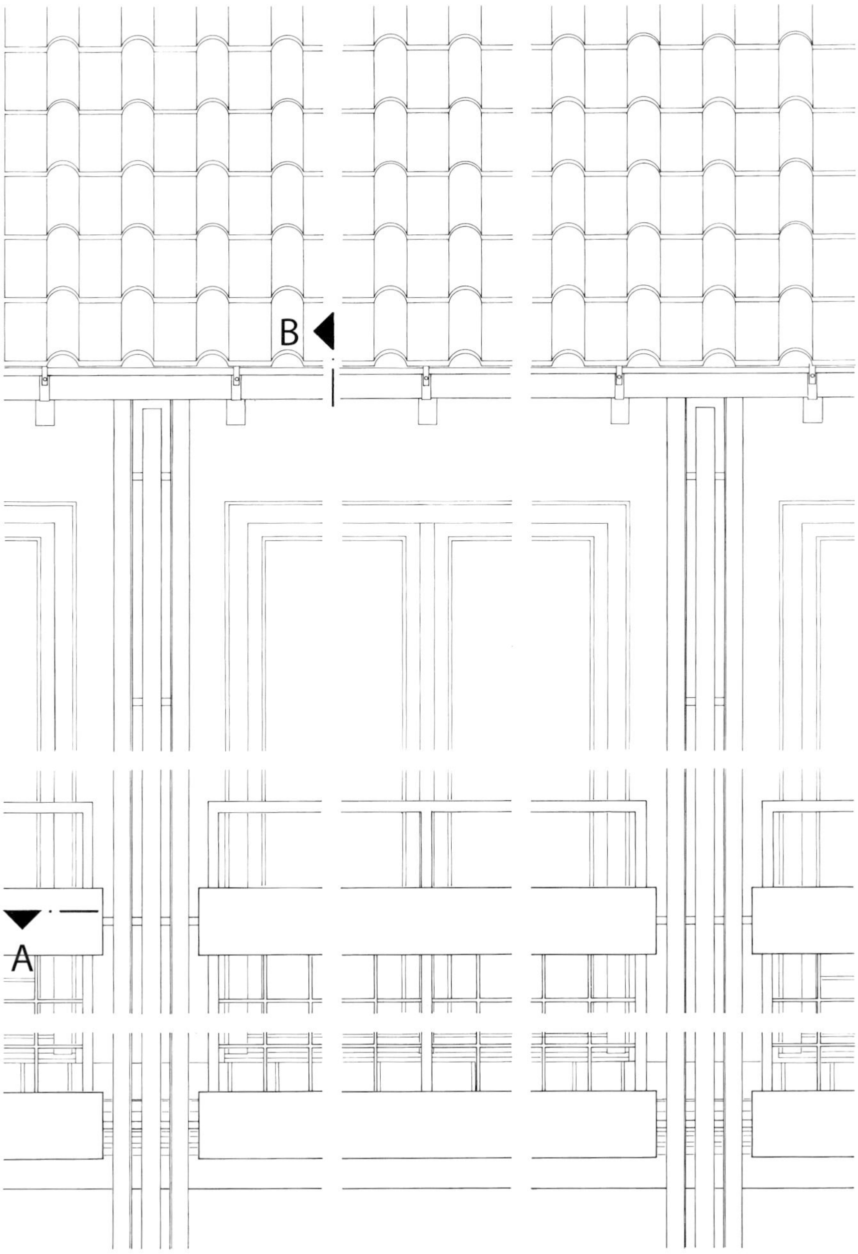

1.3-4

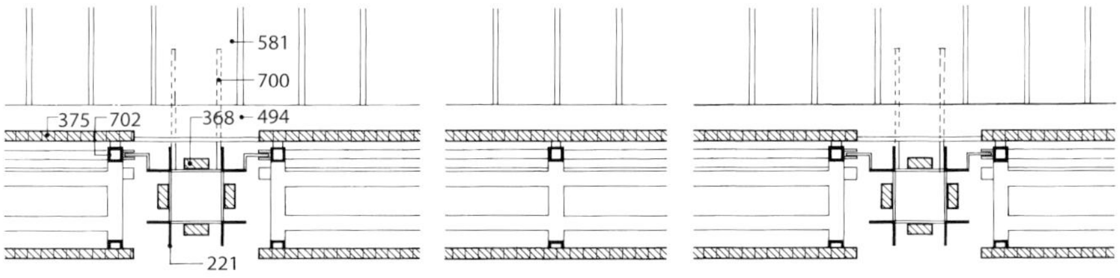

A

1.3-5

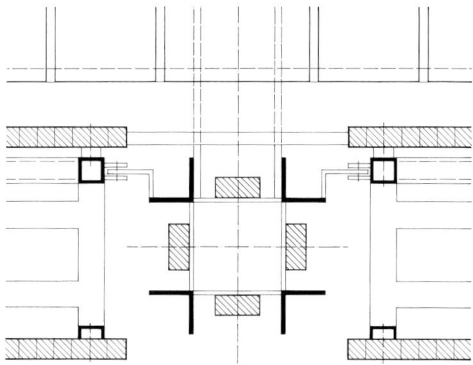

A

1.3-6
Detail

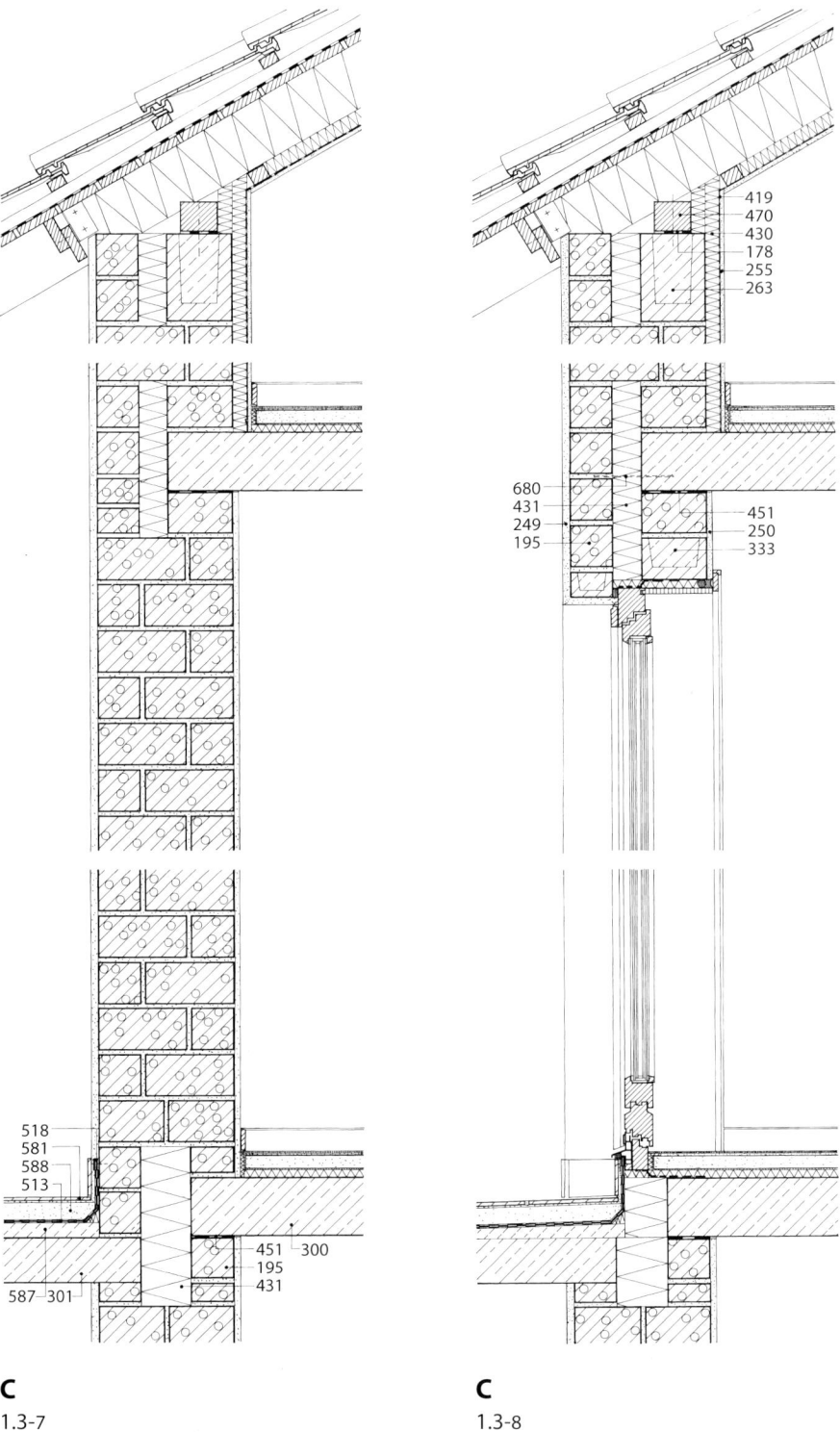

C
1.3-7

C
1.3-8

1.3 Ausbildung eines Balkons, außen Stahlstützen

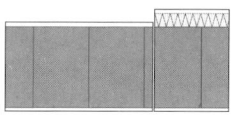

178	Sperrschicht
195	Mauerwerk aus Steinen, Rohdichte ≤ 0,8 kg/dm³
249	Außenputz
250	Innenputz
255	Gipsbauplatte, Gipskarton- bzw. Gipsfaserplatte
263	Ringbalken
300	Stahlbetondecke
301	Balkonplatte
333	U-Schalen-Fertigteilsturz
419	Luftsperre/Dampfsperre $s_d \geq 2,0$ m
430	Mineralwolle
431	Polystyrol-Hartschaum
433	Mineralwolle gestopft oder Schaumkunststoff, örtlich eingebracht
441	Profilholzschalung
451	Trennschicht, z. B. Glasvlies-Bitumendachbahn V13
470	Fußpfette
473	Sparren
475	Traglattung 30/50 mm bzw. 40/60 mm,
476	Grundlattung 30/50 mm
513	Dachabdichtung
518	Klemmprofil, nicht rostend, geschraubt
581	Baukeramikplatte, Dünnbettverlegung
587	Gefälleestrich, MG III
588	Schutzestrich, MG III, bewehrt, ca. 50 mm dick
589	Sockelprofil
651	Türfutter und Bekleidung
680	Drahtanker, nicht rostend
700	Flachstahlanker, nicht rostend

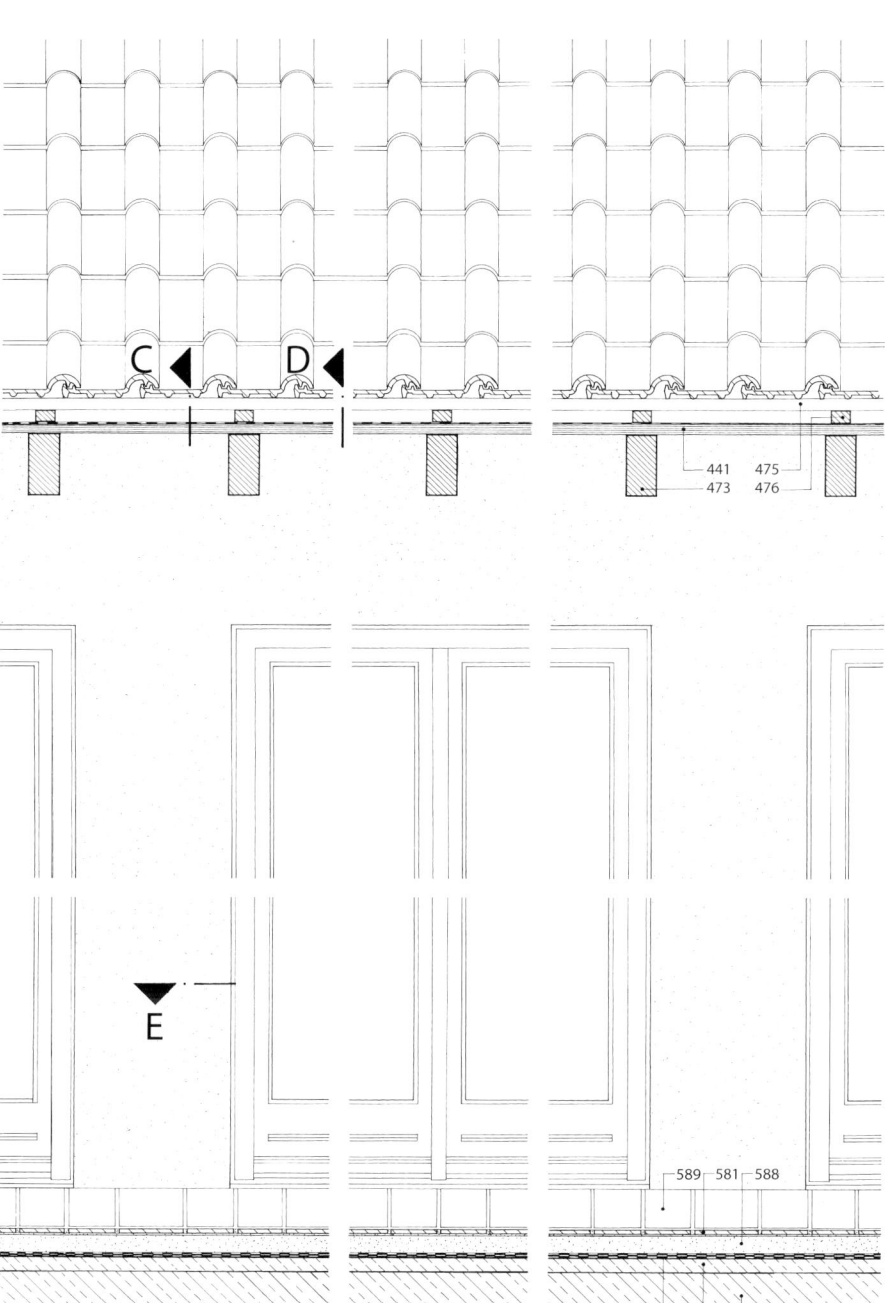

1.3-9

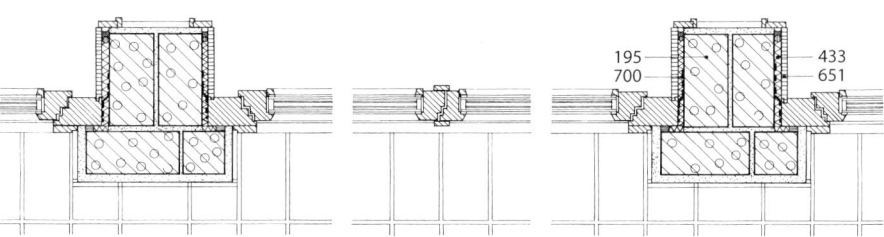

E

1.3-10

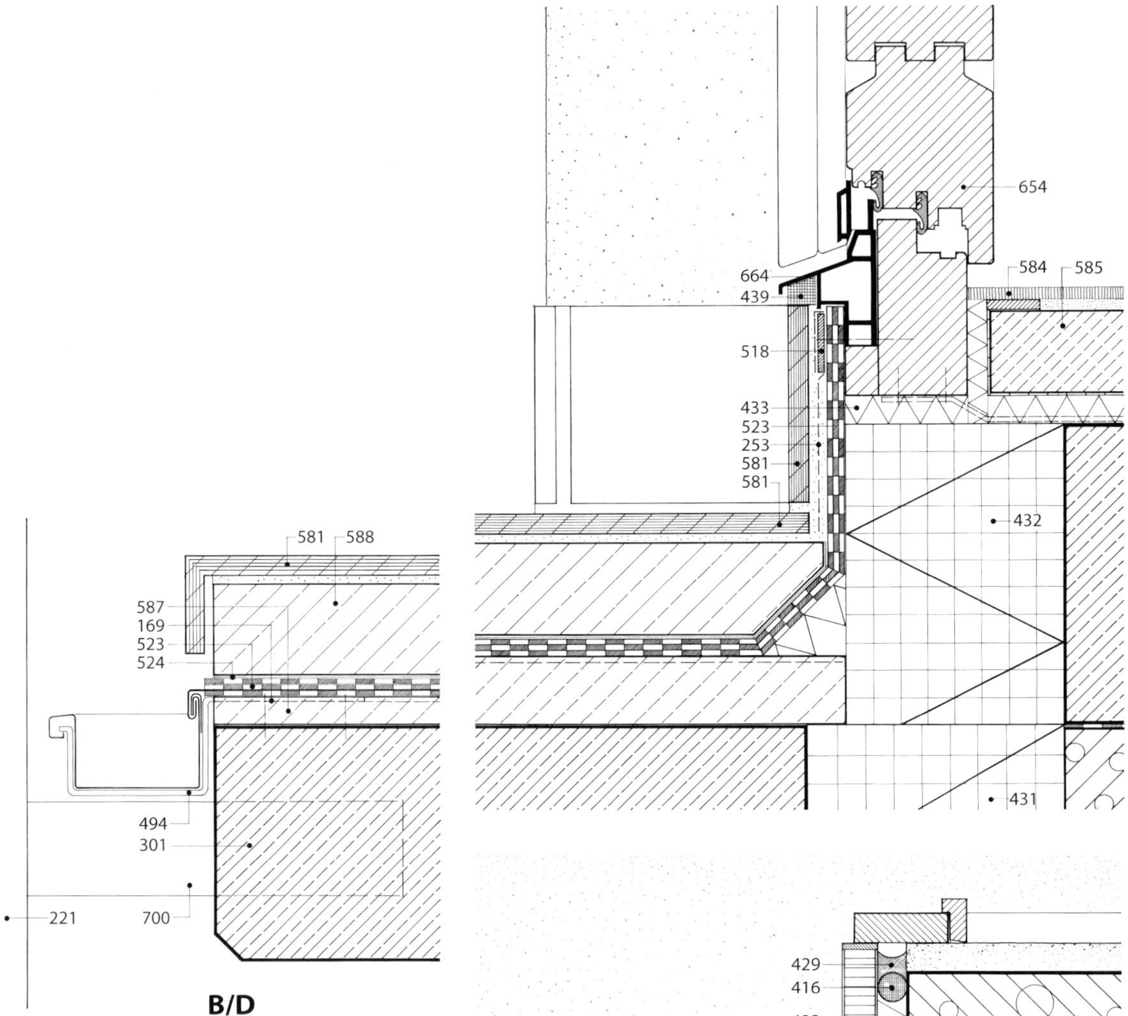

D Projekte mit Mauerwerk-Außenwandsystemen
1 Einschaliges Mauerwerk mit Außenputz

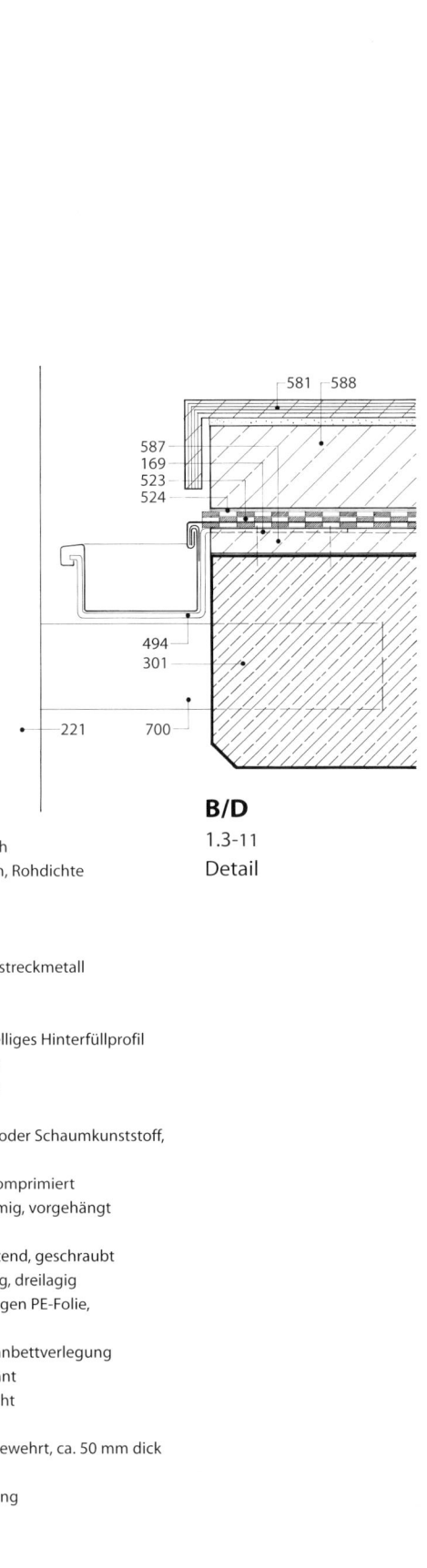

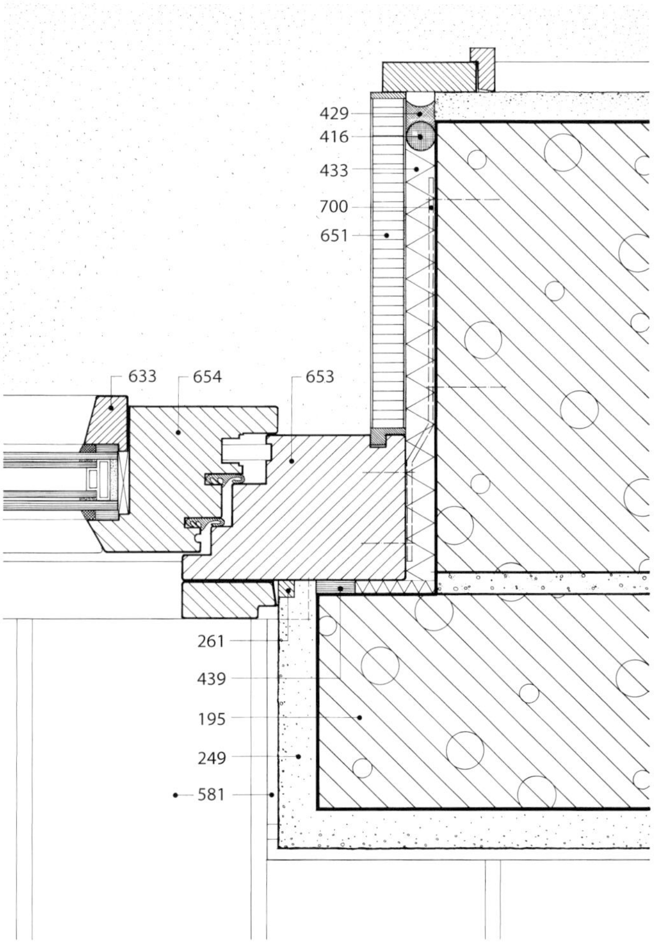

169	Bituminöser Voranstrich
195	Mauerwerk aus Steinen, Rohdichte ≤ 0,8 kg/dm³
221	Stahlstütze
249	Außenputz
253	Putzträger, z. B. Rippenstreckmetall
261	Putzlehre
301	Balkonplatte
416	Rundes, geschlossenzelliges Hinterfüllprofil
429	Fugendichtungsmasse
431	Polystyrol-Hartschaum
432	Schaumglas
433	Mineralwolle gestopft oder Schaumkunststoff, örtlich eingebracht
439	Fugendichtband, vorkomprimiert
494	Regenrinne, kastenförmig, vorgehängt mit Rinnenhalter
518	Klemmprofil, nicht rostend, geschraubt
523	Bituminöse Abdichtung, dreilagig
524	Trennlage, z. B. zwei Lagen PE-Folie, 0,2 mm dick
581	Baukeramikplatte, Dünnbettverlegung
584	Teppichboden, gespannt
585	Estrich auf Dämmschicht
587	Gefälleestrich, MG III
588	Schutzestrich, MG III, bewehrt, ca. 50 mm dick
633	Glashalteleiste
651	Türfutter und Bekleidung
653	Fenstertürrahmen
654	Fenstertürflügel
664	Regenschutzschiene
700	Flachstahlanker, nicht rostend

B/D
1.3-11
Detail

E
1.3-12
Detail

1.4 Ausbildung von Rollladeneinbauten

1.4 Ausbildung von Rollladeneinbauten

1.4.1 Rollladenkasten bündig in der Fassadenebene

Bei dem vorliegenden Beispiel ist der Rollladenkasten in den Wandquerschnitt integriert. Er tritt deshalb weder außen noch innen gestalterisch in Erscheinung.

Aus Gründen des besseren Wärme- und Schallschutzes wird ein Rollladenkasten [108] gewählt, dessen Deckel außen liegt. Dadurch kann der Fenstersturz innen ohne Fugen, also luftdicht, hergestellt werden. Die Fensteröffnung ist seitlich ohne Anschlag ausgebildet, weil der Rollladenkasten eine ähnliche Ausbildung im Sturz vorgibt. Außerdem stimmt die durch den Rollladenkasten vorgegebene Leibungstiefe für das Fenster nicht mit den Mauermaßen überein.

Durch die Anordnung von Futter und Bekleidung einschließlich Dämmstoff an den Leibungsinnenseiten lassen sich die Wärmebrücken in diesem Bereich reduzieren. In der Fassade hebt eine umlaufende Putzfasche die Fensteröffnung hervor.

Da das Material des Rollladenkastens als Putzuntergrund nicht identisch mit dem angrenzenden Mauerwerk ist, führen die verschiedenen Untergründe häufig zu Unterschieden in der Putzfarbe. Diesem Risiko wird durch die Differenzierung in Putzfasche und angrenzender Putzfläche entgegengewirkt. Außerdem erlaubt die größere Putzdicke das Einputzen der Rollladenführungsschienen in den Leibungen.

Die äußere Metallfensterbank hat eine Neigung von 30° und führt Niederschlagswasser schnell ab.

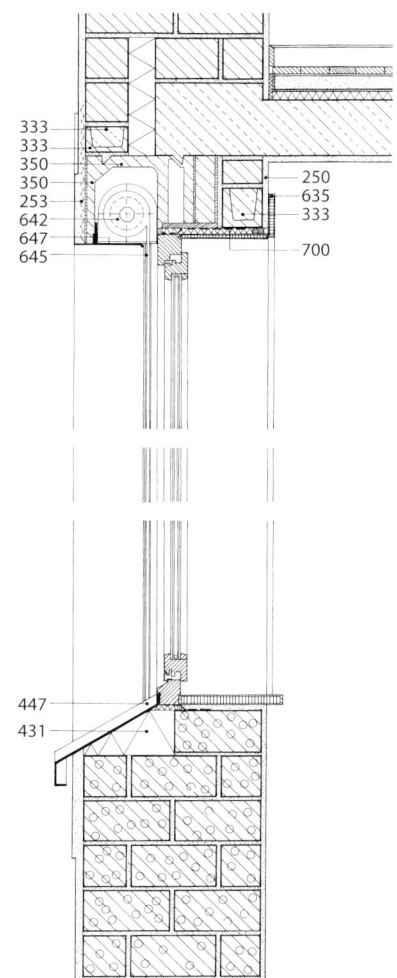

A
1.4.1-1

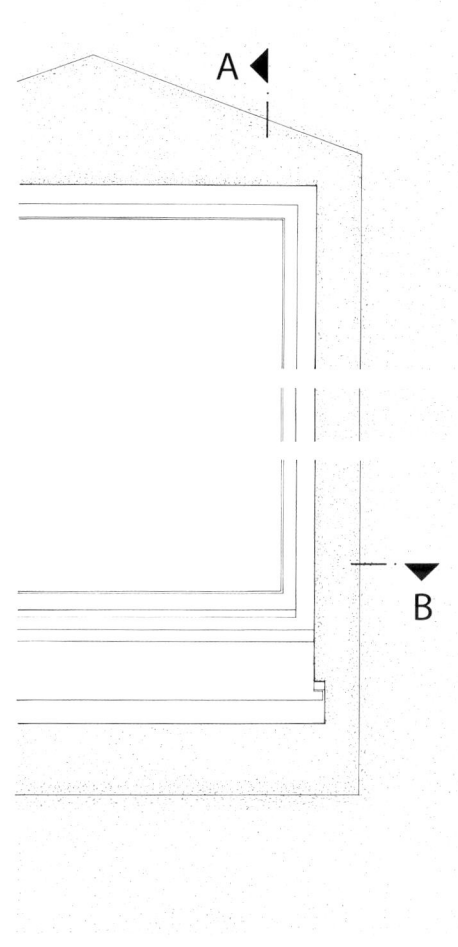

1.4.1-2

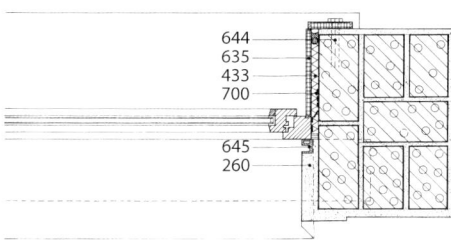

B
1.4.1-3

250 Innenputz
253 Putzträger, z. B. Rippenstreckmetall
260 Putzfasche
333 U-Schalen-Fertigteilsturz
350 Rollladenkasten
429 Fugendichtungsmasse
431 Polystyrol-Hartschaum
433 Mineralwolle gestopft oder Schaumkunststoff, örtlich eingebracht
447 Metallfensterbank mit seitlichen Aufkantungen
635 Fensterfutter mit Bekleidung
642 Rollladen
644 Gurtroller
645 Rollladenschiene
647 Rollladenkastendeckel, außen
700 Flachstahlanker, nicht rostend

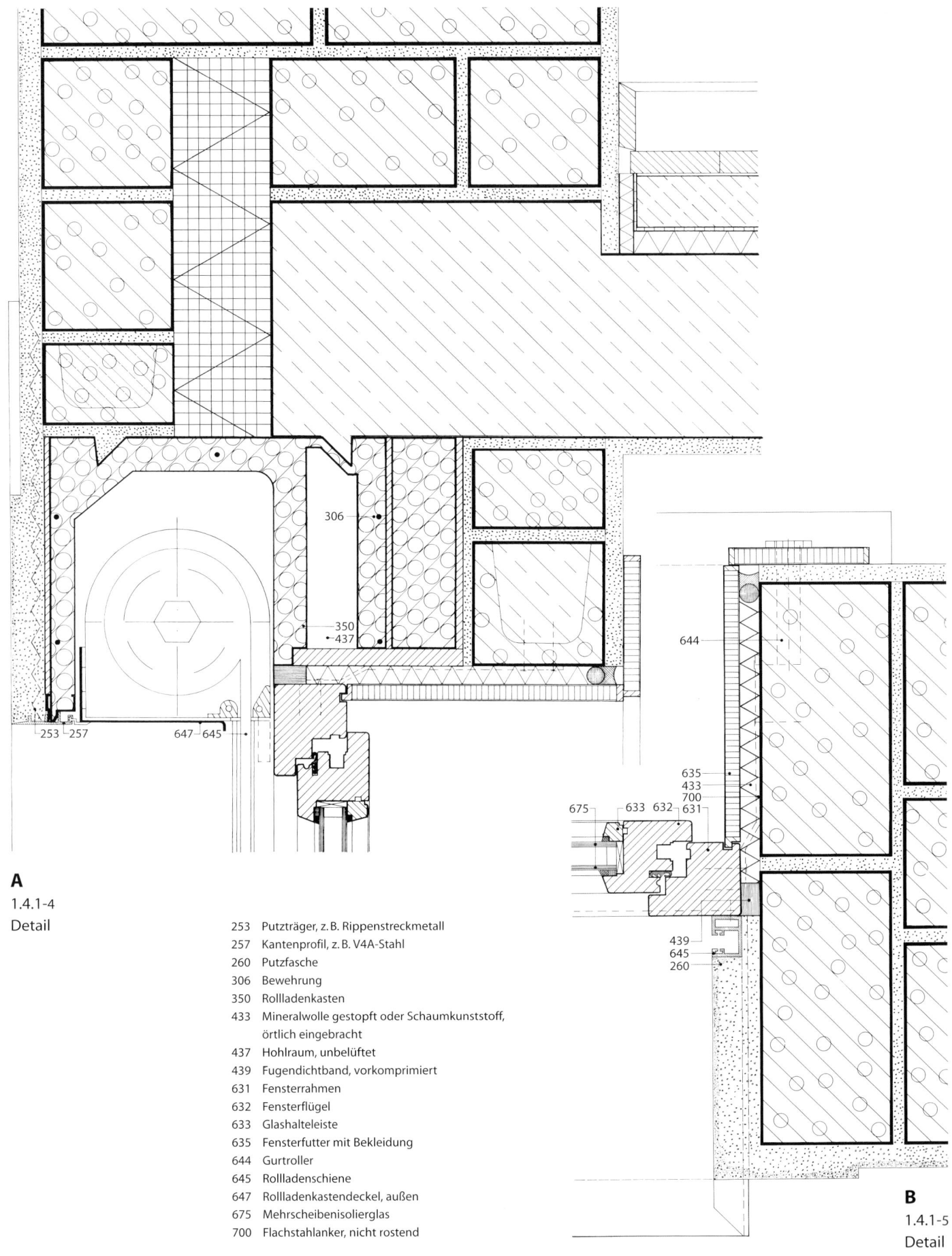

A
1.4.1-4
Detail

253 Putzträger, z. B. Rippenstreckmetall
257 Kantenprofil, z. B. V4A-Stahl
260 Putzfasche
306 Bewehrung
350 Rollladenkasten
433 Mineralwolle gestopft oder Schaumkunststoff, örtlich eingebracht
437 Hohlraum, unbelüftet
439 Fugendichtband, vorkomprimiert
631 Fensterrahmen
632 Fensterflügel
633 Glashalteleiste
635 Fensterfutter mit Bekleidung
644 Gurtroller
645 Rollladenschiene
647 Rollladenkastendeckel, außen
675 Mehrscheibenisolierglas
700 Flachstahlanker, nicht rostend

B
1.4.1-5
Detail

1.4 Ausbildung von Rollladeneinbauten

1.4.2 Rollladenkasten als plastisches Element der Fassade mit Metallüberdachung

Bei diesem Beispiel wird der Rollladenkasten so angeordnet, dass er plastisch aus der Fassadenebene heraustritt. In einem solchen Fall ist es auch bautechnisch sinnvoll, einen Kasten zu wählen, dessen Deckel außen platziert ist. Der konfektionierte Rollladenkasten [108] wird bauseits mit einer Metallabdeckung mit Doppelstahlfalz versehen. Die Unterkonstruktion besteht aus Holz. Der Übergang vom Fassadenputz zum Rollladenkastendach wird durch eine Putzleiste und eine eingehängte Kappleiste hergestellt, beide Profile abgekantet aus Titanzink, 0,8 mm dick.

Aus Gründen der Gestaltung und des Bautenschutzes ist die äußere Metallfensterbank bis in die Ebene des Rollladenkastens vorgezogen und ebenfalls mit einer Holzkonstruktion unterbaut.

Die Neigung der Fensterbank beträgt, wie die des Blechdaches, 45°. Dadurch wird das Niederschlagswasser schnell abgeführt und die Spritzwasserbelastung im unteren Fensterbereich reduziert. Gestalterisch ist die Fensterbank durch ihre steile Neigung und plastische Ausbildung deutlich hervorgehoben.

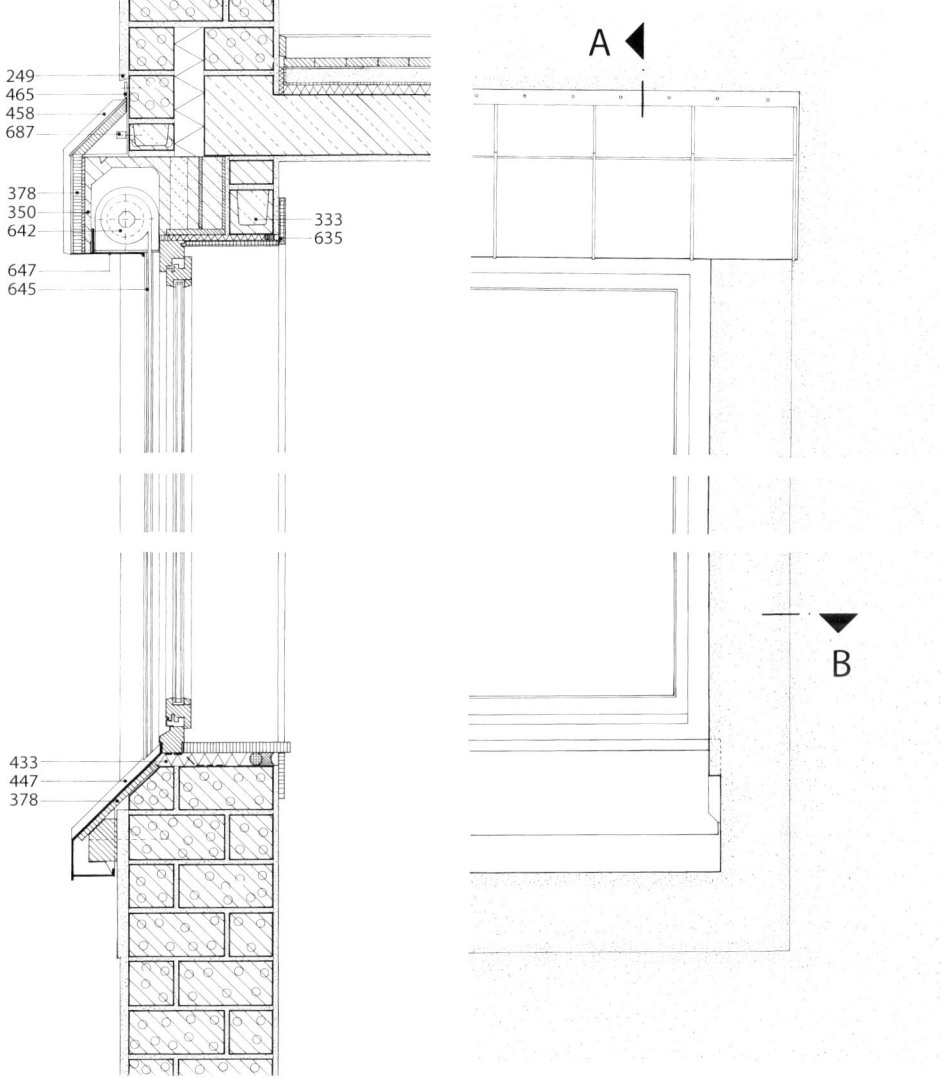

A
1.4.2-1

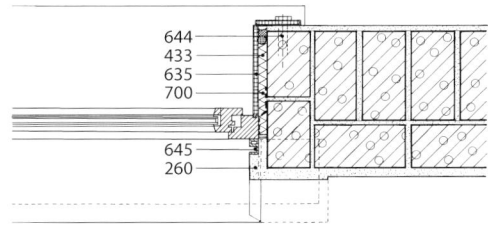

B
1.4.2-3

- 249 Außenputz
- 260 Putzfasche
- 333 U-Schalen-Fertigteilsturz
- 350 Rollladenkasten
- 378 Holzunterkonstruktion
- 433 Mineralwolle gestopft oder Schaumkunststoff, örtlich eingebracht
- 447 Metallfensterbank mit seitlichen Aufkantungen
- 458 Stehfalzdeckung
- 465 Kappleiste
- 635 Fensterfutter mit Bekleidung
- 642 Rollladen
- 644 Gurtroller
- 645 Rollladenschiene
- 647 Rollladenkastendeckel, außen
- 687 Verankerung, gedübelt und geschraubt
- 700 Flachstahlanker, nicht rostend

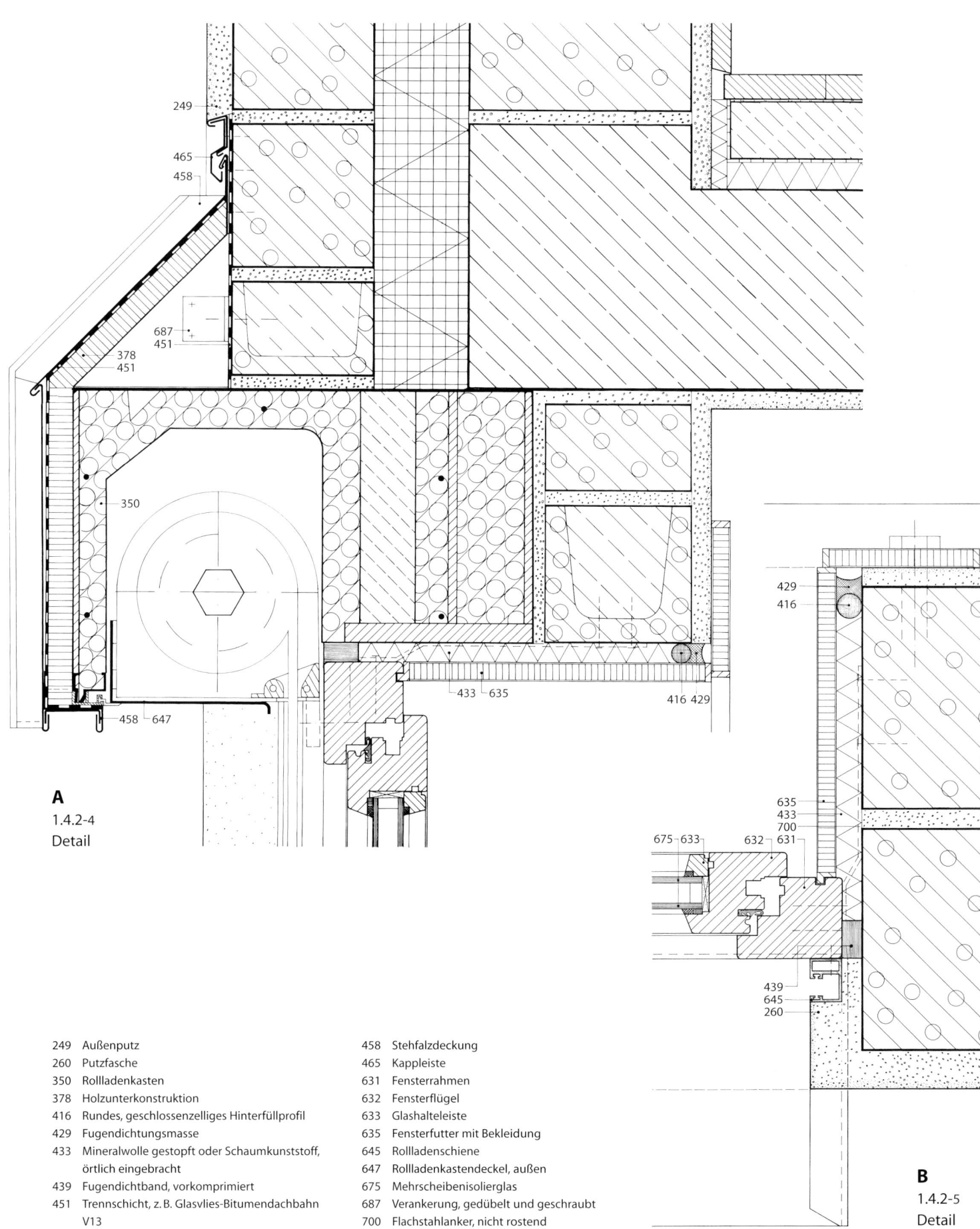

A 1.4.2-4 Detail

B 1.4.2-5 Detail

249 Außenputz
260 Putzfasche
350 Rollladenkasten
378 Holzunterkonstruktion
416 Rundes, geschlossenzelliges Hinterfüllprofil
429 Fugendichtungsmasse
433 Mineralwolle gestopft oder Schaumkunststoff, örtlich eingebracht
439 Fugendichtband, vorkomprimiert
451 Trennschicht, z.B. Glasvlies-Bitumendachbahn V13
458 Stehfalzdeckung
465 Kappleiste
631 Fensterrahmen
632 Fensterflügel
633 Glashalteleiste
635 Fensterfutter mit Bekleidung
645 Rollladenschiene
647 Rollladenkastendeckel, außen
675 Mehrscheibenisolierglas
687 Verankerung, gedübelt und geschraubt
700 Flachstahlanker, nicht rostend

2 Einschaliges Mauerwerk mit Fassaden-Wärmedämmverbundsystem (WDV-System)

2.1 Wohnhaus mit Satteldach, Kellergeschoss für wohnähnliche Nutzung

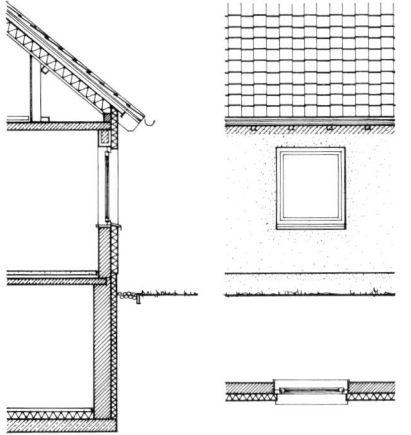

2.1-1

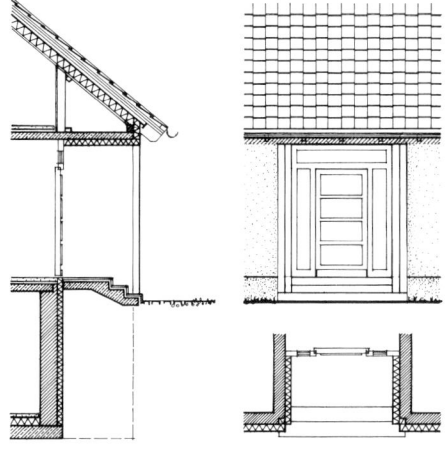

2.1-2

Zu den gestalterischen Merkmalen dieses Projektes zählen verputzte Fassaden mit einzelnen Fensteröffnungen, ein Ziegeldach mit großen Überständen an Traufe und Ortgang und vorgehängte halbrunde Dachrinnen. Die plastischen Sparrenköpfe und die Profilholzschalung des Unterdaches strukturieren die Dachränder.

Das WDV-System bestimmt die Anschlagtiefe der Fenster. Haustür und Eingangstreppe liegen in einer Nische. In diesem Bereich erhält die Fassade anstelle des Oberputzes eine Natursteinbekleidung.

Das Haustürelement besteht aus einem opaken, kassettierten Türflügel einschließlich Dämmschicht, zwei verglasten Seitenteilen und einem Oberlicht.

Dach

Der Dachaufbau stellt ein belüftetes System dar und verfügt über primäre und sekundäre Dämmschichten. Die Unterdeckung besteht aus einer 20 mm dicken gespundeten Brettschalung, abgedeckt mit einer Dichtungsbahn, z. B. Bitumenbahn V13.

Die Dicke der Grundlattung – auch Konterlattung genannt – bestimmt die Höhe der Belüftungsschicht unterhalb der Dachziegel. Durch die hoch hängende Dachrinne bleiben Belüftung und Entwässerung dieser Schicht auch bei Schnee in der Rinne gewährleistet. An der Traufe sichert ein Vogelschutzgitter den Belüftungsschlitz.

Die untere Belüftungsschicht – die der Dämmung – beginnt an der Fassade, visuell abgedeckt durch schmale Bretter zwischen den Sparren. Durch volumenstabile Dämmstoffe oder konstruktive Maßnahmen ist die notwendige Dicke dieser Belüftungsschicht langfristig zu gewährleisten.

Die sekundäre Dämmschicht reduziert die Wärmebrückenwirkung der Sparren. Als Luftsperre / Dampfsperre ist eine 0,2 mm dicke PE-Folie eingesetzt. Da das Dachsystem belüftet ist, hat diese Sperre auch den Windschutz zu übernehmen (siehe auch Abschnitt B 2.2.1). Die Unterkonstruktion der Profilholzschalungen an Drempel und Deckenflächen besteht – primär aus Gründen des vorbeugenden Brandschutzes – aus Gipsbauplatten.

Decken / Wände

Die Deckenflächen der Räume im Erd- und Kellergeschoss sind nicht verputzt, da die eingesetzten ca. 4 cm dicken Halbfertigdecken bereits mit einer ebenen Oberfläche geliefert werden. Verspachtelungen erfolgen nur an den Stoßstellen der Platten. Die Elemente reduzieren den Schal- und Bewehrungsaufwand auf der Baustelle. Dort werden sie lediglich mit Zusatzbewehrung und bis zur Deckendicke mit Beton versehen.

Die Wandflächen im Erdgeschoss sind verputzt, die im Kellergeschoss nur verfugt.

Fassade

Vor dem Applizieren der 150 mm dicken Dämmplatten sind die Bauteilanschlüsse vorzubereiten. Dazu werden z. B. an Fensterrahmen Gewebeanschlussprofile mit integrierten Fugendichtbändern montiert. Die Dichtbänder gewährleisten durch ihre Kompressionsspannung eine ausreichende Dichtigkeit gegen Wind und Schlagregen. Der Außenputz besteht aus einem ca. 5 mm dicken – mit Glasgewebe armierten – Unterputz und einem ca. 10 mm dicken strukturierten Oberputz. Die Kanten der Fassade werden je nach Anforderungen zusätzlich geschützt, z. B. durch Edelstahlprofile in der Armierungsebene.

Bei Fensterbänken können thermische Längenänderungen zu Putzabrissen führen. Darauf ist bei der Konzeptionierung der Elemente zu achten. Die Eindichtung der Fensterbänke erfolgt ebenfalls mit Fugendichtbändern.

Die vertikale Sperrschicht der erdberührenden Außenwände besteht aus einer aufgespachtelten mindestens 3 mm dicken bituminösen Dichtschicht, z. B. [109]. Sie schließt direkt an die horizontalen bitumenverträglichen Sperrschichten im Mauerwerk an. Im Sockel- und im Kellerbereich werden auf diese Dichtschicht 130 mm dicke extrudierte Polystyrolplatten (XPS) geklebt und oberhalb des Erdreiches zusätzlich mit Dübeln gesichert. Dieser Dämmstoff nimmt praktisch keine Feuchtigkeit auf und verfügt über eine höhere Druckfestigkeit als die Hartschaumplatten EPS 15 im übrigen Fassadenbereich. Die Dämmplatten erhalten im Sockelbereich ebenfalls einen mit Gewebe armierten Unterputz. Er wird mit einer Dichtungsschlämme gegen Feuchtigkeit geschützt, bevor der Oberputz aufgebracht wird.

Im Erdreich können Nagetiere die Polystyrolplatten zerstören. Als Schutzmaßnahmen wurde der Putz bis etwa 50 cm unter Gelände geführt. Alternativ kann als Dämmstoff Schaumglas gewählt werden. Die Nagetierbeständigkeit von Schaumglas liegt höher als die von extrudiertem Polystyrol. [110]

Kellerfußboden

Das Gebäude ruht auf einer Stahlbetonplatte. Die Bodenflächen erhalten eine bituminöse Dichtschicht gegen aufsteigende Feuchtigkeit. Sie schließt an die bahnenförmige Sperrschicht unter den Wänden an. Der Estrich liegt auf einer 120 mm dicken Polystyroldämmschicht. Aus Gründen des Tauwasserschutzes hat die Abdeckung der Estrichdämmschicht auch Dampfsperrfunktion.

Eingangstreppe

Konsolen aus nichtrostendem Stahl tragen die Außentreppe. Sie durchstoßen nur punktuell die vertikale Dämmschicht der Kellerwände. Der Treppenbelag besteht aus frostwiderstandsfähigen Natursteinplatten in Dickbettverlegung.

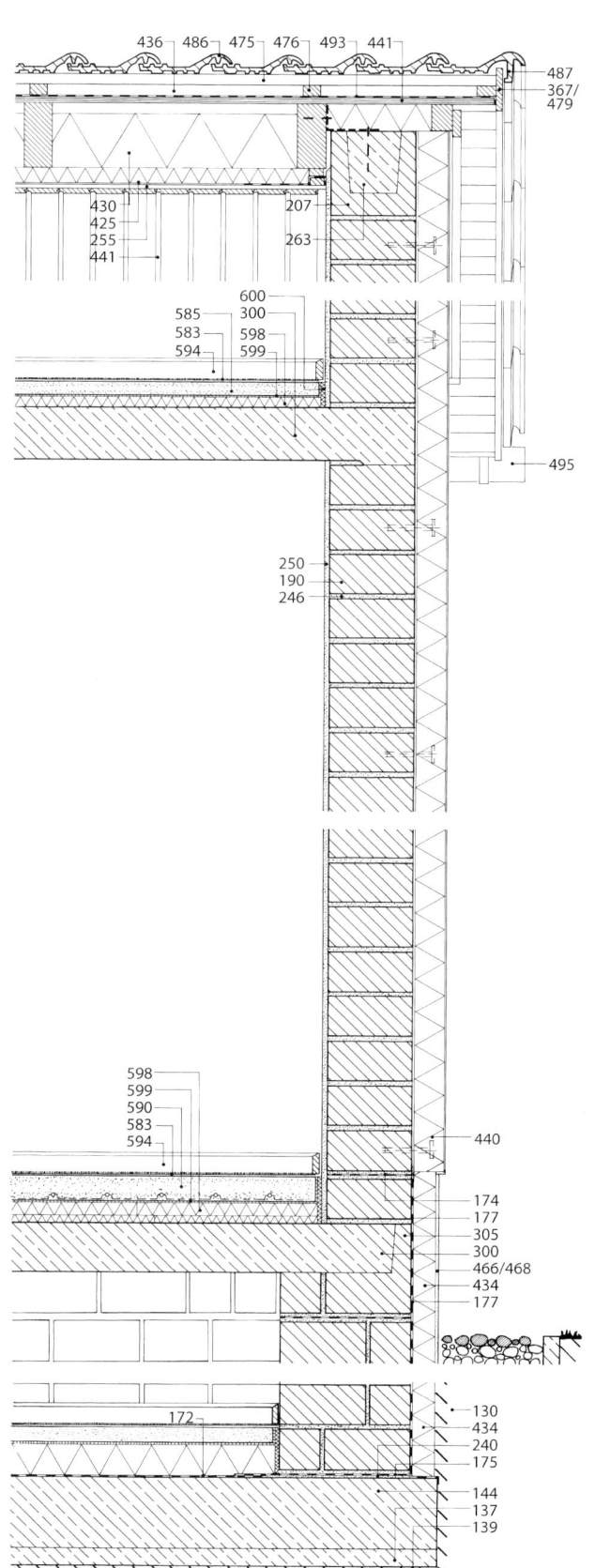

A
2.1-3

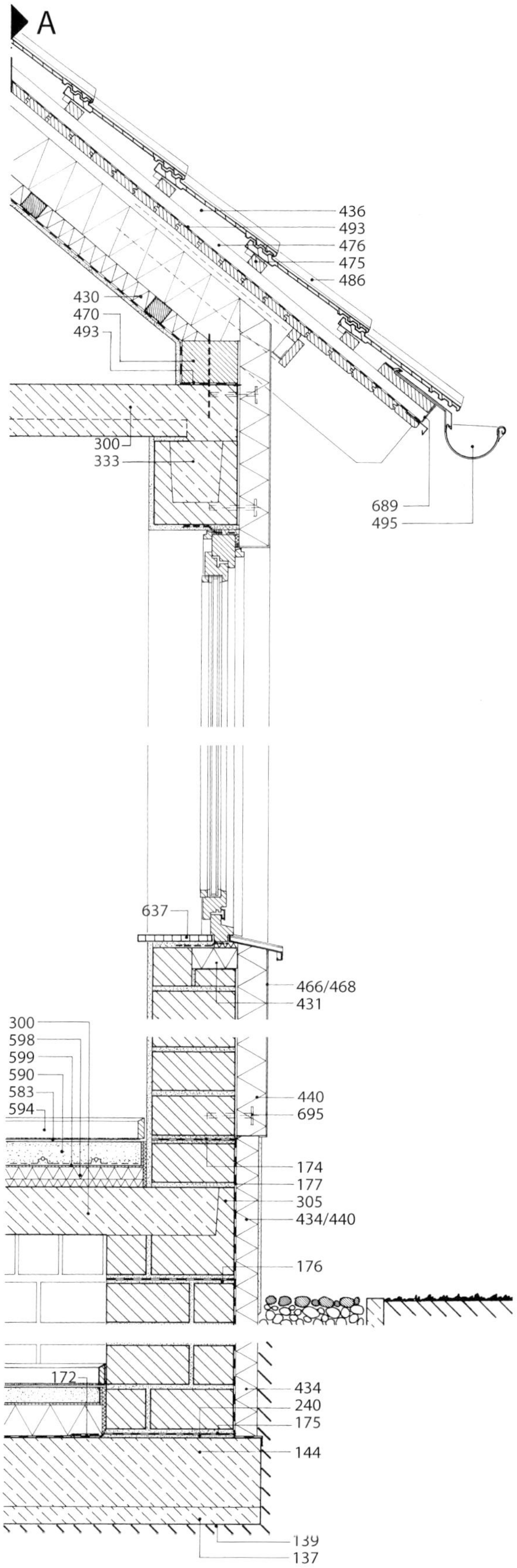

2.1 Wohnhaus mit Satteldach, Kellergeschoss für wohnähnliche Nutzung

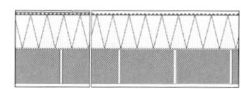

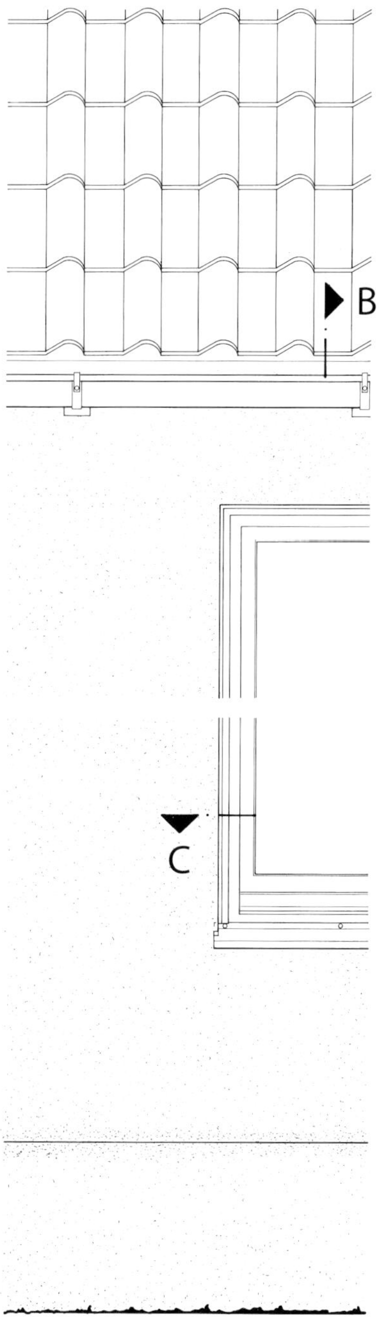

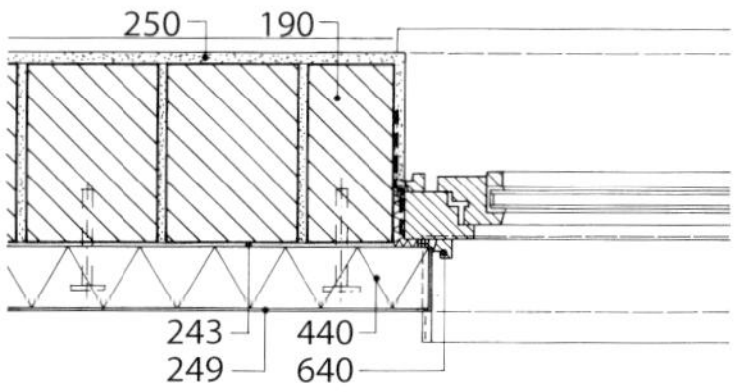

130	Füllboden, in Lagen verdichtet
137	Sauberkeitsschicht
139	frostfreie Tiefe
144	Plattenfundament
172	Sperrschicht, horizontal (auf Betonboden)
174	Sperrschicht, waagerecht, Sperrfolie o. Ä.
175	Erste Sperrschicht, waagerecht
176	Zweite Sperrschicht, waagerecht
177	Sperrschicht, senkrecht
190	Mauerstein, nicht frostwiderstandsfähig
207	U-Schalungsstein
240	Mörtelbett
243	Klebemörtel
249	Außenputz
246	Mörtelfuge
250	Innenputz
255	Gipsbauplatte, Gipskarton- bzw. Gipsfaserplatte
263	Ringbalken
300	Stahlbetondecke
305	Deckenrandstein
333	U-Schalen-Fertigteilsturz
367	Holzbrett
425	Dampfsperre, z. B. 0,2 mm PE-Folie
430	Mineralwolle
431	Polystyrol-Hartschaum
434	extrudierte Polystyrol-Hartschaumplatte
436	Hohlraum, belüftet
440	Wärmedämmverbundsystem
441	Profilholzschalung
466	Armierungsputz mit Armierungsgewebe
468	Oberputz
470	Fußpfette
475	Traglattung 30/50 mm bzw. 40/60 mm
476	Grundlattung 30/50 mm
479	Ortgang
486	Dachstein
487	Randdachstein
493	Dichtungsbahn
495	Regenrinne, halbrund, vorgehängt mit Rinnenhalter
583	Teppichboden, geklebt
585	Estrich auf Dämmschicht
590	Heizestrich
594	Fußleiste
598	Estrichdämmschicht
599	Abdeckung, z. B. 0,2 mm PE-Folie
600	Estrichrandstreifen ≥ 10 mm, Polystyrol bzw. Mineralwolle
637	Natursteinfensterbank
640	Deckleiste
689	Vogelschutzgitter
695	Dübelschraube

B
2.1-4

2.1-5

C
2.1-6

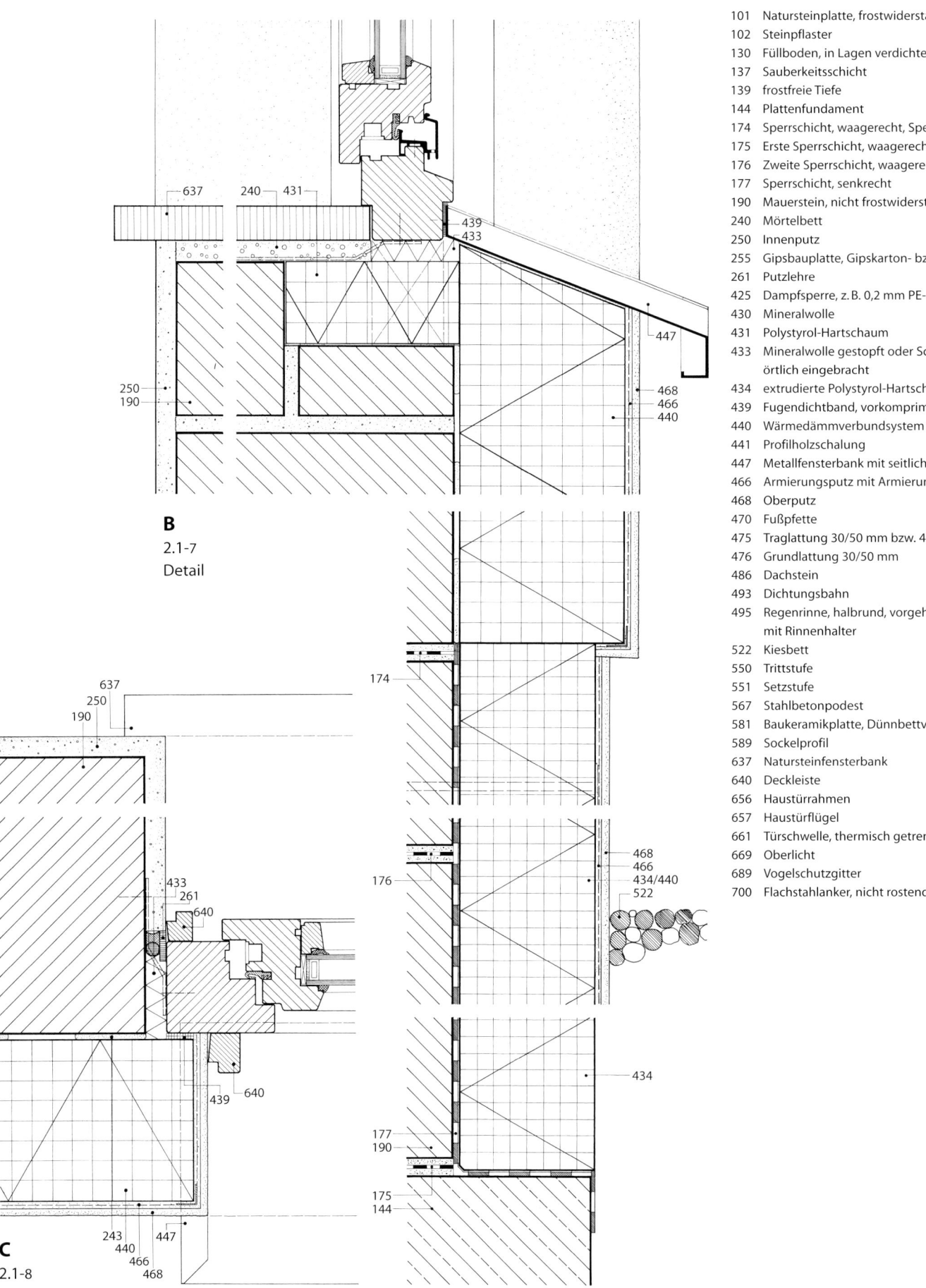

B 2.1-7 Detail

C 2.1-8 Detail

101	Natursteinplatte, frostwiderstandsfähig
102	Steinpflaster
130	Füllboden, in Lagen verdichtet
137	Sauberkeitsschicht
139	frostfreie Tiefe
144	Plattenfundament
174	Sperrschicht, waagerecht, Sperrfolie o. Ä.
175	Erste Sperrschicht, waagerecht
176	Zweite Sperrschicht, waagerecht
177	Sperrschicht, senkrecht
190	Mauerstein, nicht frostwiderstandsfähig
240	Mörtelbett
250	Innenputz
255	Gipsbauplatte, Gipskarton- bzw. Gipsfaserplatte
261	Putzlehre
425	Dampfsperre, z. B. 0,2 mm PE-Folie
430	Mineralwolle
431	Polystyrol-Hartschaum
433	Mineralwolle gestopft oder Schaumkunststoff, örtlich eingebracht
434	extrudierte Polystyrol-Hartschaumplatte
439	Fugendichtband, vorkomprimiert
440	Wärmedämmverbundsystem
441	Profilholzschalung
447	Metallfensterbank mit seitlichen Aufkantungen
466	Armierungsputz mit Armierungsgewebe
468	Oberputz
470	Fußpfette
475	Traglattung 30/50 mm bzw. 40/60 mm
476	Grundlattung 30/50 mm
486	Dachstein
493	Dichtungsbahn
495	Regenrinne, halbrund, vorgehängt mit Rinnenhalter
522	Kiesbett
550	Trittstufe
551	Setzstufe
567	Stahlbetonpodest
581	Baukeramikplatte, Dünnbettverlegung
589	Sockelprofil
637	Natursteinfensterbank
640	Deckleiste
656	Haustürrahmen
657	Haustürflügel
661	Türschwelle, thermisch getrenntes Rohrprofil
669	Oberlicht
689	Vogelschutzgitter
700	Flachstahlanker, nicht rostend

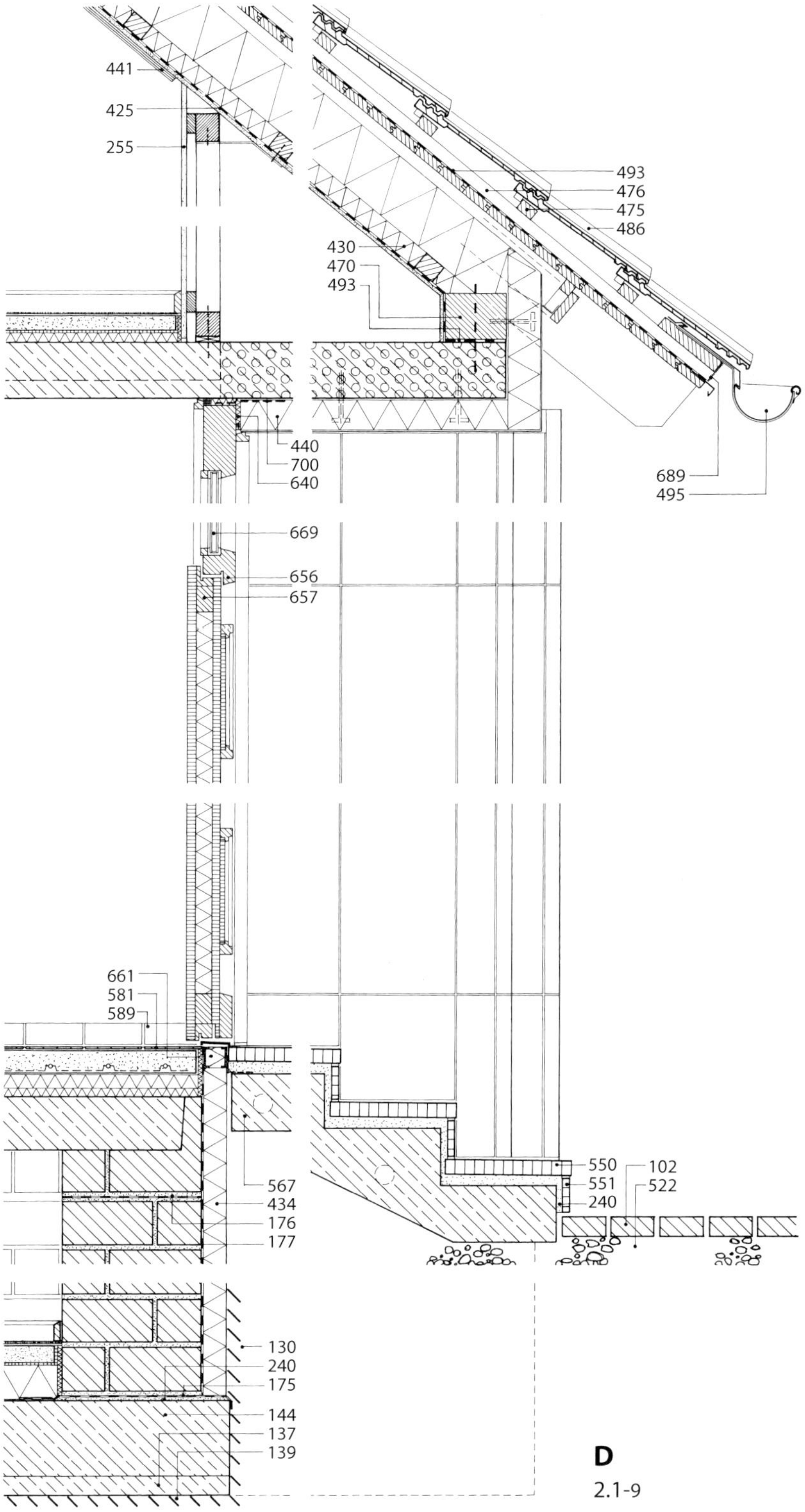

2.1 Wohnhaus mit Satteldach, Kellergeschoss für wohnähnliche Nutzung

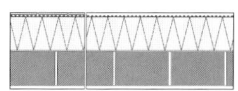

235

D
2.1-9

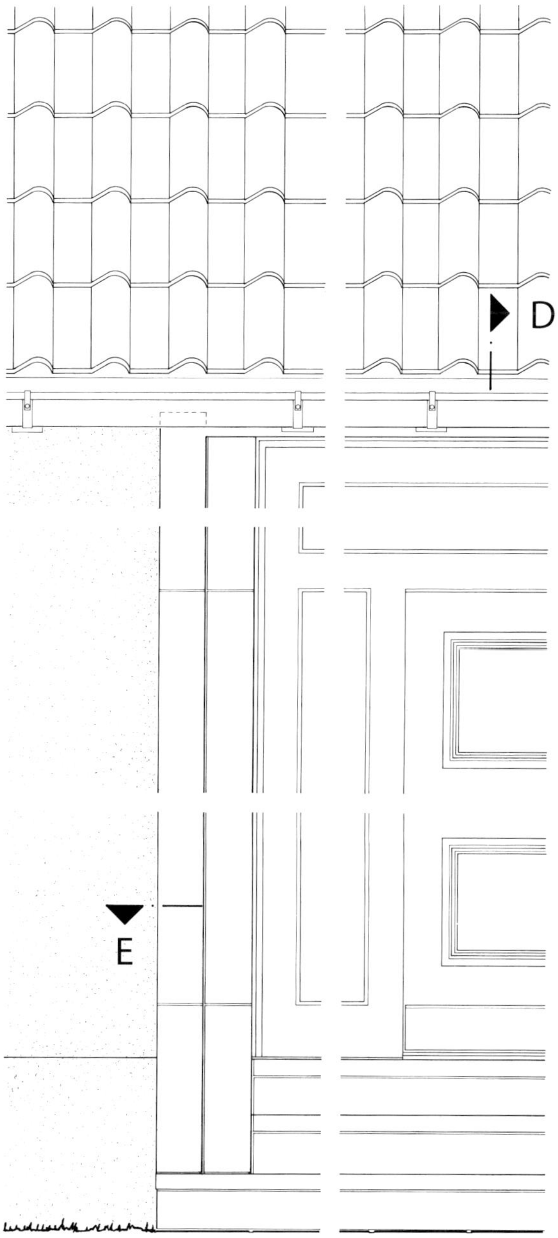

2.1-10

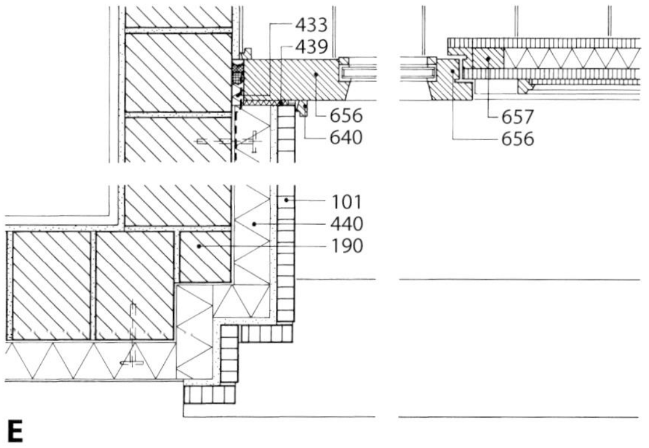

E
2.1-11

101 Natursteinplatte, frostwiderstandsfähig
178 Sperrschicht
416 Rundes, geschlossenzelliges Hinterfüllprofil
429 Fugendichtungsmasse
433 Mineralwolle gestopft oder Schaumkunststoff, örtlich eingebracht
434 extrudierte Polystyrol-Hartschaumplatte
439 Fugendichtband, vorkomprimiert
440 Wärmedämmverbundsystem
600 Estrichrandstreifen ≥ 10 mm, Polystyrol bzw. Mineralwolle
633 Glashalteleiste
640 Deckleiste
656 Haustürrahmen
657 Haustürflügel
659 Wetterschenkel
661 Türschwelle, thermisch getrenntes Rohrprofil
662 Kunststoff-Abdeckprofil
663 Türabdichtung, vertikal beweglich
669 Oberlicht

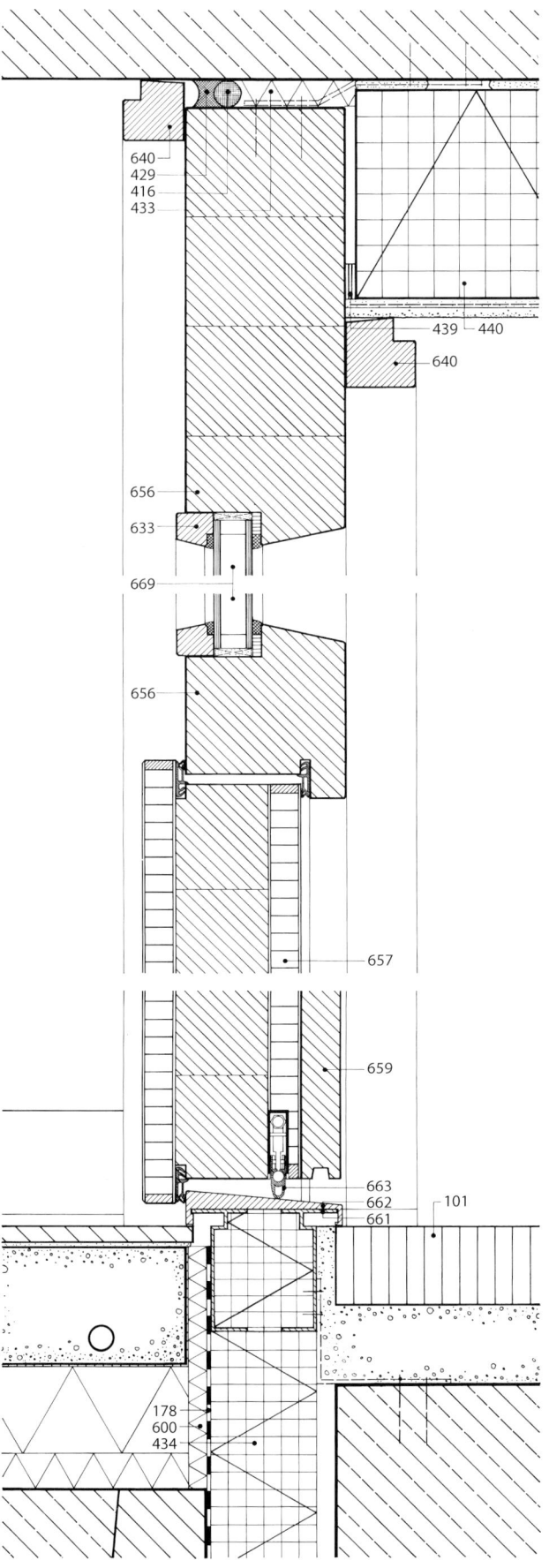

D 2.1-12 Detail

2.2 Wohnhaus mit auskragenden Balkonen, Kellerraum für wohnähnliche Nutzung

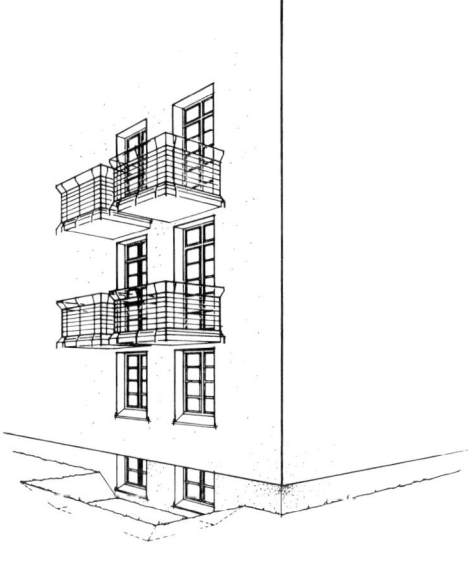

2.2-1

Zu den gestalterischen Merkmalen dieses Projektes zählen die frei auskragenden Balkone mit transparenten Brüstungen, eine Kratzputzfassade und hölzerne Fenster und Fenstertüren. Eine weitere plastische Differenzierung erfährt die Fassade durch die unterschiedlichen Leibungstiefen der Fenster und Fenstertüren.

Fassade

Das gewählte WDV-System [111] besteht aus beidseitig gerillten Polystyrolplatten und einem hydraulisch gebundenen Kalk-Zement-Putz. Die Oberputzdicke (Kratzputz) beträgt ca. 15 mm, die des Armierungsputzes ca. 6 mm. Klebemörtel fixiert die 150 mm dicken Hartschaumplatten auf dem unverputzten Mauerwerk. Für die Sockelzone empfehlen die Systemlieferanten wegen der geringeren Wasseraufnahmefähigkeit extrudierte PS-Platten. Als Schutz gegen Nagetiere wird der Armierungsputz der Sockelplatten bis ca. 50 cm unter Gelände geführt. Feuchteschutz wird durch eine Sperrschlämme erreicht. Das Nagetier-Risiko in diesem Bereich lässt sich auch mit Schaumglas als Dämmstoff reduzieren.

Balkone

Zweiflügelige Fenstertüren erschließen die Balkone. Die Stufe vom Balkon zum Innenraum ermöglicht die Höherführung der horizontalen Abdichtungen gemäß DIN 18195-5 [106] um 15 cm an der Außenwand. Die Stufe ist als Metallrost ausgebildet. Darunter befindet sich eine Metallabdeckung, ähnlich den üblichen Fensterbänken mit seitlichen Aufkantungen.

Die Verlegung der Bänke in Kaltbitumen schützt gegen Korrosion und »Trommeln« bei Niederschlägen.

Die Befestigung des Balkongeländers erfolgt stirnseitig an der Balkonplatte. So wird die horizontale Abdichtung nicht durchstoßen und die Befestigungselemente liegen geschützt unter der umlaufenden vorgehängten Kastenrinne.

Auf der bituminösen Balkonabdichtung liegt eine PE-Folie als Trennschicht, dann folgen eine Dränschicht aus konfektionierten Matten [112] und als Schutzschicht ein Zementestrich, ca. 50 mm dick, bewehrt z. B. mit ST 700, 50/50, ⌀ 2. Darauf liegen mit 2 % Gefälle keramische Bodenfliesen in Dünnbettmörtel. Sockelplatten decken die vertikale Sperrschicht ab. Die Befestigung der Platten erfolgt mit konfektionierten, perforierten Sockelträgerprofilen [112] aus verzinktem Stahlblech. Sie werden in die Dünnbettmörtelschicht eingebunden. Hinter den Sockelträgern steht eine Hartschaumplatte. Sie verhindert eine Verklebung von Sockelplatte und bituminöser Abdichtung. Ein Fallrohr führt das Wasser der Kastenrinne an der Fassade nach unten.

Zur Reduzierung der Wärmebrücken trennen ca. 80 mm dicke Dämmelemente ([113], [114]) die Kragplatten von den Decken der Innenräume. Die Übertragung der statischen Kräfte erfolgt durch nichtrostende Stähle.

Kellergeschoss, Raum für wohnähnliche Nutzung

Im Kellergeschoss ist lediglich ein Raum ausgebaut. Die Gebäude- und Außenraumplanung erlaubt, den Raum direkt ohne Lichtschacht zu belichten. Das ist je nach topografischer Situation, z.B. durch Geländemodellierung mit Abböschungen oder Stützmauern, möglich.

Das Kellergeschoss ist gegen Bodenfeuchtigkeit geschützt. Die vertikale Sperrschicht der Außenwände besteht aus einer aufgespachtelten, mindestens 3 mm dicken bituminösen Dichtschicht (z.B. [109]). Sie schließt direkt an die horizontalen bitumenverträglichen Sperrschichten im Mauerwerk an.

Da nur ein Raum beheizt wird, sind umfangreiche Wärmeschutzmaßnahmen notwendig. Neben den Wärmeströmen durch die Außenwand und den Fußboden fließt auch Wärme in die angrenzenden Räume. Außerdem sind in ausgebauten Kellerräumen wärmespeicherfähige Massen zu minimieren (siehe auch Abschnitt B 2.1).

Dieser Kellerraum erhält an allen vier Wänden und der Decke eine Innendämmung mit leichten Bekleidungen. So werden die massiven Bauteile thermisch abgekoppelt. Bei der Innendämmung auf der Außenwand besteht ein Tauwasserrisiko. Anstelle der üblichen Putzbeschichtung sind dafür – je nach Randbedingungen – rückseitig beschichtete (Dampfsperre) Gipsbauplatten sinnvoll.

Gegen aufsteigende Feuchtigkeit schützt den Kellerboden eine horizontale bituminöse Abdichtung, auf Voranstrich heiß geklebt. Auf der 120 mm dicken Dämmschicht (EPS-Platten) liegt ein Trockenestrich aus 2 × 10 mm dicken Gipsbauplatten, abgedeckt mit Keramikplatten in Dünnbettmörtel. Aus Schallschutzgründen können je nach Situation zusätzliche Maßnahmen notwendig sein.

Der Fertigteilestrich hält die wärmespeichernden Massen auch beim Fußbodenaufbau klein. Ein konventioneller Zementestrich ist deutlich dicker, verfügt über eine größere Rohdichte und eine entsprechend höhere Wärmespeicherfähigkeit.

Im Hinblick auf den Tauwasserschutz hat die Abdeckung der Estrichdämmschicht auch Dampfsperrfunktion. Sie wird an den Wänden hochgezogen und umlaufend mit Fußleiste, Dichtband und Dübelschrauben dicht an die Wand gepresst.

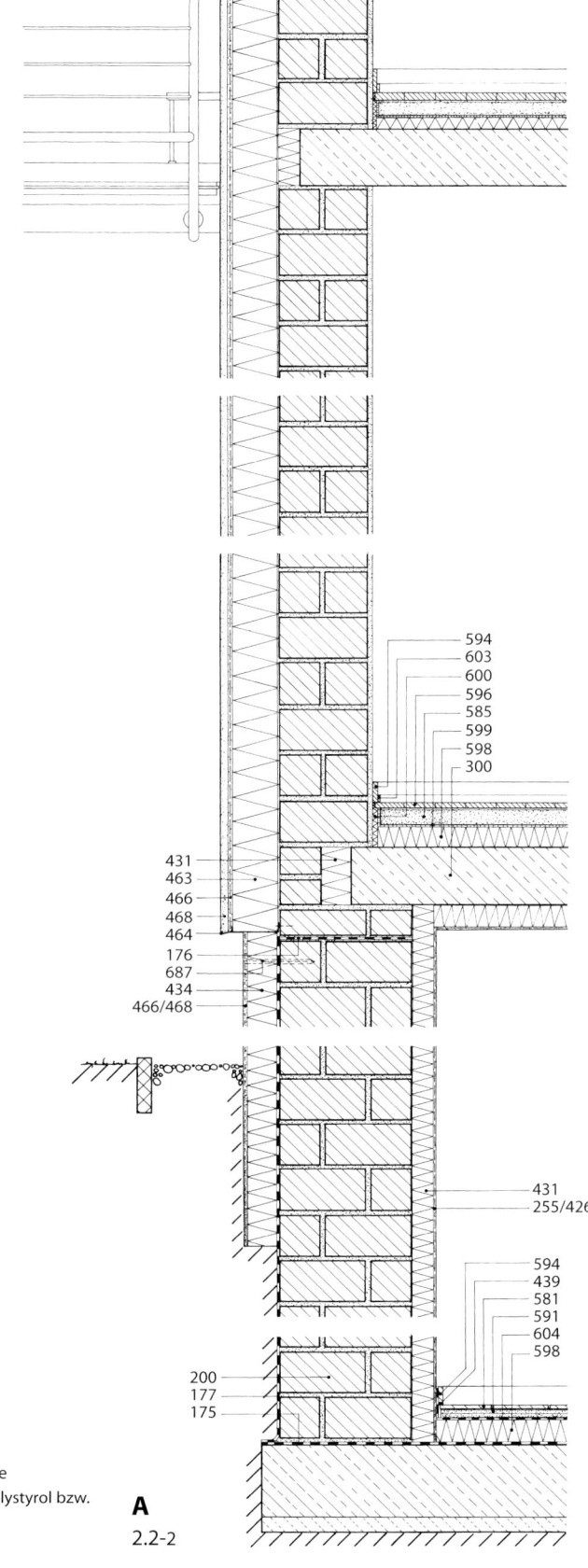

A 2.2-2

175 Erste Sperrschicht, waagerecht
176 Zweite Sperrschicht, waagerecht
177 Sperrschicht, senkrecht
190 Mauerstein, nicht frostwiderstandsfähig
200 Kelleraußenmauer
250 Innenputz
252 Kratzputz
255 Gipsbauplatte, Gipskarton- bzw. Gipsfaserplatte
300 Stahlbetondecke
304 Balkonplatte, auskragend, thermisch getrennt von Deckenplatte
333 U-Schalen-Fertigteilsturz
426 Dampfsperre
431 Polystyrol-Hartschaum
433 Mineralwolle gestopft oder Schaumkunststoff, örtlich eingebracht
434 extrudierte Polystyrol-Hartschaumplatte
439 Fugendichtband, vorkomprimiert
440 Wärmedämmverbundsystem
447 Metallfensterbank mit seitlichen Aufkantungen
463 Polystyrol-Hartschaumplatten mit Rillenstruktur zur Verbesserung der Putzhaftung
464 Edelstahl-Profil
466 Armierungsputz mit Armierungsgewebe
468 Oberputz
469 Armierungsgewebe
513 Dachabdichtung
581 Baukeramikplatte, Dünnbettverlegung
585 Estrich auf Dämmschicht
588 Schutzestrich, MG III, bewehrt, ca. 50 mm dick
589 Sockelprofil
591 Fertigteilestrich/Trockenestrich, zweilagig, z. B. Gipsfaserplatten
594 Fußleiste
596 Holzdielen oder Parkett
598 Estrichdämmschicht
599 Abdeckung, z. B. 0,2 mm PE-Folie
600 Estrichrandstreifen ≥ 10 mm, Polystyrol bzw. Mineralwolle
603 Vorleiste
604 Abdeckung / Dampfsperre
605 Dränplatte, z. B. Schlüter-Troba-Matte
635 Fensterfutter mit Bekleidung
687 Verankerung, gedübelt und geschraubt
700 Flachstahlanker, nicht rostend

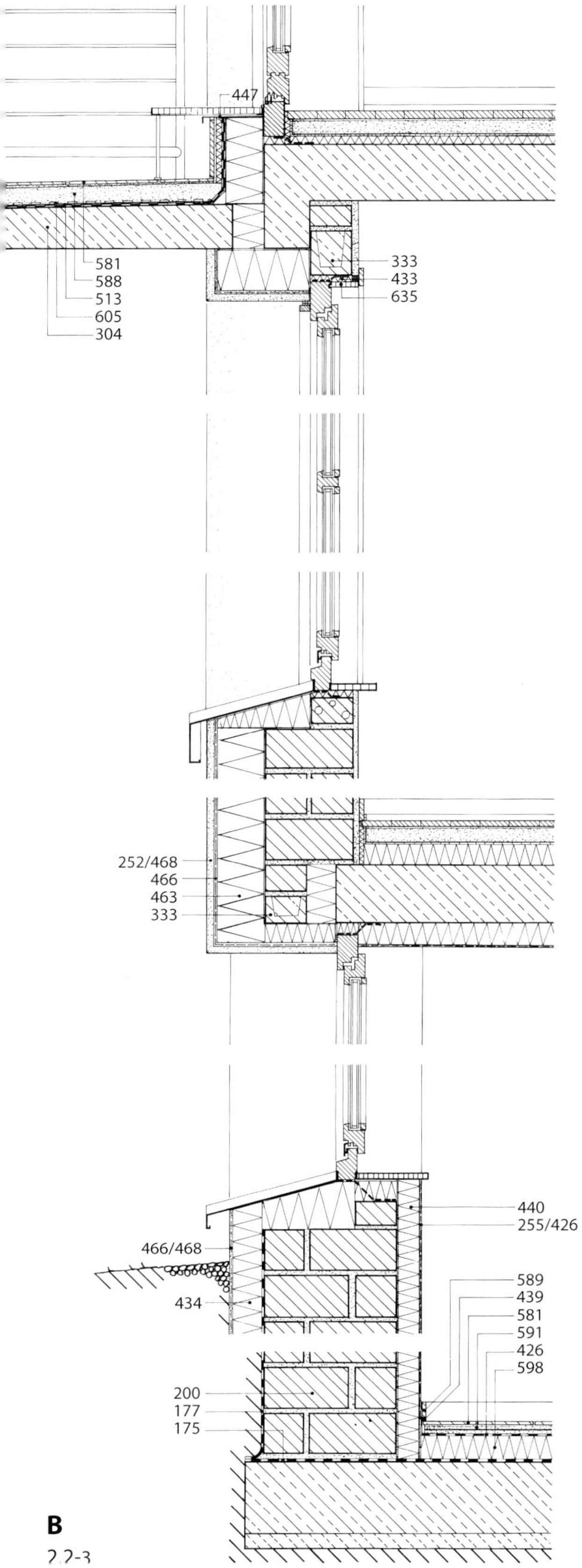

2.2 Wohnhaus mit auskragenden Balkonen, Kellerraum für wohnähnliche Nutzung

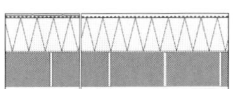

B
2.2-3

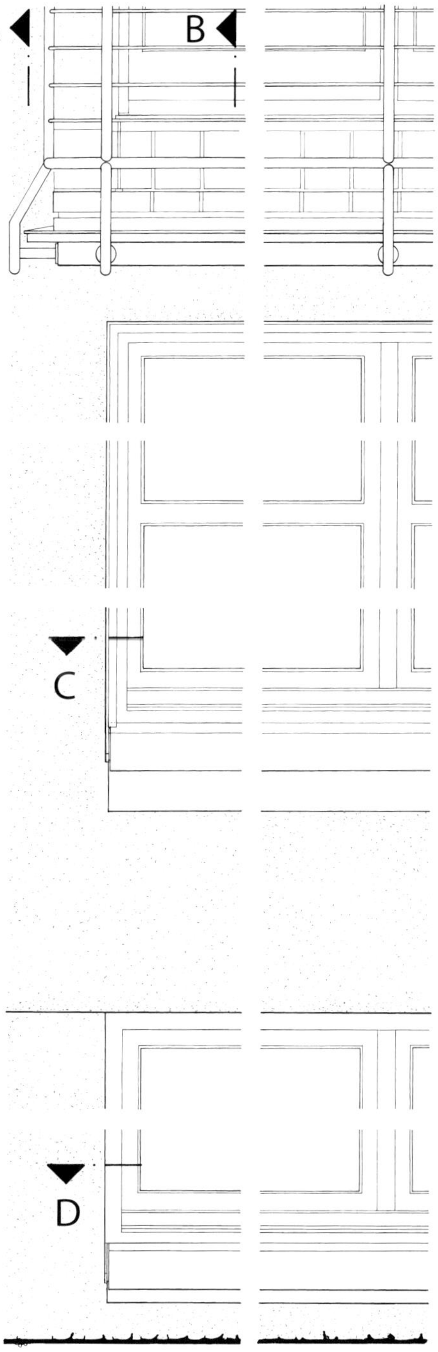

2.2-4

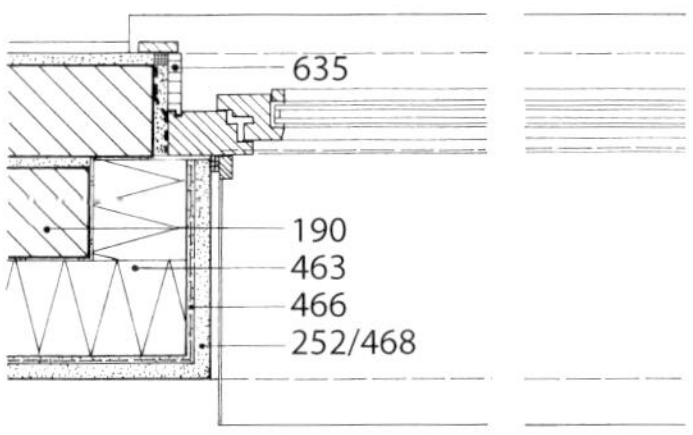

C
2.2-5

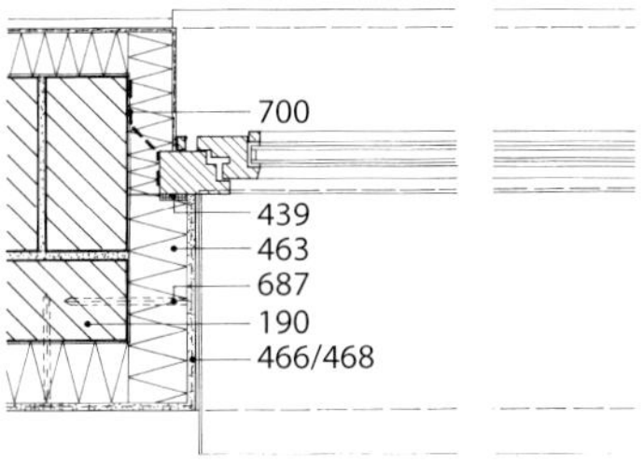

D
2.2-6

240 D Projekte mit Mauerwerk-Außenwandsystemen
2 Einschaliges Mauerwerk mit Fassaden-Wärmedämmverbundsystem (WDV-System)

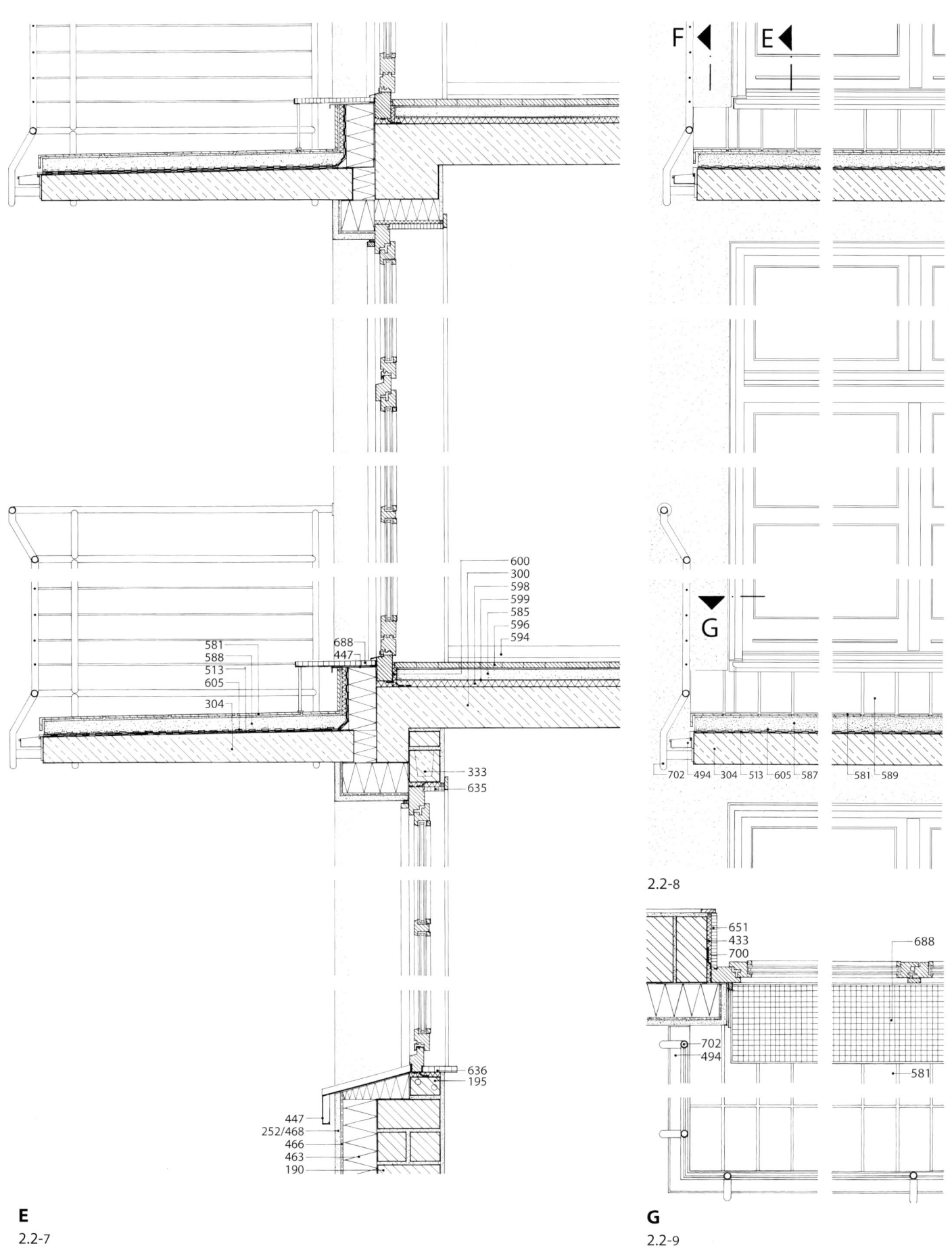

E
2.2-7

G
2.2-9

2.2-8

2.2 Wohnhaus mit auskragenden Balkonen, Kellerraum für wohnähnliche Nutzung

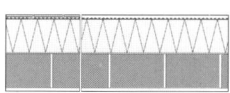

190 Mauerstein, nicht frostwiderstandsfähig
195 Mauerwerk aus Steinen, Rohdichte ≤ 0,8 kg/dm³
243 Klebemörtel
250 Innenputz
252 Kratzputz
261 Putzlehre
300 Stahlbetondecke
304 Balkonplatte, auskragend, thermisch getrennt von Deckenplatte
333 U-Schalen-Fertigteilsturz

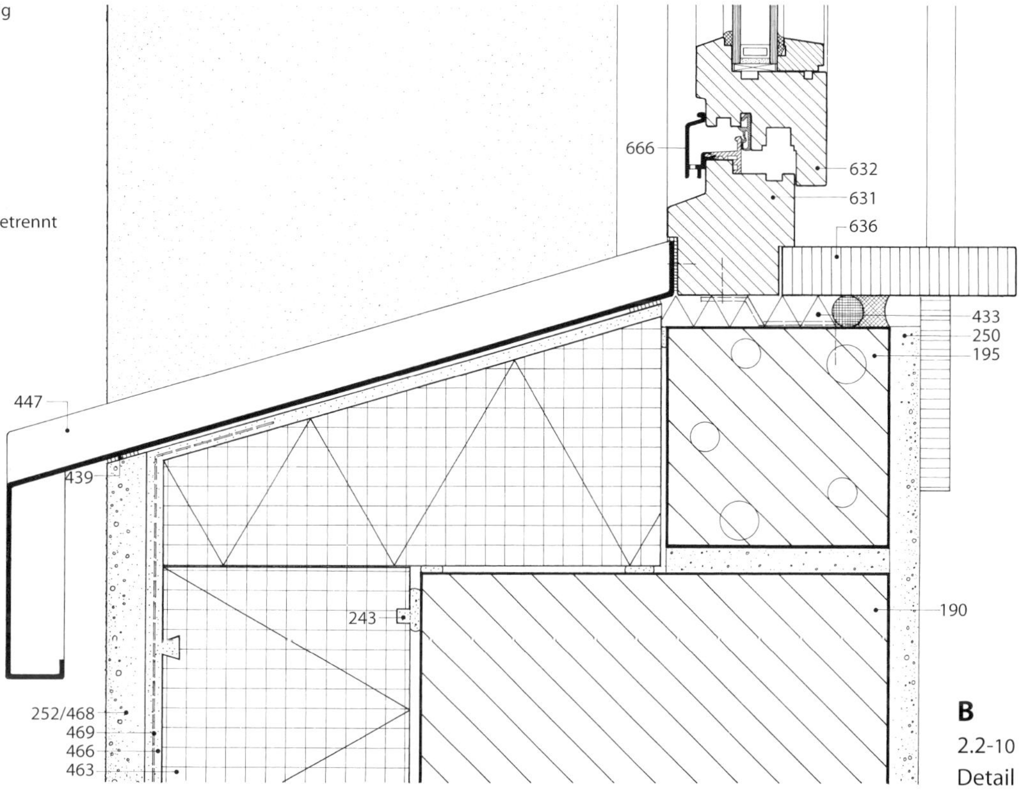

B 2.2-10 Detail

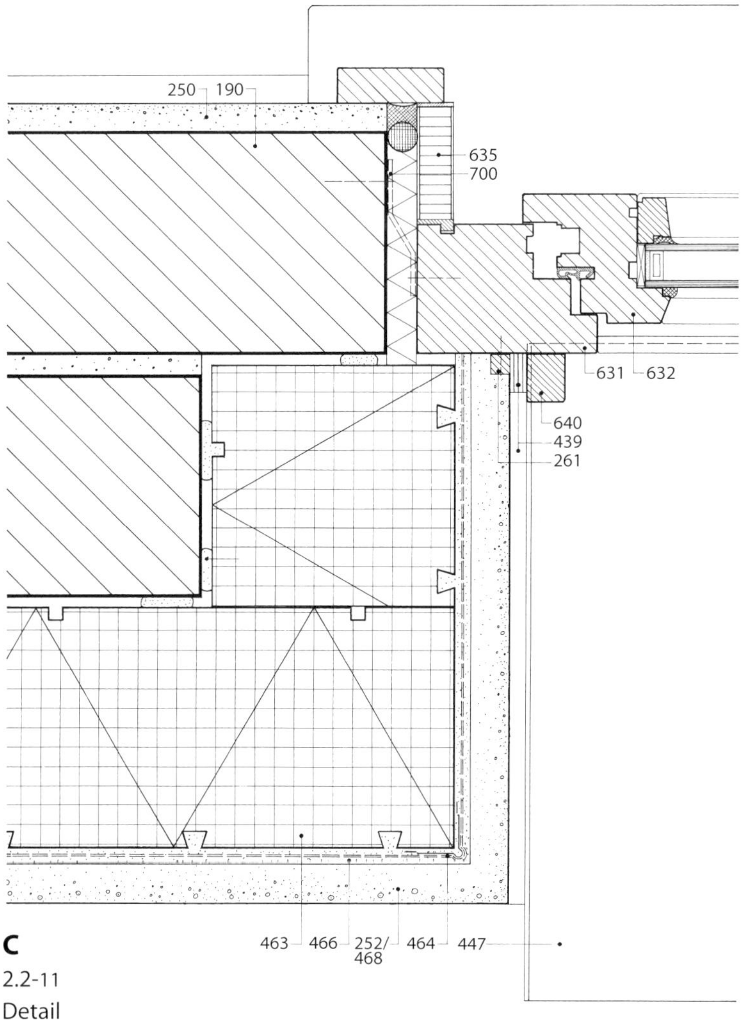

C 2.2-11 Detail

433 Mineralwolle gestopft oder Schaumkunststoff, örtlich eingebracht
439 Fugendichtband, vorkomprimiert
447 Metallfensterbank mit seitlichen Aufkantungen
463 Polystyrol-Hartschaumplatten mit Rillenstruktur zur Verbesserung der Putzhaftung
464 Edelstahl-Profil
466 Armierungsputz mit Armierungsgewebe
468 Oberputz
469 Armierungsgewebe
494 Regenrinne, kastenförmig, vorgehängt mit Rinnenhalter
513 Dachabdichtung
580 Baukeramikplatte, Dickbettverlegung
581 Baukeramikplatte, Dünnbettverlegung
585 Estrich auf Dämmschicht
587 Gefälleestrich, MG III
588 Schutzestrich, MG III, bewehrt, ca. 50 mm dick
589 Sockelprofil
594 Fußleiste
596 Holzdielen oder Parkett
598 Estrichdämmschicht
599 Abdeckung, z. B. 0,2 mm PE-Folie
600 Estrichrandstreifen ≥10 mm, Polystyrol bzw. Mineralwolle
605 Dränplatte, z. B. Schlüter-Troba-Matte
631 Fensterrahmen
632 Fensterflügel
635 Fensterfutter mit Bekleidung
636 Fensterbank, Holzwerkstoff bzw. Brettschichtholz
640 Deckleiste
651 Türfutter und Bekleidung
666 Thermo-Regenschutzschiene
688 Gitterrost, feuerverzinkt
700 Flachstahlanker, nicht rostend
702 Balkongeländer, nicht rostend

169	Bituminöser Voranstrich
190	Mauerstein, nicht frostwiderstandsfähig
243	Klebemörtel
250	Innenputz
252	Kratzputz
261	Putzlehre
300	Stahlbetondecke
304	Balkonplatte, auskragend, thermisch getrennt von Deckenplatte
431	Polystyrol-Hartschaum
432	Schaumglas
433	Mineralwolle gestopft oder Schaumkunststoff, örtlich eingebracht
439	Fugendichtband, vorkomprimiert
447	Metallfensterbank mit seitlichen Aufkantungen
463	Polystyrol-Hartschaumplatten mit Rillenstruktur zur Verbesserung der Putzhaftung
464	Edelstahl-Profil
466	Armierungsputz mit Armierungsgewebe
468	Oberputz
469	Armierungsgewebe
493	Dichtungsbahn
494	Regenrinne, kastenförmig, vorgehängt mit Rinnenhalter
513	Dachabdichtung
518	Klemmprofil, nicht rostend, geschraubt
581	Baukeramikplatte, Dünnbettverlegung
588	Schutzestrich, MG III, bewehrt, ca. 50 mm dick
589	Sockelprofil
597	PE-Folie 0,2 mm dick, Trennschicht
605	Dränplatte, z. B. Schlüter-Troba-Matte
640	Deckleiste
651	Türfutter und Bekleidung
666	Thermo-Regenschutzschiene
688	Gitterrost, feuerverzinkt
699	Sockelträgerprofil, verzinkt
700	Flachstahlanker, nicht rostend
702	Balkongeländer, nicht rostend

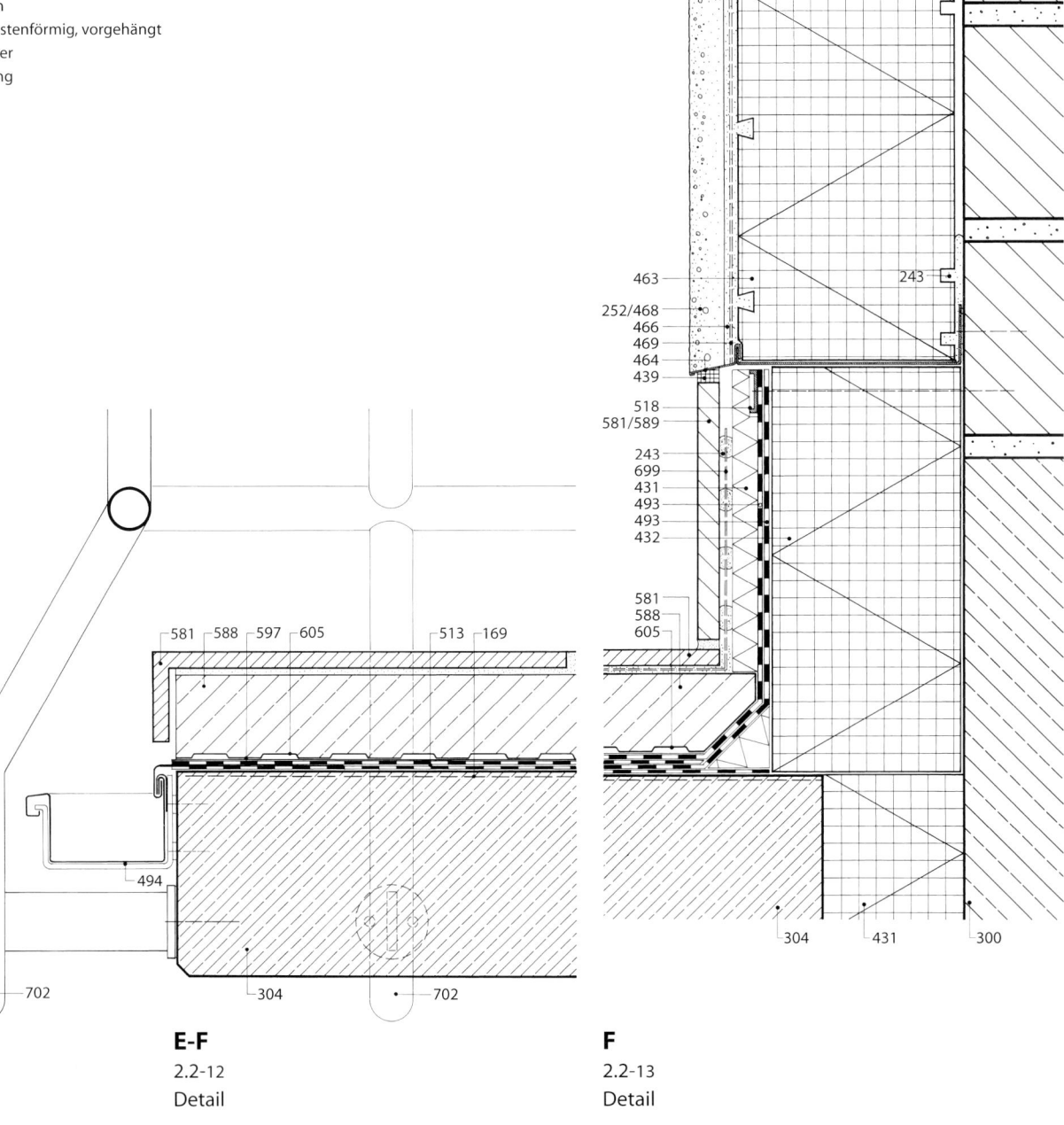

E-F
2.2-12
Detail

F
2.2-13
Detail

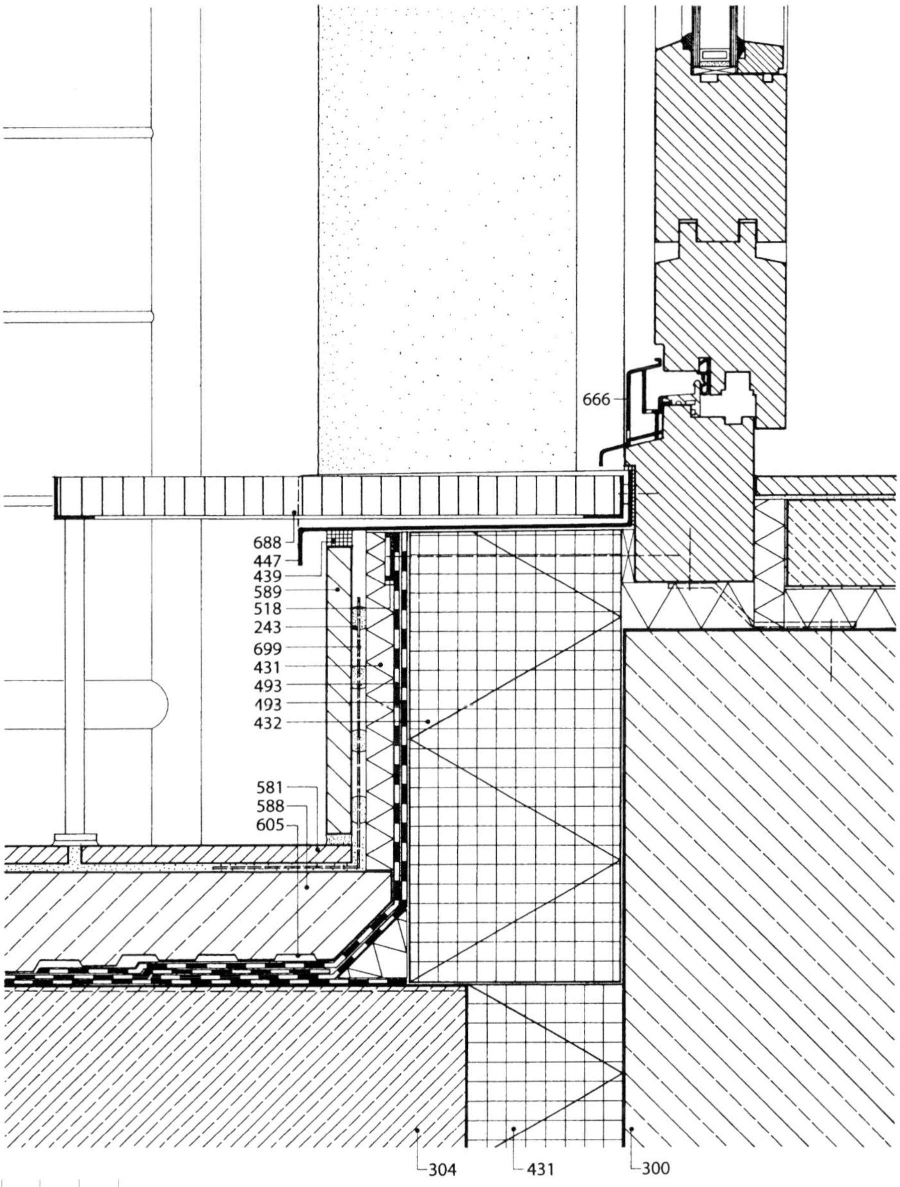

2.2 Wohnhaus mit auskragenden Balkonen, Kellerraum für wohnähnliche Nutzung

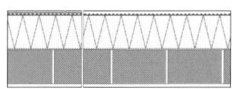

243

E
2.2-14
Detail

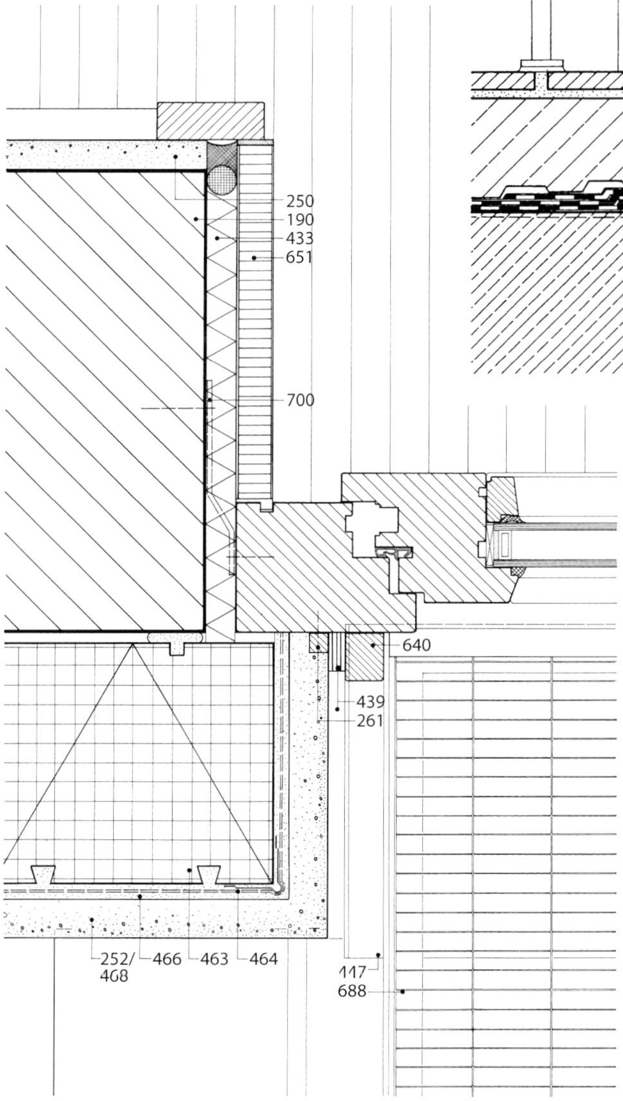

G
2.2-15
Detail

3 Einschaliges Mauerwerk mit Dämmschicht und belüfteter Fassadenbekleidung

3.1 Zwerchhaus als Gaube mit geschosshohem Fenster, ausgebautes Dachgeschoss, Kniestock
Fassadenbekleidung: Schindeln

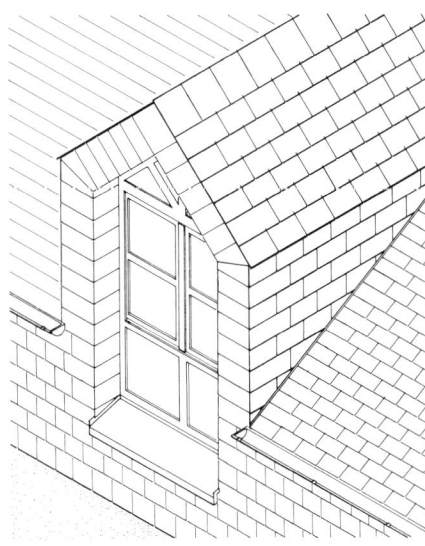

3.1-1

Zu den gestalterischen Merkmalen dieses Projektes zählen insbesondere die geschosshohen, mit Schindeln bekleideten Satteldach-Zwerchhäuser. Sie tragen in der Brüstungszone und im oberen Dreieck eine feste Verglasung und im mittleren Bereich zweiflügelige Fenster. Die Schindeln bedecken auch das Hauptdach und an der Fassade die Drempelzone bis zur Fenstersturzhöhe. Eine halbrunde Dachrinne markiert die Knickstelle von Dach und Wand. Die übrige Fassade trägt einen Strukturputz (WDV-System).

Innenraum

In der Belichtung und in der Gestaltung geben die geschosshohen Fenster den Dachgeschossräumen einen besonderen Reiz.

Die Innenbekleidungen der Zwerchhäuser und der übrigen Wand- und Deckenflächen unterscheiden sich in Material und Oberflächen. Die Zwerchhäuser tragen an den Wand- und Deckenflächen glatte Gipsbauplatten mit einem Randprofil aus Holzwerkstoff. Die anderen Wand- und Deckenflächen zeigen horizontal angeordnete Profilholzbretter.

Dach und Fassade

Die Dachdeckung liegt auf Trag- und Grundlattung. Da jeweils zwei Platten überdeckt werden, stellt das System mit auslaufenden Platten an allen Kantenbereichen eine sichere Deckung dar. Das Plattenformat der Doppeldeckung beträgt 200 × 400 mm. Pro Platte erfolgt die Befestigung mit zwei Schieferstiften und einem Plattenhaken. Eine Glasvlies-Bitumendachbahn (V13) schützt den Bereich der Firstgebinde zusätzlich. Der seitliche Anschluss an die Zwerchhäuser erfolgt mit Metallschichtstücken.

Die handwerksgerechte Eckausbildung an den Zwerchhäusern erfordert das Zuschneiden der Platten gemäß ihrer Schräglage. Die Eckplatten werden mit Fugenbändern unterlegt. Weitere technische Einzelheiten zur Dach- und Fassadenausbildung finden sich in [115].

Die Belüftung der Dachdeckung erfolgt in der Ebene der Grundlattung. Die vorgehängte Rinne sichert den Belüftungsschlitz auch bei Schneefall.

Die Unterdeckung, $s_d \leq 0{,}2$ m, besteht aus einer offenen Brettschalung mit Folienabdeckung (siehe auch Abschnitt B 2.2.1).

Mineralischer Dämmstoff, WLG 035, füllt den 240 mm hohen Sparrenraum. Dann folgen eine Luftsperre/Dampfsperre, Gipsbauplatten einschließlich Unterkonstruktion, außerhalb der Zwerchhäuser zusätzlich noch Profilholzbretter einschließlich Unterkonstruktion. Der s_{di}-Wert beträgt $\geq 2{,}0$ m. Windrispen bzw. Metallbänder in den Dachflächen steifen die Zwerchhäuser aus.

Die Dachkonstruktion ist der GK 0 zuzuordnen.

Im Fassadenbereich besteht die Unterkonstruktion der Verschindelung ebenfalls aus Trag- und Grundlattung. Plattenhaken wie beim Dach entfallen hier. Die Wärmedämmplatten gehören zur WLG 035. Böcke als Abstandhalter für die Grundlattung reduzieren den Wärmebrückeneffekt der Befestigungselemente.

Aus Gründen des besseren Schall- und Wärmeschutzes wird das Drempelmauerwerk trotz Holzbekleidung innenseitig verputzt. Durch den Verputz wird Luftdichtheit des Mauerwerks erreicht.

3.1 Zwerchhaus als Gaube mit geschosshohem Fenster, ausgebautes Dachgeschoss, Kniestock
Fassadenbekleidung: Schindeln

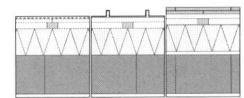

243 Klebemörtel
250 Innenputz
255 Gipsbauplatte, Gipskarton- bzw. Gipsfaserplatte
263 Ringbalken
333 U-Schalen-Fertigteilsturz
378 Holzunterkonstruktion
419 Luftsperre / Dampfsperre, $s_d \geq 2{,}0$ m
430 Mineralwolle
431 Polystyrol-Hartschaum
433 Mineralwolle gestopft oder Schaumkunststoff, örtlich eingebracht
439 Fugendichtband, vorkomprimiert
441 Profilholzschalung
444 Schindeln aus Faserzement oder Schiefer
447 Metallfensterbank mit seitlichen Aufkantungen
453 Traufstreifen
463 Polystyrol-Hartschaumplatten mit Rillenstruktur zur Verbesserung der Putzhaftung
466 Armierungsputz mit Armierungsgewebe
468 Oberputz
470 Fußpfette
475 Traglattung 30/50 mm bzw. 40/60 mm
476 Grundlattung 30/50 mm
492 Unterdeckung auf offener Brettschalung, $s_d \leq 0{,}2$ m
495 Regenrinne, halbrund, vorgehängt mit Rinnenhalter
635 Fensterfutter mit Bekleidung
636 Fensterbank, Holzwerkstoff bzw. Brettschichtholz
687 Verankerung, gedübelt und geschraubt
691 Abstandshalter für Holzunterkonstruktion

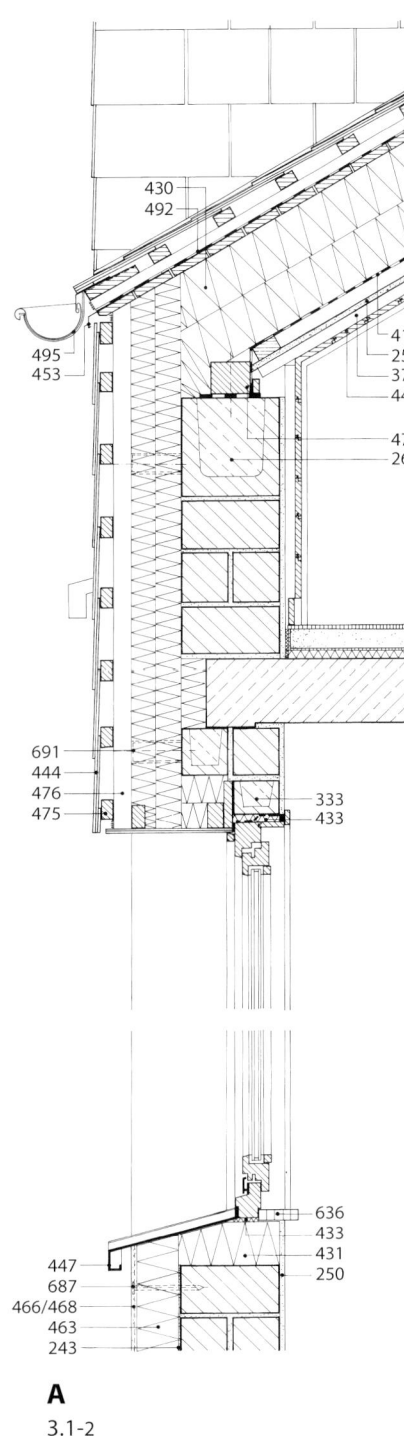

A
3.1-2

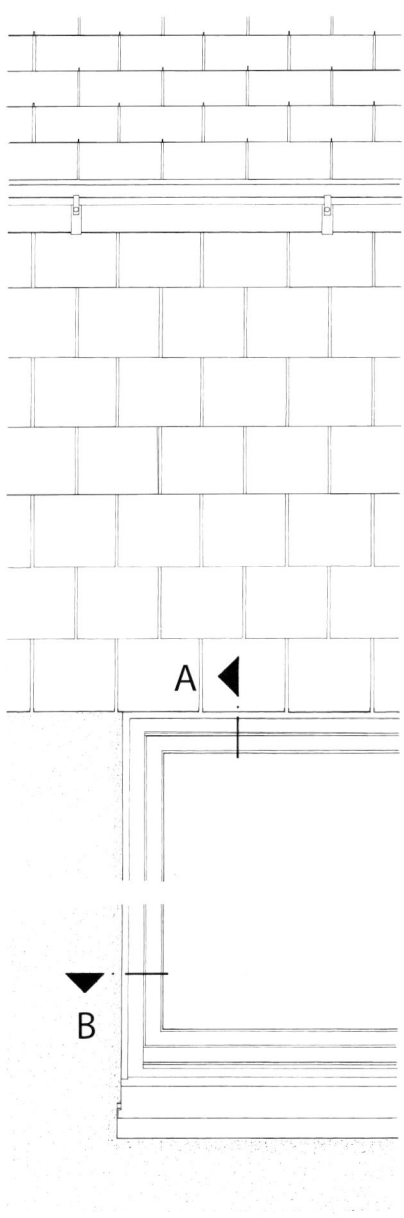

B
3.1-3

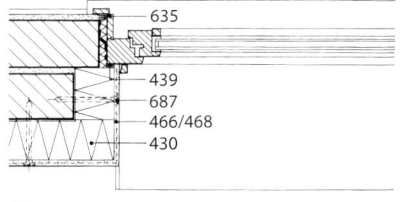

B
3.1-4

D Projekte mit Mauerwerk-Außenwandsystemen
3 Einschaliges Mauerwerk mit Dämmschicht und belüfteter Fassadenbekleidung

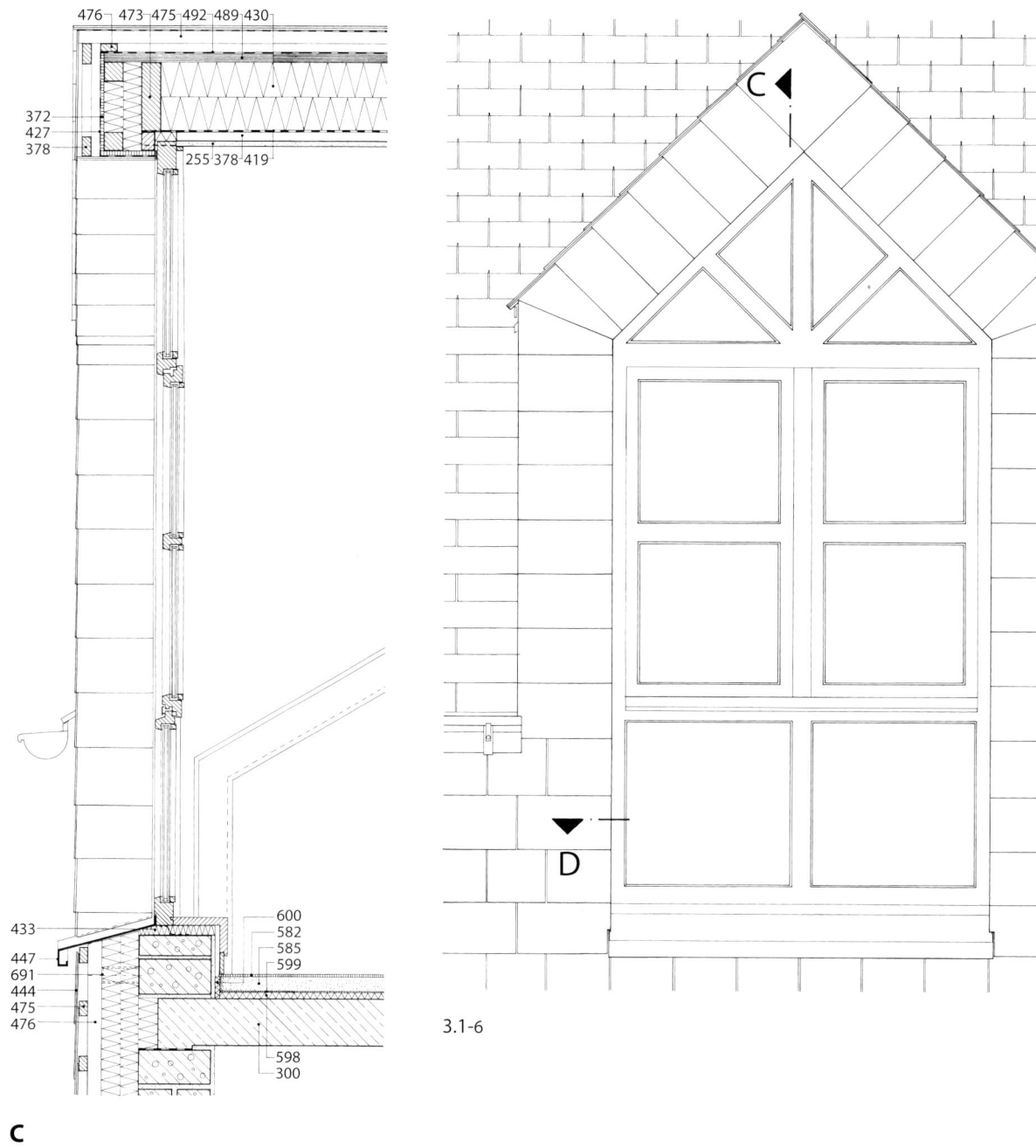

C
3.1-5

3.1-6

D
3.1-7

3.1 Zwerchhaus als Gaube mit geschosshohem Fenster, ausgebautes Dachgeschoss, Kniestock
Fassadenbekleidung: Schindeln

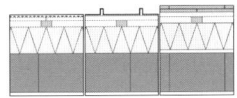

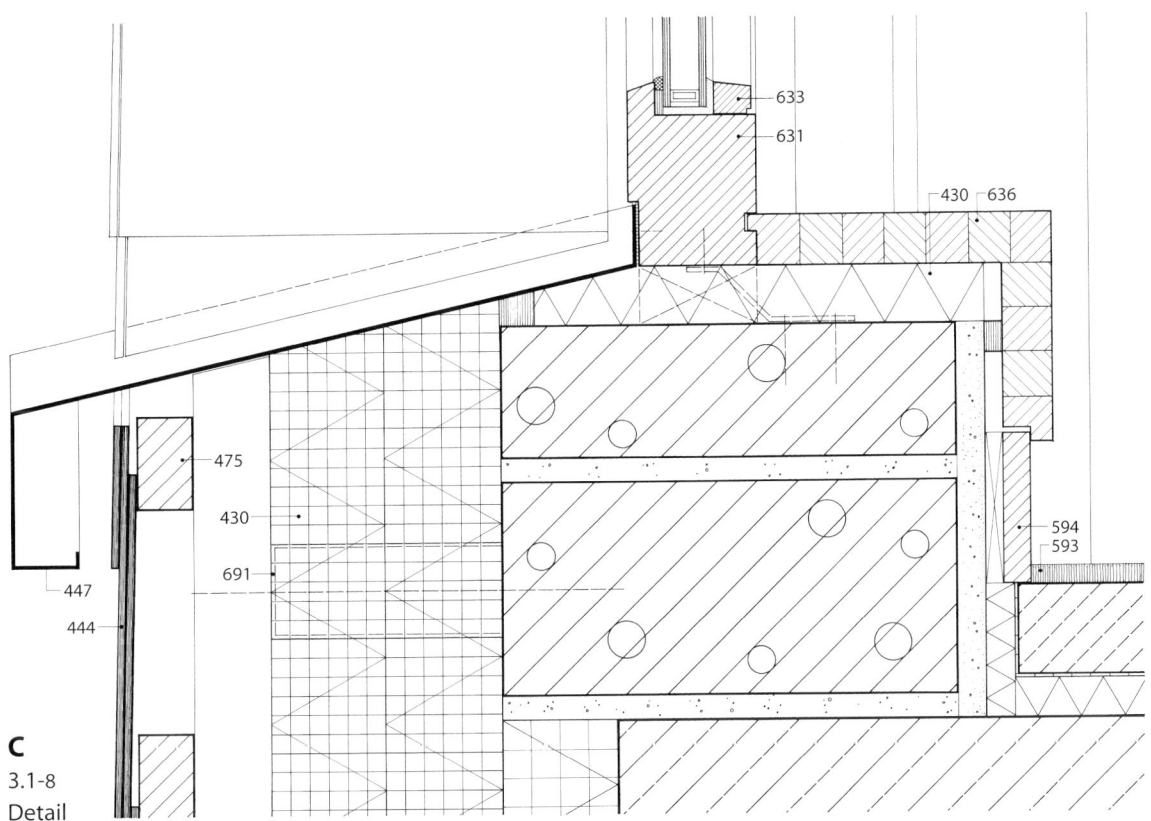

C 3.1-8 Detail

- 195 Mauerwerk aus Steinen, Rohdichte ≤ 0,8 kg/dm³
- 250 Innenputz
- 255 Gipsbauplatte, Gipskarton- bzw. Gipsfaserplatte
- 261 Putzlehre
- 300 Stahlbetondecke
- 365 Anschlagholz
- 371 Holzwerkstoffplatte V20 E1
- 372 Holzwerkstoffplatte V100 E1
- 378 Holzunterkonstruktion
- 419 Luftsperre/Dampfsperre, $s_d \geq 2{,}0$ m
- 427 Winddichtung/Feuchteschutz, diffusionsoffen
- 430 Mineralwolle
- 433 Mineralwolle gestopft oder Schaumkunststoff, örtlich eingebracht
- 439 Fugendichtband, vorkomprimiert
- 441 Profilholzschalung
- 444 Schindeln aus Faserzement oder Schiefer
- 447 Metallfensterbank mit seitlichen Aufkantungen
- 459 EPDM-Fugenband
- 473 Sparren
- 475 Traglattung 30/50 mm bzw. 40/60 mm
- 476 Grundlattung 30/50 mm
- 489 Holzschalung
- 492 Unterdeckung auf offener Brettschalung, $s_d \leq 0{,}2$ m
- 582 Bodenbelag
- 585 Estrich auf Dämmschicht
- 593 Teppichboden
- 594 Fußleiste
- 598 Estrichdämmschicht
- 599 Abdeckung, z. B. 0,2 mm PE-Folie
- 600 Estrichrandstreifen ≥ 10 mm, Polystyrol bzw. Mineralwolle
- 631 Fensterrahmen
- 633 Glashalteleiste
- 636 Fensterbank, Holzwerkstoff bzw. Brettschichtholz
- 640 Deckleiste
- 667 Randprofil aus Holzwerkstoff
- 691 Abstandhalter für Holzunterkonstruktion

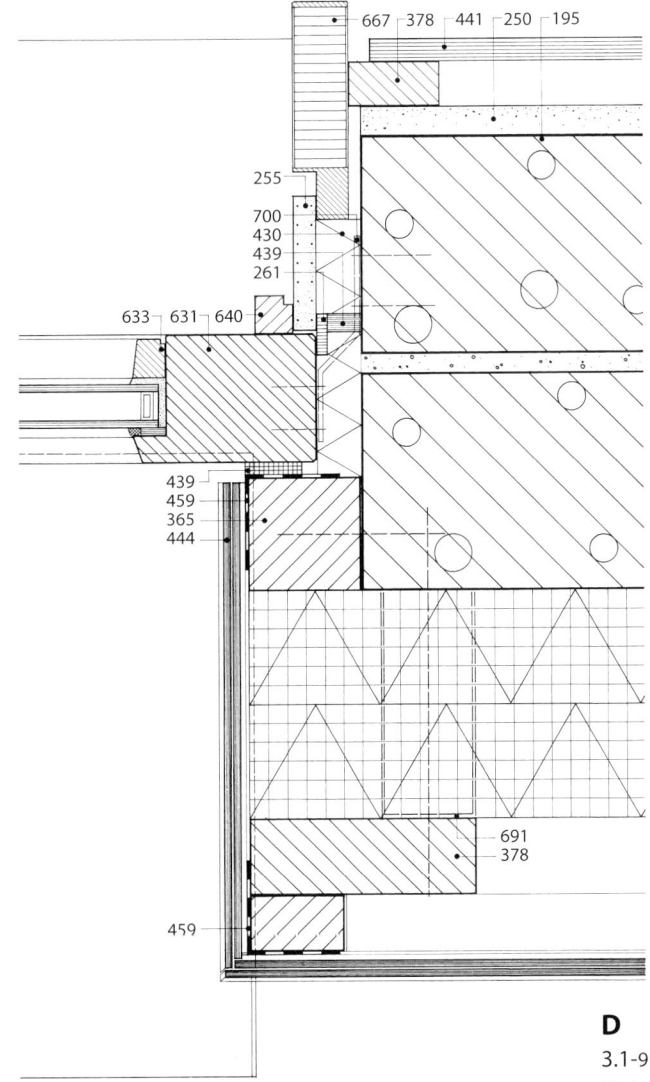

D 3.1-9 Detail

D Projekte mit Mauerwerk-Außenwandsystemen
3 Einschaliges Mauerwerk mit Dämmschicht und belüfteter Fassadenbekleidung

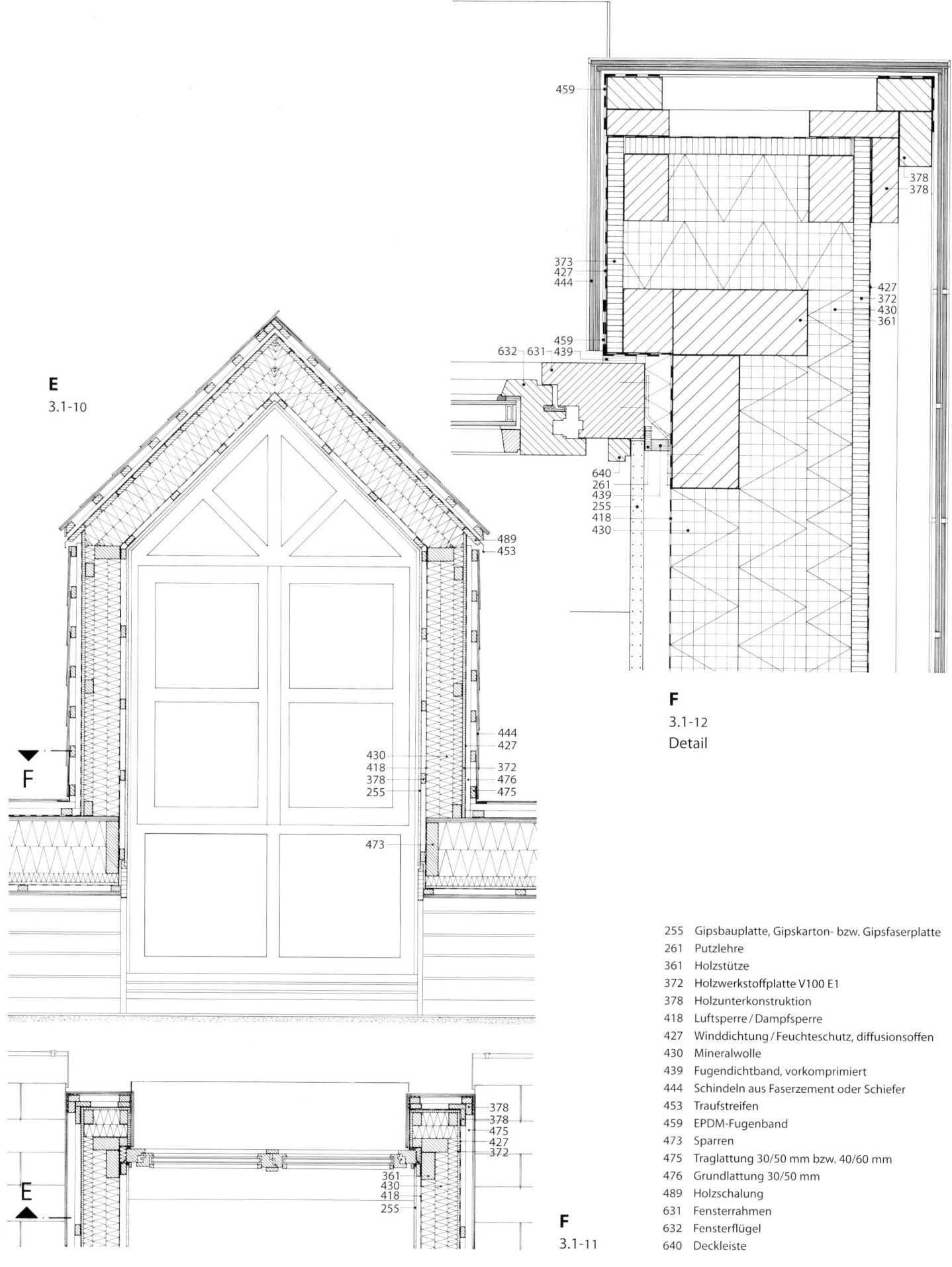

E 3.1-10

F 3.1-12 Detail

F 3.1-11

255 Gipsbauplatte, Gipskarton- bzw. Gipsfaserplatte
261 Putzlehre
361 Holzstütze
372 Holzwerkstoffplatte V100 E1
378 Holzunterkonstruktion
418 Luftsperre / Dampfsperre
427 Winddichtung / Feuchteschutz, diffusionsoffen
430 Mineralwolle
439 Fugendichtband, vorkomprimiert
444 Schindeln aus Faserzement oder Schiefer
453 Traufstreifen
459 EPDM-Fugenband
473 Sparren
475 Traglattung 30/50 mm bzw. 40/60 mm
476 Grundlattung 30/50 mm
489 Holzschalung
631 Fensterrahmen
632 Fensterflügel
640 Deckleiste

3.2 Maisonette-Wohnung mit Dachterrasse
Fassadenbekleidung: vertikale Profilholzschalung

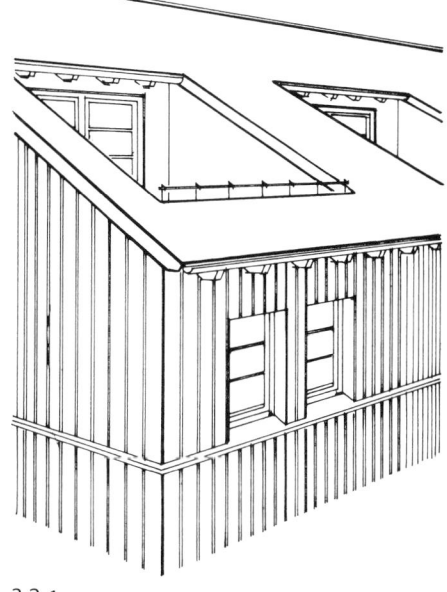

3.2-1

Zu den gestalterischen Merkmalen dieses Projektes zählen primär die in die Dachfläche eingeschnittenen Dachterrassen und die geschossweise vertikal strukturierten Fassaden aus Profilholzschalung. Den Dachrand Traufe kennzeichnen Sparrenköpfe mit einer vorgehängten halbrunden Rinne. Die Wände der Terrassen tragen ebenfalls die kleinmaßstäbliche Struktur mit der Profilholzschalung. Durch Sprossen gegliederte Fenstertüren erschließen die Dachterrassen. Abstellräume separieren die Terrassen der einzelnen Wohnungen. Aus Schallschutzgründen tragen die Kastenfenster der übrigen Fassaden zweifache Isolierverglasung.

Dach

Das unbelüftete Dach trägt Dachsteine auf Trag- und Grundlattung. Die Höhe der Grundlattung bestimmt den Belüftungsquerschnitt der Dachdeckung (siehe auch Abschnitt B 2.2.1). Darunter folgen eine Unterdeckung auf offener Brettschalung, $s_d \leq 0{,}2$ m und primäre und sekundäre Dämmschichten aus Mineralwolle der WLG 035. Die innere Bekleidung bilden Gipsfaserplatten einschließlich einer Luft-/Dampfsperrfolie, $s_{di} \geq 2{,}0$ m. Eine vertikale Gipsbauplattenschürze deckt die fachgerechte Randeindichtung der Sperrfolie an den Wänden ab. Sie reduziert auch das Risiko von Putzrissen in diesem Bereich.

Um das Schwindmaß der Ringbalken unter den Fußpfetten klein zu halten, beträgt ihr Bewehrungsanteil über 5 %.

Fassade

Die 24 mm dicken Bretter bekleiden jeweils nur ein Geschoss. Ein – auf der Höhe der Fensterbänke – umlaufendes Metallprofil erlaubt gestalterisch und bautechnisch eine geschossweise Untergliederung der Fassade und schützt gleichzeitig das Hirnholz der Bretter vor Niederschlagsfeuchtigkeit. Die sichtbare Befestigung der Profilholzschalung übernehmen Senkkopfschrauben aus Messing. Aus Gründen des baulichen Holzschutzes endet die Verbretterung etwa 130 mm oberhalb des Terrassenbodens, umlaufend an allen vier Seiten.

Der Gesamtwandaufbau besteht aus 240 mm dickem Mauerwerk und zwei Lagen Mineralwolleplatten mit integrierter Grund- und Traglattung. Vor der – mit einem Vlies kaschierten – zweiten Dämmschicht verbleiben 20 mm Distanz für die Belüftung.

Fassadenbekleidungen aus Vollholz werden normativ mit und ohne Hinterlüftung der GK 0 zugeordnet (siehe auch Abschnitt C 1.2.2.1).

Terrassenfußboden

Der waagerechte Terrassenfußboden erleichtert die Möblierbarkeit. Die Neigung des Gefälleestrichs auf der Stahlbetondecke beträgt mindestens 1,5 %. Darauf liegen – vollflächig in Heißbitumen verlegt – zwei Lagen Schaumglasplatten, 2×120 mm, WLG 045.

Bei größeren Terrassenflächen, bzw. bei kritischen Untergründen, kann eine zusätzliche Trennlage, z. B. V13, punktuell verklebt, unter den Dämmplatten angezeigt sein. Damit soll erreicht werden, dass Formänderungen im Untergrund die Dämmplatten nicht zerstören.

Auf den Dämmplatten liegen eine zweilagige bituminöse Abdichtung, eine 0,2 mm dicke PE-Folie mit überdeckten Stößen (Trenn-/Gleitschicht) und 8 mm dicke Gummigranulatmatten. Diese Matten verbessern insbesondere den Trittschallschutz. Um Schallbrücken entgegenzuwirken, sind auch die Matten noch mit einer PE-Folie abgedeckt.

Die Bodenplatten liegen in einem Splittbett, 8/12 mm. Um eine feste Lage der Platten zu erreichen, sollte ihre Kantenlänge 500/500 mm betragen. Die Entwässerung der Terrasse erfolgt zum Teil auch durch die 10–15 mm breiten – mit Perlkies gefüllten – Plattenfugen. Das Splittbett, mindestens 50 mm dick, gleicht die Höhendifferenzen zwischen Abdichtung und Bodenbelag aus.

Die gewählten Dämmplatten sind dampfdicht, volumenstabil und sehr druckfest. Da gefrierende Nässe das Gefüge von Schaumglas zerstören kann, muss die Abdichtung langfristig funktionssicher sein.

Der Höhenversprung von der Dachterrasse zum angrenzenden Innenraum resultiert aus der Hochführung der bituminösen Abdichtung an den Wänden gemäß DIN 18195-5 [106] um 150 mm. Ihre Fixierung erfolgt durch eine angeschraubte Klemmschiene, abgedeckt mit einem Sockelprofil.

Das abgekantete Sockelprofil besteht aus 1,5 mm dickem verzinkten Stahlblech. Diese Unterkonstruktion trägt eine Titanzinkblech-Abdeckung. Die 50 mm überdeckenden Stöße der 0,8 mm dicken Abdeckung werden nicht verlötet. Mit der Abkantung des Sockelprofils im Bereich des Perlkieses werden Aussteifung und Fixierung des unteren Randes erreicht.

Die Trennung von Klemmschiene und Sockelprofil in zwei Bauelemente erlaubt eine – von Unebenheiten der Klemmschiene unabhängige – Ausführung des Sockelprofils. Es schützt die Abdichtung vor UV-Strahlung und gegen mechanische Beschädigungen.

Die Verbretterung schützt den oberen Abschluss gegen Niederschlagsfeuchtigkeit. Ganz allgemein eignen sich belüftete Fassadenbekleidungen für die Abdeckung »fallender« Fugen besonders gut.

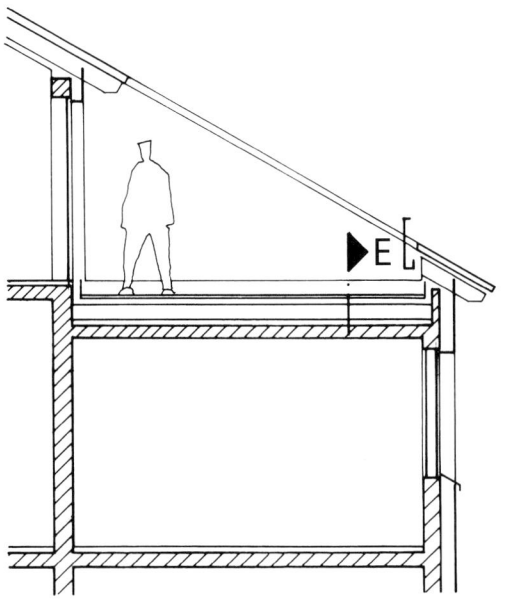

3.2-2

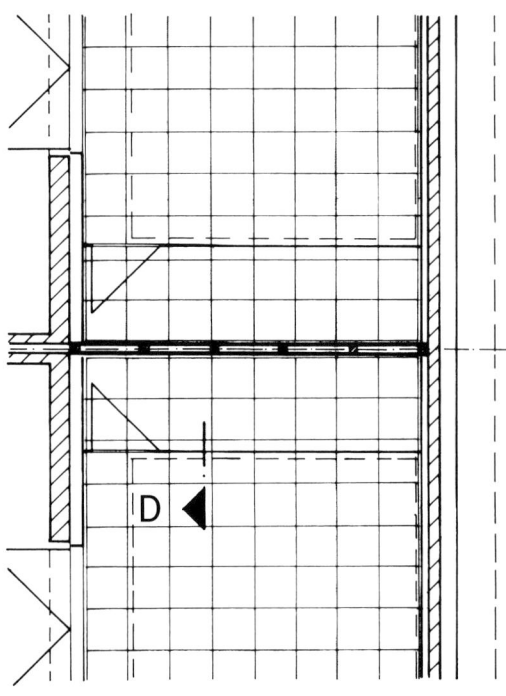

3.2-3

3.2 Maisonette-Wohnung mit Dachterrasse
Fassadenbekleidung: vertikale Profilholzschalung

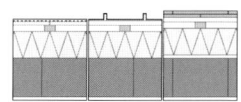

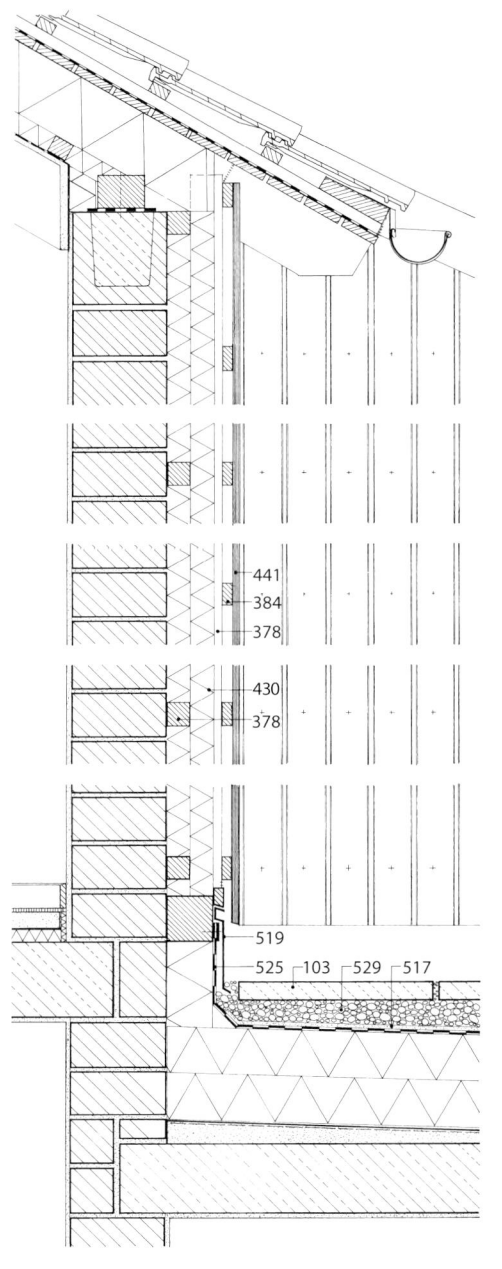

A
3.2-4

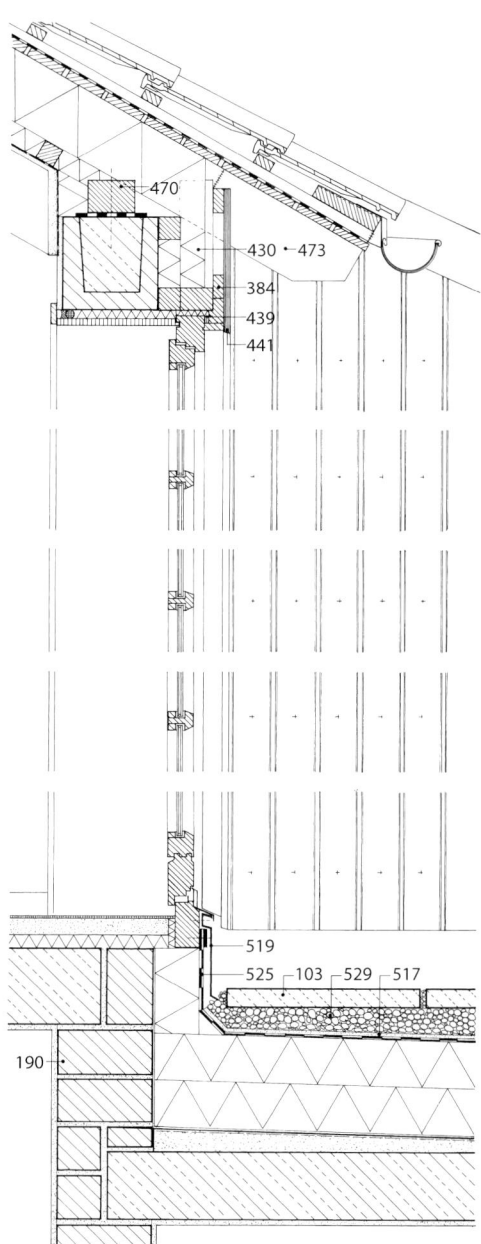

B
3.2-5

103 Betonwerksteinplatten
190 Mauerstein, nicht frostwiderstandsfähig
378 Holzunterkonstruktion
384 Lattung
430 Mineralwolle
439 Fugendichtband, vorkomprimiert
441 Profilholzschalung
470 Fußpfette
473 Sparren

517 Gummigranulatplatten, 8 mm dick, auf 0,2 mm dicker PE-Folie mit Überdeckung an den Stößen
519 Sockelprofil, als abgekantete Kappleiste, Titanzink 0,80 m, auf verzinkten Haftstreifen 1,50 mm dick, geschraubt
525 Dachhaut, z. B. zwei Lagen Bitumendichtungsbahn
529 Splittbett, Körnung 8/12 mm

103	Betonwerksteinplatten
165	Feinkies
190	Mauerstein, nicht frostwiderstandsfähig
300	Stahlbetondecke
364	Kantholz
375	Spanplatte, zementgebunden
378	Holzunterkonstruktion
384	Lattung
385	Harte Holzfaserplatte
428	Bauteiltrennfuge
430	Mineralwolle
432	Schaumglas
433	Mineralwolle gestopft oder Schaumkunststoff, örtlich eingebracht
441	Profilholzschalung
473	Sparren
476	Grundlattung 30/50 mm
491	Unterdeckung
497	Regenfallrohr
517	Gummigranulatplatten, 8 mm dick, auf 0,2 mm dicker PE-Folie mit Überdeckung an den Stößen
518	Klemmprofil, nicht rostend, geschraubt
519	Sockelprofil, als abgekantete Kappleiste, Titanzink 0,80 m, auf verzinkten Haftstreifen 1,50 mm dick, geschraubt
525	Dachhaut, z. B. zwei Lagen Bitumendichtungsbahn
529	Splittbett, Körnung 8/12 mm
531	Bodenablauf
587	Gefälleestrich, MG III
651	Türfutter und Bekleidung
700	Flachstahlanker, nicht rostend

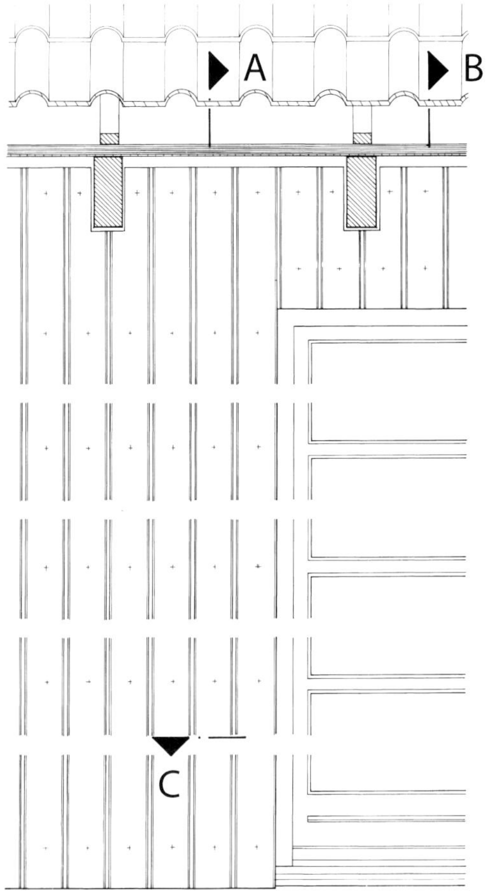

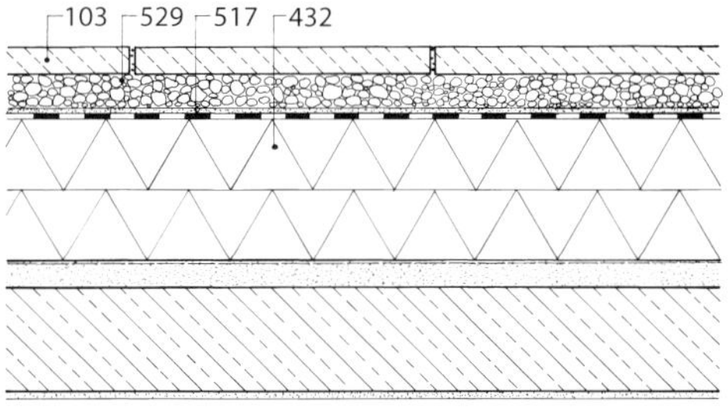

3.2 Maisonette-Wohnung mit Dachterrasse
   Fassadenbekleidung: vertikale Profilholzschalung

253

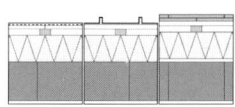

D
3.2-6

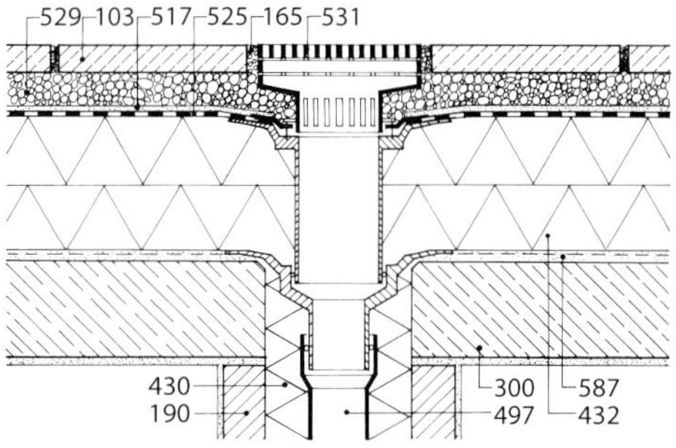

D
3.2-8

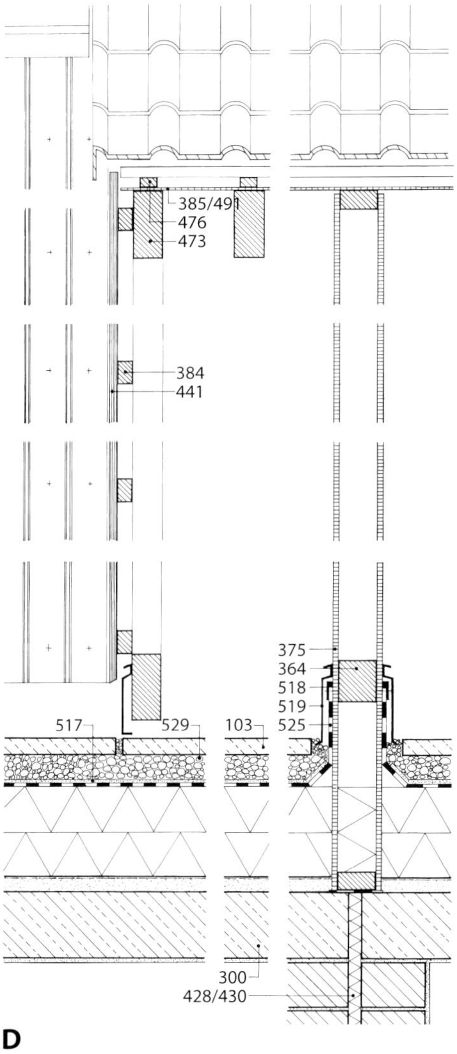

D
3.2-10

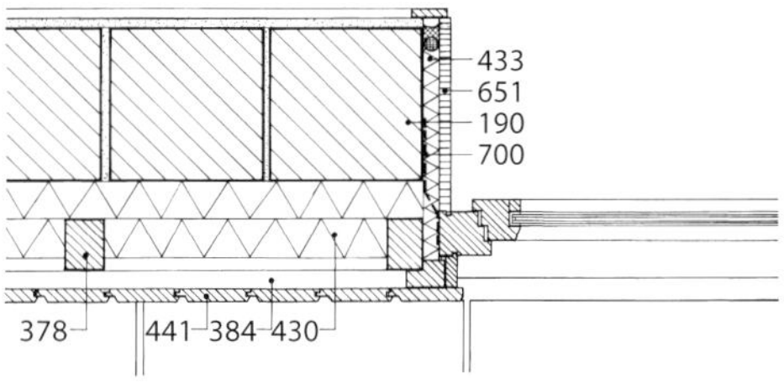

C
3.2-7

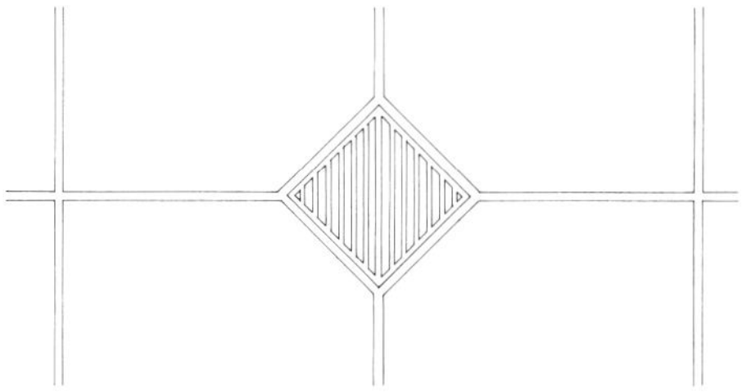

3.2-9

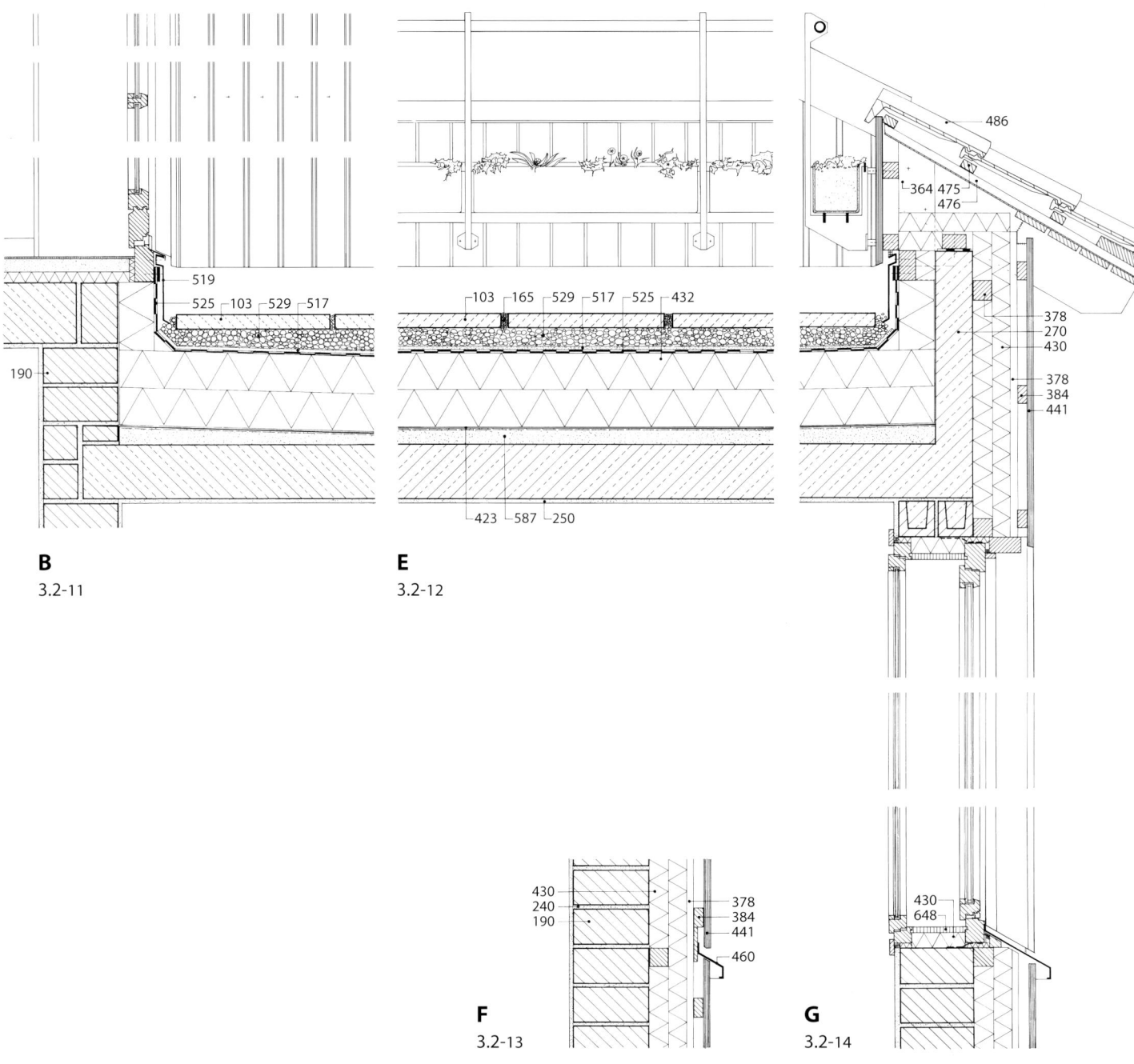

B
3.2-11

E
3.2-12

F
3.2-13

G
3.2-14

3.2 Maisonette-Wohnung mit Dachterrasse
Fassadenbekleidung: vertikale Profilholzschalung

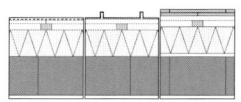

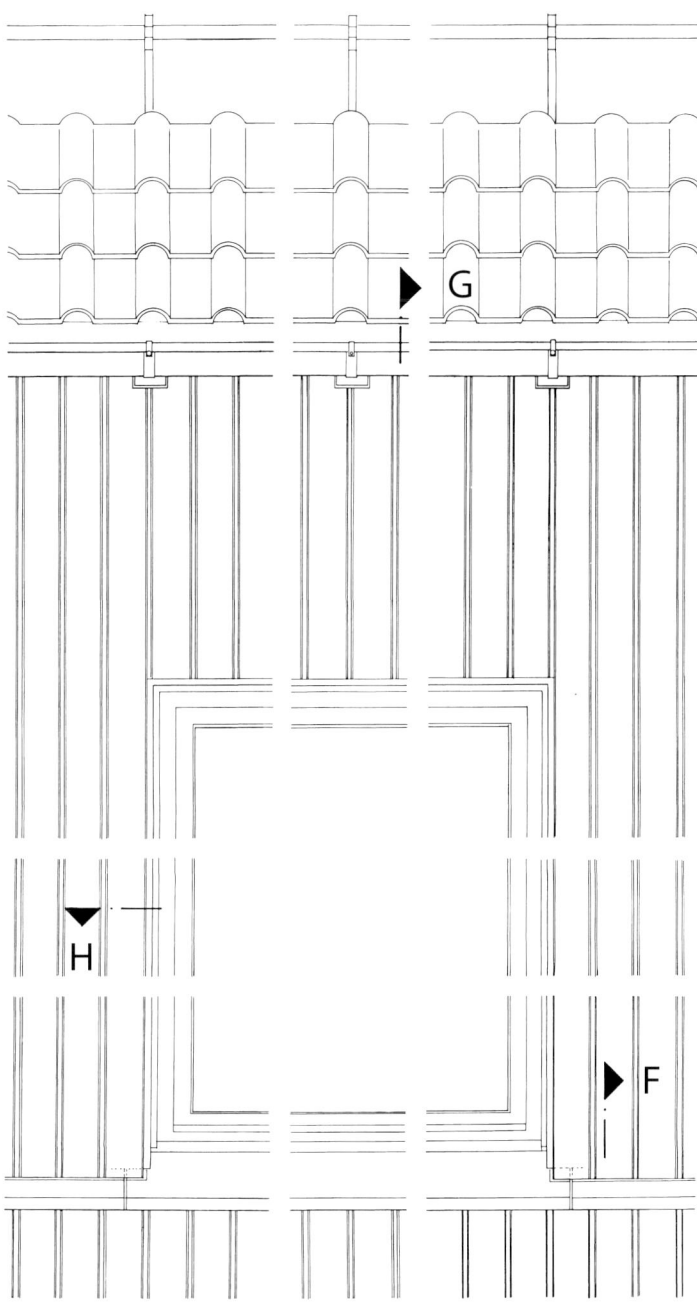

3.2-15

103	Betonwerksteinplatten
165	Feinkies
190	Mauerstein, nicht frostwiderstandsfähig
240	Mörtelbett
250	Innenputz
270	Stahlbetonwand
300	Stahlbetondecke
364	Kantholz
365	Anschlagholz
375	Spanplatte, zementgebunden
378	Holzunterkonstruktion
384	Lattung
385	Harte Holzfaserplatte
423	Heißbitumen auf Voranstrich
428	Bauteiltrennfuge
430	Mineralwolle
432	Schaumglas
433	Mineralwolle gestopft oder Schaumkunststoff, örtlich eingebracht
439	Fugendichtband, vorkomprimiert
441	Profilholzschalung
460	Abdeckblech
470	Fußpfette
473	Sparren
475	Traglattung 30/50 mm bzw. 40/60 mm
476	Grundlattung 30/50 mm
486	Dachstein
491	Unterdeckung
517	Gummigranulatplatten, 8 mm dick, auf 0,2 mm dicker PE-Folie mit Überdeckung an den Stößen
518	Klemmprofil, nicht rostend, geschraubt
519	Sockelprofil, als abgekantete Kappleiste, Titanzink 0,80 m, auf verzinkten Haftstreifen 1,50 mm dick, geschraubt
525	Dachhaut, z. B. zwei Lagen Bitumendichtungsbahn
529	Splittbett, Körnung 8/12 mm
587	Gefälleestrich, MG III
594	Fußleiste
602	PE-Folie, 0,2 mm dick
633	Glashalteleiste
640	Deckleiste
648	Fensterfutter
651	Türfutter und Bekleidung
653	Fenstertürrahmen
654	Fenstertürflügel
664	Regenschutzschiene, geschraubt
700	Flachstahlanker, nicht rostend

H

3.2-16

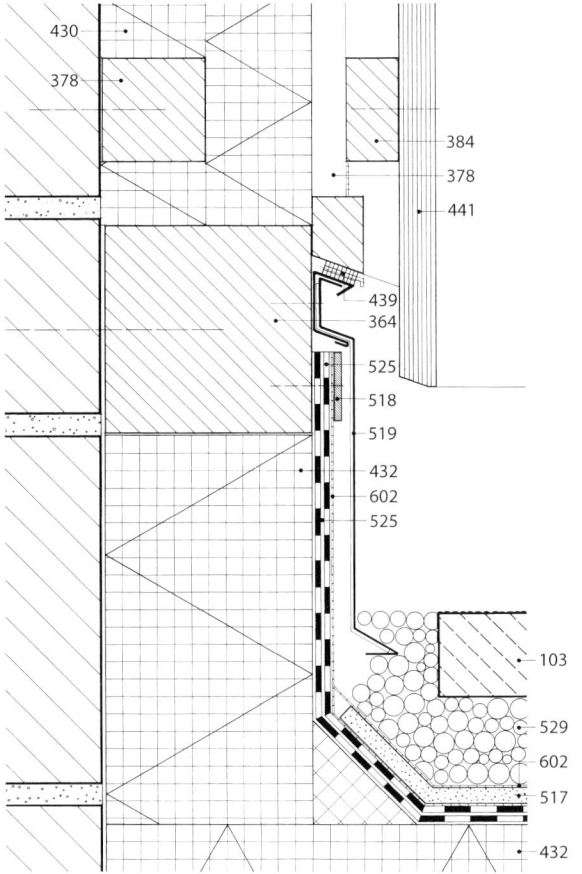

A
3.2-17

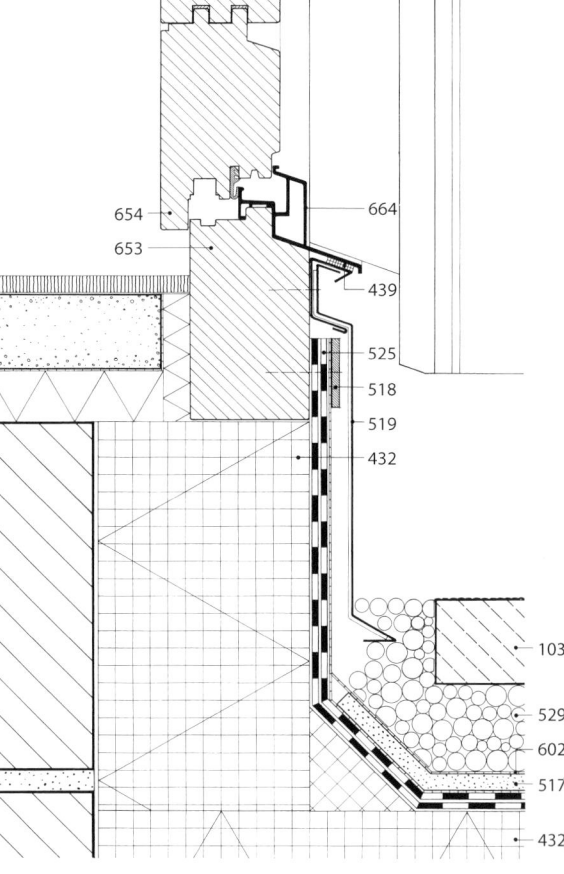

B
3.2-18

C
3.2-19

103	Betonwerksteinplatten
190	Mauerstein, nicht frostwiderstandsfähig
250	Innenputz
364	Kantholz
378	Holzunterkonstruktion
384	Lattung
430	Mineralwolle
432	Schaumglas
433	Mineralwolle gestopft oder Schaumkunststoff, örtlich eingebracht
439	Fugendichtband, vorkomprimiert
441	Profilholzschalung
517	Gummigranulatplatten, 8 mm dick, auf 0,2 mm dicker PE-Folie mit Überdeckung an den Stößen
518	Klemmprofil, nicht rostend, geschraubt
519	Sockelprofil, als abgekantete Kappleiste, Titanzink 0,80 m, auf verzinkten Haftstreifen 1,50 mm dick
525	Dachhaut, z. B. zwei Lagen Bitumendichtungsbahn
529	Splittbett, Körnung 8/12 mm
594	Fußleiste
602	PE-Folie, 0,2 mm dick
633	Glashalteleiste
651	Türfutter und Bekleidung
653	Fenstertürrahmen
654	Fenstertürflügel
664	Regenschutzschiene, geschraubt
700	Flachstahlanker, nicht rostend

4 Zweischaliges Verblendmauerwerk mit Kerndämmung und Luftschicht

4.1 Wohnhaus mit belüftetem Flachdach, Kriechkeller, Fensterrollläden

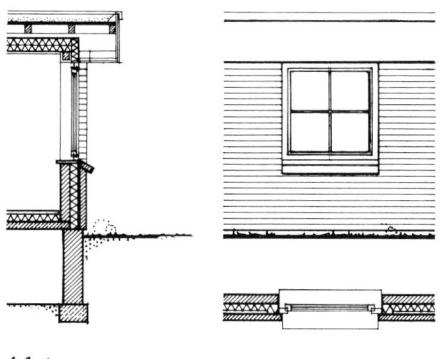

4.1-1

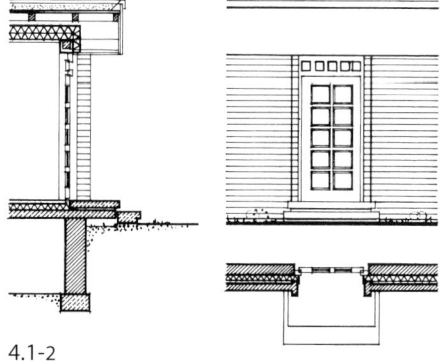

4.1-2

Zu den gestalterischen Merkmalen dieses Projektes zählen das prominente, ausladende Gesims des Flachdaches und das differenzierte Verblendmauerwerk der Außenwände.

Das Gesims liegt gegenüber der Witterung sehr exponiert. Die Bretter bedürfen deshalb in Holzart, Profilierung und Stoßausbildung besonderer Aufmerksamkeit. Aufheizung und Formänderungen der Bekleidung lassen sich durch helle Farbtöne reduzieren.

Die gestalterische Differenzierung des Verblendmauerwerks erfolgt durch Grenadier- und Rollschichten, sowie durch plastische Lisenen an der Haustür.

Die Fenster schließen oben direkt an das tief heruntergezogene Gesims an. Das erlaubt technisch eine unproblematische Anordnung konfektionierter Rollladenkästen ohne Wärmebrücken.

Metallabdeckungen schützen die Fensterbankrollschichten dauerhaft gegen Feuchtigkeit.

Die Anschlagtiefe der Fenster beträgt 125 mm, die der Haustür ca. 300 mm. Diese gestalterische Differenzierung unterstützt auch den baulichen Holzschutz.

Die Verglasung der Haustür erlaubt eine natürliche Belichtung des Eingangsraumes. Möglichkeiten der Querlüftung bietet die in den Haustürrahmen integrierte Feinlüftung.

Innen tragen die Fenster mit Dämmstoff hinterlegte Futter aus Holzwerkstoffplatten, aufgesetzt auf Natursteinfensterbänke. Die Innenfutter erlauben auch, die relativ großen Befestigungselemente zu kaschieren. Sie resultieren aus der notwendigen Auskragung, da die Fensterelemente statisch nicht auf dem Dämmstoff ruhen dürfen (siehe auch Abschnitt C 4.5).

Dach

Das gewählte Flachdach stellt ein belüftetes System dar. Die elementierte Konstruktion aus Trägerlagen mit Profilholzschalung als innerer Bekleidung bedarf zur Luftdichtheit besonderer Maßnahmen. Beim vorliegenden Projekt übernimmt diese Funktion eine 0,2 mm dicke PE-Folie, an den Wänden mit einer Leiste plus Dichtband fest angepresst.

Die Belüftung des Dachraumes soll die Konstruktion möglichst trocken halten. Der dafür notwendige Antrieb resultiert bei geneigten Dächern aus Wind und thermischem Auftrieb, bei Flachdächern ausschließlich aus dem Wind.

Die Querträger erlauben trotz horizontaler Hauptträgerlage die Herstellung eines Dachgefälles und eine allseitige Belüftung. Die gewählte Dämmstoffdicke beträgt in der Summe 240 mm, WLG 035.

Außenwand

Die Gesamtdicke der zweischaligen Außenwand mit Kerndämmung und Luftschicht beträgt 445 mm, die Dicke der Hintermauerschale 175 mm, die der Dämmstoffschicht 100 mm, WLG 035. Zur Ausbildung der Dämmschicht im Bereich der Fenster- und Türanschläge (siehe Abschnitt C 4.5).

Kellerdecke

Die Decke über dem Kriechkeller begrenzt das beheizte Erdgeschoss gegen das unbeheizte Kellergeschoss. Die Dicke der Dämmschicht unter dem Estrich beträgt 120 mm.

Um unter der Haustür die Wärmebrücke zu reduzieren, verlängert ein Schaumglasstreifen die thermisch getrennte Haustürschwelle (siehe auch Abschnitt C 5.3).

Auf dem Kriechkellerboden liegt eine an den Rändern mit Kies beschwerte 0,2 mm dicke PE-Folie. Sie hält aus dem Erdreich aufsteigende Feuchtigkeit zurück.

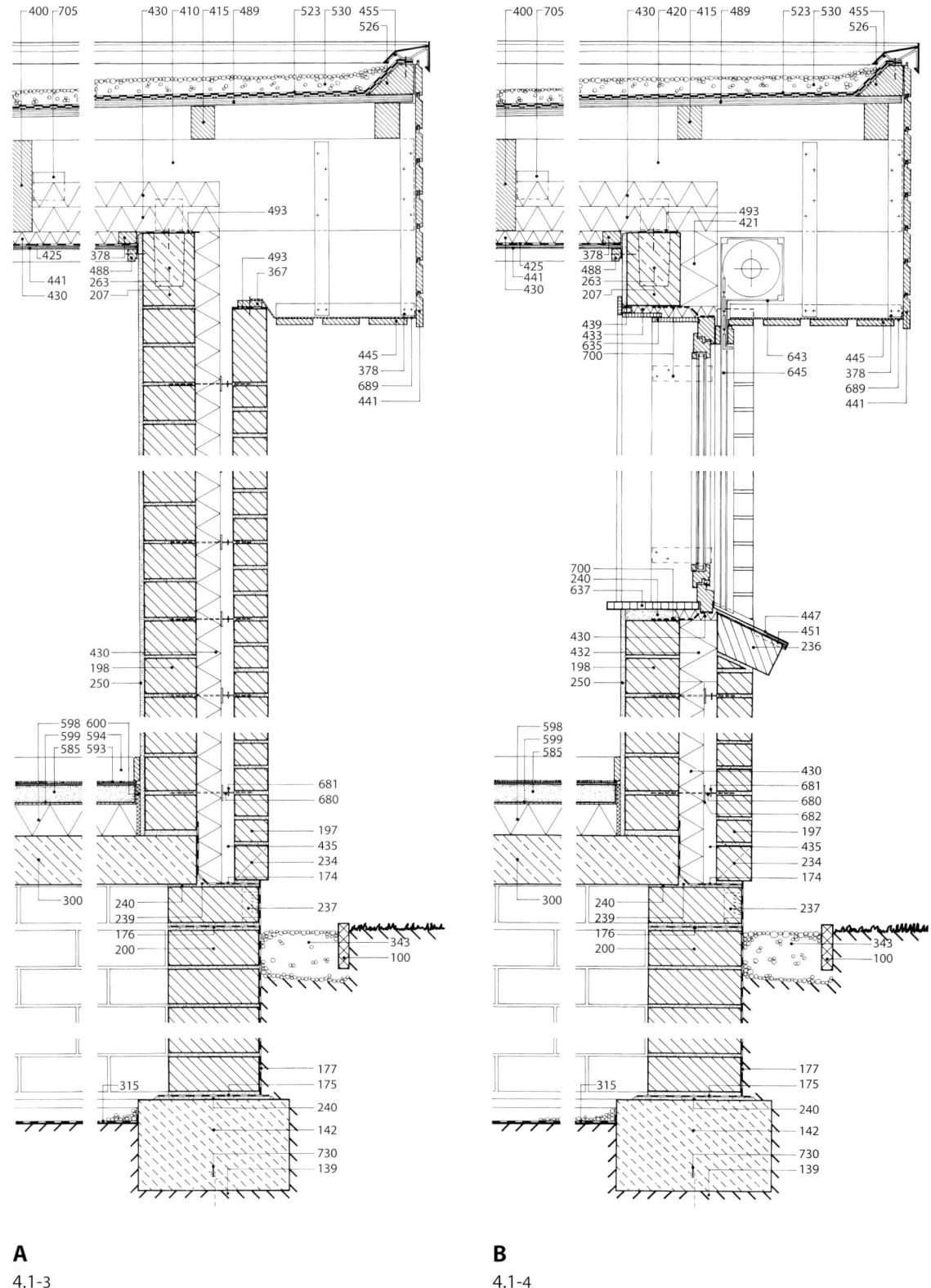

A
4.1-3

B
4.1-4

4.1 Wohnhaus mit belüftetem Flachdach, Kriechkeller, Fensterrollläden

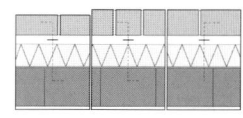

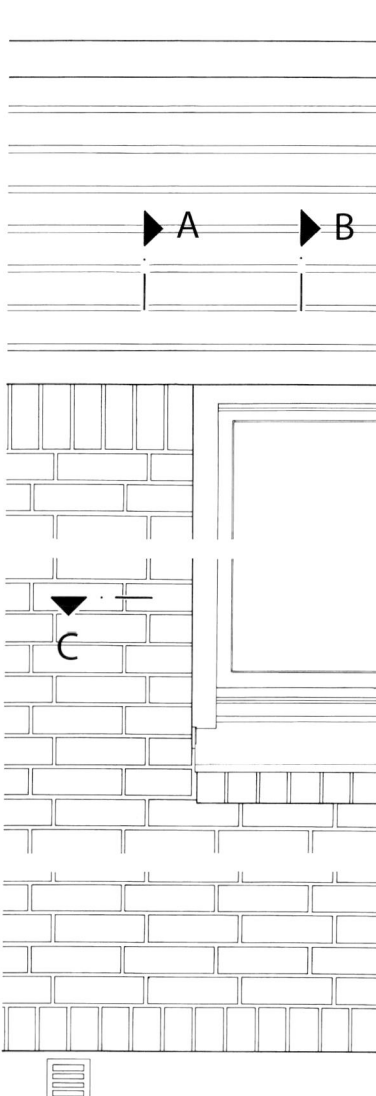

4.1-5

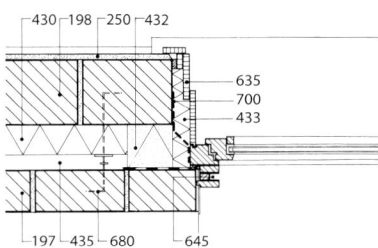

C
4.1-6

100	Rasenstein
139	frostfreie Tiefe
142	Fundamentbeton, unbewehrt ≥ B5
174	Sperrschicht, waagerecht, Sperrfolie o. Ä.
175	Erste Sperrschicht, waagerecht
176	Zweite Sperrschicht, waagerecht
177	Sperrschicht, senkrecht
197	Verblendschale aus frostwiderstandsfähigen Mauersteinen
198	Hintermauerschale
200	Kelleraußenmauer
207	U-Schalungsstein
234	offene Stoßfuge, Lüftung / Entwässerung
236	Rollschicht
237	Lüftungsstein
239	Hohlkehle
240	Mörtelbett
250	Innenputz
263	Ringbalken
300	Stahlbetondecke
315	Kunststofffolie, an den Rändern mit Kies beschwert
343	Grobkies
367	Holzbrett
378	Holzunterkonstruktion
400	Deckenbalken
410	Stichbalken
415	Querträger / Gefälleunterkonstruktion
421	Dämmstoff
425	Dampfsperre, z. B. 0,2 mm PE-Folie
430	Mineralwolle
432	Schaumglas
433	Mineralwolle gestopft oder Schaumkunststoff, örtlich eingebracht
435	Luftschicht
439	Fugendichtband, vorkomprimiert
441	Profilholzschalung
445	Brett, parallel besäumt
447	Metallfensterbank mit seitlichen Aufkantungen
451	Trennschicht, z. B. Glasvlies-Bitumendachbahn V13
455	Gesimsabdeckblech
488	Deckleiste, mit Dichtband hinterlegt
489	Holzschalung
493	Dichtungsbahn
523	Bituminöse Abdichtung, dreilagig
526	Randkeil
530	Kiesschüttung, Oberflächenschutz, Korngröße 16–32 mm
585	Estrich auf Dämmschicht
593	Teppichboden
594	Fußleiste
598	Estrichdämmschicht
599	Abdeckung, z. B. 0,2 mm PE-Folie
600	Estrichrandstreifen ≥ 10 mm, Polystyrol bzw. Mineralwolle
635	Fensterfutter mit Bekleidung
637	Natursteinfensterbank
643	Rollladenkasten
645	Rollladenschiene
680	Drahtanker, nicht rostend
681	Tropfscheibe
682	Klemm-Krallenplatte
688	Gitterrost, feuerverzinkt
689	Vogelschutzgitter
700	Flachstahlanker, nicht rostend
705	Metallwinkel, nicht rostend
730	Fundamenterder

D Projekte mit Mauerwerk-Außenwandsystemen
4 Zweischaliges Verblendmauerwerk mit Kerndämmung und Luftschicht

142 Fundamentbeton, unbewehrt ≥ B5
174 Sperrschicht, waagerecht, Sperrfolie o. Ä.
175 Erste Sperrschicht, waagerecht
176 Zweite Sperrschicht, waagerecht
177 Sperrschicht, senkrecht
197 Verblendschale aus frostwiderstandsfähigen Mauersteinen
198 Hintermauerschale
200 Kelleraußenmauer
207 U-Schalungsstein
240 Mörtelbett
250 Innenputz
263 Ringbalken
300 Stahlbetondecke
309 Grobkies, Grobkiesschicht
315 Kunststofffolie, an den Rändern mit Kies beschwert
378 Holzunterkonstruktion
400 Deckenbalken
410 Stichbalken
415 Querträger / Gefälleunterkonstruktion
420 Kerndämmung
425 Dampfsperre, z. B. 0,2 mm PE-Folie
430 Mineralwolle
432 Schaumglas
433 Mineralwolle gestopft oder Schaumkunststoff, örtlich eingebracht
435 Luftschicht
439 Fugendichtband, vorkomprimiert
441 Profilholzschalung
445 Brett, parallel besäumt
455 Gesimsabdeckblech
488 Deckleiste, mit Dichtband hinterlegt
489 Holzschalung
493 Dichtungsbahn
513 Dachabdichtung
523 Bituminöse Abdichtung, dreilagig
524 Trennlage, z. B. zwei Lagen PE-Folie, 0,2 mm dick
526 Randkeil
530 Kiesschüttung, Oberflächenschutz, Korngröße 16–32 mm
564 Fertigteilstufe
566 Stahlbetonpodest mit Entwässerung
581 Baukeramikplatte, Dünnbettverlegung
585 Estrich auf Dämmschicht
598 Estrichdämmschicht
599 Abdeckung, z. B. 0,2 mm PE-Folie
657 Haustürflügel
658 Deckbrett
661 Türschwelle, thermisch getrenntes Rohrprofil
665 Lüftungsklappe
688 Gitterrost, feuerverzinkt
689 Vogelschutzgitter
692 Insektenschutzgitter
705 Metallwinkel, nicht rostend
730 Fundamenterder

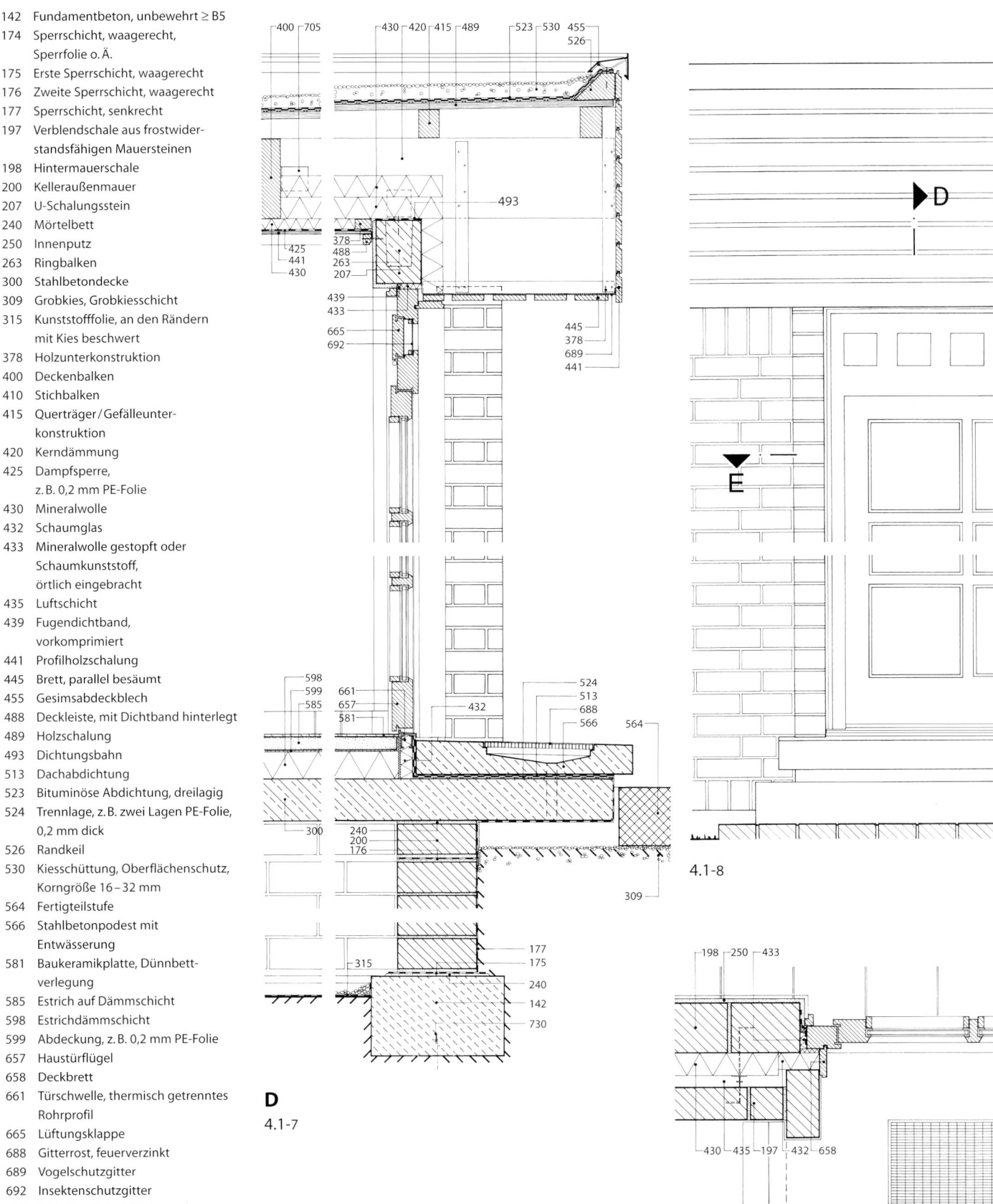

D 4.1-7

4.1-8

E 4.1-9

4.2 Spitzgaube, ausgebautes Dachgeschoss mit Kniestock

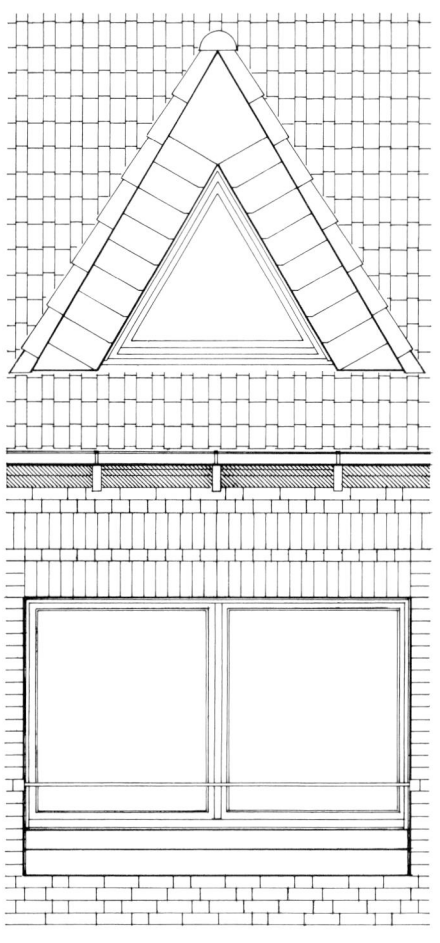

4.2-1

Zu den gestalterischen Merkmalen dieses Projektes zählen insbesondere die Spitzgauben auf dem ausladenden Ziegeldach. Sie sind mit den gleichen Ziegeln gedeckt wie das übrige Dach und schaffen dort eine markante, plastische Differenzierung. Ihre Ansichtsflächen tragen ziegelfarbene Schindeln.

Holzprofile bilden die äußeren Fensterleibungen und gleichzeitig den Innenanschlag für das als Kippflügel ausgebildete Dreieckfenster.

Die Strukturierung der Traufe erfolgt durch hohe Sparrenköpfe und Profilholzschalung. Zusätzlich verlaufen an Traufe und Ortgang – gestalterisch ähnliche – Bekleidungen.

Verblendmauerwerk und Einzelfenster charakterisieren die Fassaden dieses Projektes. Eine Differenzierung erfährt die Ziegelstruktur durch Grenadierschichten jeweils in Deckenhöhe und als Sturz über den Fenstern.

Die Stürze werden strukturell noch unterstützt durch eine Mauerschicht nur aus »Köpfen«. Über der obersten Grenadierschicht verläuft eine plastisch hervortretende Mauerschicht. Eine weitere gestalterische Differenzierung erfährt die Fassade durch die kräftigen Betonwerksteinfensterbänke. Ihre Neigung beträgt wie die des Ziegeldaches 30°.

Innenanschläge tragen die zweiflügeligen Fenster in den Normalgeschossen. Die geringe Fensterbrüstungshöhe erfordert eine zusätzliche Sicherung. Dübelschrauben fixieren eine nichtrostende Brüstungsstange am Verblendmauerwerk.

Dach

Der Dachaufbau dieses Projektes stellt bauphysikalisch ein unbelüftetes System dar und darf ohne chemischen Holzschutz realisiert werden (siehe auch Abschnitt B 2.2.1).

Die Dachziegel ruhen auf Trag- und Grundlattung. Die Höhe der Grundlattung bestimmt den Belüftungsquerschnitt der Dachdeckung. Darunter liegt eine Unterdeckung auf offener Brettschalung mit einem Gesamt-s_{da}-Wert von $\leq 0{,}2$ m. Dann folgen primäre und sekundäre Dämmschichten aus Mineralwolle. Die innere Bekleidung bilden Gipsbauplatten, zweilagig, einschließlich einer Sperrfolie (Luftsperre/Dampfsperre). Der s_{di}-Wert beträgt $\geq 2{,}0$ m.

Dachgaube

Die als gleichseitiges Dreieck konzipierte Gaube überdeckt zwei Sparrenfelder. Der Dachüberstand außen und die Brüstungshöhe innen erlauben an der Traufe unterhalb der Gaube noch drei Ziegelreihen ohne Verschnitt.

Wegen der größeren Transparenz ruht der untere Teil des Sparrens an der Traufe nicht auf einem Holzquerschnitt, sondern auf einem nichtrostenden Stahlrohr. Oberhalb der Gaube endet der mittlere Sparren in einem Wechsel.

Die Dachausbildungen von Gaube und Hauptdach sind identisch.

Alternativ: Belüftetes Dachsystem

Der Vertikalschnitt B 4.2-5 durch den Ortgang zeigt eine belüftete Alternativlösung. Belüftete Systeme basieren auf zwei Belüftungsschichten (siehe auch Abschnitt B 2.2.1).

Durch expandierende Mineralwolleschichten kann der notwendige Belüftungsquerschnitt über der Dämmschicht unzulässig eingeschränkt werden. Die Abbildung zeigt Maßnahmen zur Gewährleistung des notwendigen Querschnitts. Relativ steife und volumenstabile Dämmschichten – z. B. Holzfaserplatten – hindern die Volumenzunahme der Mineralwollematten.

Bei dieser Alternative muss die innere Sperrfolie neben den Aufgaben Luftsperre und Dampfsperre auch die Windsperre übernehmen.

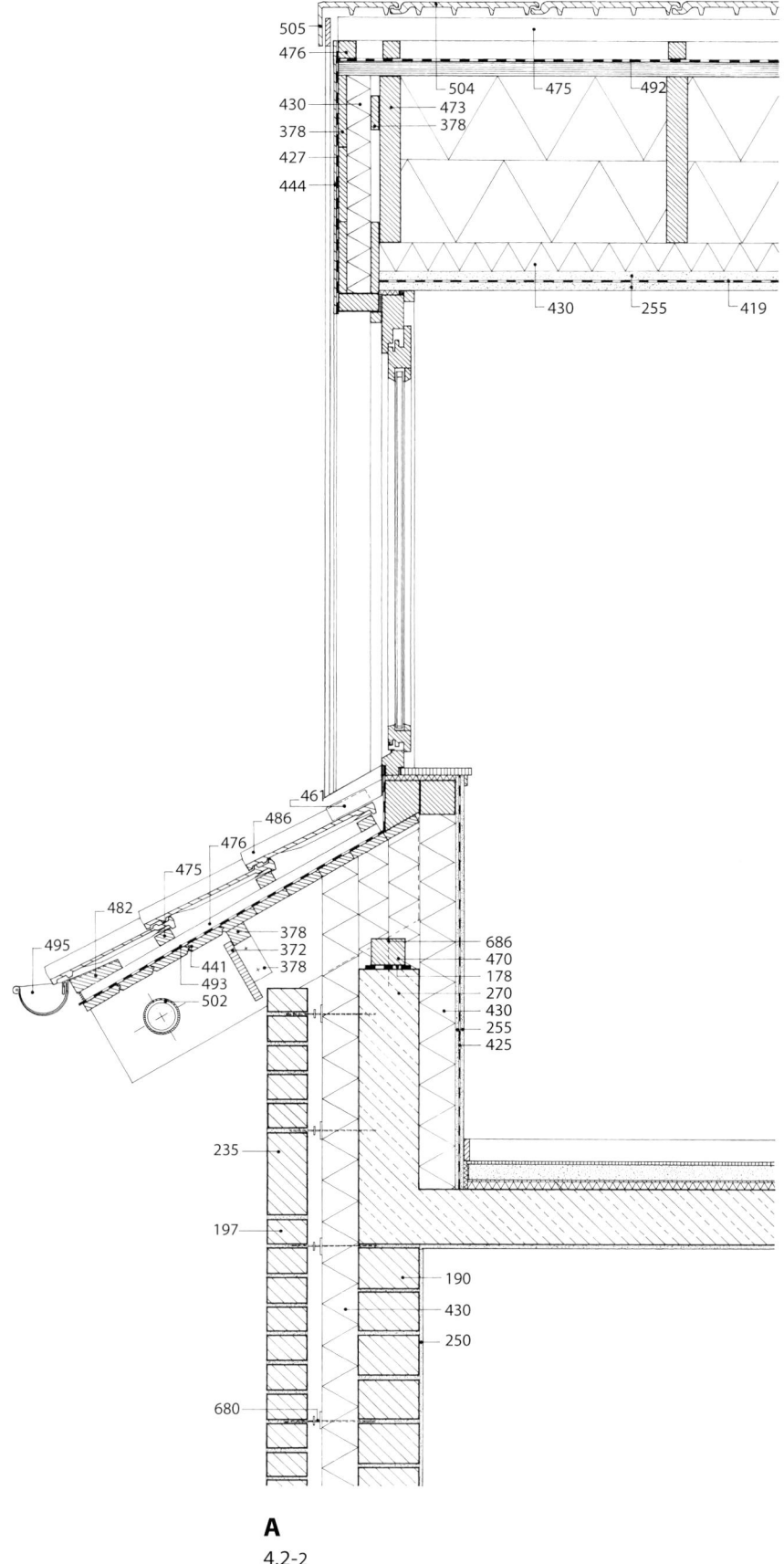

A
4.2-2

178 Sperrschicht
190 Mauerstein, nicht frostwiderstandsfähig
197 Verblendschale aus frostwiderstandsfähigen Mauersteinen
235 Grenadierschicht
250 Innenputz
255 Gipsbauplatte, Gipskarton- bzw. Gipsfaserplatte
263 Ringbalken
270 Stahlbetonwand
372 Holzwerkstoffplatte V 100 E1
375 Spanplatte, zementgebunden
378 Holzunterkonstruktion
384 Lattung
419 Luftsperre / Dampfsperre, $s_d \geq 2{,}0$ m
425 Dampfsperre, z. B. 0,2 mm PE-Folie
427 Winddichtung / Feuchteschutz, diffusionsoffen
430 Mineralwolle
436 Hohlraum, belüftet
441 Profilholzschalung

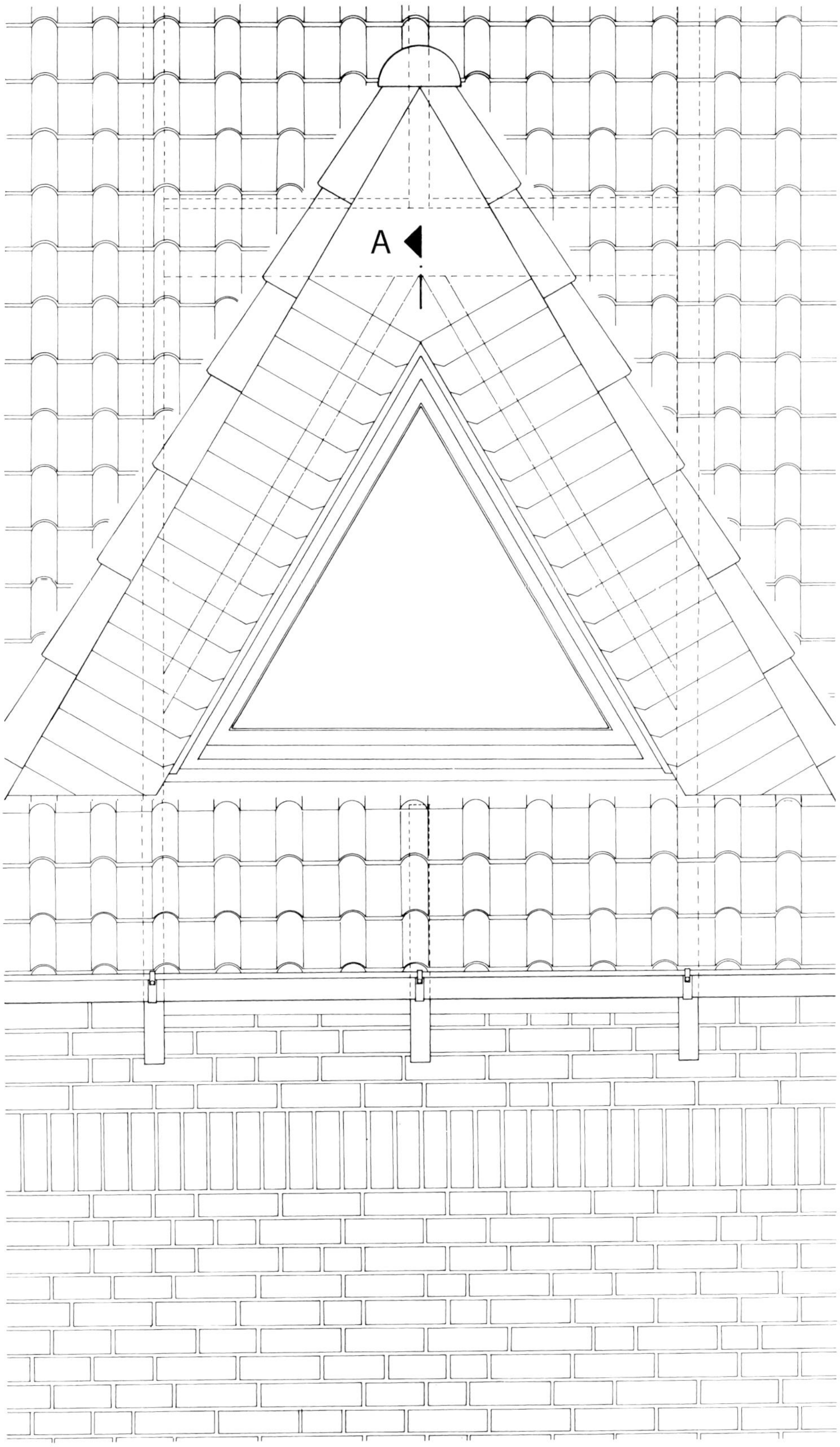

4.2 Spitzgaube, ausgebautes Dachgeschoss mit Kniestock

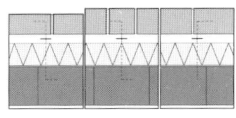

444 Schindeln aus Faserzement oder Schiefer
461 Abdeckblech/Bleiblech
470 Fußpfette
473 Sparren
475 Traglattung 30/50 mm bzw. 40/60 mm
476 Grundlattung 30/50 mm
479 Ortgang
482 Traufbohle
486 Dachstein
487 Randdachstein
488 Deckleiste, mit Dichtband hinterlegt
492 Unterdeckung auf offener Brettschalung, $s_d \leq 0{,}2\,m$
493 Dichtungsbahn
495 Regenrinne, halbrund, vorgehängt mit Rinnenhalter
502 Sparrenauflager
504 Firststein
505 Firstabschluß-Dachstein
680 Drahtanker, nicht rostend
686 Verankerung

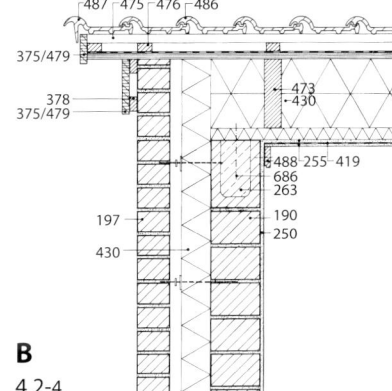

B
4.2-4

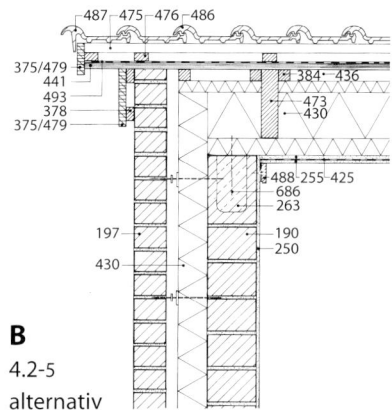

B
4.2-5
alternativ

4.2-3

Außenwand

Das Wandsystem dieses Projektes wird in Abschnitt C 1.2.1.4 detailliert behandelt. Das gilt auch für die Fenster- und Türanschläge, bei denen Schaumglasstreifen eingesetzt werden.

Um an den Giebelseiten des Gebäudes wärmetechnische Schwachstellen zu vermeiden, stößt die Kerndämmung der Wand direkt an die horizontale Dämmschicht des Daches. Im Dachgeschoss erhält der Drempel eine zusätzliche Innendämmung. Neben dem verbesserten Wärmeschutz lässt sich damit das Risiko von Putzrissen – insbesondere im Bereich der Fußpfette – reduzieren.

Fenster

Der Einbau der Fenster erfolgt nach Fertigstellung des Innenputzes. Diese Maßnahme reduziert das Risiko der Fensterbeschädigung und -verschmutzung während der Bauphase. Hölzerne Innenfutter auf Natursteinfensterbänken umgeben die Fensteröffnungen. Sie erlauben eine Zusatzdämmung in den Leibungen und verdecken die relativ großen Befestigungselemente. Die Größe der Blechlaschen resultiert aus der notwendigen Auskragung, da die Fensterelemente nicht auf dem Dämmstoff ruhen dürfen.

Außen schließen vorkomprimierte Dichtbänder die Fuge zwischen Mauerwerk und Fensterrahmen, abgedeckt durch hölzerne Leisten. Eine Metallfensterbank überdeckt die Fuge Fensterrahmen / Betonbank.

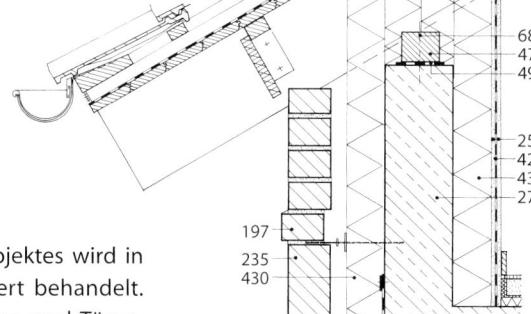

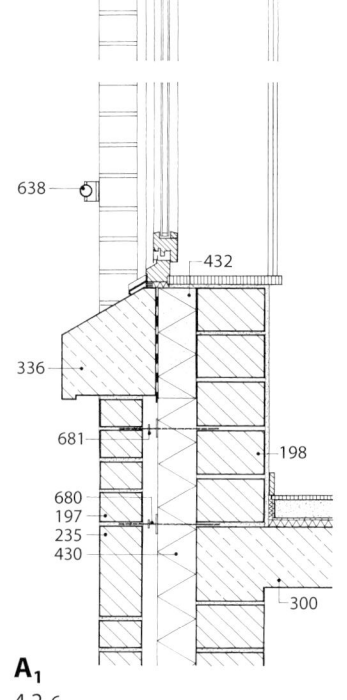

A₁
4.2-6

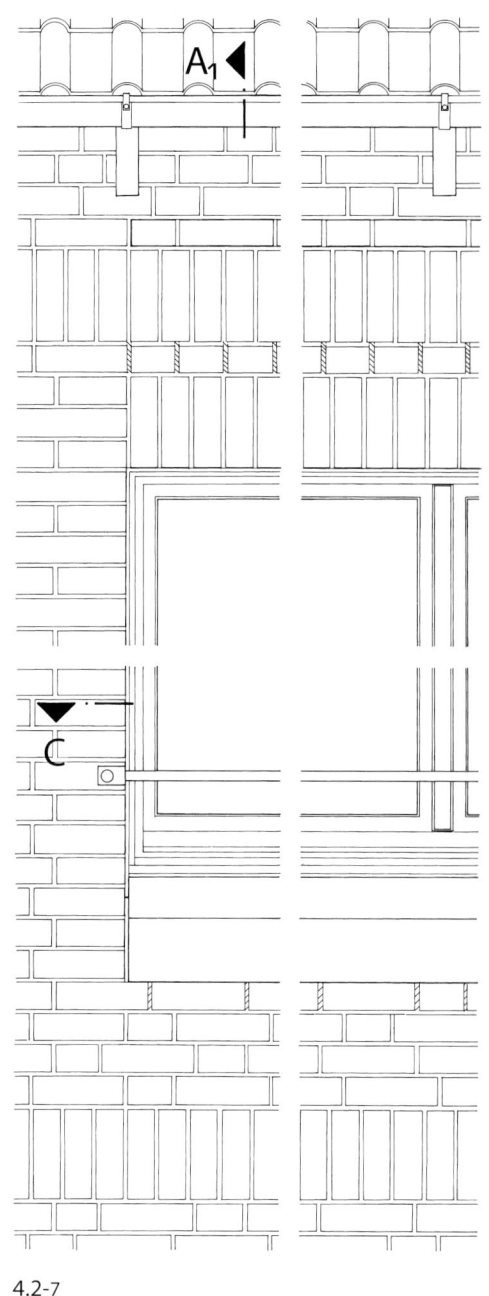

4.2-7

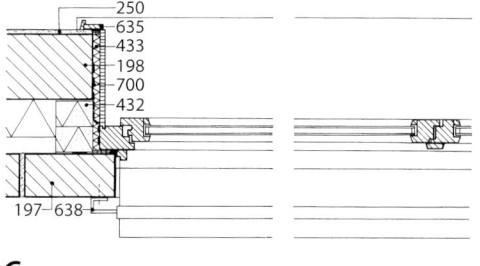

C
4.2-8

4.2 Spitzgaube, ausgebautes Dachgeschoss mit Kniestock

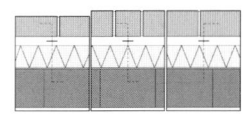

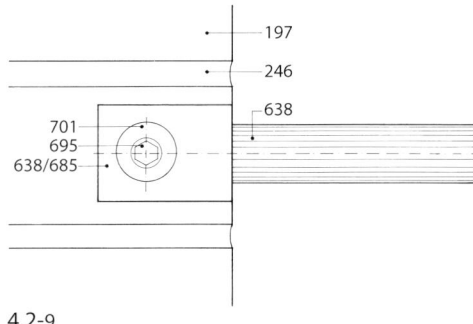

4.2-9
Detail

174 Sperrschicht, waagerecht, Sperrfolie o. Ä.
178 Sperrschicht
197 Verblendschale aus frostwiderstandsfähigen Mauersteinen
198 Hintermauerschale
234 offene Stoßfuge, Lüftung / Entwässerung
235 Grenadierschicht
246 Mörtelfuge
250 Innenputz
255 Gipsbauplatte, Gipskarton- bzw. Gipsfaserplatte
270 Stahlbetonwand
300 Stahlbetondecke
332 Fertigteilsturz
334 Fertigteil-Verblendsturz, aus Stahlbeton mit Mauerstein-Riemchen
336 Betonwerksteinfensterbank
425 Dampfsperre, z. B. 0,2 mm PE-Folie
430 Mineralwolle
432 Schaumglas
433 Mineralwolle gestopft oder Schaumkunststoff, örtlich eingebracht
438 Schaumglas-Kaltkleber
439 Fugendichtband, vorkomprimiert
470 Fußpfette
493 Dichtungsbahn
631 Fensterrahmen
632 Fensterflügel
633 Glashalteleiste
635 Fensterfutter mit Bekleidung
638 Brüstungsstange
639 Versiegelung
640 Deckleiste
641 Vorlegeband
675 Mehrscheibenisolierglas
680 Drahtanker, nicht rostend
681 Tropfscheibe
685 Halterung
686 Verankerung
695 Dübelschraube
700 Flachstahlanker, nicht rostend
701 Montagebohrung

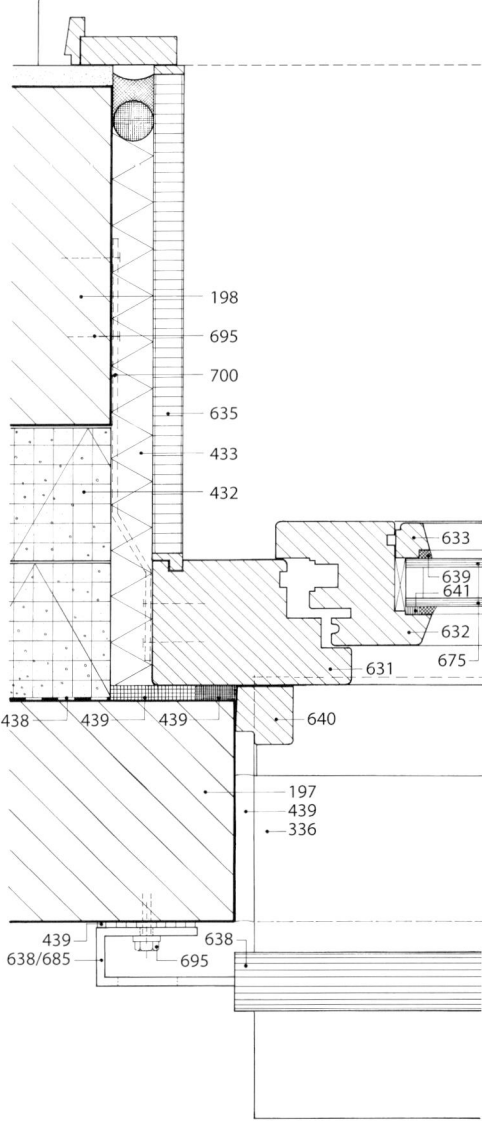

C
4.2-10
Detail

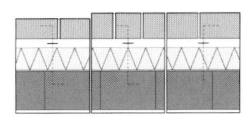

4.3 Walmdachgaube, ausgebautes Dachgeschoss

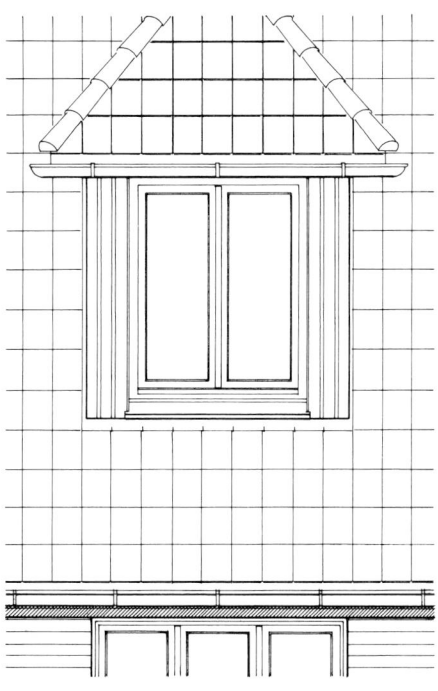

4.3-1

Das Hauptdachgesims begrenzt die Fassade auf der Höhe der oberen Fensterstürze. Dieses Gesims trägt eine Stülpschalung aus Glattkantbrettern mit integrierten Lüftungsprofilen. Den Dachrand der Gaube umgibt ein gestalterisch ähnliches – in den Abmessungen aber kleineres – Gesims.

Oberhalb des Gaubenfensters trägt das Gesims einen integrierten Rollladen. Er schützt u. a. gegen unerwünschte Sonneneinstrahlung.

Die Außenflächen der Gaube tragen eine Boden-Deckel-Schalung aus parallel besäumten, 24 mm dicken Lärchenbrettern aus Kernholz. Quadratische Nuten zwischen den Brettern strukturieren die Flächen.

Dach

Die Dachziegel liegen auf Trag- und Grundlattung. Die Unterdeckung besteht aus einer ca. 20 mm dicken Profilholzschalung, abgedeckt mit einer Glasvlies-Bitumendachbahn, z. B. V13.

Die Dichtungsbahn endet an der Traufe mit einer Zinkblech-Abtropfkante. Ein Vogelschutzgitter sichert den Belüftungsschlitz. Die vorgehängte Dachrinne gewährleistet die Belüftung der Dachdeckung auch bei Schneefall.

Außenwand und Decke der Gaube

Eine horizontale Lattung trägt die Boden-Deckel-Schalung. Bei starker Schlagregenbelastung ist eine zusätzliche vertikale Lattung sinnvoll. Darunter folgt vollflächig eine diffusionsoffene Bahn (Windschutz/Feuchteschutz) auf einer 20 mm dicken Holzschalung. Das Holzskelett ist vollständig mit mineralischem Dämmstoff gefüllt. Die innere Bekleidung aller Flächen besteht aus 16 mm dicken Holzwerkstoffplatten, einer 0,2 mm dicken PE-Folie (Luftsperre/Dampfsperre) und 10 mm dicken Gipsfaserplatten. Ein zusätzlicher Spachtelputz erhöht die Qualität der Oberfläche.

Im Brüstungsbereich beträgt die Dämmstoffdicke der Wand 240 mm. Außen bekleiden 16 mm dicke Holzwerkstoffplatten, V100 E1, die Wand.

Innenanschläge und integrierte Rollladenführungsschienen charakterisieren die Fensterleibungen. Eine Metallfensterbank mit seitlichen Aufkantungen deckt die Brüstung ab. Das Bleiblech der Dacheindichtung greift unter die Bank bzw. unter die Boden-Deckel-Schalung.

Die Deckenkonstruktion begrenzt ein 240 mm hoher Randträger aus Brettschichtholz. Oben schließt eine Holzwerkstoffplatte, V100 E1, den mit Mineralwolle gefüllten Deckenhohlraum ab.

255	Gipsbauplatte, Gipskarton- bzw. Gipsfaserplatte
361	Holzstütze
364	Kantholz
369	Brettschichtholz, BS-Holz
371	Holzwerkstoffplatte V20 E1
372	Holzwerkstoffplatte V 100 E1
378	Holzunterkonstruktion
384	Lattung
418	Luftsperre / Dampfsperre
427	Winddichtung / Feuchteschutz, diffusionsoffen
430	Mineralwolle
442	Boden- / Deckelschalung, 24 mm dick
445	Brett, parallel besäumt
460	Abdeckblech
470	Fußpfette
475	Traglattung 30/50 mm bzw. 40/60 mm
476	Grundlattung 30/50 mm
486	Dachstein
489	Holzschalung
493	Dichtungsbahn
642	Rollladen
645	Rollladenschiene
686	Verankerung

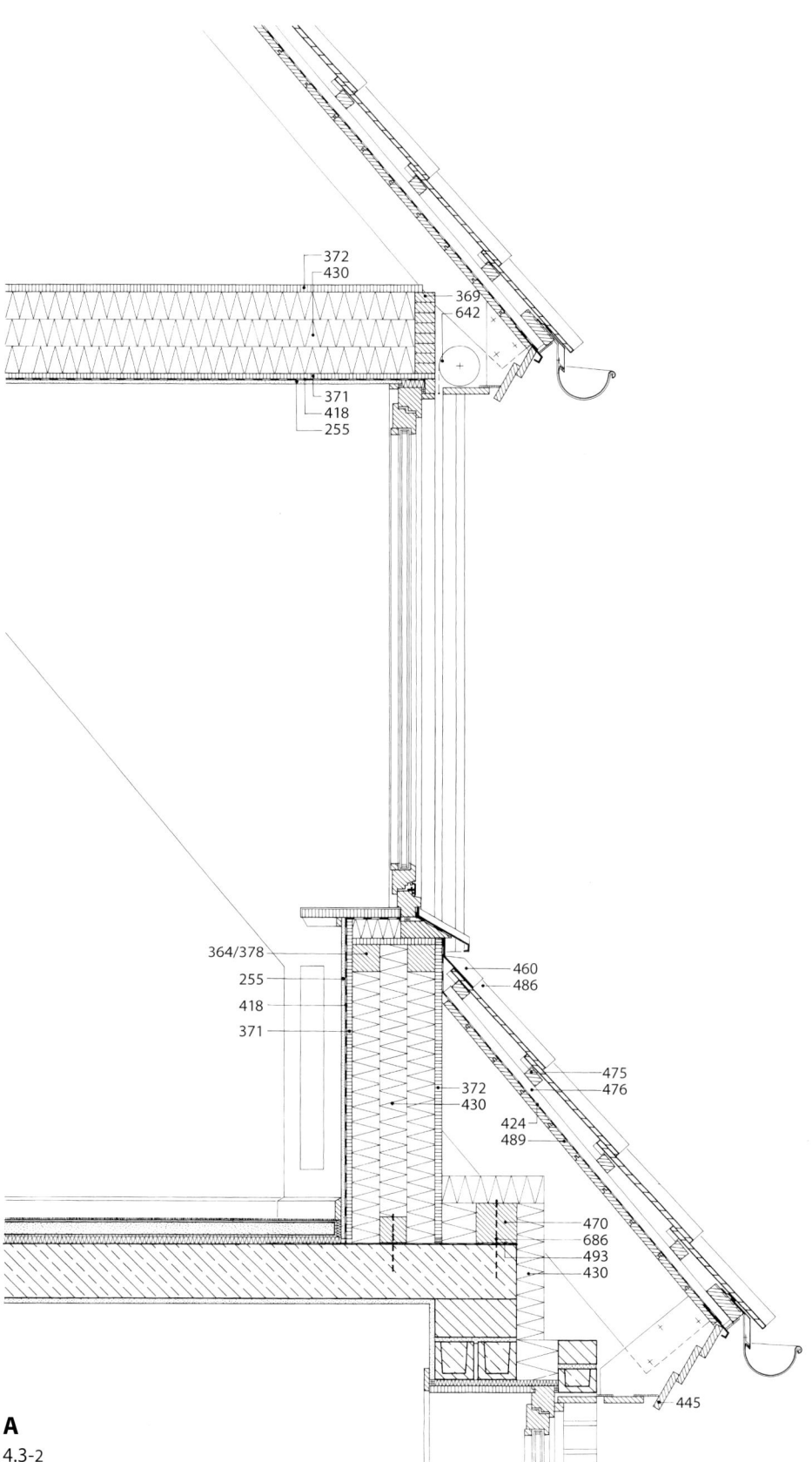

A
4.3-2

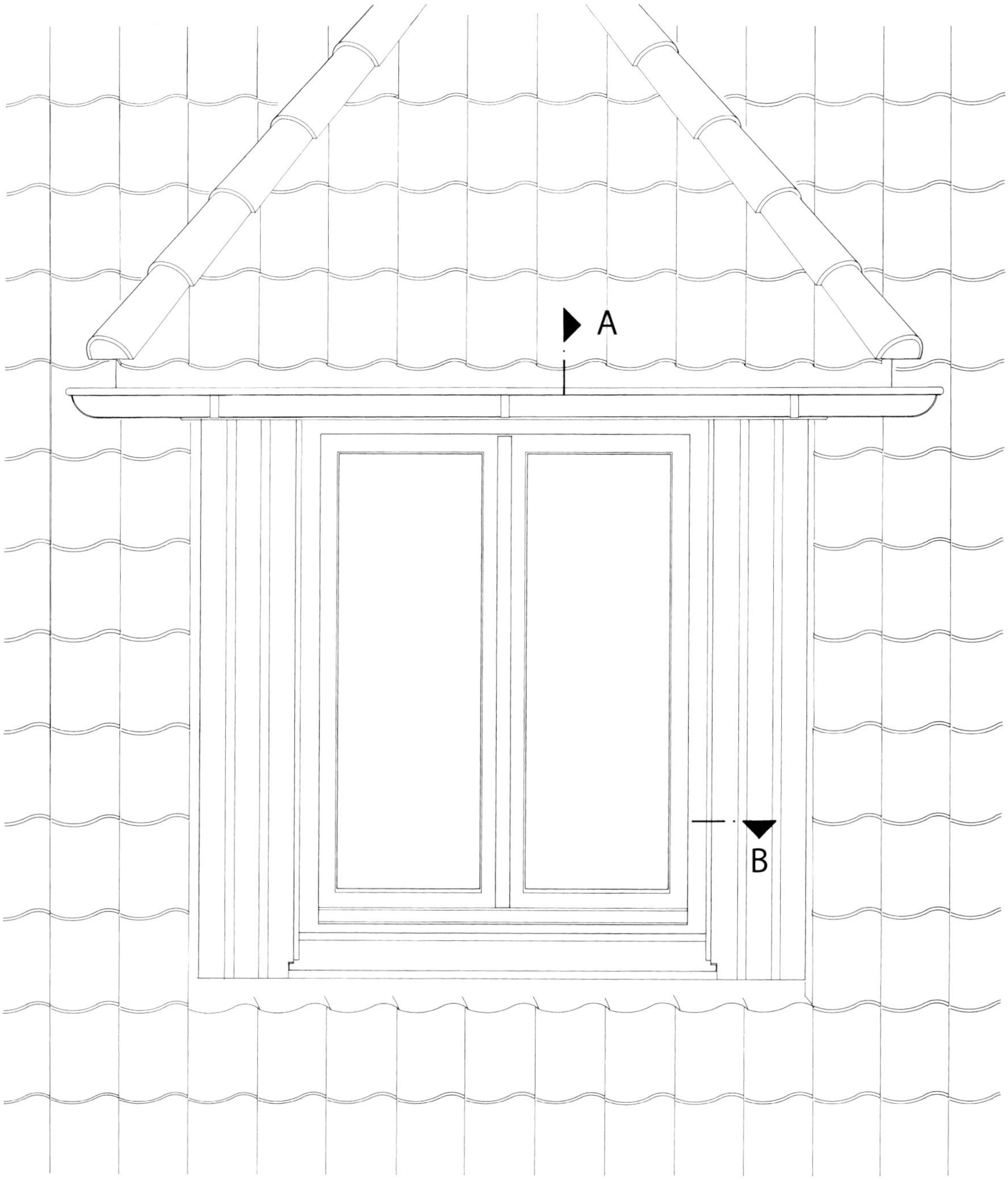

4.3 Walmdachgaube, ausgebautes Dachgeschoss

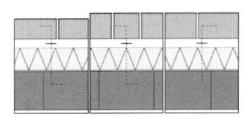

4.3-3

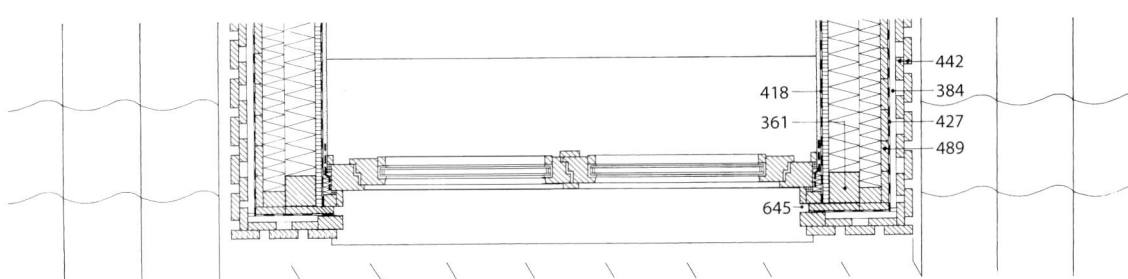

B
4.3-4

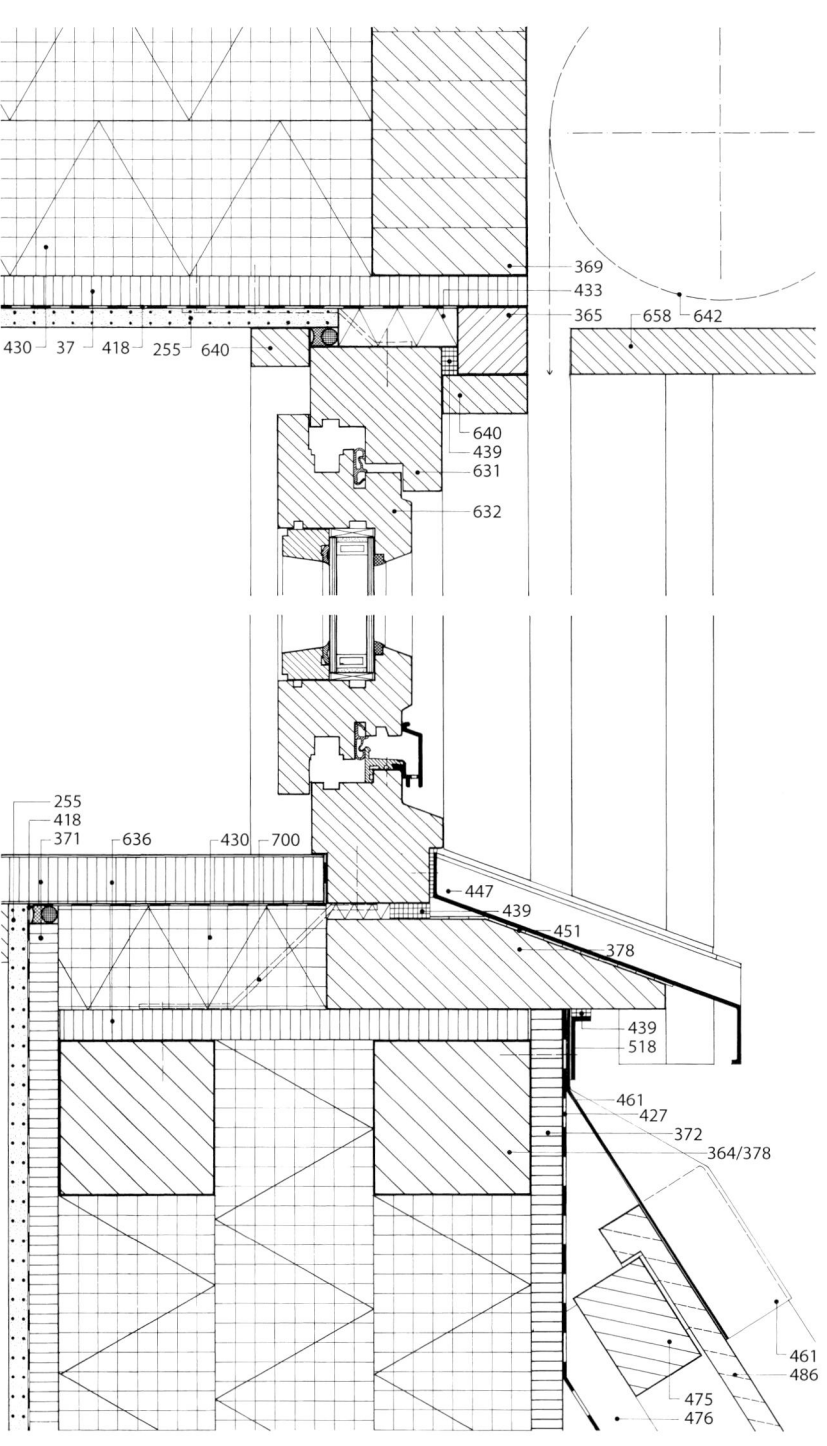

A
4.3-5
Detail

4.3 Walmdachgaube, ausgebautes Dachgeschoss

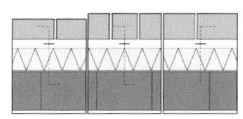

255	Gipsbauplatte, Gipskarton- bzw. Gipsfaserplatte
361	Holzstütze
364	Kantholz
365	Anschlagholz
369	Brettschichtholz, BS-Holz
371	Holzwerkstoffplatte V20 E1
372	Holzwerkstoffplatte V 100 E1
378	Holzunterkonstruktion
418	Luftsperre / Dampfsperre
427	Winddichtung / Feuchteschutz, diffusionsoffen
430	Mineralwolle
433	Mineralwolle gestopft oder Schaumkunststoff, örtlich eingebracht
439	Fugendichtband, vorkomprimiert
442	Boden-/ Deckelschalung, 24 mm dick
447	Metallfensterbank mit seitlichen Aufkantungen
451	Trennschicht, z. B. Glasvlies-Bitumendachbahn V13
461	Abdeckblech / Bleiblech
475	Traglattung 30/50 mm bzw. 40/60 mm
476	Grundlattung 30/50 mm
486	Dachstein
489	Holzschalung
518	Klemmprofil, nicht rostend, geschraubt
631	Fensterrahmen
632	Fensterflügel
636	Fensterbank, Holzwerkstoff bzw. Brettschichtholz
640	Deckleiste
642	Rollladen
645	Rollladenschiene
658	Deckbrett
700	Flachstahlanker, nicht rostend

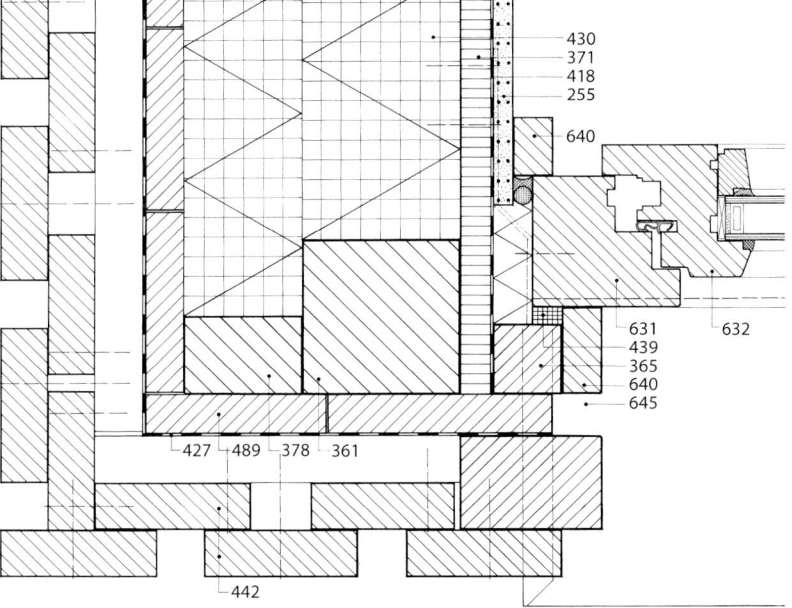

B
4.3-6
Detail

4.4 Ausbildung von Rollladeneinbauten

4.4.1 Rollladenkasten, integriert in den Wandquerschnitt

4.4.1.1 Rollladenkastendeckel innen

In den Wandquerschnitt integrierte Rollladenkästen treten weder außen noch innen plastisch hervor. In der Praxis dominiert der Rollladenkasten mit Deckel zum Innenraum, u. a. weil Montage und Wartung relativ einfach sind. Systeme mit Außendeckel leisten beim Schall- und Wärmeschutz in der Regel mehr.

Bei diesem Projekt erlaubt das zweischalige Mauerwerk die Unterbringung des Kastens [116] im Bereich von Luftschicht, Dämmschicht und Hintermauerwerk. Vor dem Kasten verläuft die Verblendschale mit einem Fertigsturz [117] aus Stahlbeton und Winkelriemchen.

Die Grenadierschicht des Sturzes wiederholt sich als gestalterisches Element unter der Fensterbank. Die Fensterbankabdeckung besteht aus abgekantetem V4A-Blech. Durch das Gefälle von 30° und die hohen seitlichen Aufkantungen werden ein wirksamer Spritzwasserschutz und eine schnelle Wasserableitung erreicht. Um im Innenraum – trotz Rollladenkastens – eine geringe Sturzhöhe zu erreichen, wurde ein Stahlbetonüberzug gewählt.

Im Eckbereich Zimmerdecke / Rollladenkasten besteht ein erhöhtes Tauwasserrisiko.

Das eingeklebte Polystyrolprofil hebt die Oberflächentemperatur in dieser Zone an und verbessert die Konvektion. Aus gestalterischen Gründen verläuft das Profil an allen Wänden des Raumes.

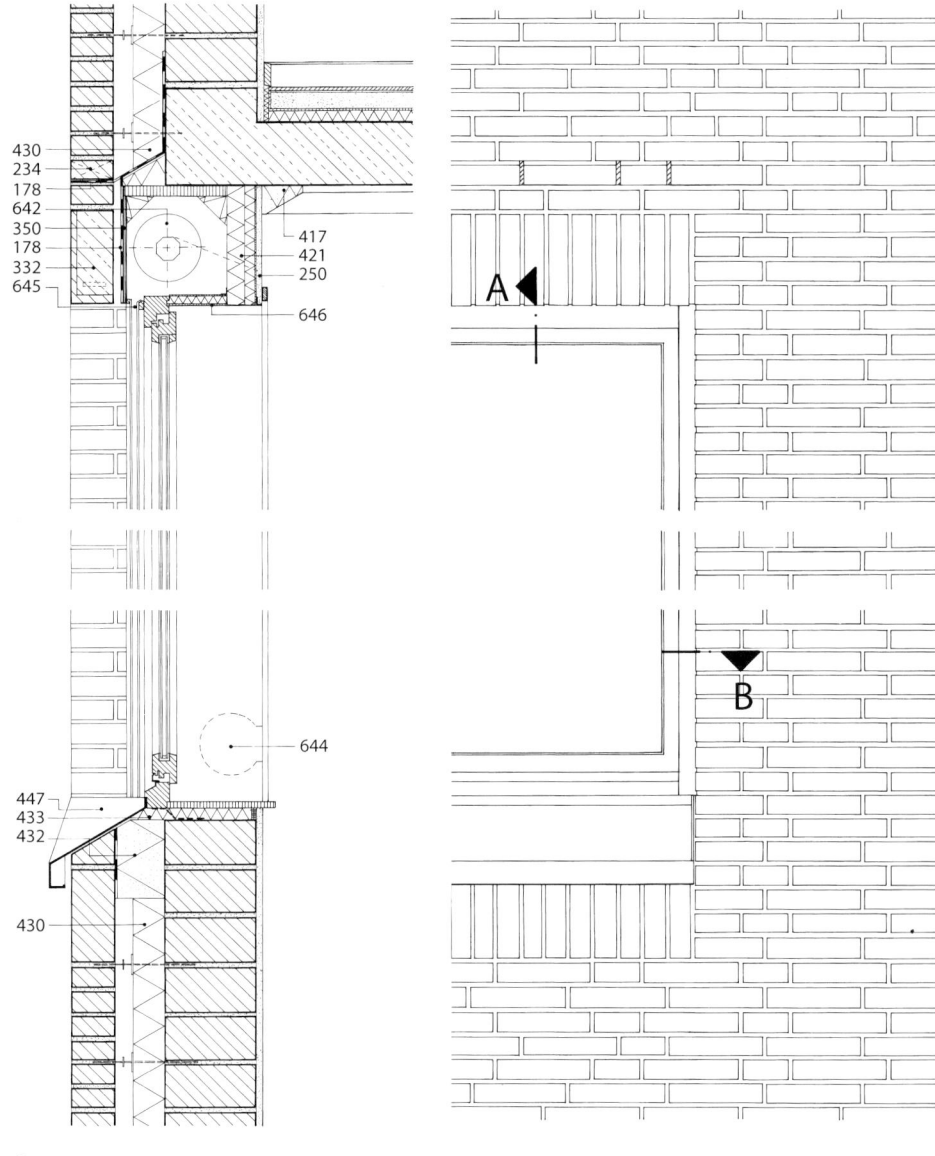

A
4.4.1.1-1

4.4.1.1-2

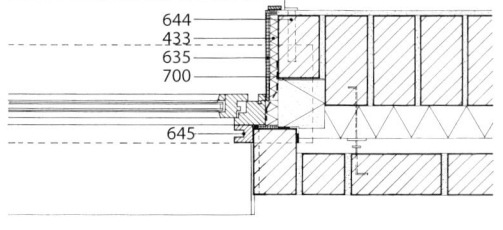

B
4.4.1.1-3

178 Sperrschicht
197 Verblendschale aus frostwiderstandsfähigen Mauersteinen
234 offene Stoßfuge, Lüftung / Entwässerung
250 Innenputz
332 Fertigteilsturz
334 Fertigteil-Verblendsturz, aus Stahlbeton mit Mauerstein-Riemchen
350 Rollladenkasten
416 Rundes, geschlossenzelliges Hinterfüllprofil
417 Deko-Hartschaumprofil
421 Dämmstoff
429 Fugendichtungsmasse
430 Mineralwolle
432 Schaumglas
433 Mineralwolle gestopft oder Schaumkunststoff, örtlich eingebracht

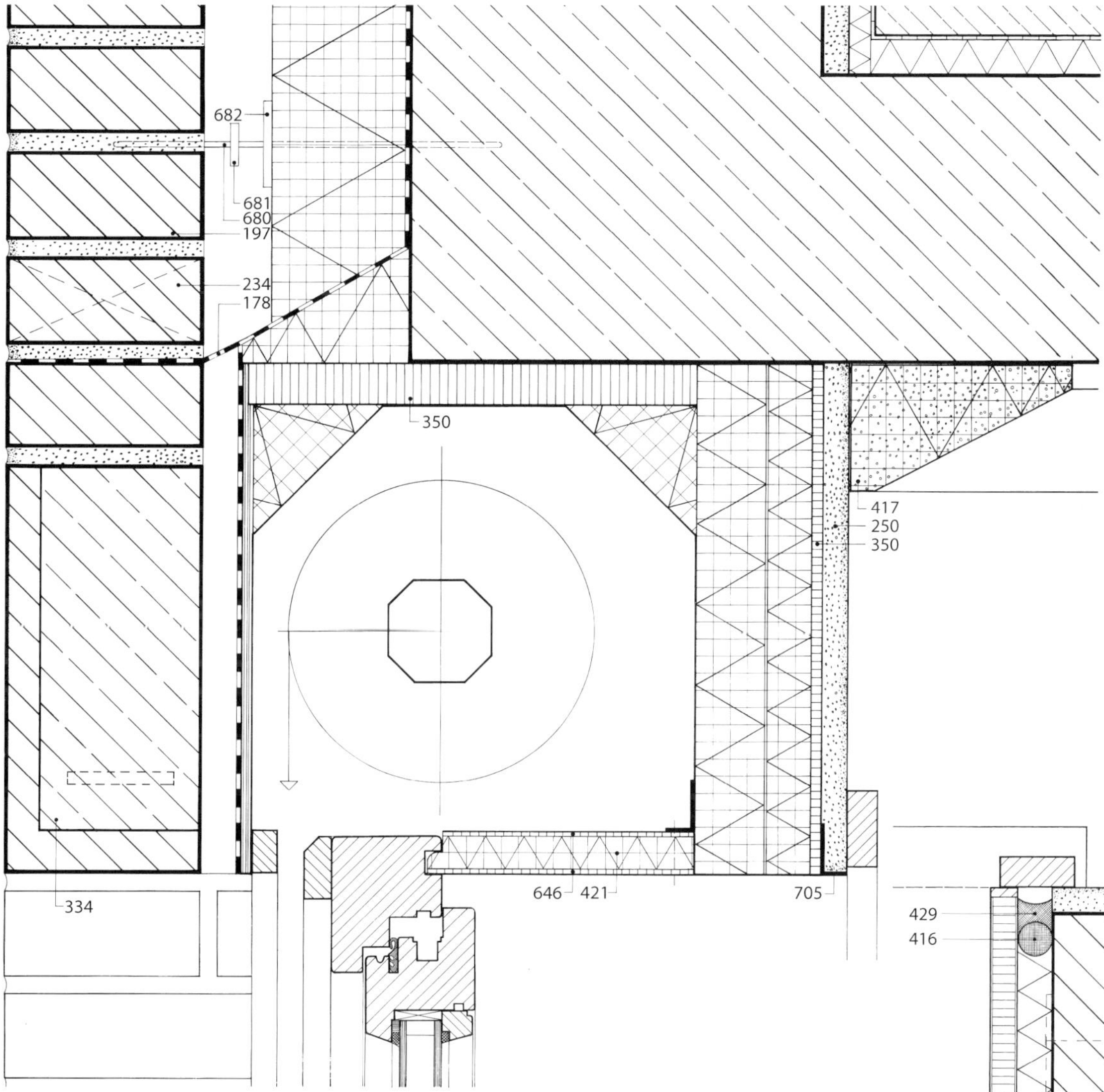

4.4 Ausbildung von Rollladeneinbauten
4.4.1 Rollladenkasten, integriert in den Wandquerschnitt

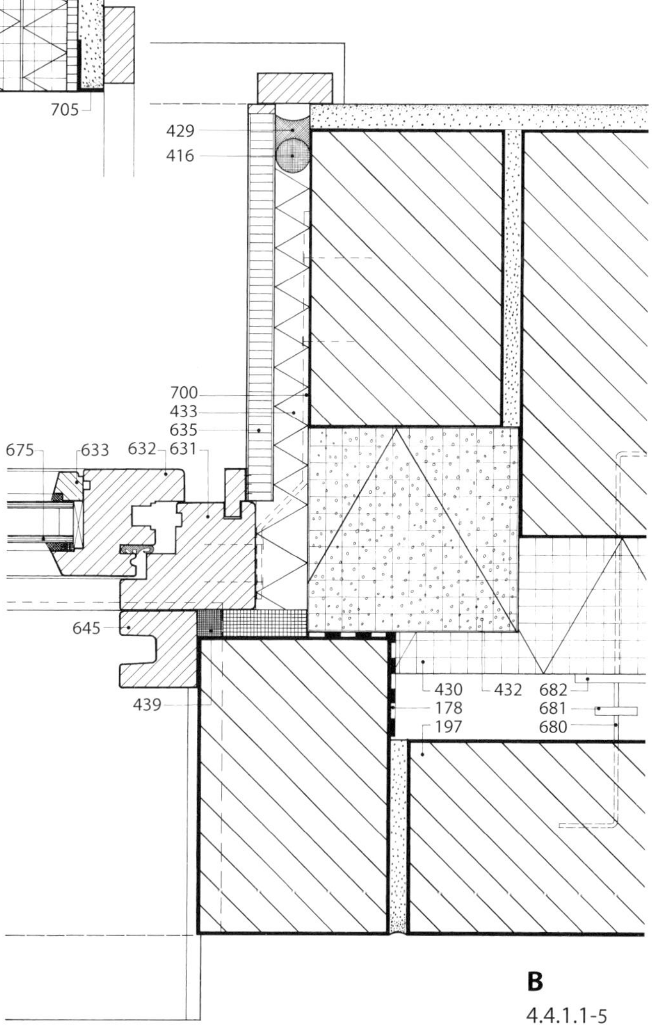

273

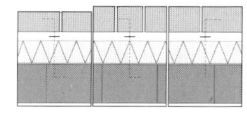

A
4.4.1.1-4
Detail

439 Fugendichtband, vorkomprimiert
447 Metallfensterbank mit seitlichen Aufkantungen
631 Fensterrahmen
632 Fensterflügel
633 Glashalteleiste
635 Fensterfutter mit Bekleidung
642 Rollladen
644 Gurtroller
645 Rollladenschiene
646 Rollladenkastendeckel, innen
675 Mehrscheibenisolierglas
680 Drahtanker, nicht rostend
681 Tropfscheibe
682 Klemm-Krallenplatte
700 Flachstahlanker, nicht rostend
705 Metallwinkel, nicht rostend

B
4.4.1.1-5
Detail

4.4.1.2 Rollladenkastendeckel außen

Dieses Beispiel ähnelt der Lösung 4.4.1.1. Der wesentliche Unterschied besteht in der Anordnung des Rollladenkastendeckels außen. Dadurch rückt das Fenster weiter nach innen. Entsprechend geringer wird die Fensterbanktiefe. Die Sturzhöhe im Verblendmauerwerk beträgt bei diesem Projekt 365 mm.

Noch nach dem Einbau lassen sich die Schalldämmung und die Steifigkeit des konfektionierten Rollladenkastens [108] verbessern. Dazu wird eine vorgegebene Hohlkammer ausbetoniert.

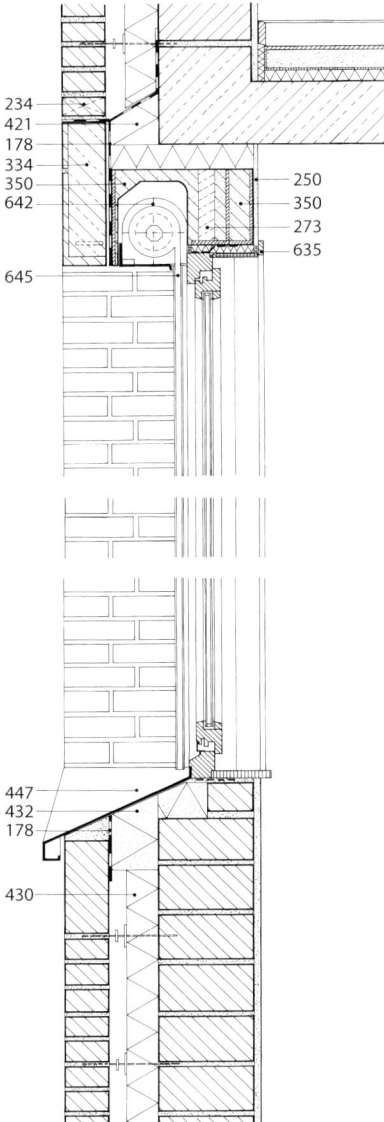

A
4.4.1.2-1

4.4.1.2-2

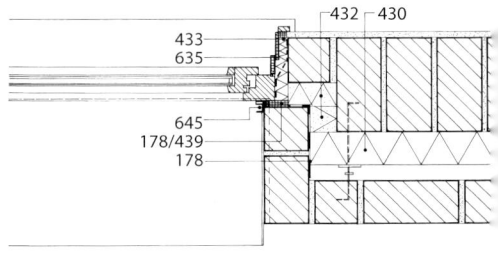

B
4.4.1.2-3

- 178 Sperrschicht
- 197 Verblendschale aus frostwiderstandsfähigen Mauersteinen
- 234 offene Stoßfuge, Lüftung / Entwässerung
- 250 Innenputz
- 273 Beton
- 334 Fertigteil-Verblendsturz, aus Stahlbeton mit Mauerstein-Riemchen
- 350 Rollladenkasten
- 421 Dämmstoff
- 430 Mineralwolle
- 432 Schaumglas
- 433 Mineralwolle gestopft oder Schaumkunststoff, örtlich eingebracht
- 439 Fugendichtband, vorkomprimiert
- 447 Metallfensterbank mit seitlichen Aufkantungen
- 635 Fensterfutter mit Bekleidung
- 642 Rollladen
- 643 Rollladenkasten
- 645 Rollladenschiene
- 647 Rollladenkastendeckel, außen
- 680 Drahtanker, nicht rostend
- 681 Tropfscheibe
- 682 Klemm-Krallenplatte

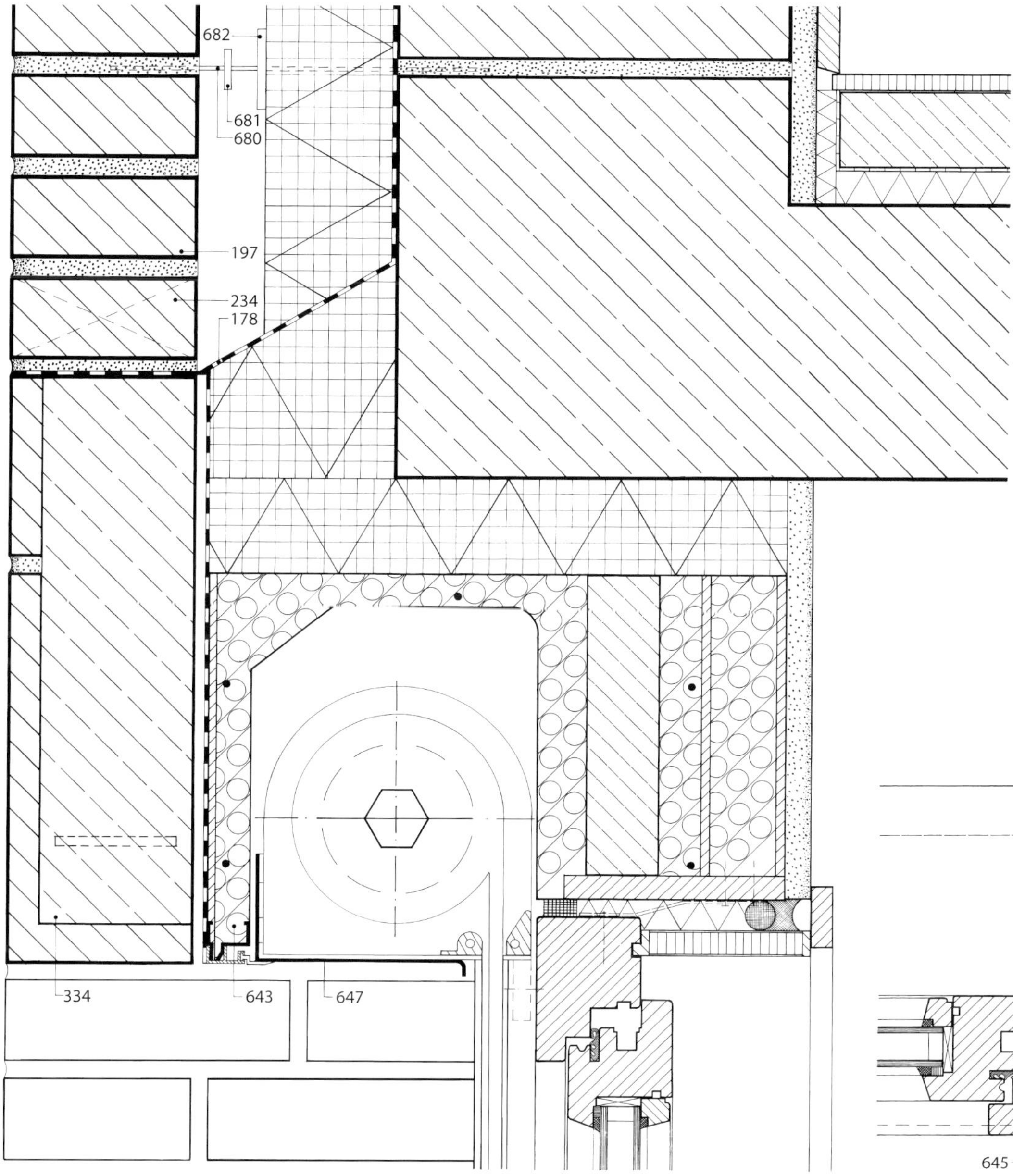

4.4 Ausbildung von Rollladeneinbauten
4.4.1 Rollladenkasten, integriert in den Wandquerschnitt

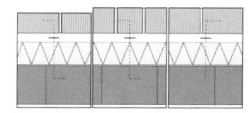

A
4.4.1.2-4
Detail

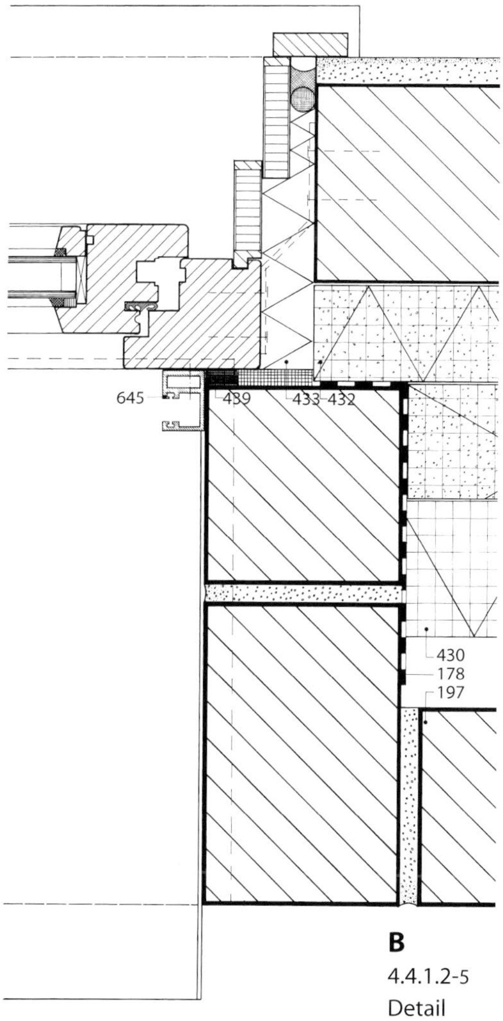

B
4.4.1.2-5
Detail

4.4.2 Rollladenkasten als plastisches Element der Fassade, überdacht mit Betonwerksteinsturz

Bei diesem Projekt wird kein konfektionierter Rollladenkasten eingesetzt, sondern der Betonsturz so ausgebildet, dass der für den Rollladenpanzer notwendige Rollraum entsteht. Der Werksteinsturz tritt plastisch aus der Fassadenebene heraus. So ist es möglich, das Hintermauerwerk einschließlich Dämmschicht ungeschwächt bis an das Fenster heranzuführen. Montage und Wartung dieses Rollladens können nur von außen erfolgen.

Gestalterisch charakterisiert den Werksteinsturz seine Satteldachstruktur. Das Pendant dazu bildet der Betonwerksteinblock der Fensterbank. Sturz und Fensterbank überragen die Fensteröffnung an den Seiten. In ihren Abmessungen sind die Fertigteile auf das Verblendmauerwerk abgestimmt. Wie bei den übrigen Beispielen des zweischaligen Wandsystems befindet sich auch hier Schaumglas an den Rändern der Fensteröffnungen. Hinter der Betonbank verläuft die Dämmschicht in voller Dicke.

Eine Metallfensterbank mit seitlichen Aufkantungen deckt die Dämmschicht oben ab.

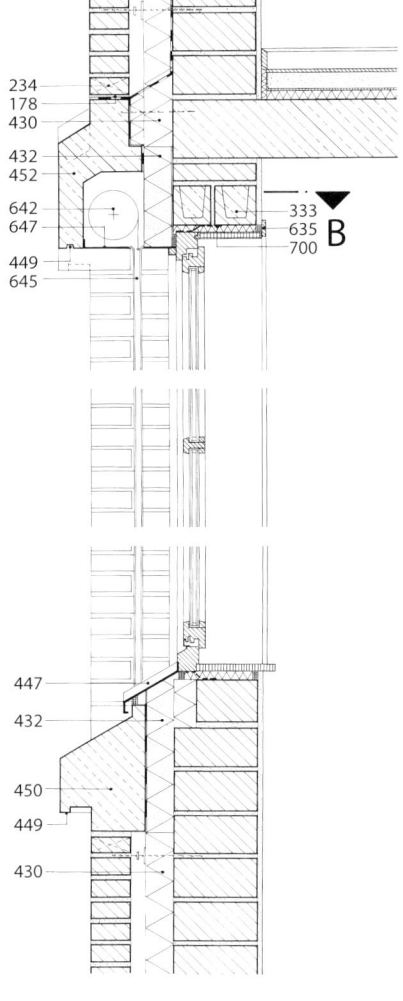

A
4.4.2-1

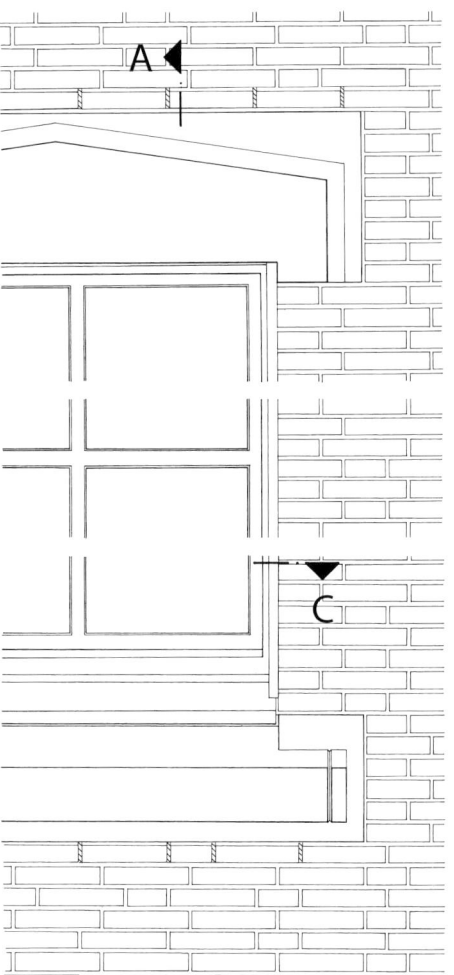

4.4.2-3

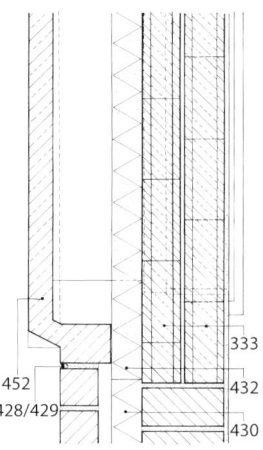

B
4.4.2-2

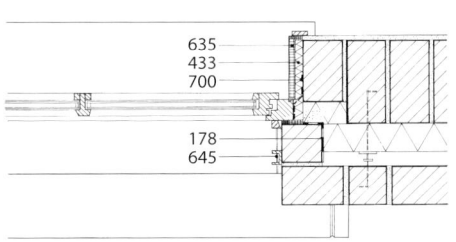

C
4.4.2-4

- 178 Sperrschicht
- 197 Verblendschale aus frostwiderstandsfähigen Mauersteinen
- 234 offene Stoßfuge, Lüftung / Entwässerung
- 250 Innenputz
- 333 U-Schalen-Fertigteilsturz
- 428 Bauteiltrennfuge
- 429 Fugendichtungsmasse
- 430 Mineralwolle
- 432 Schaumglas
- 433 Mineralwolle gestopft oder Schaumkunststoff, örtlich eingebracht
- 439 Fugendichtband, vorkomprimiert
- 447 Metallfensterbank mit seitlichen Aufkantungen
- 449 Wassernase
- 450 Betonwerksteinfensterbank
- 452 Betonwerksteinsturz
- 635 Fensterfutter mit Bekleidung
- 640 Deckleiste
- 642 Rollladen
- 645 Rollladenschiene
- 647 Rollladenkastendeckel, außen
- 680 Drahtanker, nicht rostend
- 681 Tropfscheibe
- 682 Klemm-Krallenplatte
- 700 Flachstahlanker, nicht rostend

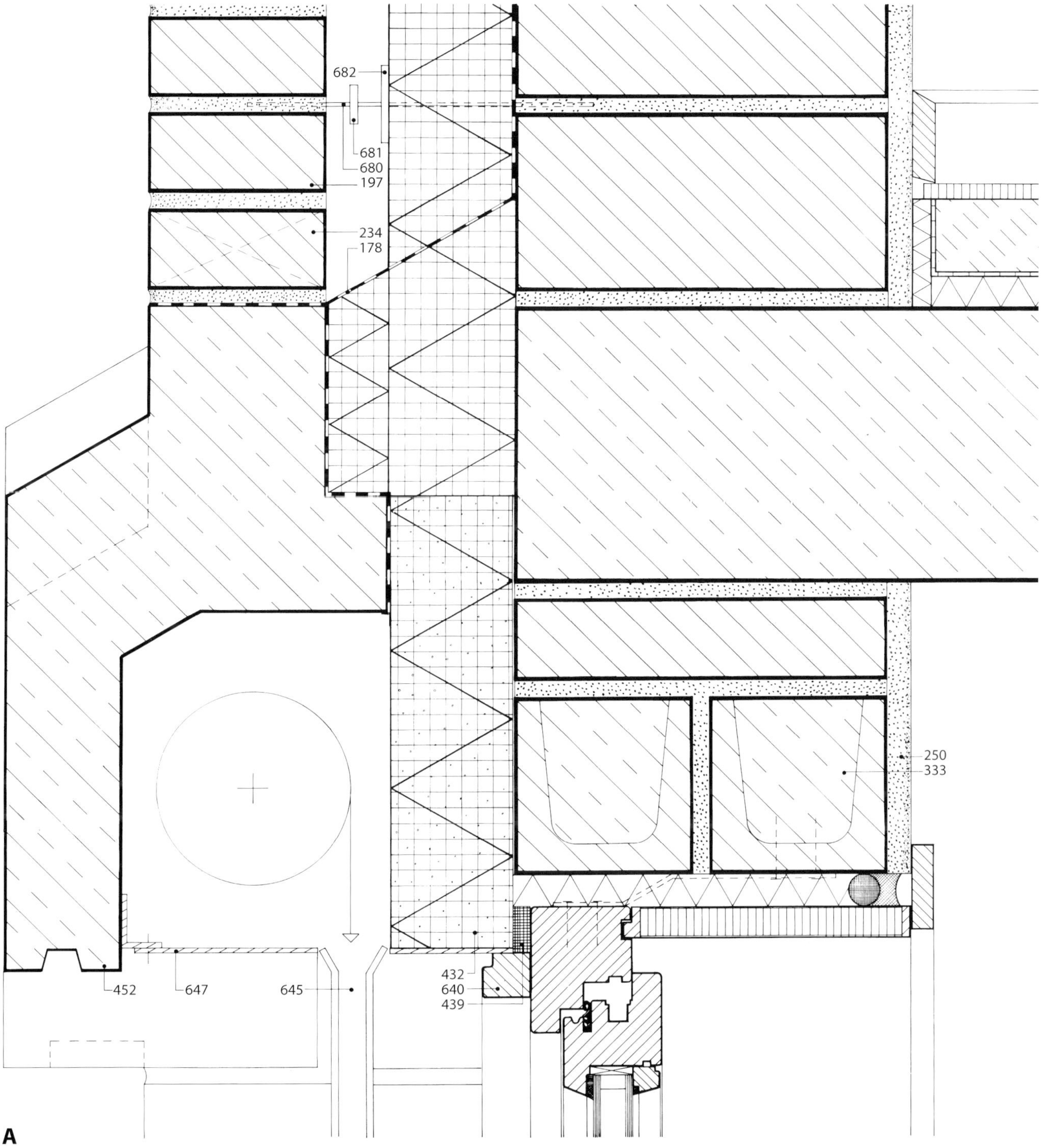

4.4 Ausbildung von Rollladeneinbauten
4.4.2 Rollladenkasten als plastisches Element der Fassade, überdacht mit Betonwerksteinsturz

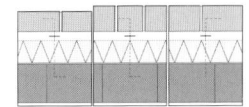

277

A
4.4.2-5
Detail

D Projekte mit Mauerwerk-Außenwandsystemen
4 Zweischaliges Verblendmauerwerk mit Kerndämmung und Luftschicht

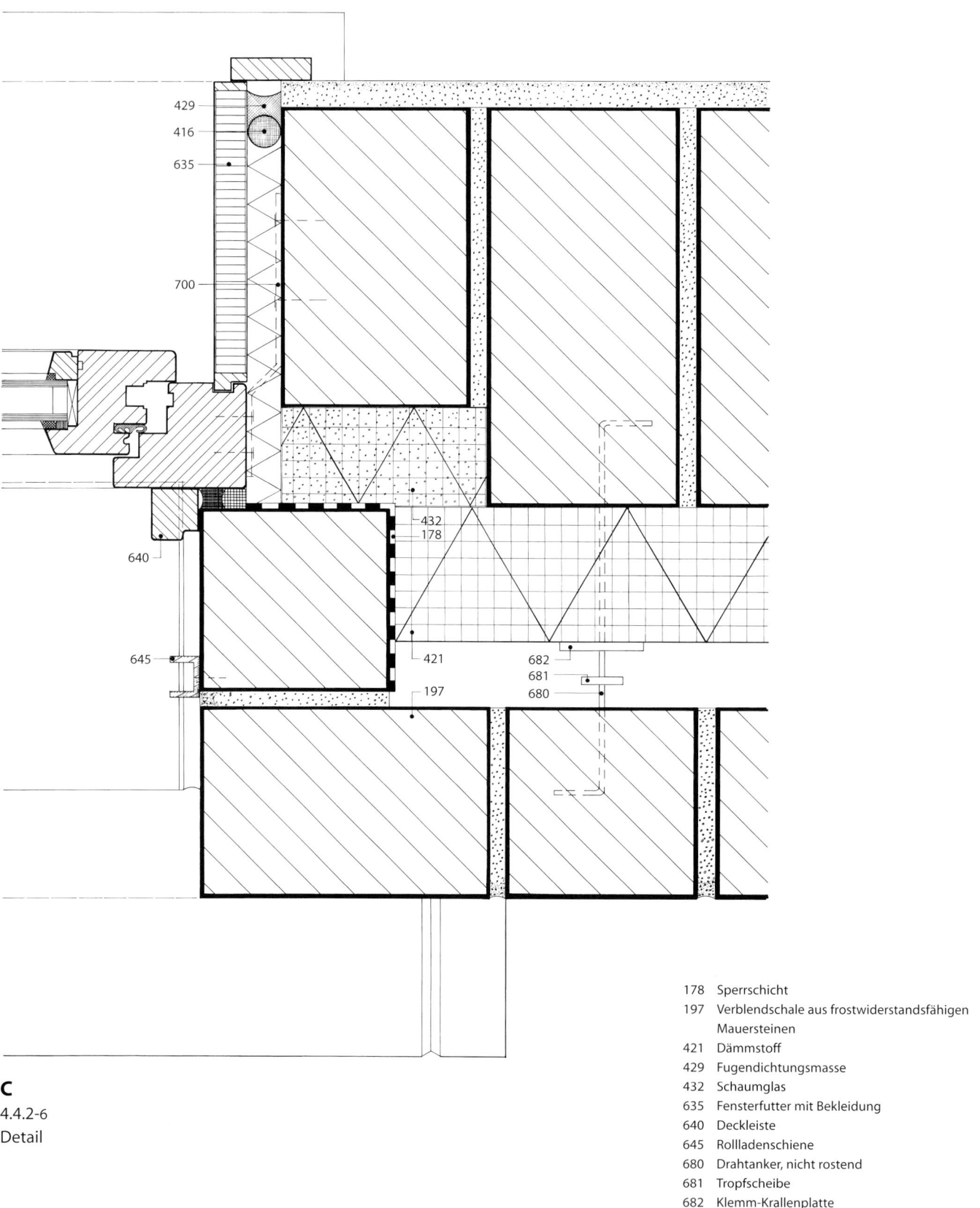

C
4.4.2-6
Detail

178 Sperrschicht
197 Verblendschale aus frostwiderstandsfähigen Mauersteinen
421 Dämmstoff
429 Fugendichtungsmasse
432 Schaumglas
635 Fensterfutter mit Bekleidung
640 Deckleiste
645 Rollladenschiene
680 Drahtanker, nicht rostend
681 Tropfscheibe
682 Klemm-Krallenplatte
700 Flachstahlanker, nicht rostend

E Projekte mit Holzaußenwandsystemen

1 Holzständersysteme mit Dämmschicht und belüfteter Fassadenbekleidung bzw. Verblendmauerwerk-Vorsatzschale

1.1 Wohnhaus mit Kellergeschoss und Spitzboden
Fassadenbekleidung: vertikale Holzdeckelschalung

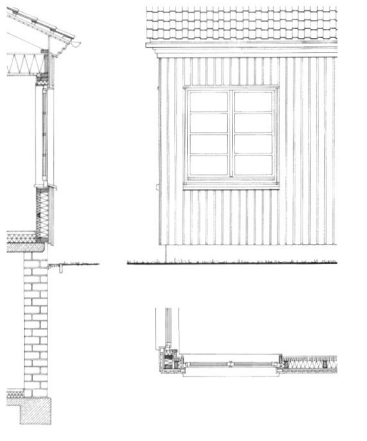

1.1-1

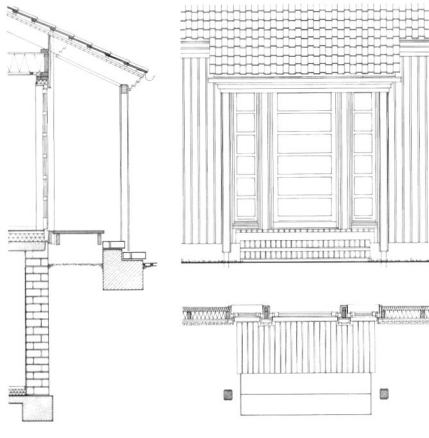

1.1-2

Zu den gestalterischen Merkmalen dieses Projektes zählen u.a. das Ziegeldach mit Dachrinne, die kräftig profilierte vertikale Holzbekleidung der Fassade und das an Traufe und Ortgang umlaufende, geschuppte Gesims. Der niedrige Mauersockel trägt einen Anstrich. Das Rastermaß der Tragstruktur beträgt 1250 mm, das der Außenbekleidung 125 mm. Die Einzelöffnungen der Fenster und Türen sind maßlich darauf abgestimmt. Dreiseitige Holzgewände umgeben die Öffnungen außen. Metallbänke bilden bei den Fenstern den unteren Abschluss. Ihre seitlichen Aufkantungen »unterfahren« die Fassadenbekleidung. Im Sturzbereich schützt eine Metallabdeckung das Holzgewände.

Die geschlossenen Wandflächen erhalten jeweils zusätzlich noch eine Zwischenstütze, die der Stabilisierung der Außen- und Innenbekleidung dient. Daraus resultiert ein Rastermaß von 625 mm. Auf diesem Raster basiert auch die Konzeption des Eingangsbereiches und der Haustüranlage. Aus dem Satteldach wird ein Pult herausgezogen, das auf zwei Holzstützen ruht. Die Stützen stehen im Raster der Außenwandstruktur, aber mit Distanz zur Treppenanlage. Daraus resultiert die – gegenüber dem Rastermaß – reduzierte Breite der beiden ersten Stufen. Sie bestehen aus Klinkerrollschichten auf einem Stahlbetonfundament.

Das Eingangspodest als Holzrost stellt die dritte Steigung dar, aus Gründen des baulich-konstruktiven Holzschutzes als Brücke konzipiert.

Die symmetrische Haustüranlage umfasst drei Elemente. In der Mitte eine einflügelige Haustür, Rastermaß 1250 mm. Rechts und links der Haustür schließen sich geschosshohe Fenster an, Rastermaß 625 mm.

Vordach, Podestfläche und die Sprossengliederung fassen die drei Elemente gestalterisch zusammen.

Dach

Bei diesem Projekt ist der Dachraum belüftet. Die notwendigen Belüftungsöffnungen sind an der Traufe und am Ortgang in die Stülpschalung des Gesimses integriert. Die Unterdeckung besteht aus einer 20 mm dicken Profilholzschalung, abgedeckt mit einer V13-Bitumenbahn. Darüber liegen Dachziegel auf Trag- und Grundlattung. Die Belüftung der Dachdeckung und die Entwässerung der Unterdeckung erfolgen in der Ebene der Grundlattung. Durch die vorgehängte halbrunde Rinne bleibt diese Belüftung auch bei Schneefall funktionstüchtig.

Außenwand

Die Abmessungen der vertikalen Profile des Ständerwerks betragen 60/120 mm, die der horizontalen Hölzer 60/60 mm. Die Aussteifung des Skeletts übernehmen 15 mm dicke Holzwerkstoffplatten, V100 E1, auf die eine diffusionsoffene Wetterschutzbahn aufgebracht wird. Außen folgt dann eine Lattung als Unterkonstruktion für die Holzdeckelschalung, je nach Wetterbeanspruchung vertikal plus horizontal oder – wie hier dargestellt – nur mit horizontaler Lattung. Die 24 mm dicken Bretter der Bekleidung können z. B. geschraubt oder genagelt werden. Wichtig ist, jedes Brett einzeln zu fixieren. Quellen und Schwinden der Elemente soll schadenfrei möglich sein. Die Skelettstruktur wird vollständig mit Mineralwolle – 180 mm – ausgefüllt. In den Leibungen der Fenster beträgt die Dämmung 60 mm.

Im Innenraum besteht die Bekleidung aus 12,5 mm dicken Gipsbauplatten einschließlich einer 0,2 mm dicken PE-Folie (Luftsperre/Dampfsperre). Häufig wird auch eine zweilagige innere Bekleidung gewählt. Weitere Einzelheiten zum Wandsystem und zu bauphysikalischen Richtwerten siehe Abschnitt C 1.2.2.

Erdgeschossdecke

Die Dämmstoffdicke in der Decke beträgt 300 mm. Holzwerkstoffplatten bilden den Fußboden und gleichzeitig die Windsperre. Die untere Bekleidung der Decke besteht aus einer 0,2 mm dicken PE-Folie (Luftsperre/Dampfsperre), einer Lattenkonstruktion 30/50 mm und 12,5 mm dicken Gipsbauplatten.

Kellerdecke

Da bei diesem Projekt das Kellergeschoss nur sporadisch beheizt wird, beträgt die Dicke der Dämmschicht unter dem Estrich 120 mm. Auf dem Estrich liegen keramische Bodenplatten in Dünnbettmörtel.

Kellerfußboden

Die Dämmstoffdicke oberhalb der bituminösen Sperrschicht beträgt 100 mm. Darauf folgt eine Abdeckung, die auch Dampfsperrfunktion übernimmt. Sie wird seitlich hochgeführt und hinter der Fußleiste eingedichtet. Die Estrichplatte erhält einen Bodenbelag bzw. lediglich eine Beschichtung.

1.1 Wohnhaus mit Kellergeschoss und Spitzboden
Fassadenbekleidung: vertikale Holzdeckelschalung

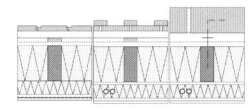

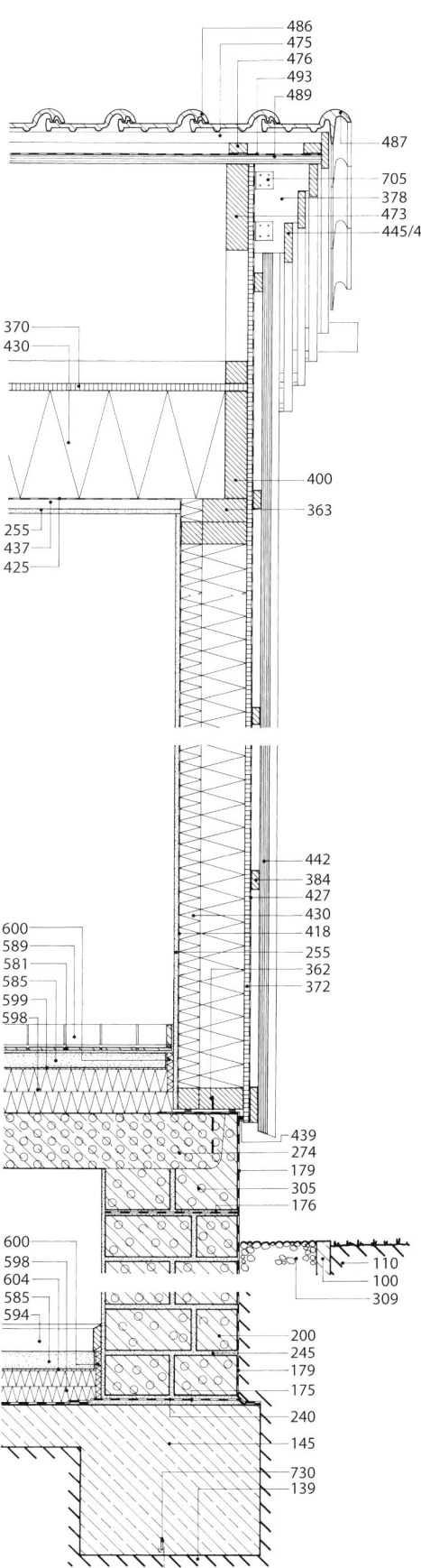

100	Rasenstein
110	Vegetationsschicht, Mutterboden
139	frostfreie Tiefe
145	Fundamentbeton, bewehrt B15
175	Erste Sperrschicht, waagerecht
176	Zweite Sperrschicht, waagerecht
177	Sperrschicht, senkrecht
179	Sperrschicht / Sperrschlämme
200	Kelleraußenmauer
240	Mörtelbett
245	Kalkzementmörtel
255	Gipsbauplatte, Gipskarton- bzw. Gipsfaserplatte
274	Leichtbeton
305	Deckenrandstein
309	Grobkies, Grobkiesschicht
362	Holzschwelle
363	Holzrähm
370	Holzwerkstoffplatte E1
372	Holzwerkstoffplatte V100 E1
378	Holzunterkonstruktion
384	Lattung
400	Deckenbalken
418	Luftsperre / Dampfsperre
425	Dampfsperre, z. B. 0,2 mm PE-Folie
427	Winddichtung / Feuchteschutz, diffusionsoffen
430	Mineralwolle
437	Hohlraum, unbelüftet
439	Fugendichtband, vorkomprimiert
442	Boden- / Deckelschalung, 24 mm dick
445	Brett, parallel besäumt
473	Sparren
475	Traglattung 30/50 mm bzw. 40/60 mm
476	Grundlattung 30/50 mm
479	Ortgang
486	Dachstein
487	Randdachstein
489	Holzschalung
493	Dichtungsbahn
581	Baukeramikplatte, Dünnbettverlegung
585	Estrich auf Dämmschicht
589	Sockelprofil
594	Fußleiste
598	Estrichdämmschicht
600	Estrichrandstreifen ≥ 10 mm, Polystyrol bzw. Mineralwolle
604	Abdeckung / Dampfsperre
705	Metallwinkel, nicht rostend
730	Fundamenterder

A

1.1-3

E Projekte mit Holzaußenwandsystemen
1 Holzständersysteme mit Dämmschicht und belüfteter Fassadenbekleidung bzw. Verblendmauerwerk-Vorsatzschale

100 Rasenstein
110 Vegetationsschicht, Mutterboden
139 frostfreie Tiefe
145 Fundamentbeton, bewehrt B15
175 Erste Sperrschicht, waagerecht
176 Zweite Sperrschicht, waagerecht
177 Sperrschicht, senkrecht
179 Sperrschicht / Sperrschlämme
200 Kelleraußenmauer
240 Mörtelbett
245 Kalkzementmörtel
255 Gipsbauplatte, Gipskarton- bzw. Gipsfaserplatte
274 Leichtbeton
305 Deckenrandstein
309 Grobkies, Grobkiesschicht
363 Holzrähm
370 Holzwerkstoffplatte E1
372 Holzwerkstoffplatte V100 E1
374 Holzriegel
378 Holzunterkonstruktion
384 Lattung
400 Deckenbalken
418 Luftsperre / Dampfsperre
425 Dampfsperre, z. B. 0,2 mm PE-Folie
427 Winddichtung / Feuchteschutz, diffusionsoffen
429 Fugendichtungsmasse
430 Mineralwolle
433 Mineralwolle gestopft oder Schaumkunststoff, örtlich eingebracht
436 Hohlraum, belüftet
437 Hohlraum, unbelüftet
439 Fugendichtband, vorkomprimiert
442 Boden-/Deckelschalung, 24 mm dick
445 Brett, parallel besäumt
447 Metallfensterbank mit seitlichen Aufkantungen
448 Tropfkante
460 Abdeckblech
470 Fußpfette
473 Sparren
475 Traglattung 30/50 mm bzw. 40/60 mm
476 Grundlattung 30/50 mm
477 Traufe
478 Dachraum, belüftet
482 Traufbohle
486 Dachstein
489 Holzschalung
493 Dichtungsbahn
581 Baukeramikplatte, Dünnbettverlegung
585 Estrich auf Dämmschicht
589 Sockelprofil
594 Fußleiste
598 Estrichdämmschicht
599 Abdeckung, z. B. 0,2 mm PE-Folie
600 Estrichrandstreifen ≥ 10 mm, Polystyrol bzw. Mineralwolle
604 Abdeckung / Dampfsperre
631 Fensterrahmen
632 Fensterflügel
634 Futterholz
635 Fensterfutter mit Bekleidung
636 Fensterbank, Holzwerkstoff bzw. Brettschichtholz
689 Vogelschutzgitter
700 Flachstahlanker, nicht rostend
730 Fundamenterder

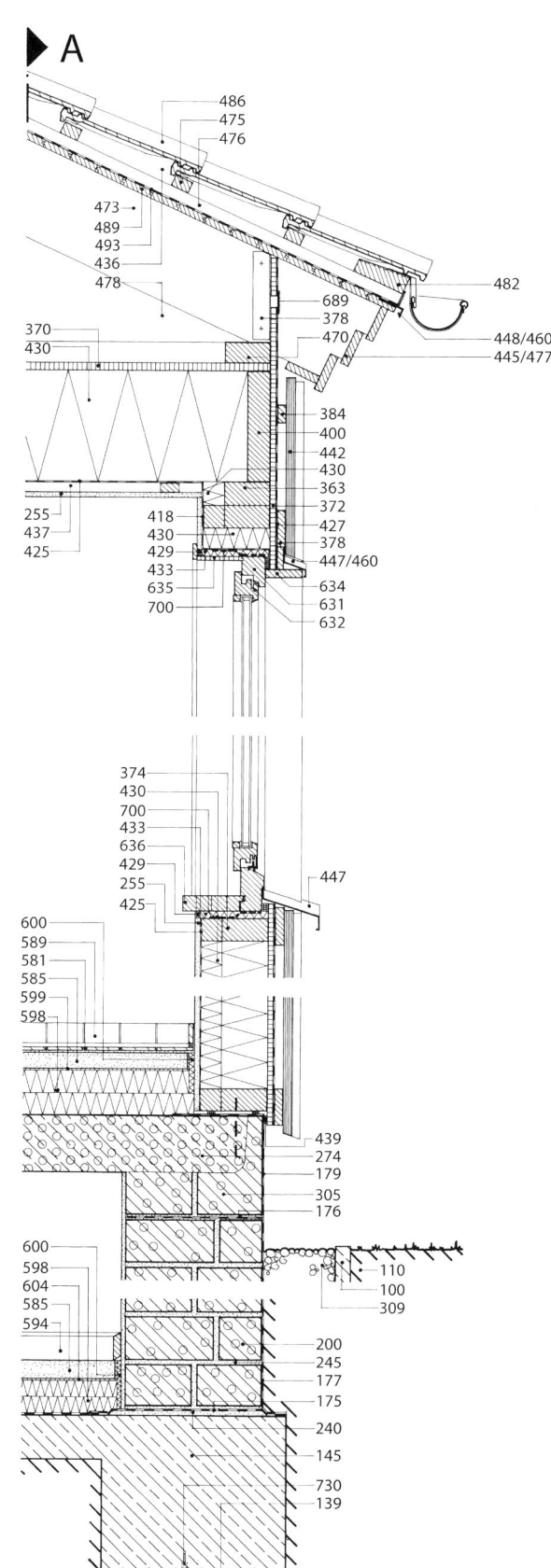

B
1.1-4

1.1 Wohnhaus mit Kellergeschoss und Spitzboden
Fassadenbekleidung: vertikale Holzdeckelschalung

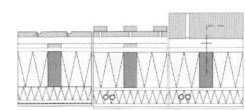

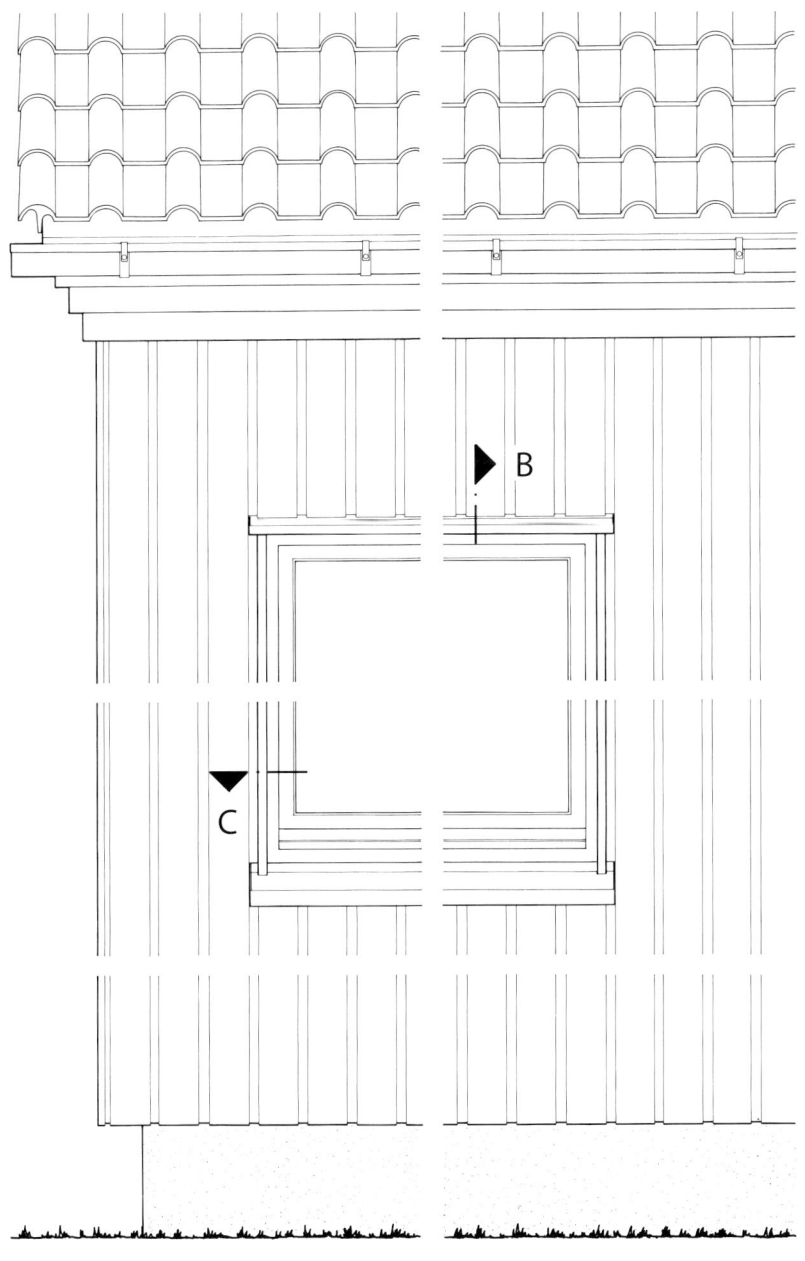

1.1-5

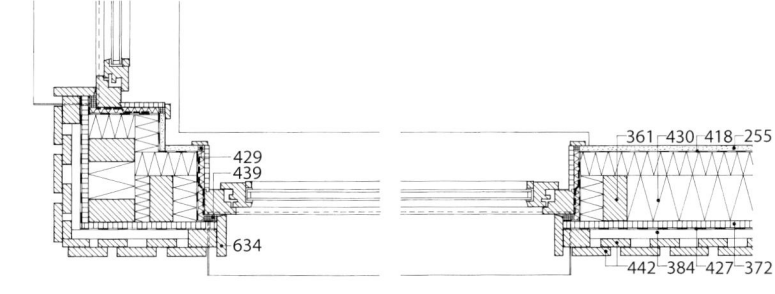

C
1.1-6

- 255 Gipsbauplatte, Gipskarton- bzw. Gipsfaserplatte
- 361 Holzstütze
- 372 Holzwerkstoffplatte V100 E1
- 384 Lattung
- 418 Luftsperre / Dampfsperre
- 427 Winddichtung / Feuchteschutz, diffusionsoffen
- 429 Fugendichtungsmasse
- 430 Mineralwolle
- 439 Fugendichtband, vorkomprimiert
- 442 Boden-/Deckelschalung, 24 mm dick
- 634 Futterholz
- 102 Steinpflaster
- 130 Füllboden, in Lagen verdichtet

284 E Projekte mit Holzaußenwandsystemen
1 Holzständersysteme mit Dämmschicht und belüfteter Fassadenbekleidung bzw. Verblendmauerwerk-Vorsatzschale

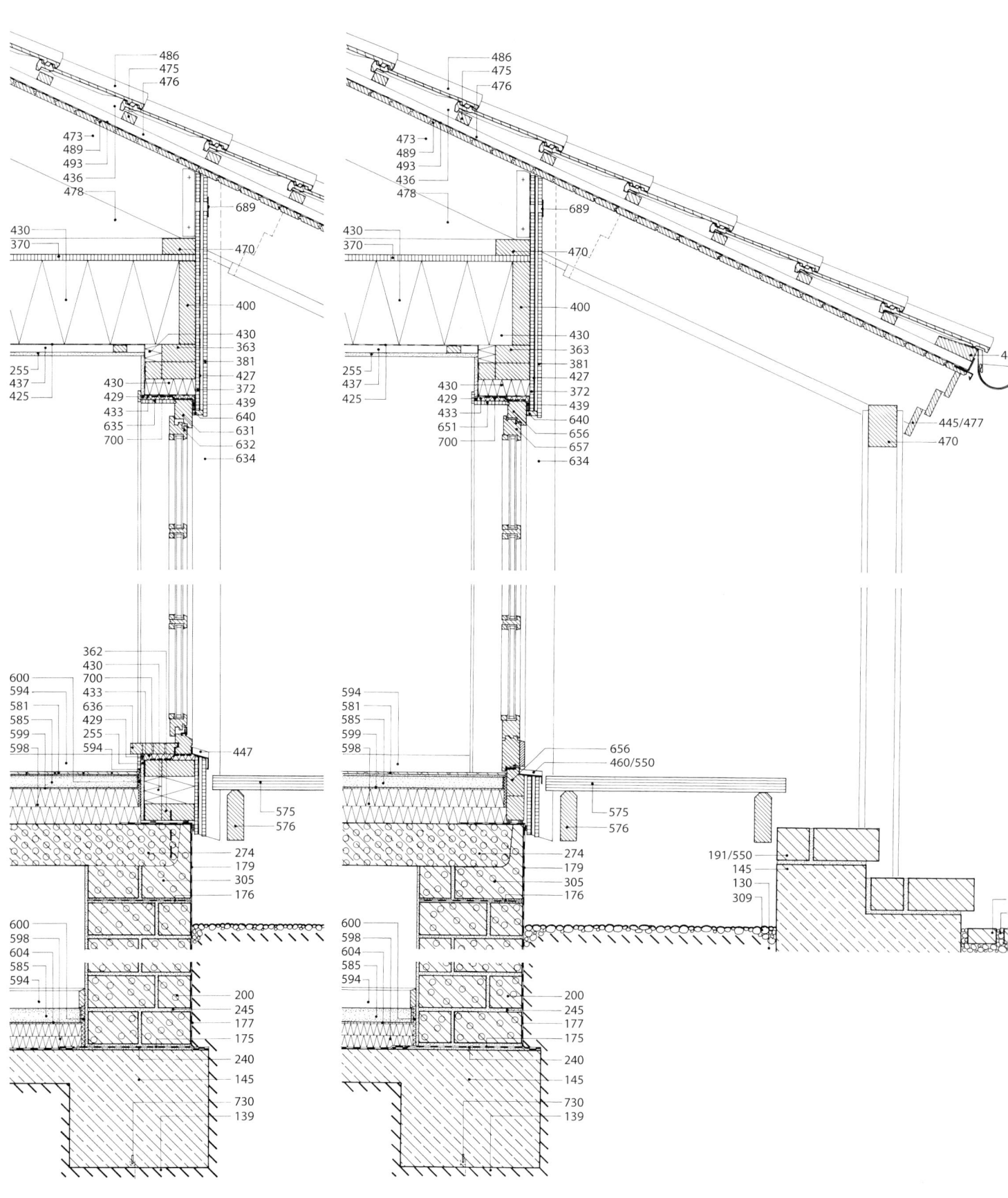

D
1.1-7

E
1.1-8

1.1 Wohnhaus mit Kellergeschoss und Spitzboden
Fassadenbekleidung: vertikale Holzdeckelschalung

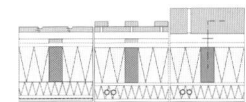

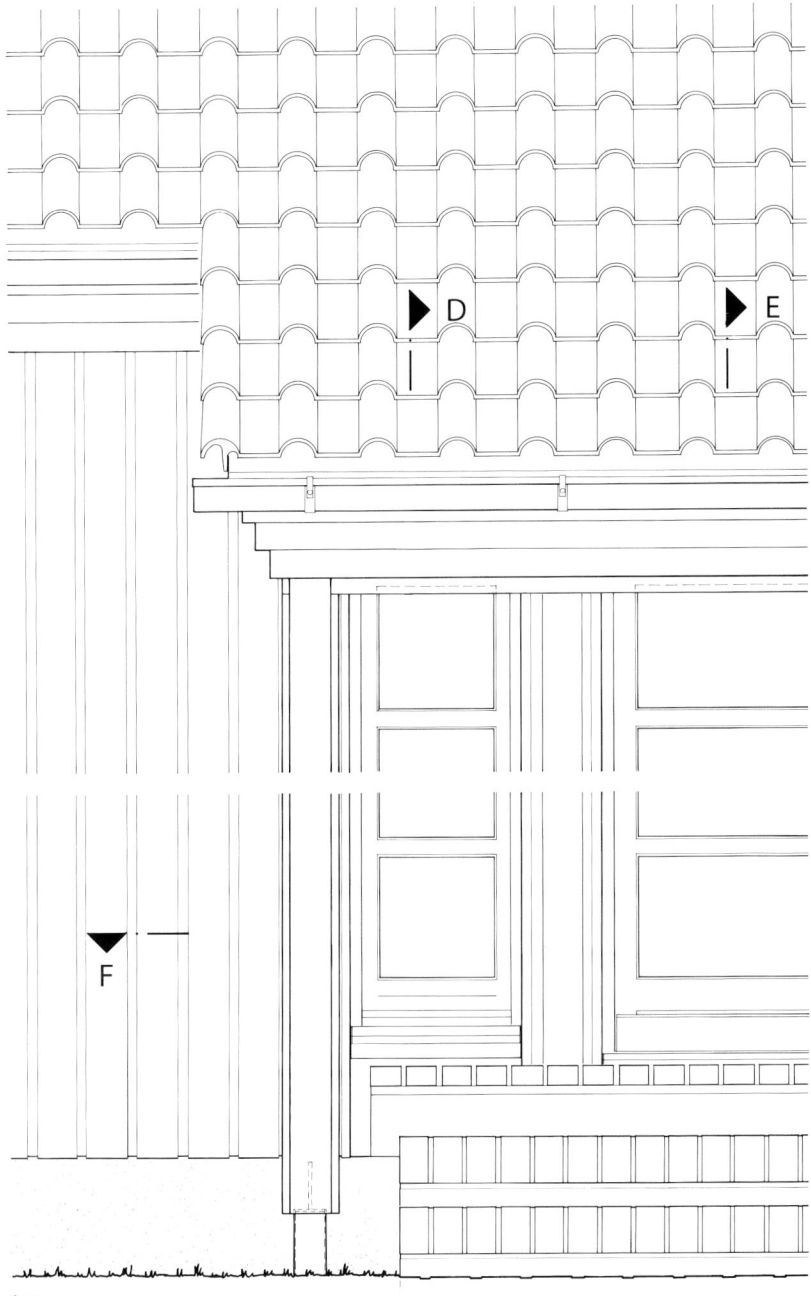

1.1-9

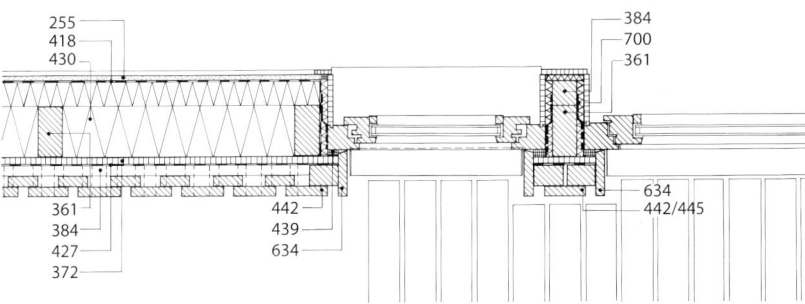

F

1.1-10

139	frostfreie Tiefe
145	Fundamentbeton, bewehrt B15
175	Erste Sperrschicht, waagerecht
176	Zweite Sperrschicht, waagerecht
177	Sperrschicht, senkrecht
179	Sperrschicht / Sperrschlämme
191	Verblendmauerstein, frostwiderstandsfähig
200	Kelleraußenmauer
240	Mörtelbett
245	Kalkzementmörtel
255	Gipsbauplatte, Gipskarton- bzw. Gipsfaserplatte
274	Leichtbeton
305	Deckenrandstein
309	Grobkies, Grobkiesschicht
361	Holzstütze
362	Holzschwelle
363	Holzrähm
370	Holzwerkstoffplatte E1
372	Holzwerkstoffplatte V100 E1
381	Furniersperrholz, wetterfest
384	Lattung
400	Deckenbalken
418	Luftsperre / Dampfsperre
425	Dampfsperre, z. B. 0,2 mm PE-Folie
427	Winddichtung / Feuchteschutz, diffusionsoffen
429	Fugendichtungsmasse
430	Mineralwolle
433	Mineralwolle gestopft oder Schaumkunststoff, örtlich eingebracht
436	Hohlraum, belüftet
437	Hohlraum, unbelüftet
439	Fugendichtband, vorkomprimiert
442	Boden-/Deckelschalung, 24 mm dick
445	Brett, parallel besäumt
447	Metallfensterbank mit seitlichen Aufkantungen
460	Abdeckblech
470	Fußpfette
473	Sparren
475	Traglattung 30/50 mm bzw. 40/60 mm
476	Grundlattung 30/50 mm
477	Traufe
478	Dachraum, belüftet
482	Traufbohle
486	Dachstein
489	Holzschalung
493	Dichtungsbahn
522	Kiesbett
550	Trittstufe
575	Holzbohle, Eingangspodest
576	Unterkonstruktion, Eingangspodest
581	Baukeramikplatte, Dünnbettverlegung
585	Estrich auf Dämmschicht
594	Fußleiste
598	Estrichdämmschicht
599	Abdeckung, z.B. 0,2 mm PE-Folie
600	Estrichrandstreifen ≥ 10 mm, Polystyrol bzw. Mineralwolle
604	Abdeckung / Dampfsperre
631	Fensterrahmen
632	Fensterflügel
634	Futterholz
635	Fensterfutter mit Bekleidung
636	Fensterbank, Holzwerkstoff bzw. Brettschichtholz
640	Deckleiste
651	Türfutter und Bekleidung
656	Haustürrahmen
657	Haustürflügel
689	Vogelschutzgitter
700	Flachstahlanker, nicht rostend
730	Fundamenterder

1.2 Atelierhaus mit Pultdach und Kriechkeller
Fassadenbekleidung: horizontale Profilholzschalung

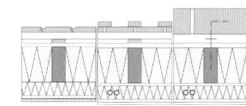

1.2 Atelierhaus mit Pultdach und Kriechkeller
Fassadenbekleidung: horizontale Profilholzschalung

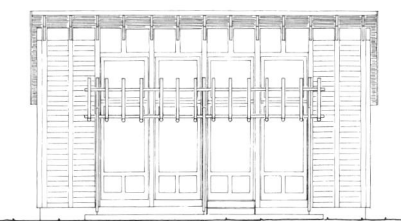

1.2-1

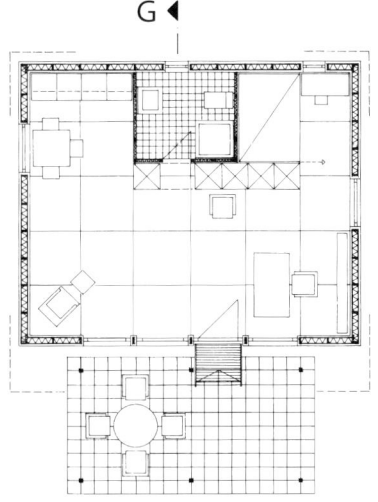

1.2-2

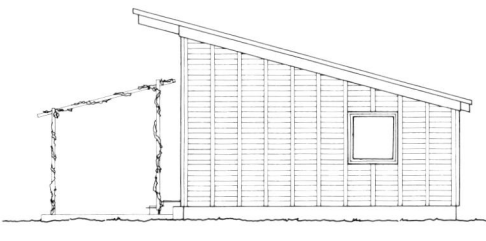

1.2-3

Im Gegensatz zu den bisherigen Projekten ist dieses Beispiel als Gesamtobjekt mit Grundriss und Ansichten dargestellt. Es handelt sich um ein Einzimmerappartement mit Zugang über eine gepflasterte Südterrasse.

Das mit Wellplatten gedeckte Pultdach des Gebäudes hat eine Neigung von 15° und kragt auf der Südseite weit aus. Dadurch wird im Sommer ein Sonnenschutz erreicht, ohne die winterliche Sonneneinstrahlung zu beeinträchtigen. Die Verschattung durch das auskragende Dach wird durch Vegetation auf einem Rankgerüst ergänzt. Brettstücke bekleiden aus Gründen des baulich-konstruktiven Holzschutzes das Hirnholz der am First auskragenden Sparrenköpfe. Auf der Traufseite schützt die Dachrinne das Hirnholz der Sparrenköpfe. Profilholzschalung strukturiert die Dachuntersichten.

Um eine hohe Energieeffizienz zu erreichen, ist das Gebäude kompakt konzipiert und die Verglasung dem solaren Angebot entsprechend differenziert.

Der großen geschosshohen Verglasung über vier Felder auf der Südseite stehen auf der Ost- und Westseite nur je ein quadratisches Fenster in der Rasterbreite von 1250 mm gegenüber. Das Rastermaß der beiden Fenster auf der Nordseite beträgt nur 625 mm. In der Gestaltung der Holzbekleidung spiegelt sich die Tragstruktur des Holzskeletts wider. Vertikale Zäsuren gliedern die horizontale Stülpschalung aus Profilbrettern im Raster von 625 mm. Mit den vertikalen Brettern korrespondieren auch die Sparren des Pultdaches. Am Dachrand verläuft ein Gesimsprofil in Sparrenhöhe aus Baufurniersperrholz, 20 mm dick, im Sturzbereich der Südverglasung in größerer Höhe.

Fenster und Türen sind aus Gründen des baulich-konstruktiven Holzschutzes mit entsprechenden Innenanschlägen etwa in der Stützenmitte angeordnet. Futterbretter bekleiden die äußeren Leibungen, unten jeweils mit Distanz zur Fenster- bzw. Türbank (baulich-konstruktiver Holzschutz). Hohe seitliche Aufkantungen der Metallbänke greifen hinter die Fensterfutter, um »fallende« Fugen zu vermeiden. Die Konstruktion der zweistufigen Treppenanlage auf der Südseite – die Wangen, die Winkelrahmen und die Roste der Trittstufen – besteht aus feuerverzinktem Stahl. So wird die Spritzwasserbelastung der hölzernen Fassadenbekleidung und der Fenstertür minimiert.

Außenwand

Das Ständerwerk besteht aus 60/160 mm Holzprofilen, die Dicke der inneren horizontalen Lattung beträgt 40 mm. Die Aussteifung des Skeletts (Beplankung) erfolgt durch außenliegende, 15 mm dicke Holzwerkstoffplatten, V100 E1, abgedeckt mit einer diffusionsoffenen Wetterschutzbahn (Windschutz/Feuchteschutz). Außen folgt eine horizontale Unterkonstruktion, auf die die vertikale Unterkonstruktion im Bereich der Stützenbekleidungen montiert wird. Sie gewährleistet den notwendigen Belüftungsraum für die Bekleidung und trägt die äußere, 24 mm dicke horizontale Profilholzschalung aus Stülpschalungsbrettern, jeweils rechts und links mit 24 mm breiten Nuten zu den vertikalen Elementen. Diese Nuten halten das Hirnholz frei von stauender Nässe und erlauben dort Beschichtungen.

Die Skelettstruktur wird einschließlich der 40 mm dicken Innenschale 200 mm dick mit Mineralwolle ausgefüllt. 40 mm dicke Dämmplatten führen in die Leibungen, um auch dort einen guten Wärmeschutz zu erreichen.

Bei Unebenheiten im Ständerwerk erlaubt die Verlattung der Innenschale eine Justierung. Außerdem reduziert die Sekundärdämmschicht die Wärmebrückenwirkung der Stützen.

Die Verlattung trägt 12,5 mm dicke Gipsbauplatten in zwei Lagen mit integrierter Luftsperre/Dampfsperre (0,2 mm dicke PE-Folie).

Bei besonderen Ansprüchen an die Oberflächenqualität der Wände bieten sich zusätzliche, mindestens 3 mm dicke Spachtelputze an.

Die Eindichtung der Fenster und Fenstertüren erfolgt mit vorkomprimierten Dichtungsbändern, die Befestigung mit Metall-Laschen. Eingenutete Futterelemente decken die Leibungen ab.

Die bauphysikalischen Richtwerte (siehe Abschnitt C 1.2.2) zeigen für diesen Wandaufbau einen mittleren U-Wert von etwa 0,22 W/(m²K).

288 E Projekte mit Holzaußenwandsystemen
1 Holzständersysteme mit Dämmschicht und belüfteter Fassadenbekleidung bzw. Verblendmauerwerk-Vorsatzschale

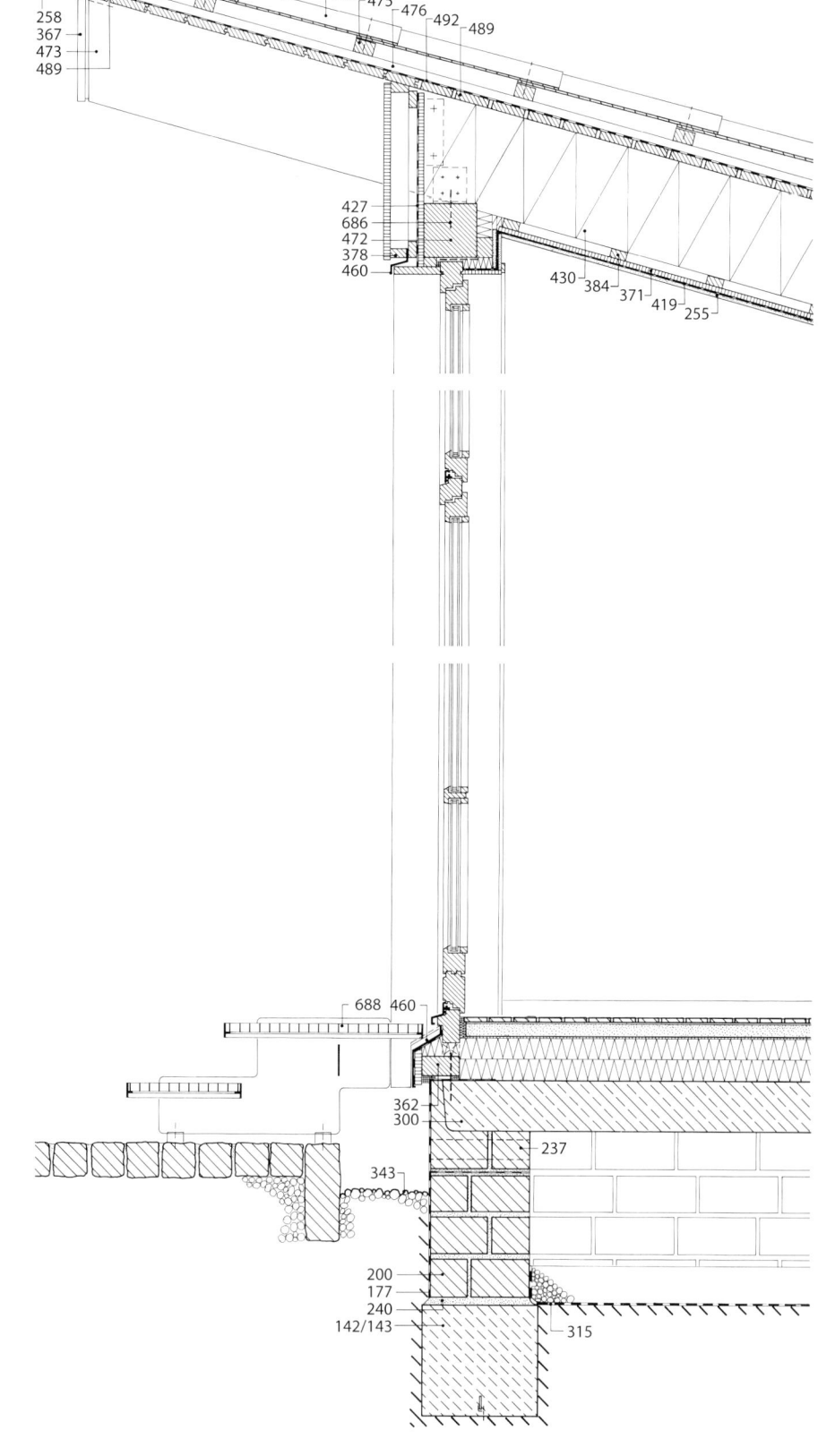

142 Fundamentbeton, unbewehrt B5
143 Streifenfundament
177 Sperrschicht, senkrecht
200 Kelleraußenmauer
237 Lüftungsstein
240 Mörtelbett
255 Gipsbauplatte, Gipskarton- bzw. Gipsfaserplatte
258 Faserzementplatte
300 Stahlbetondecke
315 Kunststofffolie, an den Rändern mit Kies beschwert
343 Grobkies
362 Holzschwelle
367 Holzbrett
371 Holzwerkstoffplatte V20 E1
378 Holzunterkonstruktion
384 Lattung
419 Luftsperre / Dampfsperre, $s_d \geq 2{,}0$ m
427 Winddichtung / Feuchteschutz, diffusionsoffen
430 Mineralwolle
460 Abdeckblech
472 Firstpfette
473 Sparren
475 Traglattung 30/50 mm bzw. 40/60 mm
476 Grundlattung 30/50 mm
489 Holzschalung
492 Unterdeckung auf offener Brettschalung, $s_d \leq 0{,}2$ m
500 Faserzementwellplatte
686 Verankerung
688 Gitterrost, feuerverzinkt

A
1.2-4

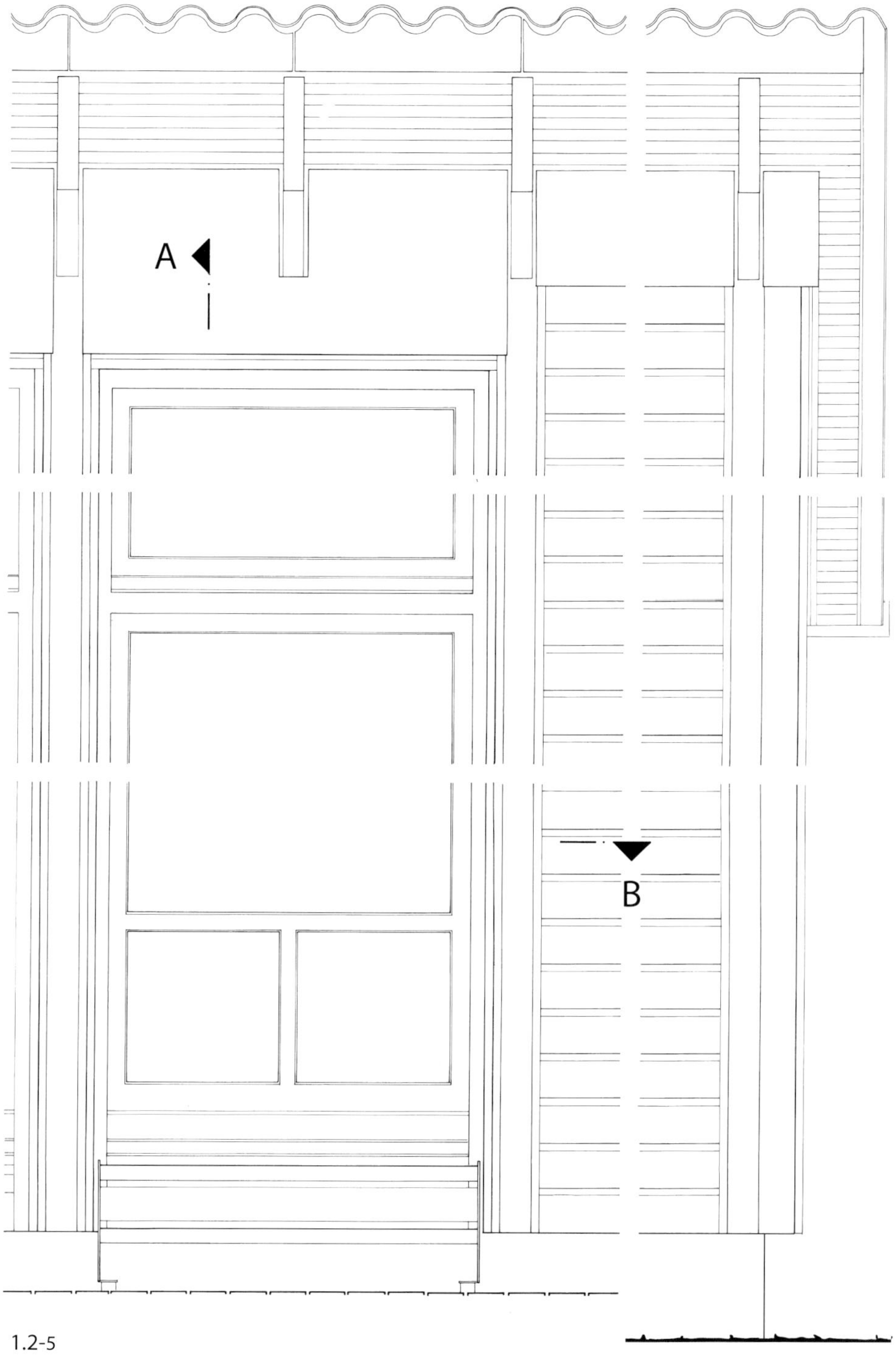

1.2 Atelierhaus mit Pultdach und Kriechkeller
Fassadenbekleidung: horizontale Profilholzschalung

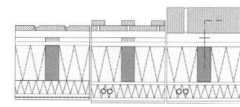

1.2-5

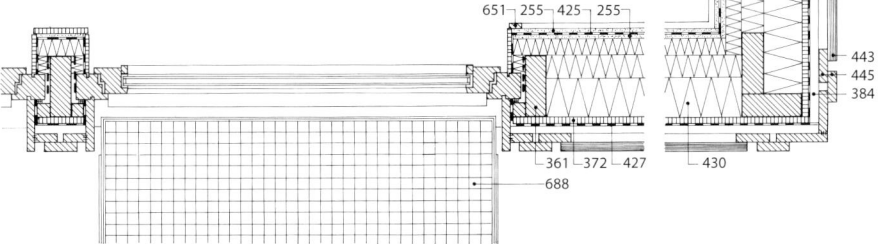

B
1.2-6

255 Gipsbauplatte, Gipskarton- bzw. Gipsfaserplatte
361 Holzstütze
372 Holzwerkstoffplatte V100 E1
384 Lattung
425 Dampfsperre, z. B. 0,2 mm PE-Folie
427 Winddichtung / Feuchteschutz, diffusionsoffen
430 Mineralwolle
443 Stülpschalung aus Profilbrettern, 24 mm dick
445 Brett, parallel besäumt
651 Türfutter und Bekleidung
688 Gitterrost, feuerverzinkt

290 E Projekte mit Holzaußenwandsystemen
1 Holzständersysteme mit Dämmschicht und belüfteter Fassadenbekleidung bzw. Verblendmauerwerk-Vorsatzschale

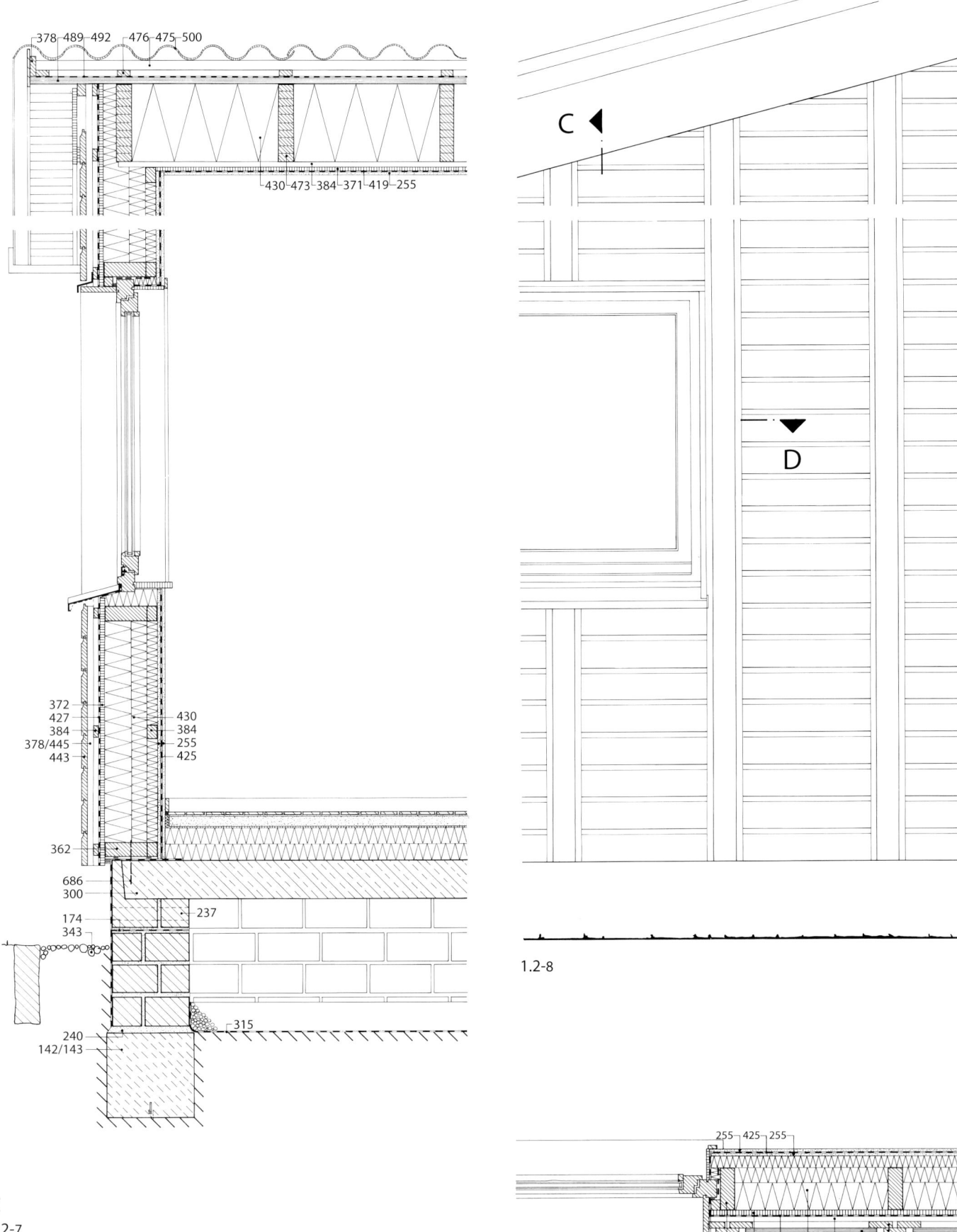

C
1.2-7

1.2-8

D
1.2-9

1.2 Atelierhaus mit Pultdach und Kriechkeller
Fassadenbekleidung: horizontale Profilholzschalung

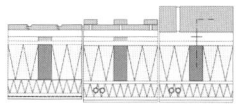

142 Fundamentbeton, unbewehrt B5
143 Streifenfundament
174 Sperrschicht, waagerecht, Sperrfolie o. Ä.
237 Lüftungsstein
240 Mörtelbett
255 Gipsbauplatte, Gipskarton- bzw. Gipsfaserplatte
300 Stahlbetondecke
315 Kunststofffolie, an den Rändern mit Kies beschwert
343 Grobkies
361 Holzstütze
362 Holzschwelle
363 Holzrähm
370 Holzwerkstoffplatte E1
371 Holzwerkstoffplatte V20 E1
372 Holzwerkstoffplatte V100 E1
378 Holzunterkonstruktion
384 Lattung
419 Luftsperre / Dampfsperre, $s_d \geq 2{,}0$ m
425 Dampfsperre, z. B. 0,2 mm PE-Folie
426 Dampfsperre
427 Winddichtung / Feuchteschutz, diffusionsoffen
430 Mineralwolle
443 Stülpschalung aus Profilbrettern, 24 mm dick
445 Brett, parallel besäumt
447 Metallfensterbank mit seitlichen Aufkantungen
470 Fußpfette
473 Sparren
475 Traglattung 30/50 mm bzw. 40/60 mm
476 Grundlattung 30/50 mm
482 Traufbohle
489 Holzschalung
492 Unterdeckung auf offener Brettschalung, $s_d \leq 0{,}2$ m
500 Faserzementwellplatte
581 Baukeramikplatte, Dünnbettverlegung
585 Estrich auf Dämmschicht
592 Bodenplatten (Fliesen) in Dünnbettmörtel auf zweilagiger Abdichtung im Verbund
598 Estrichdämmschicht
599 Abdeckung, z. B. 0,2 mm PE-Folie
615 Wandplatten (Fliesen) in Dünnbettmörtel auf zweilagiger Abdichtung im Verbund
686 Verankerung
689 Vogelschutzgitter
694 Dachplattenhalterung, Schrauben nicht rostend
700 Flachstahlanker, nicht rostend

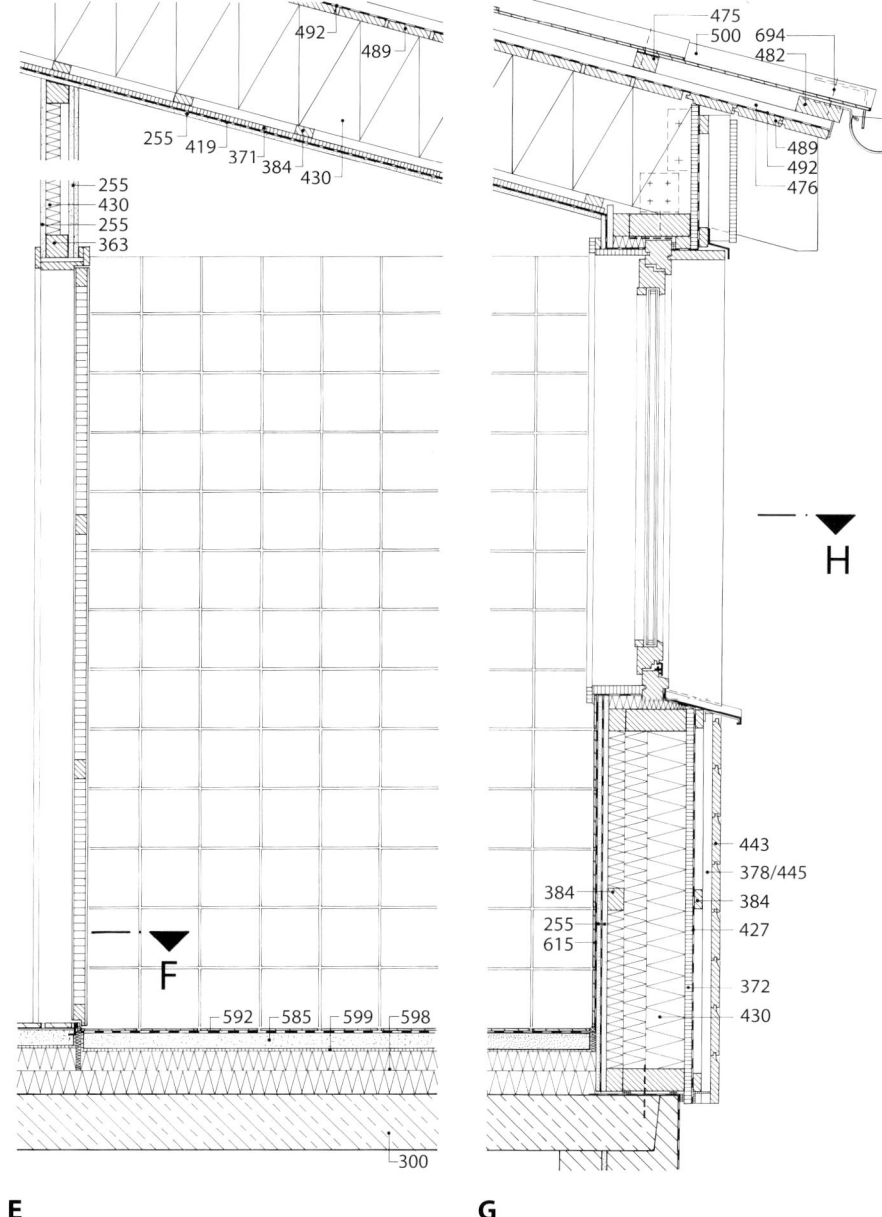

E 1.2-10
F 1.2-11
G 1.2-12
H 1.2-13

255 Gipsbauplatte, Gipskarton- bzw. Gipsfaserplatte
361 Holzstütze
365 Anschlagholz
372 Holzwerkstoffplatte V100 E1
419 Luftsperre/Dampfsperre, $s_d \geq 2{,}0$ m
427 Winddichtung/Feuchteschutz, diffusionsoffen
430 Mineralwolle
439 Fugendichtband, vorkomprimiert
443 Stülpschalung aus Profilbrettern, 24 mm dick
445 Brett, parallel besäumt
631 Fensterrahmen
632 Fensterflügel
635 Fensterfutter mit Bekleidung
648 Fensterfutter

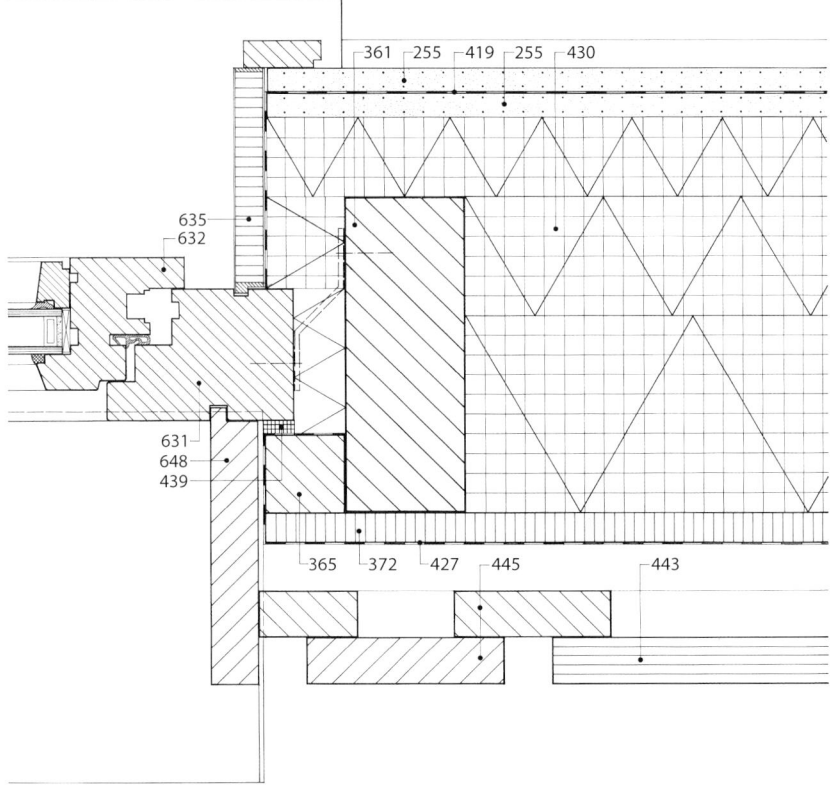

D
1.2-14
Detail

Dach

Das Dach stellt ein unbelüftetes System dar. Die Unterdeckung besteht aus einer Folie ($s_d \leq 0{,}02$ m) auf offener Brettschalung. Der notwendige $s_{d,i}$-Wert einschließlich Luftsperre/Dampfsperre beträgt $\geq 2{,}0$ m (siehe auch Abschnitt B 2.2.1). Mineralischer Dämmstoff füllt den 300 mm hohen Sparrenraum. Dann folgt direkt – oder wie hier dargestellt mit zusätzlicher Lattung – eine 22 mm dicke Holzwerkstoffplatte zur Aussteifung und zur Verbesserung des Wärmeschutzes im Sommer (erhöhte Wärmespeicherkapazität), dann Luftsperre/Dampfsperre und Gipsbauplatten.

Kellerdecke, Kriechkeller

Die Decke über dem Kriechkeller begrenzt das beheizte Erdgeschoss gegen das unbeheizte Kellergeschoss. Unter der Estrichplatte liegt Dämmstoff in 120 mm Dicke, auf der Estrichplatte liegen Keramikplatten in Dünnbettmörtel. Die relativ hohe Wärmespeicherkapazität des Fußbodenaufbaus wirkt sich positiv auf den Wärmeschutz im Sommer und die Solarenergienutzung im Winter aus.

Um aus dem Erdreich aufsteigende Feuchtigkeit zurückzuhalten, liegt auf dem Boden eine – an den Rändern mit Kies beschwerte – 0,2 mm dicke PE-Folie.

Wandaufbau im Bad

Als Fliesenuntergrund können Gipskarton – Bauplatten (GKB) oder Gipsfaserplatten (GF) – eingesetzt werden.

Bei dem Abstand der Stiele von maximal 625 mm soll die Dicke der Platten 18 mm betragen oder – wie dargestellt – eine zweilagige Ausbildung mit $2 \times 12{,}5$ mm dicken Gipsplatten gewählt werden [118]. Voraussetzung für den Einsatz von Gipsbauplatten als Unterkonstruktion gefliester Duschwände ist eine wirksame Feuchtigkeitssperre. Gemäß DIN 18195-5 [106] wird zwischen mäßig und hoch beanspruchten Abdichtungen unterschieden. Die in der Norm geforderten Dicht- und Schutzschichten sind in der Herstellung relativ aufwändig. Da hier nur mäßig beanspruchte Bereiche vorliegen, wurde eine alternative Abdichtung im Verbund mit dem Fliesenbelag gewählt. Diese Konstruktion ist nicht genormt. Sie entspricht dem Stand der Technik, wenn ihre Ausführung nach den Merkblättern des Fachverbandes des Deutschen Fliesengewerbes ([119], [120]) erfolgt. Für die Dicht- bzw. Sperrschicht stehen unterschiedliche Stoffe zur Wahl. Hier wurde eine Kunstharzdispersion eingesetzt, wie sie z. B. als PCI-Lastogum [121] im Handel ist. Das Gesamtsystem umfasst außer der Dichtschicht auch Dichtbänder, Dichtmanschetten und Dünnbettmörtel für die Fliesenverlegung.

1.2 Atelierhaus mit Pultdach und Kriechkeller
Fassadenbekleidung: horizontale Profilholzschalung

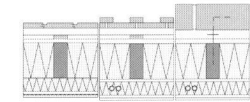

178	Sperrschicht
361	Holzstütze
430	Mineralwolle
581	Baukeramikplatte, Dünnbettverlegung
585	Estrich auf Dämmschicht
592	Bodenplatten (Fliesen) in Dünnbettmörtel auf zweilagiger Abdichtung im Verbund
615	Wandplatten (Fliesen) in Dünnbettmörtel auf zweilagiger Abdichtung im Verbund
650	Innentür
651	Türfutter und Bekleidung
660	Anschlagprofil, nicht rostend
705	Metallwinkel, nicht rostend

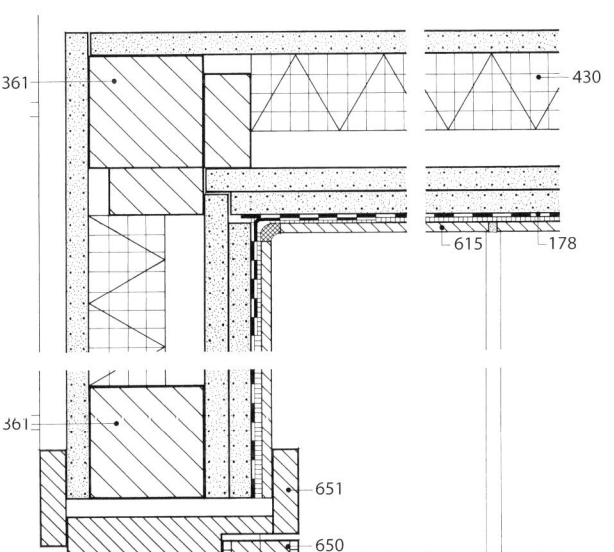

F
1.2-15
Detail

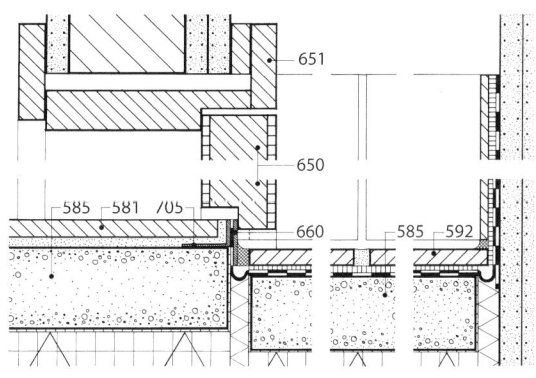

E
1.2-16
Detail

Das System wird in folgenden Arbeitsschritten eingesetzt:

Zuerst Grundieren der Gipsbauplatten, z. B. PCI-Lastogum, rot mit Lammfellrolle auftragen, in den Eckfugen Dichtbänder in die Dichtschicht einlegen und andrücken. An den Rohrdurchführungen wird mit Dichtmanschetten ebenso verfahren.

Nach ca. drei Stunden erfolgt ein zweiter Auftrag Dichtschicht PCI-Lastogum, jetzt in Grau, zur optischen Kontrolle der Zweilagigkeit der Dichtschicht. Ca. 21 Stunden nach der zweiten Beschichtung werden die Fliesen im Dünnbettmörtel, z. B. PCI-Flexmörtel, verlegt. Die Verfugung erfolgt in der Regel mit einem zementhaltigen Fugenmörtel, z. B. PCI-Fugenweiß. Die Eckfugen werden in der Fliesenebene mit dauerelastischem Dichtstoff auf Silikonbasis abgedichtet.

Fußbodenaufbau im Bad

Die Absperrung der Zementestrichoberfläche erfolgt analog zur Wandfläche durch eine zweilagige Abdichtung, z. B. PCI-Lastogum. Darauf werden – gleichzeitig als Schutzschicht für die Dichtung – die Bodenplatten im Dünnbettmörtel verlegt. Die Verfugung erfolgt mit üblichem Mörtel oder einem Epoxi-Kleber, z. B. PCI-Flexfuge, um dichtere Fugen zu erreichen.

Im Anschlussbereich Wand/Fußboden werden – analog zu den Eckausbildungen im Wandbereich – ebenfalls Dichtungsbänder eingeklebt, hier ggf. mit Schlaufe. Die Maßnahme soll Formänderungen der »Estrichplatte auf Dämmschicht« schadenfrei ermöglichen. Bei diesem System werden Bodenabläufe ebenfalls mit Manschetten eingedichtet.

Alternative Fassadenausbildung mit bündiger Fensteranordnung

Für den Fall, dass aus gestalterischen Gründen eine Fensteranordnung in der Ebene der Stülpschalung gefordert wird, zeigen die Alternativlösungen A 1.2-17 altern., G 1.2-18 altern. und J 1.2-19 altern.

Die Ausbauelemente erhalten einen Außenanschlag. Die Dicke der horizontalen Unterkonstruktion wächst auf 40 mm an. Auf die daraus resultierenden weiteren Veränderungen wird hingewiesen:

- Im Übergang von Fenster zur Wandkonstruktion entstehen größere Wärmebrücken.
- Der baulich-konstruktive Holzschutz der maßhaltigen Bauteile wird reduziert.
- Im Sturzbereich der Öffnungen wären zusätzliche Dämmschichten sinnvoll.
- Die Fensterbänke innen werden breiter.
- Auf der Südseite entfallen außen die horizontalen Bänke.
- Die Fensterfutter außen entfallen.
- Die Treppenkonstruktion kragt weniger aus.

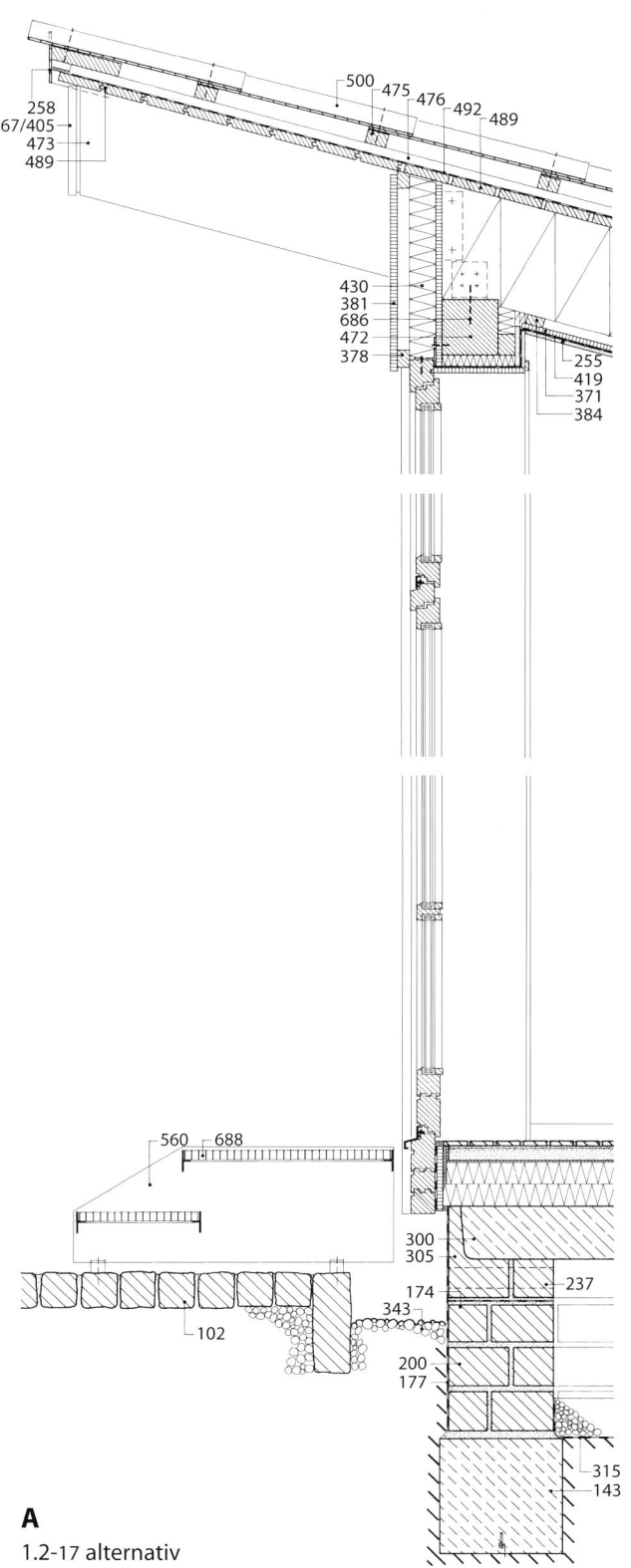

A 1.2-17 alternativ

1.2 Atelierhaus mit Pultdach und Kriechkeller
Fassadenbekleidung: horizontale Profilholzschalung

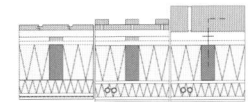

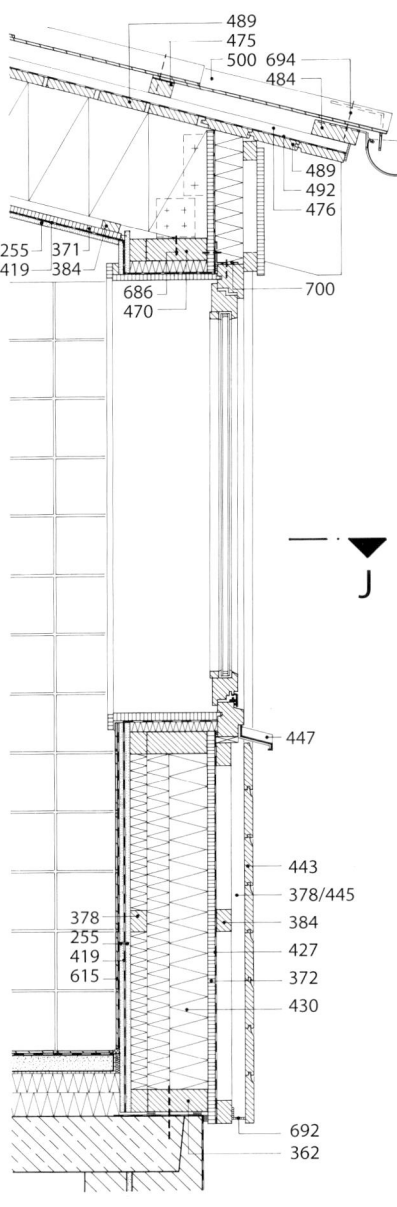

G
1.2-18 alternativ

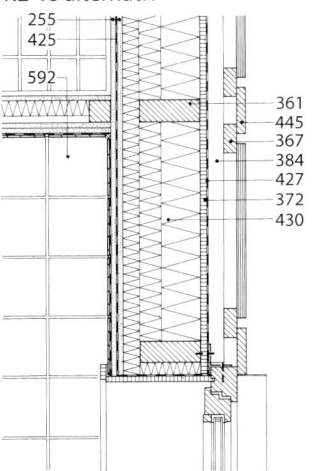

J
1.2-19 alternativ

102	Steinpflaster
143	Streifenfundament
174	Sperrschicht, waagerecht, Sperrfolie o. Ä.
177	Sperrschicht, senkrecht
200	Kelleraußenmauer
237	Lüftungsstein
255	Gipsbauplatte, Gipskarton- bzw. Gipsfaserplatte
258	Faserzementplatte
300	Stahlbetondecke
305	Deckenrandstein
315	Kunststofffolie, an den Rändern mit Kies beschwert
343	Grobkies
361	Holzstütze
362	Holzschwelle
367	Holzbrett
371	Holzwerkstoffplatte V20 E1
372	Holzwerkstoffplatte V100 E1
378	Holzunterkonstruktion
381	Furniersperrholz, wetterfest
384	Lattung
405	Baulicher Holzschutz
419	Luftsperre / Dampfsperre, $s_d \geq 2{,}0$ m
427	Winddichtung / Feuchteschutz, diffusionsoffen
430	Mineralwolle
443	Stülpschalung aus Profilbrettern, 24 mm dick
445	Brett, parallel besäumt
447	Metallfensterbank mit seitlichen Aufkantungen
470	Fußpfette
472	Firstpfette
473	Sparren
475	Traglattung 30/50 mm bzw. 40/60 mm
476	Grundlattung 30/50 mm
484	Trauflatte
489	Holzschalung
492	Unterdeckung auf offener Brettschalung, $s_d \leq 0{,}2$ m
500	Faserzementwellplatte
560	Außentreppe
615	Wandplatten (Fliesen) in Dünnbettmörtel auf zweilagiger Abdichtung im Verbund
686	Verankerung
688	Gitterrost, feuerverzinkt
692	Insektenschutzgitter
694	Dachplattenhalterung, Schrauben nicht rostend
700	Flachstahlanker, nicht rostend

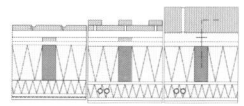

1.3 Wohnhaus mit Satteldach, ausgebautes Dachgeschoss mit Kniestock, nicht unterkellert
Fassade: Verblendmauerwerk-Vorsatzschale, partiell Profilholzschalung

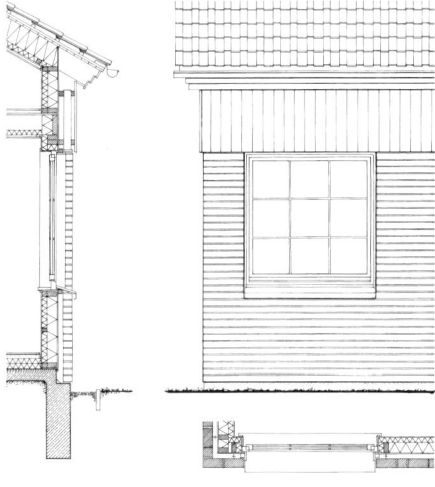

1.3-1

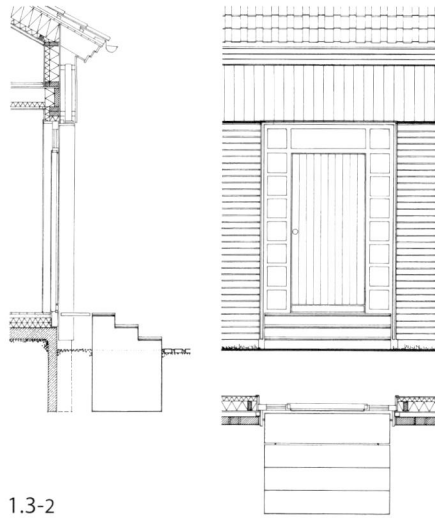

1.3-2

Verblendmauerwerk und Profilholzschalung charakterisieren die Fassaden dieses Projektes. Das Verblendmauerwerk endet im Sturzbereich der Fenster, darüber folgt die vertikale Profilholzschalung. Das gilt auch für die Giebeldreiecke.

Das Ziegeldach hat ein kräftiges, an Traufe und Ortgang umlaufendes Gesims mit Stülpschalung. Die vorgehängte halbrunde Dachrinne verhindert Schnee-Eintrieb in den Entwässerungs- und Belüftungsraum der Dachdeckung. Der niedrige Betonsockel trägt einen Sperranstrich.

Das Rastermaß der Skelettstruktur beträgt 1250 mm. Es stimmt mit der Maßordnung der Vormauerschale überein. Aus ihr resultieren die Abmessungen der Fenster und der Haustür.

Schmale Holzfutter an den Fenstern kaschieren dreiseitig den Hohlraum zwischen Holzständerwand und Verblendmauerwerk. Die seitlichen Aufkantungen der Metallfensterbänke greifen hinter die Futterbretter, um eine dauerhafte und solide Wasserabführung zu erreichen. Dichtungsbänder oder Dichtstoff schließen die Fuge zwischen Fensterbank und Mauerwerk.

Die symmetrische Haustüranlage umfasst ein opakes, vertikal strukturiertes Türblatt, zwei verglaste Seitenteile und ein Oberlicht. Das dreiseitig umlaufende Holzfutter reicht in der Tiefe bis vor die Fassadenebene.

Der Stahlbetonblock der Treppenanlage trägt Klinkerplatten als Stufenbelag. Ein freitragender Metallrost verbindet Gebäude und Eingangspodest. Diese Brückenkonstruktion minimiert die Spritzwasserbelastung der Haustür und vermeidet stauende Nässe im Anschlussbereich des Podestes (baulich-konstruktiver Holzschutz). Der Türbereich hat eine entsprechend reduzierte Fundamentbreite.

Außenwand

Die Maße des Ständerwerks betragen 60/120 mm, die der inneren horizontalen Lattung 60/60 mm. Ein Zwischenstiel halbiert das 1250-mm-Raster bei den geschlossenen Wandflächen. Die Zwischenstütze stabilisiert die Innenbekleidung und erlaubt Drahtanker für die Vormauerschale im 625-mm-Raster.

Die Aussteifung des Ständerwerks (Beplankung) erfolgt durch außenliegende, 15 mm dicke Holzwerkstoffplatten, abgedeckt mit einer diffusionsoffenen Wetterschutzbahn (Windschutz/Feuchteschutz). Das Ständerwerk stabilisiert die 115 mm dicke Vormauerschale über Drahtanker. Vertikale Bauteiltrennfugen im Verblendmauerwerk erlauben schadenfrei horizontale Formänderungen. Der Trennfugenabstand ist u. a. abhängig vom Steinmaterial, der Wandfarbe und den klimatischen Gegebenheiten. Als Regelabstände werden für Ziegel 10 bis 12 m [122], für Kalksandsteine 8 m [123] genannt.

Die mindestens 40 mm dicke Luftschicht zwischen Mauerwerk und Holzkonstruktion bewirkt u. a. einen wirksamen Schlagregenschutz. Die unteren offenen Stoßfugen dienen gleichzeitig der Belüftung und der Entwässerung, z. B. bei Schlagregen.

Auf die Drahtanker gesteckte Tropfscheiben verhindern eine Wasserleitung nach innen zur Holzkonstruktion.

Die 24 mm dicke Profilholzschalung oberhalb des Verblendmauerwerks erfordert eine aufgefütterte Unterkonstruktion.

Den 180 mm dicken Wandquerschnitt füllen Mineralwolleplatten. Die Dämmstoffdicke in den Leibungen beträgt ca. 70 mm.

Die horizontalen Profile der sekundären Dämmschicht erlauben auch eine Justierung bei Unebenheiten im Ständerwerk. Sie tragen die aus einer 0,2 mm dicken PE-Folie (Luftsperre/Dampfsperre) und einer 12,5 mm dicken Gipsbauplatte bestehende Innenbekleidung. Häufig wird die Bekleidung zweilagig als Kombination von Holzwerkstoff- und Gipsbauplatte ausgeführt.

Das verbessert u. a. den Wärmeschutz im Sommer, den Schallschutz und die Stabilität der Innenbekleidung.

298 E Projekte mit Holzaußenwandsystemen
1 Holzständersysteme mit Dämmschicht und belüfteter Fassadenbekleidung bzw. Verblendmauerwerk-Vorsatzschale

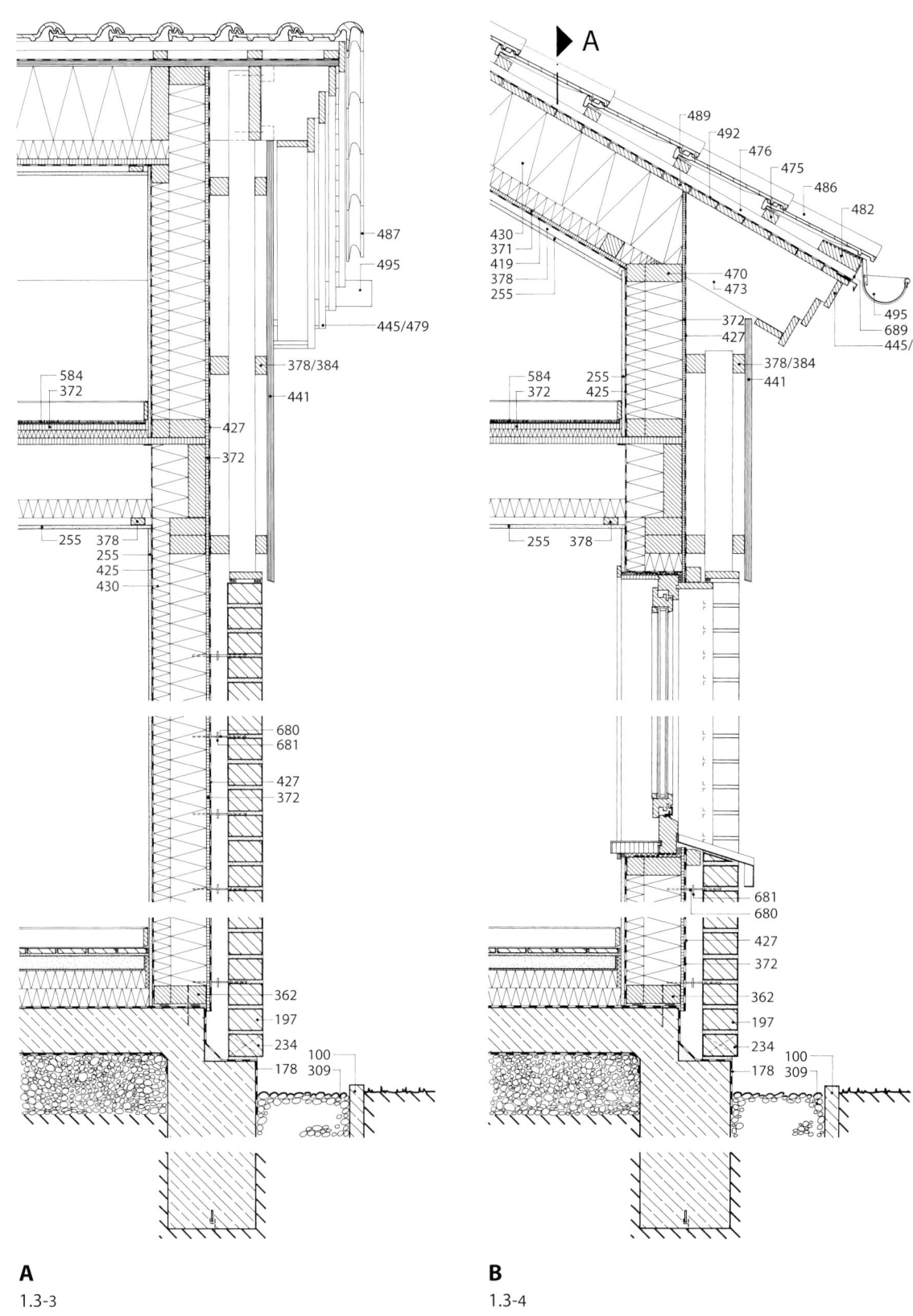

A
1.3-3

B
1.3-4

100 Rasenstein	309 Grobkies, Grobkiesschicht	384 Lattung
178 Sperrschicht	361 Holzstütze	416 Rundes, geschlossenzelliges Hinterfüllprofil
197 Verblendschale aus frostwiderstandsfähigen Mauersteinen	362 Holzschwelle	419 Luftsperre / Dampfsperre, $s_d \geq 2{,}0$ m
234 offene Stoßfuge, Lüftung/Entwässerung	371 Holzwerkstoffplatte V20 E1	425 Dampfsperre, z. B. 0,2 mm PE-Folie
255 Gipsbauplatte, Gipskarton- bzw. Gipsfaserplatte	372 Holzwerkstoffplatte V100 E1	426 Dampfsperre
	378 Holzunterkonstruktion	427 Winddichtung / Feuchteschutz, diffusionsoffen

1.3 Wohnhaus mit Satteldach, ausgebautes Dachgeschoss mit Kniestock, nicht unterkellert
Fassade: Verblendmauerwerk-Vorsatzschale, partiell Profilholzschalung

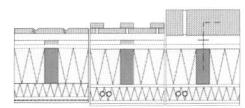

428 Bauteiltrennfuge
429 Fugendichtungsmasse
430 Mineralwolle
433 Mineralwolle gestopft oder Schaumkunststoff, örtlich eingebracht
439 Fugendichtband, vorkomprimiert
441 Profilholzschalung
445 Brett, parallel besäumt
447 Metallfensterbank mit seitlichen Aufkantungen
470 Fußpfette
473 Sparren
475 Traglattung 30/50 mm bzw. 40/60 mm
476 Grundlattung 30/50 mm
477 Traufe
479 Ortgang
482 Traufbohle
486 Dachstein
487 Randdachstein
489 Holzschalung
492 Unterdeckung auf offener Brettschalung, $s_d \leq 0{,}2$ m
495 Regenrinne, halbrund, vorgehängt mit Rinnenhalter
584 Teppichboden, gespannt
631 Fensterrahmen
632 Fensterflügel
680 Drahtanker, nicht rostend
681 Tropfscheibe
689 Vogelschutzgitter

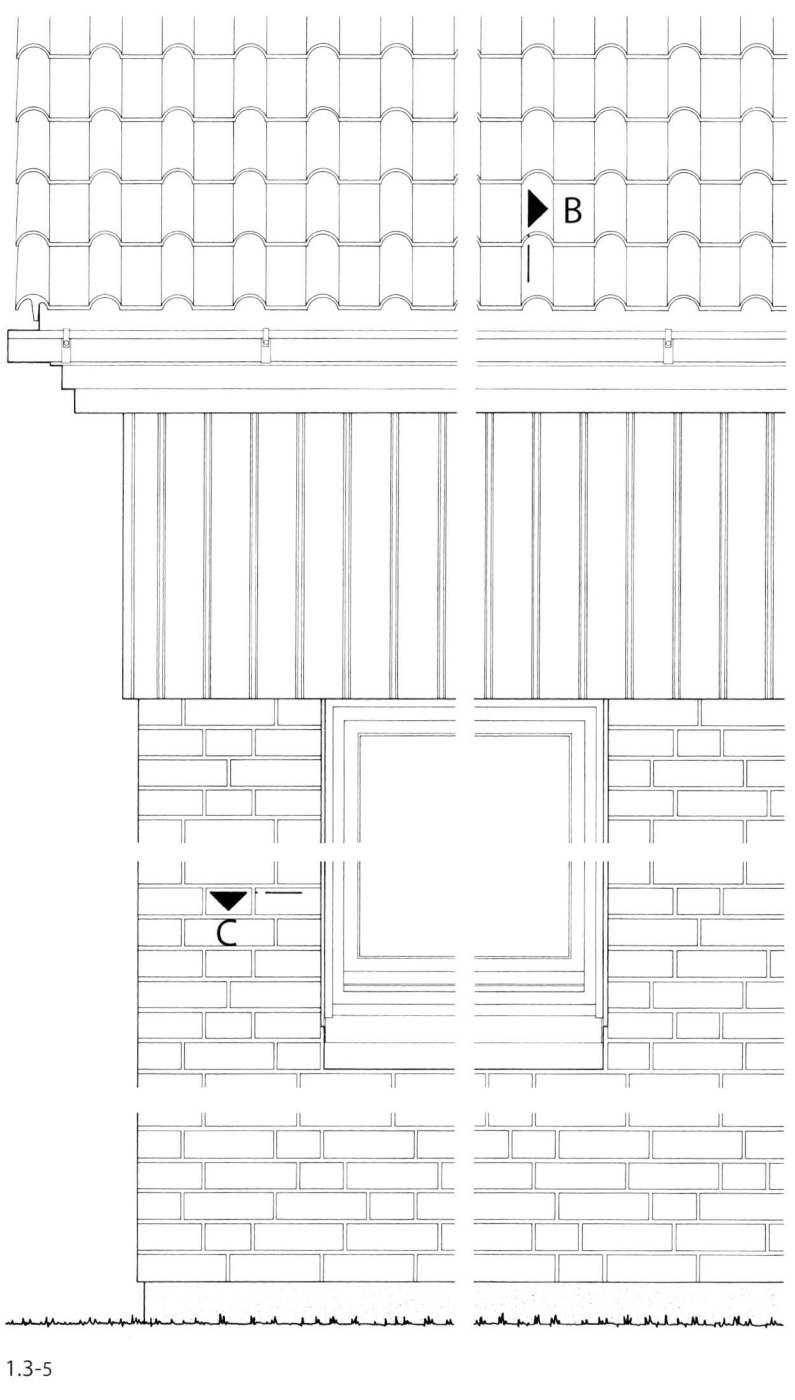

1.3-5

C
1.3-6

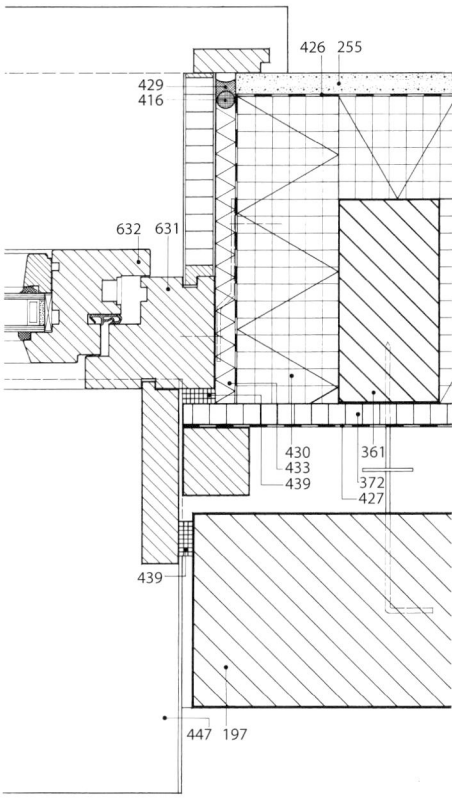

C
1.3-7
Detail

Dach

Das unbelüftete Dach trägt Ziegel auf Trag- und Grundlattung. Die Höhe der Grundlattung bestimmt den Belüftungsquerschnitt der Dachdeckung (siehe auch Abschnitt B 2.2.1). Darunter folgen eine Unterdeckung auf offener Brettschalung, $s_{da} \leq 0{,}2$ m, und primäre und sekundäre Dämmschichten aus Mineralwolle. Die innere Bekleidung bilden 19 mm dicke Holzwerkstoffplatten (Beplankung), eine Folie (Luftsperre/ Dampfsperre) und 12,5 mm dicke Gipsbauplatten einschließlich Lattenunterkonstruktion, Gesamt-$s_{di} \geq 2{,}0$ m.

Erdgeschossdecke

Bei Geschossdecken tritt der Wärmeschutz gegenüber dem Schallschutz zurück. Der Dämmstoff füllt den Deckenhohlraum nur partiell. Die Holzwerkstoffplatten auf den Deckenbalken (Beplankung) tragen einen Fertigteilestrich auf Dämmschicht, häufig 19 bis 22 mm dicke, gespundete Holzwerkstoffplatten, V100 E1.

Darauf liegt ein Spannteppichboden, der die Trittschalldämmung zusätzlich verbessert und wegen der Verspannung ohne Verklebung auskommt.

Grundplatte, Fußbodenaufbau

Eine PE-Folie deckt die kapillarbrechende Kiesschicht ab, dann folgt die Grundplatte. Die umlaufenden, frostfrei gegründeten Streifenfundamente enden außen 100 mm über dem Gelände. Gemäß DIN 1053-1 [44] darf die Luftschicht des Verblendmauerwerks erst dann beginnen.

Nach Voranstrich erhält die Grundplatte eine heiß aufgeklebte Sperrschicht, mindestens R 500. Darauf liegt eine 120 mm dicke Wärmedämmschicht, abgedeckt mit Folie (Dampfsperre) und Estrichplatte.

Die Wärmespeicherkapazität des keramischen Bodenbelags und die der Estrichplatte unterstützen den Wärmeschutz im Sommer und die passive Solarenergienutzung im Winter.

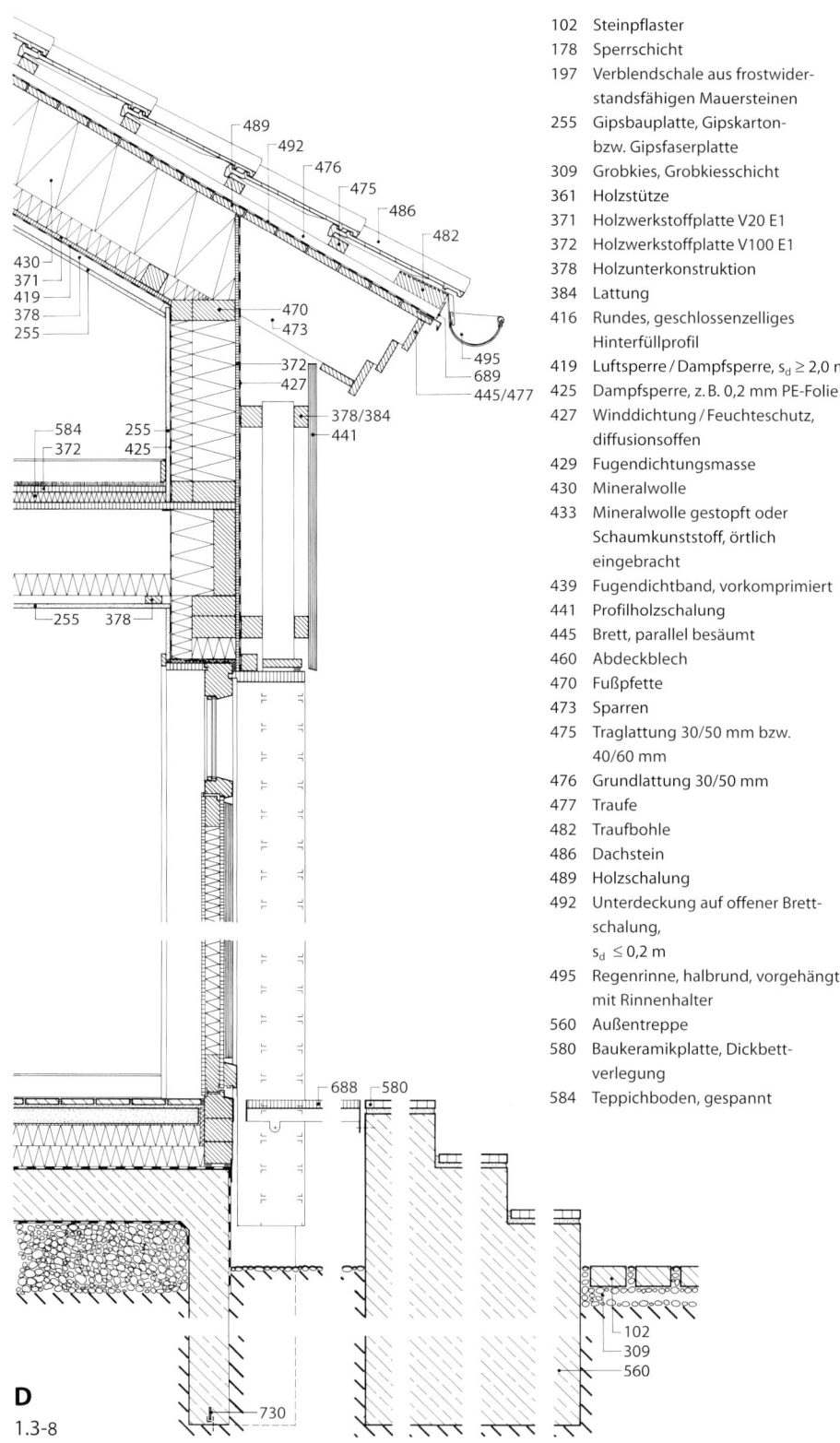

D 1.3-8

102 Steinpflaster
178 Sperrschicht
197 Verblendschale aus frostwiderstandsfähigen Mauersteinen
255 Gipsbauplatte, Gipskarton- bzw. Gipsfaserplatte
309 Grobkies, Grobkiesschicht
361 Holzstütze
371 Holzwerkstoffplatte V20 E1
372 Holzwerkstoffplatte V100 E1
378 Holzunterkonstruktion
384 Lattung
416 Rundes, geschlossenzelliges Hinterfüllprofil
419 Luftsperre/Dampfsperre, $s_d \geq 2{,}0$ m
425 Dampfsperre, z. B. 0,2 mm PE-Folie
427 Winddichtung/Feuchteschutz, diffusionsoffen
429 Fugendichtungsmasse
430 Mineralwolle
433 Mineralwolle gestopft oder Schaumkunststoff, örtlich eingebracht
439 Fugendichtband, vorkomprimiert
441 Profilholzschalung
445 Brett, parallel besäumt
460 Abdeckblech
470 Fußpfette
473 Sparren
475 Traglattung 30/50 mm bzw. 40/60 mm
476 Grundlattung 30/50 mm
477 Traufe
482 Traufbohle
486 Dachstein
489 Holzschalung
492 Unterdeckung auf offener Brettschalung, $s_d \leq 0{,}2$ m
495 Regenrinne, halbrund, vorgehängt mit Rinnenhalter
560 Außentreppe
580 Baukeramikplatte, Dickbettverlegung
584 Teppichboden, gespannt

651 Türfutter und Bekleidung
656 Haustürrahmen
657 Haustürflügel
669 Oberlicht
688 Gitterrost, feuerverzinkt
689 Vogelschutzgitter
706 Metallprofil
730 Fundamenterder

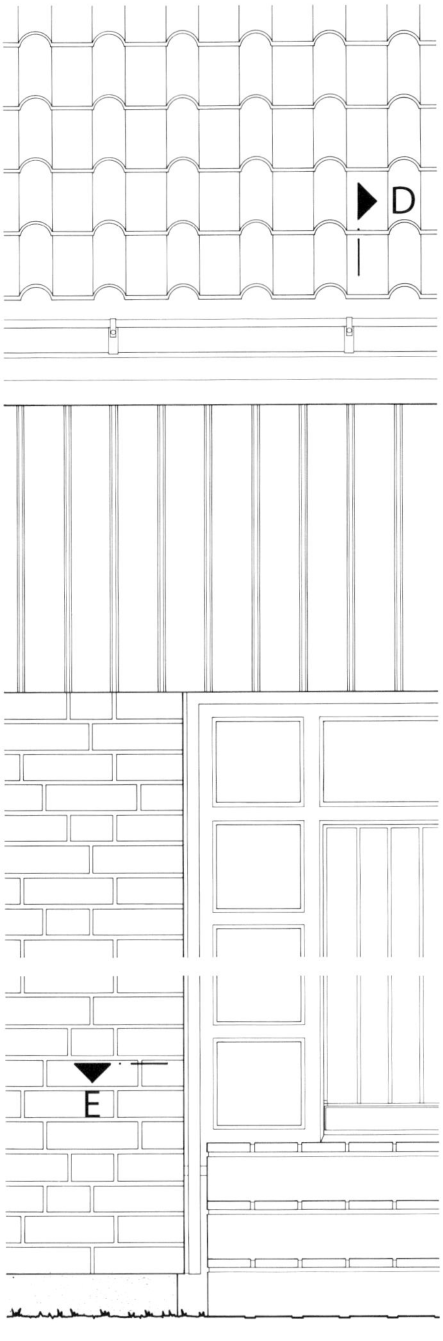

1.3 Wohnhaus mit Satteldach, ausgebautes Dachgeschoss mit Kniestock, nicht unterkellert
    Fassade: Verblendmauerwerk-Vorsatzschale, partiell Profilholzschalung

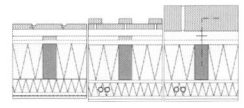

1.3-9

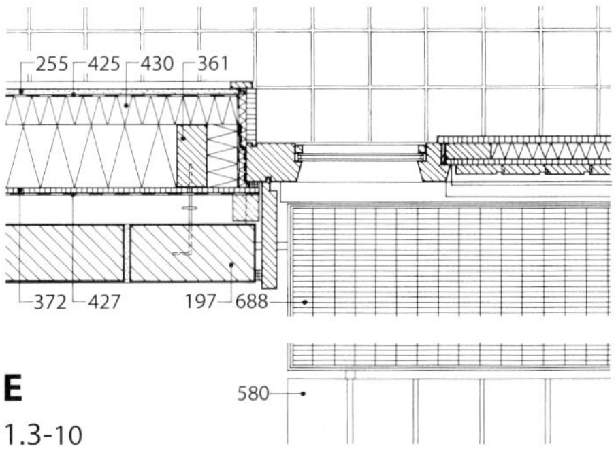

E
1.3-10

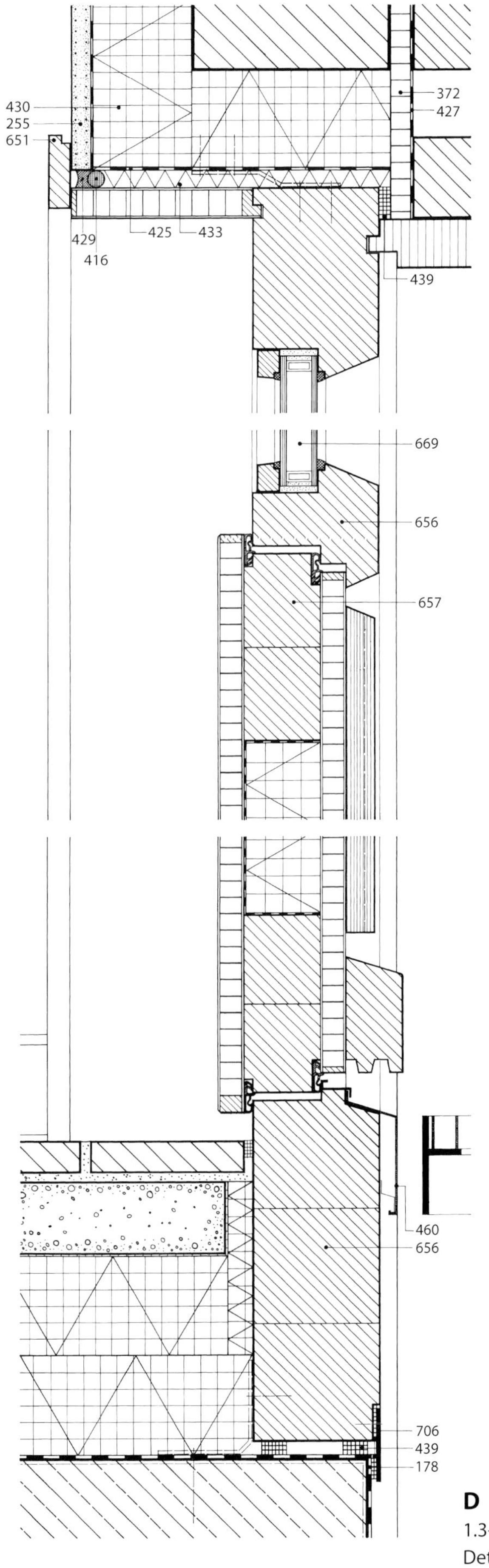

D
1.3-11
Detail

1.4 Wohn- und Atelierhaus mit Galerie und überdecktem Freisitz, nicht unterkellert
Wärmeschutznachweis

Fassade: Verblendmauerwerk-Vorsatzschale, partiell Holzdeckelschalung

1.4.1

Die erarbeitete Bauplanung dieses Projektes umfasst Grundrisse, Schnitte, Ansichten und Details. Das erlaubt u. a. einen Wärmeschutznachweis nach der WSchV 1995.

Nutzung

Der zentrale Arbeits-, Wohn- und Schlafbereich erstreckt sich über zwei Ebenen, über das Erdgeschoss und die Galerie. Ein Bad, ein Zusatzraum, ein Windfang und die nur überdeckten Bereiche Freisitz und Hauseingang ergänzen das Raumangebot.

Konzeption

Um eine hohe Energieeffizienz zu erreichen, wurde ein kompakter Baukörper gewählt, nach dem solaren Strahlungsangebot ausgerichtet und entsprechend befenstert. Die dominierende Verglasung der Südseite – mit außen liegenden Markisen – erstreckt sich über fünf Rasterfelder mit je 1200 mm und reicht vom Fußboden bis zur Traufe (passive Solarenergienutzung). Demgegenüber tritt die Verglasung an den übrigen Fassadenseiten deutlich zurück.

Die Südseite des Satteldaches bietet sich zur aktiven Nutzung der Solarstrahlung – zur thermischen und elektrischen Energieerzeugung – an. An der West- und Ostfassade können Fotovoltaik-Elemente für die Bedachung der Türen eingesetzt werden.

Der kompakte Satteldachbaukörper erfährt eine gestalterische Differenzierung durch den vorgeschobenen niedrigen Riegel mit Pultdach, überdecktem Freisitz und Hauseingang.

Die mit Ziegeln gedeckten – in der Höhe gestaffelten – Dachflächen tragen an den Traufen und Ortgängen knappe, hohe Gesimse. Hinter ihnen verbirgt sich der Dachaufbau.

Verblendmauerwerk und alternierend vertikale Verbretterung charakterisieren die opaken Fassadenflächen. Die gestalterisch differenzierte Befensterung reicht von relativ kleinen Einzelfenstern bis zu großen, geschosshohen Verglasungen.

Innenraum

Der dominante Innenraum des Projektes erfährt durch die Galerie einschließlich ihrer Fenster eine prägnante räumliche Differenzierung. Seine dreiseitige Befensterung macht den Tageslauf der Sonne auch innen erlebbar.

Das Satteldach überdeckt das Erdgeschoss und die Galerie. Die Dachunterseiten tragen eine Profilholzschalung, im Sparrenabstand untergliedert durch Leisten. Die gleiche Verbretterung bekleidet – in Verlängerung der Dachfläche – auch die senkrechte Wandfläche auf der Galerie.

Den Fußboden bilden im Erdgeschoss helle Natursteinplatten (Wärmespeicherkapazität), auf der Galerie Holzdielen.

Außenwand

90 mm Vormauerschale / partiell Holzdeckelschalung

Dem Wandsystem liegt eine Dezimeterordnung zugrunde. Das Achsmaß des Holzständerwerks, 1200 mm, korrespondiert mit den Maßen der Holzschalung, 120 mm und denen der Vormauerschale. Die Maße der Vormauersteine betragen – nach Euro-Modul – 90 × 190 mm. In den opaken Wandflächen stehen Zwischenstützen, Achsmaß 600 mm. Die Dicke der Luftschicht beträgt 40 mm.

Die relativ geringen Abmessungen der Ziegelvormauerschalen erfordern keine vertikalen Trennfugen.

Die Doppel-T-Profile des Ständerwerks, 60 × 200 mm, sind wärmetechnisch günstiger und leichter (Transport und Montage) als Vollhölzer. Ihr Verformungsrisiko ist geringer. Zwischen ihnen liegt die primäre Dämmschicht, Mineralwolle, WLG 040.

Bituminierte, gespundete Weichfaserplatten, 19 mm dick, übernehmen die äußere winddichte Bekleidung. Bei erhöhten Anforderungen bieten diffusionsoffene Folien einen zusätzlichen Wind- und Feuchteschutz.

Die Beplankung des Ständerwerks übernehmen 16 mm dicke OSB-Holzwerkstoffplatten. Ihre Fugen sind abgedichtet (Luftsperre / Dampfsperre). Die Dicke der sekundären Dämmschicht – gleichzeitig Installationsschale – beträgt 60 mm (Mineralwolle, WLG 040). Die innere Wandbekleidung übernehmen eine Holzwerkstoff- und eine Gipsfaserplatte, jeweils ca. 10 mm dick.

Bei besonderen Ansprüchen an die Oberflächenqualität der Wände bieten sich zusätzliche Spachtelputze an, mindestens 3 mm dick.

Für die Ausführung von Fliesenbelägen im Holzbau wird auf die entsprechenden Angaben beim Projekt E1.2 verwiesen.

Die Holzdeckelschalung an der Nordfassade besteht aus 24 mm dickem Lärchenkernholz auf einer vertikalen Grund- und einer horizontalen Traglattung. Nichtrostende Befestigungsmittel erlauben eine farbige Beschichtung der Holzschalung ohne Rostfahnen auf der Fassade.

Der Feuchteschutznachweis – gemäß DIN 4108-5 [27] – zeigt, dass der Wandaufbau keine zusätzliche Dampfsperre erfordert.

Das insektendichte System ist gemäß DIN 68800-2 [34] der Gefährdungsklasse 0 (GK 0) zuzuordnen. Das heißt, chemischer Holzschutz ist nicht erforderlich.

Eine Ausnahme davon bildet die untere Schwelle des Ständerwerks (GK 2). Hier ist chemischer Holzschutz bzw. natürlich dauerhaftes Holz notwendig. Den Windschutz übernehmen Fugendichtbänder unter der Schwelle. Der U_m-Wert dieser Wandkonstruktion beträgt einschließlich Vormauerung 0,14 W/(m²K).

1.4-2

1.4-3

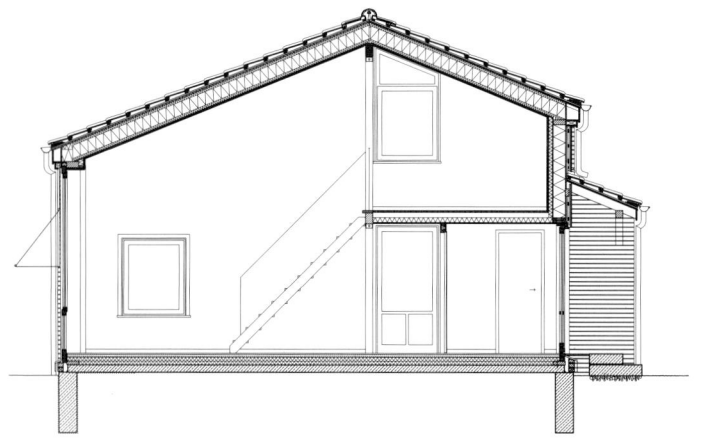

E–E
1.4-4

1.4-5

1.4-6

1.4 Wohn- und Atelierhaus mit Galerie und überdecktem Freisitz, nicht unterkellert
Fassade: Verblendmauerwerk-Vorsatzschale, partiell Holzdeckelschalung

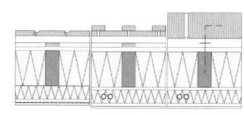

Fenster, Fenstertüren

Die Konzeption der Außenwände erlaubt für die Ausbauelemente im Regelfall einen vierseitig in einer Ebene umlaufenden Innenanschlag. Das erleichtert eine fachgerechte Montage der Elemente und führt bauphysikalisch zu leistungsfähigen Anschlüssen (siehe auch Abschnitt C 4.5). Dabei übernehmen Fugendichtbänder u. a. den Wind- und Regenschutz. Flachstahlanker verbinden die Fenster mit der Tragstruktur.

Metallfensterbänke bilden den unteren horizontalen Abschluss. Durch ihre Neigung von 22° führen sie Niederschläge schnell ab und reduzieren – gegenüber weniger geneigten Bänken – die Spritzwasserbelastung der Fenster.

Im Regelfall erlauben die hölzernen Innenfutter ca. 30 mm Dämmstoff in den Leibungen, (siehe auch Abschnitt C 4.5). Die notwendige Luftsperre / Dampfsperre zwischen Tragstruktur und Fensterfutter übernehmen Spritzabdichtungen, abgedeckt durch Bekleidungen bzw. Leisten.

Die gewählte Wärmeschutzverglasung hat einen Wärmedurchgangskoeffizienten (U_g) von 1,2 W/(m²K). Die Wärmedurchgangskoeffizienten der Fenster und Türelemente (U_w) differieren. Sie wurden – in Anlehnung an die europäische Normung – für jedes Element einzeln, einschließlich der linearen WBVK Verglasung / Rahmen, errechnet.

Die U-Werte der Elemente liegen rechnerisch zwischen 1,44 bis 1,59 W/(m²K). Einzelheiten dazu siehe Abschnitt B 1.1.1.1.

Um aus energetischen Gründen die Länge des Randverbundes der Verglasungseinheiten klein zu halten, sind die Sprossen innen und außen aufgeklebt. Bei durchgehenden Sprossen und separaten Scheiben würden die Wärmedurchgangskoeffizienten der Ausbauelemente höher liegen.

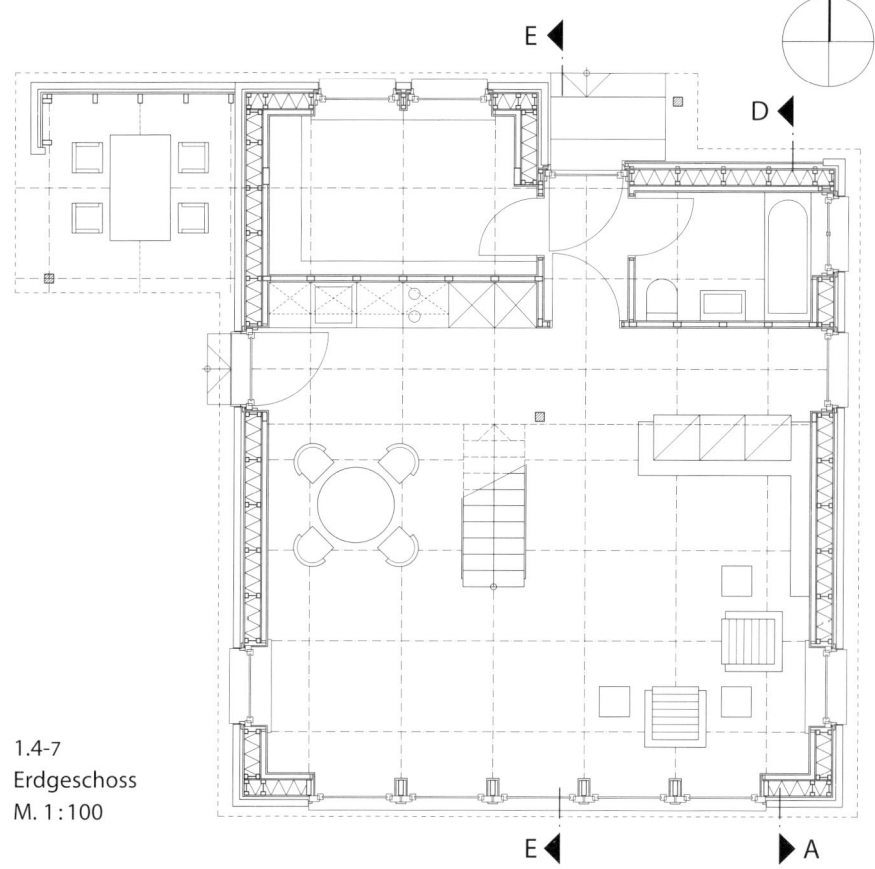

1.4-7 Erdgeschoss
M. 1:100

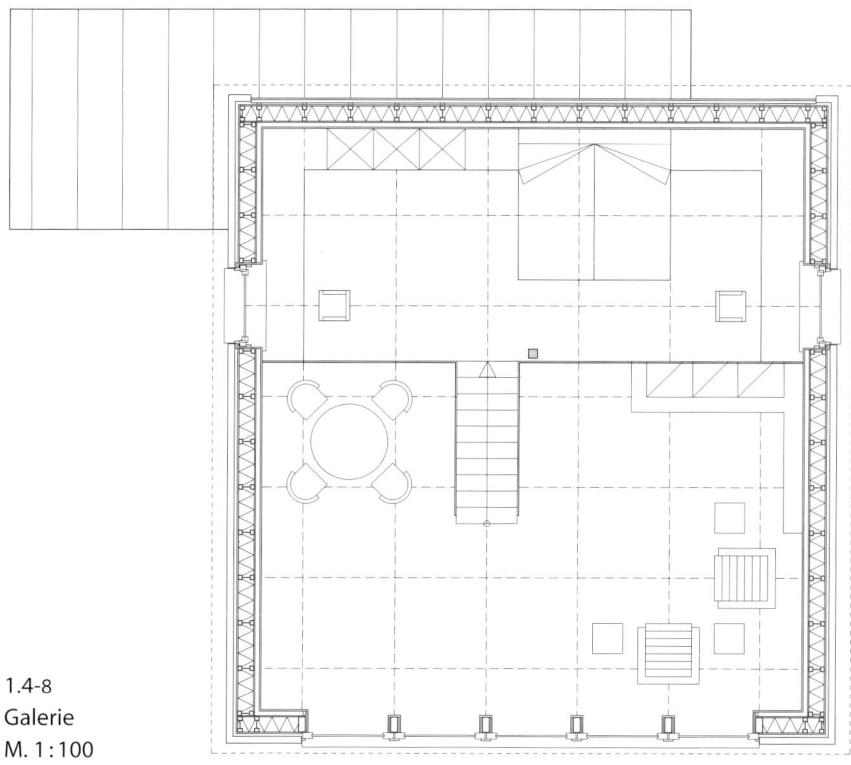

1.4-8 Galerie
M. 1:100

Dach

Die Dachkonstruktion – Neigung 22° – stellt ein unbelüftetes System dar. Die Unterdeckung besteht aus einer diffusionsoffenen Unterdeckbahn, $s_d \leq 0{,}02$ m, auf offener Brettschalung.

Mineralischer Dämmstoff, WLG 040, füllt den 300 mm hohen Sparrenraum. Der Achsabstand der Sparren beträgt 900 mm.

Die differenzierten Sparrenprofile haben verschiedene Vorzüge, siehe Außenwand. Unter den Sparren folgt die aussteifende Beplankung – 16 mm dicke OSB-Holzwerkstoffplatten mit abgedichteten Fugen – abgedeckt mit einer 13 mm dicken Profilholzschalung.

Der Feuchteschutznachweis – gemäß DIN 4108-5 [27] – zeigt, dass die Dachkonstruktion keine zusätzliche Dampfsperre erfordert. Das insektendichte Dachsystem ist der Gefährdungsklasse 0 zuzuordnen, d.h., chemischer Holzschutz ist nicht erforderlich.

Der U_m-Wert dieser Dachkonstruktion beträgt 0,13 W/(m²K).

Zwischendecke

Die Zwischendecke schließt einige der Erdgeschossräume nach oben ab. Sie hat primär statische Funktion. Mineralischer Dämmstoff füllt den Deckenhohlraum nur partiell.

Energetisch relevant ist der Deckenanschluss. Um die Wärmebrücke in diesem Bereich zu minimieren, schließen die Deckenbalken mit stählernen Balkenträgern an die durchgehenden Ständer der Außenwände an.

Grundplatte, Fußbodenaufbau

Die Grundplatte – Leichtbeton, 120 mm dick – ruht auf einer kapillarbrechenden Schicht einschließlich PE-Folie. Auf der horizontalen, bituminösen Sperrschicht liegen Estrichdämmplatten, 120 mm dick, WLG 040. Die Dicke der Estrichplatte beträgt ca. 50 mm.

In fast allen Erdgeschossräumen bilden Natursteinplatten den Fußboden, nur im Bad liegen keramische Fliesen. Die hohe Wärmespeicherfähigkeit des Fußbodenaufbaus wirkt sich positiv auf die passive Solarenergienutzung im Winter und den Wärmeschutz im Sommer aus.

Der U-Wert des Gesamtsystems – Grundplatte / Fußbodenaufbau – beträgt 0,29 W/(m²K).

Wärmeschutznachweis Jahres-Heizwärmebedarf

Der folgende Nachweis soll belegen, dass dieses Projekt energetisch dem Standard des Niedrigenergiehauses (NEH) genügt.

NEH werden nach ihrem spezifischen Jahres-Heizwärmebedarf definiert. Der NEH-Standard wird mit ca. 25 bis 30% über den Anforderungen der WSchV 1995 angegeben. [124]

Bezogen auf die beheizte Gebäudenutzfläche resultieren daraus folgende Werte:

- für das Einfamilien-Niedrigenergiehaus Energiekennwert Heizwärme – 70 kWh/(m²a)
- für das Mehrfamilien-Niedrigenergiehaus Energiekennwert Heizwärme – 55 kWh/(m²a)

Da dieses Gebäude partiell über Raumhöhen von $\geq 2{,}60$ m verfügt, ist der Jahres-Heizwärmebedarf nicht auf die Gebäudenutzfläche, sondern auf das Gebäudevolumen zu beziehen. Der errechnete Jahres-Heizwärmebedarf Q'_H beträgt 18,77 kWh/m³a, der maximal zulässige Bedarf $Q'_{H,max}$ beträgt 29,04 kWh/m³a.

Damit liegt das Wärmeschutzniveau dieses Projektes ca. 35% über den Anforderungen der WSchV 1995. Der energetische Standard dieses Gebäudes übertrifft also den genannten NEH-Standard.

Sommerlicher Wärmeschutz

Die intensive passive Nutzung der Solarstrahlung für den Wärmeschutz im Winter erfordert häufig besondere Maßnahmen beim Wärmeschutz im Sommer.

Die WSchV 1995 erlaubt bei Fenstern den Ansatz solarer Wärmegewinne bis zu 66,6% der Fassadenfläche. Der Fensterflächenanteil (f) der Südfassade beträgt 59%. Ab $f \geq 50\%$ gibt die DIN 4108-2 [22] planerische Empfehlungen für den Wärmeschutz im Sommer. Normativ verfügt dieses Gebäude über eine leichte Innenbauart und erhöhte natürliche Belüftung (Galerie).

Bei diesen Randbedingungen soll das Produkt $g \times f \leq 0{,}17$ betragen. Der g-Wert der gewählten Wärmeschutzverglasung beträgt 0,6. Gemäß DIN 4108-2 beträgt der Abminderungsfaktor der eingeplanten – oben und seitlich ventilierten – Markisen 0,4. Daraus resultiert $g_{gesamt} = 0{,}6 \times 0{,}4 = 0{,}24$.

Das Produkt $g_{gesamt} \times f = 0{,}24 \times 0{,}59$ ergibt 0,14. Dieser Wert ist kleiner als der zulässige Wert 0,17.

Damit ist der Nachweis erbracht, dass die eingeplanten Schutzvorrichtungen – trotz 59% Fensterflächenanteils – den normativen Empfehlungen für den Wärmeschutz im Sommer genügen.

1.4 Wohn- und Atelierhaus mit Galerie und überdecktem Freisitz, nicht unterkellert
Fassade: Verblendmauerwerk-Vorsatzschale, partiell Holzdeckelschalung

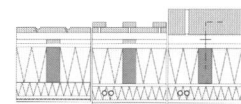

1.0 Jahres-Heizwärmebedarf

1.1 Transmissionswärmebedarf Q_T [kWh/a]

Teilfläche		A [m²]	Konstruktionstyp	U-Wert [W/(m²/K)]	C_{TD} [–]	$A \times U \times C_{TD}$ [W/K]
A_W	AW01_S	11,97	mit Vormauerwerk	0,14	1,00	1,65
A_W	AW01_W	37,81	mit Vormauerwerk	0,14	1,00	5,22
A_W	AW01_N	9,99	mit Vormauerwerk	0,14	1,00	1,38
A_W	AW01_O	37,04	mit Vormauerwerk	0,14	1,00	5,11
A_W	AW02_W	1,05	mit Schalung	0,14	1,00	0,15
A_W	AW02_N	18,41	mit Schalung	0,14	1,00	2,65
A_W	AW02_O	1,05	mit Schalung	0,14	1,00	0,15
A_D	D1_S	44,02		0,13	0,80	4,54
A_D	D1_N	32,62		0,13	0,80	3,37
A_G	GU01	72,72		0,29	0,50	10,62

Fensterfläche		A	$U_W - g \times S_W =$			$A \times U_{eq} \times C_{TD}$
A_F Nord	F1_N	2,60	1,49 – 0,60 × 0,95 =	0,92	1,00	2,39
A_F Ost	F2_O	1,30	1,49 – 0,60 × 1,65 =	0,50	1,00	0,65
A_F Ost	F3_O	2,17	1,47 – 0,60 × 1,65 =	0,48	1,00	1,04
A_F Ost	F4_O	1,75	1,52 – 0,60 × 1,65 =	0,53	1,00	0,93
A_F Ost	F5_O	0,77	1,59 – 0,60 × 1,65 =	0,60	1,00	0,46
A_F West	F2_W	1,30	1,49 – 0,60 × 1,65 =	0,50	1,00	0,65
A_F West	F3_W	2,17	1,47 – 0,60 × 1,65 =	0,48	1,00	1,04
A_F West	F4_W	1,75	1,52 – 0,60 × 1,65 =	0,53	1,00	0,93
A_F Süd	F6_S	17,19	1,47 – 0,60 × 2,40 =	0,03	1,00	0,52
A_F Haustür	AT1_N	2,17	1,44 – 0,00 × 0,00 =	1,44	1,00	3,12
Summe	A =	**299,85**			Summe =	46,57
					$Q_T = 84 \times$ Summe =	**3912**

1.2 Gebäudegeometrie

Gebäudevolumen (Außenmaße) in m³	V =	**341**
A/V-Verhältnis in m⁻¹	A/V =	**0,88**

1.3 Lüftungswärmebedarf Q_L [kWh/a]

Belüftung des Gebäudes	Q_L = Faktor × V	
ohne Lüftungsanlage	Q_L = 18,28 × 341,12	**6236**

1.4 Interne Wärmegewinne Q_I [kWh/a]

Nutzung des Gebäudes	Q_I = Faktor × V	
Wohn- und sonstige Gebäude	Q_I = 8 × 341,12	**2729**

1.5 Jahres-Heizwärmebedarf Q_H [kWh/a]

$Q_H = 0,9 \times (Q_T + Q_L) - Q_I = 0,9 \times (3912 + 6236) - 2729 =$	**6404**

1.6 Vorhandener bezogener Jahres-Heizwärmebedarf

Q'_H = [kWh/(m³a)] bzw. Q''_H = [kWh/(m²a)]

Bezug: Gebäudevolumen	Bezug: Gebäudenutzfläche (falls lichte Raumhöhe ≤ 2,6 m)
$Q'_H = Q_H/V$ Q'_H = 6404/341 = **18,77**	entfällt hier

1.7 Maximal zulässiger bezogener Jahres-Heizwärmebedarf

Q'_H = [kWh/(m³a)] bzw. Q''_H = [kWh/(m²a)]

Bezug: Gebäudevolumen	Bezug: Gebäudenutzfläche (falls lichte Raumhöhe ≤ 2,6 m)
$Q'_{H, max} = 13,82 + 17,32$ (A/V) **29,04**	entfällt hier

Der vorhandene Jahres-Heizwärmebedarf ist kleiner als der maximal zulässige.

2.0 Sommerlicher Wärmeschutz

Raumlufttechnische Anlage(n) mit Kühlung liegen nicht vor.
Der Fensterflächenanteil der Südfassade liegt über 50 %.
Ein Nachweis ist erforderlich.

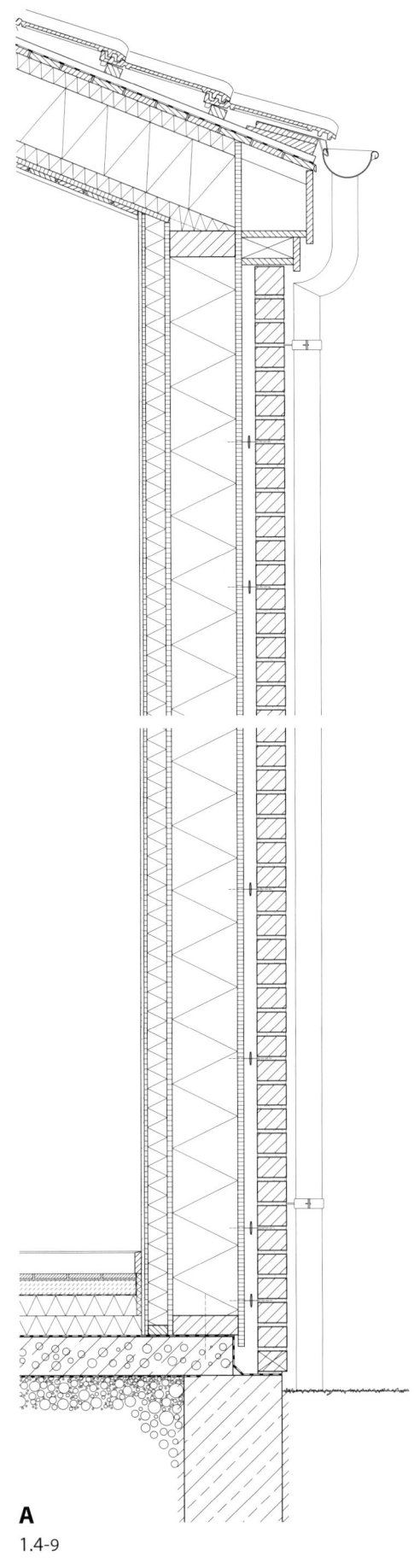

A
1.4-9

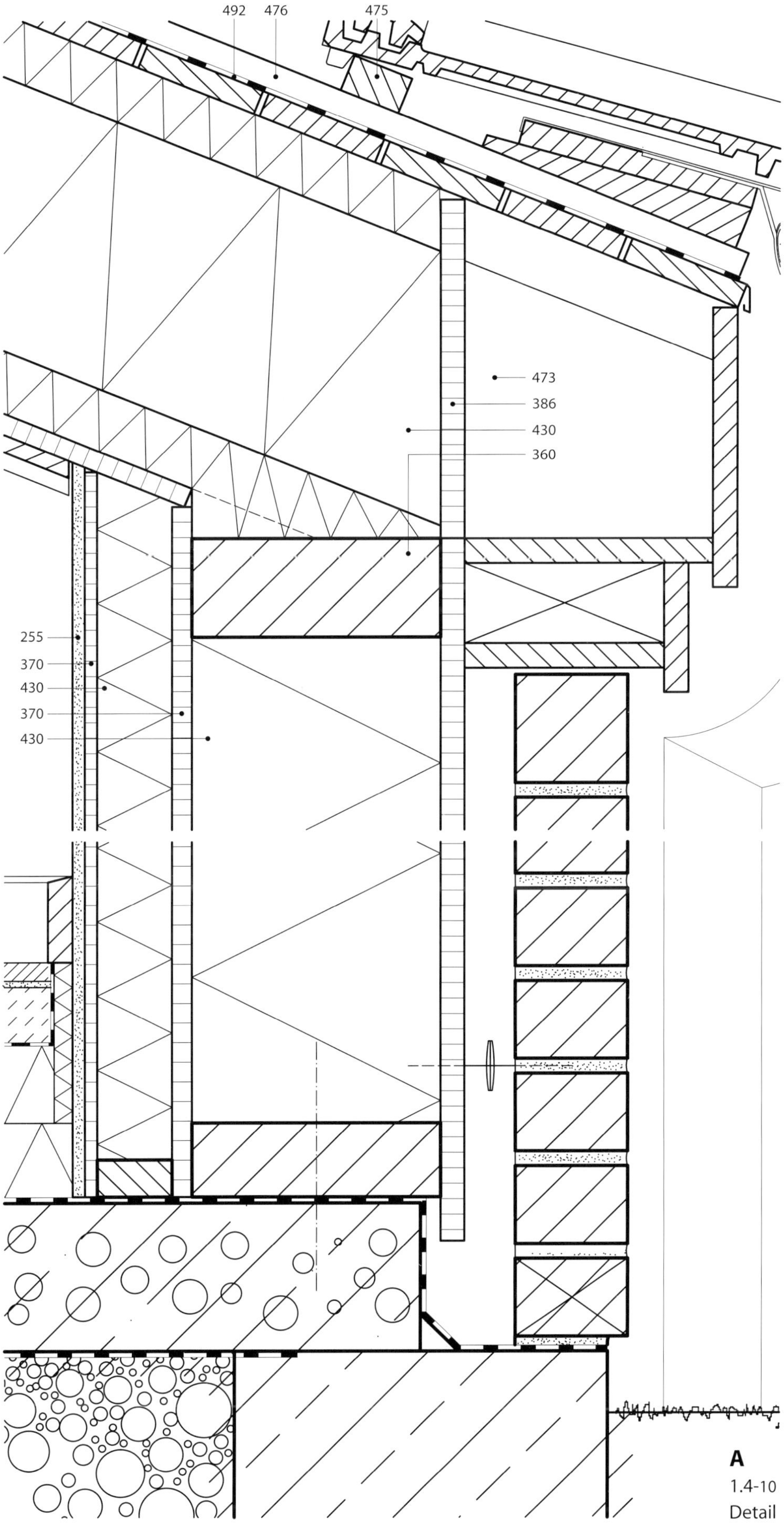

1.4 Wohn- und Atelierhaus mit Galerie und überdecktem Freisitz, nicht unterkellert
Fassade: Verblendmauerwerk-Vorsatzschale, partiell Holzdeckelschalung

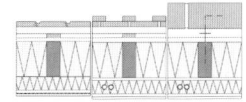

255 Gipsbauplatte, Gipskarton- bzw. Gipsfaserplatte
360 Holzskelett
370 Holzwerkstoffplatte E1
386 Poröse Holzfaserplatte
430 Mineralwolle
473 Sparren
475 Traglattung 30/50 mm bzw. 40/60 mm
476 Grundlattung 30/50 mm
492 Unterdeckung auf offener Brettschalung, $s_d \leq 0{,}2$ m

A
1.4-10
Detail

E Projekte mit Holzaußenwandsystemen
1 Holzständersysteme mit Dämmschicht und belüfteter Fassadenbekleidung bzw. Verblendmauerwerk-Vorsatzschale

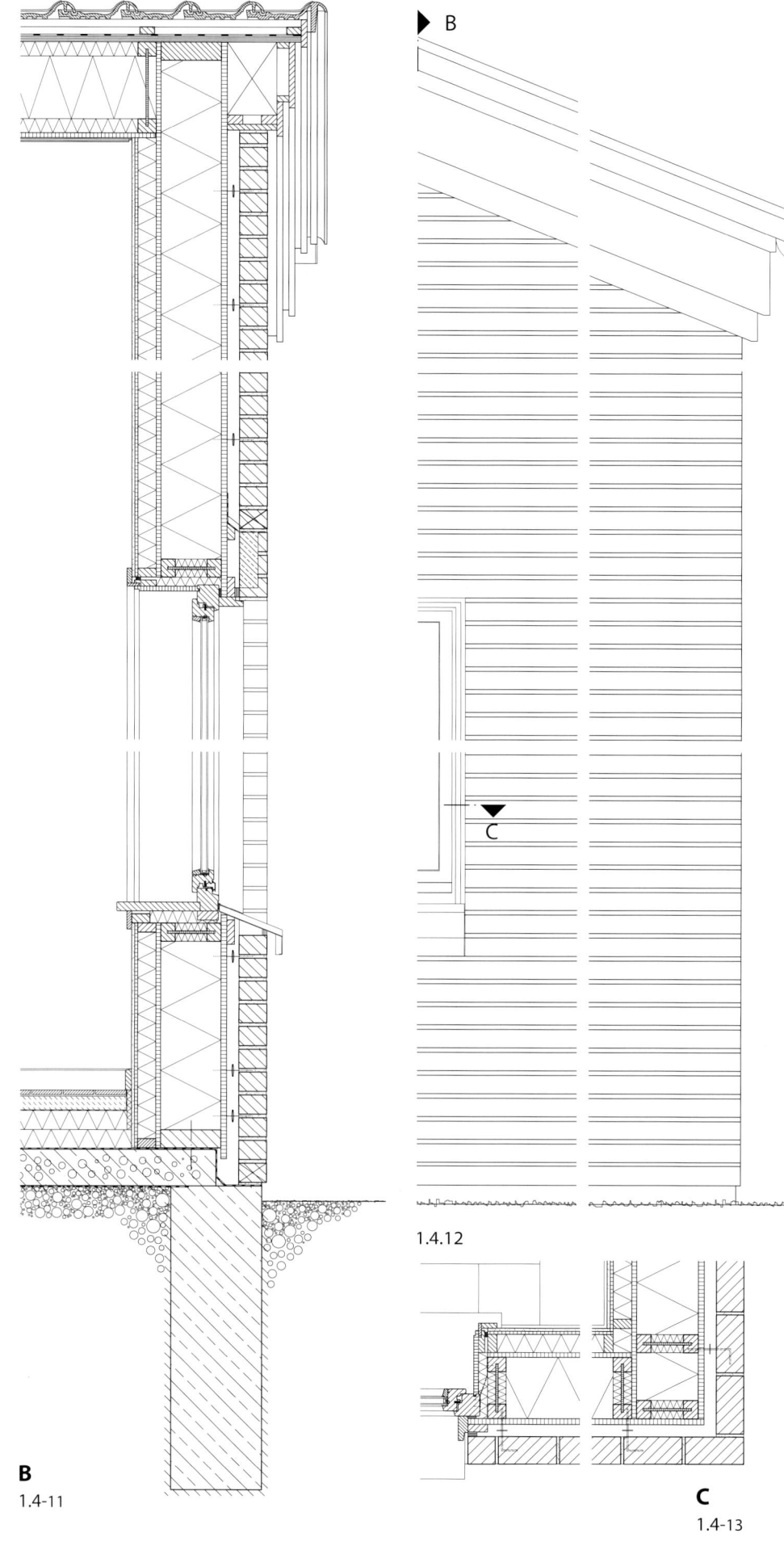

B
1.4-11

1.4.12

C
1.4-13

1.4 Wohn- und Atelierhaus mit Galerie und überdecktem Freisitz, nicht unterkellert
Fassade: Verblendmauerwerk-Vorsatzschale, partiell Holzdeckelschalung

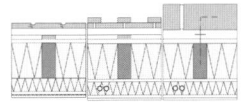

197	Verblendschale aus frostwiderstandsfähigen Mauersteinen
255	Gipsbauplatte, Gipskarton- bzw. Gipsfaserplatte
361	Holzstütze
370	Holzwerkstoffplatte E1
386	Poröse Holzfaserplatte
430	Mineralwolle
436	Hohlraum, belüftet
439	Fugendichtband, vorkomprimiert
632	Fensterflügel
635	Fensterfutter mit Bekleidung
640	Deckleiste
680	Drahtanker, nicht rostend
700	Flachstahlanker, nicht rostend

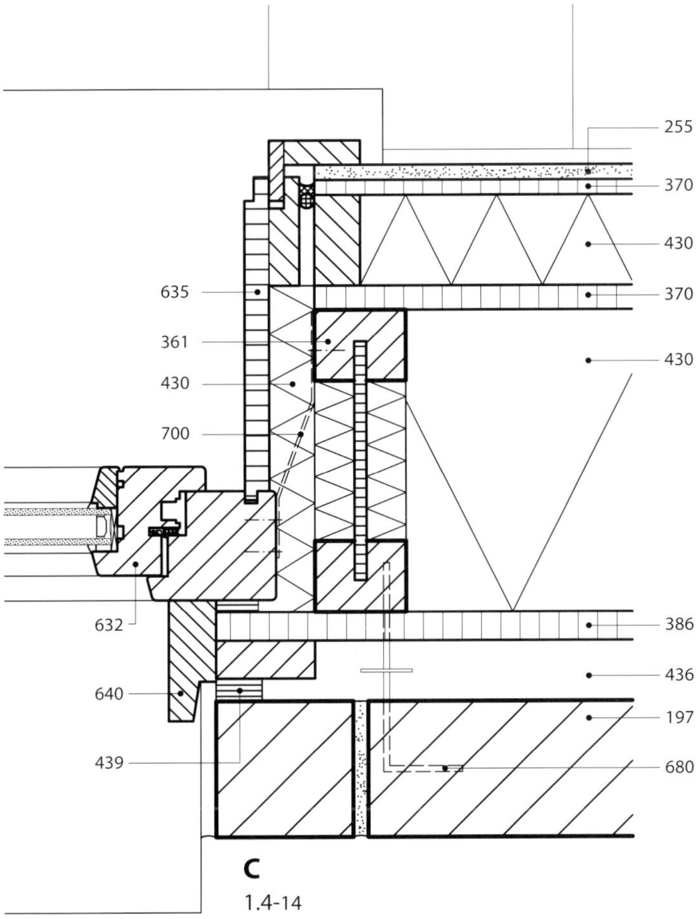

C
1.4-14
Detail

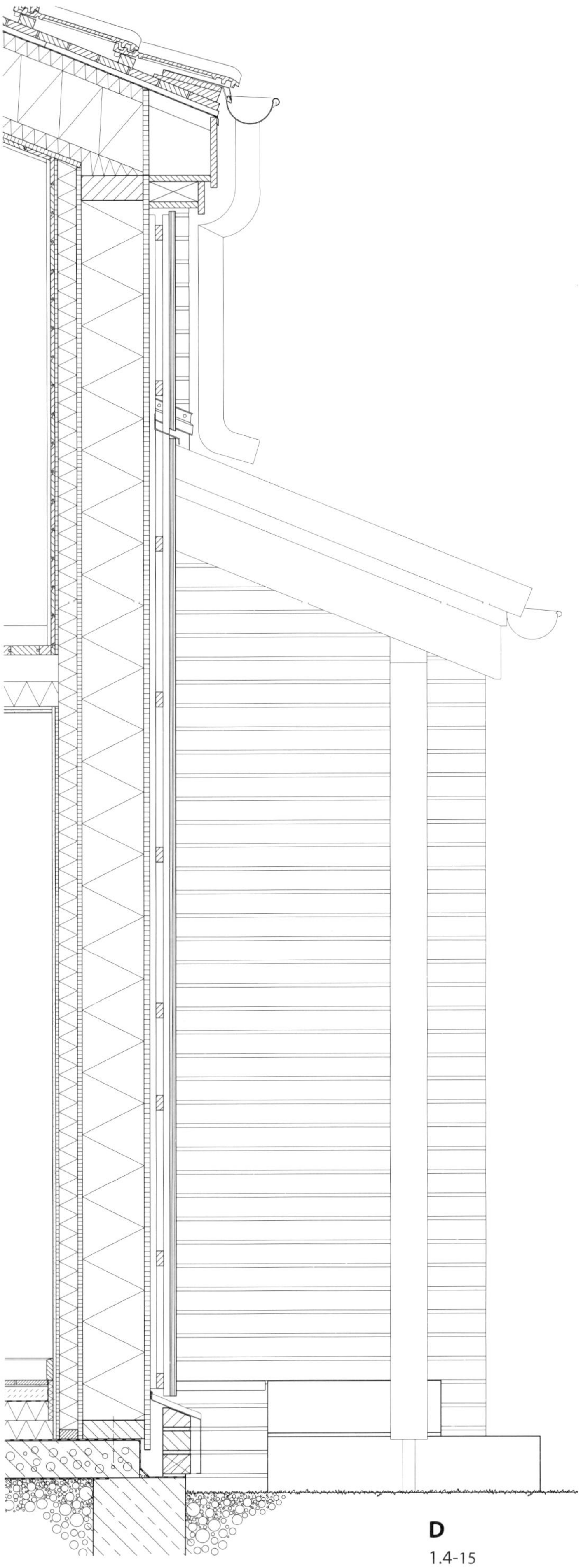

D
1.4-15

E Projekte mit Holzaußenwandsystemen
1 Holzständersysteme mit Dämmschicht und belüfteter Fassadenbekleidung bzw. Verblendmauerwerk-Vorsatzschale

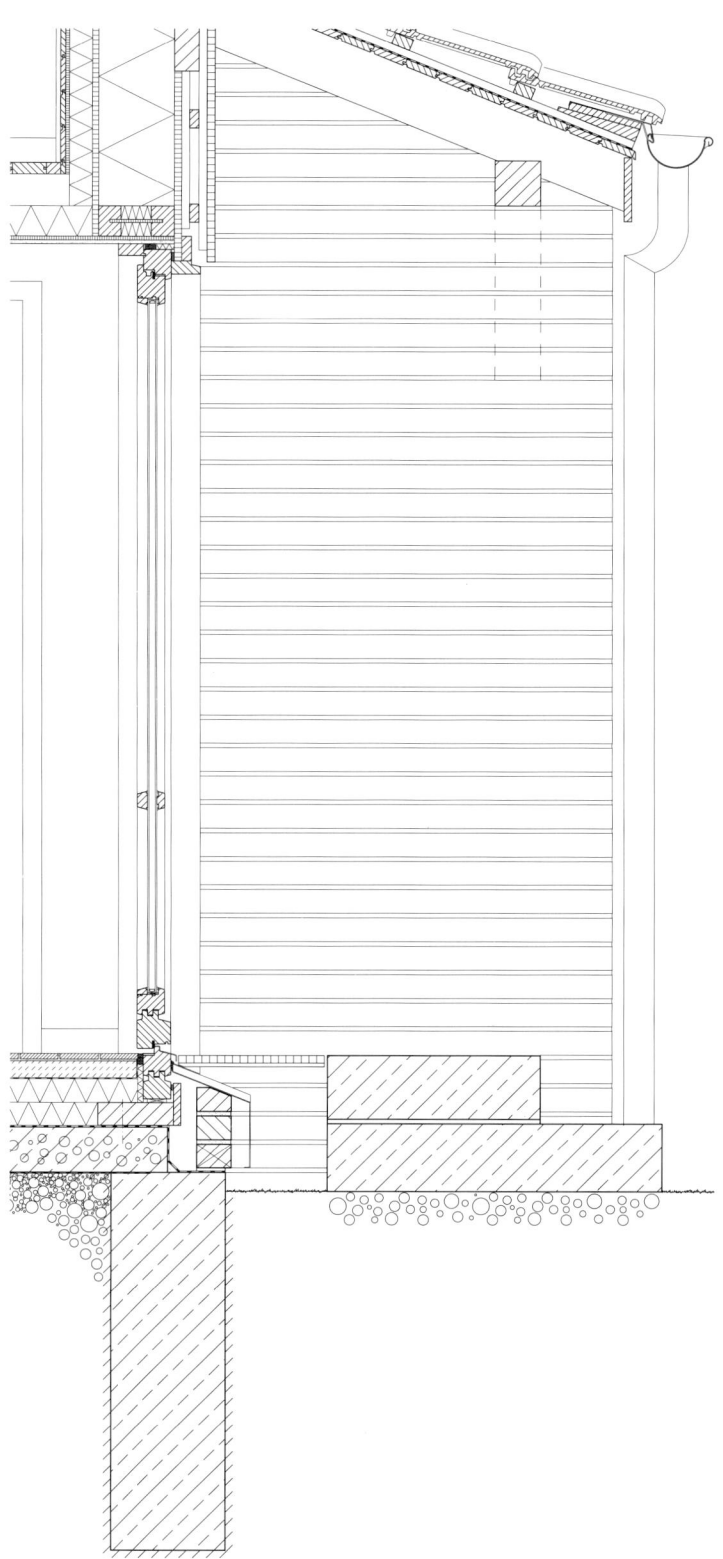

E
1.4-16

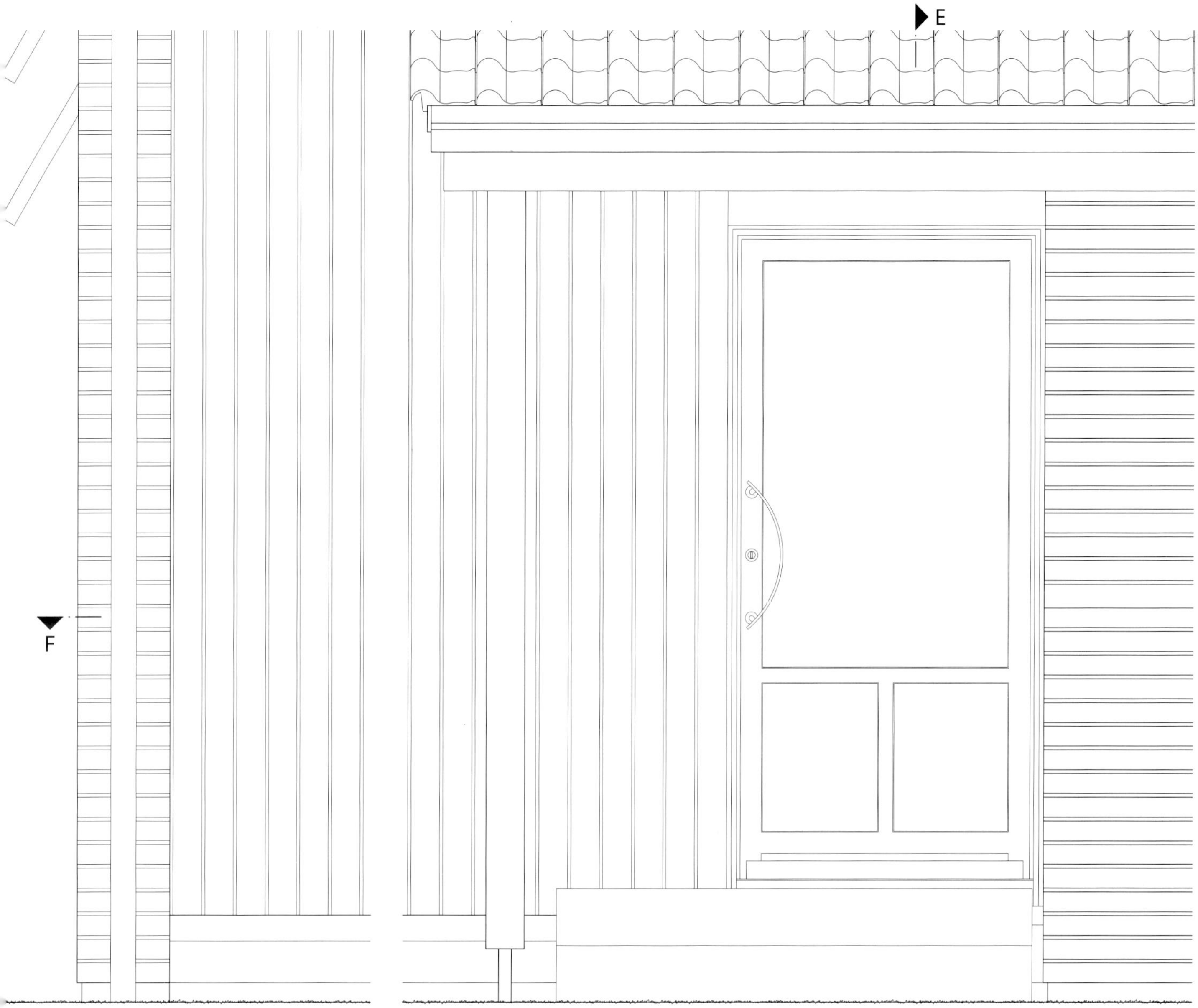

1.4 Wohn- und Atelierhaus mit Galerie und überdecktem Freisitz, nicht unterkellert
Fassade: Verblendmauerwerk-Vorsatzschale, partiell Holzdeckelschalung

313

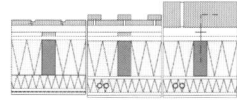

1.4-17

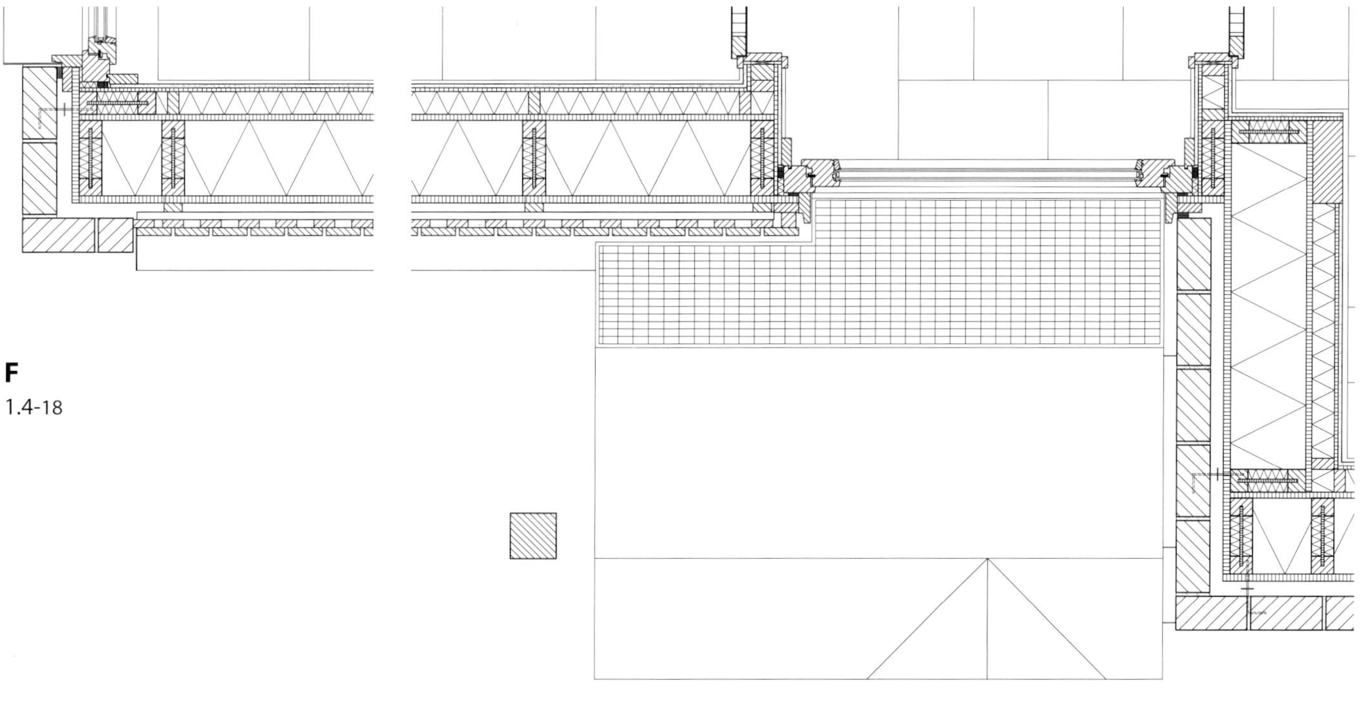

F
1.4-18

143 Streifenfundament
178 Sperrschicht
274 Leichtbeton
308 Abdeckung, verhindert das Eindringen des Betons in die Kiesschicht
309 Grobkies, Grobkiesschicht
362 Holzschwelle
421 Dämmstoff
582 Bodenbelag
585 Estrich auf Dämmschicht
640 Deckleiste
655 Haustür
675 Mehrscheibenisolierglas
688 Gitterrost, feuerverzinkt

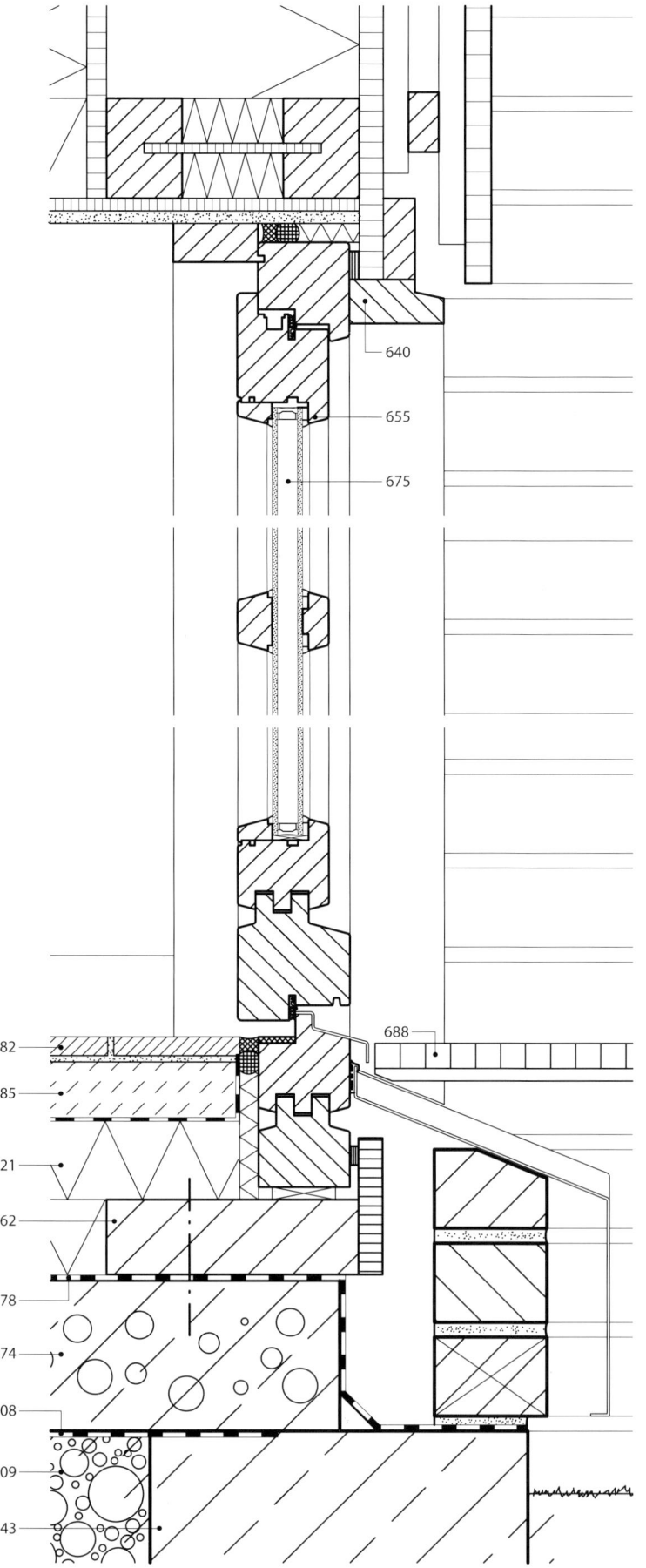

E
1.4-19
Detail

1.4 Wohn- uns Atelierhaus mit Galerie und überdecktem Freisitz, nicht unterkellert
Fassade: Verblendmauerwerk-Vorsatzschale, partiell Holzdeckelschalung

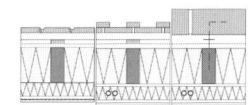

197	Verblendschale aus frostwiderstandsfähigen Mauersteinen
255	Gipsbauplatte, Gipskarton- bzw. Gipsfaserplatte
360	Holzskelett
361	Holzstütze
370	Holzwerkstoffplatte E1
386	Poröse Holzfaserplatte
430	Mineralwolle
436	Hohlraum, belüftet
439	Fugendichtband, vorkomprimiert
640	Deckleiste
651	Türfutter und Bekleidung

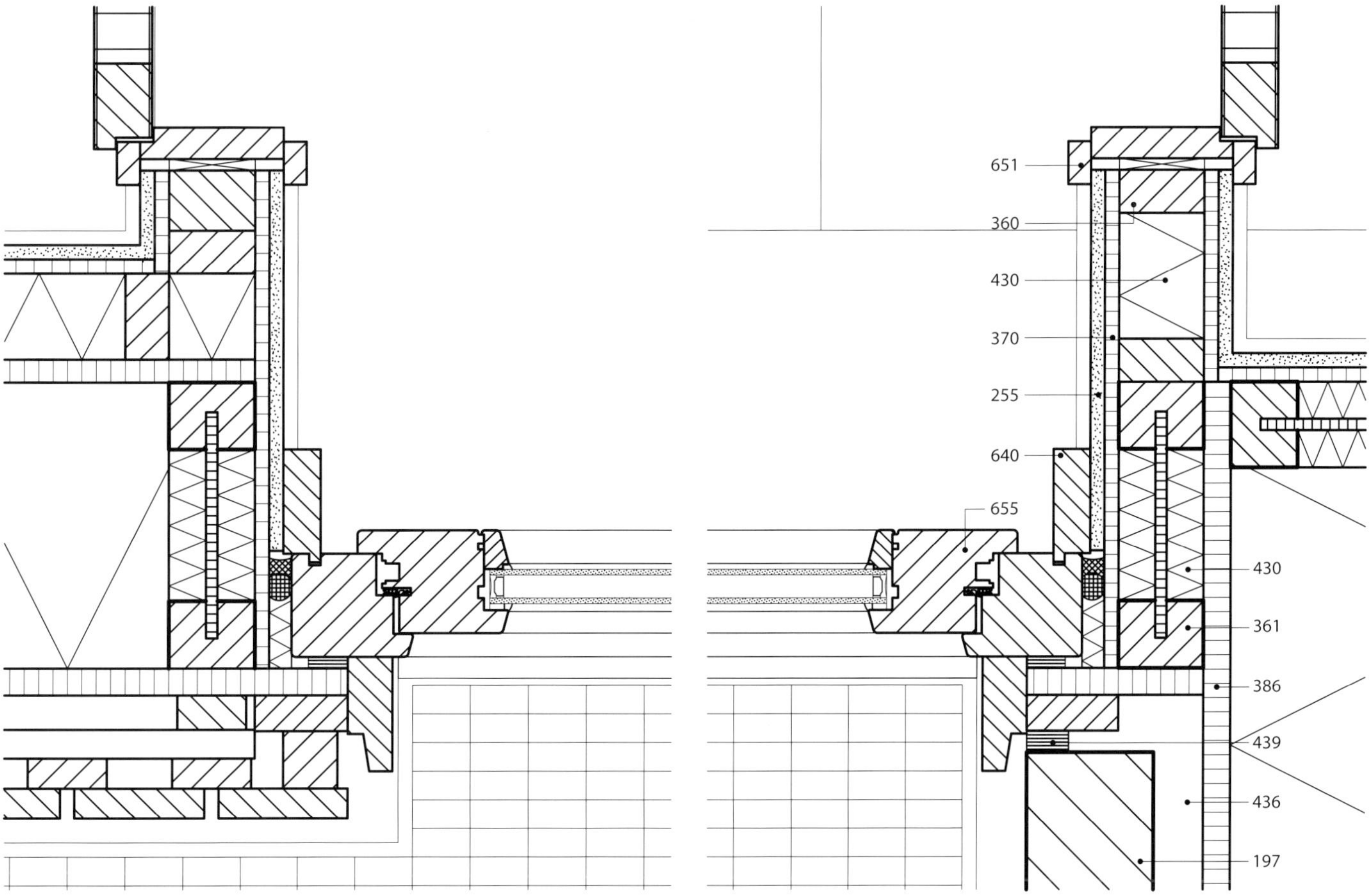

F
1.4-20
Detail

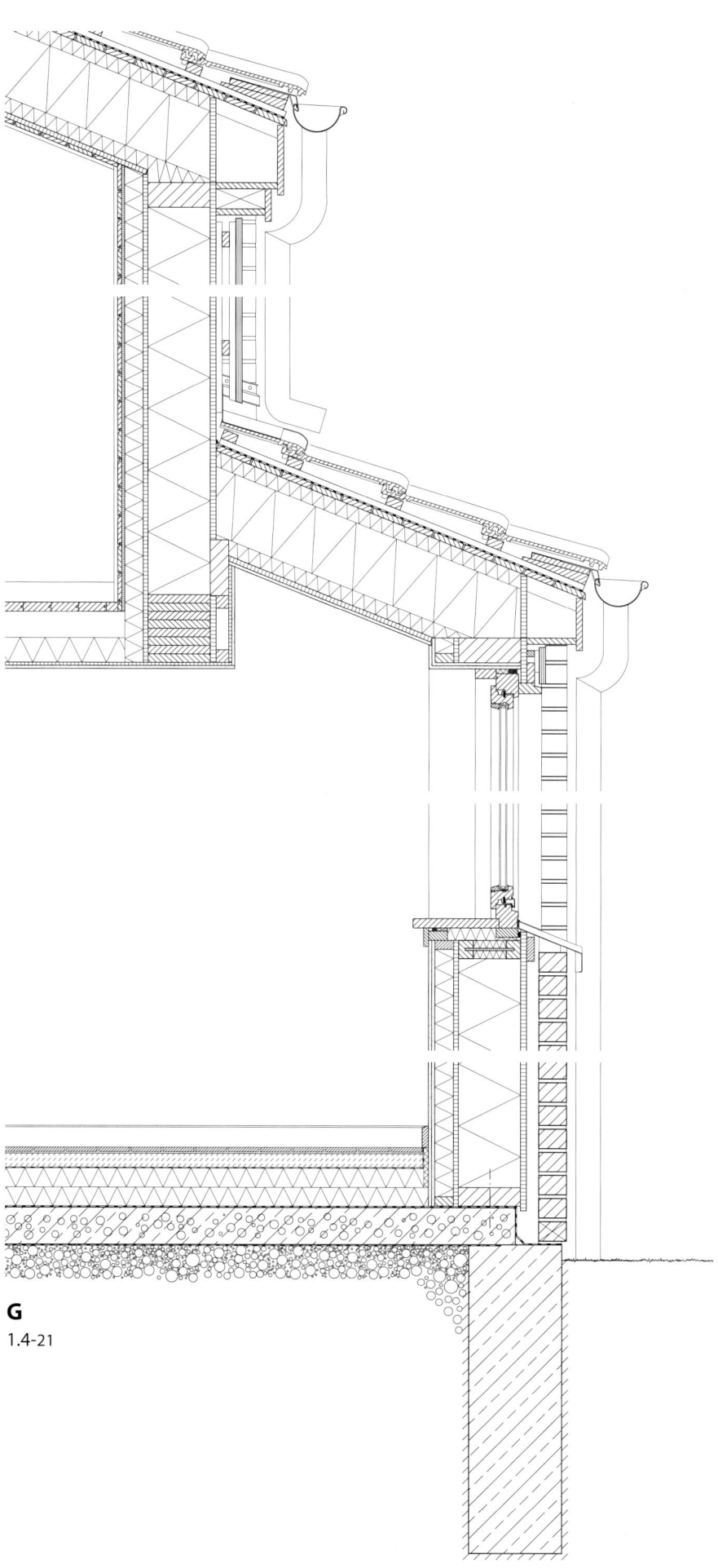

G
1.4-21

1.4 Wohn- und Atelierhaus mit Galerie und überdecktem Freisitz, nicht unterkellert
Fassade: Verblendmauerwerk-Vorsatzschale, partiell Holzdeckelschalung

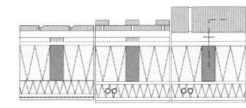

197 Verblendschale aus frostwiderstandsfähigen Mauersteinen
255 Gipsbauplatte, Gipskarton- bzw. Gipsfaserplatte
361 Holzstütze
370 Holzwerkstoffplatte E1
386 Poröse Holzfaserplatte
430 Mineralwolle
436 Hohlraum, belüftet
439 Fugendichtband, vorkomprimiert
447 Metallfensterbank mit seitlichen Aufkantungen
632 Fensterflügel
640 Deckleiste
680 Drahtanker, nicht rostend

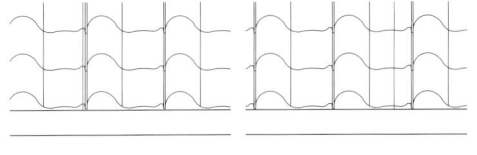

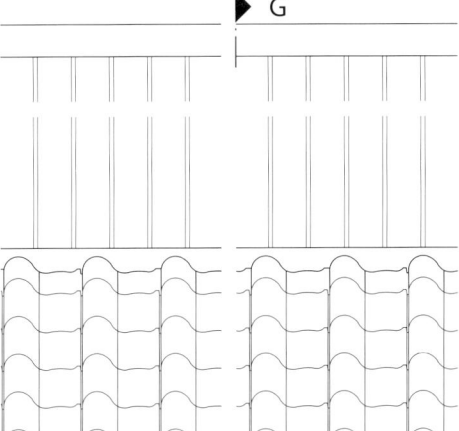

1.4-22

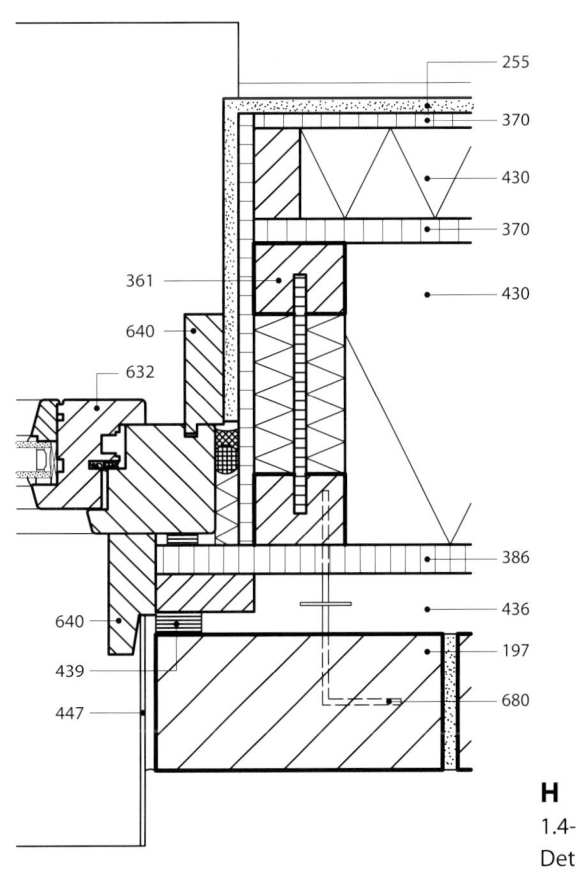

H
1.4-24
Detail

H
1.4-23

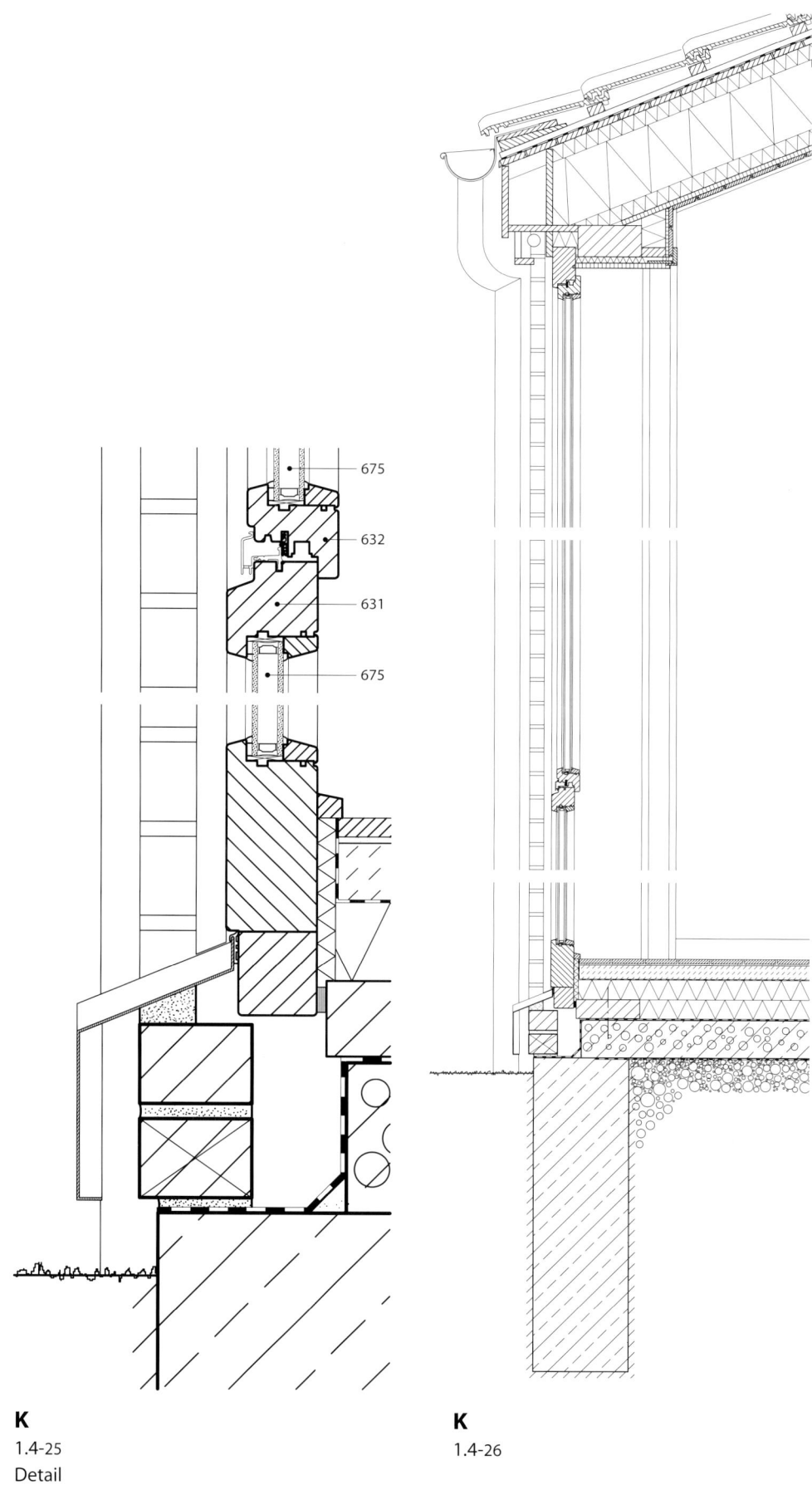

K
1.4-25
Detail

K
1.4-26

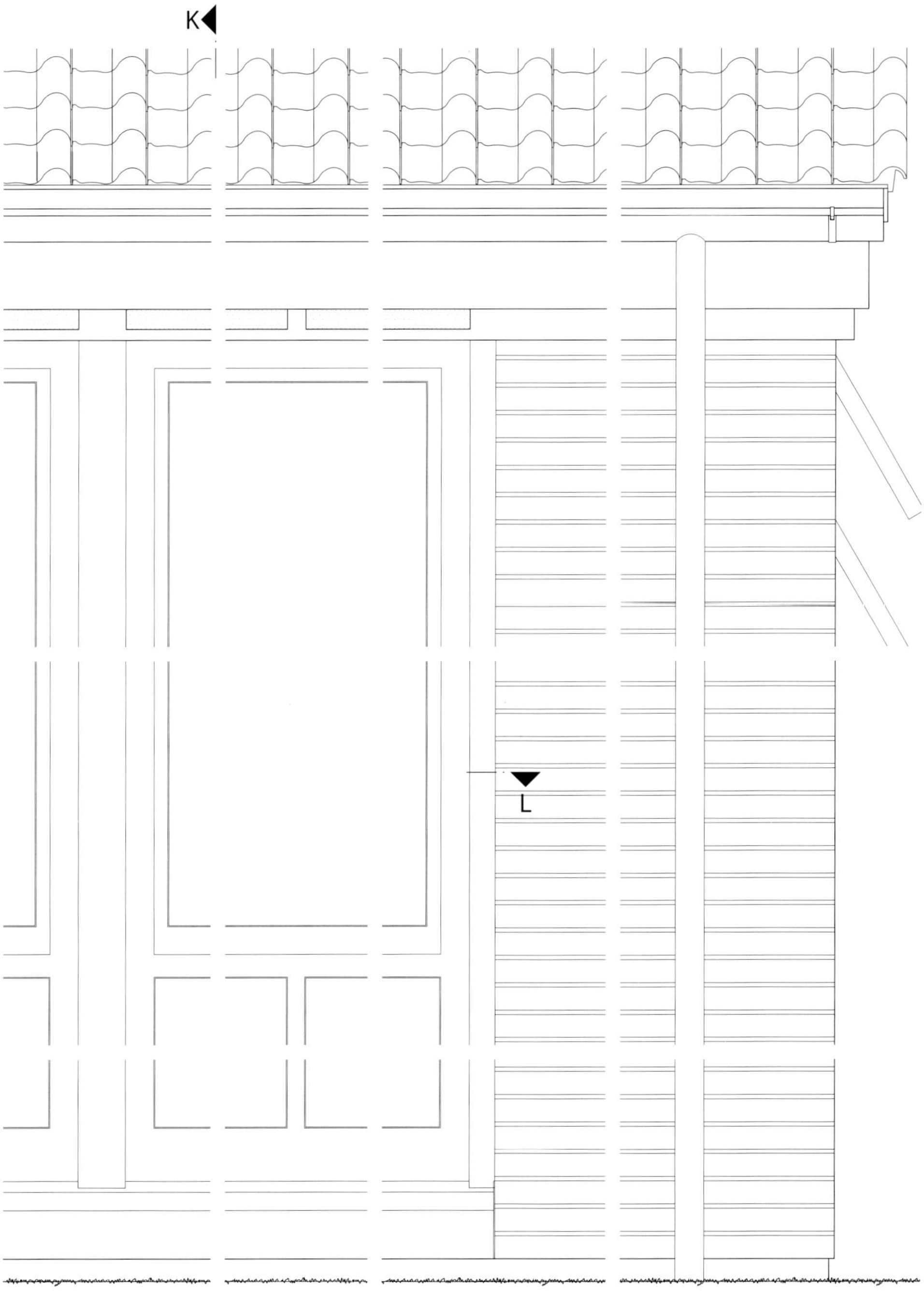

1.4 Wohn- und Atelierhaus mit Galerie und überdecktem Freisitz, nicht unterkellert
Fassade: Verblendmauerwerk-Vorsatzschale, partiell Holzdeckelschalung

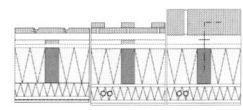

1.4-27

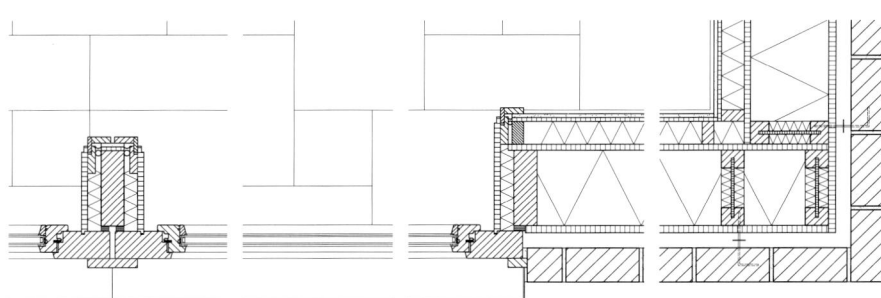

L
1.4-28

E Projekte mit Holzaußenwandsystemen
1 Holzständersysteme mit Dämmschicht und belüfteter Fassadenbekleidung bzw. Verblendmauerwerk-Vorsatzschale

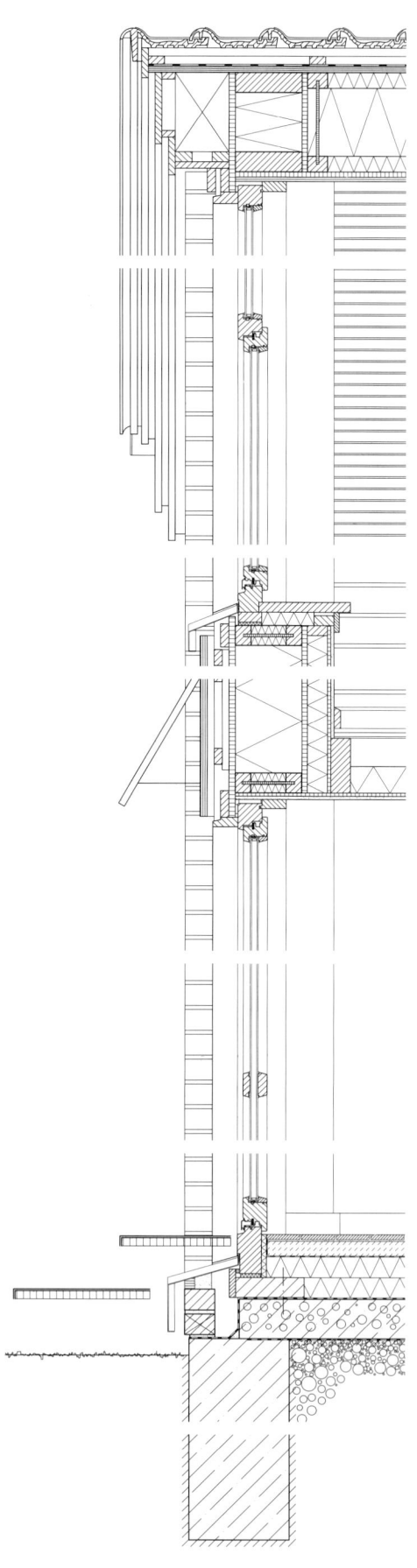

M
1.4-29

1.4 Wohn- und Atelierhaus mit Galerie und überdecktem Freisitz, nicht unterkellert
Fassade: Verblendmauerwerk-Vorsatzschale, partiell Holzdeckelschalung

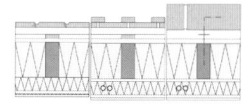

197 Verblendschale aus frostwiderstandsfähigen Mauersteinen
255 Gipsbauplatte, Gipskarton- bzw. Gipsfaserplatte
361 Holzstütze
370 Holzwerkstoffplatte E1
386 Poröse Holzfaserplatte
430 Mineralwolle
436 Hohlraum, belüftet
632 Fensterflügel
640 Deckleiste
680 Drahtanker, nicht rostend

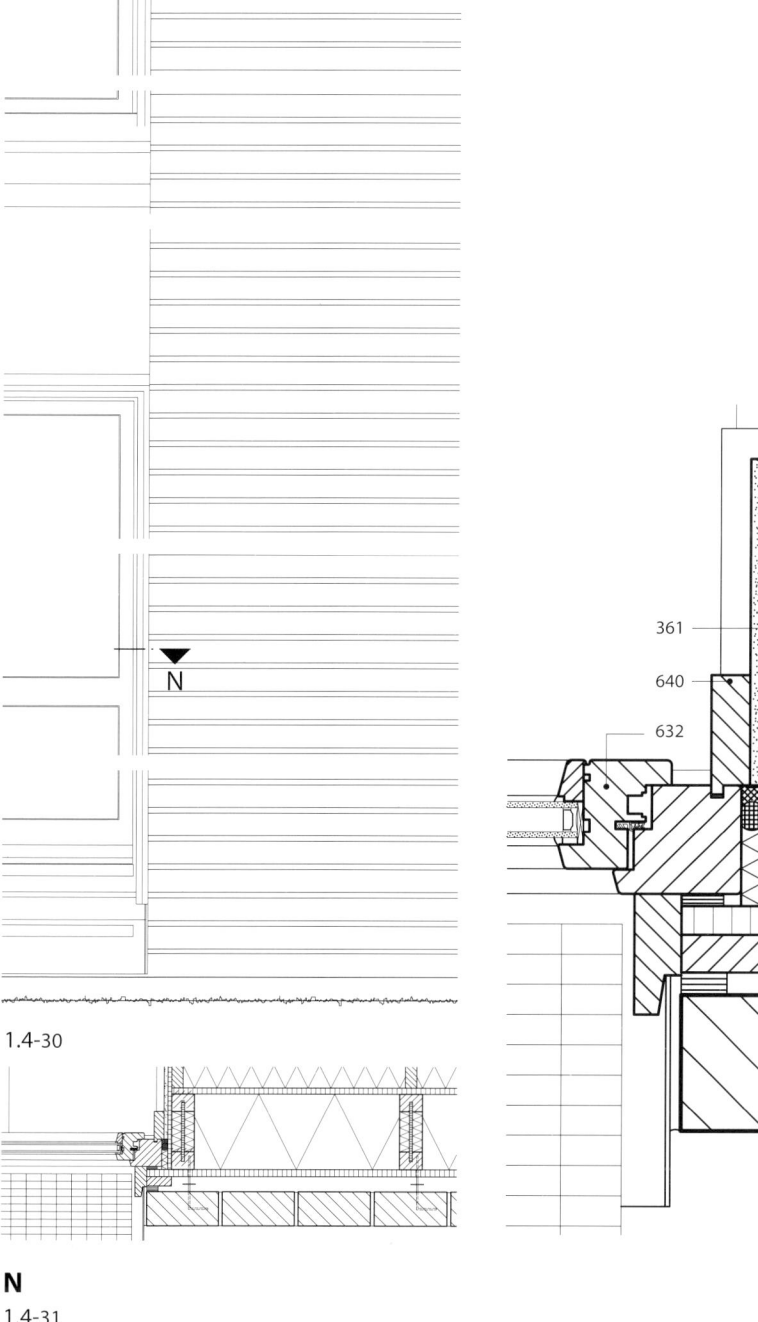

1.4-30

N
1.4-31

N
1.4-32
Detail

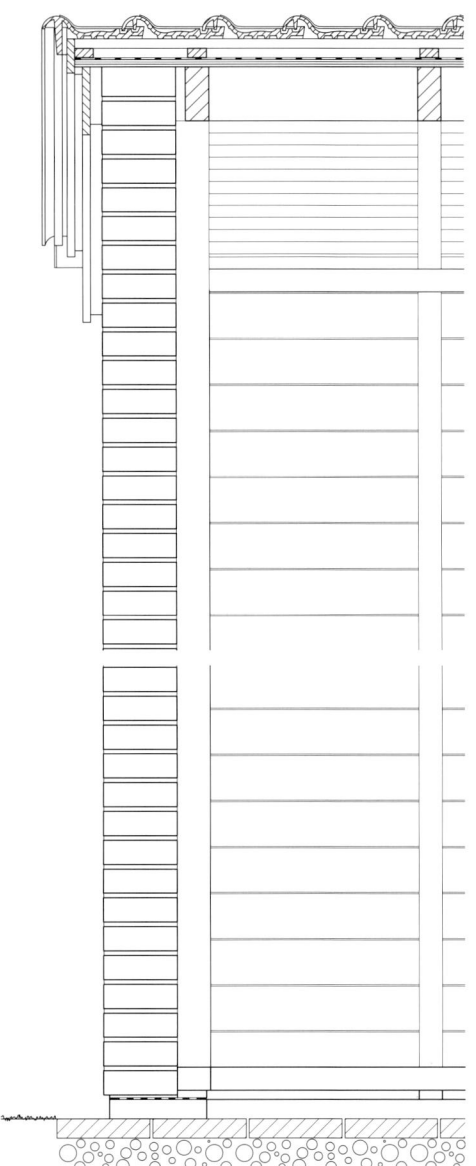

O
1.4-33

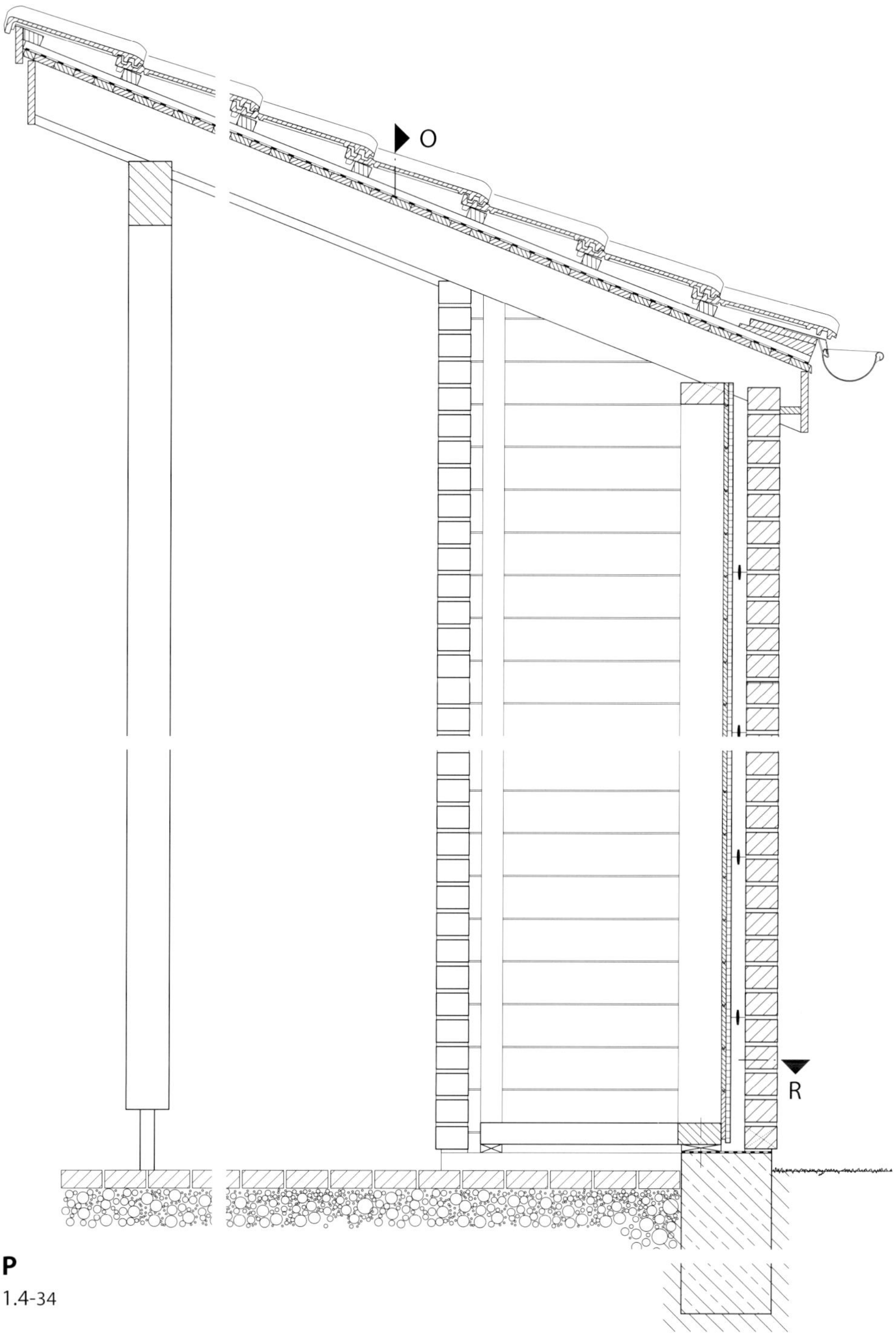

1.4 Wohn- und Atelierhaus mit Galerie und überdecktem Freisitz, nicht unterkellert
Fassade: Verblendmauerwerk-Vorsatzschale, partiell Holzdeckelschalung

323

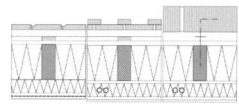

P
1.4-34

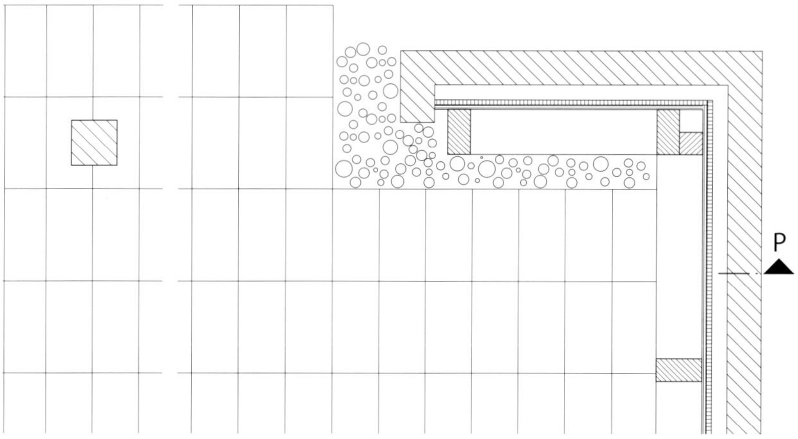

R
1.4-35

Formelzeichen und Einheiten

Bedeutung	weitere Hinweise	Formelzeichen	Einheit
Fläche	z.B. wärmeübertragende Umfassungsfläche eines Hauses oder Wandfläche oder Bezugsfläche	A	m^2
Fugendurchlasskoeffizient		a	$m^3 / (hmdaPa^{2/3})$
Reduktionsfaktor	für den Wärmedurchgangskoeffizienten (Heizwärmebedarfsberechnung)	C_{TD}	1*
Fensterflächenanteil		f	1*
Temperaturfaktor der raumseitigen Wandoberfläche	auch: f_{Rsi}	f	1*
Gesamtenergiedurchlassgrad	bezogen auf die außen auftreffende Sonnenenergie	g	1*
Strecke	Länge, Höhe, Breite	l	m
Luftvolumenstrom bei 50 Pa Druckdifferenz	bezogen auf beheiztes Raumvolumen	n_{50}-Wert	1/h bzw. h^{-1} alternativ $m^3/(m^2 h)$
Prüfdruckdifferenz		Δp	Pa
Jahres-Heizwärmebedarf		Q_H	kWh / a
Jahres-Heizwärmebedarf, volumenbezogen		Q'_H	kWh / (m^3a)
Jahres-Heizwärmebedarf, nutzflächenbezogen		Q''_H	kWh / (m^2a)
Interne Wärmegewinne		Q_I	kWh / a
Lüftungswärmebedarf		Q_L	kWh / a
Transmissionswärmebedarf		Q_T	kWh / a
Sekundäre Wärmeabgabe (Index a: nach außen, i: nach innen)	bezogen auf den g-Wert	q	1*
Farbwiedergabe-Index		R_a	
Wärmeübergangswiderstand (engl. surface)	gem. DIN 4108: $1/\alpha$	R_s	$m^2 K / W$
Bewertetes Schalldämmmaß	R'_w einschließlich der Schallleitung über flankierende Bauteile	R_w	dB
Koeffizient für solare Wärmegewinne des Fensters (engl. window)	nach WSchV 1995, abhängig von der Himmelsrichtung	S_w	$W/(m^2 K)$
Schichtdicke	z.B. eines Bau- oder Dämmstoffs	s	mm, cm, m
Diffusionsäquivalente Luftschichtdicke (Index a: außen, i: innen)	Dampfsperreigenschaft	s_d	m

* steht für das Verhältnis zweier gleicher Einheiten

Wärmedurchgangskoeffizient		U	W / (m²K)
Äquivalenter U-Wert		U_{eq}	W / (m²K)
Wärmedurchgangskoeffizient des Rahmens (engl. frame)		U_f	W / (m²K)
Wärmedurchgangskoeffizient der Verglasung (engl. glazing)		U_g	W / (m²K)
Mittlerer U-Wert		U_m	W / (m²K)
Wärmedurchgangskoeffizient des Fensters (engl. window)		U_w	W / (m²K)
Massebezogener Holzfeuchtigkeitsgehalt		u	1*
Beheiztes Gebäudevolumen	nach EnEV-Referentenentwurf (1999-06)	V_e	m³
Wassermasse, flächenbezogen	W_T Tauwassermasse W_V verdunstende Wassermasse	W	kg / m²
Wasseraufnahmekoeffizient	auch: Wasseraufnahmezahl	w	kg / (m²kg^{0,5})
Wärmeübergangswiderstand (Index i: innen, a: außen)		$1/\alpha$ (alpha)	m²K / W
Ausnutzungsfaktor	Brandschutz: Verhältnis der vorhandenen zur zulässigen Beanspruchung	α_2 (alpha)	1*
Differenz		Δ (Delta)	
Emissivität		ε (epsilon)	1*
Temperatur	die Angabe von Temperaturdifferenzen erfolgt in K (Kelvin)	θ (theta)	°C
Außenlufttemperatur (engl. exterior)		θ_e (theta)	°C
Raumlufttemperatur (engl. interior)		θ_i (theta)	°C
Raumseitige Oberflächentemperatur (engl. surface)		θ_{si} (theta)	°C
Wärmeleitfähigkeit	auch: Wärmeleitzahl	λ (lambda)	W / (mK)
Rechenwert der Wärmeleitfähigkeit		λ_R (lambda)	W / (mK)
Wasserdampf-Diffusionswiderstandszahl	Vergleichswert zu gleich dicker Luftschicht unter denselben Bedingungen	μ (my)	1*
Rohdichte		ρ (rho)	kg / m³, kg / dm³
Sonnenenergie-Reflexion		ρ (rho)	1*
Summe		Σ (Sigma)	
Lichttransmissionsgrad		τ (tau)	1*
Direkte Sonnenenergie-Transmission		τ_e (tau)	1*
Wärmestrom		Φ (Phi)	W
Relative (Raum-)Luftfeuchtigkeit		φ (phi)	1*
Wärmebrückenverlustkoeffizient (WBVK)	punktförmige Wärmebrücke	χ (chi)	W / K
Wärmebrückenverlustkoeffizient (WBVK)	linienförmige Wärmebrücke	Ψ (Psi)	W / (mK)

* steht für das Verhältnis zweier gleicher Einheiten

Literaturverzeichnis

[1] Zweiter Bericht über Schäden an Gebäuden, Hrsg.: Bundesminister für Raumordnung, Bauwesen und Städtebau, 2. Nachdruck, 08 / 1988

[2] Kurz, F. R. M.: Dritter Bericht über Schäden an Gebäuden – Entwurf – Zeitraum 1985–1992, DAB 11 / 1996, S. 1962

[3] DIN 4108, Wärmeschutz im Hochbau (mehrteilige Norm, siehe weitere Teile in diesem Verzeichnis)

[4] Eicke-Henning, W.: CAPAROL-Architektenbrief 21, 04 / 1998, Institut Wohnen und Umwelt, Darmstadt

[5] DIN 4108 Bbl 2, Wärmeschutz und Energie-Einsparung in Gebäuden, **Wärmebrücken,** Planungs- und Ausführungsbeispiele, 08 / 1998

[6] EN ISO 10211-1, Wärmebrücken im Hochbau – Wärmeströme und Oberflächentemperaturen; Allgemeine Berechnungsverfahren, 11 / 1995

[7] prEN ISO 10211-2, Wärmebrücken im Hochbau – Wärmeströme und Oberflächentemperaturen; Berechnungsverfahren für linienförmige Wärmebrücken, 01 / 1996

[8] Hauser, G.: Wärmebrückenatlas für Mauerwerksbau / Holzbau, CD-ROM, 1998

[9] DIN V 4108-4, Wärmeschutz und Energie-Einsparung in Gebäuden; Wärme- und feuchteschutztechnische Kennwerte, 10 / 1998

[10] DIN 52619-3, Bestimmung des Wärmedurchlaßwiderstandes und Wärmedurchlaßkoeffizienten von Fenstern; Messungen an Rahmen, 02 / 1985

[11] DIN EN 674 und 675, Glas im Bauwesen; Bestimmung des Wärmedurchgangskoeffizienten, 01 / 1999

[12] DIN EN 30077 (Entwurf), Fenster, Türen und Abschlüsse, Wärmedurchgang, Rechenmethode, 02 / 1994

[13] DIN EN ISO 10077-2 (Entwurf), Berechnung des Wärmedurchgangskoeffizienten; Numerisches Verfahren für Rahmen, 02 / 1999

[14] Müller, G.: FEM für Praktiker, expert-Verlag, 1999

[15] Bathe, K.-J.: Finite-Elemente-Methoden, Springer, 1986

[16] Produktinformation LUNOS Lüftung GmbH & Co. Ventilatoren KG, Berlin-Spandau

[17] Zeller, J. / Werner J. / Kahlert, C.: Luftdichtheit als Planungsziel, in: Deutsches Architektenblatt, 04 / 1997, S. 565–572

[18] DIN V 4108-7, Wärmeschutz im Hochbau; Luftdichtheit, 11 / 1996

[19] Geißler, A. / Hauser, G.: Luftdichtheit von Holzhäusern, in: bauen mit holz, 07 / 1996, S. 562–568

[20] DIN 18055, Fenster; Fugendurchlässigkeit, Schlagregendichtigkeit und mechanische Beanspruchung, Anforderungen und Prüfung, 10 / 1981

[21] Produktinformation: Gestalten mit Glas, Hrsg.: Interpane Glas Industrie AG, 4. Aufl., 1994, S. 81

[22] DIN 4108-2, Wärmeschutz im Hochbau; Wärmedämmung und Wärmespeicherung; Anforderungen und Hinweise für Planung und Ausführung, 08 / 1981

[23] DIN 4108-3, Wärmeschutz im Hochbau; Klimabedingter Feuchteschutz, 08 / 1981

[24] Gösele, K. / Schüle, W. / Künzel, H.: Schall, Wärme, Feuchte, Bauverlag, 10. Aufl., 1997, S. 244

[25] Gertis, K. / Erhorn, H. / Reiß, J.: Klimawirkung und Schimmelpilzbildung bei sanierten Gebäuden, Bauphysik-Kongress, Berlin 1997

[26] Reyer, E. / Schlich, C.: Erdberührte Außenwände – Nutzungstrends, Bauphysik, Konstruktion, in: Bauphysik 9, Heft 5, 1987, S. 200–212

[27] DIN 4108-5, Wärmeschutz im Hochbau; Berechnungsverfahren, 08 / 1981

[28] Deutsches Dachdeckerhandwerk – Regeln für Dachdeckungen, Merkblatt für Unterdächer, Unterdeckungen und Unterspannungen, Hrsg.: Zentralverband des Deutschen Dachdeckerhandwerks, Rudolf Müller Verlag, Köln, 09 / 1997

[29] Deutsches Dachdeckerhandwerk – Regeln für Dachdeckungen, Fachregel für Dachdeckungen mit Dachziegeln und Dachsteinen, Hrsg.: Zentralverband des Deutschen Dachdeckerhandwerks, Rudolf Müller Verlag, Köln, 09 / 1997

[30] Deutsches Dachdeckerhandwerk – Regeln für Dachdeckungen, Merkblatt Wärmeschutz bei Dächern, Hrsg.: Zentralverband des Deutschen Dachdeckerhandwerks, Rudolf Müller Verlag, Köln, 09 / 1997

[31] Künzel, H. / Großkinsky, Th.: Nicht belüftet, vollgedämmt – die beste Lösung für das Steildach, in: Das Dachdeckerhandwerk, Heft 24, 12 / 1989, S. 24–30

[32] Deutsches Dachdeckerhandwerk – Regeln für Dachdeckungen, Merkblatt für Wärmedämmung zwischen Sparren, Hrsg.: Zentralverband des Deutschen Dachdeckerhandwerks, Rudolf Müller Verlag, Köln, 12 / 1991 (nicht mehr in dieser Form zu erhalten; entsprechende Regeln jetzt in [30])

[33] Schunck, E. / Brinkmeyer, Ch.: Dämmung am geneigten Dach – belüftet oder unbelüftet? In: DAB 05 / 1998, S. 674, 675

[34] DIN 68800-2, Holzschutz; Vorbeugende bauliche Maßnahmen im Hochbau, 05 / 1996

[35] Lewitzki, W. / Schulze, H.: Holzschutz; Bauliche Empfehlungen, Informationsdienst Holz: Holzbau Handbuch, Reihe 3, 03 / 1997

[36] DIN 18165-1, Faserdämmstoffe für das Bauwesen; Dämmstoffe für die Wärmedämmung, 07/1991

[37] KLÖBER GmbH & Co. KG, Ennepetal

[38] Schulze, H.: Holzbau; Wände, Decken, Dächer, B.G. Teubner, 1996

[39] DIN 68800-3, Holzschutz; Vorbeugender chemischer Holzschutz, 04/1990

[40] Schulze, H.: Nachweis-Katalog (Wärme- und Feuchteschutz nach DIN 4108) für Dächer mit Unterspannung oder Unterdeckung auf Schalung, in: Produktinformation von TYVEK, Luxembourg

[41] Schunck, E./Finke, T./Jenisch, R./Oster, H.J.: Dachatlas – Geneigte Dächer, Hrsg.: Informationsdienst für Neuzeitliches Bauen und vom Institut für Architektur-Dokumentation, Rudolf Müller Verlag, Köln, 2. Aufl., 1996, S. 177, 157, 138

[42] Deutsches Dachdeckerhandwerk – Regeln für Dachdeckungen, Hrsg.: Zentralverband des Deutschen Dachdeckerhandwerks, Rudolf Müller Verlag, Köln, 09/1997 (Einzelne Regeln und Merkblätter befinden sich ebenfalls in diesem Verzeichnis.)

[43] Pohl, W.-H.: Belüftete Dächer mit Metalldeckung, Hrsg.: Rheinzink-GmbH, Datteln, 1991, S. 31

[44] DIN 1053-1, Mauerwerk, 11/1996

[45] Klaas, H./Schulz, E.: Schäden an Außenwänden aus Ziegel- und Kalksandsteinverblendmauerwerk, Hrsg.: Günter Zimmermann, Band 13, Schadenfreies Bauen, 1995, S. 102

[46] DIN 18195, Bauwerksabdichtungen, hier: Teile 4, 5 und 6

[47] DIN 4095, Dränung zum Schutz baulicher Anlagen, 06/1990

[48] Muth, W.: Dränung erdberührter Bauteile, Eigenverlag, Karlsruhe, 1981

[49] Lufsky, K.: Bauwerksabdichtungen, B.G. Teubner, 4. Aufl., 1983

[50] DIN 4109, Schallschutz im Hochbau; Anforderungen, Nachweise, 11/1989

[51] DIN 4102-4, Brandverhalten von Baustoffen und Bauteilen, Zusammenstellung und Anwendung klassifizierter Baustoffe, Bauteile, Sonderbauteile, 03/1994

[52] DIN 4102-1, Brandverhalten von Baustoffen und Bauteilen; Baustoffe; Begriffe, Anforderungen und Prüfungen, 05/1998

[53] DIN 18550-1, Putz; Begriffe und Anforderungen, 01/1988

[54] Pohl, W.-H.: Qualitätssicherung bei Innendämmung, in: Tagungsband „Energiesparendes Bauen im Bestand", Hrsg.: Umweltbehörde Hamburg

[55] Küttinger, G. u.a. in: Holzrahmenbau, Hrsg.: Bund Deutscher Zimmermeister, 2. Aufl., 1992

[56] Weissert, M.: Wärmedämmung an der Fassade, in: Deutsches Architektenblatt, 05/1999, S. 686–689

[57] Künzel, H.: Wandlungen in der bauphysikalischen Bewertung von Baukonstruktionen, in: Deutsches Architektenblatt, 09/1998, S. 1154

[58] Künzel, H.: Fassadenputz auf Leichtziegelmauerwerk, Mauerwerksbedingte Risse, in: Deutsches Architektenblatt, 02/1999, S. 255

[59] Schubert, P: Eigenschaftswerte von Mauerwerk, Mauersteinen und Mauermörtel, in: Mauerwerkskalender 1997

[60] DIN 4109 Beiblatt 1, Schallschutz im Hochbau; Ausführungsbeispiele, Rechenverfahren, 11/1989

[61] DIN 4102-4, Brandverhalten von Baustoffen und Bauteilen, Zusammenstellung und Anwendung klassifizierter Baustoffe, Bauteile, Sonderbauteile, 03/1994

[62] Fachinformation von Capatect Dämmsysteme GmbH & Co. Energietechnik KG, Architektenbrief, 09/1995

[63] ecomin-por-System, Firma Alsecco GmbH & Co. KG, Wildeck

[64] Künzel, H.: Die hygrothermische Beanspruchung von Außenputzen als Schadensursache bei Wärmedämmverbundsystemen, in: Bauphysik, Heft 4, 08/1990, S. 104–108

[65] Küllmer, M.: Marder zerstören Dämmschicht, in: Deutsches Architektenblatt, 03/1998, S. 359

[66] Süss, M./Mittrach, B.: Mäuse zerstören fast jeden Dämmstoff, Hrsg.: Bayerische Landesanstalt für Tierzucht, Informationsschrift: Deutsche Pittsburgh Corning GmbH, Haan, 05/1990

[67] VHF-System, Firma Capatect Dämmsysteme, Ober-Ramstadt

[68] Sälzer, E./Eßer, G.: Schallschutz mit Fassaden, in: Bauphysik 17, Heft 6, 1995, S. 183

[69] Schallschutz 2, Grünzweig und Hartmann AG, Ludwigshafen

[70] DIN 18515-2, Außenwandbekleidungen; Anmauerung auf Aufstandsflächen; Grundsätze für Planung und Ausführung, 04/1993

[71] DIN 18516-1 (Entwurf), Außenwandbekleidungen; hinterlüftet; Anforderungen, Prüfgrundsätze, 10/1998

[72] Planung und Ausführung mehr- und einschaliger Mauerwerkssysteme, in: Ziegelverblendmauerwerk, Hrsg.: Ziegel-Zentrum Nordwest e.V., 08/1989, S. 4

[73] Kalksandstein, Planung/Konstruktion/Ausführung, Hrsg.: Kalksandstein Information GmbH + Co KG, 2. Aufl., 1989, S. 57

Literaturverzeichnis

[74] Künzel, H.: Wärme- und Feuchteschutz von zweischaligem Mauerwerk mit Kerndämmung, in: Bauphysik 2, Heft 1, 1991, S. 1–9

[75] Kerndämmung von zweischaligem Mauerwerk, Produktinformation der Deutschen Pittsburgh Corning GmbH, Haan

[76] Küttinger, G.: Holzrahmenbau, Bausysteme, Hrsg.: Bund Deutscher Zimmermeister, 1985

[77] Holzrahmenbau – mehrgeschossig, Hrsg.: Bund Deutscher Zimmermeister 1996

[78] 81^{fünf} AG, Dannenberg

[79] Kabelitz, E.: Außenbekleidungen aus Vollholz, Holzbau-Handbuch, Reihe 1, Teil 10, Folge 1, 12/1998

[80] Übersparren-Dämmsysteme Unitop-Plus, Grünzweig & Hartmann AG, Ludwigshafen, 04/1998

[81] Lamers, R./Rogier, D.: Langzeitbewährung von Flachdächern; Schriftenreihe des Bundesministers für Bauordnung, Bauwesen und Städtebau, Bericht F 1960, 1984, IRB Verlag, Stuttgart

[82] Produktinformation, Deutsche Pittsburgh Corning GmbH, Haan

[83] DIN 18174, Schaumglas als Dämmstoff, 01/1981

[84] RECYFIX Deckenrand-Schalelemente, Hauraton GmbH & Co KG, Rastatt

[85] System Müssig B 600, W. Müssig GmbH, Gärtringen

[86] Technische Informationen der Schüco International KG, Bielefeld

[87] Schöck Isokorb, Schöck Bauteile GmbH, Baden-Baden (Steinbach)

[88] Symbolische Ansichtsdarstellung nach DIN EN 12519, Türen- und Fensterterminologie, 11/1996

[89] VDI-Richtlinie 2719

[90] DIN V 18054, Einbruchhemmende Fenster, Begriffe, Anforderungen, Prüfungen, Kennzeichnung, 12/1991

[91] Eidgenössische Materialprüfungs- und Forschungsanstalt (EMPA): Ökologische Bewertung von Fensterkonstruktionen, Dübendorf, 1996

[92] Möller, D.-A.: Wirtschaftlichkeit als Beurteilungskriterium im Architekturwettbewerb, DAB 02/1998, S. 179

[93] Produktinformation: Isolierglas mit organischem Randverbund, Schollglas GmbH, Dahlwitz-Hoppegarten, 1995

[94] DIN 18545-1, Abdichten von Verglasungen mit Dichtstoffen, 02/1992

[95] Technische Richtlinien des Institutes für Verglasungstechnik und Fensterbau, Hadamar, Schrift 17: Verglasen mit Isolierglas, 05/1997

[96] Verband Fenster- und Fassadenhersteller: Jahresbericht 1998

[97] DIN EN 942, Holz in Tischlerarbeiten, 06/1996

[98] DIN 68121-1, Holzprofile für Fenster und Fenstertüren, Maße, Qualitätsanforderungen, 09/1993

[99] DIN 7748-1, Weichmacherfreie PVC-U-Formmassen, 09/1985

[100] Güte- und Prüfbestimmungen der RAL-Gütegemeinschaften Fenster und Haustüren, Frankfurt (Main)

[101] Bundesanzeiger 12/1994 zur WSchV 08/1994

[102] Ehm, H.: Wärmschutzverordnung '95, Grundlagen, Erläuterungen und Anwendungshinweise, Bauverlag 1995, S. 95

[103] Referentenentwurf zur Energieeinsparverordnung, 28.06.1999

[104] Alles über Haus- und Wohnungstüren, 9. Aufl., 1998, Hrsg.: Oskar D. Biffar GmbH, 67480 Edenkoben

[105] REHAU Profilsysteme, Modell S 730 der REHAU AG + Co., Erlangen, aus: Arbeitsmappe für Architekten, Blatt 28, S. 44

[106] DIN 18195-5, Bauwerksabdichtungen, Abdichtungen gegen nicht drückendes Wasser, 08/1983

[107] Merkblatt: Bodenbeläge aus Fliesen und Platten außerhalb von Gebäuden, Hrsg.: Fachverband des Deutschen Fliesengewerbes im Zentralverband des Deutschen Baugewerbes, Rudolf Müller Verlag, Köln, 1988

[108] Technische Informationen zu Thermo-k Rollladenkästen, Albert Schlotterer GmbH u. Co. KG, Bodelshausen

[109] Technische Informationen zum Plastikol-UDM-System, Firma Deitermann, Datteln

[110] Landtechnik, Heft 2, 02/1982, S. 3

[111] Technische Informationen zum Dämmsystem HECK, Dämmsystem HECK GmbH, Fußgönheim

[112] Technische Informationen zu Systemlösungen für Wand- und Bodenbeläge, Schlüter-Schiene GmbH, Iserlohn

[113] Technische Informationen zu den Wärmedämm-Elementen Schöck Isokorb, Schöck Bauteile GmbH, Baden-Baden

[114] Technische Informationen zum ISO-Träger-System MEA, MEA Meisinger, Aichach/Bayern

[115] Technische Informationen zur Planung von Dächern und Fassaden mit Dachplatten und Schindeln, Eternit Aktiengesellschaft, Berlin

[116] Technische Informationen zu Prix-Rollladenkästen, PRIX Wiehofsky GmbH, Schondorf

[117] Technische Informationen zu Fertig-Verblendstürzen, Röben Tonbaustoffe, Zetel

[118] Schulze, H.: Holzbauteile in Naßbereichen, *Ergänzende Literatur:* Schulze, H.: Naßbereiche in Bädern, Informationsdienst Holz: Holzbau Handbuch, Reihe 3, 10/1999

[119] Merkblatt: Hinweise für die Ausführung von Abdichtungen im Verbund mit Bekleidungen und Belägen aus Fliesen und Platten für den Innen- und Außenbereich, Hrsg.: Fachverband des Deutschen Fliesengewerbes im Zentralverband des Deutschen Baugewerbes, Rudolf Müller Verlag, Köln, 1997

[120] Merkblatt: Prüfung von Abdichtungsstoffen und Abdichtungssystemen, Hrsg.: Fachverband des Deutschen Fliesengewerbes im Zentralverband des Deutschen Baugewerbes, Rudolf Müller Verlag, Köln, 1995

[121] Technische Informationen zu PCI-Lastogum, PCI Augsburg GmbH, Augsburg, 03/1996

[122] Planung und Ausführung mehr- und einschaliger Mauerwerkssysteme, in: Ziegelverblendmauerwerk, Hrsg.: Ziegelzentrum Nordwest e.V., 08/1989, S. 4

[123] Kalksandstein, Planung/Konstruktion/Ausführung, Hrsg.: Kalksandstein Information GmbH + Co KG, 1989, S. 57

[124] Feist, W. (Hrsg.): Das Niedrigenergiehaus, Verlag C. F. Müller, 1997

Stichwortverzeichnis

A

Abdeckung, diffusionsoffen 49
Abdichtung
 –, Bauwerk- 41
 – im Verbund 292
 –, zweilagig 293
 –, zweistufig 124
Abdichtungssysteme 125
Abluftanlagen 22 f.
Abstand
 –, Achs- 306
 – halter 109 f.
 –, Trennfugen- 297
Abstandsrahmenschraube 123
Abstrahlung
 –, nächtliche Wärme- 56
Achs-
 –, abstand 306
 –, maß 303
Aluminiumprofile 169, 179
Anker
 –, Draht- 63
 –, Ring- 215
 –, Stahl- 63
Anschlag
 – art 105
 –, Fenster- 262
 –, Innen- 267, 287
 –, Tür- 262
Anschluss 77
 –, Balkon- 90, 92, 94
 –, Bauteil- 77, 231
 – bereich 20, 293
 – bereich, Verglasung 20
 – Dach- 77
 – formstein 96
 –, Geschossdecken- 86, 88
 –, Grundplatten- 100
 –, Kellerdecken- 96, 98
 – konstruktionen 116
 –, Ortgang- 77 f., 82
 –, Traufen- 77, 80
Armierung, Gewebe- 53
Armierungsputz 56
Atelierhaus 287
Aufsparren
 – Dämmung 72
 – Systeme 71
Ausdehnungskoeffizienten 116
Ausgleichsputz 53
Außen
 – dämmsystem 56
 – fensterbänke 127
 – futter 140, 160
 – lärm 42
 – lufttemperatur 19
 – maßbezug 82
 – putz 43, 46, 53, 55
 – tür 178
Außenwand 221, 257, 262, 287, 297
 –, monolithisch 54, 128
 – systeme 43, 209, 279
 –, zweischalig 63, 172

Aussteifung 280
a-Wert 23, 28, 112

B

Bad 292 f., 303
Balkon 221, 237
 – anschluss 90, 92, 94
Bau
 –, Gewerbe- 66
 –, Holz- 67
 –, physikalische Richtwerte 54, 58, 61, 64, 67
 – stoffklassen 42
 –, Wohnungs- 66, 69
Bauteil
 – anschlüsse 77, 231
 –, außenmaße 17
 –, erdberührend 41
 –, innenmaße 17
 –, transparent 24
 – trennfugen 297
Bauwerkabdichtung 41
Beanspruchungsgruppen 41
Behaglichkeit, thermische 16, 19
Bekleidung 60
 –, Fassaden- 249
 –, Holz- 279
 –, Naturstein- 231
Belichtung 108
Belüftet 29, 156, 160, 215
 –, Dach 30, 74, 221, 231, 257, 280
 –, Fassade 49 f.
 –, Fassadenbekleidung 46, 60 ff., 66 ff., 244, 279
Belüftung 244
Belüftungssysteme 29, 31 f.
Beplankung 51, 66 f.
Beregnung 41
Beschichtung
 –, Fassaden- 58
 –, Metall- 25
Beton
 –, Bims- 54
 –, Leicht- 55
 –, Poren- 54 f., 59, 62, 64 f.
 –, werksteinsturz 276
Bilanzverfahren 15
Bitumendachbahn, Glasvlies- 67
Blendrahmen 104, 106, 112
 – holz 202
 – überdeckung 132, 157, 164
Blockbalkensysteme 49 f.
Blockrahmen 106
Blower-Door 23
Boden
 – deckelschalung 51
 – feuchtigkeit 41
 –, Fuß- 222
 –, Kellerfuß- 232
 –, Spitz- 279
 –, Terrassenfuß- 249

Brand
 – schutz 56, 66 f.
 – verhalten 42
Brettbinderkonstruktion 215

D

Dach 209, 244
 – anschlüsse 77
 – bahn, Glasvlies-Bitumen- 267
 –, belüftet 30, 74, 221, 231, 257, 280
 – deckung 29, 36
 – deckung, regensicher 29
 –, Duo- 73, 75
 –, Flach- 36
 – fläche, genutzt, ungenutzt 75
 –, geneigt 36, 69
 – geschoss 261, 297
 –, Grün- 74 f.
 – konstruktion 215
 – konstruktion, unbelüftet 70 f.
 – neigung 31, 36
 –, Plus- 73, 75
 –, Pult- 287, 303
 – raum 215
 – rinne 215
 –, Sattel- 215, 231, 297, 303
 – stein 209
 – systeme, 69, 72
 – systeme, unbelüftet 74
 – terrasse 74, 249
 – überstand 215, 231
 –, Umkehr-, 73 f.
 –, unbelüftet 33, 209, 261, 292, 300, 306
Dämmebene 121 f., 136, 144
Dämmschicht 46, 56
 –, Estrich- 215
 –, primäre 51 f., 66
 –, sekundäre 51 f., 66
 –, spezifische 43, 120
Dämmstoff
 – ebene 123
 – überdeckung 120 f., 137, 141
Dämmsystem, Außen- 56
Dämmung
 –, Aufsparren- 72
 –, Innen- 46, 237, 262
 –, Kern- 41, 47 f., 50, 63, 65, 78, 80, 98, 100, 123, 221
 –, Leibungs- 117, 119, 132
 –, Schall- 60, 274
 –, Übersparren- 35
 –, Zusatz- 262
Dampfdiffusionswiderstand 124
Dampfsperr-
 – eigenschaft 31
 – funktion 215
 – schicht 33
 – wert 31
Dampfsperre 23, 32, 261
Deckelemente 29, 36, 69, 215
Decken
 –, Geschoss- 300

–, Keller- 257, 292
– konstruktion 215
– randschalelemente 80, 86, 98
–, Zwischen- 306
Dehnungsfugen 63
Dicht-
– bänder 262
– streifen 125 f.
– stoff 126
Dichtheit
–, Luft- 111, 124, 133
–, Schlagregen- 111
–, Wind- 111
Dichtung
–, Anschlag- 112
–, Mittel- 112
Dichtungsebene 125
Diffusions-
– äquivalente Luftschichtdicke 31
– offene Abdeckung 49
– widerstand 33
– widerstand, innerer 70
Docken 29, 37
Drahtanker 63
Dränanlagen 41
Drempel 221, 231, 262
Druck
– differenz-Prüfung 23
– festigkeit 53
Dübel, Rahmen- 123, 128
Duodach 73, 75

E

Ebene, wasserableitend 30
Einbau-
– feuchte 34
– fuge 116
– lage 117, 119, 161
Einbruch
– hemmende Maßnahmen 108
– schutz 168
Einfachglas 25, 107, 109
Eingangs-
– nische 215
– podest 279
– treppe 232
Eis
– barriere 39
– schanzenbildung 40
Emissivität 109
Energiedurchlassgrad, Gesamt- 24, 109
Energieeinsparverordnung (EnEV) 16 f., 169
Energiekennwert, Heizwärme 306
Entwässerungsebene 33
Erdberührende Bauteile 41
Estrich
– randstreifen 96
– dämmschicht 215

F

Falzraum 111
Farbwiedergabe–, Index 109
Fassaden 237, 244
– bekleidung 249
– bekleidung, belüftet 46, 60 ff., 66 ff., 140, 156, 244, 279

–, belüftet 49 f.
–, beschichtung 58
–, schutz 215
Fenster 104, 124, 231, 257, 261 f., 267, 279, 287, 297, 305
–, Aluminium- 107, 111, 115
–, Aluminium-, mit Außenfutter 140
– anschlag 262
– anschlüsse 127
– bänke 127, 129, 133, 231
– befestigung 122
–, Doppel- 106
–, Einfach- 106
– fixiertes 105
– flügelarten 106
–, Holz- 107, 113, 148, 160, 164
–, Holz-Aluminium- 115, 152
–, Kasten- 106
–, Kunststoff- 107, 114, 128, 136, 144
– lüftung 22, 28
–, Planung, Aspekte 108
– rahmen 106 ff.
– sturz 133, 261, 272, 276
–, tür 237, 287, 305
–, Verbund- 106
–, Verbundkonstruktion 107, 115
–, Wärmedurchgangskoeffizient 20
Festigkeit, Druck- 53
Feuchteschutz 41, 49 f., 303
– nachweis 304, 306
Feuchtigkeit, Boden- 41
Feuchtigkeitsgehalt 28
Feuer
– hemmend 42
– beständig, hoch- 42
– widerstandsdauer, -klassen 42
Fingerspalt 44
Finite-Differenzen-Methode (FDM) 21
Finite-Elemente-Methode (FEM) 21
Fixverglasung 105
Flach-
– dachsysteme 36, 73
– metallanker 122 f.
– verblender 56
Flächenbezüge 172
Fliesenuntergrund 292
Flügel
– arten 106
– rahmen 104, 112
Flugschnee 36 f.
Folie
–, PE- 257
–, Sperr- 261
Formänderungen 108, 122 ff. 293
Fotovoltaik-, Elemente 303
Freisitz 303
Fugen 124
– abdichtung 126
–, Bauteiltrenn- 297
– breite 126
–, Dehnungs- 63
– dichtbänder 125 f.
– durchlässigkeit 108, 112
– durchlasskoeffizient 23, 28, 169
– luftdichte 64
– raum 125
Füllungskonstruktionen 170

Fundament, Streifen- 172, 300
Fußboden 222
–, aufbau 293, 300, 306
–, Keller- 232
–, Terrassen-, 249
Fußpfette 80, 84, 221, 249
Futter
–, abgestuft 132 f.
–, Außen- 140, 160
–, Innen 144, 148, 152, 156, 160, 164
–, Leibungs- 123
– zarge 178 f.
f-Wert 21, 77

G

Gaube 33, 244, 261, 267
–, Spitz- 261
–, Walmdach- 267
Gebäude
– hüllfläche 16
– hüllfläche, Systeme 43
– hüllfläche, thermische 22
– nutzfläche 306
– volumen 306
Gefache 35
Gefährdungsklasse 34, 66
Geneigtes Dach 36
Gesamtenergiedurchlassgrad 24, 109
Gesamtwärmestrom 18
Geschoss
–, Dach– 261, 297
– decke 300
– deckenanschluss 86, 88
–, Keller- 215, 237
Gesims 209, 215, 257, 267, 297, 303
– profil 287
Gestörter Bereich 17
Gewebearmierung 53
Gewerbebau 66
Gewinne, solare 15
Glas
–, Einfach- 25, 107, 109
– falzausbildung 109
– falzgrund 111
– flächenanteil 25
– halteleiste 111
–, Mehrscheibenisolier- 15, 25, 107, 109 f.
–, Multifunktions- 109
–, Schaum- 63 f., 276
– vlies-, Bitumendachbahn 267
–, Wärmeschutz- 25, 110
–, Wärme- und Schallschutz- 109
Glaser-Verfahren 33
Grenadierschicht 257
Gründach 74 f.
Grundlattenschicht 35
Grundlattung 49, 51, 66
Grundplatte 300, 306
–, Anschluss 100
g-Wert 24, 27

F

Hartschaumplatte, extrudierte 64
Haus
–, Atelier- 287
– tür 231, 257, 297

Stichwortverzeichnis

– türanlage 279
– türschwelle 257
–, Wohn- 215, 297
–, Zwerch- 244
Heizenergiebedarf, Jahres- 16, 24
Heizwärme
–, Energiekennwert 306
–, Jahresbedarf 15 f., 22, 306 ff.
Hinterfüllprofile 126
Hinterlüftung 66, 157
Hintermauerschale 44
Hochfeuerbeständig 42
Hohlraumkonstruktionen 170
Holz
– außenwand 49
– außenwandsysteme 279
– bau 43, 67
– bekleidung 279
– deckelschalung 84, 88, 303
– gewände 279
– podest 194
– rahmenbauweise 66
– schutz 66, 69, 179, 249, 257, 261, 279, 287, 293, 297, 304, 306
– schwelle 176
– ständer 67
– ständersysteme 49, 51 f., 66, 156, 202, 279
– ständerwerk 68, 82, 84, 88, 100
– tafelsysteme 66
– werkstoffplatten 267

I

Infiltration 22, 24
Innen
– anschlag 267, 287
– dämmung 46, 237, 262
– futter 144, 148, 152, 156, 160, 164, 262
– maßbezug 82, 86
– oberflächen 21
– raumklima 27
– verstrich 37
Insekten
– befall 35
– dicht 304, 306
– schutz 168
Installationsschale 24, 52, 66 f., 84, 88
Interne Wärmegewinne 307
Isothermen 17, 21
– verläufe 77, 127 ff., 178

J

Jahres-Heizenergiebedarf 16, 24
Jahres-Heizwärmebedarf 15 f., 22, 306 ff.

K

Kalksandstein 59, 61 f., 64 f.
Kastenrinne 237
Keller
– decke 257, 292
– deckenanschluss 96, 98
– fußboden 232
– geschoss 215, 237
–, Kriech- 257, 287, 292

Kellerbauteile 172
Kennwerte, thermische 77
Kerndämmung 41, 47 f., 50, 63, 65, 78, 80, 98, 100, 123, 144, 172, 194, 221, 257
Kies, Perl- 249
Kimmsteine 100
Klebebandtechnik 70
Klemmschiene 249
Kniestock 244, 261, 297
Kondensation, Sommer- 27 f.
Konsolen 92
Konstruktionen
–, aufgedoppelte 170
–, Brettbinder- 215
–, Dach- 215
–, Dach-, unbelüftet 70 f.
–, Decken- 215
–, Elemente 43
–, Füllungs- 170
–, Hohlraum- 170
–, Rahmen- 170
–, Schwellen- 171 f., 174, 178, 186, 194
–, Skelett- 69
–, Sperrholz- 170
–, Tür- 202
–, Zargen 122, 178
Konvektion 64, 272
Kragarmsysteme 122
Kragplatte 94

L

Lambda$_R$-Wert = λ_R-Wert 54
Lattung
–, Grund- 49, 51, 66
–, Trag- 49, 51, 66
Lärmbelastung 42
Leibungs-
– dämmung 117, 119, 132
– futter 123
– tiefe 227
Leicht
– beton 55
– ziegel 53
Licht
– ausbeute 108
– lenksysteme 109
– transmissionsgrad 109
Lisene 257
Luft
– austausch 22
– dichtheit 22 ff., 28, 66, 70, 169
– feuchte, relative 54, 58, 61, 64, 67
– feuchtigkeit 22
– schalldämmung 42
– schichtdicke, diffusionsäquivalente 31
– schichten 44
– schichten, äquivalente 21
– sperre 23 f., 32, 261
– temperatur, Außen- 19
– undurchlässige Schicht 23
Lüftung
–, Fenster- 22
–, Hinter- 66
–, Unterdruck- 22
–, Wohnungs- 22

Lüftungs-
– anlage, mechanische 22
– einrichtung 42
– querschnitt 30 ff.
– wärmebedarf 22, 307
– wärmeverlust 22 f., 111
– wechselrate, -zahl 22

M

Maßbezug
–, Außen- 82
–, Innen- 82, 86
Mauerschale
–, Hinter- 44
–, Verblend- 44, 47 f.
Mauerwerk 58
–, Außenwandsysteme 209
– bau 43, 53
–, Bimsbeton- 54
–, einschalig 43, 45 f., 53, 55 f., 59 f., 62, 86, 92, 94, 96, 140, 178, 186, 221, 231, 244
–, Kalksandstein- 59, 62
–, Porenbeton- 54
–, Risse 53
–, systeme 53
–, Verblend- 43, 52, 202, 209
–, Verblend-, zweischaliges 63, 65, 257
–, Ziegel- 54 f., 58 f., 62
–, zweischalige 44, 47 f., 78, 80, 98, 100, 123, 144, 194
Mehrkammersystem 114
Metall
– anker, Flach- 122 f.
– Armierung 114
– beschichtung 25
– profil 174
– rost 297
Mikroorganismen 56
Mineralschaumplatte, hydrophobierte 64
Montage
– rahmen 123, 152 f.,
– zarge 123, 144 f., 148

N

Nagetier
– beständigkeit 231
– risiko 60, 237
Natursteinbekleidung 231
Neubauaufgaben 56, 60
Niedrigenergiehaus 306
– Standard 16
Nutzfläche, Gebäude- 306
Nutzung, Solarenergie 292, 300, 303
Nutzungsdauer 109

O

Oberflächen
– schutz 74
– tauwasser 27
– temperatur 16, 19, 21, 27, 172
Oberlicht 178
Oberputz 52 f., 56
Ortganganschluss 77 f., 82
Ortgänge 215

P

PE-Folie 257
Perlkies 249
Pfette
-, Fuß- 80, 84, 221, 249
Pfosten 104
Platte
-, Grund- 102, 300, 306
-, Holzwerkstoff- 267
-, Krag- 94
Plusdach 73, 75
Podest, Eingangs- 279
Porenbeton 55, 59, 62, 64 f.
-, mauerwerk 54
Profile
-, Aluminium- 169, 179, 186
-, Aluminium-Anschluss- 174
-, Holz- 178
-, Putz- 125 f.
-, PVC- 169
-, Rahmen- 169
-, Schwellen- 174
Profilholzschalung 70, 215, 249, 297
Psi-Wert = Ψ-Wert 18 f., 77
Pultdach 287, 303
Putz
-, Armierungs- 56
-, Ausgleichs- 53
-, Außen- 43, 46, 53, 55
- fasche 227
-, mineralischer 56
-, Ober- 52 f., 56
- profile 125 f.
- schäden 53
- schiene 133
- Spachtel- 267
-, Unter- 52 f.
-, Wärmedämm- 45
PVC-Profile 169

Q

Querkräfte 53
Querleitungen 16, 18 f.

R

Rahmen
- dübel 123, 128
- flächenanteil 20
- Konstruktionen 170
- materialgruppe 20
-, Montage- 123, 152 f-
- profile 169
- schraube, Abstands-, 123
- systeme 112
-, U-Werte 20
Rand
- eindichtung 39
- verbund 16, 110, 179, 305
Raumluft
- technische Anlagen 23
- temperatur 19
Regensicherheit 37
Richtwerte
-, bauphysikalische 54, 58, 61, 64, 67
-, thermische 77

Riegel 104, 303
Ringanker 215
Ringbalken 77, 221, 249
Risse im Mauerwerk 53
Rollladen 267
-, kasten 227, 229, 272, 274, 276
Rollschicht 257
R_{si}-Wert 21

S

Sanierungsaufgaben 46, 56, 60
Satteldach 215, 231, 297, 303
-, struktur 276
Schadenrisiko 125
Schalelement, Deckenrand- 80, 86, 98
Schall
- dämmende Maßnahmen 108
- dämmmaß 42, 109
- dämmung 60, 274
- schutz 42, 54, 57, 60, 124, 168, 297, 300
- schutz, Tritt- 96
Schalung
-, Bodendeckel- 51
-, Holzdeckel- 84, 88, 303
-, Profilholz- 70, 215, 249, 297
-, Stülp- 50 f., 287, 297
Schaumglas 63, 276
- platte 64
Scheibenzwischenraum 109
Schicht
-, Grenadier- 257
-, Roll- 257
-, schubweiche 53 f.
Schimmelpilz 16, 19
- bildung 27 f., 74
Schindeln 261
Schlagregen 124
- beanspruchung 36, 41
- schutz 58, 66
- sicherheit 170
Schmelzwasser 39
Schutz
-, Brand- 56, 66 f.
-, Fassaden- 215
-, Feuchte- 41, 49 f., 303
- gitter, Vogel- 267
-, Holz- 66, 69, 179, 249, 257, 261, 279, 287, 293, 297, 304, 306
-, Oberflächen- 74
-, Schall- 42, 54, 57, 60, 124, 168, 297, 300
-, Schlagregen- 58, 66
-, Sicht- 168
-, Sonnen- 27, 287
-, Tauwasser- 27, 29, 56, 58, 66, 70
-, Trittschall- 96
- vorrichtungen 168
-, Wärme- 15 f., 27, 57, 167, 292, 297, 300, 305 f.
-, Witterungs-, zweistufiger 60
Schwellen 179, 202
-, Haustür- 257
- konstruktionen 171 f., 174, 178, 186, 194
s_{di}-Wert 31, 70
s_d-Wert 31 ff.
Sicht
- beton 123

- mauerwerk 123
- schutz 168
Skelett
- konstruktion 69
- struktur 287
Sockel
- platte 237
- trägerprofil 237
Solarenergienutzung 292, 300, 303
Sommerkondensation 27 f.
Sonnen
- energie, passive Nutzung 24
- schutz 27, 287
Spachtelputz 267
Sparrenköpfe 287
Sperre
-, Dampf- 261
-, Luft- 261
-, Wind- 261
Sperrfolie 261
Sperrholz 170
Spitz
- boden 279
- gaube 261
Splittbett 249
Sprossen 104
Stahlanker 63
Ständerwerk 280, 287, 297
-, Holz- 68, 82, 84, 88, 100
Stahlbetongrundplatte 172
Strahlungs-
- angebot 27
- energie 24
- gewinn 24 f.
Streifenfundament 172, 300
Strömungsvorgänge 22
Stülpschalung 50 f., 287, 297
Stützenabstände 66
Systeme
-, Abdichtungs- 125
-, Aufsparren- 71
-, Außendämm- 56
-, Außenwand- 43, 209, 279
-, Blockbalken 49 f.
-, Dach- 69, 72
-, Dach-, unbelüftet 74
-, Flachdach- 36, 73
-, Gebäudehüllflächen- 43
-, hochwärmedämmende 19
-, Holzaußenwand- 279
-, Holzständer- 49, 51 f., 66, 156, 202, 279
-, Holztafel- 66
-, Mauerwerk- 53
-, Mauerwerk-Außenwand- 209
-, Rahmen- 112
-, Wand- 43
-, WDV- 45, 52, 57, 59, 86, 94, 186, 231, 237, 244

T

Tautemperatur 28, 56
Tauwasser 28
- ausfall 58, 70
- bildung 15 f., 19, 27, 32, 58, 179
- nachweis 33
- niederschlag 27, 28, 54, 58, 61, 64, 67, 124

Stichwortverzeichnis

–, Oberflächen- 27
– risiko 23, 27 f., 46, 237, 272
– schäden 27
– schutz 27, 29, 56, 58, 66, 70, 170
Temperatur
– faktor 17, 19, 21, 54, 58, 61, 64, 67, 77, 127, 178
–, Oberflächen- 129
–, Tau- 28, 56
Terrassen
–, Dach- 74, 249
– fußboden 249
Thermische
– Behaglichkeit 16, 19
– Richtwerte 77
Traglattung 49, 51, 66
Transmissionswärmeverlust 16 f., 21
Traufe 215
–, Anschluss 77, 80
Trennfugen
– abstand 297
–, Bauteil- 297
Treppen
–, Eingangs- 232
– anlage 287, 297
Trittschallschutz 96
Tür 279, 287
– anschlag 262
–, Außen- 169, 178
– blatt 169 ff., 178, 186, 194
–, Fenster- 237, 287, 305
–, Haus- 231, 257, 279, 297
–, Holzrahmen- 202
– konstruktionen 202
– rahmen 171
TWD 26

U

Überdeckung 186
U_g-Wert 109
Umkehrdach 73 f.
Umweltverträglichkeit 109
U_m-Wert 67, 69, 304, 306
Unbelüftet 29, 249
–, Dach 33, 209, 261, 292, 300, 306
–, Dachkonstruktion 70 f.
–, Dachsysteme 74
–, Konstruktionen 34
Ungestörter Bereich 17
Unterdach 29, 38, 215
Unterdeckbahnen 39
Unterdeckung 29, 32 f., 35, 38 f., 209, 231, 244, 249, 261, 280, 292, 300, 306
Unterlüftung 30
Unterputz 52 f.
Unterspannbahnen 34, 39
Unterspannung 29, 32, 35, 38
U-Schalen 129
U-Wert 16, 19 ff., 24, 27, 54, 58, 61, 64, 77, 109, 127, 178, 305 f.
– der Verglasung 20
– des Rahmens 20

V

Verblender
–, Flach- 56
– keramisch 59
Verblendmauerschale 44, 47 f.
Verblendmauerwerk 43, 52, 202, 209
–, Vorsatzschale 66, 68, 279, 297, 303
– schale 272
–, zweischalig 63, 65, 257
Verbund
–, Abdichtung 292
– elemente 169
–, Rand- 305
Verformungen 169, 171
Verformungsrisiko 114
Verglasung 20, 24, 287
–, Anschlussbereich 20
–, Doppel- 107, 109
–, Einzel- 107
–, Fix- 105
–, U-Werte 20
Verglasungs-
– einheiten 104, 110, 169
– system 109
Vergrünung 60
Vermörtelung 37
Verschattung 287
Vogelschutzgitter 267
Vordach 178 f.
Vormauerschale 100
Vorsatzschale 82, 156
–, Verblendmauerwerk- 66, 68, 279, 297, 303

W

Wand
– querschnitt, monolithisch 53
– scheiben 53
– systeme 43
– system, monolithisch 117 ff.
Wärme
– abstrahlung, nächtliche 56
– dämmende Systeme, hoch- 19
– dämmputz 45
– dämmung, transparent 26
– dämmverbundsysteme (WDVS) 45, 52, 56 f., 59, 86, 94, 136, 186, 231, 237, 244
– dampfdiffusion 23, 28, 31 f.
– dampfkonvektion 36
– durchgangskoeffizient (U-Wert) 16, 19 ff., 24, 27, 54, 58, 61, 64, 77, 109, 127, 178, 305 f.
– leitfähigkeit 16, 53 f., 58, 61, 64, 67
– leitfähigkeitsgruppen 58, 64, 67
– strom 17, 77
– strom, Gesamt- 18
Wärmebedarf
–, Jahres-Heiz- 15 f., 22, 306 f.
–, Lüftungs- 307
–, Transmissions- 307
Wärmebrücken 16 ff., 27, 57, 69, 78, 221 f., 227, 257, 293
–, geometrisch bedingt 16, 18
–, innenmaßbezogen 116
–, linienförmig 17 ff.
–, materialbedingt 16 ff.
–, punktförmig 17, 21, 88
–, verlust 20
–, verlustkoeffizient (WBVK) 17, 21, 77, 127, 172, 178
–, wirkung 60, 71, 231, 287
Wärmegewinn 15
–, interner 307
–, solarer 25
Wärmeschutz 57, 124, 300
– im Sommer 15, 27, 168, 292, 297, 300, 305 ff.
– im Winter 15 f., 168, 306
– glas 15, 25
– nachweis 303, 306
– verordnung 15
Wärmespeicher
– fähigkeit 27, 306
– kapazität 292, 300, 303
– vermögen 25, 215
Wärmetauscher 22
– übergangswiderstand 19, 21
– verlust 15 ff.
Wärmeverlust 111
–, Lüftungs- 109
–, Transmissions- 109
Wasser
– ableitende Ebene 30
– drückend 42
– nichtdrückend 41
– von außen drückend 41
Wetterschenkel 170
Wind
– dichtheit 24, 71
– fang 303
– schutz 49 f., 303
– sperre 23 f., 32, 124, 261
Witterungs-
– einflüsse 108
– schutz, zweistufiger 60
Wohnhaus 215, 297
Wohnung, Maisonette- 249
Wohnungsbau 66, 69

Z

Zargen
–, Einbau- 123
–, Futter- 178 f.
– konstruktionen 122, 178
–, Montage- 123, 144 f., 148
– rahmen 106
Zerstörungsrisiko durch Nagetiere 60
Ziegel 64 f.
– mauerwerk 54 f., 58 f., 62
– Leicht- 53
Zuluftanlagen 22
Zusatzdämmung 262
Zwerchhaus 244
Zwischendecke 306